Quanten – Evolution – Geist

Dirk Eidemüller

Quanten –
Evolution –
Geist

Eine Abhandlung über Natur, Wissenschaft und Wirklichkeit

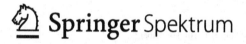

Springer Spektrum

Dirk Eidemüller
Berlin, Deutschland

ISBN: 978-3-662-49378-6   ISBN: 978-3-662-49379-3 (eBook)
DOI 10.1007/978-3-662-49379-3

Die Deutsche Nationalbibliothek verzeichnet diese Publikation in der Deutschen Nationalbibliografie; detaillierte bibliografische Daten sind im Internet über http://dnb.d-nb.de abrufbar.

Springer Spektrum

Planung: Margit Maly

Gedruckt auf säurefreiem und chlorfrei gebleichtem Papier

Springer Spektrum ist Teil von Springer Nature
Die eingetragene Gesellschaft ist Springer-Verlag GmbH Berlin Heidelberg

Vorwort

Von jeher haben Menschen sich Gedanken über die Wirklichkeit gemacht: über das, was ist, und über das, was wir erkennen können. War im Altertum dieses Nachdenken mit all seiner spekulativen Kraft noch eine ausschließliche Domäne von Religion und Philosophie, so hat sich die Erforschung der Wirklichkeit durch die Wissenschaft inzwischen zu einem hochspezialisierten Unternehmen entwickelt. Dabei haben sich aber nicht nur die Wissenschaften immer weiter auseinander differenziert; auch ist die Relevanz wissenschaftlicher Erkenntnisse für den Einzelnen immer schwieriger durchschaubar geworden. War es früher so, dass Philosophen Reflexionen über eine weise Lebenshaltung anstellten und zur Begründung ihrer Positionen oftmals recht freimütige Thesen über die natürliche Ordnung aufstellten, so geschieht es heute nur allzu oft, dass selbst Fachwissenschaftler sich kaum noch gegenseitig verstehen. Unser Bild von Wirklichkeit verändert sich aber zunehmend mit neuen wissenschaftlichen Erkenntnissen und ebenso mit der immer weitergehenden Durchdringung unseres Alltagslebens durch technologische und gesellschaftliche Neuerungen, die auf moderner Wissenschaft beruhen.

Die verschiedenen wissenschaftlichen Theorien besitzen jedoch unterschiedliche Inhalte und basieren auf unterschiedlichen Prinzipien. Wir können aus ihnen nicht ablesen, wie sie sich mit anderen Theorien zu einem sinnvollen Weltbild verknüpfen lassen könnten. Die Aufarbeitung und wechselseitige Inbezugsetzung wissenschaftlicher Erkenntnisse und ihre Einbettung in ein umfassenderes Weltbild, das nicht nur die grundlegenden wissenschaftlichen Theorien, sondern auch die menschliche Alltagserfahrung berücksichtigt, ist folglich eine wichtige und genuin philosophische Aufgabe. Sie ist heute dank der großen Fortschritte in den Wissenschaften in wesentlich größerer Präzision und Allgemeingültigkeit möglich als in früheren Zeiten. Sie erfordert aber zugleich auch eine wesentlich vielschichtigere Betrachtungsweise, was mit der manchmal etwas mühevollen, wenngleich mitunter sehr anregenden Einarbeitung in unterschiedliche wissenschaftliche und philosophische Disziplinen verbunden ist. Einer solchen Reflexion kommt dabei zugute, dass sie nicht die große Menge wissenschaftlicher Einzelergebnisse verarbeiten muss – diese Arbeit wird ihr von den Wissenschaftlern abgenommen –, sondern dass sie sich auf eine überschaubare Anzahl fertiger Theorien stützen kann, deren Interpretationsbedingungen sie allerdings zu diskutieren hat.

In dieser Abhandlung wollen wir nun den Ansatz verfolgen, die wichtigsten Erkenntnisse der modernen Wissenschaft in einem neuartigen erkenntnistheoretischen Rahmen zu ihrer Geltung kommen zu lassen. Um den Ansprüchen an philosophische und wissenschaftliche Stringenz gerecht werden zu können, werden wir hierfür zunächst zwei Themenkomplexe zu durchleuchten haben, die für das moderne Weltbild von entscheidender Bedeutung sind, die jedoch aufgrund ihrer separaten geschichtlichen Entwicklung und wohl auch aufgrund ihrer Komplexität bislang keinen präzise bestimmten philosophischen Bezug zueinander haben. Es handelt sich hier auf der einen Seite um die Quantenphysik – als fundamentale Theorie darüber, was unsere Welt im Innersten zusammenhält – und auf der anderen Seite um die Evolutionstheorie – als Grundlagentheorie der Biologie, die zentral ist für das Verständnis sämtlicher Lebenserscheinungen.

Sowohl die Quantenphysik als auch die Evolutionstheorie wurden bereits seit ihrer Aufstellung philosophisch durchdacht. Unterschiedliche Reflexionen ranken sich um diese Theorien – ihre wechselseitige Durchdringung kann bislang jedoch höchstens als unzureichend charakterisiert werden. In der Quantenphysik ist als wichtigste Position die *Kopenhagener Deutung* zu nennen. Sie liefert einen konsequenten Anwendungsrahmen für den mathematischen Formalismus der Quantenphysik und stellt deren neue erkenntnistheoretische Prinzipien heraus. Interessanterweise stehen viele dieser Prinzipien in scharfem Gegensatz zu den vormals für unumstößlich gehaltenen Realitätsbegriffen der klassischen Physik, die starken Einfluss auf das wissenschaftlich-philosophische Weltbild der westlichen Zivilisation gewonnen haben.

In der Biologie wiederum firmiert die *Evolutionäre Erkenntnistheorie* als wichtigste philosophische Reflexion über die stammesgeschichtliche Entstandenheit des menschlichen Erkenntnisvermögens und die sich daraus ergebenden Konsequenzen. Auch diese Theorie revidiert einige der altbekannten philosophischen Thesen und Begrifflichkeiten.

Allerdings bezieht sich üblicherweise weder die Quantenphilosophie auf die Tatsache der evolutionären Kontingenz des Menschen, noch berücksichtigt die Evolutionäre Erkenntnistheorie in hinreichender Weise die Revolution unseres Realitätsverständnisses durch die Quantenphysik. Und nicht nur diese, sondern auch etliche weitere Punkte verhindern, dass eines der vorliegenden Weltbilder eine übergreifende Plausibilität beanspruchen könnte. Was im Folgenden also zu leisten sein wird, ist zunächst im ersten Teil eine umfassende Darstellung der durch die Quantenphysik bedingten einschneidenden Änderungen im wissenschaftlichen Weltbild. Hieran schließt sich im zweiten Teil eine kritische Analyse der Evolutionären Erkenntnistheorie, unter anderem im Licht der im ersten Teil gewonnenen Erkenntnisse. Wie sich herausstellen wird, verbleibt das Desiderat, eine grundlegend neuartige Erkenntnistheorie zu formulieren, die die Einsichten der modernen Naturwissenschaft in unserem Weltbild angemessen zu berücksichtigen und in fruchtbarer Weise zu kombinieren vermag. Eine solche Theorie entwickeln wir im dritten und letzten Teil.

Mit diesem Ansatz einer neuen Erkenntnistheorie verbindet sich ein spezifisches Weltbild und Selbstverständnis des Menschen, wie er sich in seiner physischen, psychischen und sozialen Welt wiederfindet. Natürlich besitzt dieses Weltbild einige Züge, die schon immer mal wieder in philosophischen Theorien aufgetaucht sind. (Gewisse Einsichten überdauern eben den theoretischen Kontext, in den sie eingebettet sind; und vielleicht mag sich auch die eine oder andere hier präsentierte These noch in einem ganz anderen Rahmen fruchtbar zeigen.) Zu diesem Weltbild gehören aber auch ein paar sehr eigene Charakteristika. So findet die Emotionalität menschlichen Erkennens eine besondere Betonung, ebenso wie die Bedeutung der historisch-kulturellen Entwicklung für unser Realitätsverständnis und unseren Erkenntnisbegriff.

Die thematische Breite des gewählten Ansatzes spiegelt sich in den zentralen Begriffen, die sich durch die gesamte Abhandlung ziehen. Hierzu gehört vor allem die Erkenntnis mit all ihren Bedingtheiten, zu denen sowohl biologische wie soziokulturelle Prägungen zählen. Die Diskussion kreist um Punkte wie Kausalität und Kausalerwartung; Zufall und Determinismus; Subjektivität, Intersubjektivität und Objektivität; unterschiedliche Grade von Objektivierbarkeit in wissenschaftlichen Theorien; Lokalität oder Nichtlokalität; Separabilität oder Holismus; Teil-Ganzes-Beziehungen und systemtheoretische Zusammenhänge; Reduktionismus und Pluralismus; sowie schließlich um das Verhältnis von wissenschaftlichen Disziplinen zueinander und zur menschlichen Alltagserfahrung mitsamt dem Leib-Seele-Problem als dessen bedeutendstem Sujet.

Wie jeder erkenntnistheoretische Ansatz besitzt auch dieser Auswirkungen auf unser Welt- und Menschenbild als Ganzes. Schließlich beeinflusst jede Position zum Begriff der Erkenntnis immer auch die Vorstellungen, die wir von unserer Umwelt und uns selbst besitzen. Damit spielen für diesen Ansatz nicht nur Themen aus der Naturphilosophie, der Wissenschaftstheorie von Physik und Biologie, der Anthropologie und der Philosophie des Geistes eine Rolle; er berührt auch manche psychologischen Fragestellungen.

Gerade in Hinsicht auf die letztgenannten Punkte eröffnet diese Theorie einige Einsichten, die auf den ersten Blick überraschend scheinen mögen, auf den zweiten Blick aber letztlich nur eine Konsequenz des hier entwickelten Realitätsverständnisses sind. Aufgrund der Emotionalität menschlichen Erkennens spielt auch die Ästhetik – nicht zuletzt beim wissenschaftlichen Erkennen – eine besondere Rolle, auch wenn sich dies erst gegen Ende der Abhandlung explizit darlegen lässt. Auf ethische Fragestellungen sowie das zwischen der Ethik und der Philosophie des Geistes stehende Problem der Willensfreiheit können wir hier nicht näher eingehen und diese Themengebiete nur am Rande streifen; obschon von den anthropologischen und geistesphilosophischen Betrachtungen kein allzu weiter Weg zu ihnen führt.

Um das Verständnis der vielschichtig miteinander verwobenen Argumentationsstränge zu erleichtern, wollen wir an dieser Stelle eine kurze Rundschau über die Gesamtkomposition des Gedankenganges geben. Da in den Einleitungen zu den drei Teilen jeweils eine umfassendere Übersicht zu finden ist, beschränken wir uns hier auf den übergreifenden gedanklichen Zusammenhang.

Der *erste Teil* gibt einen Überblick über die überraschenden Eigenheiten der *Quantenphysik* und ihre wichtigsten *Interpretationen*. Wir werden die neuen quantenphysikalischen Prinzipien der Naturbeschreibung mit denen der klassischen Physik kontrastieren, da deren Theorien ja aufgrund ihrer langen Wirkungsgeschichte vor allem das abendländische Bild von Wissenschaft und Wirklichkeit entscheidend mitgeprägt haben. Gleichwohl ersetzt die Quantenphysik die klassische Physik nicht, sondern steht zu ihr in einem besonderen Verhältnis, das noch genauer zu durchleuchten sein wird.

Die Darstellung der Quantenphysik ist aus mehreren Gründen so ausführlich. Erstens gibt es zwar eine umfangreiche Literatur zur Philosophie der Quantenphysik und eine sehr kontrovers geführte Debatte über ihre verschiedenen Interpretationsansätze; es existiert jedoch keine hinreichend allgemeine und präzise Erörterung, wie sich eine Philosophie der Quantenphysik in ein allgemeineres erkenntnistheoretisches System einfügen ließe. Die vorliegenden Interpretationen der Quantenphysik sind selbst keine vollwertig ausgearbeiteten Erkenntnistheorien, wenngleich sie sich unterschiedlicher erkenntnistheoretischer und ontologischer Ansätze bedienen. Da wir hier einen solchen größeren Zusammenhang herstellen wollen, stehen wir vor der Aufgabe, einerseits die Interpretationsbedingungen der Quantenphysik möglichst eindeutig darzulegen, andererseits aber auch die damit verbundenen erkenntnistheoretischen Folgerungen für ein allgemein zu formulierendes Realitätsverständnis herauszustellen. Zweitens sind die dann im dritten Teil entwickelten Thesen entscheidend durch die strukturellen Einsichten der Quantenphysik motiviert. Um die Konsistenz dieses Ansatzes nachzuweisen, benötigen wir deshalb eine Analyse, die zeigt, dass klassisch-physikalisch geprägte Weltbilder letztlich voreilige Extrapolationen eines mittlerweile überholten und eingeschränkten Verständnisses wissenschaftlich beschriebener Wirklichkeit sind. Auch die kritische Diskussion der Evolutionären Erkenntnistheorie im zweiten Teil wird sich dieses Arguments bedienen: Denn diese Theorie beruht im Wesentlichen auf einem realistisch-reduktionistischen Weltbild, das stark durch klassisch-physikalische Vorstellungen von Wissenschaft und Wirklichkeit bestimmt ist. Und drittens eignet sich die Quantenphysik hervorragend zur Illustration der Grenzen der menschlichen Vorstellungskraft, wie sie bei der Erörterung der evolutionären Entstandenheit des menschlichen Erkenntnisvermögens relevant sein werden. Die Quantenphysik ist schließlich ein in öffentlichen Debatten zwar gerne zitiertes, aber dennoch weitgehend unverstandenes Exempel für die Weiterentwicklung des wissenschaftlichen Weltbildes. Es heißt dementsprechend oft, die Quantenphysik sei schlicht unverständlich. Zweifelsohne ist sie unanschaulich und oftmals kontraintuitiv. Sicherlich sind viele quantenphysikalischen Phänomene seltsam und gerade auch deshalb faszinierend. Die Prinzipien, mit denen die Quantenmechanik arbeitet und anhand derer die moderne Physik die fundamentalen Kräfte in unserem Universum beschreibt, lassen sich aber durchaus deutlich machen – und man braucht kein Fachmann zu sein, um das Neuartige und Revolutionäre an ihnen nachvollziehen zu können.

Im *zweiten Teil* fächert sich die Diskussion, die im ersten Teil thematisch noch enger begrenzt war, dann stärker auf. Dies liegt daran, dass mit der *Evolutionären Erkenntnistheorie* eine vollständig ausgearbeitete philosophische Theorie vorliegt, die einerseits zwar wesentlich durch biologische Forschungen motiviert ist, andererseits aber im Gegensatz zur Philosophie der Quantenphysik einen umfassenden philosophischen Anspruch erhebt. Diese Theorie vertritt sowohl eine eigene Sicht auf den Begriff von Erkenntnis als auch eine erkenntnistheoretische Position, die reduktionistischen Charakter besitzt und die sich von der Physik bis hin zur Philosophie des Geistes erstreckt. Zudem sind einige wichtige Positionen, wie sie heute in der Philosophie des Geistes oder der Naturphilosophie vertreten werden, der Evolutionären Erkenntnistheorie in entscheidenden Punkten ähnlich, zum Teil sogar mit dieser mehr oder weniger deckungsgleich. Da die im dritten Teil präsentierte neue Erkenntnistheorie sich von diesen Ansätzen deutlich unterscheidet, werden wir im zweiten Teil im Rahmen der Reduktionismusdebatte eine eingehende Analyse des von der Evolutionären Erkenntnistheorie vertretenen Realitätsverständnisses durchführen und dieses dann anhand mehrerer zentraler Punkte einer Kritik unterziehen. Ein besonderes Augenmerk liegt hierbei neben den Erkenntnissen der Quantenphilosophie auf dem Verhältnis von Physik, Chemie und Biologie sowie auf dem Leib-Seele-Problem; denn diese Zusammenhänge spielen auch im Folgenden noch eine tragende Rolle.

Damit sind die Grundlagen für den *dritten Teil* gelegt. Dort beschäftigen wir uns zunächst mit den wechselseitigen Lehren, die aus der Evolutionstheorie und der Quantenphilosophie für unser Weltbild folgen. Aus ihnen lassen sich einige sehr allgemeine Bedingungen konstruieren, die sich gemeinsam mit dem menschlichen Alltagsverständnis zu einem *naturalistisch-pluralistischen Weltbild* mit eigenem Charakter fügen. Ein solcher pluralistischer Ansatz besitzt zwar nicht die metaphysische Geschlossenheit und Einfachheit monistischer Weltbilder, die von nur einer grundlegenden Entität ausgehen, sei sie materieller oder psychischer Natur; er kann aber besser die verschiedenen Weisen, wie wir Menschen uns auf die Welt beziehen, abbilden – sowohl in der Alltagssprache wie auch in der Wissenschaft. Eine der Besonderheiten dieser Erkenntnistheorie besteht darin, dass sie die unhintergehbare Subjektivität und Emotionalität des menschlichen Erkenntnisvermögens in den Mittelpunkt stellt. Dies werden wir mit dem objektiven Charakter wissenschaftlicher Erkenntnis zu kontrastieren haben.

Diese erkenntnistheoretische Position wäre aber noch ein wenig steril und allzu wissenschaftstheoretisch orientiert, würde sie keine Anwendung auf andere philosophische Fragen und Themengebiete finden. Nun erlaubt sie aber insbesondere auf das Leib-Seele-Problem eine ungewöhnliche Perspektive jenseits der gegenwärtigen Debatte. Gleichermaßen folgt aus evolutionär-epistemologischen Betrachtungen, dass der soziokulturelle Kontext für den Erkenntnisbegriff von unverrückbarer Bedeutung ist. Dies zeigt sich auch an unseren im Laufe unserer kulturellen Evolution gewachsenen Vorstellungen über Wissenschaft und Wirklichkeit, die ja nicht zuletzt für die Debatten über die Quantenphysik und die Rolle der Evolution so entscheidend sind. Hier schließt sich der gedankliche Kreis dieses Werks.

Die hier erarbeitete Perspektive ist zwar stärker durch theoretische Gedankengänge motiviert; sie birgt aber durchaus auch einige gesellschaftlich relevante Analysen. Dies betrifft nicht zuletzt die Überwindung unzutreffender Vorstellungen über Wissenschaft, Wirklichkeit und die Grenzen menschlicher Machbarkeit. Denn Einsichten in die Bedingtheiten und Beschränkungen unseres Erkenntnis-

und Handlungsvermögens sind imstande zu Reflexionen anzuregen, inwieweit unsere Kultur – oder auch andere Kulturen – auf bestimmte Vorstellungen von Objektivität oder Kausalität fixiert ist, obgleich einige dieser Vorstellungen mittlerweile durch die Entwicklung der Wissenschaft selbst obsolet geworden sind. Hatte man einst etwa aus den zahlreichen Anwendungen der klassischen Mechanik, Elektrodynamik, Chemie und Thermodynamik – auf denen unsere moderne Industriegesellschaft ja basiert – eine vorherrschende Grundüberzeugung der Kontrollierbarkeit beliebig komplexer Systeme gewonnen, so sehen wir heute nicht allein angesichts der Problematiken im Bereich der klimatischen Entwicklung, der schwindenden Biodiversität und vielfältiger wechselseitiger genetischer Abhängigkeiten in bedrohten Ökosystemen, dass solche Sichtweisen fragwürdig geworden sind. Auch die Komplexität ökonomischer Verflechtungen ist größer und schwerer zu kontrollieren als je zuvor.

Heute vermögen uns die Einsichten der Komplexitätstheorie und die Erforschung der Phänomene der biologischen Selbstorganisation – von einzelnen Zellorganellen bis auf die Ebene ganzer Ökosysteme – die Grenzen menschlicher Verständnis- und Steuerungsmöglichkeiten deutlich stärker als früher vor Augen zu führen. Und die Quantenmechanik trägt zu dieser Diskussion nicht zuletzt die Erkenntnis bei, dass etwa im Mikroskopischen die Unteilbarkeit von Quantenphänomenen das klassische Prinzip der immer feineren gedanklichen Analyse eines Systems und des Aufbaus eines Gesamtsystems aus kleinsten, exakt vermessenen Einheiten unmöglich macht. Relevant werden für individuelles und gesellschaftliches Handeln können solche Einsichten aber erst, wenn sie in einen größeren gedanklichen Kontext eingebettet sind, in dem auch die handlungsleitende Emotionalität allen menschlichen Erkennens Berücksichtigung findet, die zudem unter soziokulturell-psychologischen und anthropologischen Aspekten zu betrachten ist. Genau eine solche Verbindung aber leistet diese Erkenntnistheorie.

Zur Lektüre sei dies noch angemerkt. Die Gliederung des Textes in Kapitel und Unterkapitel ergibt sich aus dem logischen und gedanklichen Zusammenhang; was dazu führen kann, dass sich an ein einzelnes Unterkapitel zuweilen nur ein einziges Unterunterkapitel anschließt. Und zweifelsohne ist beim Weben eines gedanklichen Netzes, das aus vielen unterschiedlichen Fäden gesponnen ist, eine gewisse Redundanz unvermeidlich. Auch sind an vielen Stellen Erklärungen vonnöten, die dem jeweiligen Fachmann auf dem Gebiet allzu trivial erscheinen mögen. Es ist jedoch unumgänglich, auf allen relevanten Gebieten in die wichtigsten Termini und Fragestellungen einzuführen, soll der Nicht-Fachmann nicht gezwungen werden, sich parallel zur Lektüre in verschiedenste Themengebiete einzulesen. Das Werk als Ganzes, welches eine große Breite an Themen überspannt und zusammenführt, wäre sonst praktisch unverständlich. So wird die Berufsphilosophin aus der Darstellung der Grundfragen der Erkenntnistheorie in Kap. 8 oder aus einigen Ausführungen zum Leib-Seele-Problems in Kap. 11.3 nicht viel lernen; sie mag sie teilweise gar als amateurhaft empfinden. Gleiches mag sich eine Naturwissenschaftlerin bei der Beschreibung physikalischer oder biologischer Zusammenhänge in den Kap. 1 und 2 sowie 9.1 und Kap. 11.2.2 denken. Diese Erklärungen sind bewusst in allgemeiner Form gehalten und nur soweit vertieft, als sie es auch dem jeweiligen

Nicht-Fachmann erleichtern sollen, dem weiteren Gedankengang mit tieferem Verständnis zu folgen.

Andererseits finden sich in der Argumentation ebenso einige Punkte, die auch für den Spezialisten durchaus neu und ungewohnt, vielleicht sogar nur mit gewissen Mühen nachvollziehbar sein dürften. Für den jeweiligen Laien wiederum dürften sie eine recht harte Kost sein, die sich beim ersten Lesen kaum erschließt. In der Quantenphilosophie sind dies vor allem Kap. 4.3.6 sowie manche der exotischeren Interpretationen in Kap. 5, ein paar der Kommentare zur Rolle der Quantenfeldtheorien in Kap. 6 sowie einige Feinheiten in der Analyse der Kopenhagener Deutung in Kap. 3. Gleiches gilt für die kritische Diskussion der Evolutionären Erkenntnistheorie und die subtileren Punkte der Reduktionismusdebatte in Kap. 11, sowie für die Behandlung einiger strittiger Fragen zum Leib-Seele-Problem in Kap. 17 oder die wissenschaftstheoretischen Betrachtungen in Kap. 19.2 und 19.3.

Nun ist offensichtlich, dass an beinahe jeder Stelle der Argumentation ein Experte auf dem jeweiligen Gebiet sich wünschen würde, dieses oder jenes eingehender zu beleuchten oder mehr Literatur zu diskutieren, oder dass er Auslassungen kritisierbar findet. Eine starke inhaltlich-thematische Auswahl und Beschränkung auf die jeweils relevanten und notwendigen Punkte ist bei einem Buch mit solch thematischer Breite allerdings unumgänglich. Beim Verfassen dieser Abhandlung habe ich mich deshalb vor allem an einer möglichst hohen Stringenz des gesamten Gedankenganges orientiert, ohne immer in alle Details gehen zu können.

Manch einem Leser wird dieser oder jener Punkt auch unnötig tiefgehend diskutiert erscheinen. Ein Leser, der sich für die Quantenmechanik nicht wirklich interessiert, mag diese Punkte oder gleich den ganzen ersten Teil überspringen und sich lediglich die Zusammenfassung der erkenntnistheoretischen Ergebnisse in Kap. 7 zu Gemüte führen. Wem die Evolutionäre Erkenntnistheorie nicht zusagt, der mag im zweiten Teil seine Lektüre auf die für den Fortlauf der Argumentation relevanten Kap. 11 (Reduktionismusdebatte) und 13 (Fazit) beschränken. Er muss dann aber darauf achten, die Feinheiten der Argumentation im dritten Teil nicht aus den Augen zu verlieren. Die Querverweise in den Fußnoten an den entscheidenden Stellen mögen ihm die Orientierung beim Nachschlagen erleichtern. Es ist auch kaum zu erwarten, dass sich ein Text, der so viele und teilweise recht weit auseinander liegende Disziplinen überspannt und zusammenzuführen sucht, bereits beim ersten Lesen in seiner Tiefe erschließt.

Es ist zum Gesamtverständnis des Textes jedenfalls nicht zwingend erforderlich, alle Details – insbesondere zur Quantenphysik, aber auch zur Reduktionismusdebatte oder zur Philosophie des Geistes – vollständig durchdrungen zu haben. Die umfangreiche Argumentation dient nicht immer nur einem tieferen Verständnis, sondern auch dazu, die hier vorgetragenen Ideen nach verschiedenen Richtungen hin abzusichern. Die zentralen Begriffe werden wir wiederholt unter verschiedenen Gesichtspunkten aufgreifen, so dass diejenigen Thesen, die zunächst noch schwerer verdaulich scheinen, sich an anderer Stelle dann hoffentlich als etwas bekömmlicher erweisen. Wer eine der wenigen mathematischen Formeln erspäht und nicht viel mit ihnen anzufangen weiß, sei hoffentlich nicht abgeschreckt: Sie dienen nur als Illustration. Ihre Bedeutung diskutieren wir rein sprachlich.

Die ursprüngliche Motivation zu dieser Abhandlung ist dem Nachdenken über einen gedanklichen Rahmen entsprungen, in dem sich die wichtigsten Theorien und Erkenntnisse der modernen Natur- und Geisteswissenschaften sowie das menschliche Alltagsverständnis in einer halbwegs schlüssigen Weise gemeinsam denken ließen – zumindest einleuchtender als in jenen traditionelleren Ansätzen, die mir meist als zu sehr von einer einzigen Disziplin inspiriert und jenseits dieser wenig tragfähig erschienen. In der Tat hat der gewählte Ansatz in eine ganz andere Richtung getragen und mehr überraschende Fragen und auch Antworten zu Tage gefördert als ursprünglich erwartet. So hatte ich anfangs weder das Anliegen, eine völlig neuartige Erkenntnistheorie zu entwerfen – diese Notwendigkeit ergab sich aus dem Fortlauf der Untersuchungen –, noch schwante mir im Entferntesten, welche anthropologischen, soziokulturellen, evolutionspsychologischen und geistesphilosophischen Erörterungen mit einem solchen Unternehmen verbunden sein würden. Es spricht aber wohl für diese Theorie, dass sie eine solch interdisziplinäre Perspektive überhaupt zulässt. Ein Ansatz wie dieser mag auch einen Beitrag dazu leisten, die wachsende Getrenntheit der natur- und geisteswissenschaftlichen Kulturen zu lindern und einen gedanklichen Hintergrund zu schaffen, in dem beide Arten geistiger Tätigkeit stärker in ihrem Zusammenhang sichtbar werden. Letztlich ist der Mensch doch bloß bemüht, das Bestimmungsgefüge der Welt, wie es sich ihm in unterschiedlicher Form in Alltag und Wissenschaft präsentiert, besser zu verstehen.

Nun kann ich dieses Werk nicht der Öffentlichkeit übergeben, ohne all denen meinen Dank auszusprechen, die zu seiner Entstehung beigetragen haben. Zunächst möchte ich mich sehr herzlich bei Margit Maly, Bettina Saglio und Vera Spillner bedanken, die dieses Buch beim Springer-Verlag realisiert haben. Auch meinem Lektor Christian Wolf danke ich sehr. In Dankbarkeit erinnere ich mich an den herausragenden Schulunterricht bei meinen Lehrern Volker Claus in Latein und Griechisch sowie Norbert Kaul in Ethik und Philosophie. Außerdem möchte ich mich bei Andreas Elepfandt, Bernard d'Espagnat, Günter Tembrock und Gerhard Vollmer bedanken, die mir bei einigen Interpretations- und Verständnisfragen zu Biologie, Physik und Erkenntnistheorie mit schneller und umfangreicher Hilfe zur Seite standen. Auch bei meinen Studienfreunden Rolf Hartmann und David von Stetten möchte ich mich ganz herzlich bedanken. Das gemeinsame Interesse an wissenschaftlichen Themen und ihrer philosophischen Bedeutung hat uns zu zahlreichen Diskussionen verleitet und diese Arbeit sehr befruchtet. Einen besonderen Dank schulde ich meinen Eltern Brigitte und Ulrich sowie meinen Geschwistern Annette und Markus. Sie waren mir bei all meinen Studien nicht nur ein großer Rückhalt – mein Bruder auch mit seiner Kenntnis der Teilchenphysik und Quantenfeldtheorie –, sondern mit ihrem Idealismus stets vor allem eine wichtige Inspiration.

Inhaltsverzeichnis

Abbildungsverzeichnis

Teil I
Die Philosophie der Quantenphysik

Einleitung

> *There was a time when newspapers*
> *said that only twelve men understood*
> *the theory of relativity. I do not believe*
> *there ever was such a time.... On the*
> *other hand, I think it is safe to say that*
> *no one understands quantum*
> *mechanics.*
>
> *(Richard P. Feynman)*
>
> *Das Schönste in der Welt ist das*
> *Geheimnisvolle.*
>
> *(Albert Einstein)*

Selten hat in der Geschichte der Naturwissenschaften eine neue Theorie einen so tiefen Eindruck hinterlassen und gleichzeitig dermaßen die Gemüter gespalten wie die Quantenphysik. Wer auch immer sich mit ihr befasst, und seien es die hellsten Geister und brillantesten Wissenschaftler, wird ein gewisses Gefühl der Befremdung nicht mehr los, das sich nicht überwinden lassen will und das andere Bereiche der Wissenschaft in dieser Form kaum zu bieten haben. Der mathematische Apparat der Quantenphysik und ihre Experimentaltechnik, die mit einer in allen anderen Zweigen der Wissenschaft unübertroffenen Präzision Messergebnisse vorherzusagen und zu überprüfen gestatten, stehen einer Vielzahl unterschiedlicher Interpretationsschulen und philosophischer Ansichten über ihre Bedeutung gegenüber.

In der Geschichte der modernen Wissenschaft gibt es nur eine gute Handvoll ähnlich revolutionärer Umbrüche: Dazu gehört sicherlich die kopernikanische Wende, die über Kepler und Galilei in der newtonschen Mechanik kulminierte, später die darwinsche Evolutionstheorie, dann die maxwellsche Elektrodynamik, die den Weg weiter zur einsteinschen Relativitätstheorie wies, und nicht zuletzt die freudsche Theorie des Unbewussten. Mit der Letzteren teilt die Quantenphysik eine gewisse Unverständlichkeit, die allerdings umso schmerzhafter berührt, als sie doch die objektive Welt beschreiben soll und nicht die Gemütszustände so widersprüchlicher Lebewesen, wie wir es sind.

Und wenn jeder dieser wissenschaftlichen Umbrüche einen bedeutenden Einfluss auf das Welt- und Menschenbild seiner Zeit und auf die nachfolgenden Generationen hatte, so lässt sich bei der Quantenphysik angesichts ihrer umstrittenen Interpretationen vor allem konstatieren, dass sie den Menschen an die Grenzen seiner Vorstellungskraft führt und ihm die unheimliche Macht der Mathematik gegenüber seinem bescheidenen Anschauungsvermögen demonstriert. Rund ein Jahrhundert nach der Einführung des planckschen Wirkungsquantums und der Aufstellung der Quantenphysik sind die Fronten härter, die Vielzahl unterschiedlicher Interpretationen verwirrender und die Resignation bezüglich ihrer Interpretierbarkeit bei manch einem größer als je zuvor. Gleichzeitig erweist sich die Quantenphysik als Grundlage verschiedenster Forschungszweige und findet auch außerhalb ihres Ursprungs in der Atomphysik immer neue Anwendung und Bestätigung: in der Kernphysik, der Astroteilchenphysik, der Festkörperphysik, der Materialwissenschaft, der Laserforschung, der Biochemie, der Computer- und Informationstechnologie und auf vielen anderen Gebieten. Auf der Quantenphysik basierende Güter und Dienstleistungen machen nicht zuletzt seit Einführung des Internets einen großen Teil der globalen Wertschöpfung aus. Denn auch wenn die Quantenphysik sich um Prozesse im Mikrokosmos dreht, so haben diese doch Auswirkungen, die die Welt im Großen bestimmen. Im Rahmen der klassischen Nicht-Quantenphysik müssen die Eigenschaften des Lichts ebenso unerklärt und unerklärbar bleiben wie der Ferromagnetismus, der Transistor, die Supraleitung oder überhaupt das gesamte chemische Verhalten von Stoffen.

Auch wenn es also auf den ersten Blick verwunderlich erscheinen mag, die notorisch unanschauliche Quantenphysik in eine erkenntnistheoretische Diskussion über Evolution und psychische Phänomene miteinzubeziehen, so sollte doch bedacht sein, dass die Quantenphysik nicht nur eines der großen physikalischen Theoriegebäude ist und einen wesentlichen Paradigmenwechsel im Realitätsverständnis der modernen Physik bewirkt hat. Sie ist auch schlicht *die* Fundamentaltheorie der Materie; und die von ihr beschriebenen Atome und Moleküle bilden die Arbeitsgrundlage der heutigen Chemie und Biologie. Eine Klärung der hiermit zusammenhängenden Fragen ist somit auch für eine philosophische Einschätzung chemischer und biologischer Erkenntnisse von nicht zu unterschätzender Bedeutung. Diese Inbezugsetzung liegt auf der Hand, seit es Rosalind Franklin, Francis Crick und James Watson gelungen war, die Struktur der genetischen Informationsträger als Doppelhelix von lediglich vier Nukleinbasen aufzudecken, wodurch sie nicht zuletzt die Molekularbiologie begründeten. Unter anderem hierdurch wurde die Quantenphysik für die Biologie zu einem untersetzlichen Arbeitsgerät. Denn sie ermöglicht es, quantenchemische Potentiale, Reaktionsraten, Molekülfaltungen, Proteinstrukturen, spektrale Absorption, Photosynthese und dergleichen mehr zu beschreiben und zu verstehen. Moderne Chemie, Biologie und Pharmazie sind ohne Quantenphysik nicht mehr denkbar; und damit stellt sich natürlich auch die Frage, inwieweit die herkömmlichen, der naturwissenschaftlichen Forschung zugrundeliegenden Prinzipien hier noch einen tragfähigen Rahmen zum Verständnis bieten können.

Die moderne Quantenphysik ist ein Theoriegebäude, das im Wesentlichen aus zwei Teilen besteht. Einerseits ist dies die *Quantenmechanik*. Diese mathematisch zwar anspruchsvolle, aber nicht übermäßig komplexe Theorie entstand zur Beschreibung von Zuständen in Atomen und Molekülen. Schon bald erwies sie sich als ungeheuer brauchbar, um die Eigenschaften sowohl der unbelebten wie der belebten Materie im Mikroskopischen erstaunlich präzise zu beschreiben. Sie konnte dies aber nur, indem sie einige der Prinzipien der Naturbeschreibung, wie sie zur Grundlage der klassischen Physik gehörten, über Bord warf und damit eine bis heute andauernde erkenntnistheoretische Diskussion auslöste. Im subatomaren Bereich oder bei hohen Energien gelangt aber auch die Quantenmechanik an ihre Grenzen, so dass die Physiker die Quantenmechanik um die sogenannten *Quantenfeldtheorien* erweitern mussten. Diese liefern für fast alle heute bekannten elementaren Phänomene erschöpfende Erklärungen – selbst unter extremsten Bedingungen wie etwa bei Präzisionsexperimenten im Teilchenbeschleuniger oder bei Kollisionen unglaublich energiereicher Teilchen der kosmischen Strahlung mit der Erdatmosphäre. Die Quantenfeldtheorien sind mathematisch und begrifflich zwar noch deutlich komplexer als die Quantenmechanik, gehorchen aber erkenntnistheoretisch gesehen denselben Prinzipien. Wir werden uns im Folgenden deshalb zunächst der Quantenmechanik zuwenden und erst im späteren Verlauf auf die Quantenfeldtheorie zu sprechen kommen.

Worin also besteht die geheimnisvolle Vorhersagekraft der Quantenphysik; und was macht ihre Interpretation so schwierig? Zur Klärung dieser Fragen werden wir ihre Struktur und Prinzipien eingehend zu analysieren haben. Dabei soll der Schwerpunkt bei der Vorstellung der Grundlagen stärker auf inhaltlicher und konzeptioneller Klarheit als auf formaler Vollständigkeit liegen; denn zu Letzterer gibt es viele interessante Bücher und Aufsätze, auf die an geeigneter Stelle verwiesen ist. Beim Herausarbeiten der erkenntnistheoretischen Prinzipien der Quantenmechanik jedoch ist es erforderlich, mit höchster begrifflicher Schärfe vorzugehen, denn diese werden für den Fortlauf der Diskussion im zweiten und dritten Teil dieser Abhandlung noch eine entscheidende Rolle spielen. Durch diesen Ansatz und den Verzicht auf mathematisches Formelwerk soll auch für den Nicht-Fachmann eine gute Lesbarkeit gewährleistet sein, um die philosophisch interessanten Aspekte der modernen Physik nicht hinter allzu dichten mathematischen Nebelschwaden zu verbergen – wodurch allerdings keine Vollständigkeit in der Darstellung beansprucht werden kann. Die gute Lesbarkeit werden wir stattdessen durch eine ausführliche Diskussion illustrierender Beispiele und erhellender Gedankenexperimente anstreben.

Die Betrachtungsweise entspricht folglich eher einer Expedition durch die interpretativ wichtigsten Gebiete der modernen Quantenphysik, die den formalen mathematischen Apparat zwar berücksichtigt, ihn aber nicht explizit nachvollzieht und nur seine Ergebnisse zitiert. Auf diesem Wege lassen sich auch einige der überraschenden und faszinierenden Phänomene der Quantenfeldtheorien streifen. Diese sind als heutige Theorien der Elementarteilchen und der grundlegenden Naturkräfte die Speerspitze quantenphysikalischer Grundlagenforschung. Damit stellen sie neben der Relativitätstheorie sozusagen die Krone im Theoriengebäude der modernen Physik dar. Sie können außerdem zu einem tieferen Einblick in diejenigen Eigenheiten der Quantenwelt beitragen, die auf dem Stand der normalen Quantenmechanik unerklärt bleiben müssen. Eine saubere formale Darlegung dieser mathematisch und konzeptionell äußerst anspruchsvollen Theorien erfordert allerdings Jahre konzentrierten Studiums; wobei ihre Interpretation zusätzlich zu den üblichen immensen konzeptionellen Schwierigkeiten der Quantenphysik noch dadurch erschwert wird, dass die – vorsichtig formuliert – oftmals außerordentlich pragmatische Verwendung der Mathematik durch die Physiker so manchem Mathematiker gewisse Kopfschmerzen bereitet; und das, obwohl die Mathematik hier viele wichtige Anregungen der Physik zu verdanken hat. Der Grund, warum wir einige wichtige Eigenschaften dieser Theorien vorstellen wollen, besteht aber nicht allein in der Illustration der Eigentümlichkeiten der Mikrowelt. Hauptsächlich ist deren Vorstellung durch die Tatsache motiviert, dass es trotz der genannten Schwierigkeiten durchaus möglich ist, einige unerwartete und interessante philosophische Kriterien aus diesen Theorien zu extrahieren, die sich trotz ihrer vordergründigen Unzugänglichkeit als einleuchtende Interpretationshilfen für die Diskussion im dritten Teil erweisen werden.

Man kann sich nun sehr wohl die Frage stellen, ob eine solche Analyse der modernen Naturwissenschaft überhaupt wichtig oder sinnvoll ist. Schließlich arbeiten viele Forscher sehr effektiv, ohne sich allzu sehr den Kopf über solche Fragen zu zerbrechen. Sie nutzen eine Art Minimalinterpretation ihrer jeweiligen Wissenschaft, die ihnen die nötigen Mittel an die Hand gibt, um alle wichtigen Forschungsvorhaben zu erledigen.[1] Bei einer solchen Minimalinterpretation handelt es sich jedoch um eine unreflektierte Sichtweise, die auf tiefer gehende Fragen verzichtet. Größeren wissenschaftlichen Neuerungen – und insbesondere der Relativitätstheorie und der Quantenphysik! – ging jedoch meistens ein kritisches Nachdenken über die begrifflichen und methodischen Grundlagen einer Disziplin voraus. Und die Tatsache, dass sich viele Wissenschaftler und Philosophen über Interpretationsfragen teilweise ihr Leben lang Gedanken machen, liegt vielleicht auch darin begründet, dass man mit solch einer Minimalinterpretation jeden Anspruch auf weltbildliche Bedeutsamkeit aufgibt, wie sie immer schon eine wichtige Motivation der Grundlagenforschung gewesen ist. Meist bedeutet, keine Philosophie zu haben, eine schlechte Philosophie zu haben – oder die mehr oder minder brauchbare Philosophie eines anderen unhinterfragt übernommen zu haben. Hingegen vermag die Reflexion über solche Zusammenhänge manch tiefe Einsichten zu bescheren; und sei es so kurz und prägnant auf den Punkt gebracht,

---

[1]Für die Quantenmechanik lautet eine solche Minimalinterpretation: „Shut up and calculate!" Dieses Zitat wird meist dem Quantentheoretiker Richard Feynman zugeschrieben.

wie es der Biologe John Haldane einst ausdrückte: „Nature is not only odder than we think, but odder than we can think."

Zunächst aber wollen wir einen Überblick über die Kapitel in diesem ersten Teil geben. Die in dieser Abhandlung gewählte Darstellung entspricht teils aus didaktischen, teils aus konzeptionellen Gründen ungefähr der historischen Entwicklung der Debatte. Der Gedankengang beginnt mit der klassischen Physik, deren Prinzipien einen besonderen Einfluss auf das abendländische Denken genommen haben und in größtenteils unbewusster und scheinbar selbstverständlicher Weise dessen Wissenschafts- und Realitätsverständnis bestimmen. Aus diesem Grund benötigen wir eine exakte Analyse ihrer Prinzipien und Implikationen. Die Darstellung beginnt mit der klassischen Mechanik und den ihr zugrundeliegenden Prinzipien der Kontinuität, des Determinismus und der Objektivierbarkeit. Anhand eines kurzen Exkurses zum Leib-Seele-Problem werden wir dem Einfluss mechanistischer Denkweisen auf philosophische Grundlagenfragen nachgehen. Dann besprechen wir die Elektrodynamik und die Spezielle Relativitätstheorie und das zu ihnen gehörende Lokalitätsprinzip. Hierauf folgt die Thermodynamik, deren zentraler Begriff, die Entropie, in der klassischen Physik dadurch heraussticht, dass er sich nicht mehr streng objektiv darstellen lässt, sondern den (mangelhaften) Kenntnisstand des Beobachters zu seiner Definition benötigt. Hier lassen sich gewisse Parallelen zu möglichen Interpretationen der quantenmechanischen Wellenfunktion ziehen. Die Darstellung der klassischen Physik schließt mit einer Betrachtung zur Allgemeinen Relativitätstheorie und zu den offenen Problemen der heutigen Physik.

Sodann wenden wir uns der Quantenmechanik zu. Das Ziel des ersten Teils dieser Abhandlung besteht darin herauszuarbeiten, inwieweit die aus der klassischen Physik bekannten Prinzipien der Naturbeschreibung und der ihnen naheliegenden Ontologie bei der Beschreibung der Phänomene des Mikrokosmos noch Bestand haben können. Es wird sich herausstellen, dass keinesfalls alle klassischen Prinzipien weiterhin anwendbar sind, sondern lediglich bestimmte Kombinationen von ihnen, welche in den verschiedenen Interpretationen der Quantenmechanik realisiert sind.

Kapitel 2 gibt deshalb zunächst eine Einführung in die Grundlagen der Quantenmechanik. Hierzu gehören insbesondere die berühmte Schrödinger-Gleichung und die aus dem mathematischen Formalismus ableitbaren und philosophisch bedeutsamen Unschärferelationen, deren Konsequenzen wir eingehend beleuchten.[2]

---

[2]Die gesamte Quantenmechanik, die sich mit Hilfe der Schrödinger-Gleichung beschreiben lässt, ist nicht relativistisch invariant; d. h. sie gehorcht nicht den Erfordernissen der einsteinschen Relativitätstheorie und kann deshalb nur als Grenzfall für kleine Geschwindigkeiten gegenüber der Lichtgeschwindigkeit angesehen werden. Die Diskussion um die Grundlagen der Quantenmechanik wird aber trotzdem auf dieser Grundlage geführt, weil die relativistischen Verallgemeinerungen der Quantenmechanik außer einem mathematisch noch sehr viel komplizierteren Apparat kaum grundsätzlich neue interpretative Probleme aufwerfen. Da einige Interpretationen der Quantenmechanik dennoch Schwierigkeiten mit relativistischen Verallgemeinerungen haben und diese Verallgemeinerungen zu bedeutenden Erkenntnisgewinnen im Naturverständnis der modernen Physik beigetragen haben, werden wir auf diese Punkte in den Kap. 5 und 6 zu sprechen kommen.

Zu den wichtigsten Erkenntnissen der Quantenphysik zählt auch die Unteilbarkeit der Wellenfunktion, die eine Abkehr von den klassischen Prinzipien der Naturbeschreibung unausweichlich macht.

Die hier vorgestellte Standarddarstellung der Quantenmechanik ist das Arbeitsinstrument aller Quantenphysiker und -chemiker. Sie beinhaltet einen Bezug auf die Rolle der Messung und impliziert damit einen Beobachter, was eine streng objektive Deutung im Sinne der klassischen Physik unmöglich macht. Zwar gibt es in der klassischen Physik einen ebensolchen Bezug, nämlich bei der Entropie, aber dieser bezieht sich nur auf die pragmatische Unmöglichkeit, eine ungeheure Vielzahl von Variablen zu messen und die aus ihnen folgenden Gleichungen zu lösen. Man hat dort gewissermaßen aus der Not eine Tugend gemacht – und das nur beschränkte Wissen eines Beobachters über ein System mit unglaublich vielen Teilchen als Maß für die Unordnung eines Systems eingeführt. Im Bereich der Quantenmechanik sieht das anders aus, denn hier lässt es die Standardformulierung auch für elementar einfache Anordnungen – wie etwa die Ortsbestimmung eines einzelnen, freien Elektrons – nicht zu, auf den Begriff der Beobachtung zu verzichten. Dies hat einschneidende Auswirkungen auf unser Realitätsverständnis einer unabhängigen Mikrowelt und ist deshalb auch der Punkt, an dem die verschiedenen Interpretationen divergieren. Einige Interpreten schlagen eine Änderung des Formalismus vor, andere eine Umdeutung unserer Begriffe von Realität. Wir werden im Einzelnen auf diese Punkte eingehen, nachdem wir uns mit der Standardinterpretation und den gegen sie vorgebrachten Einwänden auseinandergesetzt haben.

Diese Standardinterpretation, auch *Kopenhagener Deutung* oder *Kopenhagener Interpretation* genannt, erörtern wir in Kap. 3. Sie ist zusammen mit der Entwicklung des Formalismus gewachsen und somit die historisch älteste Deutung der Quantenphysik. Sie berücksichtigt die Rolle der Beobachtung oder des Messprozesses explizit und entsagt mithin einem mikroskopischen Realismus. Gleichzeitig versteht sie, was oftmals missverstanden wird, keineswegs die ganze Welt als mentale Erscheinung, sondern räumt dem Makrokosmos und den diesen Makrokosmos beschreibenden klassisch-physikalischen Begriffen eine konzeptionelle und epistemologische Vorrangstellung ein. Zentral im Verständnis der Mikrowelt ist für die Kopenhagener Deutung der Begriff der Komplementarität, da dieser den begrenzten Anwendbarkeitsbereich unserer makroskopischen Vorstellungen feststellt.

Gegen die Kopenhagener Deutung wurde zunächst eine ganze Reihe unterschiedlicher Argumente ins Feld geführt, bevor verschiedene Alternativinterpretationen entwickelt wurden. Die berühmtesten dieser Argumente werden wir in Kap. 4 diskutieren. Zu ihnen gehören die Paradoxa von Schrödingers Katze und von Wigners Freund sowie das sogenannte EPR-Paradoxon.[3] Diese Paradoxa illustrieren paradigmatisch sowohl die kontraintuitiven Gesichtspunkte im neuen Realitätsverständnis als auch mögliche Missverständnisse der Kopenhagener Deutung. Wir werden auch die neueren Entwicklungen zu den einzelnen Paradoxa ansprechen,

---

[3]Dieses Paradoxon ist nach seinen Urhebern Albert Einstein, Boris Podolsky und Nathan Rosen benannt, siehe Einstein et al. (1935).

die ein tieferes Verständnis dieser Punkte ermöglichen. Insbesondere gilt dies für das EPR-Paradoxon, das auf dem Phänomen der Verschränkung basiert und das grundlegende theoretische und experimentelle Forschungsarbeiten angestoßen hat, an denen bis heute weltweit intensiv gearbeitet wird. Diese Studien besitzen nicht nur einen zentralen Einfluss auf sämtliche Interpretationsansätze der Quantenmechanik, sondern auch großes Potential für technologische Innovationen.

Die wichtigsten der im Einzelnen sehr unterschiedlichen alternativen Interpretationen der Quantenmechanik werden wir in Kap. 5 behandeln und das von ihnen implizierte Weltbild mit der Kopenhagener Deutung und dem Realitätsbegriff der klassischen Physik kontrastieren. Zu diesen Alternativinterpretationen gehören sowohl die Vielwelten-Interpretation als auch die bohmsche Führungswellentheorie sowie einige andere, unbekanntere Interpretationen. Sämtliche Interpretationen müssen sich den strengen Bedingungen und Vorgaben der Natur fügen, die ihren Spielraum in unterschiedlichster Richtung einschränken. Die Verpflichtung auf eine bestimmte Ontologie etwa bedingt bereits den Verzicht auf bestimmte Eigenschaften des Realitätsverständnisses. Wir werden diese sowohl unter erkenntnistheoretischen wie logischen Gesichtspunkten reizvollen Aspekte eingehend diskutieren; auch wenn eine ausführliche formale Analyse jeder der genannten Interpretationen im hier gesteckten Rahmen nicht möglich ist.

In Kap. 6 greifen wir dann die erkenntnistheoretisch wichtigsten Aspekte der relativistischen Quantenmechanik und der Quantenfeldtheorie auf. Hierzu gehören unter anderem die Verallgemeinerung der Schrödinger-Gleichung, die Dirac-Gleichung, und die aus ihr folgenden Besonderheiten für den Spin, also den Eigendrehimpuls der Teilchen. Dies beinhaltet auch die Begründung des sogenannten Pauli-Prinzips durch das fundamentale Spin-Statistik-Theorem, das sich aus nur wenigen extrem allgemeinen Voraussetzungen herleiten lässt. Dieses Prinzip erklärt den Aufbau des Periodensystems der Elemente und die Stabilität aller Materie. Außerdem erörtern wir die Phänomene der Teilchenerzeugung und -vernichtung und die besondere Rolle von Symmetrien und Erhaltungssätzen hierbei. Die Behandlung der relativistischen Quantenphysik endet mit einer Betrachtung ihrer interpretativen Probleme und des von ihr implizierten Weltbildes, dessen abstrakter Charakter noch über die herkömmliche Quantenmechanik hinausgeht.

Zum Abschluss des ersten Teils fassen wir in Kap. 7 die bisher erzielten Ergebnisse zusammen und stellen einen Vergleich der verschiedenen Interpretationen an. Für den Fortgang des Gedankenganges ist insbesondere von Interesse, inwieweit die klassischen Realitätsbegriffe noch Geltung beanspruchen können. Dies wird bei den Reflexionen über die evolutionäre Entstandenheit des menschlichen Erkenntnisvermögens im zweiten und dritten Teil dann eine entscheidende Rolle spielen.

Die Prinzipien der klassischen Physik

1

> *Einstweilen müssen wir zugeben, dass*
> *wir eine allgemeine theoretische*
> *Grundlage der Physik, die man als ihr*
> *Fundament bezeichnen könnte,*
> *überhaupt nicht besitzen.*
>
> *(Albert Einstein)*

Ein verbreitetes Vorurteil in bezug auf die Physik besteht darin zu denken, die Physik wäre eine bestimmte monolithische mathematische Theorie; vielleicht mit verschiedenen Zweigen, aber doch mit einer einheitlichen Struktur. Wie bereits das Eingangszitat von Albert Einstein sowie die im Folgenden zu besprechenden offenen Forschungsprogramme andeuten, ist die Lage jedoch weitaus komplizierter.

Die moderne Physik besteht nicht nur aus verschiedenen Theorien für unterschiedliche Phänomenbereiche. Sie teilt sich sogar in zwei Theoriensysteme auf: in die klassische und in die Quantenphysik. Während Letztere notorisch problematisch zu deuten ist, gestaltet sich die Interpretation der Ersteren zum Glück sehr viel deutlicher. Zwar sind auch hier verschiedene Deutungsmuster oder Interpretationsschulen möglich, aber wenigstens herrscht sehr viel größere Klarheit darüber, welche von diesen zulässig, sinnvoll oder plausibel sind. Die Theorien der klassischen Physik stellen wir in der Reihenfolge der historischen Entwicklung vor, wobei sich zu jeder Theorie ein kurzer Abschnitt zu ihren philosophischen Voraussetzungen und Implikationen anfügt, da diese einen bedeutenden Einfluss auf das Denken und das Weltbild ihrer Zeit hatten, der teilweise auch heute noch entscheidende Ausmaße besitzt.[1]

---

[1]Eine sehr gelungene Darstellung der konzeptionellen Grundlagen der klassischen Physik findet sich bei Einstein und Infeld (1956). Eine Einführung in die Naturphilosophie, die viele der im Folgenden benutzten Begrifflichkeiten erläutert, gibt Drieschner (2002).

© Springer-Verlag Berlin Heidelberg 2017
D. Eidemüller (Hrsg.), *Quanten – Evolution – Geist*,
DOI 10.1007/978-3-662-49379-3_1

1.1 Klassische Mechanik

Die klassische Physik besteht aus mehreren zusammenhängenden Theorienblöcken. Historisch am ältesten und Grundlage der modernen Naturwissenschaft sowie wichtige Inspiration für einen guten Teil abendländischer Philosophie ist die klassische Mechanik, wie sie zuerst von Isaac Newton schlüssig formuliert wurde. Ihre zentrale Aussage besteht darin, dass Kraft gleich träger Masse mal Beschleunigung ist. Hierdurch wird der Begriff der *Kraft* festgelegt und mit den Begriffen der trägen Masse und der Beschleunigung, die aus Messungen von Strecken und Zeitintervallen bestimmt werden kann, verknüpft.[2] Anhand dieser Grundgleichung lassen sich allerdings noch keine Aussagen über die verschiedenen Kräfte machen, wie z. B. die Schwerkraft, Federkräfte oder andere. Die zweite große Leistung Newtons bestand deshalb darin, aus den keplerschen Gesetzen der Planetenbewegung, die Kepler gemäß dem heliozentrischen kopernikanischen Bild unseres Sonnensystems aufgestellt hatte, eine Gleichung für die Gravitationskraft zu finden, die auch die schwere Masse beinhaltet. Über seine *schwere Masse* koppelt ein Körper an die Schwerkraft; er zieht andere Körper an und wird von ihnen angezogen. Die *träge Masse* hingegen besteht in der Eigenschaft eines Körpers, auf ihn wirkenden Kräften Widerstand entgegen zu setzen.

Es zeigte sich nun, dass die träge und die schwere Masse gleich sind, auch wenn sich dafür in der klassischen Mechanik kein tieferer Grund angeben lässt.[3] Die klassische Mechanik lässt sich auch in anderer Weise als der newtonschen Formulierung darstellen; und diese Formulierungen sind zum Teil bei der Lösung gewisser Probleme deutlich vorteilhafter, aber grundlegend neue physikalische Begriffe kennen sie nicht. Sie sind mathematisch äquivalente Darstellungen derselben Theorie.[4] Entscheidender Vorläufer der klassischen Mechanik waren neben den bekannten astronomischen und mechanischen Gesetzmäßigkeiten die methodologischen Arbeiten Galileo Galileis.

Grundlegende Begriffe der klassischen newtonschen Mechanik sind der *absolute Raum* und die *absolute Zeit*, die unveränderlich und ewig dastehen, bzw. vor sich hinlaufen, und weiterhin die Erhaltungsgrößen der Energie und des Impulses

---

[2]Bereits der für alle Naturwissenschaften grundlegende Begriff der Masse ist nicht unproblematisch. Es besteht nach dieser Definition eine gewisse Zirkularität zwischen den Begriffen der Masse und der Kraft. Dies hat insbesondere Ernst Mach dazu bewegt, ein festeres Fundament zur Begründung dieser zentralen physikalischen Größe zu suchen, siehe Mach (1988). Eine herausragende Analyse der Entwicklung des Massebegriffs über die Geschichte der Naturwissenschaften gibt Max Jammer in Jammer (1961).

[3]Genau genommen kann man aus diesen Zusammenhängen keine Gleichheit, sondern nur eine Proportionalität von träger und schwerer Masse ableiten. Die hierbei auftauchende Proportionalitätskonstante lässt sich aber in der Gravitationskonstante „verstecken", so dass man beide als gleich betrachten kann.

[4]Zu diesen Formulierungen gehören die auch in der Quantentheorie wichtigen und uminterpretierten Darstellungen gemäß dem Hamilton- und dem Lagrange-Formalismus. Auch die Quantenmechanik kennt verschiedene Formulierungen. Da uns jedoch der interpretative Gehalt interessiert, wird dies in der weiteren Diskussion keine Rolle spielen.

sowie des Drehimpulses. Zwar konnte bereits Gottfried Wilhelm Leibniz in seiner berühmten Debatte mit Samuel Clarke, einem Schüler Newtons, nachweisen, dass der Begriff des absoluten Raumes keine notwendige Ingredienz der klassischen Mechanik ist. Zusammen mit dem niederländischen Physiker Christiaan Huygens entwickelte Leibniz Positionen, die bereits 200 Jahre vor der Relativitätstheorie eine relationale und nicht absolute Sicht des Raumes beinhalteten. Ihre Haltung wurde allerdings kaum wahrgenommen, und in der öffentlichen Meinung der Gelehrten triumphierte alsbald der absolute Raum mit all seinen philosophischen Implikationen.[5]

Im Rahmen der klassischen Mechanik spielt außerdem der idealisierte Begriff des Punktkörpers eine wichtige Rolle. Dieser kann auch zu einer kontinuierlichen Massenverteilung verallgemeinert werden. Mit diesen durch Formeln verknüpften Begriffen und den richtigen Naturkonstanten und phänomenologischen Materialkonstanten lassen sich die Bahnen der Himmelskörper, die Bewegungen von Lebewesen, die Funktion von Maschinen, die Statik von Gebäuden und vieles andere präzise beschreiben und erklären. Sämtliche dieser Begriffe sind dem menschlichen Verstand zugänglich – zumindest als Grenzfall der Vorstellung, wie etwa beim Punktkörper. Und wenn auch aus der Theorie vieles folgt, was dem nicht in ihr ausgebildeten Menschen zunächst seltsam erscheint und was er sich rein intuitiv anders vorgestellt hätte, so ist doch durch eine saubere Analyse der verschiedenen involvierten Phänomene beinahe jedermann verständlich zu machen, warum sich ein bestimmter Körper gemäß den Gesetzen der Mechanik bewegt.

1.1.1 Das Kontinuitätsprinzip

Dieses Prinzip fand seinen Ausdruck bereits in der antiken Philosophie in dem Lehrsatz: „Natura non facit saltus." („Die Natur macht keine Sprünge.") Es ist in der klassischen Mechanik enthalten, denn alle durch die Bewegungsgleichungen gegebenen Bewegungsgrößen verändern sich kontinuierlich. Wenn sich nämlich alle Bewegungsgrößen in beliebig kleine Schritte unterteilen lassen, bleibt kein Raum für Diskontinuitäten. Dies spiegelt sich in der mathematischen Struktur ihrer Gleichungen wider; sogenannter Differentialgleichungen, die infinitesimal (d. h. beliebig klein) unterteilbare Veränderungen der einzelnen Bewegungsgrößen beschreiben. Kein klassisch-physikalisches Phänomen kennt folglich Diskontinuitäten der Art, wie sie sich in der Quantenphysik als Quantensprünge zeigen.

Noch deutlicher tritt das Kontinuitätsprinzip dann in den Feldgleichungen der Elektrodynamik zutage. Denn diese Theorie ist eine Nahwirkungstheorie; Kräfte werden also nicht mehr als sich instantan (d. h. ohne zeitliche Verzögerung) fortpflanzend betrachtet, sondern ebenfalls durch Differentialgleichungen beschrieben,

---

[5]Die Korrespondenz führte Newton nicht selbst, da er und Leibniz sich nicht sonderlich grün waren. Die Schärfe ihrer Auseinandersetzung, die auch theologische Argumente beinhaltete, wird daran ersichtlich, dass sie erst mit Leibniz' Tod 1716 endete.

welche eine Ausbreitung mit maximal Lichtgeschwindigkeit vorsehen. Dieses
Prinzip hat sich in der gesamten klassischen Physik bewährt, bis hin zur Relativitätstheorie. Die berühmt-berüchtigten Quantensprünge, die mittlerweile stärker als
jeder andere Terminus der modernen Wissenschaft Eingang in die Umgangssprache
gefunden haben (mit Ausnahme der allseits beliebten Rede von der Relativität),
sind folglich ein Hinweis auf grundlegende Änderungen im Weltbild der heutigen
Naturwissenschaft.

Wichtig für die folgende Diskussion ist es allerdings, in Erinnerung zu behalten,
dass die Grundgleichungen der Quantenmechanik ebenfalls Differentialgleichungen
sind, welche kontinuierliche Veränderungen implizieren. Erst durch das sogenannte
Reduktionspostulat, das von einigen Interpreten abgelehnt wird, werden Diskontinuitäten in die Quantenmechanik eingeführt. Dieses Postulat zu umgehen ist
allerdings mit erheblichen Schwierigkeiten verbunden. Dies werden wir noch am
Beispiel der bohmschen Interpretation sehen, die – im Gegensatz zur Kopenhagener
Deutung – die Quantensprünge beseitigt und stattdessen kontinuierliche Teilchen-
trajektorien einführt.

1.1.2 Die Prinzipien des Determinismus, der Objektivierbarkeit und der Separabilität

Ein weiteres zentrales Prinzip der klassischen Mechanik besteht in dem streng *deterministischen Charakter* aller mechanischen Prozesse. Die Gesetze der Mechanik
erlauben es, aus dem bekannten Zustand eines Systems die zukünftige Entwicklung
vorherzusagen, und zwar theoretisch mit beliebiger Präzision. Das Prinzip des
Determinismus ist die schärfste Variante des ebenfalls bereits aus der antiken
Philosophie bekannten Kausalitätsprinzips, demzufolge jede Wirkung eine Ursache
hat.

Deterministische Zustandsentwicklung bedeutet allerdings nicht, dass eine solche Prognose bezüglich ihrer Anfangsbedingungen stabil ist, d. h. dass sie bei geringer Variation der Anfangsbedingungen auch einem ähnlichen Endwert zustrebt.
Bereits elementar einfache Problemstellungen wie das idealisierte Dreikörperproblem verhalten sich nichtlinear oder chaotisch, d. h. beliebig kleine Änderungen des
Anfangszustandes können beliebig große Änderungen des Endzustandes bewirken.[6]
Es lässt sich für dieses Problem außer in Spezialfällen auch keine allgemeine
analytische Lösung angeben, so dass man behaupten kann, die klassische Mechanik
erlaubt eine exakte mathematisch-analytische Lösung nur bis zum Zweikörperproblem.

Gleichwohl betrachtet die klassische Physik ihre Objekte als beliebig genau
vermessbar in ihren grundlegenden Eigenschaften – dies sind zunächst Ort und

---

[6]Beim Dreikörperproblem betrachtet man drei sich gegenseitig anziehende Objekte wie etwa
Sonne, Erde und Mond, die einander umkreisen. Die Bewegung selbst eines solch einfachen
Systems lässt sich nicht exakt in aller Allgemeingültigkeit berechnen.

Impuls –, wodurch zumindest theoretisch jedes Objekt genau festgelegte Eigenschaften besitzt, die unabhängig vom Beobachter und der gewählten Messmethode sind und die eine präzise Vorhersage seines zukünftigen Verhaltens erlauben. Diese Eigenschaften lassen sich dem Objekt selbst zuschreiben, weshalb ein weiteres fundamentales Prinzip der klassischen Mechanik die vollständige *Objektivierbarkeit* ist.[7] Die Objektivierbarkeit ist vermutlich der philosophisch weitreichendste Begriff der gesamten klassischen Physik; in ihm kondensiert sich ihr wissenschaftliches Weltbild, ihr Paradigma.

Eng verbunden mit der Objektivierbarkeit ist das Prinzip der *Separabilität*; denn nur die Trennbarkeit von Phänomenen, insbesondere die Unabhängigkeit ihrer Eigenschaften von den Messgeräten, kann eine objektive Darstellung gewähren. Separabilität besagt, dass ein System stets in Untersysteme zerlegt werden kann, die wieder zusammengesetzt das Verhalten des Gesamtsystems erklären. Das Ganze ist also die Summe seiner Teile; und wenn es neuartige Eigenschaften besitzt, dann nur, weil die einzelnen Teile in ihrem Zusammenspiel diese Eigenschaften erzeugen.

Zwar verfügt der Mensch einerseits nur über ein begrenztes mentales Fassungsvermögen und eine begrenzte Zeit, um die vielfachen Eigenschaften und Messwerte, die unser Universum ihm bietet, tatsächlich zu bestimmen; da aber andererseits die starke Objektivierbarkeit[8] und der strenge Determinismus einer solchen Bestimmung nicht im Wege stehen, lässt sich das mechanistische Weltbild der klassischen Physik am besten mit dem Bild des *Laplaceschen Dämons* erklären. Nach dem französischen Mathematiker und Physiker Pierre-Simon Laplace ist dies ein Wesen, dem es möglich ist, beliebig schnell und genau zu messen und aus diesen Messwerten anhand einer Myriade gekoppelter nichtlinearer Gleichungen mathematisch genau den Zustand unseres Universums zu bestimmen und seinen künftigen Lauf vorherzusagen. In dem von ihm regierten mechanischen Universum gibt es keinen Zufall und keinen Sinn, nur feste Bewegung nach strenger Kausalität.[9]

Zur philosophischen Reflexion der klassischen Mechanik muss auch angemerkt werden, dass die von ihr nahegelegte Naturbeschreibung natürlich nur ein Grenzfall mathematischer Modellbildung durch Idealisierung und Abstraktion ist. Strenggenommen gibt es keine perfekte geradlinige Bewegung, ebenso wenig wie

---

[7]Der Begriff „Objekt" entspringt dem lateinischen *ob-iacere*; dem entspricht im Deutschen das Wort „Gegen-stand". Eine ähnliche, sprachlich interessante Paralle findet sich zwischen „Eigenschaft" und dem englischen *proper-ty*, vom lateinischen *proprietas*.

[8]Den Begriff der starken Objektivierbarkeit werden wir weiter unten im Zusammenhang mit der Quantenmechanik noch genauer erläutern, siehe Kap. 4.2.1.

[9]Die genaue wissenschaftliche Analyse dieser Probleme im Rahmen der Theorie nichtlinearer Systeme und der Chaostheorie hat diesen Begriff des Determinismus vor allem in der zweiten Hälfte des 20. Jahrhunderts deutlich relativiert. Die Chaostheorie beschäftigt sich mit Systemen, deren Verhalten so komplex ist, dass es sich nicht mit herkömmlichen Methoden ergründen lässt. Es hat sich herausgestellt, dass selbst bei elementar einfachen Systemen, wie z. B. beim Billardspiel, bereits unglaublich kleine, gar infinitesimale Änderungen des Anfangszustandes innerhalb endlicher Zeit (und oftmals sogar in sehr kurzer Zeit) beliebig große Änderungen des Endzustandes bewirken können, ja dass Bewegungsbahnen sogar völlig unberechenbar werden. In der Meteorologie beispielsweise ist dies als Schmetterlingseffekt bekannt. Der

vollständig isolierte Systeme oder Punktkörper. Beispielsweise unterliegen alle makroskopischen Prozesse der Reibung, wodurch sie abgebremst werden. Die klassisch-mechanische Naturbeschreibung ist also nur als approximatives Modell der Wirklichkeit anzusehen. Gleichwohl gelingt es ihr anhand dieser Modelle, eine erstaunliche Anzahl von Phänomenen in großer Präzision zu beschreiben und ihre Gültigkeit in unterschiedlichsten, reproduzierbaren Experimenten nachzuweisen. Der Erfolg der Naturwissenschaften besteht ja gerade in der Abstraktionsleistung, von weitestgehend vernachlässigbaren Einflüssen abzusehen, um dadurch ein System von Gesetzmäßigkeiten aufzustellen, das es erlaubt, präzise Vorhersagen zu machen. Eine wichtige Grundannahme der klassischen Physik, die sich im Mikrobereich dann als falsch herausstellen wird, besteht jedoch darin, die immer feinere Analyse und Messung der involvierten Phänomene ließe sich bis ins Grenzenlose fortsetzen.

1.1.3 Exkurs: Das Leib-Seele-Problem

Zunächst jedoch erwies sich der von der klassischen Mechanik ausgehende Ansatz der Naturbeschreibung auf vielen Gebieten als ungemein erfolgreich, was die Hoffnung weckte, ihn auch bei allen weiteren wissenschaftlichen Fragestellungen anwenden und zumindest die anderen Naturwissenschaften in dieses Schema bringen zu können; manch Gelehrter wollte sogar die Geisteswissenschaften in dieser Hinsicht verstanden wissen. Natürlich stellt sich dann die Frage, wo die Grenzen der Anwendbarkeit solcher Konzepte liegen: Denn falls auch die biologische Erklärung von Organismen oder gar die psychologische Beschreibung mentaler Zustände von Lebewesen und insbesondere des Menschen sich in diese Form bringen lassen sollten, dann wäre der Widerspruch zur menschlichen Selbstwahrnehmung und dem menschlichen Alltagsverständnis von Handlungsfreiheit und moralischer Autonomie, aber auch von Subjektivität und Unberechenbarkeit offenkundig. Der

---

winzige Flügelschlag eines Schmetterlings kann zumindest rein theoretisch die mittelfristige Wettervorhersage auf der anderen Seite des Globus beeinflussen. Auch wenn das Prinzip des schwachen Determinismus, dass gleiche Anfangsbedingungen gleiche Endzustände hervorrufen, weiterhin erfüllt ist, muss das Prinzip des starken Determinismus, dass ähnliche Anfangszustände ähnliche Endzustände hervorrufen, als überholt betrachtet werden. Zu diesen und anderen Punkten vergleiche Mainzer und Schirmacher (1994). Lediglich für bestimmte, oftmals technisch wichtige Klassen von Problemstellungen sind die Bedingungen des starken Determinismus erfüllt. Da aber auch die Voraussetzungen des schwachen Determinismus nur einer nicht realisierbaren Abstraktion und rein mathematischen Analyse der klassischen Mechanik entspringen und oft nicht praktisch durchführbar sind, wird deutlich, dass sich auch in der klassischen Mechanik der strenge Determinismus der Grundgesetze nicht auf all ihre Modellsysteme und Anwendungen übertragen lässt. Dieser Determinismus wird beschränkt durch die Grenzen der Mess- und Berechenbarkeit. Der Determinismus in der klassischen Physik ist also aus heutiger Sicht in erster Linie ein Determinismus der Gesetze, der unter den komplexen Bedingungen in der realen Welt durchaus chaotisches, nicht prognostizierbares Verhalten hervorbringen kann. Der Laplacesche Dämon allerdings lächelt über solche technischen Probleme natürlich nur leicht spöttisch.

Einfluss des mechanistischen Weltbildes auf die abendländische Geistesgeschichte ist natürlich immens und lässt sich nur durch substanzielle Analysen erhellen. Die moderne Wissenschaft hat viele dieser klassischen Prinzipien, wenn auch oftmals schweren Herzens und nach heftigen Kontroversen, relativieren müssen, während diese gleichzeitig einen diffusen Platz in der Weltsicht vieler Menschen – und natürlich auch vieler Wissenschaftler und Philosophen – eingenommen haben. Ohne bereits an dieser Stelle in die Tiefe gehen zu können, wollen wir im Folgenden deshalb kurz ein besonders wichtiges, damit zusammenhängendes Problem anrei-ßen, das tief in heutige Debatten hineinwirkt und bedeutenden Einfluss auf die Philosophie des Geistes, die Psychologie, die Ethik und die Rechtstheorie besitzt. Einige wichtige Aspekte dieses sogenannten Leib-Seele-Problems werden uns auch im zweiten und dritten Teil dieser Abhandlung noch beschäftigen.

Die Frage, woher die menschliche Selbstwahrnehmung als handelndes Subjekt und Gefühlswesen stammt, ist vor dem Hintergrund einer in der frühen Neuzeit häufig vorschnell gefassten Verabsolutierung des mechanistischen Weltbildes von Philosophen und Naturwissenschaftlern auf verschiedene, aber oftmals ähnliche Weisen beantwortet worden, indem der menschliche Geist der bloßen Materie gegenüber gestellt wurde. Hierdurch ist insbesondere die scharfe Trennung in Objekt und Subjekt ein wichtiges Charakteristikum der abendländischen Geistesge-schichte geworden. Am deutlichsten hat der französische Philosoph René Descartes diesen Gedanken in Form der *res extensa* und der *res cogitans* für ausgedehnte Materie und denkenden Geist eingeführt. – Man beachte die Klassifikation der Gedankenwelt als *res*, also als Gegenstand, Ding. – Aber auch viele spätere Gelehrte haben diese Unterscheidung mehr oder weniger bewusst übernommen.

Auch die Philosophie Immanuel Kants mit ihren Kategorien und Anschauungs-formen basiert auf einem Realitätsverständnis, das der physischen Welt die unbe-grenzte Gültigkeit der klassisch-physikalischen Prinzipien unterstellt, ja sie sogar zu denknotwendigen Voraussetzungen der Wahrnehmung und Weltbeschreibung erhebt.[10] Die entscheidende Leistung Kants besteht gerade darin, vor einem solchen Hintergrund philosophisch Raum geschaffen zu haben für ein Selbstverständnis des Menschen als moralisch autonom handelndes Wesen.

Wenn der Geist von der physischen Welt getrennt gedacht wird, stellt sich die Frage, wie er in der Welt wirken kann. Diese Frage wird uns weiter unten als Problem der mentalen Verursachung wieder begegnen, insbesondere in Kap. 11.3.4 und 17.5. Die strenge Trennung der Welt in Subjekte und Objekte bedeutet wiederum auf der Seite der Objekte, dass diese sich völlig unabhängig von der Art menschlicher Bezugnahme auf sie beschreiben lassen sollten.

Die im Folgenden vorgestellte Analyse der Quantenmechanik wird aber erwei-sen, dass ein solch klassisch geprägter Standpunkt nicht einmal in der Philosophie der Physik unproblematisch ist – und damit auch nicht in einer Philosophie, die die Reduzierbarkeit anderer Wissenschaften, und vielleicht sogar der Geisteswis-

---

[10]Im Wort „Kategorie" ist das Trennende schon enthalten, wie sich an seiner Abstammung vom griechischen κατ᾽ ἀγορά ablesen lässt, das „Anklage auf dem Versammlungsplatz" bedeutet.

senschaften, auf die Physik postuliert. Dieser Tatbestand fiel bereits in der Frühzeit der Quantenmechanik ihren Begründern ins Auge. Die Vertreter der Kopenhagener Deutung erarbeiteten einen Standpunkt – ohne einen unpassenden Subjektivismus in die Interpretation der Physik einzuführen –, nach dem man die Welt nicht mehr in atomistisch-mechanistischer Weise deuten kann, sondern die menschengemachten Begriffe der Messung und des Wissens zur Deutung der Quantentheorie hinzuziehen muss. Diejenigen Alternativinterpretationen, die auf diese Begriffe verzichten wollen, haben mit bedeutenden Problemen zu kämpfen. Vor allem das Prinzip des Determinismus und das Kausalitätsprinzip, das nicht nur wissenschaftlich bewährt war, sondern als Kausalerwartung auch eine grundlegende psychische Eigenschaft des Menschen ist und das allen möglichen Geschehnissen der Natur unterstellt wird,[11] erfuhren schon in den Anfangstagen der Quantenmechanik eine bedeutende Einschränkung, wie bei der Darstellung der Kopenhagener Deutung noch deutlich werden wird.

Wenn im Abendland aber die Prinzipien der klassischen Mechanik aufgrund ihrer langen Wirkungsgeschichte bereits dessen Realitätsvorstellungen entscheidend mitgeprägt haben und die hieraus hervorgehenden Klassifizierungen auch die sprachlichen und begrifflichen Gepflogenheiten der europäischen Geistesgeschichte beeinflussen, so können wir vorerst sehr allgemein Folgendes zur Situation des oben angesprochenen Problems festhalten. Die aus der historischen Entwicklung der Physik und der Philosophie hervorgegangene strikte Zweiteilung der Welt in physikalische und psychische Phänomene ist – mit einigen Ausnahmen – grundlegend für die herkömmliche abendländische Sicht auf das Leib-Seele-Problem; oder besser gesagt, dieses Problem stellt sich für den Abendländer in dieser Form nur aufgrund seiner kontingenten kulturgeschichtlichen Entwicklung.[12]

---

[11]Dies deutet auf einen evolutionären Vorteil hin, denn in der Makrowelt ist dieses Prinzip ja auch hervorragend zur Beschreibung der natürlichen Phänomene geeignet; mehr hierzu im Teil über Evolutionäre Erkenntnistheorie.

[12]Es ist angesichts der beträchtlichen kulturellen Differenzen zwischen der westlichen und der östlichen Philosophie hochinteressant zu sehen, dass etwa der japanische Physik-Nobelpreisträger Hideki Yukawa unter anderem in seinem Aufsatz „Facts and Laws" Positionen entwickelte, die mit den Prinzipien der Kopenhagener Deutung und zudem mit dem weiter unten erarbeiteten Konzept der epistemischen Zirkularität in erstaunlich guter Deckung stehen. Yukawas intellektuelle Wurzeln liegen in der chinesischen Philosophie, und dort vor allem bei Zhuangzi und Laotse, wobei er sich aber auch in der antiken griechischen Naturphilosophie sehr gut auskannte. Auch seine anderen Aufsätze und Vorträge geben einen eindrucksvollen Überblick über die Forschungspraxis und das philosophische Selbstverständnis von Naturforschern im asiatischen Kulturkreis, siehe Yukawa (1973). Tiefschürfende Vergleiche zur philosophischen Rezeption naturwissenschaftlicher Erkenntnisse in verschiedenen Kulturkreisen sind jedoch leider ein recht unterentwickeltes Gebiet in der Wissenschaftsphilosophie. Eine solche „vergleichende Wissenschafts-Anthropologie" könnte zweifelsohne viele interessante Einsichten in die verschiedenen kulturellen Bedingtheiten bei der Durchdringung neuer Sachverhalte liefern. Neben Hideki Yukawa sticht in dieser Hinsicht auch das Werk von Abdus Salam heraus, des ersten pakistanischen und muslimischen Nobelpreisträgers. Er ist wie Yukawa einer der herausragenden theoretischen Physiker des 20. Jahrhunderts und hat ebenfalls umfangreiche Reflexionen über Wissenschaft und Wirklichkeit angestellt; zudem hat er sich sehr für die Bildung der armen Schichten und das

1.2 Elektrodynamik und Spezielle Relativitätstheorie

In der Elektrodynamik tritt zusätzlich zu den Begriffen der Mechanik der Begriff des Feldes auf. Die Elektrodynamik beschreibt das Verhalten *elektrischer* und *magnetischer Felder* und ihre wechselseitige Wirkung auf elektrisch oder magnetisch geladene oder polarisierte Körper, welche diese Felder erzeugen. James Clerk Maxwell gelang es, die entsprechenden physikalischen Gesetze in vier einfachen Gleichungen auszudrücken, die seitdem seinen Namen tragen.

Der Feldbegriff war zunächst als rein mathematischer Hilfsbegriff in die Physik eingeführt worden. Dabei ist der Begriff des Feldes erst einmal als Kraft auf einen Testkörper an jedem beliebigen Punkt des Raumes definiert. Die Kraft ist dabei über die Mechanik der Testkörper definiert, so dass der elektromagnetische Feldbegriff nach den mechanischen Begriffen zunächst nur einen untergeordneten Rang einzunehmen schien. Als Lösung der maxwellschen Gleichungen, die sämtliche makroskopischen elektromagnetischen Prozesse erschöpfend beschreiben, tauchen allerdings auch die dann von Heinrich Hertz nachgewiesenen elektromagnetischen Wellen auf, die dieselben Ansprüche an Objektivierbarkeit und Determiniertheit erfüllen wie die mechanischen Körper und die sich unabhängig von den sie erzeugenden Ladungen in Raum und Zeit fortpflanzen. Deshalb emanzipierte sich der Feldbegriff bald zu einer eigenständigen Entität und das elektromagnetische Feld konnte nun den gleichen ontologischen Rang wie die mechanischen Körper einnehmen. Dem persönlichen Vorzug einzelner Wissenschaftler für den Körper- oder Feldbegriff tut diese Äquivalenz natürlich keinen Abbruch. So wie manche

---

friedliche Zusammenleben der Völker eingesetzt. In Salam (1989) gibt er sehr lesenwert Aufschluss über das Selbst- und Naturverständnis eines Wissenschaftlers und praktizierenden Muslims. Nicht nur in seinem Aufsatz „Scientific Thinking: Between Secularisation and the Transcendent" stellt er die häufig geäußerte Ansicht in Frage, die moderne Wissenschaft sei ein Kind der westlichen, griechisch-jüdisch-christlichen Tradition. Eine solche Sicht übergeht völlig die eigenständigen Leistungen der orientalischen Gelehrsamkeit. Nicht nur waren die antike babylonische und ägyptische Mathematik und Astronomie entscheidende Inspirationen für die Geburt der griechischen Wissenschaft. Zudem begann die systematische mathematische Durchdringung natürlicher Phänomene – und damit die Physik im engeren Sinne – erst nach dem Tod des Aristoteles im Jahr 332 v. Chr., als sich das wissenschaftliche Zentrum des Mittelmeerraums von Athen nach Alexandria verschob. Die aristotelische Schule war noch stärker dem qualitativen Erfassen der Natur verhaftet. So schloss Aristoteles scharfsinnig aus der Tatsache, dass der Nachthimmel an verschiedenen Orten unterschiedlich aussieht, auf die Kugelgestalt der Erde. Er nutzte dieses Wissen jedoch nicht dazu, den Erdradius zu bestimmen – etwas, das Eratosthenes, vielseitiger Gelehrter und ein halbes Jahrhundert lang Leiter der Bibliothek von Alexandria, rund hundert Jahre später dann in bemerkenswerter Präzision durchführte. Auch im Mittelalter war die arabische Wissenschaft im gesamten Mittelmeerraum über Jahrhunderte führend. Noch im stauferischen Silizien an der bedeutenden medizinischen Schule von Salerno – nach Ansicht einiger Forscher die erste echte Universität – gaben sich Gelehrte aus führenden Wissenschaftsnationen wie Syrien oder Afghanistan die Klinke in die Hand, während man die nordeuropäischen Schüler ob ihres unkultivierten Gebarens wohl eher selten höherer akademischer Weihen würdig wähnte. Interessanterweise ist diese Schule laut ihrem Gründungsmythos gemeinsam von einem Griechen, einem Latiner, einem Juden und einem Araber ins Leben gerufen worden.

den Begriff des Körpers als eigentliche Realität ansehen, so bevorzugen andere den Begriff des Feldes. Zu Letzteren gehörte insbesondere Albert Einstein, der in seiner zweiten Lebenshälfte vergeblich nach einer allgemeinen Feldtheorie suchte, die den Begriff des Körpers (im Sinne von Elementarteilchen) als lokalisiertes Feld in Form einer sogenannten „Nadelstrahlung" realisieren sollte.

Eine Besonderheit der Elektrodynamik ist jedoch, dass ihre Grundgleichungen anderen Transformationsgesetzen gehorchen als die der klassischen Mechanik. Bei einem Wechsel des Beobachtungsstandpunkts, etwa von einem ruhenden zu einem bewegten Beobachter, ändert sich die mathematische Darstellung. Die Transformationsgesetze geben an, wie man solche Wechsel des Standpunkts – auch Bezugssysteme genannt – auszurechnen hat. Wenn sie sich unterscheiden, deutet dies auf unterschiedliche raumzeitliche Strukturen hin, denen die Phänomene unterliegen.

Die Mechanik gehorcht der Galilei-Transformation, die laut Newton einen ewigen und unveränderlichen Raum und eine von diesem unabhängige und gleichmäßig ablaufende Zeit beschreibt; während die Elektrodynamik der nach dem niederländischen Mathematiker und Physiker Hendrik Antoon Lorentz benannten Lorentz-Transformation gehorcht, welche eine ineinander verwobene Raumzeit darstellt, in der Raumlängen und Zeitintervalle von den relativen Geschwindigkeiten zueinander bewegter Bezugssysteme abhängen. In dieser *Raumzeit* ist eine Grenzgeschwindigkeit, die Lichtgeschwindigkeit, vor allen anderen Geschwindigkeiten ausgezeichnet.

Lange Zeit suchten die Physiker eine Erklärung für diese Besonderheit der elektromagnetischen Felder in der Existenz eines Äthers, der sich jedoch partout nicht nachweisen lassen wollte. Schließlich gelang es Albert Einstein in einem mutigen gedanklichen Salto, den Spieß umzudrehen und nicht mehr die Besonderheit der elektromagnetischen Felder im Gegensatz zur Mechanik zu erklären, sondern die raumzeitlichen Transformationseigenschaften der Elektrodynamik als allgemeingültig auch für die Grundlagen der Mechanik einzuführen.[13] Damit begründete Einstein die *Spezielle Relativitätstheorie*. Absoluter Raum und absolute Zeit wurden obsolet. Die Notwendigkeit hierzu hatte Einstein erkannt, als mit den negativen Resultaten des Michelson-Morley-Experiments klar wurde, dass es keinen Äther im Sinne eines Lichtmediums gibt, in dem sich Licht oder andere elektromagnetische Wellen ausbreiten wie Wasserwellen im Wasser oder Schall in der Luft.

Die seltsamen Eigenschaften, die diese Revolution mit sich brachte – Relativität von Bezugssystemen, Äquivalenz von Masse und Energie, Aufhebung der absoluten Gleichzeitigkeit, Verknüpfung von Raum und Zeit, Einführung einer Grenzgeschwindigkeit für alle Körper und Felder –, wurden in der Folgezeit zu den ehernen Grundpfeilern der modernen Physik und gelten auch für die Quantenwelt. Sie sind die Eckpfeiler der Speziellen Relativitätstheorie, deren neues Verständnis von Raum und Zeit sich nun nicht mehr in den Begriffen von unveränderlichem

---

[13]Einstein (1905b).

Raum und absoluter Zeit beschreiben lässt, die voneinander unabhängig sind, sondern durch eine Raumzeit, in der nur noch die Relativbewegungen gleichwertiger Bezugssysteme physikalische Relevanz beanspruchen können. Nach dem Mathematiker Hermann Minkowski ist diese Struktur der Raumzeit als Minkowski-Metrik bekannt.[14] Kurz vor seinem frühzeitigen Tod fasste Minkowski den verblüffenden Wandel der Vorstellungen von Raum und Zeit durch die Relativitätstheorie in einem Vortrag vor vielen Physikern, Mathematikern und Philosophen auf der 80. Naturforscher-Versammlung mit den vielzitierten Worten zusammen: „Von Stund' an sollen Raum für sich und Zeit für sich völlig zu Schatten herabsinken und nur noch eine Art Union der beiden soll Selbständigkeit bewahren." Die Erweiterung dieser Theorie, die zusätzlich noch die Gravitation mit einschließt, gelang Einstein dann mit seiner Allgemeinen Relativitätstheorie und ihrer gekrümmten Raumzeit.

Eine weitere, etwas unbekanntere Eigenschaft der Speziellen Relativitätstheorie ist es, dass zu ihren Transformationsgesetzen auch eines für elektrische und magnetische Felder gehört, welches beide miteinander verknüpft und welches die zumindest teilweise Umwandlung des einen in das andere für bewegte Bezugssysteme beschreibt. Während in den Maxwell-Gleichungen elektrisches und magnetisches Feld – auch wenn sie sich gegenseitig induzieren können, wie es bei elektromagnetischen Wellen der Fall ist – zwar gekoppelte, aber jeweils autarke Größen sind, zeigt die Spezielle Relativitätstheorie, dass beide Felder sozusagen nur die beiden Seiten ein und derselben Medaille physikalischer Realität sind, ähnlich wie Raum und Zeit in der Minkowski-Metrik zu einer zusammenhängenden Raumzeit verschmelzen.

1.2.1 Zum Weltbild von Elektrodynamik und Spezieller Relativitätstheorie

Wenn auch elektromagnetische Felder den gleichen ontologischen Rang beanspruchen können wie die ausgedehnten oder punktförmig idealisierten Körper der klassischen Mechanik, so bleiben bei all den zusätzlichen Errungenschaften der Elektrodynamik und der Speziellen Relativitätstheorie und ihrem neuen Erklärungspotential die Grundprinzipien der klassischen Physik unangetastet. Die Prinzipien der strengen Determiniertheit und der vollständigen Objektivierbarkeit, der Separabilität und der Kontinuität werden durch alle Gesetzmäßigkeiten, mit denen es die neue, relativistische Physik zu tun hat, in erstklassiger Weise erfüllt. Das einzige, was zunehmend Schaden erleiden musste, war der Glaube an die Omnipotenz der menschlichen Vorstellungskraft. Ist es noch möglich, selbst einigermaßen komplizierte mechanische Systeme zu imaginieren und ihr Verhalten zu verstehen, so stößt die Vorstellungskraft bei den elektromagnetischen Phänomenen schon

---

[14]Einstein hatte zwar den entscheidenden Durchbruch zur Speziellen Relativitätstheorie geschafft; es wäre aber unzutreffend, ihn als alleinigen Vater dieser Theorie darzustellen. Max Born etwa sah diese Theorie als gemeinsames Werk einiger brillanter Forscher, insbesondere von Hendrik Lorentz, Henri Poincaré und Hermann Minkowski.

deutlich eher an ihre Grenzen. In der Tat bediente sich Maxwell bei der Aufstellung seiner berühmten Gleichungen mechanischer Bilder von Seilen und Winden. Die Entdeckung der durch wechselseitige Induktion angeregten elektromagnetischen Wellen zeigte jedoch, dass ein solches Bild eigentlich nicht zulässig ist.

Deutlich einschneidender noch war der Einfluss der Relativitätstheorie auf das allgemeine Weltbild. Denn mit der Verabschiedung der intuitiv schlüssigen Vorstellung eines absoluten Raumes und einer ewiglich dahinfließenden, absoluten Zeit gab die neue Physik nicht nur liebgewordenen und bewährten Ansichten über die Struktur unseres Universums den Laufpass und stellte sich gegen einige bereits philosophisch vereinnahmte Positionen der klassischen Mechanik[15]; sondern sie bediente unbeabsichtigterweise auch das Lebensgefühl einer neuen Zeit, in der die Frustration über überkommene Gesellschaftsstrukturen und der Aufbruch der Moderne in Kunst und Kultur nach Ausdruck suchten und ihn natürlich auch in der neuen, revolutionären Relativitätstheorie fanden.

Dies gilt natürlich insbesondere für die Popularisierung, die die Erweiterung der Speziellen Relativitätstheorie, die Allgemeine Relativitätstheorie, dann nach dem Ende des Ersten Weltkrieges fand. So groß wie die Ablehnung der einsteinschen Theorie auf der einen Seite,[16] so stark war der Versuch ihrer Vereinnahmung auf der anderen. Der Kampfruf „Alles ist relativ!" zielte auf die Überwindung gesellschaftlicher Herrschaftsstrukturen und als veraltet empfundener Moralvor-

---

[15]So bemerkte Einstein in bezug auf die kantsche Philosophie, die den euklidischen Raumbegriff als notwendiges Apriori im abendländischen Denken etabliert hatte: „Der verhängnisvolle Irrtum, dass der euklidischen Geometrie und dem zugehörigen Raumbegriffe eine aller Erfahrung vorangehende Denknotwendigkeit zugrunde liege, beruhte darauf, dass die empirische Basis, welche der axiomatischen Konstruktion der euklidischen Geometrie zugrunde liegt, in Vergessenheit geraten war. ... Solche ‚Hypostasierung' (Verselbständigung) von Begriffen gereicht nicht notwendig der Wissenschaft zum Nachteil, es entsteht aber leicht der Irrtum, solche Begriffe, deren Ursprung in Vergessenheit geraten ist, für denknotwendig und damit für nicht veränderbar anzusehen, was zu einer ernsten Gefahr für den Fortschritt der Wissenschaft werden kann." Aus dem Aufsatz „Physik und Realität" von 1936, zitiert nach Einstein (1984), S. 73 ff. Die Philosophie Kants kann als herausragender Versuch angesehen werden, ein umfassendes erkenntnistheoretisches und ethisches System zu entwickeln, das die Erkenntnisse der newtonschen Physik aufnimmt und diese in ein umfassendes Weltbild einbettet. In Kants Philosophie erfahren die Begrifflichkeiten der newtonschen Physik eine Umdeutung von theoretischen Prinzipien der Naturdeutung in denknotwendige Kategorien und Anschauungsformen der menschlichen Vernunft. Ist in der Relativitätstheorie Kants Vorstellung von Raum und Zeit hinfällig geworden – worauf Einstein in diesem Zitat anspielt –, so wurden in der Quantenphysik die kantschen Begriffe von Kausalität und Substanzialität revidiert. Aus der Reflexion über die evolutionäre Entstandenheit des Menschen schließlich resultieren neue Einsichten in das Gewordensein und in die Geltung der Kategorien menschlicher Vernunft. Dass diese erkenntnistheoretischen und begrifflichen Wandlungen durchaus in einem Zusammenhang stehen, der sich aus kulturellen Entwicklungsprozessen ergibt, wird u. a. in Kap. 11.3.6 anhand der Überlegungen Ludwig Boltzmanns ersichtlich.

[16]Die Ursachen hierfür sind vielfältiger Natur: Vom Festhalten am liebgewordenen Weltbild der newtonschen Physik, über Borniertheit oder überzogenen Konservatismus bis hin zu Karrieredünkel, Machtstreben oder gar offenem Antisemitismus sind alle erdenklichen Motivationen vertreten.

stellungen; wobei oft, wenn auch nicht immer, der Kenntnisstand des Autors in einem umgekehrt proportionalen Verhältnis zur Verve seiner Ausführungen stand. In gleicher Weise beflügelte die Zurückweisung der für absolut gehaltenen Ansprüche an Raum und Zeit und ihre Ersetzung durch als gleichwertig anerkannte Bezugssysteme die Demokratisierungsphantasien einer enttäuschten Jugend, obschon natürlich die oftmals plumpe politische Instrumentalisierung der damaligen naturwissenschaftlichen Neuerungen den heutigen Betrachter befremdet. Aber vielleicht werden künftige Generationen selbiges über unseren Umgang mit der Biogenetik urteilen.

Dabei gilt auch und gerade für die Relativitätstheorie, dass eben nicht alles relativ ist, sondern einige Größen absolut sind. Man spricht hier auch von Invarianten. Zu diesen gehören die Lichtgeschwindigkeit, die per definitionem in allen Bezugssystemen gleich ist, sowie die Ruhemasse aller Körper, d. h. ihre Masse in dem Bezugssystem, in dem sie sich nicht bewegen. Die Definition der Raumzeit basiert im Rahmen der Relativitätstheorie auf Ereignissen.

Außerdem zeigt sich an der Relativitätstheorie erstmals der positive heuristische Einfluss positivistischer Denkweisen auf die Entwicklung der modernen Physik – erstaunlicherweise sogar dann, wenn sie missverstanden wurden.[17] Dies ist umso bemerkenswerter, als viele der an der Entwicklung der modernen Physik involvierten Physiker, und auch Einstein selbst, später überhaupt keine positivistischen Positionen mehr vertraten. Diese Eigentümlichkeit wird uns auch bei der Quantenmechanik wieder begegnen.

1.2.2 Das Lokalitätsprinzip

Trotz aller sonstigen Veränderungen im wissenschaftlichen Weltbild blieben die bewährten Prinzipien der klassischen Mechanik erhalten; mehr noch, es tritt mit der Speziellen Relativitätstheorie sogar ein weiteres Prinzip hinzu, nämlich das der *Lokalität*. Dieses besagt, dass es keine instantane Fernwirkung geben kann, sondern dass die maximale Geschwindigkeit, mit der irgendeine Wirkung oder Information übertragen werden kann, durch die Lichtgeschwindigkeit vorgegeben ist. Waren in der newtonschen Mechanik noch instantane Fernwirkungen möglich[18] und in

---

[17]An erster Stelle sei hier der Einfluss Ernst Machs auf den jungen Einstein zu erwähnen. Die einsteinsche Revolution im Verständnis von Raum und Zeit wurde wesentlich durch philosophische und grundlagenphysikalische Überlegungen von Mach vorbereitet, der für die erwähnte Verabsolutierung des euklidischen Raumbegriffs keine hinreichenden Gründe erkennen konnte. Die Positivisten nahmen viele nicht eindeutig belegbare Ansichten in der Beschreibung von Wirklichkeit zurück und beschränkten ihr Weltbild, vereinfacht gesagt, auf das, was uns über unsere Sinne zugänglich ist und sich durch denkökonomische Theorien verknüpfen lässt.

[18]Beispielsweise wurde die gravitative Anziehung auch fernster Himmelskörper als Kraft angesehen, die sich schlagartig durch das ganze Universum hindurch fortpflanzte. Das Weltbild der newtonschen Physik war also nichtlokal! Die Tatsache, dass Kräfte mit der Entfernung abnehmen, etwa in quadratischer Weise wie die Gravitationskraft, erlaubt es aber, entferntere Einflüsse als

der Elektrodynamik lediglich die Geschwindigkeit des Lichtes fest vorgegeben, so folgt gemäß der Speziellen Relativitätstheorie die endliche Geschwindigkeit aller physikalischen Wirkungen und Signalübertragungen aus der Struktur der Raumzeit selbst, die die Transformationseigenschaften der alle Bewegungen bestimmenden Bewegungsgleichungen vorgibt.

Die newtonsche Mechanik wird damit zu einem Spezialfall der Speziellen Relativitätstheorie, und zwar für kleine Relativgeschwindigkeiten. Man könnte auch sagen, die Verletzung des Lokalitätsprinzip durch die newtonsche Mechanik folgt daraus, dass sie fälschlicherweise annimmt, die maximale Geschwindigkeit sei unendlich groß.[19] In Wahrheit ist die Kausalität der physikalischen Prozesse also lokal. Das bedeutet, Wirkungen und Signale können sich maximal mit Lichtgeschwindigkeit von einem Punkt in der Raumzeit zu einem anderen fortpflanzen. Das Lokalitätsprinzip ist eine Verschärfung des Separabilitätsprinzips, denn es fordert nicht nur eine Trennbarkeit der einzelnen Konstituenten von Systemen, sondern legt zudem noch die maximale Wechselwirkungsgeschwindigkeit zwischen ihnen fest. Ebenso wie die Prinzipien des Determinismus und der Objektivierbarkeit wird dieses Lokalitätsprinzip in der Quantenmechanik eine bedeutende Relativierung erfahren.

1.3　Thermodynamik und Statistische Physik

Die Thermodynamik beschreibt rein phänomenologisch das Verhalten von Temperaturen, Drücken und Volumina makroskopischer Körper oder Medien, sowie von Wirkungsgraden bei der Energieumwandlung, Wärmeleitfähigkeiten, Wärmekapazitäten und vielen anderen Eigenschaften der Materie. Als solche ist sie von enormer wissenschaftlicher und auch wirtschaftlicher Bedeutung, insbesondere für die Ingenieurswissenschaften und die Chemie. Ein grundlegender Begriff der Thermodynamik ist die *Entropie*.

Die Thermodynamik ist zunächst als eigenständige Disziplin entstanden. Ihr Zusammenhang mit der restlichen Physik und die Bedeutung des Begriffs der Entropie blieben allerdings ungeklärt, bis durch die kinetische Gastheorie gezeigt werden konnte, dass sich die Thermodynamik aus der klassischen Physik ergibt, wenn man die Materie als bestehend aus unglaublich vielen kleinen Teilchen betrachtet (Atomhypothese), die sich gemäß den Gesetzen der klassischen Mechanik verhalten und die durch zufällige Stöße Impuls und Energie austauschen. Mathematisch beschreibt man dies als ein statistisches Ensemble von Teilchen mit einer bestimmten wahrscheinlichkeitsbehafteten Energieverteilung. Diese Energieverteilung definiert die Temperatur. Der Wahrscheinlichkeitscharakter der Thermodynamik beruht dabei

---

zunehmend vernachlässigbar zu betrachten und auf diese Weise die „relevanten" Wirkungen als mehr oder weniger lokal anzunehmen.

[19]Im Vergleich zu den üblichen irdischen Geschwindigkeiten ist die Lichtgeschwindigkeit allerdings sehr groß, weswegen es auch so lange dauerte, bis die neuen Effekte nachgewiesen werden konnten.

auf der Tatsache, dass wir die Orte und Impulse der einzelnen Teilchen praktisch gar nicht messen können und deshalb über diese Werte mitteln müssen. Anstelle einer Mikrobeschreibung einer Myriade einzelner Teilchen begnügt sich die Thermodynamik deshalb mit den wenigen makroskopisch außerordentlich praktischen Größen wie Temperatur, Druck und Volumen.

Zur Beschreibung des Zustandes eines physikalischen Systems dient von daher nicht das Modell eines Einzelzustandes mit eindeutig definierten Orten und Impulsen für jedes einzelne Teilchen, sondern es wird ein statistisches Ensemble aufgestellt: eine rein gedachte, idealisierte Gesamtheit von Zuständen, bei der jedes Teilchen verschiedene Werte für Ort und Impuls besitzen kann. Diese Gesamtheit repräsentiert alle physikalisch möglichen Zustände, die mit den vorgegebenen Rahmenbedingungen übereinstimmen. Ein realer Zustand verhält sich dann wie ein beliebiger, zufällig aus dieser Gesamtheit herausgegriffener Zustand. Diese Einsichten begründeten die Entstehung der modernen Statistischen Physik, die eine Verallgemeinerung der Thermodynamik ist.

Man könnte also sagen, dass sich die thermodynamischen Begriffe und Gesetzmäßigkeiten aus der klassischen Mechanik ergeben, falls man zu ihr die Atomhypothese und den Begriff der Wahrscheinlichkeit hinzunimmt. Die Tatsache, dass an dieser Stelle – und rund zweitausend Jahre nach den Spekulationen der Atomisten unter den griechischen Naturphilosophen – erstmals ernsthaft der Begriff des Atoms in die moderne experimentelle Naturwissenschaft eingeführt wurde, hat bezüglich des ontologischen Status dieser „unbeobachtbaren" und lediglich „theoretischen" Entitäten für intensive Diskussionen gesorgt. Auf diese Debatte soll hier nicht näher eingegangen werden. Es sei lediglich erwähnt, dass manche positivistischen Sichtweisen auf sie zurückgehen.

Da die Statistische Physik mit Atomen zu tun hat, ist es nicht verwunderlich, dass sie in ihrer klassischen Form nicht alle thermodynamischen Prozesse beschreiben kann, denn die klassische Mechanik bricht in der Welt des Kleinsten zusammen. Deshalb besteht die moderne Statistische Physik auch aus einem zweiten Teil, der auf der Quantenmechanik gründet anstelle der newtonschen Gesetze und der mit großem Erfolg jene thermodynamischen Phänomene beschreibt, die sich einer klassischen Analyse entziehen. Diese Vielteilchentheorie ist auch als Quantenstatistik bekannt und zu unterscheiden von einer Statistik der Quanten bei wiederholten Einteilchenexperimenten im Rahmen der Quantenmechanik.

1.3.1 Der Begriff der Entropie: Wahrscheinlichkeit aus Unkenntnis

Aus allen Begriffen der Statistischen Physik sticht die Entropie heraus, die als Maß für die Unordnung einer bestimmten Anzahl von Teilchen angesehen werden kann. Diese Unordnung nimmt im Verlauf der Zeit zu, da die Wahrscheinlichkeit für einen ungeordneteren Zustand größer ist als für einen geordneten. Lediglich durch Energiezufuhr lässt sich ein geordneter Zustand wiederherstellen. Jeder Schreibtisch und jedes Kinderzimmer ist eine eindeutige experimentelle Demonstration für diesen Sachverhalt.

Die Entropie definiert damit als einzige Grundgröße der Physik einen Zeitpfeil! Andere Zeitpfeile in der Physik, wie etwa bei den elektromagnetischen
Abstrahlungsbedingungen oder in den kosmologischen Modellen, treten in Form
von Randbedingungen oder zusätzlichen Postulaten auf, nicht in den Grundgrößen
selbst.[20] Der einzige andere fundamentale, allerdings noch schlecht verstandene
Zeitpfeil wird bei den Zerfällen exotischer Elementarteilchen beobachtet.

Weiterhin ist die Statistische Physik der einzige Bereich der klassischen Physik,
in dem der Begriff der Wahrscheinlichkeit eine fundamentale Rolle spielt. Dies
steht allerdings nur auf den ersten Blick im Widerspruch zum deterministischen
Charakter aller sonstigen aus der klassischen Physik bekannten Naturgesetze. Eine
nähere Analyse zeigt nämlich, dass in der Thermodynamik der Begriff der Wahrscheinlichkeit nicht in den zugrundeliegenden Naturgesetzen verwurzelt ist, sondern
sich aus der Unkenntnis der Bewegungsgrößen der vielen involvierten Teilchen
ergibt. Rein prinzipiell steht einer Messung dieser Größen nichts entgegen.[21]

Damit trägt die Entropie andere Züge als die sonstigen Grundgrößen der klassischen Physik. Einerseits besitzt sie einen *Wahrscheinlichkeitscharakter*, andererseits
ist dieser der Unkenntnis des Beobachters geschuldet, so dass die Entropie keine
streng objektive Eigenschaft mehr ist, sondern in dem Sinne *subjektiv*, dass ihr
Wert dem *begrenzten Kenntnisstand* des Beobachters Rechnung trägt. Für den
Laplaceschen Dämon, der in Windeseile alles messen und berechnen kann, ist sie
stets gleich Null; deswegen kennt jener auch strenggenommen nicht den Begriff der
Temperatur, die ja nur als Mittelwert einer Energieverteilung definiert ist. Dieser
Dämon benötigt aber zur Weltbeschreibung auch keine Temperaturen, denn er
kann ja ohnehin anhand von Orten und Geschwindigkeiten aller Teilchen den Lauf
der Welt in beliebiger Genauigkeit vorhersagen. Deswegen benötigt er eigentlich
überhaupt keine Statistische Physik.

Einige dieser Eigenheiten der Entropie werden im Verlauf der Diskussion
quantenmechanischer Größen – insbesondere bei der Wellenfunktion – wieder
auftauchen. Dabei werden allerdings die Widerstände, gegen die die Verfechter einer
Interpretation zu kämpfen haben, die den Begriff des Wissens beinhaltet, wesentlich
größer sein als bei der Einführung der Entropie. Denn Letztere beschädigt insofern
nicht das Weltbild der klassischen Physik, als sie sozusagen als rein mathematische
Hilfsgröße aufgefasst werden darf; ihre Eigentümlichkeit ergibt sich allein aus der
pragmatischen und theoretisch umgesetzten messtechnischen Unzugänglichkeit und
ist kein Spiegel der Welt des Kleinsten, deren Erforschung die Grundgesetze unseres
Universums liefern soll.

---

[20] Auf diesen Sachverhalt weist Manfred Stöckler hin, siehe Stöckler (1995).

[21] Zumindest wenn wir außer Acht lassen, dass im Mikrobereich der Atome natürlich Quan-
tengesetze gelten sollten, und deswegen auf die Quantenstatistik verzichten. In der Tat ist die
Vernachlässigung dieser Effekte außer bei recht exotischen Fällen eine erstaunlich gute Näherung.

1.4 Allgemeine Relativitätstheorie

Mit der Speziellen Relativitätstheorie hatte Einstein bereits eine weitreichende begriffliche und mathematische Vereinheitlichung der Grundlagen von Mechanik und Elektrodynamik geschaffen. Die Gravitationskraft, die in Newtons Mechanik noch ein wichtiger Bestandteil war, wollte allerdings nicht recht in diese Theorie passen. Es kostete Einstein dann noch einmal zehn Jahre härtester Arbeit an den Grenzen seiner geistigen wie körperlichen Leistungsfähigkeit, seine Theorie so zu verallgemeinern, bis sich die begrifflichen und mathematischen Widersprüche schließlich auflösten und zu einem neuen Gesamtwerk fügten.

Die Allgemeine Relativitätstheorie ist die Theorie von Raum, Zeit und Gravitation. Sie beschreibt den wechselseitigen Einfluss der Materie auf die Struktur der Raumzeit, die durch die Masse der Materie gekrümmt wird, und den Einfluss der Raumzeit auf die Materie, deren Bewegung durch die Krümmung der Raumzeit bestimmt wird. Damit begründet sie auch eine neue Theorie der Gravitation und ersetzt die newtonsche Gravitationsgleichung, die jetzt nur noch als Spezialfall für den Grenzfall kleiner Massen und Raumkrümmungen gültig ist. Die Allgemeine Relativitätstheorie liefert die Bestimmungsgleichung für die Struktur der Raumzeit auf der einen Seite und verknüpft sie mit einer Beschreibung der Materie auf der anderen Seite.[22] Dabei ist die Feinstruktur der Materie durch diese Gleichung vollkommen unbestimmt, was Einstein selbst zu der Aussage brachte:

> „Bei dieser Formulierung ist die ganze Gravitationsmechanik auf die Lösung eines einzigen Systems von kovarianten partiellen Differentialgleichungen reduziert. Diese Theorie vermeidet alle inneren Mängel, welche wir dem Fundament der klassischen Mechanik zur Last gelegt haben; sie genügt – soweit wir wissen – zur Darstellung der Erfahrungen der Himmelsmechanik. Sie gleicht aber einem Gebäude, dessen einer Flügel aus vorzüglichem Marmor (linke Seite der Gleichung), dessen anderer Flügel aus minderwertigem Holze gebaut ist (rechte Seite der Gleichung). Die phänomenologische Darstellung der Materie ist nämlich nur ein roher Ersatz für eine Darstellung, welche allen bekannten Eigenschaften der Materie gerecht würde."[23]

Die relativistischen Effekte sind im menschlichen Alltag nicht sichtbar. Die Krümmung des Raumes ist gewöhnlich so klein, dass wir sie mit unseren Augen nicht wahrnehmen können. Lediglich die Gravitation offenbart sich unseren Sinnen direkt als stets anziehende Kraft. Nur in Anwesenheit großer Massen, etwa ab der Größe von Sonnen, oder auf großen Skalen werden die allgemein-relativistischen

---

[22] Zu Grundlagen, Interpretationen und Fehlinterpretationen der Relativitätstheorie siehe das Standardwerk von Reichenbach (1928) sowie Hentschel (1990).

[23] Aus dem Aufsatz „Physik und Realität", zitiert nach Einstein (1984), S. 90. Die Gleichung verknüpft Raumzeit und Masseverteilung der Materie so, dass aus dem Ist-Zustand die künftige Entwicklung beider berechnet werden kann. Die linke Seite der Grundgleichung der Allgemeinen Relativitätstheorie beinhaltet den sogenannten metrischen Tensor und damit die Struktur der Raumzeit, die rechte den Energietensor und damit die Masseverteilung der Materie in einer rein phänomenologischen, deskriptiven Darstellung. Eine bessere Beschreibung der Materie kann die Relativitätstheorie nicht angeben. Die Aufklärung der Struktur der Materie ist bis heute eine Domäne der Quantenphysik.

Effekte wesentlich bemerkbar. Deren Abweichungen von der newtonschen Theorie machen sich zum Beispiel in der Rotation des sonnennahen Merkur bemerkbar, in der Lichtablenkung ferner Galaxien oder in der Existenz exotischer kosmischer Gebilde wie Schwarzer Löcher.

Weiterhin beseitigt die Allgemeine Relativitätstheorie die in der klassischen Physik unverstandene Gleichheit von schwerer und träger Masse, indem sie diese Gleichheit zum fundamentalen Prinzip erklärt und aus ihr zusammen mit dem Postulat von der Konstanz der Lichtgeschwindigkeit die Krümmbarkeit des Raumes herzuleiten gestattet. Die Spezielle Relativitätstheorie, welche die klassische Mechanik als Grenzfall kleiner Geschwindigkeiten enthält, ergibt sich ihrerseits aus der Allgemeinen Relativitätstheorie als lokaler Grenzfall. Dies bedeutet, dass in der nahen Umgebung eines Raumpunktes die aus der Speziellen Relativitätstheorie bekannte Raumzeitstruktur der Minkowski-Metrik gültig ist. Für die Bewegung über größere Entfernungen macht sich dann aber die Krümmung der Raumzeit bemerkbar, die mathematisch im sogenannten metrischen Tensor ausgedrückt wird; dieser wird oft auch „metrisches Feld" genannt.

Die Allgemeine Relativitätstheorie kann als Vollendung der klassischen Physik angesehen werden. Sie erfüllt alle Ansprüche an Kontinuität, Determiniertheit, Objektivierbarkeit, Separabilität und Lokalität, die man an die klassische Physik stellen kann, und bettet diese in eine anspruchsvolle und mathematisch elegante Theorie von außerordentlicher konzeptioneller Klarheit und Schönheit.

1.4.1   Zur Ontologie der Allgemeinen Relativitätstheorie

Auf die immer noch kontrovers diskutierte Ontologie der Allgemeinen Relativitätstheorie können wir hier nur sehr kursorisch eingehen. Im Wesentlichen gibt es zwei Ansätze zu ihrer Interpretation, die die schon benannte ontologische Präferenz für Körper oder Felder beinhalten. In die Sprache der Allgemeinen Relativitätstheorie übersetzt, geht es um die Frage, ob entweder Körper als eigentliche Realität anzusehen sind, da erst sie eine Bestimmung von Raumabständen erlauben und somit Grundlage jeder Metrik sind, oder ob nicht stattdessen Felder vorzuziehen sind, deren Eigenschaften die Charakteristika der Materie erklären. Basis der Naturbeschreibung wären dann bestimmte Felder, aus denen sozusagen alle Materie aufgebaut ist. Die Tatsache, dass nach den Gleichungen der Allgemeinen Relativitätstheorie kosmologische Modelle ohne Materie, aber mit metrischem Feld möglich sind, haben Einstein und andere dazu geführt, dem Begriff des Feldes den Vorzug einzuräumen. Einsteins vergebliche Versuche, Materie als „Nadelstrahlung" in eine neue Theorie einzuführen, lassen sich vor diesem Hintergrund verstehen.[24]

Dieser Streit schwelt seit den Anfangstagen der Allgemeinen Relativitätstheorie unter Physikern, Wissenschaftstheoretikern und Philosophen. Er ist mit der Aufstellung der Quantenmechanik allerdings etwas aus dem Fokus gerückt, da die

---

[24]Vergleiche hierzu auch Kap. 19.5.

erkenntnistheoretischen Neuerungen, die mit der Interpretation der Quantenphysik verbunden sind, noch wesentlich tiefgreifendere Konsequenzen besitzen. In Anbetracht der Tatsache, dass unser Universum nicht allein von der Allgemeinen Relativitätstheorie regiert wird, ja dass diese sogar von ihrem Schöpfer als „hölzern" in ihrem Bezug auf die Materie betitelt wurde, ist eine eindeutige Antwort auf die Frage nach dem Zusammenhang von Materie und Raumzeit wohl nicht allein aus einer Analyse der Relativitätstheorie zu erwarten. Max Jammer hat diese Einsicht in folgenden Worten ausgedrückt:

> „As the contents of the present chapter clearly shows [sic!], our knowledge of large-scale as well as of small-scale properties of physical space is intimately related to the progress in cosmology and micro-physics, respectively. And as long as these branches of scientific research fail to offer satisfactory solutions to their fundamental questions the problem of space will have to be classed as unfinished business."[25]

Philosophisch von besonderem Interesse ist hieran die Tatsache, dass durch die Allgemeine Relativitätstheorie die Begriffe von Raum und Zeit eine gänzlich neue Bedeutung erhalten haben. Waren sie bei Kant noch unverrückbare Formen der Anschauung des menschlichen Geistes und damit ewige Wahrheiten der empirischen Realität, so wird ihnen von der Relativitätstheorie nur noch der Status von im Alltagsleben brauchbaren, approximativen Anschauungsformen zugewiesen; wobei die Brauchbarkeit und psychologische Gültigkeit dieser Anschauungsformen später von der Evolutionären Erkenntnistheorie dann als evolutionär vorteilhaft begründet worden sind. Wissenschaftshistorisch und heuristisch betrachtet, ist die Relativitätstheorie in ihrem konsequenten und radikal alle vermeintlichen Gewissheiten hinterfragenden Stil damit ein wichtiger Vorläufer der philosophisch noch schwerer einzuordnenden Quantenphysik.

1.5 Offene Probleme

Bei all den unglaublichen Fortschritten der modernen Physik seit Beginn des 20. Jahrhunderts bleiben viele drängende Fragen offen, die einerseits bis heute nicht gelöst sind und die andererseits neue Entwicklungen anzustoßen vermögen, die wahrscheinlich den bisherigen naturwissenschaftlichen Revolutionen in nichts nachstehen werden.[26]

Die Allgemeine Relativitätstheorie und ihr Zusammenhang mit der Kosmologie werfen einige grundlegende Probleme auf. Denn die meisten kosmologischen Modelle sehen sich gezwungen, im Rahmen der heutigen Physik unbekannte

---

[25] Jammer (1993), S. 214.

[26] Einen schönen Überblick über die grundlegenden physikalischen Problemstellungen zur Zeit der Entstehung von Relativitätstheorie und Quantenphysik gibt Henri Poincaré mit seiner Abhandlung „Der gegenwärtige Zustand und die Zukunft der mathematischen Physik" in Poincaré (1906), S. 129–159. Poincaré hat in diesem Text schon zentrale Strukturen der kommenden revolutionären Entwicklungen mit bewundernswerter analytischer Schärfe vorhergesehen.

Formen von Materie und Energie zu postulieren – die sogenannte *Dunkle Materie* und *Dunkle Energie* –, um ihre Vorhersagen mit den Beobachtungen in Übereinstimmung bringen zu können. Offenbar besteht der mit Abstand größte Anteil der im Universum vorhandenen Materie aus solcher Dunklen Materie. Es wird vermutet, dass diese Materieform in gewissem Sinne aus schweren Partnerteilchen unserer gewöhnlichen Materie besteht. Diese senden weder Licht noch andere Strahlung aus und lassen sich deshalb nicht direkt beobachten; sie wirken nur über ihre Schwerkraft. Es existieren verschiedene Theorien sogenannter supersymmetrischer Teilchen, welche mit der Dunklen Materie identifiziert werden könnten. Diese supersymmetrischen Theorien sind Verallgemeinerungen der heutigen Quantenfeldtheorien, lassen sich bislang jedoch nicht empirisch verifizieren; etliche von ihnen sind jedoch bereits auszuschließen. Weltweit suchen Physiker nach Quantenphänomenen, die sich nicht mit der Standard-Quantentheorie beschreiben lassen und die auf neue Gesetzmäßigkeiten hinweisen. Die Standard-Quantenphysik ist jedoch bisher so erfolgreich, dass die Suche nach neuen physikalischen Gesetzen trotz intensiver Bemühungen gänzlich ergebnislos geblieben ist.

Bei der Dunklen Energie sieht es noch deutlich schwieriger aus. Sie ist anscheinend für die beschleunigte Expansion unseres Universums verantwortlich. Ihre Vereinbarkeit mit den Theorien der heutigen Physik steht aber im wahrsten Sinne des Wortes in den Sternen. Sowohl Dunkle Materie als auch Dunkle Energie haben im Theoriegebäude der heutigen Physik nur einen unscheinbaren, glanzlosen Platz als simple Parameter in unverstandenen kosmologischen Modellen. Dabei hoffen Physiker auch auf eine Quantenbeschreibung dieser Substanzen. Hier zeigt sich also ein Zusammenhang zwischen der Theorie des Größten, der Allgemeinen Relativitätstheorie, und der Theorie des Kleinsten, der Quantentheorie; und die Interpretationsprobleme, die Letztere aufwirft, strahlen auch hinüber auf die vermeintlich wohlverstandene Weltsicht der Relativitätstheorie. Ein wichtiges Ziel ist folglich eine vereinheitlichte Beschreibung des Größten und des Kleinsten.

Ebenso ist die perfekte Übereinstimmung zwischen der negativen elektrischen Ladung des Elektrons und der positiven des Protons laut der heutigen Theorie lediglich ein willkommener Zufall. Wären beide nämlich auch nur um einen winzigen Betrag verschieden, so gäbe es überhaupt keine stabile Materie, geschweige denn Menschen, die sich über diese den Kopf zerbrechen könnten. Es wird erwartet, dass eine tiefere Theorie diese Gleichheit nicht nur als Kontingenz, als bloße Zufälligkeit ausweist, sondern sie direkt aus ihren Prinzipien abzuleiten gestattet. Auch weiß niemand, warum es genau drei Generationen von Elementarteilchen gibt, von denen nur die leichteste stabil ist, während die schwereren Geschwister der zweiten und dritten Generation extrem schnell in ihre Schwesterteilchen der ersten Generation zerfallen – aus denen folglich alle uns bekannte Materie besteht. Auch die Masse der schwer fassbaren Neutrinos ist in der gegenwärtigen Theorie nicht klar verstanden.

Ein anderes unverstandenes Rätsel ist die Existenz der höchstenergetischen kosmischen Strahlung, die sich auf der Erde nachweisen lässt. Diese ist nach allem, was heute über Erzeugungs- und Absorptionsmechanismen dieser Strahlung bekannt ist, in unserer kosmischen Nachbarschaft eigentlich verboten.[27] Ein möglicher Erklärungsansatz bezieht sich auf die Vermutung, dass der von der Allgemeinen Relativitätstheorie geforderte Kontinuumscharakter der Raumzeit bei solch hohen Energien nicht mehr haltbar ist und sich stattdessen ein diskreter Charakter bemerkbar macht. Dies würde auf eine Quantenstruktur der Raumzeit hinweisen; allerdings ist bisher noch keine brauchbare Theorie einer solchen Struktur bekannt und alle Ansätze zu einer solchen Theorie leiden unter enormen prinzipiellen Schwierigkeiten. Manche Theoretiker versuchen, diese Strahlung als Zerfallsprodukte bislang unbekannter, schwerer Teilchen zu erklären, was ebenfalls auf neue Physik hinweisen würde.

Die gesuchten neuen Theorien sollten sich hierbei insbesondere dadurch auszeichnen, dass sie eine größere konzeptionelle Einheit herstellen, als heutige Theorien für sich beanspruchen können. Die heutige Physik kennt vier Grundkräfte, von denen jeweils zwei Kräfte eine beliebig lange und zwei eine äußerst kurze Reichweite besitzen. Die beiden langreichweitigen Kräfte sind die Gravitationskraft sowie die elektromagnetische Kraft, die beiden kurzreichweitigen sind die sogenannte schwache und starke Kernkraft. Wie ihr Name schon besagt, ist ihre Reichweite so kurz, dass sie nur über die unglaublich kurze Distanz von Atomkernen wirken. Zu allen Grundkräften der Physik existiert eine quantentheoretische Beschreibung, nur für die Gravitationskraft nicht. Für diese gelten nur die makroskopischen Gleichungen der Relativitätstheorie, die sich nicht in üblicher Weise quantentheoretisch darstellen lassen. Die gegenwärtigen Fundamentaltheorien der Mikro- und der Makrowelt beschreiben ihren jeweiligen Gegenstandsbereich auf grundlegend unterschiedliche Art und Weise. Schlimmer noch, es konnte mathematisch bewiesen werden, dass sich die gravitative Wechselwirkung der Allgemeinen Relativitätstheorie und die Quantentheorie überhaupt nicht auf herkömmliche Art zu einer gemeinsamen Theorie vereinigen lassen! Gänzlich neue Ansätze müssen her, will man die Gesetze des Kleinsten und des Größten versöhnen. Eine solche Vereinheitlichung der Konzepte der physikalischen Theorien ist eine weitere wichtige Motivation für die theoretische Forschung, die nur noch mit ausgefeiltesten Präzisionsexperimenten in den modernen Teilchenbeschleunigern oder indirekt über Eigenschaften der kosmischen Strahlung überprüft werden kann.

Zur Lösung dieser und anderer Probleme liegen viele verschiedene Theorien vor. Hierzu gehören verschiedene Ansätze zu einer Quantengravitation oder auch verschiedene Typen der Erweiterung der heute bekannten Theorien der Elementarteilchen, des sogenannten Standardmodells. Allerdings muss an dieser Stelle angemerkt werden, dass diese Theorien, die Quantenfeldtheorien, sich zwar in einer einheitlichen Form darstellen lassen, aber man eine Vereinigung ihrer Grund-

---

[27]Der begrenzende Mechanismus ist als Greisen-Zatsepin-Kuzmin-Limit bekannt. Oberhalb dieses Limits sollte uns keine Strahlung mehr erreichen, da sie auf kosmologisch kurzen Strecken durch bestimmte Prozesse schnell abgeschwächt werden sollte.

lagen erst bei zwei von drei grundlegenden Wechselwirkungen hat durchführen können. Die vierte und letzte aller bekannten physikalischen Wechselwirkungen, die Gravitation, lässt sich, wie gesagt, überhaupt nicht in einer solchen Form darstellen; nicht zuletzt aus diesem Grund sind gänzlich neue Ideen notwendig.

Dem jungen Abiturienten Max Planck hatte man seinerzeit abgeraten, theoretische Physik zu studieren – das Fach wäre weitestgehend erschlossen und es wären keine interessanten Entwicklungen zu erwarten. Zum Glück hörte Planck nicht auf diese Meinung, sondern folgte seinen Neigungen und konnte so nach jahrelanger, zäher Arbeit die Tür zu völlig neuer Physik aufstoßen. Über hundert Jahre nach der Entdeckung des planckschen Wirkungsquantums ist die Situation eher umgekehrt: Man könnte sogar sagen, nie waren die Physiker weiter davon entfernt, die Grundlagen ihrer Disziplin für abgeschlossen zu halten als heute. Wie sich die Theorien der Physik aber auch entwickeln werden, ihre frühere Anschaulichkeit wird sie wohl nicht zurückgewinnen. Denn so wie die Quantenphysik das anschauliche Weltbild der klassischen Physik untergrub, so wird jede künftige physikalische Theorie wohl eher noch abstrakter sein.

Ein solcher Ansatz zur Klärung dieser Schwierigkeiten ist die Stringtheorie. Sie ist eine Quantentheorie der Materie, die einige Besonderheiten aufweist. So operiert sie nicht in der vierdimensionalen Raumzeit, sondern in zehn Dimensionen oder noch mehr, von denen einige „kompaktifiziert", d. h. gewissermaßen aufgerollt sind, so dass lediglich drei makroskopisch beobachtbare Raumdimensionen übrig bleiben. Diese Theorie mag vielleicht eines Tages die Existenz bisher unbekannter Bausteine des Universums, wie etwa der Dunklen Energie und Materie, vorhersagen und, ebenso wichtig, eine Verbindung zwischen den Theorien des Größten, der Allgemeinen Relativitätstheorie, und des Kleinsten, den Quantenfeldtheorien, herstellen. Damit wäre eine konzeptionelle Einheit der Physik wiederhergestellt, wie sie seit der Geburt der Quantentheorie verloren gegangen ist. Noch aber ist die Stringtheorie weder schlüssig formuliert, noch kann sie falsifizierbare Aussagen machen. Daher ist sie zumindest vorläufig noch als rein mathematische Spekulation anzusehen.

Sollte aber die Stringtheorie, eine Theorie der Quantengravitation oder eine andere, ähnliche Theorie sich eines Tages als erfolgreich erweisen, dann würde sie – und das ist die Erwartung der meisten Theoretiker – die Allgemeine Relativitätstheorie und damit eben die Theorie der Raumzeit als Grenzfall einer Quantenbeschreibung ausweisen. Und damit würden dann alle Interpretationsschwierigkeiten, die solche Quantentheorien mit sich bringen, auch unsere bislang vermeintlich wohlverstandene Sicht von Raum und Zeit infiltrieren. Doch damit nun zum Hauptpunkt unserer Betrachtungen, der Quantentheorie.

Einführung in die Quantenmechanik

2

> *Ich mag sie nicht, und es tut mir leid,*
> *jemals etwas damit zu tun gehabt zu*
> *haben.*
>
> (Erwin Schrödinger)

Abgesehen von den häufig in schiefen Bildern verwendeten Quantensprüngen und der obligatorischen Unschärfe hat die Quantenphysik noch einige andere philosophisch reichhaltige Begriffe zu bieten. In diesem Kapitel wollen wir deshalb neben der Welle-Teilchen-Dualität auch das von Niels Bohr entwickelte und erkenntnistheoretisch tiefreichende Konzept der Komplementarität eingehend diskutieren. Zunächst aber werfen wir einen Blick auf die wichtigsten Experimente, die zur Quantenmechanik geführt haben und die eine vertiefte Einsicht in die von unserer Alltagswelt grundverschiedenen und manchmal auch verstörenden Quantenphänomene gewähren. Dann folgen die Axiome der Quantenmechanik und eine kurze Übersicht über den Formalismus, der anhand einiger elementarer Beispiele erklärt wird. An diesen lässt sich auch die wichtige heuristische Bedeutung des Korrespondenzprinzips darlegen. Das nach Paul Ehrenfest benannte Ehrenfest-Theorem schließlich erläutert den Übergang zwischen der Mikro- und der Makrophysik.

Zur Einführung in die Materie bietet sich als anschaulichere Darstellungsform die nach Erwin Schrödinger benannte Gleichung an. Die von Werner Heisenberg entwickelte und mathematisch vollkommen äquivalente Formulierung als abstrakte Matrixdarstellung ist dafür weniger geeignet, auch wenn sie historisch gesehen ein wenig älter ist und die Gefahr einer klassisch geprägten Interpretation, wie sie Erwin Schrödinger zunächst selbst vorschwebte, in geringerem Maße in sich birgt.[1]

---

[1] Zur begrifflich-historischen Entwicklung der Quantenphilosophie ist das Standardwerk Jammer (1973) zu empfehlen, als Einführung in die Welt der wunderlichen Quantenphänomene Zeilinger (2007).

© Springer-Verlag Berlin Heidelberg 2017
D. Eidemüller (Hrsg.), *Quanten – Evolution – Geist*,
DOI 10.1007/978-3-662-49379-3_2

Dass eine solche Interpretation unzulässig ist – und mit ihr jede andere, die nahe an den gewohnten Alltagsvorstellungen operiert –, wird sich später noch erweisen, vor allem am Phänomen der Verschränkung. Schrödinger selbst hat die Verschränkung einmal als das „eigentliche Phänomen" der Quantenphysik bezeichnet. Sie kann als Grundlage für absolut sichere Kryptographie und Quantencomputer dienen, hat aber auch zahlreichen Interpreten der Quantenphysik viele schlaflose Nächte beschert – ein Effekt, der sich bei der Lektüre dieser Zeilen hoffentlich in nicht allzu unerquicklicher Weise einstellt. Die Verschränkung beschreibt die Unteilbarkeit von Quantenzuständen, auch auf makroskopischen Skalen. Wir werden sie dezidiert in Kap. 4.3 diskutieren.

Die für jede Interpretation fundamentale heisenbergsche Unschärferelation ist eng verknüpft mit dem Indeterminismus der Mikrowelt und dem Prinzip der Ununterscheidbarkeit von Quantenteilchen. Dann werden wir die Eigenschaft der Unteilbarkeit der Wellenfunktion betrachten, die als Ursache für das Phänomen der Verschränkung verantwortlich ist und eine klassisch-statistische Interpretation der Quantenphysik unmöglich macht.

2.1 Zur Methodik

Zur Vorstellung der Quantenphysik in diesem Kapitel sei Folgendes angemerkt: Die Ausführungen zielen zwar auf eine gute Verständlichkeit, beanspruchen aber dennoch eine hinreichende Allgemeingültigkeit und sollen zugleich eine fundierte philosophische Diskussion eröffnen. Dies erfordert eine Darstellungsform, die nicht auf dem trockenen, technischen Level eines Lehrbuches bleiben kann und sich deshalb einer Sprache bedienen muss, die Gefahr läuft, allzu viele philosophische Voraussetzungen bereits in die Vorstellung der Grundlagen der Quantenmechanik einzubauen. Dem erfahrenen Leser werden insbesondere bei der Beschreibung der einführenden Experimente Begriffe auffallen, die im Kontext der Entwicklung der Quantenmechanik im Geiste der Kopenhagener Deutung entwickelt wurden. An anderer Stelle hingegen wird die von dieser Interpretation geforderte Aufhebung unserer gewohnten Objektvorstellung übergangen und stattdessen werden die Ergebnisse von Experimenten in der unter Wissenschaftlern üblichen „Laborsprache" geschildert. Der insbesondere am Anfang dieses Kapitels benutzte Sprachgebrauch ordnet sich also dem Ziel der Vermittlung der Grundlagen unter. Die Erörterung strittiger Punkte und die mögliche Revision der zunächst vorgestellten oder nahegelegten Konzepte findet dann später in aller Stringenz bei der Diskussion der verschiedenen Interpretationen statt.

Da die Kopenhagener Deutung parallel zu den frühen quantenphysikalischen Experimenten entstanden ist, bietet sich ihr Sprachgebrauch auch zur Einführung in die Problematik an. Ein kontinuierliches Festhalten am Sprachgebrauch der Kopenhagener Interpretation als einziger weltweit zumindest als Arbeitshypothese akzeptierter Standardinterpretation wird hierbei allerdings dadurch erschwert, dass es sie nicht in einer, sondern in mehreren unterschiedlichen, aber ähnlichen Formen gibt, deren mögliches Spektrum wir noch ausloten werden. Diese Vielfalt und die oben bereits erwähnte Laborsprache deuten bereits an, dass man nicht immer das volle philosophische Rüstzeug braucht, um sinnvoll über Quantenphänomene reden zu können. Die Flexibilität der natürlichen Sprache ermöglicht eben Kommunikation, ohne formal immer korrekt sein zu müssen. Wir werden später bestimmte Kriterien diskutieren, die diesen Sprachgebrauch rechtfertigen und die mit einer philosophischen Reflexion über die evolutionäre Entstehung des Menschen einhergehen.

2.2   Das Doppelspalt-Experiment und die Welle-Teilchen-Dualität

Max Planck führte im Jahr 1900 in seinem berühmten Strahlungsgesetz für die Energiedichte der Hohlraumstrahlung das nach ihm benannte Wirkungsquantum ein, wofür er 1918 den Nobelpreis erhielt.[2] Damals erkannte noch niemand die Bedeutung und Tragweite dieses Augenblicks, der später als Geburtsstunde der Quantenphysik in die Wissenschaftsgeschichte einging und der der gesamten modernen technischen Zivilisation des Computerzeitalters zugrunde liegt. Denn die plancksche Formel legte nahe, dass Licht anscheinend aus einzelnen Energiequanten, aus winzigen Korpuskeln besteht – konträr zu der spätestens seit den maxwellschen Gleichungen und den Versuchen von Heinrich Hertz als sicher angenommenen Wellennatur des Lichtes.

Planck und seine Kollegen betrachteten diese *Lichtquantenhypothese* zunächst aber noch eher als mathematischen Kunstgriff. Einstein – damals seines Zeichens Sachbearbeiter dritter Klasse am Eidgenössischen Patentamt in Bern – wandte 1905 die solchermaßen erwiesene Teilchennatur des Lichtes dann in seiner ebenfalls nobelpreisgekrönten Arbeit über den photoelektrischen Effekt sehr erfolgreich an. Nach Einstein besteht ein Lichtstrahl „aus einer endlichen Zahl von in Raumpunkten lokalisierten Energiequanten, welche sich bewegen, ohne sich zu teilen und nur als Ganze absorbiert und erzeugt werden können."[3] Er bezeichnete diesen Ansatz als „revolutionär". Und es war die einzige seiner Arbeiten, der er dieses Adjektiv selbst verpasste.

Später stellte sich sogar heraus, dass nicht nur Lichtwellen Teilcheneigenschaften besitzen – weswegen man sie auch Photonen nennt –, sondern dass auch die konventionellen Materieteilchen Welleneigenschaften besitzen. Diese Doppelnatur wird als *Welle-Teilchen-Dualität* bezeichnet. Dieses scheinbar paradoxe Verhalten kennzeichnet einen entscheidenden Umbruch im Weltbild der Physik und begründete die Quantenmechanik.

Der Nachweis dieser Welleneigenschaften von Materie geschah über die Aufdeckung von Interferenzen (d. h. Überlagerungseffekten) verschiedener Materieteilchen. Die dabei auftretenden Wellenmuster sind aus der Optik für sichtbares

---

[2]Planck (1900).
[3]Einstein (1905a), S. 133.

Licht bekannt und haben kein Analogon in der Teilchenmechanik.[4] Der empirische Befund ist in exakter Übereinstimmung mit der von Louis-Victor de Broglie bereits 1924 in seiner berühmten Dissertation aufgestellten Hypothese, dass jedem Materieteilchen mit Impuls p und Energie E die sogenannte de-Broglie-Wellenlänge

$$\lambda = 2\pi\hbar\frac{1}{p}$$

und die Kreisfrequenz

$$\omega = \frac{1}{\hbar}E$$

zuzuweisen sind.[5] Dies war eine weitere völlig revolutionäre Idee, die den Rahmen der klassischen Physik wieder einmal sprengte. Die Gutachter, die diese Ideen zunächst für ziemlich mutig hielten, wandten sich an Einstein, der von diesem Ansatz begeistert war. Die Entdeckung dieser Dualität ist für die moderne Physik von entscheidender Bedeutung und wirft grundlegende erkenntnistheoretische Fragen auf, weil sie nicht etwa als lediglich vordergründiger Effekt oder als notwendiges Messartefakt aus einer tieferen Struktur der Materie heraus erklärt werden kann, sondern offenbar Eigenschaften der Mikrowelt offenbart, die das menschliche Vorstellungsvermögen übersteigen. Dies wollen wir im Folgenden am sogenannten Doppelspalt-Experiment betrachten, welches zumindest laut Richard Feynman bereits alle „Geheimnisse der Quantenmechanik" beinhaltet.

Gegeben sei eine einfache Messapparatur, bestehend aus einer Quelle und einem Schirm (eine Photoplatte oder Zählrohre), zwischen denen sich eine undurchdringliche Wand mit zwei einzeln verschließbaren Spalten befindet. Zunächst sei ein Spalt verschlossen, der andere offen. Ein von der Quelle ausgehender Teilchenstrom tritt durch diesen Spalt und erzeugt auf dem Schirm ein Verteilungsmuster. Bei nur

---

[4]Entsprechende Versuche wurden bereits 1928 durchgeführt: von Davisson, Germer, Thomson und Rupp anhand von Elektronenstreuung sowie von Stern anhand der Streuung von Helium. Mit Hilfe moderner Experimentiertechnik können auch wesentlich schwerere Teilchen zur Interferenz gebracht werden – was allerdings zunehmend schwieriger wird. Heute kann man bereits die als „Fußball-Moleküle" bekannten C_{60}-Fullerene oder sogar aus 430 Atomen bestehende „Oktopus-Moleküle" mit sich selbst interferieren lassen: Arndt et al. (1999), Gerlich et al. (2011).

[5]De Broglie (1924). Das Symbol $\hbar$ bezeichnet das plancksche Wirkungsquantum. Die zweite Formel ist nichts anderes als eine Umformulierung der planckschen Energieformel für Lichtteilchen, die hier auf alle Arten von Materie verallgemeinert wird. Dieser Effekt wurde nicht schon früher nachgewiesen, weil der Impuls von Materieteilchen aufgrund ihrer Masse im Vergleich zu Photonen sehr groß und deswegen die resultierende Wellenlänge sehr klein ist. Man muss also sehr präzise messen.

Abb. 1
Doppelspalt-Experiment mit
nur einem geöffneten Spalt,
mit klassischen Teilchen und
Quantenobjekten

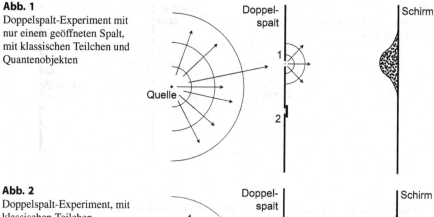

Abb. 2
Doppelspalt-Experiment, mit
klassischen Teilchen

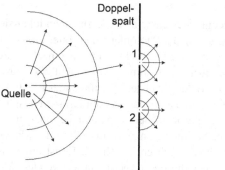

einem geöffneten Spalt erzeugen sowohl klassische Teilchen (wie Schrotkugeln, Fußbälle etc.) das gleiche Muster (siehe Abb. 1) wie Quantenobjekte (z. B. Elektronen oder Photonen). [6]

Die Streuung der eintretenden Teilchen am Spalt bewirkt eine Auffächerung des Strahles, so dass die Verteilung am Schirm breiter ist als der Spalt selbst. Wenn wir nun beide Spalte öffnen, so ergibt sich bei klassischen Teilchen ein Verteilungsmuster, das der direkten Addition der beiden Einzelverteilungen entspricht (siehe Abb. 2).

Wenn wir bei zwei geöffneten Spalten jedoch anstelle klassischer Objekte nun Quantenobjekte wie Elektronen benutzen, so geschieht etwas Unerwartetes: Die Strahlen addieren sich nicht etwa, wie man nach allen Regeln der klassischen Physik erwartet hätte, sondern sie *interferieren*, wie man es eigentlich nur von Wellenprozessen kennt (siehe Abb. 3).

---

[6]Technische Einzelheiten wie die geometrischen Maße der Spalte und des Schirmes hängen von den Versuchsbedingungen wie z. B. der gewählten Teilchensorte ab und spielen hier keine Rolle. Für Elektronen gestaltet sich der Versuchsaufbau aufgrund ihrer im Vergleich zu anderen Materieteilchen sehr geringen Masse und der entsprechend größeren Wellenlänge allerdings besonders einfach.

Abb. 3
Doppelspalt-Experiment, mit
Quantenobjekten

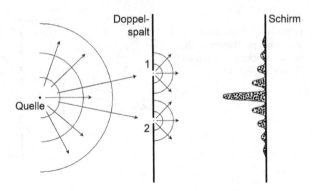

Dabei erzeugt jedes einzelne Elektron einen lokalisierten Einschlag, eine punkt-förmige Schwärzung der Photoplatte. Das Interferenzmuster baut sich erst durch das Auftreffen vieler einzelner Elektronen aus einzelnen Punkten auf. Die Entstehung dieses Interferenzmusters kommt dabei nicht etwa zustande durch die wechselsei-tige Interferenz vieler gleichzeitig einfallender Elektronen! Man kann die Intensität der von der Quelle ausgehenden Strahlung soweit reduzieren, dass sich immer nur ein einzelnes Elektron in der Apparatur befindet und auf den Schirm trifft. Man erhält das gleiche Interferenzbild. Lediglich die Messzeit zum Erhalt der nötigen Resultate verlängert sich entsprechend. Es ist auch gleichgültig, welche Art von Teilchen man bei diesem Experiment verwendet. Man könte statt Elektronen auch Photonen, Protonen, Neutronen oder andere Teilchen durch den Doppelspalt schicken. Das Einzige, was man dabei ändern muss, ist die Geometrie des Aufbaus, da nach den obigen Formeln mit steigender Masse die Wellenlänge der Teilchen kleiner und somit der Messaufbau filigraner wird.

　　Wir haben es hier mit einem absonderlichen Verhalten zu tun, das sonst nirgends in der Natur zu beobachten ist. Wie bei einer Wasserwelle oder Luftschwingung gibt es beim Interferenzbild Zonen wechselseitiger Verstärkung, sogenannter konstruk-tiver Interferenz, und Zonen wechselseitiger Auslöschung, sogenannter destruktiver Interferenz. Nur sind es jetzt einzelne Elektronen, und nicht ausgedehnte Medien wie beispielsweise Wasser, die solche Interferenzeffekte zeigen.

　　Wie lassen sich diese Ergebnisse nun interpretieren? Offenkundig wird jedes Elektron bei der Ortsbestimmung am Schirm als einzelnes zusammenhängendes Teilchen gemessen. Auch der Versuchsteil mit nur einem geöffneten Spalt scheint dem zu entsprechen. Im Falle zweier geöffneter Spalte müssen wir allerdings feststellen, dass jedes Elektron mit sich selbst interferiert, als wäre es eine Welle, die durch beide Spalte gleichzeitig hindurchtritt! Diese Welle erzeugt im Falle vieler aufgetroffener Elektronen ein Muster, das dem einzelnen Elektron die Wahrschein-lichkeit vorgibt, mit der es in einem bestimmten Bereich des Schirmes auftrifft. Ein Elektron besitzt also die Eigenschaft einer Welle, mit sich selbst interferieren zu können; eine Eigenschaft, die dem aus der klassischen Physik wohlbekannten Verhalten als Teilchen komplett zu widersprechen scheint; und doch erzeugt jedes einzelne Elektron nur eine punktförmige Schwärzung der Photoplatte.

2.3 Das Komplementaritätsprinzip

Ist das Elektron nun Teilchen oder Welle? Und lassen sich diese Befunde überhaupt in einem einheitlichen Bild miteinander versöhnen? Gemäß der Kopenhagener Standardinterpretation der Quantenmechanik müssen wir diese Hoffnung aufgeben. Das Elektron (und mit ihm alle anderen Mikroobjekte) ist nicht einfach ein Teilchen, und es ist nicht einfach eine Welle. Es kann auch nicht beides gleichzeitig sein, denn wenn wir zum Beispiel die Ladung oder die Masse eines Elektrons messen, dann erhalten wir nicht eine variierende Ladungs- oder Massedichte, wie man es bei Wellen erwarten würde. Wir erhalten stets den selben wohldefinierten Wert. Mikroobjekte, die durch die Quantenmechanik beschrieben werden, sind also *weder* Teilchen *noch* Welle, sondern etwas, für das unser menschliches Vorstellungsvermögen keine Anschauung und keinen Begriff hat. Sie offenbaren ihren Teilchencharakter oder ihren Wellencharakter je nach der experimentell gewählten Messanordnung und Fragestellung. Diesen Befund hat zuerst Niels Bohr erkannt und 1927 auf einem Physikerkongress in Como als Prinzip der *Komplementarität* eingeführt. Diese Sichtweise des dualistischen Verhaltens von Quantenobjekten ist allerdings ein Vorgriff auf die Kopenhagener Deutung, die nicht von allen Interpreten geteilt wird. Wir führen den Begriff der Komplementarität an dieser Stelle ein, um eine Beschreibung der grundlegenden Experimente zu ermöglichen; er ist nicht für alle Interpretationen gleichermaßen streng verbindlich.

Der Begriff der Komplementarität ist an sich ein altes philosophisches Konzept, das bereits in der antiken und mittelalterlichen Philosophie und Theologie vorkommt und in folgender Weise charakterisiert werden kann: Eine Theorie besitzt komplementäre Züge, wenn sie mindestens zwei sich gegenseitig ausschließende Konzepte für den gleichen von der Theorie betrachteten Gegenstandsbereich beinhaltet; wobei jedes einzelne dieser Konzepte nicht ausreicht, um eine erschöpfende Beschreibung der betrachteten Phänomene zu liefern, und deren gleichzeitige Anwendung zu logischen Widersprüchen führt. Jedoch werden sämtliche dieser Konzepte benötigt, um den Gegenstandsbereich in all seinen Gesichtspunkten hinreichend zu beschreiben. Dabei bleibt zunächst die Frage offen, ob es sich bei solchen komplementären Theorien jeweils um eine objektive, in der Natur der betrachteten Gegenstände verwurzelte, oder eine subjektive, dem Blickwinkel des Beobachters geschuldete Komplementarität handelt, bzw. ob eine solche Unterscheidung überhaupt Sinn macht.

Im Anschluss an die Aufstellung der Quantenphysik hat der Begriff der Komplementarität eine große Popularisierung und breite Anwendung in ganz anderen Feldern gedanklicher Bestätigung erfahren. Hier sei der Fokus auf die Anwendung in der Quantenphysik gelegt. Der zentrale Punkt ist dabei laut Bohr, dass „es eine Fehlauffassung wäre zu glauben, die Schwierigkeiten der Atomtheorie könnten vermieden werden, indem man die Konzepte der klassischen Physik durch neue konzeptionelle Formen ersetzt."[7] Weiter schreibt er: „Wir müssen allgemein bereit

---

[7]Bohr (1934), S. 15 f.

sein zu akzeptieren, dass eine vollständige Betrachtung ein und des selben Objektes verschiedene Gesichtspunkte erfordert, die eine einheitliche Beschreibung unmöglich machen."[8] Bei der Unterscheidung von Wellen- und Teilchencharakter haben wir es also nicht mit einer Aporie zu tun, d. h. einem unauflösbaren, widersprüchlichen begrifflichen Problem, sondern mit der Einsicht in die Begrenztheit unserer Vorstellungskraft, die uns zwingt, unterschiedliche Bilder für Dinge zu gebrauchen, die jenseits unserer Anschauung liegen. Auf diese und andere Gesichtspunkte werden wir im Laufe der Diskussion wieder zurückkommen, da sie eine zentrale Rolle für die Kopenhagener Deutung spielen, während realistische Interpretationen sie zu umgehen suchen.

2.4   Entscheidende Experimente auf dem Weg zur Quantenmechanik

An dieser Stelle wollen wir einige bedeutende Stationen auf dem Weg zur Quantenmechanik skizzieren, die verschiedene Aspekte der Mikrowelt aufzeigen. Die wichtigste Grundlage der frühen Quantenphysik waren die in langer und mühevoller Arbeit der Spektroskopiker zusammengetragenen Daten bezüglich der Absorptions- und Emissionsspektren verschiedenster Stoffe.[9] Für das leichteste und einfachste aller Elemente, Wasserstoff, ließen sich die beobachteten Spektrallinien in einer einfachen Formel zusammenfassen, die man so interpretieren kann, dass das Wasserstoffatom verschiedene Energieniveaus besitzt, zwischen denen Übergänge erfolgen können.[10] Dabei wird entweder ein Lichtteilchen absorbiert oder emittiert, je nachdem, ob das Atom von einem niedrigeren zu einem höheren Niveau wechselt oder umgekehrt. Im Zusammenhang mit der zu Beginn des 20. Jahrhunderts existierenden Atomvorstellung war dies allerdings vollkommen unverständlich. Versuche hatten gezeigt, dass Atome aus einem winzigen positiv geladenen Kern bestehen, der beinahe die gesamte Masse des Atoms ausmacht, und aus negativ geladenen Elektronen, die um diesen Kern herum laufen.[11] Nach der klassischen

---

[8] Ebenda, S. 96. Ein Überblick über diese Punkte findet sich bei Bohr (1931). Zum Zusammenhang von Kausalität und Komplementarität siehe auch Bohr (1948).

[9] Wenn Atome mit Licht passender Wellenlänge, also mit einer bestimmten elektromagnetischen Strahlung bestrahlt werden, können sie diese Lichtquanten absorbieren. Sie speichern dann für eine kurze Zeit die Energie des Lichts als Anregung ihrer Elektronenhülle. Ebenso können sie Licht bestimmter Wellenlänge aussenden, wenn sie vorher durch Licht, Wärme oder chemische Prozesse angeregt wurden. Die passenden Wellenlängen unterscheiden sich je nach Atomart. Die charakteristischen Wellenlängen, die man bei unterschiedlichen Atomen (oder Molekülen) beobachten kann, nennt man auch Spektrallinien.

[10] Es handelt sich hier um die sogenannte Balmer-Formel, die ein Spezialfall des Rydberg-Ritzschen Kombinationsprinzips ist, nach dem sich Frequenzen als Differenzen von Spektraltermen ausdrücken lassen.

[11] Hierzu gehören die berühmten Streuversuche von Ernest Rutherford, bei denen Alphateilchen durch dünne Folien aus Gold geschossen werden, siehe Rutherford (1911).

Theorie des elektrischen Feldes ist dies eigentlich unmöglich, da auf Kreis- oder Ellipsenbahnen um ein Zentralpotential sich bewegende Elektronen eine ständige Beschleunigung erfahren. Dies müsste dazu führen, dass diese Elektronen wie ein hertzscher Dipol (d. h. wie eine winzige Antenne) fortwährend elektromagnetische Strahlung aussenden, wobei sie kontinuierlich Energie verlieren und auf einer Spiralbahn in den Kern stürzen.

Niels Bohr konnte mit seiner berühmten Quantisierungsbedingung dann 1913 zeigen, dass die Spektralformel beim Wasserstoff für bestimmte klassisch aussehende Kreisbahnen gilt, bei denen der Drehimpuls ein ganzzahliges Vielfaches des planckschen Wirkungsquantums ist. Auf diesen sogenannten stationären Bahnen tritt nach den Postulaten des bohrschen Atommodells keine Abstrahlung auf. Der Münchner Theoretiker Arnold Sommerfeld, bei dem unter anderem Werner Heisenberg und Wolfgang Pauli promovierten, konnte dieses Atommodell auf Ellipsenbahnen erweitern. Dieses bohrsche Atommodell, nach seiner Erweiterung auch Bohr-Sommerfeldsches Atommodell genannt, erwies sich dank Bohrs brillanter physikalischer Intuition als wichtigster Zwischenschritt auf dem Weg zur endgültigen Formulierung der Quantenmechanik.[12] Man nennt es auch „Planetenmodell der Atome" aufgrund der Ähnlichkeit der Elektronen, die sich in harmonischen Schwingungen um einen Atomkern bewegen, mit Planeten, die um die Sonne kreisen. Die Ad-hoc-Postulate dieses Modells konnten allerdings keine befriedigende Antwort für andere Elemente als das Wasserstoffatom geben – bereits das nächste Element im Periodensystem, Helium, verschloss sich diesem Ansatz.

Dass diskrete Energieniveaus in Atomen nicht nur bei der Absorption und Emission von Licht auftreten, konnten James Franck und Gustav Hertz ebenfalls im Jahr 1913 experimentell nachweisen. Bei ihren Versuchen benutzten sie statt Licht elektrisch beschleunigte Elektronen, die sie ein Quecksilbergas durchlaufen ließen. Die Elektronen stießen mit den Quecksilberatomen zusammen, wobei diese Energie absorbierten. Auch hier zeigten sich diskrete Absorptionslinien, die mit den aus der Spektralanalyse bekannten Energieniveaus übereinstimmten. Die beobachteten Energieniveaus sind also eine allgemeine Eigenschaft der Atome und nicht allein auf die Wechselwirkung mit Licht beschränkt.

Ein weiteres wichtiges Experiment aus der Frühzeit der Quantenphysik betrifft die Quantisierung des magnetischen Momentes. Otto Stern und Walther Gerlach beobachteten 1922 die Aufsplittung eines Strahls von Silberatomen, der ein inhomogenes Magnetfeld durchlaufen hatte, in eine diskrete Anzahl von Strahlen. Gemäß der klassischen Theorie kann das magnetische Moment bezüglich einer Auswahlrichtung, die durch das Magnetfeld vorgegeben ist, jeden beliebigen Wert annehmen, was zu einem kontinuierlichen Spektrum geführt hätte. Jedoch scheinen in der Natur nur diskrete Orientierungen des magnetischen Momentes gegenüber der Feldrichtung erlaubt zu sein. Durch das Stern-Gerlach-Experiment wurde die räumliche Quantisierung des magnetischen Moments eindeutig nachgewiesen; es galt als eine der beeindruckendsten Widerlegungen klassischer Vorstellungen in der

---

[12]Bohr (1913).

Atomphysik. Der spätere Nobelpreisträger Isidor Rabi brachte seine Reaktion auf die neuen Ergebnisse mit den Worten zum Ausdruck:

> „As a beginning graduate student back in 1923, I... hoped with ingenuity and inventiveness I could find ways to fit the atomic phenomena into some kind of mechanical system. ... My hope to [do that] died when I read about the Stern-Gerlach experiment. ... The results were astounding, although they were hinted at by quantum theory. ... This convinced me once and for all that an ingenious classical mechanism was out and that we had to face the fact that the quantum phenomena required a completely new orientation."[13]

Diese und weitere Experimente hatten das bis dahin verbreitete Vertrauen in die aus der klassischen Physik bekannten Grundlagen so vollständig erschüttert, dass man wohl weiter als je zuvor entfernt war von der Ende des 19. Jahrhunderts geäußerten Vermutung, die Fundamente der Physik seien bekannt und abgeschlossen und alles weitere sei Brauchbarmachung des Gelernten. Der endgültige Durchbruch zur Quantenphysik kam dann, als in kurzer Abfolge Werner Heisenberg im Jahr 1925 seine Matrizenmechanik veröffentlichte, die er in Zusammenarbeit vor allem mit Max Born und Pascual Jordan entwickelt hatte, und Schrödinger im Jahr darauf seine Wellengleichung publizierte. Diese beiden Ansätze lieferten die mathematische Grundlage für alle quantenmechanischen Berechnungen. Kurz darauf erwies sich außerdem im Rahmen der Dirac-Jordanschen Transformationstheorie, dass beide Ansätze mathematisch völlig äquivalent sind.[14]

Die schrödingersche Wellenmechanik hat sich zur Lösung praktischer Probleme durchgesetzt, weil ihr mathematischer Apparat leichter zu bedienen ist und weil sie es sehr viel besser erlaubt, sich eine bildliche Vorstellung vom Quantengeschehen zu machen. Dies mag einerseits heuristisch wertvoll sein, kann andererseits aber auch dazu verführen, die Quantenmechanik allzu realistisch zu interpretieren.[15] Sowohl

---

[13]Zitiert nach Friedrich und Herschbach (2003), S. 57. Das magnetische Moment beruht sowohl auf dem Bahndrehimpuls der Elektronen – also auf ihrer Bewegung um den Atomkern – als auch auf ihrem Eigendrehimpuls, dem Spin. Beinahe ausnahmslos alle Lehrbücher der Physik beschreiben das Stern-Gerlach-Experiment als Nachweis des Spins. Dies ist zwar nach heutigem Wissen richtig. Der Spin war zur Zeit der Durchführung des Experiments aber noch gar nicht bekannt; die Existenz des Spins wurde erst einige Jahre später mit der fertigen Quantentheorie postuliert. Stern und Gerlach basierten ihr Experiment auf dem bohrschen Atommodell. Es ist eine interessante Fußnote der Wissenschaftsgeschichte, dass bei Silber nur der Spin für die Aufspaltung des Strahls verantwortlich ist, da sein Bahndrehimpuls null ist. Laut dem bohrschen Atommodell, das den Spin noch nicht kennt, hätte eigentlich gar keine Aufsplittung stattfinden dürfen! Nur wusste man dies seinerzeit noch nicht. Der Spin-Drehimpuls wiederum ist zwar nur halb so groß wie der Bahndrehimpuls; aber da der Spin aufgrund relativistischer Effekte etwa doppelt so stark magnetisch koppelt, erzeugt er eine Aufspaltung, die der von Bohr postulierten entspricht. Der Nachweis dieses wichtigen Effekts, noch dazu in der passenden Größenordnung, verdankt sich also gleich mehreren glücklichen Umständen.

[14]Heisenberg (1925); Born und Jordan (1925); Born et al. (1926); Schrödinger (1926a), sowie drei folgende Artikel von Schrödinger mit dem selben Titel.

[15]Zur Haltung Schrödingers vergleiche auch Kap. 3.1 und 19.5. Psychologisch interessant ist die Äquivalenz zwischen den beiden von Heisenberg und Schrödinger entwickelten Darstellungsformen auch deshalb, weil Schrödinger seine Wellenmechanik bewusst in Kontrast zur anderen Theorie entwickelte. Er fühlte sich von der unanschaulichen Mathematik Heisenbergs

die Wellenmechanik als auch die Matrizenmechanik stimmen in ihren Ergebnissen exakt überein, obgleich die verwendete Mathematik recht unterschiedlich ist. Der russische Physiker George Gamow bemerkte hierzu: „It was as if America was discovered by Columbus, sailing westward across the Atlantic Ocean, and by some equally daring Japanese, sailing eastward across the Pacific Ocean."[16]
Bereits 1927 konnte Heisenberg die interpretativ immens wichtige Unschärferelation vorlegen, während im selben Zeitraum Bohr seine Sicht der Komplementarität entwickelte, wodurch die Kopenhagener Deutung Gestalt annahm. Ende der 1920er Jahre gelang es dann dem Mathematiker John von Neumann, die nunmehr bekannten Grundgesetze der Mikrowelt in einem zusammenhängenden, allgemeinen mathematischen Rahmen zu formulieren. Auf seiner Darstellung der Quantenmechanik als sogenanntes Operatorkalkül im Hilbert-Raum fußt die mathematische Formulierung der modernen Quantentheorie, sie soll jedoch hier aus den in der Einleitung genannten Gründen nicht vorgestellt werden.[17] An dieser Stelle wollen wir den intuitiv zugänglicheren, allerdings auch leichter fehlinterpretierbaren Weg über die schrödingersche Wellengleichung wählen, die eine mögliche Darstellung der allgemeineren Hilbert-Raum-Theorie ist.

2.5   Die Axiome der Quantenmechanik

Die Axiome der Quantenmechanik bestehen einerseits aus dem mathematischen Apparat, andererseits aus einigen Regeln, wie sich diese Formeln auf physikalische Systeme anwenden lassen. Als wesentlichen Bestandteil enthalten diese Axiome eine Wellengleichung für die Wellenfunktion $\psi(x, t)$. Dabei steht x für den Ort und t für die Zeit. Die Wellenfunktion gibt somit die Wahrscheinlichkeit an, das Teilchen zu einem bestimmten Zeitpunkt in einem bestimmten Raumbereich zu finden. Die folgenden zwei eher technischen Absätze sind als Orientierung für die am Formalismus interessierten Leser gedacht; alle anderen benötigen nur den Begriff der Observablen. Im folgenden Unterkapitel werden wir diese etwas abstrakten Zusammenhänge noch ein wenig anschaulicher erklären. Bereits die ungewöhnliche

---

„abgeschreckt, um nicht zu sagen abgestoßen", siehe Schrödinger (1926), S. 735. Wir werden diese psychologischen Aspekte nochmals in Kap. 19.5 aufgreifen und vor allem im Zusammenhang mit Einsteins wissenschaftlicher Entwicklung tiefer gehend thematisieren.

[16]Gamow (1966), S. 3 f.

[17]Von Neumann (1932). Als Literatur zum Formalismus sind die gängigen Standardlehrbücher der Quantenmechanik zu empfehlen, zur wissenschaftstheoretischen Diskussion insbesondere Jammer (1974). Zur Hilbert-Raum-Darstellung sei nur kurz angemerkt, dass in ihr quantenphysikalische Zustände als Vektoren im Hilbert-Raum dargestellt sind, welcher ein linearer Vektorraum ist. Dessen Elemente, Vektoren genannt, sind komplexwertige quadratintegrable Funktionen. Der Mathematiker David Hilbert konnte zeigen, dass solche Vektorräume mit anderen, gänzlich verschieden aussehenden Vektorräumen gleichwertig sind. Dieser sogenannte Isomorphismus schließt die Äquivalenz von Heisenbergs Matrizenmechanik und Schrödingers Wellenmechanik ein und lässt zudem auch andere Darstellungen zu.

mathematische Struktur der Quantenmechanik, die hier etwas vereinfacht dargestellt wird, zeigt aber, wie stark diese Theorie sich von der klassischen Physik unterscheidet.

Die Wellengleichung muss bestimmten Bedingungen genügen, um sicherzustellen, dass beispielsweise die Wahrscheinlichkeit, das Teilchen irgendwo im Raum zu finden, gleich eins ist (Normierung). Des Weiteren benötigen wir folgende Terminologie. Der Begriff *Observable* bezeichnet eine bestimmte physikalische Messgröße, z. B. die Ortsposition x eines Teilchens oder seinen Drehimpuls bezüglich einer bestimmten Achse. Einer Observablen entspricht im Formalismus der Quantenmechanik ein *Operator*, d. h. eine mathematische Operation wie etwa die Ableitung nach einer bestimmten Variablen (meist nach der Zeit oder nach Ortsvariablen) oder eine Multiplikation.

Dem Messwert einer Observablen entspricht der sogenannte Eigenwert seines zugehörigen Operators, angewandt auf die Wellenfunktion. Eine Wellenfunktion lässt sich zu einem Operator in eine Summe aus *Eigenfunktionen* zu ihren jeweiligen *Eigenwerten* zerlegen (Spektralzerlegung). Dabei sind Eigenfunktionen die Funktionen mit der Eigenschaft, dass der Operator, angewandt auf die Eigenfunktion, wieder eine Größe proportional zur Eigenfunktion ergibt. Der dabei resultierende Vorfaktor ist der entsprechende Eigenwert.[18] Das *Skalarprodukt* zweier Wellenfunktionen ergibt eine bestimmte Zahl, die im Allgemeinen komplex ist, sie enthält also außer einem reellen auch einen imaginären Anteil. Sämtliche Wellenfunktionen, mit denen es die Quantenmechanik zu tun hat, sind im Allgemeinen komplexwertig. Da Messwerte nun einmal reell sind, benötigt man ein Verfahren, um aus diesen Funktionen reelle Werte zu extrahieren. Damit ergeben sich bestimmte Bedingungen für die Zuweisung von Observablen an Operatoren, die durch die folgenden Axiome erfüllt werden.

Nach diesen Vorbemerkungen können wir jetzt die grundlegenden Axiome der Quantenmechanik in einfacher Form aufschreiben.[19] Aus diesen Axiomen lassen sich die wesentlichen Zuordnungen zwischen den Messgrößen und dem mathematischen Formalismus sowie die zeitliche Entwicklung der physikalischen Variablen herleiten.

Axiom I.   Der Zustand eines physikalischen Systems wird durch die zugehörige Wellenfunktion vollständig beschrieben.

Axiom II.   Jeder Observablen entspricht ein Operator.

---

[18]Als Beispiel diene die Exponentialfunktion mit dem Operator der Ableitung. Die exp-Funktion ergibt abgeleitet wieder die exp-Funktion, sie ist also Eigenfunktion zum Operator der Ableitung. Der entsprechende Eigenwert ist der Vorfaktor, in diesem Falle also die eins, bei der Funktion $\exp(2x)$ wäre es die zwei.

[19]In der Tat: in einer für unsere Zwecke leicht vereinfachten Form; so müsste es in Axiom II formal heißen: Hermitesche Operatoren. Diese Eigenschaft garantiert, dass alle erhaltenen Eigenwerte tatsächlich reell sind. Auch Axiome III und V lassen sich in größerer Allgemeingültigkeit ausdrücken. Bei der Aufstellung der Quantenmechanik jedoch arbeitete Heisenberg noch mit einem sehr intuitiven Kalkül: „Jetzt sprechen die gelehrten Göttinger Mathematiker soviel über Hermitesche Matrizen; ich weiß ja aber nicht einmal, was eine Matrix ist." Zitiert nach Bopp (1961), S. X.

Axiom III. Der Mittelwert einer Observablen ist gegeben durch das Skalarprodukt der Wellenfunktion mit der durch den zugehörigen Operator multiplizierten Wellenfunktion.

Axiom IV. Die Zeitentwicklung der Zustände ist durch die *Schrödinger-Gleichung* bestimmt:

$$H\psi = i\hbar\frac{\partial}{\partial t}\psi,$$

mit dem Operator[20]

$$H = -\frac{\hbar^2}{2m}\frac{\partial^2}{\partial x^2} + V(x).$$

Axiom V. Die Wellenfunktion geht bei der Messung einer Observablen in die Eigenfunktion über, die zum gemessenen Eigenwert korrespondiert.

Die Axiome I und II stellen die Verbindung her zwischen den Begriffen der physikalischen Messgrößen („Observablen" und die zur Beschreibung eines Sachverhaltes nötigen Begriffe „System" und „Zustand") und den mathematischen Begriffen des abstrakten Formalismus. Sie können deshalb auch als *Korrespondenzaxiome* bezeichnet werden – nicht zu verwechseln mit dem Korrespondenzprinzip Bohrs. Das scheinbar unschuldige Wörtchen „vollständig" aus Axiom I wird uns wieder bei der Debatte um das EPR-Paradoxon begegnen und dort einen entscheidenden Einfluss auf das Weltbild der modernen Physik offenbaren.

Axiom III legt als einziges Axiom eine strikte Rechenregel für die Zuweisung von aus dem Formalismus erhaltenen Zahlenwerten an die physikalisch beobachteten Messwerte der Observablen fest und spielt deshalb eine wichtige Rolle in allen Interpretationsfragen. Im Spezialfall der Ortsbestimmung entspricht Axiom III der *bornschen Wahrscheinlichkeitsinterpretation*, derzufolge das Absolutquadrat der Wellenfunktion die Aufenthaltswahrscheinlichkeit eines Teilchens angibt. Durch die Bildung des Absolutquadrates verschwinden sämtliche imaginären Anteile einer komplexen Zahl und nur der reelle Wert bleibt übrig. Dies gilt auch für die verallgemeinerte Form der bornschen Wahrscheinlichkeitsinterpretation gemäß Axiom III. Damit sichert dieses Axiom, dass nur sinnvolle reelle Zahlen aus dem Formalismus extrahiert werden und diese mit den ebenfalls reellen Messwerten verglichen werden können. Die Wellenfunktion entspricht folglich einer Wahrscheinlichkeitswelle, deren Amplitude ein Maß für die Aufenthaltswahrscheinlichkeit eines Teilchens in einem bestimmten Raumbereich ist. Weiterhin verankert dieses Axiom die Begriffe der *Wahrscheinlichkeit* und des *Indeterminismus* im Gerüst der Quantenmechanik,

---

[20]Der Operator H wird in Analogie zur klassischen Mechanik „Hamilton-Operator" genannt. Der vordere Teil mit der doppelten räumlichen Ableitung entspricht der kinetischen Energie, der Potentialterm $V(x)$, der für jede physikalische Situation spezifiziert werden muss, der potentiellen Energie. Fasst man beide Energieterme abstrakt zusammen, lässt sich die Schrödinger-Gleichung für stationäre Zustände vereinfachen zum eleganten und bekannten $H\psi = E\psi$.

da es lediglich den Mittelwert einer Observablen vorherzusagen erlaubt, nicht jedoch die einzelnen Messwerte. Die Verteilung der Messwerte um diesen Mittelwert herum mag kontinuierlich sein oder diskret, der Wahrscheinlichkeitscharakter der Messwerte ist hiermit fest etabliert.

Axiom IV erlaubt die Berechnung der Wellenfunktion. Dies gilt sowohl für den Spezialfall zeitlich unveränderlicher Größen (wie etwa die stationären Energieniveaus in Atomen) wie auch für den allgemeinen Fall dynamischer Variablen (wie etwa durch einen Doppelspalt fliegende Elektronen). Die Schrödinger-Gleichung beschreibt die zeitliche Entwicklung des Quantenzustandes. Nebenbei sei bemerkt, dass die Schrödinger-Gleichung zeitlich *reversibel* ist, d. h. es kann aus der Gleichung nicht abgelesen werden, ob die Zeit vorwärts oder rückwärts läuft. Ebenso wie die Gleichungen der klassischen Mechanik kennt die Schrödinger-Gleichung also keinen Zeitpfeil. Die Zeitvariable t kann durch $-t$ ersetzt werden, ohne dass die Schrödinger-Gleichung ihre Form ändert. Weiterhin ist die Schrödinger-Gleichung selbst streng deterministisch. Wenn ein bestimmter Anfangszustand einmal gegeben ist, kann man die Wellenfunktion zu jedem beliebigen späteren Zeitpunkt exakt berechnen, oder ebenso gut alle möglichen früheren Zustände.[21]

Die einzige Irreversibilität, die wir aus diesen Axiomen ablesen können, wird durch Axiom V hergestellt. Es besagt, dass die Wellenfunktion bei einer Messung *in einen anderen Zustand übergeht*,[22] was im abstrakten Formalismus des Hilbert-Raumes einer Projektion des Zustandsvektors auf einen Unterraum entspricht. Deswegen wird dieses Postulat auch *Projektionspostulat*, *Reduktionspostulat* oder *Messpostulat* genannt. Man spricht auch von der *Reduktion* oder dem *Kollaps* der Wellen- oder Zustandsfunktion. Dieses Axiom ist notwendig, um der Tatsache Rechnung zu tragen, dass eine Messung mit einer Zustandsänderung einhergeht. Man sagt, das beobachtete System ist nach der Messung einer Observablen im entsprechenden Eigenzustand dieser Observablen. Ohne Störung dieses Zustandes, z. B. durch eine spätere Messung einer anderen mit ihr nicht-kommutierenden,[23] unverträglichen Observablen, wird sie in diesem bleiben.

Von allen Axiomen ist dieses Messpostulat am heftigsten umstritten, da es die Rolle der Messung explizit hervorhebt und damit eine Eigenschaft in die Physik einführt, die aus der klassischen Physik gänzlich unbekannt ist. Dort spielt die Messung lediglich die Rolle eines beliebig verkleinerbaren Störfaktors, der – zumindest im Prinzip – keinen Einfluss auf das System zu haben braucht. Hier

---

[21]Ähnlich wie bei den elektromagnetischen Abstrahlungsbedingungen lässt sich aber auch in der Quantenmechanik eine zeitliche Asymmetrie bei der Zeitentwicklung nichtstationärer Zustände beobachten. Ein nichtstationäres Wellenpaket „zerfließt", d. h. seine Wahrscheinlichkeitsamplitude verbreitert sich im Raum. Es gibt auch keinen Operator, der als Resultat eine Zeitbestimmung liefert, denn in der Quantenmechanik ist die Zeit keine Observable, sondern ein Parameter.

[22]Sie kann natürlich auch im selben Zustand bleiben, wenn sie schon vorher im nachher gemessenen Zustand war. Man spricht dann nach Wolfgang Pauli von einer idealen Messung.

[23]Vergleiche auch den Abschnitt zur heisenbergschen Unschärferelation in Kap. 2.7.

allerdings ist zwangsläufig mit jeder Messung eine Zustandsänderung verbunden, wodurch der Begriff der Messung eine eigenständige Bedeutung erhält. Der Begriff einer Messgröße oder eines physikalischen Systems ist ohne Rückgriff auf das Prinzip der Messung und somit auf die Existenz eines Messgerätes nicht mehr definierbar, zumindest in der Kopenhagener Standardinterpretation. Damit fällt die Vorstellung einer streng objektiven Mikrowelt! Da viele Physiker und Philosophen dies nicht akzeptabel finden, gibt es eine Reihe von Alternativinterpretationen, wie dieses *Messproblem* aus der Welt zu schaffen sei, doch dazu später mehr.

2.6 Wichtige Anwendungen und Prinzipien

Einige skizzenhaft ausgeführte Beispiele mögen dem mit der Materie unvertrauten Leser die Bedeutung obiger Axiome verbildlichen.[24] Die Aufgabe des Theoretikers besteht bei der Anwendung der Quantenmechanik darin, die Schrödinger-Gleichung in einer auf das Experiment zugeschnittenen Form aufzuschreiben, d. h. der Potentialterm $V(x)$ muss spezifiziert werden, um dann eine Lösung für diese Differentialgleichung zu finden. Diese Lösung kann nur in sehr einfachen Fällen mit analytischen Methoden gefunden werden und verlangt in schwierigeren und interessanteren Fällen ein gehöriges Maß an Erfahrung und Intuition zur Aufstellung eines sinnvollen Ansatzes. Oft hilft hierbei das *Korrespondenzprinzip*, das besagt, dass häufig quantenmechanische Gesetzmäßigkeiten für große Quantenzahlen in klassische übergehen. Somit liefert dieses Prinzip ein wichtiges heuristisches Arbeitsmittel, das insbesondere in der Frühzeit der Quantenmechanik von nicht zu unterschätzender Bedeutung war.

2.6.1 Doppelspalte und Komplementarität

Betrachten wir zunächst das Doppelspalt-Experiment wie in Abb. 3 in Kap. 2.2 dargestellt. Von der Quelle ausgehend laufen die Elektronen auf den Doppelspalt zu (1), treten durch diesen hindurch (2) und treffen schließlich auf die Photoplatte (3). In der Wellenfunktion drückt sich dies folgendermaßen aus:

1. Von der Quelle bis zum Doppelspalt ist das Elektron als kugelförmige Welle zu behandeln. Die Schrödinger-Gleichung beschreibt gemäß Axiom IV eine gleichförmige Ausbreitung der Elektronenwelle. Der Potentialterm ist im ganzen Experiment gleich null, da keine äußeren Felder anliegen.
2. Hinter dem Doppelspalt haben wir nun zwei Kugelwellen, jeweils ausgehend von einem der beiden Spalte. Diese Kugelwellen überlagern sich und erzeugen

---

[24]Die exakten Ausführungen dieser Beispiele finden sich in den Standardlehrbüchern zur Quantenmechanik.

eine Wahrscheinlichkeitsverteilung gemäß Axiom III auf der Photoplatte. Die Wahrscheinlichkeit, das Elektron an einer bestimmten Stelle zu finden, entspricht dem Absolutquadrat der Wellenfunktion.[25]

3. Erst durch die Messung an der Photoplatte wird der Ort des Elektrons festgelegt. Gemäß Axiom V geht der Zustand des Elektrons durch die Messung in einen neuen über. Die Wellenfunktion ist jetzt keine Kugelwelle mehr, sondern eine Punktfunktion an der gemessenen Stelle des Elektrons. Die Messung selbst ist ein irreversibler, zeitlich nicht umkehrbarer Akt der Vergrößerung des quanten-mechanischen Vorganges auf ein makroskopisches Niveau durch den chemischen Prozess der Schwärzung der Silberkristalle auf der Photoplatte.

Aussagen über den Aufenthaltsort eines Elektrons zwischen den Messungen können laut den Gesetzen der Quantenmechanik *nicht* getroffen werden. Solange sein Ort nicht gemessen wird, ist es gewissermaßen zur gleichen Zeit überall und nirgends. Hätten wir das Elektron „überlisten" wollen und beispielsweise an einem der beiden Doppelspaltschlitze eine Apparatur angebracht, mit deren Hilfe sich nachweisen ließe, durch welchen Schlitz das Elektron gegangen ist,[26] so hätten wir eine verblüffende Feststellung gemacht: In dem Augenblick, in dem der *Weg des Elektrons* nachvollziehbar wird und wir die Information darüber verfügbar haben, durch welchen Schlitz es geflogen ist, verschwindet das *Interferenzmuster* und wir haben lediglich ein Muster, das sich aus der Summe der beiden Einzelspaltmuster ergibt, wie man es bei klassischen Teilchen erwartet (entsprechend Abb. 2 in Kap. 2.2). Während der ursprüngliche Versuchsaufbau die Welleneigenschaften des Elektrons illustriert, sehen wir jetzt die Teilcheneigenschaften. Wir haben den Versuchsaufbau also ändern müssen, um den Weg der Elektronen nachvollziehen zu können. Damit beobachten wir nun statt der Welleneigenschaften die komple-mentären Teilcheneigenschaften.

Im Formalismus der Quantenmechanik spiegelt sich dies folgendermaßen: Die Fortbewegung des Elektrons – solange wir es nicht messen – ist durch die Wel-lenfunktion gegeben. Bei unserer Bestimmung der *Weginformation* an einem der Schlitze handelt es sich um eine Ortsmessung. Nach unserem Axiom V kollabiert dabei also die Wellenfunktion zu einer Punktwelle, die nur ab dem Schlitz lokalisiert ist, an dem wir das Elektron gemessen haben. Danach setzt sie sich fort als Welle, die entweder durch den oberen oder den unteren Schlitz gegangen ist, je nachdem, ob wir es am beobachteten Schlitz nachgewiesen haben oder nicht. Wir haben jetzt für jedes Elektron nur noch eine Welle und keine zwei sich überlagernden Teilwellen mehr. Damit kann auch keine Interferenz mehr auftreten. Und nicht erst der durchgeführte Nachweis, sondern die bloße, prinzipielle Nachweisbarkeit, entlang

---

[25]Genauer gesagt: dem Absolutquadrat der Summe der beiden Teilwellen, nicht der Summe der Absolutquadrate der beiden Teilwellen, denn die Gesamtwellenfunktion setzt sich aus beiden Teilwellen zusammen. Nur hierdurch wird Interferenz möglich.

[26]Eine solche Apparatur könnte zum Beispiel aus einem Laser bestehen, dessen Streulicht aufgefangen wird. Hieraus lässt sich der Weg des Elektrons rekonstruieren.

welchen Weges ein Teilchen gegangen ist, führt zur Zerstörung jeglicher Interferenz
– auch wenn wir den Ort gar nicht eigens bestimmen! Diese Komplementarität ist
der klassischen Physik vollkommen unbekannt und eine der tiefsten Eigenheiten der
Quantenmechanik.

Wie an diesem Beispiel zu sehen ist, werden die überraschenden Eigenschaften
des Doppelspalt-Experiments durch den mathematischen Formalismus und seine
grundlegenden Anwendungsregeln hervorragend reproduziert. Wir haben bisher
aber nur die beiden Extremfälle des komplementären Verhaltens untersucht. Was
würde passieren, wenn wir nur einen ganz schwachen Laserstrahl zur Kontrolle
der Weginformation benützen würden, der die Teilchen nur ein klein bisschen
stört, wenn überhaupt? In diesem Fall wäre das Interferenzmuster nicht vollständig
zerstört, sondern nur „ausgewaschen". Diejenigen Elektronen, deren Weg nicht
bestimmt werden kann (weil sie mit den wenigen Lichtwellen des Laser nicht
wechselwirken), fabrizieren weiterhin das übliche Interferenzmuster, während die
anderen ein Ein-Spalt-Muster aufbauen, das sich je zur Hälfte um den oberen und
den unteren Spalt konzentriert. Das ausgewaschene Muster ist also eine Mischung
der beiden Extremfälle.

Man könnte jetzt aber auch auf die Idee kommen, anstelle von sichtbarem Laser-
licht mit weniger energiereichen elektromagnetischen Wellen zu arbeiten, etwa mit
Infrarot- oder Mikrowellenstrahlung. Es ist ja bekannt, dass diese eine geringere
Frequenz, eine höhere Wellenlänge und somit geringere Energie und Impuls besitzen. Hierdurch könnte doch vielleicht die Störung der einzelnen Elektronen so weit
verringert werden, dass die Interferenz bestehen bleibt? Gehen wir also von einem
Doppelspalt-Experiment aus, bei dem wir dank eines starken Laserstrahls für jedes
Elektron genau den Weg kennen und bei dem folglich überhaupt keine Interferenz
mehr auftritt. Jetzt wird, was technisch nicht ganz einfach ist, die Wellenlänge (bei
gleichbleibender Intensität, d. h. weiterhin wechselwirken alle Elektronen mit den
Laserstrahlen) langsam herauf- und damit die Energie heruntergedreht. Und in der
Tat: Ab einem gewissen Punkt ist wieder ein wunderschönes Interferenzmuster zu
sehen. Ist das nun ein Widerspruch? Haben wir die Quantenmechanik überlistet?
Das wiederum ist nicht der Fall, denn sobald wir ein Interferenzmuster sehen
können, ist notgedrungenerweise die Weginformation schon verloren. In dem
Augenblick, in dem die Energie des Lasers am Spalt so weit gesunken ist und
somit die Wellenlänge so weit gestiegen ist, dass der Abstand zwischen den beiden
Spalten kleiner als diese Wellenlänge ist, lässt sich nicht mehr zurückverfolgen,
durch welchen Spalt das Elektron gegangen ist. Denn um etwas abbilden zu können,
muss die Wellenlänge des Untersuchungsmittels kleiner sein als die abzubildenden
Strukturen; ab einem bestimmten Punkt wird also nicht mehr bestimmbar, durch
welchen Spalt ein Elektron gegangen ist. Durch die Vergrößerung der Wellenlänge
haben wir also wieder eine neue Messapparatur verwirklicht, die anstelle der
Teilchen- jetzt wieder die Welleneigenschaften misst. Auch bei diesem „Trick"
bleibt also die Komplementarität der Beobachtungssituationen erhalten.

Die Analyse der Wechselwirkung der Elektronen mit dem Laserlicht entspricht
übrigens dem Gedankenexperiment des heisenbergschen Gammastrahlenmikro-
skops, mit dem dieser die Bedeutung der Unschärferelation illustrierte. Mit der

Komplementarität der Messsituationen für Wellen- oder Teilcheneigenschaften korrespondiert auch eine Komplementarität zwischen der Impuls- und Ortsbestimmung der Elektronen, sowie die bereits bekannte Komplementarität zwischen Interferenz und Weginformation. Nun bedeutet Interferenz stets auch Phaseninformation,[27] denn Wellen gleicher Phase verstärken sich, solche entgegengesetzter Phase löschen sich aus. Wir haben es also mit einer *Informationskomplementarität* zu tun. Der Begriff der Information und des Wissens über mögliche Messausgänge spielt in der Quantenphysik also eine viel grundlegendere Rolle als in der übrigen Physik. Dies wird für die Interpretation der Quantenmechanik und insbesondere der Wellenfunktion von großer Wichtigkeit sein.

2.6.2   Das Wasserstoffatom und das Korrespondenzprinzip

Wenden wir uns nun dem Wasserstoffatom zu, dem einfachsten aller Elemente, das nur aus einem einfach positiv geladenen Proton im Atomkern und einem negativ geladenen Elektron besteht. Es ist das einzige analytisch exakt quantenmechanisch berechenbare Atommodell[28] und zeigt perfekte Übereinstimmung mit allen spektroskopischen Messdaten. Sämtliche komplexeren Atome und Moleküle können nur noch mit gewaltig ansteigendem Aufwand approximativ gerechnet werden.

Es interessiert uns nur die Wellenfunktion des Elektrons. Das Proton ist fast 2000-mal schwerer als das Elektron und kann deshalb quasi als statisch betrachtet werden. In der Schrödinger-Gleichung taucht jetzt ein Potentialterm auf, der die elektrische Anziehung zwischen Proton und Elektron beschreibt. Es handelt sich bei dieser um die Coulombkraft, die sich umgekehrt proportional zum Abstandsquadrat verhält. Als Lösung der Wellengleichung ergeben sich nun eine ganze Reihe möglicher Funktionen, die sich im Wesentlichen durch ihre Energieniveaus und ihren Drehimpuls unterscheiden. In der Chemie sind diese Funktionen, die Aufenthaltswahrscheinlichkeiten ausdrücken, als *Orbitale* bekannt. Dabei ist das energetisch tiefliegendste Orbital der Grundzustand, in dem sich das Atom ohne äußere Anregung befindet und in den es nach kurzer Zeit spontan zurückfällt, etwa nach einer Anregung durch Licht. Das Orbital des Grundzustandes besteht aus einer statischen, kugelförmigen Wahrscheinlichkeitswellenverteilung um das Proton, die nach allen Richtungen gleichmäßig stark abfällt. Es kann aber nicht von einer Bahn des Elektrons um das Proton gesprochen werden! Deshalb tritt auch im Grundzustand keine elektromagnetische Abstrahlung auf, obwohl diese nach der klassischen Physik zu erwarten wäre, derzufolge beschleunigte Ladungen Strahlung aussenden sollten. Eine Bahn wäre bestimmt, falls sich Ort und Geschwindigkeit des Elektrons zu jedem Zeitpunkt eine feste Größe zuweisen ließen. Zumindest nach der Kopenhagener Deutung existieren aber in einem stabilen Elektronenzustand

---

[27] Die sogenannte Phase wird aus dem Verhältnis des Real- und des Imaginärteils der Wellenfunktion bestimmt.

[28] Genau genommen sind gewisse Korrekturterme zu berücksichtigen, die allerdings in sehr hoher Präzision bestimmt werden können.

weder Ort noch Geschwindigkeit als reale, festliegende Größen. Sie sind Observable und können gemessen werden. Eine Messung aber zerstört den stabilen Zustand und erzeugt einen neuen. Bei einer solchen Messung würde etwa ein Elektron per Quantensprung vom Grundzustand in ein angeregtes Orbital wechseln und nach kurzer Zeit dann wieder in den Grundzustand zurück springen. Von einer Bahn des Elektrons um den Atomkern kann schon deshalb nicht gesprochen werden, da es laut den noch zu diskutierenden Unschärferelationen unmöglich ist, Ort und Geschwindigkeit gleichzeitig scharf zu messen.

Eine Emission oder Absorption von Lichtquanten geschieht nur beim Übergang zwischen verschiedenen Orbitalen; dabei sind diese Übergänge schlagartig und nicht kontinuierlich wie in der klassischen Physik, daher spricht man auch von *Quantensprüngen*. Diese Quantensprünge sind aber, im Gegensatz zum mittlerweile alltäglichen Sprachgebrauch, nur winzig kleine, zufällige, spontane (oder auch gezielt auslösbare) Zustandsänderungen bei der Emission oder Absorption eines Lichtquants, dessen Energie genau der Energiedifferenz zwischen den beiden Elektronenzuständen entspricht. Dies folgt aus der Energieerhaltung. In diesem Sinne ist die alltägliche Verwendung des Wortes „Quantensprung" mitunter missverständlich, da sie ja etwas Großes und Neues bezeichnet. Für die Physik war die Einsicht, dass es überhaupt Quantensprünge gibt – und nicht deren Größenordnung –, die eigentlich bedeutsame Entdeckung: Die Natur macht Sprünge! – *Natura facit saltus!*

Bei hoch angeregten Elektronenbahnen mit großem Drehimpuls stellt sich nun heraus, dass sich diese Elektronen durch eng lokalisierte Wellenpakete beschreiben lassen, die in größerem Abstand um das Proton kreisen. Dies ist sehr nahe an der klassischen Vorstellung des Planetenmodells der Atome und zeigt, dass man im Grenzfall großer Quantenzahlen mit Hilfe semiklassischer Modelle ein gutes approximatives Bild der Quantenphänomene konstruieren kann. Solche semiklassischen Modelle verzichten der Einfachheit halber auf die Anwendung des vollen quantentheoretischen Apparates und arbeiten mit klassisch-physikalischen Begriffen, die um einige Quantenregeln ergänzt werden. Dass dies mitunter gut funktioniert, ist ein wichtiges Beispiel für die Bedeutung des *Korrespondenzprinzips*, demzufolge quantenmechanische Systeme sich im Falle großer Quantenzahlen an das Verhalten klassischer Systeme annähern.[29]

2.6.3 Ehrenfests Theorem als Mittler zwischen klassischer und Quantenphysik

Die Frage ist nun, ob man nicht einfach die gesamte klassische Mechanik als Grenzfall der Quantenmechanik betrachten kann. Dann könnte man das Korrespondenzprinzip auf zweierlei Weise verstehen. Erstens in der bereits beschriebenen heuristischen Weise, die eine gewisse Anschaulichkeit für Mikrosysteme rettet und

---

[29]Mittlerweile lassen sich auch die Eigenschaften größerer Biomoleküle recht präzise semiklassisch auf Supercomputern berechnen. Dies ist natürlich nicht nur für die Grundlagenforschung, sondern auch für die pharmazeutische und chemische Industrie von hohem Interesse.

dem Theoretiker eine hilfreiche Stütze beim Auffinden geeigneter Rechenschritte ist; und zweitens in dem sehr viel schärferen Sinne, dass die klassische Mechanik nichts weiter ist als ein Grenzfall der Quantenmechanik für große Quantenzahlen. Dann wäre sozusagen die Quantenphysik das tiefste Fundament der Physik – und die klassische Physik ebenso ein Sonderfall der Quantenphysik, wie die Mechanik Newtons sich in der allgemeineren Relativitätstheorie wiederfindet.

Schon kurz nach Aufstellung der Quantenmechanik konnte Paul Ehrenfest unter Verwendung der Schrödinger-Gleichung und der bornschen Wahrscheinlichkeitsinterpretation (unsere Axiome III und IV) zeigen, dass sich in der Tat unter gewissen Voraussetzungen folgender Sachverhalt ergibt:

Die Mittelwerte der quantenmechanischen Observablen entsprechen den klassischen Gleichungen.

Dies ist als *Ehrenfest-Theorem* bekannt. „Klassische Gleichungen" bedeutet hier insbesondere auch die newtonsche Bewegungsgleichung: Kraft gleich Masse mal Beschleunigung. Das bedeutet jedoch nicht, dass die Mittelwerte der Orts- oder Impulsvariablen *immer* den klassischen Gleichungen genügen und dass die klassische Physik, abgesehen von einer leichten Streuung um die Mittelwerte, sich aus der Quantenmechanik herleiten ließe – auch wenn das ehrenfestsche Theorem hin und wieder in dieser Hinsicht falsch interpretiert wird. Damit die Voraussetzungen des ehrenfestschen Theorems erfüllt sind, müssen die zweite und alle höheren Ableitungen der Kraft verschwinden. Das Theorem ist also nur in besonders einfachen Spezialfällen gültig. Es bleibt aber ein wichtiges mathematisches und heuristisches Instrument und weist auf die Bedeutung des Korrespondenzprinzips hin. Es sprechen noch weitere, philosophisch tiefere Gründe dagegen, dass die klassische Physik als einfacher Grenzfall der Quantenmechanik angesehen werden kann. Diese hängen nicht zuletzt mit dem Messproblem zusammen.

2.6.4 Experimente mit verzögerter Entscheidung und weitere Wunderlichkeiten

Die bisher diskutierten Experimente haben bereits auf grundlegende Neuerungen des physikalischen Weltbildes hingewiesen. Diese Punkte lassen sich sogar noch zuspitzen. Denn bei all diesen seltsamen Effekten ist bisher die wichtige Frage offengeblieben, ob die Beschränkungen der Messmöglichkeiten etwa beim Doppelspalt-Experiment, wie sie sich in der Komplementarität von Weginformation und Interferenz niederschlagen, nicht doch umgangen werden könnten. Hierzu gibt es hochinteressante Gedankenexperimente, die erst in jüngerer Vergangenheit der empirischen Überprüfung zugänglich geworden sind.[30] Damit wird die klare experi-

---

[30]Insbesondere quantenoptische Methoden haben in den letzten Jahren aufgrund enormer Fortschritte bei den Materialen, der Technik und der Nachweiseffizienz diese teils Jahrzehnte zurückliegenden Gedankenexperimente bisher exzellent experimentell bestätigen können, siehe etwa Lindner et al. (2005) für Doppelspalt-Experimente bei schnellsten Zeitskalen, sozusagen

mentelle Bestätigung oder Widerlegung der einzelnen konzeptionellen Grundlagen der Quantenphysik greifbar.

Wenn sich beispielsweise beim Doppelspalt-Experiment ein Elektron bereits auf dem Weg zum Spalt befindet, könnte sich ein Experimentator erst im letzten Augenblick entschließen, einen der beiden Spalte zu schließen oder zu öffnen und somit etwa die eine oder die andere komplementäre Größe zu messen. Solche Experimente dienen dazu, sicherzustellen, dass der quantenmechanische Formalismus nicht etwa eine Signalübertragung des Messapparates an das Elektron übersieht. Dies würde eine grundlegende Modifikation der Quantenmechanik erfordern. Allerdings ist noch kein solcher Effekt nachgewiesen worden.

Solche Experimente werden *delayed-choice-Experimente* genannt, im Deutschen auch *Experimente mit verzögerter Entscheidung*. John Archibald Wheeler hat dieses Gedankenexperiment auf die Spitze getrieben, indem er vorschlug, das Licht ferner Quasare, nachdem es von einer Gravitationslinse abgelenkt wurde, in einem Interferometer zu messen. Als „Gravitationslinsen" bezeichnet man schwere Galaxien, die zwischen uns und weiter dahinter liegenden Objekten liegen, so dass sie aufgrund ihrer enormen Schwerkraft das Licht der fernen Objekte zu uns hin biegen. Ein Lichtstrahl läuft dann links, ein anderer rechts an der Gravitationslinse vorbei, so dass wir dasselbe Objekt zweimal betrachten können; je einmal auf beiden Seiten der dazwischen liegenden Galaxie.

Wenn wir nun diese beiden Lichtstrahlen in einem Interferometer zusammenführen, so können wir im allerletzten Augenblick, nachdem das Licht schon Jahrmilliarden unterwegs war, entscheiden, ob wir einen halbreflektierenden Spiegel, einen sogenannten Strahlteiler, in den Kreuzungspunkt der beiden Lichtstrahlen bringen oder nicht. Tun wir es, so messen wir die Interferenz der Wellen beider Wege. Tun wir es nicht, so können wir messen, welchen Weg das Licht genommen hat, linksherum oder rechtsherum um die dazwischen liegende Galaxie (siehe Abb. 4).[31] Jahrmilliarden, nachdem das von uns zu beobachtende Phänomen seinen Anfang genommen hat, liegt es also in unserer Hand zu entscheiden, ob das Licht als Teilchen einen der beiden Teilwege genommen hat oder ob es als Welle sowohl links- als auch rechtsherum gekommen ist. Wheeler hat damit das ultimative *delayed-choice*-Experiment formuliert.

Wie kann das aber nun sein? Kann es sein, dass das Licht sozusagen rückwirkend in der Zeit davon beeinflusst wird, wie wir uns bei der Messung entscheiden?

Doppelspalte in der Zeit, oder Ma et al. (2012) für den verzögerten Tausch von Verschränkungen. Alle solchen Experimente stehen bislang in bestem Einklang mit den Vorhersagen der Quantenmechanik.

[31] Wie bereits angedeutet, ist die bloße Nachweisbarkeit der Weginformation hinreichend dafür, dass die Interferenz zusammenbricht. Falls wir allerdings dafür Sorge tragen, dass die Weginformation, auch wenn sie einmal gewonnen wurde, wieder sicher zerstört wird, bevor sie einem makroskopischen Beobachter zugänglich wird, so lassen sich auch wieder Interferenzen herstellen. Solche Experimente illustrieren sehr deutlich die Informationskomplementarität in der Quantenphysik und werden auch als „Quantenradierer" bezeichnet. Diese gibt es sowohl in herkömmlichen, als auch in *delayed-choice*-Varianten.

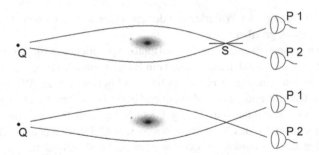

Abb. 4 *Delayed-choice*-Experiment nach Wheeler: Licht von einem fernen Quasar wird durch eine Galaxie abgelenkt. Je nachdem, ob ein Strahlteiler S in den Strahlgang eingeführt wird (oben) oder nicht (unten), wird von den beiden Photodetektoren P 1 und P 2 entweder die Interferenz der Lichtwellen beider Wege bestimmt oder der Weg, den das Photon genommen hat

Eine solche Sichtweise wäre zutiefst problematisch für unser Verständnis von Zeit und Kausalität; sie ist aber auch gar nicht notwendig. Vielmehr zeigt sich hier, dass unsere Intuition völlig unzureichend ist, da sie an klassischen Phänomenen geschult ist. An diesem Punkt setzen auch die unterschiedlichen Interpretationen der Quantenmechanik an. Die herkömmliche, Kopenhagener Lesart dieser Experimente ist die, dass erst mit der endgültigen Messung das zu untersuchende Phänomen definiert ist. Erst mit ihr ist die Frage an die Natur gestellt, und die Natur gibt uns auf diese eine Antwort. Bisher haben alle Experimente diese Komplementarität unterschiedlicher Beobachtungssituationen bestätigt.[32]

Einige der schlagendsten Demonstrationen für solche typischen Quanteneigenheiten waren die Experimente von Leonard Mandel und seinen Mitarbeitern an der Universität Rochester. Wie diese Pioniere der Quantenoptik nachweisen konnten, ist allein die bloße Möglichkeit, irgendwie Messwerte über ein Quantensystem zu erhalten, ausreichend, um dieses System nachweislich zu beeinflussen – auch wenn man diese Informationen gar nicht ausliest! Andere Experimente lassen sich in Einklang mit der Kopenhagener Deutung so verstehen, dass ein Quantensystem sich vor einer Messung in einem Zustand reiner Potentialität befindet und nicht in klassischem Sinne als real begriffen werden kann.[33]

Man kann sich den Einfluss der Weginformation bzw. ihrer Auslöschung sogar zunutze machen, um über die quantentypische Interferenz Bilder von Objekten mit Hilfe von Photonen zu gewinnen, die gar nicht in die Nähe des Objekts gekommen, sondern lediglich über eine mehrfache Aufteilung mit den abbildenden Lichtteilchen verschränkt sind! Die Lichtteilchen, die das Objekt durchleuchten, können dabei sogar eine Wellenlänge besitzen, auf die die Kamera gar nicht anspricht – und

---

[32]Das wheelersche Gedankenexperiment wurde bisher schon in verschiedenen Varianten in hoher Präzision durchgeführt, nicht nur mit Photonen, sondern sogar auch mit einzelnen Atomen, siehe Jacques et al. (2007) und Manning et al. (2015).

[33]Siehe etwa die Experimente von Zajonc et al. (1991) sowie von Torgerson et al. (1995).

die Lichtteilchen, die auf die Kamera treffen, können eine Wellenlänge besitzen, die nicht mit dem Objekt wechselwirkt.[34]

Ein anderes verblüffendes Ergebnis ist der sogenannte *Quanten-Zeno-Effekt*.[35] Dieser nach den Bewegungsparadoxien des antiken Philosophen Zenon von Elea – die sich schließlich erst im Rahmen der mathematischen Differenzialanalyse in der klassischen Mechanik Newtons sauber auflösen ließen – benannte Effekt zeigt den Einfluss der Messung auf das beobachtete System besonders deutlich. Nach unserem Axiom V befindet sich ein Quantensystem nach einer Messung in einem bestimmten Zustand. Wenn man es durch ständige Messungen quasi auf diesen Zustand „festnagelt" (und der Zustand dies überhaupt zulässt), dann kann man die zeitliche Entwicklung des Systems in Richtung auf einen anderen Zustand verhindern. Das System wird durch die dauernden Messungen sozusagen in diesem Zustand eingefroren.

In den letzten Jahren hat auch das Konzept der *schwachen Messung* viel Aufmerksamkeit unter Quantenphysikern gewonnen. Mit Hilfe neuer experimenteller Verfahren ist es mittlerweile möglich geworden, den Mittelwert quantenmechanischer Wahrscheinlichkeitsverteilungen „während des Fluges" zu messen. Bei solchen „schwachen Messungen" werden nur minimale Zustandsänderungen hervorgerufen, die nach Abschluss der üblichen Messungen eine Rekonstruktion der Wellenfunktion – oder bestimmter Teile von ihr – erlauben. Diese Möglichkeiten stehen nun keineswegs in Widerspruch mit der üblichen Unmöglichkeit, etwa Ort und Impuls eines einzelnen Teilchens zu messen. Denn schwache Messungen beziehen sich immer nur auf Mittelwerte bei einer großen Anzahl von gemessenen Teilchen. Damit lassen sich etwa Wellenfunktionen in einem bislang nicht für möglich gehaltenen Maß experimentell charakterisieren und zum Beispiel die durchschnittlichen Pfade der Photonen bei einem Doppelspalt-Experiment aufzeigen. Hiermit eröffnen sich jedoch keine neuen Möglichkeiten, die prinzipiellen Interpretationsanforderungen an die Quantenphysik aufzuweichen.[36]

2.7 Die heisenbergsche Unschärferelation

Die vielleicht berühmteste Gleichung der modernen Physik, zusammen mit Einsteins relativistischer Äquivalenz von Energie und Masse $E = mc^2$, ist die heisenbergsche Unschärferelation. Werner Heisenberg konnte 1927 aus dem nunmehr verstandenen Formalismus eine Ungleichung herleiten, die der gleichzeitigen

---

[34]Dieses Experiment hat die Arbeitsgruppe von Anton Zeilinger durchgeführt; es illustriert in besonderer Weise den Informationscharakter der Quantenphysik, wie er sich in der in Kap. 5.8 vorgestellten Zeilingerschen Informations-Interpretation der Quantenphysik niederschlägt. Zum Experiment siehe Barreto Lemos et al. (2014) sowie die kurze Beschreibung bei Eidemüller (2014).

[35]Misra und Sudarshan (1977).

[36]Zu schwachen Messungen vergleiche Kocsis et al. (2011). Einige Interpreten sehen schwache Messungen sogar als Möglichkeit, über die Schranken der Kopenhagener Deutung hinausgelangen zu können, siehe etwa Davidovic und Sanz (2013).

Messgenauigkeit verschiedener Größen eine untere Grenze setzt, die durch das plancksche Wirkungsquantum $\hbar$ festgelegt wird.[37] Sie beschreibt folgenden Zusammenhang für die sogenannten Standardabweichungen (d. h. „Messungenauigkeiten" oder „Unschärfen") des Ortes Δx und des Impulses Δp:

$$\Delta x \Delta p \geq \frac{\hbar}{2}$$

Dabei wird der Impuls in x-Richtung betrachtet. Entsprechende Ungleichungen gelten ebenso für die y- und z-Komponenten der Orts- und Impulsvariablen (also jeweils im rechten Winkel zur x-Richtung). Diese Ungleichungen beschreiben die Unmöglichkeit, gleichzeitig den Ort und den Impuls eines Teilchens in einer bestimmten Richtung in beliebiger Genauigkeit zu messen. Je genauer die Bestimmung des einen, desto unschärfer der Wert des anderen. Im Grenzfall der exakten Bestimmung einer der beiden Größen ist die andere völlig undefiniert, sie kann jeden beliebigen Wert zwischen plus und minus unendlich besitzen. Man spricht deshalb auch von der *Unbestimmtheitsrelation*. Wird nun die mit der scharfen Größe korrespondierende unscharfe Größe gemessen, verliert die erste Größe ihren scharfen Wert und wird ihrerseits unscharf. Der Formalismus sorgt also dafür, dass im Gegensatz zur klassischen Physik nur die Hälfte der dynamischen Größen exakt bestimmt sein kann.[38]

Da im Allgemeinen die Bestimmung einer Messgröße nicht mit völliger Exaktheit erfolgt, sondern stets einer gewissen Messungenauigkeit unterliegt, ergibt sich bereits für die gemessene Größe eine bestimmte unscharfe Verteilung bezüglich ihres Messwertes. Hierdurch wird die korrespondierende Größe nicht gänzlich unscharf, sondern erhält ebenfalls eine bestimmte verwaschene Wahrscheinlichkeitsverteilung. Die obige Gleichung ist ein Maß für das Verhältnis dieser Wahrscheinlichkeitsverteilungen.

Die Unschärferelationen zwischen Ort und Impuls sind nicht die einzigen in der Quantenmechanik. Auch für Energie und Zeit lässt sich ganz analog eine solche Relation aufstellen. Man kann sogar zeigen, dass für alle nichtkommutierenden[39] Größen solche Relationen gelten.

---

[37] Heisenberg (1927).

[38] Als „dynamische Größen" bezeichnet man sich zeitlich verändernde Variablen wie etwa Ort und Geschwindigkeit bzw. Impuls eines Teilchens. Ladung, Ruhemasse etc. gehören nicht hierzu.

[39] Die Eigenschaft der Nichtkommutativität beruht darauf, dass die Reihenfolge der Anwendung von Operatoren nicht beliebig ist. Operatoren können als Matrizen ausgedrückt werden, und im Allgemeinen ist es ein Unterschied, ob zuerst mit der einen und dann mit der anderen multipliziert wird oder umgekehrt. Dadurch wird formal ausgedrückt, dass durch die Messung der Zustand der Observablen gestört und der Wert der jeweils anderen Variablen unscharf wird, auch wenn er vorher genau bestimmt war. Nur kommutierende Größen, die sich also nicht gegenseitig stören, können gleichzeitig mit beliebiger Präzision gemessen werden, also z. B. entweder die drei Orts- *oder* die drei Impulsvariablen oder etwa auch die Ortskoordinaten in x- und z-Richtung und der Impuls in y-Richtung. Die Nichtkommutativität ist eine Eigenheit der Quantenphysik. In der klassischen Physik macht es im Prinzip keinen Unterschied, welche Größen man in welcher Reihenfolge misst;

Die Existenz dieser Relationen bezeichnet eine in der Geschichte der Physik grundlegende Neuerung. Durch die Endlichkeit des Wirkungsquantums, das zwar sehr klein, aber von null verschieden ist, wird in den Prozess des Messens eine Diskontinuität eingeführt, die bisher völlig unbekannt war. Die klassische Physik betrachtet die Messung als einen durch experimentelles Geschick im Prinzip vollkommen eliminierbaren Störfaktor. In der neuen Sicht der Dinge stellt sich allerdings heraus, dass die klassische Physik sich dieses Verständnis nur deshalb erlauben konnte, weil die Größenordnung makroskopischer Prozesse weit über der durch das Wirkungsquantum bestimmten minimalen Unschärfe liegt.

Die Unschärferelationen erlauben nicht die Herleitung der Schrödinger-Gleichung, sondern sind eine Folge des Formalismus. Trotz ihres paradigmatischen Charakters in der Darstellung der Quantenmechanik in einer breiteren Öffentlichkeit und ihres immensen interpretativen Gehalts kommt ihnen keine vom restlichen Formalismus losgelöste Eigenständigkeit zu. Nichtsdestotrotz kann ihre Bedeutung an der Tatsache abgelesen werden, dass Wolfgang Pauli seine Darstellung der Quantentheorie in seinem berühmten Enzyklopädieartikel[40] mit den Unschärferelationen begann und auch Hermann Weyl diese als integralen Bestandteil der neuen Theorie bezeichnete.[41] Earle Hesse Kennard hat sie einst als „eigentlichen Kern der neuen Theorie" bezeichnet.[42] In einer operationellen Interpretation können diese Relationen ähnlich wie das Verbot des Perpetuum Mobile in der Thermodynamik oder die Unmöglichkeit der überlichtschnellen Signalübertragung in der Relativitätstheorie als Messbarkeitsgrenze bestimmter nichtkommutierender Größen aufgefasst werden. Oft werden auch die Begriffe „Unschärfe" und „Komplementarität" synonym verwendet, da der Wellencharakter die exakte gleichzeitige Bestimmung nicht-kommutierender Größen verhindert. Man kann diese Relationen also auch als Begrenzung der Anwendbarkeit des klassischen Teilchenbildes sehen. Gleichzeitig geben die Unschärferelationen an, bis zu welchem Niveau die menschliche Anschauung sich noch ein einigermaßen stimmiges Bild des Kleinsten machen kann und wo die Vorstellungskraft versagt.

Die Unschärferelationen selbst sind allerdings ein direktes Produkt des mathematischen Formalismus und als solches erst einmal unabhängig vom Prinzip der Komplementarität. Der Formalismus kann auch ohne Bezug auf Letzteres interpretiert werden, allerdings mit gewissen Schwierigkeiten, wie sich noch zeigen wird. Welche genaue Bedeutung den Unschärferelationen im Rahmen der Kopenhagener Deutung zukommt, werden wir in Kap. 3.4 erörtern.

---

die Abfolge des Messprozesses ist egal. In der klassischen Physik ist also die Kommutativität erfüllt. Dies deutet auf die Besonderheit des Messprozesses für die Quantenphysik hin.

[40] Pauli (1933); diese Darstellung hat Pauli später als „neues Testament" bezeichnet, im Gegensatz zu seiner als „altes Testament" titulierten Darstellung im *Handbuch der Physik* des Jahres 1926.

[41] Weyl (1928).

[42] Kennard (1927), S. 337.

2.8 Konsequenzen der Unschärfe: Indeterminismus und Ununterscheidbarkeit

Die philosophischen Implikationen der Unschärferelationen betreffen insbesondere das Prinzip der Kausalität oder, streng ausgelegt, des Determinismus. Dieser kann so aufgefasst werden, dass die exakte Kenntnis der Gegenwart es erlaubt, die zukünftige Entwicklung vorherzusagen. In der klassischen Physik ist der Zustand eines Systems dann vollständig gegeben, wenn Orte und Impulse all seiner Teile gegeben sind. Aus diesen Informationen lässt sich die Zukunft des Systems genau vorhersagen, ebenso wie sich die Vergangenheit rekonstruieren lässt. Allerdings ist diese Sicht der Dinge – wie Heisenberg bereits in der selben Arbeit betonte, in der er die Unschärferelationen erstmals publizierte – nach dem neuen Verständnis nicht mehr haltbar:

> „Aber an der scharfen Formulierung des Kausalgesetzes: ‚Wenn wir die Gegenwart genau kennen, können wir die Zukunft berechnen', ist nicht der Nachsatz, sondern die Voraussetzung falsch. Wir können die Gegenwart in allen Bestimmungsstücken prinzipiell nicht kennenlernen. Deshalb ist alles Wahrnehmen eine Auswahl aus einer Fülle von Möglichkeiten und eine Beschränkung des zukünftig Möglichen. Da nun der statistische Charakter der Quantentheorie so eng an die Ungenauigkeit aller Wahrnehmung geknüpft ist, könnte man zu der Vermutung verleitet werden, dass sich hinter der wahrgenommenen statistischen Welt noch eine ‚wirkliche' Welt verberge, in der das Kausalgesetz gilt. Aber solche Spekulationen scheinen uns, das betonen wir ausdrücklich, unfruchtbar und sinnlos. Die Physik soll nur den Zusammenhang der Wahrnehmungen formal beschreiben. Vielmehr kann man den wahren Sachverhalt besser so charakterisieren: Weil alle Experimente den Gesetzen der Quantenmechanik und damit der Gleichung (1)[43] unterworfen sind, so wird durch die Quantenmechanik die Ungültigkeit des Kausalgesetzes definitiv festgestellt."[44]

Etwas vorsichtiger ausgedrückt, sollte man besser sagen, dass nicht die Ungültigkeit, sondern die Unanwendbarkeit des deterministischen Kausalitätsprinzips eine fest etablierte Konsequenz der Quantenmechanik ist. Der Laplacesche Dämon verabschiedet sich dennoch traurigen Blickes in den Limbus. Es ist hier jedoch zu beachten, dass in einem allgemeineren philosophischen Sinne Kausalität den Begriff der Gesetzmäßigkeit beinhaltet, der in der Quantenmechanik zumindest durch die sogar deterministisch fest vorgegebene Entwicklung der Wahrscheinlichkeitsamplituden gemäß der Schrödinger-Gleichung gegeben ist, solange keine Messung stattfindet. Der der Quantenmechanik inhärente *Indeterminismus*, der in unserem Axiom III klar zum Ausdruck kommt, ist jedoch eine unvermeidbare Konsequenz des quantenmechanischen Formalismus.

Zwar sorgt die Quantenmechanik einerseits durch die Einführung fester Orbitale, exakter Energieniveaus und diskreter Drehmomente für eine gewisse Ordnung und Stabilität in der Mikrowelt, wie sie klassisch nicht zu erwarten wäre, doch sind diese verbunden mit der Unvorhersagbarkeit ihrer Übergänge und der bloßen Konstatierung ihrer Wahrscheinlichkeiten. Man kann diesen Indeterminismus auch

---

[43]Es handelt sich hierbei um die Unschärferelation.

[44]Heisenberg (1927), S. 172. Mit „Wahrnehmen" meint Heisenberg hier eigentlich „Messen".

als *intrinsisch* bezeichnen, da er nicht einer mangelnden Kenntnis der Objekte geschuldet, sondern in den Naturgesetzen selbst verankert und durch nichts zu eliminieren ist.[45]

Eine wichtige Folgerung aus der Unschärferelation ist die *Ununterscheidbarkeit* der Quantenobjekte. Zwar lassen diese sich in Klassen einteilen, so etwa in Elektronen, Photonen, Protonen etc., aber innerhalb jeder dieser Klassen von Teilchen gibt es im Gegensatz zu den Makrokörpern überhaupt nichts, was eines vom anderen unterschiede. In der klassischen Physik ist, wenn wir von dem Gedankenexperiment zweier makroskopisch identisch aufgebauter Körper ausgehen, jeder dieser Körper durch seine Trajektorie, d. h. seine Bewegungsbahn in Raum und Zeit, eindeutig definiert und identifizierbar. Da der Bahnbegriff in der Mikrowelt durch den Wellencharakter und die Unschärferelation hinfällig geworden ist, lässt sich rein prinzipiell kein Quantenobjekt von einem anderen gleicher Klasse unterscheiden. Alle Elektronen sind ununterscheidbar! Gleiches gilt für jede andere Klasse von Elementarteilchen, also auch für Protonen, Neutronen, Myonen etc. Der herkömmliche Identitätsbegriff lässt sich auf Quantenobjekte nicht mehr anwenden. Diese Erkenntnis ist zu einem wichtigen Pfeiler der gesamten Quantenstatistik und der Quantenfeldtheorie geworden und bisher in allen Experimenten bestätigt worden. Dadurch sind sogar ganz neue Aggregatzustände wie etwa sogenannte Bose-Einstein-Kondensate erforschbar geworden, bei denen Ansammlungen von Atomen kollektives Quantenverhalten zeigen.

2.9 Die Unteilbarkeit von Quantensystemen

Eine Besonderheit der quantenmechanischen Naturbeschreibung liegt darin, dass man einem Kompositsystem aus einzelnen Quanten im Allgemeinen keinen Zustand zuweisen kann, der sich aus den Zuständen seiner Teile zusammensetzt. Zwar sind auch genau solche Fälle möglich; doch wird, falls irgendeine Wechselwirkung zwischen den Teilchen stattgefunden hat, die Gesamtwellenfunktion des Systems sich nicht mehr als einfaches Produkt der Teilwellenfunktion ergeben, sondern darüber hinausgehende Informationen enthalten, die die verschiedenen Untersysteme miteinander verknüpfen. Dies ergibt sich aus der Struktur des Hilbert-Raumes, die zur Beschreibung von Quantenzuständen notwendig ist. Es folgt außerdem aus dem Vollständigkeitsaxiom – unserem Axiom I –, dass die *maximale Kenntnis* eines Systems durch die *Gesamtwellenfunktion des Kompositsystems* gegeben ist. Diese ist nun im Allgemeinen verschieden von der Kenntnis der Einzelwellenfunktion aller Teile. Dies liegt daran, dass durch quantenmechanische Wechselwirkungen

---

[45]Ein *extrinsischer* Indeterminismus wäre beispielsweise in einer Situation gegeben, bei der eine Kugel symmetrisch auf der Spitze eines Kegels steht und in alle Richtungen fallen kann. Hier ist die Unvorhersagbarkeit der Zukunft nicht naturgesetzlich, sondern durch spezifische Voraussetzungen bedingt.

gegenseitige Bedingungen auftreten, die *die Beschreibung des Gesamtsystems durch die Wellenfunktionen der Einzelsysteme unmöglich* machen. Diese Unteilbarkeit verletzt somit insbesondere das Separabilitätsprinzip der klassischen Physik.

Was bedeutet das für die Wellenfunktion? Dies hängt nun entscheidend von der Interpretation der Quantenmechanik ab, wobei die interpretativen Spielräume vielfältig, aber jeweils nicht besonders breit sind. Offensichtlich lässt sich die Wellenfunktion nicht in einem naiv-realistischen Sinne interpretieren als direkte mathematische Entsprechung der unabhängig von der Beschreibungsart existierenden Eigenschaften. Schon eher erinnert uns der Hinweis auf die Maximalität von Kenntnis an den Begriff der Entropie und damit an den Kenntnisstand des Beobachters. Aber die Unkenntnis der Entropie war doch quantifizierbar, da ja der maximal mögliche Kenntnisstand durch die Angabe der Orts- und Impulskoordinaten der einzelnen Teilchen gegeben war. Wie steht es hier? Die Antworten auf diese Fragen zur Interpretation der Wellenfunktion betreffen unsere Sicht der Realität der Quantenwelt und sind damit entscheidend für das Weltbild der modernen Physik. Wir werden ihnen deswegen bei der Diskussion der Kopenhagener Deutung und ihrer Alternativinterpretationen immer wieder begegnen.

2.10   Zur Unmöglichkeit einer klassisch-statistischen Interpretation

Wir haben bereits bei der Statistischen Physik gesehen, dass sich eine probabilistische Naturbeschreibung aus einer Unkenntnis der einzelnen Komponenten eines physikalischen Systems ergeben kann. Aufgrund der Unmöglichkeit, sämtliche Mikrovariablen anzugeben, sieht man sich dort gezwungen, statistische Ensembles aufzustellen, die sämtliche möglichen Mikrozustände des realen Systems repräsentieren, die mit den makroskopischen Messgrößen verträglich sind – wobei wohlgemerkt die Statistische Physik hier von klassischen Teilchen ausgeht, also sozusagen von winzigen Billardkugeln, die im Gas durcheinanderzischen. Hierbei sind die Orts- und Impulsvariablen jedes einzelnen Teilchens für jeden Teil des Ensembles im Prinzip fest bestimmt, dennoch lässt sich nur eine Wahrscheinlichkeitsaussage für jede einzelne Messung machen, da nicht a priori (d. h. nicht vor dem praktisch unmöglichen empirischen Nachweis) bekannt ist, welcher Zustand dieses Ensembles das reale System repräsentiert.

Man könnte nun vermuten, dass es sich in der Quantenmechanik ähnlich verhält und die beobachtete Unschärfe lediglich unserer Unfähigkeit entspringt, einen Einzelzustand anzugeben, während eine ideale Gesamtheit jedem ihrer möglichen Einzelfälle genau bestimmte Werte für Ort und Impuls zuweist, auch wenn wir diese nicht kennen oder nicht kennen können. Dass dem aber nicht so ist, lässt sich schon anhand einer Analyse elementarer Quantenprozesse zeigen, etwa am sogenannten *Tunneleffekt*. Er beschreibt die Möglichkeit von Teilchen, klassisch gesehen vollkommen undurchdringliche Potentialwände zu „durchtunneln", also etwa aus einem Atomkern auszubrechen, obwohl sie dort durch enorm starke Kräfte gebunden sind. Der Tunneleffekt ist verantwortlich für verschiedene Arten von Radioaktivität oder auch für Entladungsprozesse. Und die gemessenen Energieverteilungen beim Tunneleffekt sprechen gegen die Annahme, Teilchen hätten stets einen festen Wert für Ort *und* Impuls.

Dies ist nur ein Beispiel von vielen, die zeigen, dass es in der Quantenmechanik unmöglich ist zu behaupten, ein bestimmtes Teilchen oder System habe feste Werte für die aus der klassischen Physik bekannten Variablen und ihre Unschärfe entspringe bloß unserer Unkenntnis. Sie können lediglich für den halben Satz an Variablen, also entweder Ort oder Impuls, feste Werte besitzen. Jede andere Annahme widerspräche stets einem Teil der quantenmechanischen Behauptungen. Die Tatsache, dass wir den unscharfen Variablen keinen festen Wert zuschreiben können, nicht einmal einen verborgenen, führt zu der Frage, welche Art von Existenz man den von der Quantenmechanik beschriebenen Mikrosystemen überhaupt zugestehen kann, insbesondere da die Auswahl, welche der genannten Variablen einen festen Wert besitzen, von der experimentell gewählten Anordnung abhängt. Dies erfordert eine sehr präzise und vorsichtige Interpretation des mathematischen Formalismus.

Es sind nun verschiedene Deutungsmuster zur Quantenmechanik vorgeschlagen worden. Wir wollen uns als Nächstes mit der Kopenhagener Standardinterpretation auseinandersetzen, da sie nicht nur die meisten Anhänger besitzt, sondern da sie auch die Entwicklung der Quantenphysik – und dazu gehört auch die weiter unten noch zu diskutierende Quantenfeldtheorie – mitbestimmt hat. Es ist im Übrigen nicht zutreffend, dass sämtliche Alternativinterpretationen prognostisch äquivalent zur Kopenhagener Standardinterpretation sind. Für einige mag das sehr wohl zutreffen, andere wiederum können nur in bestimmten Parameterbereichen gleiche Vorhersagen treffen. Wir werden dies bei einer näheren Betrachtung der Alternativinterpretationen genauer erörtern.[46]

---

[46]Wie eine Umfrage bei einer Konferenz zur Quantenphysik zeigte, sind die Geister bezüglich der Interpretation der Quantenphysik immer noch sehr gespalten, jedoch besitzt keine andere Deutung so viel Überzeugungskraft wie die Kopenhagener, siehe Schlosshauer et al. (2013).

Die Kopenhagener Deutung

3

> *Diejenigen, die nicht schockiert sind,*
> *wenn sie zum ersten mal mit*
> *Quantenmechanik zu tun haben, haben*
> *sie nicht verstanden.*
>
> *(Niels Bohr)*

Eigentlich müsste der Titel dieses Kapitels „Kopenhagener Deutung*en*" heißen, da es weder eine allgemein gültige Darstellung gibt, noch die Hauptprotagonisten in ihren Ansichten exakt übereinstimmen. Es gibt jedoch einige gelungene, unkontroverse Darstellungen ihrer Kernthesen.[1] Im engeren Sinne bezeichnet man als „Kopenhagener Interpretation" oder „Kopenhagener Deutung" die unter Ägide Niels Bohrs wesentlich von Werner Heisenberg, Wolfgang Pauli, Max Born, Pascual Jordan und Paul Dirac entwickelte Deutung, während sie in allgemeinerem Sinne als die von der wissenschaftlichen Gemeinschaft weitestgehend akzeptierte Standardinterpretation angesehen werden kann, wenn auch von verschiedenen Wissenschaftlern unterschiedliche Akzente gesetzt oder Schwerpunkte hervorgehoben werden. Ein großer Teil der Physiker schließlich arbeitet mit der Quantenmechanik in einem sehr pragmatischen Sinne und schert sich nicht besonders um schwierige Interpretationsfragen. Letztendlich nutzen sie jedoch meist eine von der Kopenhagener Deutung gestützte Geisteshaltung bei der Anwendung der Quantenmechanik.

Trotz dieser Vielfalt lassen sich die zentralen Punkte und der gemeinsame Nenner dieser philosophisch sehr subtilen Interpretation zusammenfassen und ein Spektrum möglicher Haltungen aufzeigen, das mit diesen Punkten verträglich ist. In diesem Sinne wollen wir hier eine nicht ganz übliche Darstellung der Kopenhagener Deutung herausarbeiten; denn wie offensichtlich wird, lassen sich unter den Grundannahmen der Kopenhagener durchaus unterschiedliche Positionen

---

[1] Etwa bei Heisenberg (1958).

© Springer-Verlag Berlin Heidelberg 2017
D. Eidemüller (Hrsg.), *Quanten – Evolution – Geist*,
DOI 10.1007/978-3-662-49379-3_3

vertreten. Zu diesem Zweck wollen wir zuerst die historische Entwicklung dieser Position aufzeigen und dann neuere und abstraktere Formulierungen vorstellen. Die Kopenhagener Interpretation wird oft auch als konventionelle oder orthodoxe Interpretation oder schlicht als Standardinterpretation der Quantenmechanik bezeichnet.

3.1 Die geschichtliche Entwicklung

Wenn man die Entwicklung der Quantenphysik seit der Entdeckung des Wirkungsquantums durch Planck bis hin zur heutigen praktischen Nutzung verschränkter Photonenpaare und den ersten Ansätzen zu Quantencomputern und Quantenkryptographie verfolgt und dabei nicht nur die ständig neuen Erfindungen und Effekte im Auge behält, sondern auch die konzeptionellen Tests der quantenmechanischen Grundlagen, so fällt zunächst auf, dass die Kopenhagener Deutung sich in all dieser Zeit stets aufs Neue bewährt hat. Keinerlei Unstimmigkeit oder Unanwendbarkeit konnte sie bisher widerlegen; auch wenn einige ihrer Thesen im Lauf der Zeit merkliche Präzisierungen erfahren haben. Insbesondere die Experimente zur Unteilbarkeit von Quantenzuständen, die erst viele Jahre nach Einsteins und Bohrs Tod durchgeführt wurden, lassen sich ohne Probleme auf Basis der Kopenhagener Deutung interpretieren, während sie einer klassisch-realistischen Sichtweise strikt widersprechen. Dies ist umso überraschender, als in der Frühzeit der Quantenmechanik solche Entwicklungen noch kaum vorherzusehen waren und trotzdem Bohr seine physikalischen Überzeugungen mit einer ebensolchen Vehemenz vertrat wie Einstein die seinigen; wobei Bohr das Weltbild der Physik in ähnlicher Weise durcheinanderwirbelte wie Einstein zuvor mit seiner Relativitätstheorie. Dies brachte den Quantentheoretiker Bernard d'Espagnat zu der bemerkenswerten Aussage, dass man nicht wüsste, was an Bohr mehr zu bewundern sei, seine außergewöhnliche Intuition oder die überraschende Selbstsicherheit, mit der er seine Postulate vorbrachte, als wären sie unbezweifelbare Wahrheiten.[2]

Der zeitliche Rahmen, in dem sich diese wissenschaftliche Revolution abgespielt hat, beginnt mit Plancks Entdeckung des Wirkungsquantums im Jahr 1900. Schon 1905 machte sich Einstein dieses Konzept zunutze und führte in seiner nobelpreisgekrönten Arbeit die *Photonen* genannten Lichtquanten ein, um ein vorher unverstandenes Problem der Strahlungsphysik zu lösen. 1913 dann stellte Bohr sein Atommodell vor, das einen entscheidenden Zwischenschritt auf dem Weg von klassischen über semiklassische Vorstellungen hin zur vollen Quantentheorie im kommenden Jahrzehnt darstellte. Den Nobelpreis 1922 erhielt Bohr für diese Arbeiten zur Aufklärung der Atomstruktur.

Die stürmische Entwicklung jener Jahre, in denen gewagte Spekulation und rigide Kritik zu rasanten mathematischen und experimentellen Fortschritten führten, lässt sich vielleicht an folgenden Briefen ablesen, die auch die Rolle der unterschiedlichen Charaktere zum Vorschein bringen. So hatte Bohr auf dem Weg zur

---

[2] Siehe d'Espagnat (1995), S. 225.

Quantentheorie – um die Vorläufigkeit und konzeptionellen Widersprüche seines Atommodells wissend – dieses im Dezember 1924 noch gegenüber Paulis Angriffen verteidigt: „Vielleicht sollte auch ich ein schlechtes Gewissen im Hinblick auf die Strahlungsprobleme haben; aber wenn es auch von einem logischen Standpunkt aus gesehen vielleicht ein Verbrechen ist, muss ich gestehen, dass ich nichtsdestoweniger davon überzeugt bin, dass der Schwindel des Vermischens der klassischen Theorie und der Quantentheorie sich noch auf viele Weisen beim Aufspüren der Geheimnisse der Natur als fruchtbar erweisen wird."[3]

Wie ungeheuer fruchtbar diese semiklassischen Arbeiten und insbesondere das bohrsche Atommodell waren, das als seine größte Einzelleistung in die Wissenschaftsgeschichte eingegangen ist, zeigte sich schon bald darauf. In kurzer Zeit gelangen so große Fortschritte, dass Bohr nur wenige Tage später in einem weiteren Brief an Pauli schreibt: „Ich habe ein Gefühl, dass wir an einem entscheidenden Wendepunkt stehen, jetzt da der Umfang des ganzen Schwindels so erschöpfend charakterisiert wurde."[4]

Gut zehn Jahre nach dem bohrschen Atommodell entstand dann 1925 mit der heisenbergschen Matrizenmechanik und 1926 mit Schrödingers Wellengleichung das mathematische Fundament der neuen Theorie. Die konzeptionellen Schwierigkeiten bei der Interpretation dieser Gleichungen führten allerdings alle Beteiligten an ihre Grenzen.[5] Vor allem Bohr und Heisenberg rangen hartnäckig um die Deutung der Quantentheorie. Von den schwierigen Debatten erschöpft, verabschiedete sich Bohr 1927 in einen vierwöchigen Skiurlaub, aus dem er mit dem Komplementaritätsprinzip zurück kam, während Heisenberg zwischenzeitlich seine Unbestimmtheitsrelation formuliert hatte.[6]

Zum ersten Mal einer breiteren Öffentlichkeit bekannt wurde die Kopenhagener Deutung auf der berühmten Konferenz von Solvay 1927, als Bohr in einem Vortrag die anwesende Weltelite der Physik in die Gedankenwelt einführte, die er nach langen Jahren des Forschens und der Diskussion zusammen mit seinen Kollegen und Schülern entwickelt hatte. Auf dieser Konferenz bestand diese Interpretation auch sogleich ihre Feuerprobe: Denn Einstein wurde nicht müde, ständig neue Gedankenexperimente zu erfinden, um sie zu widerlegen. Er sah nämlich als Erster, welch revolutionäre Änderung in der physikalischen Weltsicht diese Interpretation mit sich brachte. Ihre Abkehr von den bisher für gültig gehaltenen Prinzipien in der Naturbeschreibung wollte er um keinen Preis hinnehmen. Doch Bohr gelang es stets,

---

[3]Zitiert nach Röseberg (1987), S. 151f.

[4]Ebenda.

[5]Niels Bohr war berühmt-berüchtigt für seine Hartnäckigkeit in Diskussionen, wenn es um die Quantenphysik ging. So verfolgte er den erschöpften Erwin Schrödinger während dessen Aufenthalts in Kopenhagen bis ans Krankenbett. Und Paul Ehrenfest berichtet vom fünften Solvay-Kongress: „Jede Nacht um ein Uhr kam Bohr zu mir noch aufs Zimmer, um bis Drei mir nur noch Ein einziges Wort zu sagen."

[6]Wie der Wissenschaftshistoriker John Heilbron ausführt, hat Niels Bohr das Konzept partieller, komplementärer Wahrheiten wohl zumindest in Teilen den Schriften seines Philosophieprofessors und Freundes Harald Høffding entnommen, siehe Heilbron (2013).

Einsteins Angriffe abzuwehren, so dass sich nach dieser Konferenz die Deutung der Kopenhagener als Standardinterpretation der Quantenmechanik etablieren konnte. Dieses auf höchstem intellektuellem Niveau geführte Duell ging als *Bohr-Einstein-Debatte* in die Wissenschaftsgeschichte ein.

Die neue Theorie und ihre Deutung durch die Kopenhagener hatte von Anfang an mit starker Ablehnung durch all diejenigen Physiker zu kämpfen, die das Erkenntnisideal der klassischen Physik und das auf diesem aufbauende Realitätsverständnis nicht so ohne weiteres zu opfern bereit waren.[7] Bis heute stoßen sich viele Wissenschaftler und Philosophen daran, dass die Quantenphysik kein konkretes Bild der Wirklichkeit liefern kann. Diese weitverbreitete Unzufriedenheit führt bis heute noch zu einer großen Vielfalt von Alternativinterpretationen, die unter unterschiedlichsten Vorzeichen stehen, aber dennoch oft gemeinsam haben, dass sie die erkenntnistheoretischen Grundlagen der Standardinterpretation nicht anerkennen.

Schrödinger selbst hatte nach langen Gesprächen mit Bohr bei einem Besuch in Kopenhagen 1926 seinem Ärger über die anscheinend unvermeidlichen und überaus unangenehmen Konsequenzen der neuen Theorie Luft gemacht: „Wenn es doch bei dieser verdammten Quantenspringerei bleiben soll, so bedaure ich, mich mit der Quantentheorie überhaupt beschäftigt zu haben." Worauf Bohr entgegnete: „Aber wir anderen sind ihnen so dankbar, dass sie es getan haben, da sie damit soviel zur Klärung der Quantentheorie beigetragen haben."[8]

Mit welch existenziellem Einsatz gerade Bohr auch in den folgenden Jahren noch über die konzeptionellen Grundlagen der Quantenphysik nachdachte, schildert Carl Friedrich von Weizsäcker eindringlich in seinen Erinnerungen: „Im Januar 1932, als ich 19 Jahre alt war, brachte mich Heisenberg zu seinem Lehrer Niels Bohr. Ich wurde Zeuge eines dreistündigen Gesprächs der beiden über die philosophischen Probleme der Quantentheorie. Danach notierte ich mir: ‚Ich habe zum erstenmal einen Physiker gesehen.' Das war tief ungerecht gegenüber Heisenberg und gegen viele. Aber es hieß: einen Mann, der so Physik betreibt, wie man es tun müsste. Ein Indiz: er war der einzige Physiker, dem man in jedem Wort anspürte, wie er am Denken litt. Vielleicht litt er besonders am Sprechen. In seinen späteren Jahren sagte er: wir hängen in der Sprache. Man muss sprechen, man kann nichts anderes tun als sprechen, aber das sagen, was man sagen müsste, das kann man nicht. "[9]

Wenn sich heute die Mehrheit der Physiker zur Kopenhagener Interpretation bekennt, so liegt dies nicht nur an ihrer hervorragenden Anwendbarkeit, sondern auch daran, dass nach den heute vorliegenden Erkenntnissen sämtliche anderen

---

[7]Hierzu gehörten auch viele der Wegbereiter und Vollender der Quantenmechanik, insbesondere Albert Einstein, Erwin Schrödinger, Louis-Victor de Broglie und noch einige mehr; wir werden diese Besonderheit in Kap. 19.5 nochmals aufgreifen, um sie dann im Licht des neu formulierten Weltbildes zu thematisieren.

[8]Zitiert nach Heisenberg (1956), S. 291.

[9]Von Weizsäcker (1985), S. 417. Diese tiefe Einsicht in die Begrenztheit unseres Denk- und Sprechvermögens werden wir unter evolutionärer Perspektive erneut aufzugreifen haben. Dies ist auch ein Hinweis auf die besondere Rolle der Mathematik bei der Erschließung von Wirklichkeit.

Interpretationen bei all ihrer Vielfalt jeweils nur einen sehr schmalen Spielraum besitzen und dass ihre erkenntnistheoretischen Postulate oder die aus diesen folgenden Konsequenzen den meisten Wissenschaftlern *noch* wesentlich seltsamer anmuten als diejenigen der Standardinterpretation.

3.2 Grundprinzipien der Kopenhagener Deutung

Die Kopenhagener Interpretation beruht auf einigen zentralen Thesen. Auch wenn ihre Protagonisten teilweise unterschiedliche Ansichten zu einzelnen Punkten vertraten oder ihre Meinungen im Laufe der Jahre leichten Änderungen und Schwerpunktverschiebungen unterlagen, so sind die hier angesprochenen Punkte doch absolut essentiell und als fundamentale Charakteristika der Kopenhagener Deutung anzusehen. Das Verständnis der weiter unten noch zu behandelnden Punkte, wie etwa der Interpretation der Wellenfunktion, hängt in harmonischer Weise von den hier behandelten Prinzipien ab.

3.2.1 Das Komplementaritätsprinzip

Als wichtigste Zutat zur Kopenhagener Deutung kann das bereits in Kap. 2.3 diskutierte Komplementaritätsprinzip angesehen werden, demzufolge wir uns nur über sich gegenseitig ausschließende klassische Konzepte ein Bild vom Quantenkosmos machen können. Seine grundlegende Bedeutung wird unter anderem daran ersichtlich, dass Max Jammer in seinem großen Werk zur Interpretation der Quantenmechanik die Kopenhagener Deutung schlicht und einfach *Komplementaritätsinterpretation* nennt.[10] Da das Komplementaritätsprinzip mit Bohrs, die Wellengleichung mit Schrödingers, die Unschärferelation mit Heisenbergs und die Wahrscheinlichkeitsdeutung mit Borns Namen verknüpft ist, wird der Einfluss Wolfgang Paulis auf diese Deutung leicht unterschätzt; aber Bohr und Heisenberg haben stets darauf hingewiesen, wie ungeheuer wichtig der außerordentlich scharfe Geist Paulis und seine Fähigkeiten zu kristallklarer Analyse und schonungsloser Kritik waren.[11] In seinem berühmten Übersichtsartikel für das *Handbuch der Physik*

---

[10]Jammer (1974).

[11]Paulis Ansichten waren durch den Positivismus seines Taufpaten Ernst Mach geprägt, was ihn auch zu einer völligen Ablehnung anschaulicher Modelle in der Atomphysik führte. In seiner antirealistischen Konsequenz übertraf er sogar Bohr, was ihn abgesehen von seinem immensen mathematischen Talent natürlich zu einem wichtigen Gesprächspartner für die konzeptionelle Entwicklung der Kopenhagener Deutung machte. Für ihn bezog sich das Geschäft der Naturwissenschaften nicht auf die Erkundung von etwas unabhängig Seiendem, sondern auf die Ordnung von Erfahrungen. Auch sonst war Pauli ein Intellektueller mit breit gestreuten Interessen und großer geistiger Offenheit, dem das Korsett des rein wissenschaftlichen Rationalismus zu eng war: In seinen philosophisch-weltanschaulichen Ansichten zeigte er unter anderem Aufgeschlossenheit für mystische Erfahrungen, Psychoanalyse und Carl Gustav Jungs Theorie psychologischer Archetypen – jedoch stets gepaart mit der ihm eigenen intellektuellen Redlichkeit, scharfer Skepsis,

schrieb Pauli, Bezug nehmend auf den sich wechselseitig ausschließenden Gebrauch klassischer Vorstellungen wie Welle oder Teilchen, über die Grundlagen der neuen Quantentheorie: „In Analogie zum Terminus ‚Relativitätstheorie' könnte man die moderne Quantentheorie daher auch ‚Komplementaritätstheorie' nennen."[12]

3.2.2 Der Schnitt zwischen Makro- und Mikrokosmos

Die Kopenhagener Deutung zeichnet sich auch dadurch aus, dass sie eine Trennlinie zieht zwischen der durch die klassischen Begriffe zu beschreibenden Makrowelt und dem quantenmechanischen Mikrokosmos. Letzterer ist gemäß den oben erwähnten Postulaten nur über das Prinzip der Messung zugänglich und kann deshalb keine ontologische Eigenständigkeit für sich beanspruchen, wie es die Objekte der klassischen Physik vermögen. Die Mikrowelt erschließt sich dem Beobachter nur indirekt über das Ablesen von Zeigerständen und anderen Werten makroskopischer Messinstrumente, welche den Gesetzen der klassischen Physik gehorchen und deshalb mit klassischen Begriffen beschrieben werden müssen. Diese Sichtweise spricht also der klassischen Physik eine konzeptionelle Vorrangstellung gegenüber dem quantenmechanischen Formalismus zu, denn ohne ihre Begriffe ließe sich der quantenmechanische Formalismus nicht physikalisch interpretieren. Er bliebe dann eine rein mathematische Theorie ohne Bezug zur Wirklichkeit. Dies wird im Folgenden noch an Zitaten deutlich werden.

3.2.3 Beschränkung auf die Erfahrung

Diese Abhängigkeit der quantenmechanischen Beschreibung von der klassischen Physik und die Unmöglichkeit, eine streng objektive Darstellung der Quantenmechanik zu geben, haben Bohr zu folgender Aussage veranlasst:

> „Es gibt keine Quantenwelt. Es gibt nur eine abstrakte Quantenbeschreibung."[13]

Dieses Zitat beschreibt einen weiteren grundlegenden Zug der Kopenhagener Deutung, nämlich die Einführung einer Betrachtungsweise in die Philosophie der Physik, die eine Abkehr von den Prinzipien der Objektivierbarkeit und der Determiniertheit beinhaltet und sich stattdessen auf die Wahrnehmung, die Beobachtung und die Messung beschränkt. Diese positivistischen Prinzipien hatte bereits

---

kritischer Distanz und wohlbedachter Zurückhaltung gegenüber falschen Verallgemeinerungen. Zur Literatur siehe Pauli (1984, 1994); Atmanspacher et al. (1995) sowie Fischer (2000).

[12]Pauli (1990), S. 31. Pauli überlegte sich sehr früh, wie man diese Begriffe auch für psychologische Fragestellungen fruchtbar machen kann, etwa bei der Untersuchung bewusster und unbewusster mentaler Zustände, siehe Pauli (1950).

[13]Zitiert nach Herbert (1987), S. 33.

Einstein in Anlehnung an die Philosophie Ernst Machs bei der Aufstellung der Relativitätstheorie benutzt, um sich von der in den Köpfen von Physikern und Philosophen zementierten Vorstellung eines euklidischen Raumes und einer von ihm unabhängigen, unveränderlich tickenden absoluten Zeit zu lösen. Stattdessen begründete er die neue Vorstellung der Raumzeit auf der Messbarkeit von Raumabständen mit Hilfe von festen Maßstäben und der Messung der lokalen Zeit mit Hilfe von Uhren. Gleichwohl betrachtete Einstein die Entitäten seiner neuen Theorie als vollkommen real und nicht bloß in positivistischem Sinne als mathematisches Verknüpfungsmuster von Beobachtungsdaten; schließlich erfüllten sie alle Ansprüche an Objektivierbarkeit und Determiniertheit, die man von alters her kannte. Man kann also den Einfluss des Positivismus auf Einstein vor allem als heuristisch betrachten.

Wenn wir rekapitulieren, dass Heisenberg sich bei der Aufstellung der Matrizenmechanik wesentlich von dem Gedanken hat leiten lassen, nur beobachtbare Größen in seine neue Mechanik aufzunehmen,[14] so wird ersichtlich, dass positivistisches Gedankengut auch auf die Entstehung der Quantenmechanik und insbesondere auf die Kopenhagener Deutung einen bedeutenden Einfluss hatte. Gleichzeitig allerdings ließ sich Heisenberg auch von Einsteins Diktum leiten:

„Erst die Theorie entscheidet darüber, was man beobachten kann."[15]

Man kann Heisenbergs Haltung also ebenso wie die Einsteins schwerlich positivistisch nennen; auch wenn der heuristische – man möchte gar sagen:

---

[14]Dazu gehören unter anderem die spektralen Übergänge, auf den Begriff der Elektronenbahn um den Atomkern verzichtete er. Zwei Jahre später stellte sich mit der Aufstellung der Unschärferelation heraus, dass der Bahnbegriff in der Quantenmechanik gar nicht klar definierbar ist.

[15]Heisenberg (1969), S. 92. Diese Einsicht war auch für Einsteins Arbeit an der Relativitätstheorie bedeutend. Der bloße sinnliche Eindruck reicht nicht aus, um den Ablauf und Ausgang eines Experiments deuten zu können. Gerade bei Prozessen jenseits unserer natürlichen Wahrnehmung können wir erst mit Hilfe von zumindest teilweise als gültig anerkannten Naturgesetzen auf die natürlichen Prozesse schließen. Dies ist auch zentral für das wissenschaftstheoretische Verständnis der Entwicklungen der modernen Physik. Einstein widerspricht hier sehr scharf damals populären Ansichten des Logischen Empirismus, denen zufolge „reine", neutrale Beobachtungen die Basis aller Wissenschaft liefern sollten. Erst sehr viel später haben die Physiker und Wissenschaftstheoretiker Pierre Duhem und der Philosoph Willard Van Orman Quine diese Kritik solide theoretisch fundiert. Nach der *Duhem-Quine-These* ist bereits der Begriff der Beobachtung nicht frei von Theorie. Vielmehr entscheidet unser Vorwissen darüber, was wir unter einer gültigen Beobachtung verstehen und wie wir sie einordnen; erst mit Hilfe von Naturgesetzen können wir auf der Basis sinnlicher Eindrücke die ihnen zugrundeliegenden Prozesse begreifen, siehe Quine (1951). Die Vorstellung einer theoriefreien, neutralen Beobachtung ist folglich irrig; vielmehr ruhen unsere Beobachtungen ebenso wie unsere Theorien in einem Netz aus sich wechselseitig stützenden Ansichten. Thomas Kuhn geht in seinen Thesen über wissenschaftliche Revolutionen noch weiter und behauptet, dass sich mit wissenschaftlichen Neuerungen auch unser Weltbild grundlegend ändern kann und damit ebenso unser Paradigma von Wissenschaftlichkeit, vergleiche Kuhn (1962). Diesen Überlegungen hatte Heisenberg bereits Jahre zuvor mit seinem Konzept „abgeschlossener Theorien" vorgegriffen.

kathartische – Einfluss positivistischer Denkweisen auf beide Positionen sicherlich beträchtlich war. Heisenberg selbst bemerkte hierzu einmal:

> „Insbesondere betrachtet die Quantentheorie in ihrer heute allgemein angenommenen Deutung keineswegs die Sinneseindrücke als das primär Gegebene, wie es der Positivismus tut. Wenn etwas als primär gegeben bezeichnet werden soll, so ist das in der Quantentheorie die Realität, die mit den Begriffen der klassischen Physik beschrieben werden kann."[16]

3.2.4 Die Rolle der klassischen Messapparate

Da gemäß dem Komplementaritätsprinzip die korrekte Beschreibung der Quantenphänomene erst durch die Messapparate gegeben ist, ergibt sich als weitere Forderung der Kopenhagener Deutung, dass zu einer vollständigen Beschreibung dieser Phänomene auch die Angabe des experimentellen Aufbaus gehört. Denn bestimmte komplementäre Aussagen über den Wellen- oder Teilchencharakter eines Quantenobjektes hängen von der Art der Fragestellung ab, die wir an es richten. Die Fragestellung ergibt sich aus der experimentellen Realisierung des Messaufbaus. Der irreversible Akt der Messung ist es dann, durch den diese Frage beantwortet wird. Dieser Zusammenhang wird im folgenden noch anhand einiger Zitate deutlich werden. Es sei bereits an dieser Stelle angemerkt, dass die Autoren der Kopenhagener Interpretation in ihren frühen Aufsätzen zwar völlig konsistent die Beschreibbarkeit der Makrowelt durch die klassischen Begriffe fordern, aber in der Analyse des Messprozesses noch nicht zwischen Vorbereitung, Durchführung des Experiments und der letztendlichen Messung unterscheiden. Diese zusätzliche Präzisierung wurde später eingeführt und wird im Anschluss an die betreffenden Zitate kurz aufgegriffen.

3.2.5 Zur Sprache und Philosophie der Kopenhagener

Die Sprache, in der vor allem die Texte Bohrs zur Quantentheorie geschrieben sind, hat sich ungefähr ab 1912 in steter physikalischer Forschungsarbeit und philosophischer Reflexion über die Bedingungen und Möglichkeiten dieses Arbeitens herausgebildet. So konnte Bohr fünfzehn Jahre lang – bis zur berühmten Solvay-Konferenz[17] im Jahr 1927 – eine Sprache entwickeln, die sich dem Umgang

---

[16]Heisenberg (1959), S. 171. Sogar Percy Williams Bridgman, der eine operationalistische Sichtweise vertrat und gewissen Einfluss auf die Rezeption der Quantenmechanik in den Vereinigten Staaten besaß, betrachtete Heisenbergs positivistische und operationalistische Behauptungen eher als „philosophische Rechtfertigung" für den Erfolg der Quantenmechanik und nicht als unentbehrlichen Teil der Formulierung der neuen Theorie, siehe Bridgman (1936), S. 65.

[17]Auf dieser Konferenz lieferten sich, wie erwähnt, Einstein und Bohr über Tage und Nächte ein heißes Gefecht um diese für Einstein inakzeptable Interpretation. Es endete zugunsten Bohrs, und Einstein musste einsehen, dass die Kopenhagener Deutung sowohl in sich selbst logisch konsistent und geschlossen ist als auch allen Messergebnissen in vorbildlicher Weise Rechnung

mit der Atomphysik angepasst hatte und die den dort auftauchenden Problemen angemessen schien. Diese Sprache schöpfte aus mehreren philosophischen Schulen: Positivismus, Idealismus und auch Materialismus sind dort vertreten. So enthält sie Elemente aller dieser Schulen, besitzt jedoch in ihrer Komposition eine eigene Substanz, die den geistigen Gehalt der althergebrachten philosophischen Positionen einem harten Test an der physikalisch beschreibbaren Realität unterzieht und nur jene Annahmen beibehält, die sich harmonisch zu einem neuen, geschlossenen Bild zusammenfügen lassen. Bohr vertrat keinen *wissenschaftlichen Realismus*,[18] sondern einen *empirischen Realismus*; also einen, der den Gegenständen unserer Alltagswelt eine eigenständige Existenz zuschreibt. Für Bohr ist eine sinnvolle wissenschaftliche Theorie nur möglich unter dieser Annahme. Allerdings folgt daraus nicht, dass die auf den Alltagsbegriffen aufbauende Wissenschaft einen solchen Anspruch auch für die von ihr postulierten Entitäten einlösen kann. Seine philosophische Haltung wurde deshalb auch als *instrumentalistischer Realismus* bezeichnet.[19]

3.3   Ist die Mikrowelt subjektiv oder objektiv zu beschreiben?

Mit der Zurückweisung einer streng objektiven Darstellbarkeit der Quantenwelt, der wir laut Bohr keine eigene Existenz zuschreiben können, stellt sich natürlich die Frage, ob damit nicht unangemessen subjektive Züge in die Naturwissenschaft Einzug halten. Einige Interpreten waren oder sind der Meinung, dass die Quantenmechanik nach dem logischen Ausschluss der strengen Objektivierbarkeit nicht mehr ohne Bezug auf den Bewusstseinszustand des Beobachters interpretiert werden kann.[20] Die erste präzise Formulierung dieser Hypothese ist als das Paradoxon von *Wigners Freund* bekannt, welches wir später noch behandeln werden. Wie insbesondere Pauli schon in der Frühzeit der Quantenmechanik darlegte, ist es jedoch keineswegs notwendig, subjektive Züge des Beobachters zur Interpretation

---

trägt. Von nun an begründete er seine Angriffe gegen die Quantenmechanik auf einem neuartigen Vorwurf, nämlich dem der Unvollständigkeit, den wir im Kap. 4.3 zum EPR-Paradoxon ausführlich diskutieren werden. In diesem Zusammenhang wird das recht trivial klingende Axiom I eine entscheidende Rolle spielen.

[18] Als *wissenschaftlichen Realismus* bezeichnet man meist eine Auffassung der Wirklichkeit, die den von der wissenschaftlichen Theorie beschriebenen Entitäten, wie etwa Atomen, eine direkte Entsprechung in der Welt zuschreibt. Dabei sollen die Eigenschaften dieser Entitäten unabhängig von der menschlichen Beschreibungs- oder Wahrnehmungsweise diesen Entitäten selbst zukommen, so dass etwa die klassische Sicht der Zuweisung von Wahrheitswerten seitens der Theorie an die eigenständigen Objekte möglich ist.

[19] So etwa bei Murdoch (1987). Man könnte diese Haltung aber auch „Gegenstandsrealismus" oder „Alltagsrealismus" nennen.

[20] In der Tat ist diese These auch heute noch unter manchen Forschern populär; einige erhoffen sich sogar eine Lösung der Rätsel des Bewusstseins von einer neuen umfassenden Theorie, die auch die bereits erwähnte Vereinheitlichung der physikalischen Theorien bewerkstelligen sollte.

heranzuziehen. Es ist ausreichend, die irreversible Vergrößerung der quantenmechanischen Phänomene auf die Ebene der makroskopischen Messapparate festzustellen. Dies findet seinen Ausdruck in unserem Axiom V, denn es stellt die Faktizität der Messung in den Vordergrund und ist zur Interpretation notwendig, weil ein sich selbst überlassenes und von der Umwelt isoliertes Kompositsystem aus Quantenobjekt und Messapparat in einer naiven quantentheoretischen Beschreibung nicht von alleine in einen klassischen, „gutartigen" – d. h. überlagerungsfreien – Endzustand übergeht. Schlimmer noch, der Messapparat scheint sich mit den Quanteneigenschaften zu „infizieren" und in eine Überlagerung von Zuständen zu geraten, die uns im Umgang mit makroskopischen Körpern nun gar nicht geheuer ist.[21] Deshalb muss die Beobachtung und Messung explizit erwähnt werden. Ohne sie ließe sich nicht einmal dem Messgerät ein eindeutiger Zustand zuschreiben. Weiterhin ist strenggenommen nicht allein das System aus Quantenobjekt und Messgerät zur Charakterisierung des Messprozesses hinreichend, sondern auch die Außenwelt muss erwähnt werden, denn ein Messgerät ohne Bezug zur Außenwelt ist eben kein Messgerät.

Wenn wir nun auf diesen Punkt keine Rücksicht nehmen und einfach die formale mathematische Entwicklung eines quantenmechanischen Systems betrachten, das mit einem Messgerät gekoppelt ist, so ergibt sich etwas Seltsames: Das Gesamtsystem aus Quantenobjekt und Messgerät befindet sich nach der Messung keineswegs in einem wohldefinierten Zustand, sondern geht über in eine *Superposition*, d. h. in eine *Überlagerung*, von Zuständen. Bei einer quantenmechanischen Superposition befindet sich ein System zugleich in verschiedenen Zuständen. Durch die Einführung allein des Messgerätes in unsere Betrachtungen haben wir also noch nichts gewonnen! Wir könnten ein weiteres Messgerät einführen, welches wiederum das erste ausliest. Dieses würde ebenso in eine Superposition von Zuständen geraten, ebenso ein drittes, viertes und so fort. Dies ist als von Neumanns „unendliche Regresskatastrophe" bekannt. Entscheidend für die Kopenhagener Deutung ist folglich die eigens postulierte Reduktion des Wellenpaketes, die dadurch stattfindet, dass das Messgerät mit der restlichen Welt in Verbindung steht und sich *makroskopisch verhält*. Nach Heisenberg lässt sich dieser Zusammenhang so ausdrücken,

> „dass die Wechselwirkung eines Systems mit einem Messapparat dann, wenn der Apparat und das System als von der übrigen Welt abgeschlossen betrachtet und im ganzen nach der Quantenmechanik behandelt werden, in der Regel nicht zu einem bestimmten Resultat (z. B. Schwärzung der Photoplatte an einem bestimmten Punkt) führt. Wenn man sich gegen diese Folgerung wehrt mit dem Satz: Aber ‚in Wirklichkeit' ist die Platte doch

---

[21] Auf dieser Art von Illustration durch Vergrößerung des Mikroskopischen beruht auch das Paradoxon von *Schrödingers Katze*, wie in Kap. 4.1 behandelt. Es gibt aber neuere Ansätze, die absolut zwangsläufige Wechselwirkung aller makroskopischen Körper mit ihrer Umwelt und die damit einhergehende Auflösung der Verschränkung mit den Mikrozuständen anhand komplexerer Gleichungen zu berücksichtigen. Dies ist als *Dekohärenz* bekannt und aufgrund ihrer Bedeutung ist ihr ein eigenes Kap. 4.1.1 gewidmet. Dank ihr ist es wohl möglich, einige, obgleich nicht alle, Schwierigkeiten beim Messprozess aufzuklären. Dies sollte man auch beim nachfolgenden Zitat von Heisenberg im Hinterkopf behalten.

nach der Wechselwirkung an einer bestimmten Stelle geschwärzt, so hat man damit die Quantenmechanik für das abgeschlossene System Elektron + Platte aufgegeben. Es ist der ‚faktische' Charakter eines mit den Begriffen des täglichen Lebens beschreibbaren Ereignisses, der im mathematischen Formalismus der Quantenmechanik nicht ohne weiteres enthalten ist, und in ihre Kopenhagener Interpretation eingeht. Natürlich darf man die Einführung des Beobachters nicht dahin missverstehen, dass etwa subjektivistische Züge in die Naturbeschreibung gebracht werden sollten. Der Beobachter hat vielmehr nur die Funktion, Entscheidungen, d. h. Vorgänge in Raum und Zeit, zu registrieren, wobei es nicht darauf ankommt, ob der Beobachter ein Apparat oder ein Lebewesen ist; aber die Registrierung, d. h. der Übergang vom Möglichen zum Faktischen, ist hier unbedingt erforderlich und kann aus der Deutung der Quantentheorie nicht weggelassen werden. ... Es muss auch hervorgehoben werden, dass an dieser Stelle die Kopenhagener Deutung keineswegs positivistisch ist. Während nämlich der Positivismus von den Sinneseindrücken des Beobachters als den Elementen des Geschehens ausgeht, betrachtet die Kopenhagener Deutung die in klassischen Begriffen beschreibbaren Dinge und Vorgänge, d. h. das Faktische, als die Grundlage jeder physikalischen Deutung."[22]

Es ist also die Faktizität der Außenwelt, wie wir sie in unserem Alltagsrealismus ständig erleben, die in das Messpostulat gemäß unserem Axiom V eingeht. In den Schriften Heisenbergs ist der häufig erwähnte Übergang vom Möglichen zum Faktischen folglich zu lesen als eine Realisierung der bei ihm durchaus im aristotelischen Sinne zu verstehenden *potentia* (griechisch: $\delta\acute{u}\nu\alpha\mu\iota\varsigma$, dynamis, deutsch: „Möglichkeit", was aber mehr als die bloße Möglichkeit meint). Diese *potentia* drückt sich zunächst in den Wahrscheinlichkeitsamplituden der Wellenfunktion aus, dann schließlich als Messergebnis in unserer makroskopischen Welt, wie wir sie mit den Begriffe der klassischen Physik erfassen und erfassen müssen, wenn wir uns quantitativ auf die Natur beziehen. (Die Wellenfunktion selbst entspräche in einer groben Analogie dann der aristotelischen *materia prima*, der „ersten Materie".) Erst durch diese Verankerung in unserer makroskopischen Realität über den Messprozess erhält der Sprachgebrauch von Quantenteilchen oder Wellenfunktionen Sinn.

Das Interessante hierbei liegt auch darin, dass es der Willkür des Experimentators freigestellt ist, den Messapparat nach seinem eigenen Gutdünken aufzubauen und erst im letzten Augenblick vor der Messung[23] zu entscheiden, welche Variable er misst. In diesem Sinne bestimmt der Wille des Experimentators, welche Art von Wellenfunktion zur Beschreibung des jeweiligen Experiments die passende ist. Jedoch ist es nicht der subjektive mentale Zustand des Experimentators, sondern seine Realisierung im messtechnischen Aufbau, die die zutreffende Beschreibungsform vorgibt. Er könnte sich auch irren und aus Versehen den zur komplementären Variablen gehörenden Aufbau wählen. Dem Elektron wäre das ziemlich egal.

In der modernen Literatur wird deshalb die Rolle des Beobachters manchmal nicht direkt auf einen menschlichen Beobachter bezogen, sondern der Begriff des IGUS (*Information Gathering and Utilizing System* – Informationen sammelndes

---

[22]Heisenberg (1956), S. 298f.
[23]Vergleiche hierzu das Kapitel über *delayed-choice*-Experimente 2.6.4.

und verwertendes System)[24] eingeführt. Dadurch wird der Tatsache Rechnung
getragen, dass zwar keine subjektiven Momente des Beobachters in den Messprozess eingehen, das Prinzip der Messung als irreversible Projektion auf den
Makrokosmos jedoch nicht umgangen werden kann. Um es mit den Worten Niels
Bohrs zu sagen:

> „Weit davon entfernt, eine besondere Schwierigkeit zu bedeuten, erinnern uns die irrever-
> siblen Verstärkungseffekte, auf denen die Registrierung des Vorhandenseins von atomaren
> Objekten beruht, vielmehr an die wesentliche, dem Beobachtungsbegriff selbst inhärente
> Irreversibilität. Die Beschreibung atomarer Phänomene hat in dieser Beziehung einen
> vollkommen objektiven Charakter in dem Sinne, dass nicht ausdrücklich auf den indivi-
> duellen Beobachter Bezug genommen wird ... Der wesentlich neue Zug in der Analyse
> von Quantenphänomenen ist jedoch die Einführung einer *grundlegenden Unterscheidung
> zwischen dem Messgerät und den zu untersuchenden Objekten.* Dies ist eine unmittelbare
> Folge der Notwendigkeit, das Funktionieren der Messgeräte rein klassisch zu beschreiben,
> und zwar unter prinzipieller Ausschließung des Wirkungsquantums. Die Quantenzüge der
> Phänomene ihrerseits treten in den durch die Beobachtungen gewonnenen Erfahrungen über
> die atomaren Objekte zutage. Während im Rahmen der klassischen Physik die Wechselwir-
> kung zwischen Objekt und Apparat vernachlässigt oder notfalls kompensiert werden kann,
> bildet diese Wechselwirkung in der Quantenphysik einen untrennbaren Teil des Phänomens.
> Demgemäß muss die eindeutige Beschreibung eigentlicher Quantenphänomene prinzipiell
> die Angabe aller relevanten Züge der Versuchsanordnung umfassen."[25]

Dieses kurze Zitat illustriert neben der Absage an eine subjektivistische Interpretation der Quantentheorie auch zwei weitere Hauptpunkte der Kopenhagener
Deutung, nämlich die Rolle der Begriffe der klassischen Physik und die Notwendigkeit, eine vollständige Beschreibung des experimentellen Aufbaus zu geben, da erst
durch diesen festgelegt wird, welche Größen gemessen werden und welche Darstellung gemäß dem quantenmechanischen Formalismus die angemessene ist. Wenn wir
uns in Erinnerung rufen, dass Vorbereitung und Durchführung des Versuches und
schließlich die Messung die verschiedenen Schritte eines Experiments sind, so lässt
sich die obige Aussage in folgender Form präzisieren. Die Begriffe der klassischen
Physik beschreiben sowohl den vorbereitenden als auch den messenden Teil der
Versuchsapparatur. Das Zwischenstadium wird durch den quantenmechanischen
Mechanismus beschrieben, wobei die Eigenschaften der Wellenfunktion durch die
Art der Vorbereitung zu einem gewissen Teil festgelegt werden. Die Entwicklung
der Wellenfunktion erfolgt dann mittels der Schrödinger-Gleichung, die streng
deterministisch die Entwicklung der Wahrscheinlichkeitsverteilung vorgibt. Die
Messung schließlich liefert das Ergebnis wiederum in klassischen Begriffen –
gemäß der statistischen Streuung bei der Messung und einer dementsprechenden
Reduktion der Wellenfunktion.

Wir werden auf die Frage nach dem Grad der Objektivierbarkeit bei der
Diskussion der Paradoxa zurückkommen und dabei die Begriffe der starken und

---

[24]Murray Gell-Mann und James Hartle haben diesen Begriff geprägt in Gell-Mann und Hartle
(1990) sowie Gell-Mann und Hartle (1993).
[25]Bohr (1959), S. 171f.

der schwachen Objektivität vorstellen, die Bernard d'Espagnat in diesem Zusammenhang eingeführt hat und die sich hervorragend für die spätere philosophische Diskussion anbieten.

3.4 Der Zusammenhang von Unschärferelation und Komplementaritätsprinzip

Wie bereits bei der Vorstellung der Unschärferelation erwähnt, wurde das Komplementaritätsprinzip oftmals mit dieser gleichgesetzt. Auch war es Bohr gelungen, nur aus Gedankenexperimenten und unter Berücksichtigung des Komplementaritätsprinzips Gleichungen herzuleiten, die mit den Unschärferelationen bis auf einen kleinen Vorfaktor identisch waren. Dies bestätigte ihn in der Auffassung, dass seine Komplementaritätsinterpretation und der mathematische Formalismus, aus dem die Unschärferelationen abgeleitet werden können, konsistent seien. Eine logische Abhängigkeit des Komplementaritätsprinzips impliziert dies jedoch nicht.

Heisenberg selbst erkannte nach intensiven Diskussionen mit Bohr, dass in jenem interpretativen Rahmen, der sich im Laufe der Jahre gemeinsamen Arbeitens und Diskutierens im Kopenhagener Umkreis ergeben hatte, die Unschärferelationen alleine nicht ausreichend waren für eine physikalische Interpretation des quantenmechanischen Formalismus: „Vielmehr zeigte Bohr, dass eben die gleichzeitige Benützung des Partikelbildes und des Wellenbildes notwendig und hinreichend ist, um in allen Fällen die Grenzen abzustecken, bis zu denen die klassischen Begriffe anwendbar sind."[26] Dies folgt schlicht und einfach daraus, dass gemäß der Kopenhagener Interpretation ohne das Komplementaritätsprinzip nicht einmal das System hinreichend charakterisiert werden kann, dessen Eigenschaft die Unschärfe ist. Die Unschärferelationen sind in der Kopenhagener Sichtweise also nicht so zu verstehen, als besäßen die entsprechenden Messgrößen – wie Ort und Geschwindigkeit – zwar „in Wirklichkeit" feste Werte, jedoch könnten wir sie bloß nur ungenau messen oder würden durch eine Messung diese Werte stören. Laut den Unschärferelationen lässt die Quantenmechanik etwa nach einer erfolgten exakten Ortsmessung die Definition eines zugehörigen Impulses schlicht nicht mehr zu. Die quantenmechanischen Unbestimmtheiten drücken also keine experimentellen Mängel aus; nach Carl Friedrich von Weizsäcker sind diese Unbestimmtheiten vielmehr

> *innerhalb* der Quantenmechanik nicht Grenzen unserer Kenntnis objektiv schärfer bestimmter Größen, sondern Grenzen des *Sinns* der betreffenden Begriffe. Die Quantenmechanik beschreibt formal, d. h. mathematisch, den Zusammenhang der nach ihr möglichen Wahrnehmungen. ... Der Satz: ‚Wir können die Gegenwart in allen Bestimmungsstücken prinzipiell nicht kennenlernen', besagt also innerhalb der Quantenmechanik gerade *nicht*: ‚Die Gegenwart ist an sich bestimmt, wir kennen sie aber

---

[26]Heisenberg (1929), S. 494.

nicht vollständig.' Er besagt vielmehr: ‚Die Bestimmungsstücke bezeichnen *mögliche* Bestimmtheiten, die aber grundsätzlich nicht gleichzeitig verwirklicht sein können.' Der Begriff der Möglichkeit wird damit schon in die Beschreibung der Gegenwart eingeführt, und *deshalb* ist er auch für die Zukunft nicht eliminierbar."[27]

Sehr viel schärfer lässt sich die neue erkenntnistheoretische Situation und der Bruch mit dem Weltbild der klassischen Physik wohl kaum ausdrücken. Das Komplementaritätsprinzip gibt den philosophischen Rahmen an, innerhalb dessen die Quantenmechanik, zumindest nach Sichtweise der Kopenhagener, strenggenommen überhaupt erst als physikalische Theorie interpretiert werden kann. Damit wird es für die Wissenschaft zum philosophischen Prinzip allgemeinster Form und umfassender epistemologischer Relevanz. Auf dieser Einsicht gründen sich die späteren philosophischen Ansätze Bohrs und Heisenbergs, die nicht mit den Mitteln der Physik beschreibbaren Phänomene unserer Wirklichkeit – und hierzu gehören insbesondere die Biologie und alle mentalen Prozesse bis hin zur religiösen Sphäre – in einem umfassenden komplementären Weltbild zu vereinigen oder zumindest zu klassifizieren.[28] In der heutigen Zeit, in der die Molekulargenetik eine Grundlage der Biologie geworden ist und quantenmechanische Modelle sowohl in der Chemie als auch in der Biologie eine wichtige Rolle spielen, ist aber wohl eine Neubewertung dieser Zusammenhänge zu einer wichtigen Aufgabe für die Wissenschaftstheorie im Speziellen und für die Philosophie im Allgemeinen geworden. Wir werden diese Punkte deshalb im zweiten und dritten Teil wieder aufgreifen.

3.4.1 Philosophische Folgerungen: Epistemische Zirkularität

Wer nach den Erfolgen der Quantenphysik noch eine Weltsicht vertreten will, die nach dem Vorbild der klassischen Physik das Prinzip des *„divide et impera"* (lateinisch: „teile und herrsche") vertritt – d. h. wer die Natur in einer Weise beschreiben möchte, die kleinste, separierbare Objekte voraussetzt, die in gesetzmäßiger Weise miteinander wechselwirken und die unsere Welt vollständig konstituieren, wodurch unsere Welt manipulierbar wird –, der muss sich strenggenommen auch die Frage

---

[27] Von Weizsäcker (1992), S. 266. Weizsäcker bezieht sich hier u. a. auf das Zitat von Heisenberg in Kap. 2.8.

[28] Bohr versuchte unter anderem, das Konzept der Komplementarität auf Bereiche jenseits der Physik auszuweiten; siehe Favrholdt (2008). Auch Heisenberg entwickelte in seinem posthum veröffentlichten Text *Ordnung der Wirklichkeit* eine Art Schichtenmodell der Wirklichkeit; wobei er die Ordnungsbegriffe bei Goethe entnahm, dessen Werk ihm stets eine wichtige Inspiration war. Dieses in den ersten Kriegsjahren geschriebene Manuskript ist wahrscheinlich Heisenbergs persönlichster Text, siehe Heisenberg (1989). Er hat ihn nie veröffentlicht, sondern nur im privaten Umfeld zirkulieren lassen. Wahrscheinlich enthielt er ihm wohl zu viele persönliche, spekulative und zur damaligen Zeit auch gefährliche politische Ansichten; insbesondere, da er aufgrund seines Eintretens für die moderne Physik von nationalsozialistischen Kreisen als „weißer Jude" verunglimpft worden war und sich nur durch familiäre Intervention – es bestand eine entfernte Bekanntschaft zur Familie Himmler – aus der Schusslinie bringen konnte.

stellen, inwieweit er dann in der Sprache der Quantenmechanik überhaupt noch von unabhängigen Mikroobjekten reden kann; zumindest wenn er die Kopenhagener Deutung ernst nimmt.

Mit dieser Annahme gerät man schließlich in einen logischen Zirkel. Auf der einen Seite steht die von den Kopenhagenern hervorgehobene Stellung der Begriffe der klassischen Physik, die überhaupt erst die Rede von Quantenobjekten möglich machen; auf der anderen Seite stehen all die Atome und Elementarteilchen, deren wohlverstandenes Verhalten zahllose makroskopische Eigenschaften aller möglichen Körper erklärt. Wollte man in klassischer Manier Atome als Basis seiner Ontologie postulieren, so gelingt deren Bestimmung laut den Kopenhagenern nicht ohne makroskopische Körper. Geht man hingegen von den makrokopischen Körpern aus, so bleiben deren Eigenschaften ohne das Verhalten der Atome unverstanden.

Will ein in obigem Sinne reduktionistisch gestimmter Realist nun die Erfolge der Quantentheorie bei der Erklärung makroskopischer Phänomene durch Mikroprozesse zur Stützung seiner Weltsicht heranziehen, so wird ein Kopenhagener ihn darauf hinweisen, dass zu dieser Erklärung auch das Prinzip der Messung und somit die Verankerung in der makroskopischen Welt gehören, wodurch die Argumentation des Realisten einbricht. Denn er muss die klassisch zu beschreibenden makroskopischen Körper voraussetzen, die er ja erst erklären möchte. Dabei bleibt die Frage nach den Quantenobjekten offen. Da als *Realismus* zumeist eine Haltung verstanden wird, die durch das oben beschriebene Weltbild charakterisiert wird, kann man dies als *logischen Quantenzirkel* für Realisten bezeichnen.[29]

Gleichwohl lassen sich natürlich außerordentlich viele Argumente anführen, die ein Reden über einzelne Atome durchaus sinnvoll erscheinen lassen. Denn die Atome lassen sich z. B. in vielen Zusammenhängen durchaus klassisch oder zumindest semiklassisch beschreiben, sie lassen sich sogar einzeln einfangen, konservieren und manipulieren und über lange Zeit beobachten. Das liegt daran, dass das plancksche Wirkungsquantum eben sehr klein ist, so dass selbst im atomaren und molekularen Bereich vieles noch ziemlich klassisch wirkt. Aber alles, was nur quantentheoretisch beschrieben werden kann, lässt sich nicht in die Ontologie der klassischen Physik pressen.

Stattdessen bleibt festzustellen, dass der Quantenmechanik eine *epistemische Zirkularität* zu eigen ist, die andere physikalische Theorien in dieser Form nicht besitzen. Auf der einen Seite benötigt die Quantenmechanik die klassische Physik als messtechnische und begriffliche Voraussetzung; auf der anderen Seite reicht ihr Erklärungs- und Beschreibungspotential bis hinab zu mikroskopischen Dimensionen, bei denen die klassische Physik schon längst zusammengebrochen und unanwendbar geworden ist. Gleichzeitig führen im Zwischenbereich zwischen reinen Quanten- und klassischen Phänomenen oftmals sowohl quantenmechanische

---

[29]Es gibt auch quantentheoretische Gründe, die gegen eine vollständige Reduktion des makroskopischen Verhaltens von Körpern auf mikroskopische Eigenschaften sprechen. So scheinen sich etwa bestimmte Eigenschaften von Festkörpern quantentheoretisch nicht eindeutig ableiten zu lassen, siehe Cubitt et al. (2015).

als auch klassische oder semiklassische Rechenverfahren zu annähernd gleichen
Ergebnissen, die auch empirisch bestätigt werden. Dies entspricht dem Korrespondenzprinzip. Die epistemische Zirkularität drückt sich also darin aus, dass die
Mikrophysik einerseits die klassische Makrophysik zur begrifflichen und messtechnischen Voraussetzung hat, dass sich zugleich jedoch viele makroskopische
Eigenschaften von Objekten nur mittels einer mikrophysikalischen Beschreibung
erklären lassen. Die Quantenmechanik *ersetzt also nicht* die klassische Physik,
sondern schränkt sie in ihrem Anwendbarkeits- und Gültigkeitsbereich ein. Weder
ist die eine Theorie aus der anderen ableitbar, noch kann eine allein das physikalische Verhalten von Materie erschöpfend beschreiben. Diese Punkte werden für die
spätere erkenntnistheoretische Diskussion noch von außerordentlicher Wichtigkeit
sein.

Von vielen Wissenschaftsphilosophen und Wissenschaftlern wurde und wird dieser Zusammenhang übersehen. Sie gehen stattdessen von einem Bild aus, nach dem
höherstufige Theorien als ableitbare Grenzfälle in einer fundamentaleren Theorie
enthalten sind. Für die Entwicklung der klassischen Physik von Newton bis Einstein
mag diese Sichtweise zutreffen. Auf die Situation in der Quantenphysik lässt sich
dies allerdings nicht anwenden. Bohr hat diesen Umstand immer wieder betont und
in voller Schärfe auf ihn hingewiesen, wie im bereits erwähnten Zitat, dass es keine
Quantenwelt, sondern nur eine abstrakte Quantenbeschreibung gäbe. An anderer
Stelle bemerkt er zu den quantenmechanischen Berechnungen und der Bedeutung
der Messapparate: „Es muss jedoch erkannt werden, dass wir es hier mit einem
rein symbolischen Verfahren zu tun haben, dessen eindeutige physikalische Deutung
letzten Endes den Hinweis auf eine vollständige Versuchsanordnung erfordert."[30]

Die Tatsache, dass wir es mit einem symbolischen Verfahren zu tun haben, wird
nicht zuletzt daran ersichtlich, dass der hochdimensionale Hilbert-Raum, in dem
sich die quantenmechanische Berechnung abspielt, nicht als raumzeitliche Darstellung gedeutet werden kann. Zudem ist es unverzichtbar, imaginäre Zahlen zur
Berechnung heranzuziehen, die erst durch unser Axiom III bei der Berechnung der
Wahrscheinlichkeitsamplituden herausfallen und messbare reelle Größen liefern.
Auf Bohrs Argument hat Wladimir Fock eingewendet: „Als seien die imaginären
Zahlen irgendeine mystische Angelegenheit, und ihre Verwendung schlösse die
Möglichkeit einer anschaulichen Interpretation aus! Auch die klassische Physik
arbeitet doch ständig mit ihnen, insbesondere die Elektrotechnik."[31]

Dem ist aber entgegenzuhalten, dass der Gebrauch imaginärer Größen in der
klassischen Physik nicht durch die Struktur der Theorie selbst vorgegeben ist,
sondern im Allgemeinen bloß eine praktische Rechenmethode darstellt, die es
erlaubt, komplizierte Gleichungen elegant zu lösen. Der Vergleich hinkt also.

Da die Ontologie der klassischen Physik auch aufgrund ihrer Einfachheit einen
großen Reiz ausübt, die Kopenhagener Deutung aber eine solche Ontologie nicht
zulässt, sind viele Versuche gemacht worden, eine realistische Deutung der Quan-

---

[30]Bohr (1959), S. 173.
[31]Aus Fock (1952), zitiert nach Baumann und Sexl (1984), S. 135.

tentheorie zu entwickeln, die auf der einen Seite den Ansprüchen der physikalischen Theorie genügt und auf der anderen Seite versucht, soviel wie möglich von der klassischen Ontologie zu retten. Diese zum Teil durchaus bizarr zu nennenden Ansätze werden wir weiter unten diskutieren. Es sei aber hier schon angemerkt, dass das in der Wissenschaftstheorie und vor allem in den Lebenswissenschaften vorherrschende Weltbild immer noch stark durch eine klassisch-physikalische Ontologie geprägt ist. Wir werden weiter unten insbesondere deshalb d'Espagnats eher unbekannten Ansatz einer *verschleierten Realität* erörtern, weil er sich selbst in gewisser Hinsicht als Realisten bezeichnet und mit großer Präzision aufzeigt, welch eine modifizierte Vorstellung von Realismus unter Berücksichtigung der Quantentheorie heute überhaupt noch denkbar ist.

3.5 Die Notwendigkeit des Gebrauchs klassischer Begriffe

Warum müssen wir der Kopenhagener Deutung zufolge ausgerechnet die klassischen Begriffe bei der Beschreibung der quantenmechanischen Phänomene verwenden? Könnten nicht andere Begriffe eine einfachere und weniger unverständliche Beschreibung der Quantenwelt erlauben, vielleicht sogar ohne Rekurs auf Komplementarität oder den Messprozess? Die Beantwortung dieser Fragen hängt mit der Beschreibbarkeit der Experimente und der Messapparaturen zusammen, die es uns überhaupt erst ermöglichen, Quantenphänomene mit all ihren absonderlichen Charakteristika nachzuweisen. Doch vor einer tieferen Analyse im Rahmen der hier gesteckten Zielsetzung sei zuerst ein etwas längeres Zitat von Heisenberg vorangestellt, das die Problemstellung in eindrucksvoller Schärfe und Knappheit darstellt und sich auf den Messprozess, die Objektivierbarkeit der quantenmechanischen Darstellung und den Gebrauch der klassischen Begriffe in der Quantenmechanik bezieht und damit die wichtigsten Punkte der Kopenhagener Interpretation zusammenfasst:

> „Der Übergang vom Möglichen zum Faktischen[32] findet also während des Beobachtungsaktes statt. Wenn wir beschreiben wollen, was in einem Atomvorgang geschieht, so müssen wir davon ausgehen, dass das Wort geschieht sich nur auf die Beobachtung beziehen kann, nicht auf die Situation zwischen zwei Beobachtungen. Es bezeichnet dabei den physikalischen, nicht den psychischen Akt der Beobachtung, und wir können sagen, dass der Übergang vom Möglichen zum Faktischen stattfindet, sobald die Wechselwirkung des Gegenstandes mit der Messanordnung, und dadurch mit der übrigen Welt, ins Spiel gekommen ist. Der Übergang ist nicht verknüpft mit der Registrierung des Beobachtungsergebnisses im Geiste des Beobachters. Die unstetige Änderung der Wahrscheinlichkeitsfunktion findet allerdings statt durch den Akt der Registrierung; denn hier handelt es sich um die unstetige Änderung unserer Kenntnis im Moment der Registrierung, die durch die unstetige Änderung der Wahrscheinlichkeitsfunktion abgebildet wird.

---

[32]Mit „Möglichem" bezeichnet Heisenberg die durch die Wellenfunktion mit Wahrscheinlichkeiten belegten möglichen Messergebnisse. Das „Faktische" ist das erzielte Messergebnis, das sich in der Wellenfunktion durch die Reduktion auf die durch das gemessene Ergebnis bestimmte Eigenfunktion widerspiegelt.

Inwieweit sind wir also schließlich zu einer objektiven Beschreibung der Welt, besonders der Atomvorgänge, gekommen? Die klassische Physik beruhte auf der Annahme – oder sollten wir sagen auf der Illusion –, dass wir die Welt beschreiben können oder wenigstens Teile der Welt beschreiben können, ohne von uns selbst zu sprechen. Das ist tatsächlich in weitem Umfang möglich. Wir wissen z. B., dass es die Stadt London gibt, unabhängig davon, ob wir sie sehen oder nicht sehen. Man kann sagen, dass die klassische Physik eben die Idealisierung der Welt darstellt, in der wir über die Welt oder über ihre Teile sprechen, ohne dabei auf uns selbst Bezug zu nehmen. Ihr Erfolg hat zu dem allgemeinen Ideal einer objektiven Beschreibung der Welt geführt. Objektivität gilt seit langem als das oberste Kriterium für den Wert eines wissenschaftlichen Resultats.

Entspricht die Kopenhagener Deutung der Quantentheorie noch diesem Ideal? Man darf vielleicht sagen, dass die Quantentheorie diesem Ideal soweit wie möglich entspricht. Sicher enthält die Quantentheorie keine eigentlich subjektiven Züge, sie führt nicht den Geist oder das Bewusstsein des Physikers als einen Teil des Atomvorgangs ein. Aber sie beginnt mit der Einteilung der Welt in den Gegenstand und die übrige Welt und mit der Tatsache, dass wir jedenfalls diese übrige Welt mit den klassischen Begriffen beschreiben müssen. Diese Einteilung ist in gewisser Weise willkürlich und historisch eine unmittelbare Folge der in den vergangenen Jahrhunderten geübten naturwissenschaftlichen Methode. Der Gebrauch der klassischen Begriffe ist also letzten Endes eine Folge der allgemeinen geistigen Entwicklung der Menschheit. Aber in dieser Weise nehmen wir doch schon auf uns selbst Bezug, und insofern kann man unsere Beschreibung nicht vollständig objektiv nennen."[33]

Diese allgemeine geistige Entwicklung der Menschheit bedeutet hier natürlich insbesondere die Entwicklung der klassischen Physik. Ist es also vorstellbar, eines Tages andere Begriffe zu finden, die nicht allein auf der klassischen Physik beruhen und mit denen sich die quantenphysikalischen Zusammenhänge eleganter und verständlicher beschreiben lassen, ja die vielleicht all die seltsamen Dualismen und das Messproblem und all die anderen Schwierigkeiten bei der Interpretation ganz und gar verschwinden lassen? Vielleicht sogar mit Hilfe subjektiver, dem Psychischen oder Psychologischen entnommener Begriffe? Dieser Weg sieht jedoch nicht gangbar aus. Denn die aller Wissenschaft zugrundeliegende Hypothese von der Konstanz und Universalität der Naturgesetze sagt uns leider, dass wir auch in Zukunft die Messapparaturen, mit deren Hilfe wir unseren menschlichen Wahrnehmungshorizont erweitern, nicht besser werden beschreiben können als mit unseren altbewährten, objektivierenden, klassisch-physikalischen Begriffen. Denn nur diese erlauben eine hinreichende, exakte und vollständige Beschreibung ebendieser Messapparaturen.[34]

---

[33] Heisenberg (1973), S. 37 f.

[34] Die Hypothese von der Konstanz und Universalität von Naturgesetzen hat sich auch im kosmischen Maßstab glänzend bewährt. Sie beinhaltet – von ein paar Spekulationen über die Frühzeit des Universums einmal abgesehen – auch die Konstanz und Universalität der Naturkonstanten, wie etwa der Lichtgeschwindigkeit und der Masse und Ladung von Elementarteilchen. Wir müssen sogar feststellen, dass ebendiese Naturkonstanten bei einer nur unglaublich geringfügigen Abweichung ihrer heute bekannten Werte kein Leben auf unserem Planeten, bzw. nicht einmal die Bildung von Planeten oder langlebigen, stabilen Sonnen etc. zugelassen hätten. Wir sind also nur hier, weil unsere Existenz durch einen schier unglaublich scheinenden Zufall möglich ist (*schwaches anthropisches Prinzip*) oder weil das Universum so ist, wie es ist, damit wir existieren

3.5.1 Bemerkungen zur Universalität und Geltung von Naturgesetzen

Um die eben dargelegten Thesen klarer werden zu lassen und zu erhärten, wollen wir an dieser Stelle einen kleinen Exkurs zur Bedeutung und Allgemeingültigkeit der von den Naturwissenschaftlern aufgestellten Naturgesetze einlegen. Das Ziel der Naturwissenschaften ist eine möglichst getreue und vollständige Darstellung der die natürlichen Prozesse und Phänomene bestimmenden Gesetzmäßigkeiten – je nach Forschungsgebiet stärker in qualitativer oder quantitativer Form. Dies macht es möglich, vergangene Geschehnisse zu verstehen, zukünftige Messungen vorherzusagen und die zugrundeliegenden Zusammenhänge zu klären. Man kann nun, angelehnt an Einstein, sagen: Das eigentliche Wunder dabei ist, dass dies überhaupt möglich ist. In einer Welt, in der keine Ordnung oder Struktur herrschte, die sich mit Hilfe von Naturgesetzen ausdrücken ließe, wäre aber wohl auch keine das Leben überhaupt erst ermöglichende stabile Materie möglich.[35]

Naturgesetze werden nicht aus der Natur abgelesen. Vielmehr ist es oft ein mutiger intellektueller Sprung über die beobachteten Daten hinaus sowie grundlegende Strukturüberlegungen, die erst den Weg zu einer neuen Theorie öffnen. Im Nachhinein werden die Voraussagen der neuen Theorie dann experimentell überprüft. Hier zeigt sich dann die prognostische Kraft oder Beschränktheit der Theorie. Vor allem mathematisch präzisierbare Thesen lassen sich exakt prüfen. Bereits Galilei stellte diesen Zusammenhang fest, als er sagte, die Mathematik sei die Sprache der Natur. In heutiger Zeit sehen wir allerdings, dass in verschiedenen Bereichen der Naturbeschreibung verschiedene Arten von Mathematik zur Anwendung kommen und dass sich noch keine einheitliche Darstellung der bekannten Naturgesetze erzielen ließ. Denn die Beschreibung der Mikrowelt durch die Quantenphysik und die der Makrowelt durch die klassischen Theorien gebrauchen unterschiedliche mathematische Darstellungsweisen. Die offenen Probleme der heutigen Physik und die mit ihnen verbundenen Forschungsprogramme verdeutlichen aber die tiefgreifende Motivation vieler Physiker, ein geschlossenes theoretisches System der

---

können (*starkes anthropisches Prinzip*). Letzteres läuft natürlich auf eine planvolle Gestaltung oder Schöpfung unseres Universums hinaus. Dem religiös indifferenten Menschen, der dem Universum als Ganzem keine Zwecke oder Ziele unterstellen will, stellt sich allerdings angesichts der schier übermächtigen Unwahrscheinlichkeit unseres Universums – zumindest nach heutigem Stand der Naturwissenschaft – die Frage, ob es nicht eine Vielzahl von Universen geben sollte mit unterschiedlichen Naturkonstanten oder sogar Naturgesetzen, von denen dann einige Lebensformen beinhalten könnten. Aber woher dann die Vielzahl? Spätestens hier steht auch manch agnostisch eingestellter Mensch vor der Frage, ob er sich nicht doch besser irgendeiner Religionsgemeinschaft anschließen sollte – oder er hofft darauf, dass es der Wissenschaft eines Tages gelingen wird, einiges von dem, was uns heute als unerklärlicher Zufall erscheint, als Notwendigkeit aus tieferen Prinzipien ableiten zu können. Aber warum gelten dann jene Prinzipien?

[35]Zur Natur physikalischer Gesetze siehe auch die als Buch erschienenen Vorlesungen von Richard P. Feynman zum Thema, Feynman (1965).

Naturbeschreibung in mathematischer Sprache zu formulieren, wie es schon Planck
zu Beginn des 20. Jahrhunderts ausgedrückt hat:

> „Das Ziel ist nichts anderes als die Einheitlichkeit, die Geschlossenheit des Systems der
> theoretischen Physik, und zwar die Einheit des Systems nicht nur im Bezug auf alle
> Einzelheiten des Systems, sondern auch die Einheit des System in Bezug auf die Physiker
> aller Orte, aller Zeiten, aller Völker, aller Kulturen. Ja, das System der theoretischen Physik
> beansprucht Gültigkeit nicht bloß für die Bewohner dieser Erde, sondern auch für die
> Bewohner anderer Himmelskörper."[36]

Einen solch allgemeinen Anspruch hat aber nicht erst die moderne Naturwissenschaft ausgedrückt: Der große persische Gelehrte Al-Biruni hatte bereits vor
rund tausend Jahren die Einsicht formuliert, die Gesetze der Natur seien überall
die gleichen, auf der Erde wie auf dem Mond.

Beim Nachdenken über Plancks Zitat sollte man sich vor Augen halten, dass
sich die Grundlagen nicht nur der klassischen Mechanik seit ihrer Aufstellung nicht
mehr geändert haben und dass die klassische Mechanik immer noch, wenngleich
mit weiterentwickelten analytischen und numerischen Problemlösungsmethoden,
bei einer unglaublichen Vielzahl von ingenieurstechnischen und physikalischen
Fragestellungen Anwendung findet.

Gleiches gilt für die anderen etablierten Theorien. Diese Argumentation wei-
terführend könnte man sogar behaupten, die Entwicklung der Naturwissenschaften
sei „retrospektiv vorgezeichnet", d. h. es ist natürlich nicht möglich, Vorhersagen
über künftige Entwicklungen zu machen; aber es lässt sich sagen, die Entdeckung
der wichtigsten Phänomene und die Aufstellung der fundamentalen Theorien und
Naturgesetze musste in einer gewissen Art und Weise und auch in einer bestimmten
Reihenfolge geschehen. Die Elektrodynamik etwa nutzte den Kraftbegriff der
klassischen Mechanik. Die nicht zueinander passenden Raum-Zeit-Darstellungen
in diesen beiden Theorie wiederum motivierte die Aufstellung der Relativitätstheorie. Und die Quantenmechanik bedarf der klassischen Physik zur Beschreibung ihrer Messergebnisse. Damit wird die klassische Physik zumindest nach der
Kopenhagener Deutung eine epistemologische und auch wissenschaftshistorische
Voraussetzung der Quantenphysik, da nur die Begriffe der klassischen Physik eine
hinreichende Charakterisierung der Messgeräte gewährleisten.

So kann die Aufstellung einer bestimmten naturwissenschaftlichen Theorie zwar
durch die gesellschaftlichen Umstände beschleunigt oder verlangsamt oder gar
verhindert werden, aber ihr Inhalt und ihre Form sind davon nicht betroffen.[37] Natürlich beziehen sich diese Aussagen nicht auf neue Spekulationen oder umstrittene
Thesen, sondern auf sorgfältig geprüfte und bewährte Theorien. So gibt es sowohl

---

[36]Planck (1910), S. 6.

[37]„Form" ist hier zu verstehen in einem tieferen mathematischen Sinne – nicht die explizite Form
der Darstellung oder die gewählte Notation, sondern die mathematische Äquivalenz ist hiermit
gemeint.

in der klassischen Physik mehrere verschiedene Darstellungsformen[38] als auch in der Quantenmechanik.[39]

Die Aussage, dass der implizite Inhalt und die mathematische Äquivalenz bei einer bewährten Theorie letztendlich nicht von gesellschaftlichen Zusammenhängen abhängen, ist kompatibel mit der Hypothese von der Konstanz und Universalität der Naturgesetze, die es Wissenschaftlern aus aller Welt und aus allen Kulturkreisen (und vielleicht sogar auf anderen Planeten) ermöglichen, gemeinsam an der Erforschung der Geheimnisse unserer Welt zu arbeiten.[40] Dadurch ist sie jedoch zugleich unverträglich mit der hin und wieder geäußerten These von der Abhängigkeit naturwissenschaftlicher Theorien vom gesellschaftlichen Kontext.[41] Dies mag sich bei eingehend geprüften und bewährten Theorien zwar auf ihre Popularität, die Geschwindigkeit ihrer Verbreitung und Akzeptanz oder auf ihre explizite Darstellungsform beziehen, nicht jedoch auf ihre inhaltliche Vorhersagekraft oder ihre mathematische Äquivalenz. Allenfalls den Vorzug für eine bestimmte Interpretation des mathematischen Formalismus oder Darstellungsweise der Theorie – so denn verschiedene möglich sind – vermag dieser Ansatz zu erklären. In dieser Hinsicht sind zweifelsohne noch viele interessante Arbeiten über den geistigen und sozialen Kontext der verschiedenen Deutungen der Quantenmechanik möglich. Und nicht nur die einsteinsche Relativitätstheorie und die Quantenphysik mussten sich über Jahre hinweg gegen wissenschaftliche Vorurteile und philosophische Widerstände behaupten; die darwinsche Evolutionstheorie und Alfred Wegeners Theorie der Plattentektonik benötigten sogar Jahrzehnte, bis sie schließlich zur Grundlage der Biologie bzw. der Geologie werden konnten. Zur Rolle des klassischen Begriffs von Determinismus bemerkt etwa Fock:

> „Der klassisch-mechanische Determinismus ist nicht logisch zwingend. Seine Vorherrschaft erklärt sich vielmehr aus den Besonderheiten der historischen Entwicklung der Naturwissenschaften. Der wahrscheinlichkeitstheoretische Charakter der Aussagen der

---

[38]Hierzu gehören der newtonsche, der Lagrange- und der Hamilton-Formalismus und andere Darstellungen, die je nach Anwendung und Problemstellung ihre Vor- und Nachteile bei der Berechnung und Lösung von Problemen haben.

[39]Am bekanntesten ist die nach Erwin Schrödinger benannte Wellengleichung. Aber auch die heisenbergsche Matrizenmechanik, die diracsche Mischform zwischen diesen beiden und die feynmansche Pfadintegralversion sind, obwohl auf den ersten Blick äußerst unterschiedlich aussehend, mathematisch vollkommen äquivalent, d. h. sie erlauben theoretisch alle dieselben Berechnungen mit denselben Ergebnissen.

[40]Wäre Einstein Geigenspieler geworden, wäre die Allgemeine Relativitätstheorie wahrscheinlich nach einigen Geburtswehen, vielen Kongressen und zahllosen Streitereien dann doch etliche Jahre später in der heute bekannten oder einer hierzu äquivalenten Form entstanden. Dem Genie des Naturwissenschaftlers tut dies keinen Abbruch, doch ist es von anderem Charakter als das des Künstlers, welches auch in seiner Allgemeingültigkeit entschieden subjektiv ist.

[41]Im Rahmen der Quantenmechanik ist hier vor allem die bekannte und kontrovers diskutierte Arbeit von Paul Forman zu erwähnen, siehe Forman (1971); eine deutsche Übersetzung findet sich im Band von Meyenn (1983). So führt Forman eingehend aus, warum die Physiker in den 1920er Jahren bereit waren, das deterministische Weltbild aufzugeben und Wahrscheinlichkeitsbeziehungen zu akzeptieren.

Quantenmechanik steht durchaus im Einklang mit den Erfahrungen unseres praktischen Lebens, bei dem wir gewohnt sind, das bloß Mögliche vom Verwirklichten streng zu unterscheiden."[42]

Weiterhin ist es zumindest denkbar, dass Theorien aufgrund sozial oder weltanschaulich unangebracht scheinender Implikationen unterdrückt werden könnten und sie erst dann, wenn die gesellschaftliche Stimmung sich ändert oder einflussreiche Gegner einer Theorie ihre Machtposition verlieren, ihre Geltung erlangen können. Auch kann durch äußeren Druck eine bestimmte Interpretation einer Theorie forciert werden. Man denke etwa daran, wie die Inquisition Galilei zwang, die Erdrotation lediglich als mathematisches Hilfsmodell zur Berechnung der Planetenbahnen zu betrachten.[43] Doch selbst die Brandmarkung sogenannter „jüdischer" Physik von Seiten der Nazis oder die Zurückweisung der weltanschaulich unangenehmen Evolutionstheorie durch den russischen Kommunismus und bis heute noch durch verschiedene religiöse Gruppen konnten den Siegeszug dieser Theorien nur zeitweilig behindern. Dies belegt die oben vorgebrachte These betreffs des doch recht eingeschränkten langfristigen Einflusses des gesellschaftlichen Umfeldes auf naturwissenschaftliche Grundlagentheorien.

3.6   Denkbare Formulierungen der Kopenhagener Deutung

Wie bereits an den ausgewählten Zitaten deutlich wird, lässt sich die Kopenhagener Deutung in unterschiedlicher Weise und mit unterschiedlichen Schwerpunkten darstellen. Auch die gedankliche Entwicklung ihrer Hauptprotagonisten weist einen Wandel auf: Zur Frühzeit der Quantenmechanik steht die Unkontrollierbarkeit der Messung im Mittelpunkt, bedingt durch den endlichen Wert des Wirkungsquantums; in späteren Schriften rückt dann die Bedeutung des Komplementaritätsprinzips in den Fokus. An dieser Stelle können wir allerdings keine genaue Analyse dieser zweifelsohne interessanten Entwicklung anstellen. Stattdessen wollen wir ausloten, welche Formulierungen der Kopenhagener Deutung möglich sind. Wie bereits an einigen Zitaten sichtbar wurde, vertrat Bohr in Hinsicht auf den Mikrokosmos eine strengere antirealistische Haltung, während Heisenberg der Quantenwelt immerhin die Rolle des Möglichen, der *potentia* zuweist. Beide sind sich aber darüber einig, dass die Verankerung aller Mikroprozesse in der mit klassischen Begriffen zu beschreibenden Makrowelt stattfinden muss. Gleichwohl fällt sogar bei Bohr auf, dass er in seinem Sprachgebrauch oft von Quantenobjekten redet und von der Mikrowelt, obwohl er selbiger keine eigene, unabhängige Existenz zugesteht. Man

---

[42]Fock (1959), S. 177.

[43]Galileis berühmte Reaktion auf seinen erzwungenen Widerruf (*„Eppur si muove!"* – „Und sie bewegt sich doch!") ist nicht sicher dokumentiert. Der Vatikan hat Galilei übrigens mittlerweile rehabilitiert. Auch in der Quantenphysik hat es vor allem in der Sowjetunion Versuche gegeben, eine dialektisch-materialistische Interpretation zu entwickeln. Wir werden die Ansätze hierzu in Kap. 5.6 diskutieren.

muss also unterscheiden zwischen den erkenntnistheoretischen Aussagen Bohrs einerseits und seiner der Praxis des Physikers angepassten Sprechweise andererseits.

Man kann nun, worauf auch einige Kritiker hingewiesen haben, der Mikrowelt durchaus einige Merkmale zusprechen, die unabhängig von der Art der Messung stets die gleichen Messwerte liefern, dazu gehören unter anderem Masse und Ladung einer bestimmten Sorte von Elementarteilchen, wie etwa von Elektronen.[44] Bloß lassen sich diese Messwerte nicht einem bestimmten Elektron zuweisen, da es aufgrund der Unschärferelation nicht im gleichen Sinne wie makroskopische Teilchen identifizierbar ist, so dass hier keine exakte Parallele zur klassischen Physik gezogen werden kann. Trotzdem bestätigt dieses Merkmal einen gewissen Rest von Anschaulichkeit, die es dem Physiker erlaubt, beispielsweise von „Elektronenwolken" zu sprechen.

Damit lässt sich die Kopenhagener Deutung in zwei Extremformen darstellen: zum einen in einer pragmatischen, durch die tägliche physikalische Arbeit im Labor und im Studierzimmer geprägten, lockeren Form, und zum anderen in einer harten, erkenntnistheoretisch kompromisslosen Weise, die erst später in voller Konsequenz ausgearbeitet wurde. Die meisten Physiker, aber auch viele Wissenschaftstheoretiker und Philosophen, schwanken zwischen diesen Extremen und nehmen je nach Fragestellung mehr die eine oder mehr die andere Haltung an. Und zwar wird ein Physiker, wenn er sich ungestört seiner Arbeit widmen kann, fast stets die pragmatische Sicht wählen, während er auf Festreden oder in einer philosophischen Diskussion die erkenntnistheoretisch sauberere Variante betonen wird. Wie bereits am Vergleich der Sprache deutlich wird, hat selbst Bohr die erkenntnistheoretisch kompromisslose Linie nicht immer konsequent vertreten.

Wir wollen zunächst die *praxisorientierte, schwache Formulierung* darstellen – und es ist diese nicht immer ganz konsequente, recht weiche und doch sehr fruchtbare Formulierung, die die meisten Physiker bei ihrer tagtäglichen Arbeit anwenden. In dieser Deutung ist die Schrödinger-Gleichung eine symbolische Schreibweise in einem abstrakten mathematischen Raum, die es gestattet, einem System von Quantenobjekten[45] einen bestimmten Zustand zuzuweisen. Dabei sind gleichartige Quantenobjekte ununterscheidbar, was sich in ihrer Statistik ausdrückt.[46] Für viele praktische Zwecke lassen sich einzelne Quantenobjekte dennoch hinreichend gut isolieren. Anhand des Zustands der Quantenobjekte lässt sich eine Wahrscheinlichkeitsverteilung für bestimmte Messwerte angeben. Dabei wird bei jeder Messung der zur komplementären Variablen gehörende Messwert unscharf. Die Verankerung der Mikroobjekte in unserer Welt durch die Messgeräte

---

[44]Dies hat etwa bereits Wladimir Fock dargelegt in Fock (1952).

[45]Dazu gehören sowohl die Elementarteilchen wie die aus ihnen zusammengesetzten komplexeren Objekte, wie z. B. Atome, Moleküle oder etwa auch Mesonen.

[46]Die theoretisch begründete Annahme der Ununterscheidbarkeit ist die einzige Möglichkeit, das tatsächlich beobachtbare Verhalten eines quantenmechanischen Vielteilchensystems beschreiben zu können. Es handelt sich hierbei also um eine prinzipielle Ununterscheidbarkeit und nicht um eine pragmatische.

wird normalerweise nicht reflektiert, da die bloße Existenz zumindest der stabilen Quantenteilchen durch die Erhaltung ihrer Masse als gesichert angesehen wird. Lediglich die Zuweisung der dynamischen, wahrscheinlichkeitsbehafteten Größen wird nicht streng objektiv gedeutet, sondern in Einklang mit unseren Axiomen I bis V als erst durch die Messung sich realisierende Vielfalt von Möglichkeiten. In dieser Alltagssicht der Quantendinge erhält die Mikrowelt gewissermaßen einen etwas nebulösen, verschwommenen Charakter, der sich in allerlei Besonderheiten bemerkbar macht. Die Anwendung der Mathematik und die oftmals mit Hilfe klassischer Begriffe gegebenen komplementären Erklärungen von Mikrophänomenen bereiten keine prinzipiellen Probleme, vor allem da nicht, wo klassische oder semiklassische Modelle dieselben oder zumindest ähnliche Voraussagen machen wie quantenmechanische.

In der *harten Formulierung der Kopenhagener Deutung* ist die mangelnde Objektivierbarkeit der Quantenobjekte der Ausgangspunkt der Diskussion. Der Quantenwelt kann folglich keine eigene, unabhängige Existenz zugeschrieben werden, und die mit Begriffen der klassischen Physik zu beschreibende und unseren Sinnen (mehr oder weniger) direkt zugängliche Welt behält den Alleinvertretungsanspruch bezüglich unserer Sicht der Realität. Da die klassische Physik allerdings nicht alle Phänomene der makroskopischen Welt erklären kann und die Quantenmechanik andere, verifizierbare Aussagen macht, muss der Quantenmechanik zumindest zugestanden werden, für eine Reihe von Phänomenen verantwortlich zu sein, die den Rahmen der klassischen Physik sprengen und die durch irreversible Vergrößerungsprozesse in der Makrowelt manifest werden. Der quantenmechanische Formalismus ist folglich ein Modell zur Berechnung von Messergebnissen und weiter nichts. Die in ihm auftretenden Entitäten, wie z. B. Hilbert-Raum-Vektoren, die Teilchen oder Felder repräsentieren, haben rein symbolischen Charakter. Damit wird ein Quantenphänomen zu einem „klassisch nicht beschreibbaren Funktionieren eines klassisch beschreibbaren experimentellen Aufbaus."[47] Der quantenmechanische Formalismus verknüpft also lediglich die Statistik der gemessenen Phänomene mit den klassischen Versuchsbedingungen.

Ein wichtiges Argument gegen eine solch scharfe Formulierung besteht darin, dass nicht a priori klar ist, was man noch als Messgerät bezeichnen kann – schließlich werden Messgeräte immer kleiner und erreichen mittlerweile Nano-Dimensionen. Damit bleibt die Frage unscharf, wo denn nun die Quantenwelt anfängt und die Realität aufhört. Zudem lassen sich sogar Moleküle in vielen Eigenschaften klassisch beschreiben; außerdem ist etwa auch die Absorption von Licht in photoempfindlichen Rezeptormolekülen der Retina des Auges ein definitiv

---

[47]So beschreibt Max Jammer die spätere Entwicklung der Kopenhagener Interpretation in folgenden Worten: „Also, if we disgress to a later stage of the Copenhagen Interpretation and regard, in conformance with its most extreme version, a quantum phenomenon as merely a non classically describable functioning of classically describable experimental arrangements, measurements in quantum mechanics are no more or less problematic than in classical physics, for the Hilbert space vector is only a purely formal device for relating the statistics associated with these arrangements to the physics of observations in classical physics." Jammer (1974), S. 473.

im Mikroskopischen stattfindender, irreversibler Messprozess – also besitzt auch das menschliche Sehen quantenphysikalische Grundlagen. Quantenphänomene wie Supraleitung und Suprafluidität – also Stromleitung ohne elektrischen Widerstand und Flüssigkeiten ohne Reibungswiderstand – wiederum sind auf makroskopischen Skalen nachweisbar. Hier zeigt sich, dass der zuerst angesprochene pragmatische Sprachgebrauch, auch wenn er erkenntnistheoretisch nicht konsequent ist, der Beschreibung all dieser Phänomene ungleich angemessener ist. Wir stehen also vor der Frage, ob nicht die Verschärfung der Begriffe in der harten Formulierung der Interpretation eine übermäßige Eingrenzung und damit einen Verlust an fruchtbarer Erklärbarkeit beinhaltet. Gleichwohl müssen wir berücksichtigen, dass die Präzision der harten Formulierung für eine saubere Analyse der Quantenmechanik unausweichlich ist. Die Rolle der weichen Formulierung liegt also darin, einen der Forschungspraxis angemessenen Sprachgebrauch im Umgang mit der Wirklichkeit zu legitimieren, der darin begründet liegt, dass eben auch im Mikrokosmos noch vieles recht anschaulich beschrieben werden kann; während die harte Formulierung sich weniger auf die in der Forschungspraxis betrachteten Objekte, als vielmehr auf die interpretierbaren Terme des quantenmechanischen Formalismus bezieht.[48]

Zur Verdeutlichung dieser Bemerkung sei der Vergleich zwischen einem durch eine Blasenkammer fliegenden Elektron und einem Kondensstreifen hinterlassenden Flugzeug gegeben. Die Bahn beider lässt sich anhand kondensierter Wassertröpfchen nachweisen, beim einen hervorgerufen durch den Ruß der Triebwerke, beim anderen durch die Ionisation von Gasmolekülen. Ein Quantenrealist könnte behaupten, die Analogie zwischen beiden sei offensichtlich, das Elektron sei nur eine Art Flugzeug, das zu klein ist, um es zu sehen. Diese Sicht der Dinge ist allerdings nicht haltbar, denn die Dynamik, mit der wir ein solches System beschreiben, lässt diese Sichtweise nicht zu. Der Ort des Elektrons ist nämlich nicht als kontinuierliche Trajektorie gegeben, sondern nur durch die nachweisbaren Kollisionspunkte mit den Gasteilchen definiert. Diese Kollisionspunkte – die ja Ortsmessungen darstellen! – sind so unscharf, dass sie gemäß der Unschärferelation keinen bedeutenden Einfluss auf den Impuls des Elektrons besitzen. Denn wären sie extrem scharfe Lokalisationen, dann müsste nach der Unschärferelation der Impuls eine große Veränderung erfahren, da beide nicht zugleich scharf definiert sein können. Nur deshalb kommt die klassisch wirkende Bahn zustande. Vielmehr handelt es sich hier also nur um ein im Gegensatz zum Doppelspalt-Experiment besonders harmloses Beispiel quantenmechanischer Prozesse. Nun ist aber bei vergleichbaren Fällen, und insbesondere im hochenergetischen Bereich, die Vorstellung eines durch die Gegend fliegenden Teilchens durchaus angemessen, was eben der weichen Formulierung der Kopenhagener Deutung entspricht.[49] Wir müssen demnach im Auge behalten,

---

[48]Diese Unterscheidung wird sich noch als brauchbar erweisen, wenn wir nach einer Diskussion über die Bedeutung der evolutionären Entstandenheit des menschlichen Erkenntnisvermögens auf die Frage nach einem modernen Realitätsverständnis zurückkommen.

[49]Dies lässt sich daraus begründen, dass gemäß de Broglies Formel aus Kap. 2.2 Teilchen mit hohem Impuls eine niedrige Wellenlänge zuzuweisen ist. Der Wellencharakter dieser Teilchen

dass wir unter Berücksichtigung der harten Variante nicht voreilig gewissen Teilen des Formalismus ontologischen Charakter zusprechen, worauf auch Asher Peres hinweist, denn: „Quantum phenomena do not occur in a Hilbert space, they occur in a laboratory."[50]

3.7   Die Interpretation der Wellenfunktion

Der Wellenfunktion wird in allen Formulierungen der Kopenhagener Interpretation eine symbolische Bedeutung zugewiesen. Wie man insbesondere an der Unteilbarkeit der Wellenfunktion für zusammengesetzte Systeme ablesen kann, ist sie nicht als physikalische Größe bestimmter Teilchen zu interpretieren, deren Einzelkenntnis die Eigenschaften des Gesamtsystems ergibt.[51] Wir können sie also nicht einzelnen Teilchen zuordnen (außer in speziellen Fällen), sondern nur einem *System als Ganzem*. Diese Kopplung kann etwa durch Messung eines einzelnen Teilchens aufgehoben werden, wodurch diesem Teilchen eine eigene Wellenfunktion zuteil wird und das Restsystem ebenfalls eine reduzierte Wellenfunktion erhält.[52]

Die Wellenfunktion gibt das vor, was der Beobachter messen kann. Sie ist eine Liste möglicher Vorhersagen, und zwar aller möglichen Vorhersagen, wenn wir das Vollständigkeitsaxiom berücksichtigen. Das bedeutet, dass die Wellenfunktion den *maximal möglichen Kenntnisstand irgendeines Beobachters über die zu erwartende Statistik der Messergebnisse* widerspiegelt. Schrödinger gebraucht hierfür auch den eingängigen Ausdruck „Katalog der Erwartung",[53] Carl Friedrich von Weizsäcker benutzt den Begriff „Wissen" über die möglichen Messergebnisse.

Dass wir mit jeder Messung Information gewinnen und ebenso eventuell vorhandene Information zerstören (nämlich die zu einer komplementären Variable gehörende Information), drückt sich dadurch aus, dass wir zur korrekten Beschreibung des Zustandes nach der Messung eine neue Wellenfunktion benutzen müssen. Aus diesem Grund bereitet die Reduktion der Wellenfunktion in der Kopenhagener Deutung auch keine weiteren Schwierigkeiten, denn mit jeder *Änderung unseres Wissens über die Mikrowelt* muss auch eine *Änderung unserer Beschreibung* einhergehen, da sich die künftig erwartete Statistik unserer Messungen transformiert

---

erstreckt sich folglich nur über einen äußerst geringen Raumbereich und lässt sie „teilchenartiger" aussehen.

[50] Peres (1995), S. 373.

[51] Dies entspräche dem atomistisch-mechanistischen Weltbild der klassischen Physik, das wir an anderer Stelle als Prinzip des *divide et impera* charakterisiert haben. Man kann dieses *Separabilitätsprinzip* auch als *Prinzip der gedanklichen Teilbarkeit* bezeichnen. Genauer gesagt bedeutet dies, dass die Naturbeschreibung von elementaren Einzeldingen ausgeht, deren gesetzesmäßige Wechselwirkung bekannt ist, und aus der das zukünftige Verhalten erklärt und berechnet werden kann. Damit wäre die vollständige Kenntnis des Gesamtsystems durch die Kenntnis all seiner Teile gegeben.

[52] Dies wird noch an einem Beispiel zum EPR-Paradoxon in Kap. 4.3 illustriert werden.

[53] Schrödinger (1935).

hat. Für die Kopenhagener Deutung ist die Reduktion der Wellenfunktion also kein realer Prozess in Raum und Zeit, sondern nichts weiter als eine Denknotwendigkeit. Jeder realistischen Deutungsweise bereitet die Reduktion der Wellenfunktion allerdings erhebliche Kopfschmerzen, da sie durch keine physikalische Erklärung motiviert ist. In bestimmten Alternativinterpretationen wird sie deshalb trotz esoterisch anmutender Konsequenzen komplett fallengelassen.

Analysieren wir etwas genauer diesen Begriff des Wissens über die Mikrowelt und rufen uns dabei in Erinnerung, dass dieses kein nur subjektives Wissen ist. Dazu wollen wir ein kurzes Gedankenexperiment anstellen. Es sei ein Quantensystem in einem bestimmten Zustand präpariert, zu dem eine bestimmte Wellenfunktion gehört. Diese Wellenfunktion liefert wie üblich eine bestimmte Wahrscheinlichkeitsverteilung. Durch einen von uns unberücksichtigten Effekt im Messapparat werde die Wellenfunktion aber in einer solchen Art und Weise geändert, dass die gemessene Wahrscheinlichkeitsverteilung zusätzliche Informationen in ihrer Struktur enthüllt, die laut unserer berechneten nicht zu erwarten wäre. Beispielsweise erwarten wir eine Aufspaltung eines Teilchenstrahls nach oben und unten, während die gemessene zusätzlich eine Aufspaltung nach links und rechts zeigt. Wir kommen also zu dem Schluss, dass wir unsere Beschreibungsweise ändern müssen, nicht weil unsere Wellenfunktion einfach falsch, sondern weil sie unvollständig ist. Unsere Wellenfunktion müsste diese zusätzlichen Informationen beinhalten. Die korrekte, ideale Wellenfunktion spiegelt also nicht nur unser Wissen über die Mikrowelt wider, sondern vielmehr das für jeden möglichen Beobachter *Wissbare* und *Messbare*. Damit spielt der Begriff der Information auch in den Grundlagen der Physik eine wichtige Rolle.[54]

Die Wellenfunktion spiegelt also das wider, was wir – Menschen oder andere Wesen mit einer vergleichbaren Wissenschaft – über die Natur herausfinden können; oder etwas poetischer ausgedrückt, was uns der Kosmos über sich offenbaren kann. Dies weist klar auf den epistemischen Charakter der Kopenhagener Deutung hin – im Gegensatz zur ontologisch interpretierbaren klassischen Physik: Die Quantenphysik beschreibt in dieser Lesart nicht die Welt, wie sie an sich ist, sondern so, wie sie sich uns darstellt unter Berücksichtigung der Art und Weise, wie wir auf sie Bezug nehmen.

---

[54]Einige Autoren sprechen dem Begriff der Information aus diesem Grund sogar eine eigenständige Rolle für die Konsistenz unseres Universums zu. So bezeichnet Anton Zeilinger, angelehnt an Ideen Carl Friedrich von Weizsäckers, Information als „Urstoff" des Universums und behauptet, dass wir die Trennung zwischen Information und Wirklichkeit aufheben müssen. Man kann diese Haltung, die sich gegen viele herkömmliche philosophische Ansichten dieser Begriffe richtet, als Spezialfall der Kopenhagener Deutung ansehen. Gemeint ist sie aber auch als fundamentales Prinzip bei der Aufstellung von Naturgesetzen, dessen Nützlichkeit sich noch erweisen muss; vergleiche Zeilinger (1999) sowie Zeilinger (2003). Wir werden die zeilingersche Variante der Kopenhagener Deutung noch dezidiert in Kap. 5.8 diskutieren. Zum Begriff der Information in der Quantenphysik siehe auch Pusey et al. (2012). Die Bedeutung der Wellenfunktion als Darstellung des Wissbaren und Messbaren werden wir in Kap. 4.3.6 noch genauer erörtern.

Die Paradoxa der Quantenphysik

4

When I hear of Schrödinger's cat,
I reach for my gun.

(Stephen Hawking)

In den Jahren nach Aufstellung der Quantenmechanik haben mehrere Autoren versucht, das absurd anmutende Realitätsverständnis der neuen Theorie mit einer Reihe von Gedankenexperimenten zu beleuchten. Diese Gedankenexperimente werden gemeinhin „Paradoxa der Quantenmechanik" genannt, weil sie dem menschlichen Alltagsverstand Hohn sprechen und paradox erscheinen. Doch sind sie kein Beweis für logische Inkonsistenzen in der Formulierung oder Interpretation der Theorie. Vielmehr entspringen sie entweder Missverständnissen der Kopenhagener Deutung oder sie legen ihren Finger in die schwärende Wunde, die die Quantenphysik in das klassisch-physikalische Weltbild gerissen hat. Letzteres gilt in besonders eindrucksvoller Weise für das sogenannte EPR-Paradoxon, das Einstein zusammen mit Boris Podolsky und Nathan Rosen aufgestellt hat und das als zentrale Arbeit für das Verständnis der Quantenphysik gilt.

4.1 Schrödingers Katze

In einem berühmt gewordenen Aufsatz über die von den Kopenhagenern vorgeschlagene Deutung der Quantenmechanik konstruierte Erwin Schrödinger einen besonders „burlesken" Fall, um die seiner Meinung nach widersinnigen Eigenschaften der Theorie zu illustrieren.[1] In einem Kasten, der vollständig von der Außenwelt isoliert sei, werde eine Katze eingesperrt. In diesem Kasten befinde sich zudem eine „Höllenmaschine", die gegen den „direkten Zugriff der Katze"

---

[1] Schrödinger (1935).

© Springer-Verlag Berlin Heidelberg 2017
D. Eidemüller (Hrsg.), *Quanten – Evolution – Geist,*
DOI 10.1007/978-3-662-49379-3_4

gesichert werden müsse.[2] Diese Höllenmaschine beinhalte eine winzige Menge an radioaktiver Substanz, und zwar gerade so wenig, dass nach einer Stunde vielleicht eines der Atome zerfallen sei, mit gleicher Wahrscheinlichkeit aber auch nicht. Zerfällt ein Atom, so löst es einen Mechanismus aus, der ein Kölbchen mit Blausäure zertrümmert und die Katze tötet.

Wenn wir nach einer Stunde eine Aussage über den Inhalt der Box machen wollten, ohne sie zu öffnen, so würde uns eine erste naive Annahme zu der Vermutung verleiten, das Gesamtsystem aus radioaktiver Substanz, Höllenmaschine und Katze sei in einem Mischzustand, der zu einer Hälfte aus zerfallen, betätigt und tot besteht – und zur anderen Hälfte aus nicht zerfallen, unbetätigt und lebendig. Die Katze ist also zugleich tot und lebendig; diese beiden Anteile sind zu gleichen Teilen in dem Kasten „gemischt oder verschmiert". Denn der radioaktive Zerfall, der die Ereigniskette auslöst, ist ein quantenmechanischer Prozess.

In diesem Paradoxon wird also die mikroskopische Wellenfunktion am drastischen Beispiel einer armseligen Katze auf die makroskopische Ebene vergrößert. Zur Präzisierung sei angemerkt, dass die Katze laut Schrödinger zunächst nicht entweder nur tot oder lebendig sein, sondern sich in einer Superposition befinden sollte – d. h. in einem Mischzustand, der sowohl die tote als auch die lebendige Katze beinhaltet. Erst durch Öffnen der Box und Nachschauen entscheidet sich der Zustand der Katze, die dann just entweder tot auf dem Boden liegt oder ihren Besitzer anfaucht, weil er sie eine Stunde lang in dieser schrecklichen Kiste eingesperrt hat. Dies ist eine Konsequenz der strikten Anwendung der Regeln der Quantenmechanik, die im Quantenbereich überall stattfindet und uns in der makroskopischen Welt vollkommen unmöglich erscheint.

Die Auflösung dieses Paradoxons liegt darin, dass es keine vom restlichen Universum isolierten makroskopischen Gegenstände gibt und folglich auch keine solchen Katzen oder Kästen. Die Reduktion der Zustandsfunktion findet bereits in der Höllenmaschine statt und nicht erst beim Öffnen der Box, so dass wir es nicht mit einer durch den Kasten verschmierten halb lebendigen *und* halb toten Katze zu tun haben, sondern mit einer Katze, die *entweder* tot *oder* lebendig ist. Um es in Heisenbergs Diktion zu sagen, findet der Übergang vom Möglichen zum Faktischen nicht erst durch explizites Hinschauen statt, sondern durch irreversible Vergrößerung auf die messbare Ebene des Makroskopischen. Die Wahrscheinlichkeit, beim Öffnen der Box die Katze in einem der beiden Zustände anzutreffen, wird durch die Theorie richtig vorhergesagt, und weiterhin lassen sich auch überhaupt keine deterministischen Gründe angeben, warum ein Atom zerfallen und die Katze tot ist oder nicht. Denn das den Prozess auslösende Atom gehorcht nur der bloßen Wahrscheinlichkeit.[3]

---

[2]Schrödinger kannte sich mit Katzen aus.

[3]Ähnlich wie eine Roulette-Kugel hat ein Atom auch keine „Erinnerung" an seine Vergangenheit: Ist es nach einer Stunde nicht zerfallen, ist die Wahrscheinlichkeit, dass es in der nächsten Stunde zerfällt, genauso hoch.

Im Endeffekt illustriert dieses Paradoxon also nicht die Widersinnigkeit der quantenmechanischen Beschreibungsweise, sondern einerseits die intrinsische Indeterminiertheit der Quantentheorie, die sich auch im makroskopischen Bereich bemerkbar machen kann, und andererseits die aus unserer Umwelt unvertrauten und fremdartigen Eigenschaften der Mikrowelt, in der eben ein Atom durchaus in einem Mischzustand sein kann, und zwar solange, bis sein Zerfall messbar geworden ist.

4.1.1 Dekohärenz

Als *Dekohärenz* bezeichnet man die Auflösung von Superpositionszuständen beim Übergang auf makroskopische Größenordnungen.[4] Kurz gesagt bedeutet Dekohärenz, dass bei Körpern oder Systemen, die große Wirkungen im Vergleich zum planckschen Wirkungsquantum aufweisen, sämtliche Superpositionen aufgrund der stark anwachsenden Kopplungen zusammenbrechen und diese Körper sich zunehmend klassisch verhalten. Wir werden also schon bei komplexen, großen Molekülen und erst recht natürlich bei Katzen keine Überlagerung von Zuständen nachweisen können. Die quantenmechanische Superpositionsfähigkeit hängt mit der Kohärenz ihrer Zustände zusammen – d. h. wenn wir beispielsweise das Doppelspalt-Experiment betrachten, mit der Interferenzfähigkeit ihrer Zustände, die wir durch äußeres Abtasten mit Laserstrahlen stören können.[5] Diese quantentypische Kohärenz wird bei größeren Körpern durch die unkontrollierbare Wechselwirkung mit ihrer Umgebung immer schneller zerstört, und zwar in solchem Maße, dass für alle ernsthaft makroskopischen Körper diese Dekohärenz unfassbar schnell eintritt. Man kann also weder Professoren noch Katzen oder Raumschiffe durch einen Doppelspalt interferieren.[6] Lediglich mikroskopische Objekte können solche Effekte zeigen, wobei bereits auf der Ebene mittelgroßer Moleküle enormes experimentelles Geschick gefragt ist.

Die Theorie der Dekohärenz, obwohl sie noch recht jung ist, kann bereits Zeitskalen vorhersagen und insbesondere auf die Diskussion des Messprozesses neues

---

[4]Diese Art von Analyse gehört zu den jüngeren Entwicklungen in der Quantenphilosophie; zu Theorie und Konzeption siehe etwa Giulini et al. (1996), Tegmark und Wheeler (2001) – mit Kommentar von Heinz-Dieter Zeh – sowie Zurek (1991).

[5]Formal gesehen ergibt sich die Kohärenz als Phase, mit der die Wellenfunktion gemäß der schrödingerschen Wellengleichung schwingt. Je stärker äußere Störungen werden – dazu zählen auch Messungen–, desto mehr geraten die Phasen verschränkter Teilchen „außer Takt", wodurch ihre Interferenzfähigkeit verschwindet.

[6]Es wird hin und wieder behauptet, dass dies zwar möglich sei, aber eine Zeitspanne erforderte, die um ein Vielfaches größer sei als das Alter des Universums, so dass eine solche Interferenz zwar theoretisch, aber nicht praktisch möglich sei. Eine solche formale Extrapolation vernachlässigt aber den Umstand, dass die Wellenfunktion praktisch instantan kollabiert und daher keine Interferenz möglich ist. Die Zeitskala, auf der Dekohärenz stattfindet, ist viel zu klein, um Interferenzen zuzulassen.

Licht werfen.[7] Denn die Auflösung der Superpositionszustände der Wellenfunktion beim irreversiblen Übergang zum Makroskopischen lässt sich nun als natürliche Folge der Quantendynamik betrachten. Für das Beispiel von Schrödingers Katze etwa lässt der Formalismus bei geeigneter Berücksichtigung der Wechselwirkung mit der Umgebung keine Mischzustände aus toten und lebendigen Katzen zu.

Dies bedeutet jedoch nicht, dass dank der Dekohärenztheorie sämtliche Interpretationsschwierigkeiten der Wellenfunktion aufgelöst wären. Immer noch bleibt unbestimmt, welches Ergebnis eine Messung zeigen wird, folglich bleibt auch der indeterministische Charakter erhalten. Auch der Kollaps der Wellenfunktion kann – im Gegensatz zur Meinung einiger Forscher, die meinen, mit der Dekohärenz endlich wieder zu einer klassisch-realistischen Deutung der Quantenmechanik übergehen zu können – nicht einfach umgangen werden. Denn die Dekohärenz beschreibt nur die Aufhebung der Superposition und den Übergang zu einem überlagerungsfreien Gemisch von Zuständen, nicht aber den Übergang zu einem einzelnen Messwert, wie er sich beispielsweise bei der Messung eines Elektronenspins ergibt – oder beim Nachschauen, ob Schrödingers Katze noch lebt. Durch die Dekohärenz heben sich also einerseits zwar die quantentypischen Superpositionen weg, aber andererseits wird hierdurch der einzelne Messwert nicht strikt festgelegt. Nach der Dekohärenz ist die Katze entweder tot oder lebendig und nicht mehr beides gleichzeitig: Ob sie nun aber tot oder lebendig ist, ist auch mit der Dekohärenz nicht klar bestimmbar. Das Messpostulat, unser Axiom V, bleibt also weiterhin notwendig. Erst dieses legt fest, dass bei einer Messung letztlich ein einziger Wert herauskommt.

Abgesehen von der Aufklärung des Überganges von der Mikro- zur Makrowelt und der Klärung wichtiger technischer Fragen sollte man deshalb bei der Analyse der Quantenphysik nicht zu viele Hoffnungen auf die Dekohärenz setzen. Sie gibt uns zwar einen Hinweis, wo und wann wir den Schnitt zwischen Quantenwelt und Alltagswelt setzen müssen und präzisiert damit Aussagen der Kopenhagener, die seinerzeit noch auf unbefriedigende Weise unbestimmt gelassen werden mussten. Sie kann uns jedoch den erkenntnistheoretischen Schnitt zwischen Mikro- und Makrowelt nicht ersparen.

---

[7]Die Theorie der Dekohärenz berücksichtigt die für alle makroskopischen Körper auftretenden Wechselwirkungen mit ihrer Umgebung, indem sie die Kopplung eines quantenmechanischen Systems mit seiner Außenwelt als einem ungeheuer großen Reservoir von Freiheitsgraden (möglichen Teilchenbewegungen) betrachtet. Dies beruht auf dem ständigen Kontakt mit umgebenden Gasmolekülen, elektromagnetischer Strahlung oder vielleicht sogar auf der Schwerkraft. Daraus lassen sich sogenannte Meistergleichungen herleiten, die beschreiben, wie die Aufhebung der Superposition stattfindet. Da wir nicht sämtliche Umgebungsfreiheitsgrade vollständig kontrollieren können, ist die Dekohärenz also eine unweigerliche Folge sogenannter „offener Quantensysteme". Da die Kopplung mit der Umgebung durch brownsche Molekularbewegung und Strahlungsaustausch mit der Temperatur steigt, sind typische makroskopische Quanteneffekte wie Supraleitung und Suprafluidität vornehmlich bei tiefen und tiefsten Temperaturen nachweisbar.

4.2 Wigners Freund

Ein weiteres Gedankenexperiment, das sogenannte Paradoxon von Wigners Freund, wirft Licht auf das Verständnis und die Bedeutung der Reduktion der Wellenfunktion und die Rolle des Beobachters dabei. In den 1960er Jahren entwickelte Eugene Wigner folgendes Gedankenexperiment.[8] Gegeben sei ein quantenmechanischer Zustand, der aus einer Superposition, d. h. Überlagerung von zwei Zuständen besteht. Ein Theoretiker W und sein Freund, der Experimentalphysiker E, betrachten dieses Experiment, wobei W keinen unmittelbaren Zugang zur Messung hat. Bei einer Messung ergibt sich mit jeweils gleicher Wahrscheinlichkeit in einem Falle ein Lichtblitz, im anderen Falle nicht. Diesen Lichtblitz kann E direkt wahrnehmen.

Jetzt benutzt W die Überlagerungs-Wellenfunktion $\psi(x, t)$, um diesen Zustand zu beschreiben, bis er weiß, was geschehen ist. Nach Ablauf des Experiments fragt er seinen Freund E, ob dieser einen Lichtblitz gesehen hat. Bis zu der Antwort auf seine Frage, so meint W, kann er die unreduzierte Wellenfunktion benutzen, um den Zustand des Experiments zu beschreiben, da nach seiner Auffassung erst die Änderung seines eigenen Wissensstandes die Reduktion des Zustandes bewirkt. Folglich muss sich seiner Meinung nach auch der Bewusstseinszustand seines Freundes in der genannten Überlagerung befinden, die sich erst durch seine eigene Kenntnisnahme reduziert. Allerdings könnte er danach auch fragen: „Was hast du über den Lichtblitz gewusst, ehe ich dich fragte?" Er wird natürlich die gleiche Antwort erhalten, die E ihm bereits vorher gegeben hat.

Offensichtlich war für E der Zustand also bereits durch den Nachweis des Lichtblitzes, d. h. E's Beobachtung, reduziert und die Überlagerung aufgehoben, und damit war die Beschreibung des Zustandes durch W mittels der überlagerten Zustandsfunktion nach der Messung falsch. Denn sie steht im Widerspruch zu der Annahme, dass die Aufhebung der Überlagerung erst durch W's eigene Kenntnisnahme stattfindet, die ja erst später erfolgte. Wann also findet die berühmt-berüchtigte Reduktion der Zustandsfunktion statt? Denn es ist natürlich vorstellbar, dass W noch weitere Freunde hat, die der Reihe nach informiert werden wollen. Kann jeder dieser Freunde erst dann seine persönliche Reduktion behaupten, wenn sein Kenntnisstand sich geändert hat? Gilt hier der empiristische Satz vom „esse est percipi" („Sein ist Wahrgenommenwerden")? Und wer ist dann die höchste Instanz, die dafür sorgt, dass schließlich alle Wellenfunktionen geordnet kollabieren? Dies könnte durchaus zu einem reichlich seltsamen Gottesbegriff führen. Diese Problemstellung weist zudem starke Ähnlichkeit mit von Neumanns unendlicher Regresskatastrophe[9] auf, nur dass in diesem Fall das Bewusstsein eine herausgehobene Rolle spielt. Dies deutet natürlich auch auf eine ähnliche Auflösung dieses Paradoxons hin.

Die Auflösung dieses Paradoxons gemäß der Kopenhagener Deutung ist nach den bisherigen Erörterungen natürlich nicht mehr sonderlich kompliziert. Denn auch die

---

[8] Wigner (1967).
[9] Siehe Kap. 3.3.

Wahrnehmung durch E stellt eine Messung dar, einen Übergang vom Möglichen zum Faktischen. Auch wenn wir keinen Schirm oder keine Photoplatte benutzen, um den Lichtblitz aufzuzeichnen, entspricht das Registrieren des Lichtblitzes durch E einem Messprozess, so dass wir makroskopischen Körpern – und dazu gehören auch E's Auge mitsamt Seh- und Nervenzellen sowie sein Gehirn – keine Superposition von Zuständen zuweisen können; genausowenig wie Katzen. Wenn wir weiter bedenken, dass E's Bewusstseinsinhalte mit seinem neurophysiologischen Hirnzustand korreliert sind, der eine ausgesprochen makroskopische Angelegenheit ist, so erscheint es gänzlich unplausibel, dem Bewusstsein eines Beobachters Überlagerungszustände zuzuschreiben. Wie solche Korrelationen zwischen Hirn und Bewusstsein im Einzelnen auszusehen haben, ist hierbei zunächst völlig gleichgültig.

Das Paradoxon von Wigners Freund entspringt also einer Fehlinterpretation der Kopenhagener Deutung, die dem subjektiven Wissen einen eigenen, objektiven Stellenwert einräumt und den notwendigen Schnitt zwischen Mikro- und Makrokosmos bis in das Bewusstsein des Beobachters verschiebt. Dass die Kopenhagener eine solche Interpretation nicht im Sinn hatten, wird aus den bisher erwähnten Zitaten deutlich. Aus diesem Grund haben wir auch in Kap. 3.7 nicht einfach das Wissen, sondern vielmehr das Wissbare und Messbare in den Vordergrund gerückt.

4.2.1 Starke und schwache Objektivität

Um im Folgenden die philosophische Diskussion zu erleichtern, wollen wir an dieser Stelle die Begriffe der „starken" und „schwachen Objektivität" einführen, die Bernard d'Espagnat in diesem Zusammenhang entwickelt hat. Sie charakterisieren die epistemologische Situation in der Quantenphysik, eignen sich aber auch für eine allgemeinere Analyse des Erkenntnisbegriffs. Wie wir an der Kopenhagener Deutung gesehen haben, ist eine subjektivistische Interpretation des quantenmechanischen Formalismus nicht notwendig. Aber die Frage bleibt nach allem, was wir bisher über die Wellenfunktion und die Bedeutung des Begriffs der Messung gelernt haben, ob – oder vielleicht besser: in welchem Maße – wir in Bezug auf die Quantenwelt noch von einer objektiven Realität sprechen können.

Halten wir zunächst einmal fest: Die *Aussagen der Naturwissenschaften* sind *allgemein objektiv*. Sie nehmen nicht auf das Subjekt oder Individuum als solches Bezug und haben daher universellen Charakter. Wie wir aber bereits am Beispiel der Entropie und der Wellenfunktion gesehen haben, ist diesen Begriffen nicht derselbe Grad an Objektivität zuschreibbar wie beispielsweise den Ortskoordinaten des Mondes. Daher bieten sich zur Klassifikation der möglichen Antworten die folgenden Begriffe an.[10]

---

[10]Sie sind entlehnt aus d'Espagnat (1971). Eine tiefergehende erkenntnistheoretische Analyse des Verhältnisses von Subjektivität, Intersubjektivität und Objektivität folgt in Kap. 15.1.

Als *stark objektiv* wollen wir alle Eigenschaften bezeichnen, die sich einem Gegenstand direkt und ohne Bezug auf einen Beobachter oder die Art und Weise seiner Beobachtung zuweisen lassen. Hierzu gehören insbesondere alle Aussagen der klassischen, nichtrelativistischen Physik mit Ausnahme der statistischen Thermodynamik. Sie lassen sich stets in die Form bringen: „Jener Körper trägt diese Masse und eine elektrische Ladung einer bestimmten Größe", oder auch: „An diesem Ort besitzt jene physikalische Messgröße diesen Wert"; im konkreten Fall also etwa: „Die magnetische Feldstärke in diesem Raumbereich beträgt 3 Tesla." Auch viele Aussagen der gegenstandsbezogenen Alltagssprache passen in dieses Schema. Die Aussagen der relativistischen klassischen Physik hängen zwar vom Bewegungszustand des Beobachters ab, lassen sich aber nach den streng deterministischen Transformationsvorschriften ineinander umrechnen, so dass für jeden beliebigen Beobachter, wenn sein Bewegungszustand durch sein Bezugssystem erst einmal spezifiziert ist, seine Aussagen als stark objektiv angesehen werden können. Natürlich lassen sich außerphysikalische und insbesondere philosophische Gründe anführen, warum eine solche stark objektive Auffassung der physikalischen Realität weder notwendig noch wünschenswert sei. An dieser Stelle sei vorerst nur festgestellt, dass eine solche Sicht der Dinge in einigen Phänomenbereichen zumindest möglich ist.

Als *schwach objektiv* bezeichnen wir all jene Aussagen, die sich nur unter Bezugnahme auf die Rolle der Beobachtung, der Messung oder der Wahrnehmung definieren lassen. Hierzu gehört selbstverständlich auch die Frage, welche Arten von Systemen sich überhaupt präparieren lassen. Diese Aussagen haben die Form: „Wir haben beobachtet, dass jener Körper diese Masse und jene elektrische Ladung trägt", oder etwa: „Wir haben an diesem Ort jene Magnetfeldstärke gemessen." Man sieht sofort, dass sich sämtliche stark objektiven Aussagen in schwach objektive umwandeln lassen. Umgekehrt ist dies jedoch keineswegs immer möglich. Insbesondere einige zentrale Begriffe der Thermodynamik und nach der Kopenhagener Deutung auch der Quantenmechanik lassen sich nicht in diese Form bringen. Dabei ist die syntaktische Umformung natürlich trivial, aber die Semantik und damit der Sinn der betreffenden Aussage kann verloren gehen. Der Bezug auf Beobachtung, Messung und Wahrnehmung ist natürlich immer ein Bezug auf menschliches Handeln, auch wenn dieses nur darin bestehen sollte, in Erwartung eines Lichtblitzes entspannt in eine bestimmte Richtung zu schauen.

Eine Bemerkung zur philosophischen Position des Realismus muss an dieser Stelle eingefügt werden, da natürlich die Frage, ob die Aussagen der Naturwissenschaft schwach oder stark objektiv ausgedrückt werden können, einen entscheidenden Einfluss auf die alte Auseinandersetzung zwischen Idealisten oder Phänomenalisten auf der einen und Realisten oder Materialisten auf der anderen Seite hat. Für Vertreter der ersten beiden philosophischen Positionen konstituiert Geistiges bzw. Erfahrungsinhalt die Welt, während Letztere üblicherweise annehmen, dass unser Wissen von der Welt sich immer weiter der unabhängig von uns existierenden Wirklichkeit annähern kann und dass dieses Wissen sich direkt auf die Welt zu beziehen vermag, ohne unsere eigene Rolle dabei zu berücksichtigen; auch wenn einige Protagonisten dieser Haltung eine solche Interpretation erst in einer zukünftigen Wissenschaft und nicht in der heutigen für verwirklichbar erachten.

Im Gegensatz zum naiven Realismus ist es dabei nicht notwendig, dass sich die erforderlichen Aussagen in Alltagsbegriffen ausdrücken lassen, sondern sie können sehr wohl weit davon entfernt sein. Auch der physikalische Realismus, der unterstellt, alle Aussagen über die Welt seien in den Begriffen der Physik zu fassen, ist nur eine Variante dieses allgemeineren philosophischen Standpunktes. Wer aber diesen Standpunkt vertritt, muss fordern, dass sich alle nur schwach objektiven Begriffe *und* Aussagen der Naturwissenschaft in stark objektive umformen lassen. Damit darf er insbesondere unser Axiom V, demzufolge eine Messung mit einer Zustandsveränderung einhergeht, nicht akzeptieren! Sondern er muss eine Alternativinterpretation vorlegen, die ohne dieses auskommt. Aus diesen Gründen trägt eine von John Stewart Bells letzten Arbeiten sogar den Titel: „Against ‚Measurement'".[11] Wie wir weiter unten noch sehen werden, sind solche Alternativinterpretationen gar nicht so einfach zu formulieren. Während einem Phänomenalisten ein solcher Versuch vielleicht unnötig oder sogar sinnlos erscheint, muss der Realist entweder die Theorie oder ihre Interpretation zu ändern suchen, oder seinen philosophischen Standpunkt revidieren.[12]

4.3   Das EPR-Paradoxon und das Phänomen der Verschränkung

In diesem Kapitel beschäftigen wir uns mit der von Albert Einstein, Boris Podolsky und Nathan Rosen angestoßenen Debatte zur vermeintlichen Unvollständigkeit der Quantenmechanik. Die von ihr motivierten – und bis heute auf intensivem Niveau anhaltenden – Forschungsarbeiten haben gezeigt, dass sich enorm strenge Ausschlusskriterien für jede klassisch-realistische Interpretation des quantenmechanischen Formalismus ergeben und ebenso für jede andere Theorie, die dieselben Vorhersagen zu machen vermag wie die Quantenmechanik. Damit wird das Phänomen der Verschränkung oder Unteilbarkeit zum unvermeidbaren Bestandteil jeder Interpretation der modernen Physik.

Dabei ist das Phänomen der Verschränkung lediglich die auf makroskopische Distanzen erweiterte Vergrößerung der bereits bekannten Unteilbarkeit der Wellenfunktion und somit kein grundlegend neues Konzept. Dadurch, dass es diese aber auf kausal nicht mehr verknüpfte Teilchen anwendet (gemäß dem relativistischen Lokalitätsprinzip, demzufolge es keine instantanen Fernwirkungen gibt), weist es

---

[11]Bell (1990). Die Replik von Rudolf Peierls hieß folgerichtig: „In defence of ‚Measurement'", Peierls (1991).

[12]Die philosophische Position Bohrs beschränkt den Realismus ganz bewusst auf die klassischen Alltagsgegenstände und verzichtet darauf, ihn auch auf außerhalb dieses Bereichs Liegendes zu beziehen. Damit ist er weder als steinharter Phänomenalist zu bezeichnen noch als generalisierender Realist. Diesen Subtilitäten in seinen Ansichten ist sowohl manche Fehleinschätzung seiner persönlichen Meinung als auch der Kopenhagener Deutung entsprungen.

die Besonderheit der Unteilbarkeit und ihren Einfluss auf den Realitätsbegriff der
modernen Physik besonders eindrucksvoll als grundlegendste neue Eigenschaft
der Quantenphysik aus und ist damit die schlagendste Demonstration der Abkehr
von den früher für notwendig erachteten Grundprinzipien der Wissenschaft. Mag
dieses Paradoxon auf den ersten Blick auch ein wenig abstrakt erscheinen, ist es
doch von tiefster Bedeutung für das Realitätsverständnis der modernen Physik; und
außerdem, mit den Worten des Theoretikers David Mermin: „The EPR experiment
is as close to magic as any physical phenomenon I know of, and magic should be
enjoyed."[13]

4.3.1   Die historische Entwicklung

Nach dem bereits erwähnten Wettstreit der Titanen zwischen Bohr und Einstein auf
der Konferenz von Solvay musste Letzterer eingestehen, dass die Quantenmechanik
in der Sichtweise der Kopenhagener Deutung sowohl semantisch konsistent als
auch mit allen Messergebnissen in Einklang war. Gemeinsam mit Podolsky und
Rosen[14] begründete er seinen letzten und hartnäckigsten Angriff gegen diese
Interpretation und das von ihr implizierte Realitätsverständnis nun auf dem Vorwurf
der Unvollständigkeit und damit gegen unser Axiom I.

Die Kritik am Realitätsverständnis der Kopenhagener wird bereits auf der ersten
Seite des EPR-Aufsatzes deutlich: „Any consideration of a physical theory must
take into account the distinction between the objective reality, which is independent
of any theory, and the physical concepts with which the theory operates." In seiner
gleichnamigen Replik auf diesen Aufsatz entgegnete Bohr: „The extent to which an
unambiguous meaning can be attributed to such an expression as ‚physical reality'
cannot of course be deducted from a priori philosophical conceptions", daher liege
der Grund des Problems in der „essential inadequacy of the customary viewpoint of
natural philosophy."[15]

Sollte sich die Kritik von Einstein, Podolsky und Rosen als stichhaltig herausstellen, wäre die Quantenmechanik nichts weiter als eine nette, praktische
Rechenvorschrift, die zwar viele Resultate richtig vorherzusagen erlaubt, aber unser
wissenschaftliches Weltbild nicht weiter zu beunruhigen braucht, da sie ja nur eine
unvollständige Beschreibung dieser Welt liefert – ähnlich wie die nur schwach
objektiven Aussagen der Thermodynamik uns deshalb keine Sorgen bereiten, weil
sie ja nur eine sekundäre Folge der ihnen (zumindest im Verständnis der klassischen
Physik) zugrundeliegenden, stark objektiven Eigenschaften der Materie sind. Eine
tiefer liegende, stark objektive Theorie, und sei sie noch so kompliziert und abstrakt,

---

[13]Mermin (1985), S. 46.

[14]Nach diesen dreien ist diese Klasse von Phänomenen auch als EPR-Situationen bekannt.
Publiziert haben sie diese Kritik in Einstein et al. (1935).

[15]Bohr (1935), S. 696f.

wäre dann zumindest möglich, und die Suche nach einer solchen ein vielversprechendes Forschungsprogramm. Ein solches Forschungsprogramm hat Einstein in der Tat bis an sein Lebensende in zunehmender Isolation weiterverfolgt, und zwar in Form einer universellen Feldtheorie. Mittlerweile hat sich herausgestellt, dass dieser Ansatz von Anfang an zum Scheitern verurteilt war, so wie alle Programme, die mit den bislang akzeptierten Standards des Determinismus *und* der Lokalität operieren. Zur Ehre Einsteins sei allerdings angemerkt, dass dieses Ergebnis erst lange nach seinem Tod experimentell bestätigt wurde und dass die zu ihm führenden Forschungsarbeiten durch das EPR-Papier entscheidend motiviert wurden.[16] Die weitergehende Analyse dieser Problemstellungen führte John Stewart Bell schließlich zur nach ihm benannten bellschen Ungleichung, die gegen Anfang der 1980er Jahre dann die experimentelle Entscheidung zwischen den verschiedenen möglichen Realitätsverständnissen ermöglichte. Durch diese enge Zusammenarbeit von Physik und naturphilosophischer Reflexion ist der interpretative Spielraum der modernen Physik auf entscheidende Weise enger geworden, wie sich im Laufe der Diskussion noch zeigen wird.

4.3.2　Das Gedankenexperiment

Betrachten wir nun zunächst das Gedankenexperiment in einer gegenüber der Originalarbeit vereinfachten, aber inhaltlich äquivalenten Form, wie sie heute als Standardbeispiel dieses Phänomens angesehen wird. Im Original dienten die komplementären Werte von Ort und Impuls zur Illustration, während man in der heutigen Literatur nach einem Vorschlag von David Bohm[17] üblicherweise den Spin, d. h. den Eigendrehimpuls, in den verschiedenen komplementären Orientierungen verwendet. Dies hat den Vorteil, dass die zugehörigen Eigenwerte nicht kontinuierlich sind, sondern diskret, und somit leichter ausgewertet werden können. Das schränkt die Bedeutung des Experiments aber in keiner Weise ein, denn die Ergebnisse lassen sich auf sämtliche komplementären Eigenschaften verallgemeinern. Einstein, Podolsky und Rosen legten dabei ihrer Argumentation folgenden

---

[16]Zu seinen Lebzeiten war sich Einstein nicht nur seiner zunehmenden wissenschaftlichen Isolation bewusst, sondern auch der Tatsache, dass sein Programm durchaus noch sinnvoll war, auch wenn fast alle jüngeren Physiker natürlich auf den Zug der unglaublich erfolgreichen Quantenphysik aufgesprungen waren, ohne auf die Bedenken des „alten Herrn" zu hören. Er selbst bezeichnete sich als „alten Renegaten" und konnte bis zuletzt nicht nur die Kopenhagener Deutung nicht akzeptieren, vielmehr verwarf er sogar alle bekannten Versuche einer Umdeutung der Quantenmechanik, so etwa die bohmsche Interpretation. Diese missfielen ihm nicht nur wegen ihrer Nichtlokalität oder anderer Eigenschaften, wahrscheinlich waren sie ihm einfach immer noch nicht radikal genug. Auf Einsteins Weltbild und Motivation als Wissenschaftler werden wir in Kap. 19.5 noch einmal zurückkommen.

[17]Bohm (1951).

Realitätsbegriff zugrunde, den wir noch genauer analysieren werden. Er besteht aus einer Realitätsannahme (R) und dem relativistischen Lokalitätsprinzip (L):

(R)   Wenn man, ohne ein System zu stören, sicher den Wert einer physikalischen Größe voraussagen kann, existiert ein Element der physikalischen Realität, das zu dieser Größe gehört.

(L)   Zwei voneinander räumlich getrennte Objekte können sich innerhalb einer bestimmten Zeit nicht kausal beeinflussen, wenn die Strecke zwischen ihnen größer ist als diejenige, die ein Lichtsignal in dieser Zeit zurücklegen kann.

Das Gedankenexperiment gestaltet sich folgendermaßen. Ein spinloses Teilchen zerfalle in zwei Teilchen, von denen eines den Spin $+1$ trägt und das andere den Spin -1; das bedeutet, das eine Teilchen dreht sich entlang einer bestimmten Achse rechtsherum, das andere linksherum. Sie haben zwangsläufig entgegengesetzte Vorzeichen, da der Gesamtspin erhalten bleibt und vor dem Zerfall ja null war. Ein Beobachter kann sich nun entscheiden, in welcher Richtung er diesen Spin misst, entweder horizontal oder vertikal.[18]

Wenn wir zunächst einmal nur ein Teilchen betrachten, ergibt sich nach der Quantenmechanik für jede Orientierung die gleiche Wahrscheinlichkeit, d. h. wenn wir horizontal messen, werden wir zur Hälfte den Wert $+1$ messen, und zur Hälfte den Wert -1. Das gleiche gilt exakt genauso für den vertikalen Fall und ist nach den bisherigen Ausführungen noch nicht sonderlich überraschend.

Nehmen wir also einen zweiten Beobachter hinzu und postieren ihn ein gutes Stück entfernt vom ersten, um jeden kausalen Einfluss zwischen den beiden auszuschließen. Den ersten Beobachter nennen wir E wie Erde, den zweiten S wie Sirius. Beide können zu jedem Zeitpunkt, auch erst im allerletzten Moment vor der Messung, entscheiden, welche Orientierung der einfliegenden Teilchen sie messen wollen, vertikal oder horizontal. Zwischen beiden, auf halber Strecke, liegt der Apparat, der die jeweils beiden Zerfallsteilchen auf die Messapparate der

---

[18]Bei Lichtteilchen macht sich dieser Spin als Polarisation bemerkbar und kann einfach durch Polarisationsfilter bestimmt werden. Wem dieser Begriff oder die folgende Argumentation zu unanschaulich ist, kann sich das Gedankenexperiment und seine sonderbaren Konsequenzen für das Realitätsverständnis stattdessen auch anhand von miteinander korrelierten „Quantenwürfeln" veranschaulichen: Welche Zahl auch immer ein Wurf mit einem solchen Würfel ergibt, der korrelierte zeigt stets dieselbe Zahl; ganz gleich, wie weit beide Würfel voneinander entfernt sind. In dieses Bild übersetzt, gestaltet sich das EPR-Paradoxon folgendermaßen: Es gibt insgesamt vier Quantenwürfel aus zwei Würfelpaaren, die aus je einem grünen und einem roten Quantenwürfel bestehen und aus gemeinsamer Produktion stammen. Je ein roter und ein grüner Würfel befinden sich in einem Becher. Die Würfel sind ständig am Vibrieren, so dass keine Zahl oben erkennbar ist. Halten wir nun bei einem Paar etwa den grünen Würfel fest und vollführen damit eine Messung, so erhalten wir nicht nur eine bestimmte Zahl als Ergebnis, der grüne Würfel des anderen Würfelpaares zeigt auf einmal dieselbe Zahl – auch wenn er sich an einem ganz anderen Ort befindet! Versuchen wir allerdings nun, den roten Würfel ebenfalls festzuhalten, setzt sich der grüne unweigerlich in Bewegung, so dass auf diesem Würfel keine Zahl mehr sichtbar ist. Immer nur ein Würfel eines Paares kann stillstehen, das folgt aus den Unschärferelationen.

beiden Beobachter fokussiert. Die sich ergebende Wahrscheinlichkeitsverteilung bei der Messung unterliegt dabei der Bedingung, dass beide Teilchen, wenn E und S in derselben Orientierung messen, entgegengesetzte Vorzeichen in ihrem Spin aufweisen müssen, während bei unterschiedlicher Orientierung die Messergebnisse voneinander unabhängig sind. Misst E in vertikaler Richtung und erhält den Wert $+1$, so wird S mit Sicherheit den Wert -1 in vertikaler Richtung messen, während S in horizontaler Richtung jeweils zur einen Hälfte den Wert $+1$ und zur anderen den Wert -1 messen wird. Diese Abhängigkeiten gelten identisch auch für Messungen anhand der vertauschten Orientierungen und Messwerte. Wenn E also horizontal -1 gemessen hat, wird S horizontal $+1$ messen, während seine vertikale Messung rein zufällig sein wird. Wer auch immer zuerst misst, findet aber völlig zufällige Werte gemäß dem quantenmechanischen Indeterminismus. Dabei ist im Auge zu behalten, dass sowohl E wie S – unabhängig davon, wer zuerst misst – stets rein zufällig verteilte Wahrscheinlichkeitsmuster erhalten. Erst beim nachträglichen Vergleich ihrer Messdaten werden sie feststellen, dass sie immer genau dann gegensätzliche Werte gemessen haben, wenn sie dieselbe Orientierung gewählt hatten.

Betrachten wir dieses Gedankenexperiment zunächst aus der *Kopenhagener Perspektive*: Nach dem Zerfall sind die beiden Teilchen durch die Spinerhaltungsbedingung verknüpft und bilden ein korreliertes Quantensystem. Dies drückt sich dadurch aus, dass sie keine einzelne Wellenfunktion besitzen, sondern ihnen nur eine Gesamtwellenfunktion zugewiesen werden kann, welche die Bedingung der Gesamtspinerhaltung erfüllt. Bei der ersten Messung kollabiert diese Wellenfunktion zu zwei Wellenfunktionen, beispielsweise bei E zu $+1$ in vertikaler Richtung und damit zu -1 bei S in derselben Richtung. Erst in diesem Augenblick liegt fest, dass S diesen Wert und nicht $+1$ messen wird, egal ob E und S nebeneinander stehen oder um Lichtjahre getrennt sind. Erst im Moment der Messung nehmen die Spins der beiden Teilchen also feste Werte an; vorher sind sie in einem quantenmechanischen Überlagerungszustand und nur als gemeinsames, miteinander verschränktes System zu verstehen.

Folgende Bemerkungen sind zudem von Bedeutung. Der Kollaps der Wellenfunktion geschieht instantan im gesamten Universum, wobei die Distanz der Zerfallsteilchen überhaupt keine Rolle spielt. In der Kopenhagener Sichtweise stellt dies kein Problem dar, denn die Wellenfunktion wird nicht als eigenständige physikalische Größe interpretiert, die dem relativistischen Lokalitätsprinzip gehorchen sollte, sondern als „Katalog der Erwartung" – um diesen eingängigen Ausdruck von Schrödinger noch einmal zu gebrauchen, der auf den maximal möglichen Kenntnisstand eines Beobachters über die zu erwartende Statistik der Messergebnisse hinweist. Es ist in Einklang mit der Relativitätstheorie auch nicht möglich, Informationen oder Wirkungen mit Überlichtgeschwindigkeit zu übertragen. Denn E müsste S ja erst auf konventionellem Wege per Lichtsignal benachrichtigen, dass er bereits $+1$ vertikal gemessen hat, bevor dieser, wenn er sein Teilchen etwa gespeichert und die Messung noch nicht vollzogen hat, korrekterweise annehmen kann, dass er -1 vertikal messen wird. Ohne ein Referenzsignal, das sich höchstens mit Lichtgeschwindigkeit ausbreiten kann, lassen sich bloßen Korrelationen keine Informationen entlocken.

Die Verteilung der einzelnen Messwerte bei E und bei S ist also *vollkommen zufällig*, lediglich die *korrelierte Statistik beider Messungen* unterliegt den Erhaltungsbedingungen des Quantensystems. Folglich verletzt die Kopenhagener Deutung das Lokalitätsprinzip und die Kausalität nicht, obwohl der Kollaps der Wellenfunktion nichtlokalen Charakter hat. Diesen Zusammenhang hat der Wissenschaftsphilosoph Abner Shimony in Anlehnung an die Programmatik Nikita Chruschtschows als „friedliche Koexistenz" von Quantentheorie und Relativitätstheorie bezeichnet.[19] Er hängt entscheidend an der Tatsache, dass zumindest in der Kopenhagener Sicht die Wellenfunktion als Wissen und nicht als reale Entität interpretiert wird.

Betrachten wir das Gedankenexperiment nun aus *Einsteins, Podolskys und Rosens Sicht*: Wenn wir gemäß (L) annehmen, dass die beiden Zerfallsteilchen kausal nicht mehr verknüpft sind – schließlich sind sie mehrere Lichtjahre voneinander entfernt – und dass folglich die Messung von E diejenige von S nicht kausal beeinflussen kann, dann kann S behaupten, dass völlig unabhängig davon, in welcher Richtung E messen wird, seine eigenen Messergebnisse bereits vor seiner Messung haben festliegen müssen. Schließlich kann E sowohl in vertikaler wie in horizontaler Richtung messen, und S wird in derselben Orientierung stets umgekehrte Resultate erzielen. Dasselbe gilt natürlich auch für E. Und damit ließe sich behaupten, dass alle Messergebnisse bereits vor der Messung fixiert waren.[20] Das aber bedeutet, dass die oben genannte Realitätsannahme (R) ins Spiel kommt, denn wenn ein Wert sicher vorgelegen hat, so dürfen wir ihm auch vor der Messung eine eigenständige physikalische Realität zuschreiben. Dies steht natürlich in krassem Widerspruch zur Kopenhagener Deutung, die erst durch die Messung den Übergang vom Potentiellen ins Aktuale als vollzogen ansieht. Wenn also sowohl (L) als auch (R) erfüllt wären, dann ließen sich den Quantenteilchen Elemente der Realität zuweisen, die laut der Quantenmechanik nicht existieren. Damit wäre die Quantenmechanik unvollständig!

In diesem Falle könnten wir also in einer neuen, besseren Theorie Elemente der Realität einführen, die in der Quantenmechanik nicht berücksichtigt sind. Diese Elemente legen die gefundenen Messwerte fest, auch wenn sie selbst vielleicht gar nicht direkt beobachtbar sind und vielleicht sogar niemals werden.[21] Man spricht in einem solchen Fall von verborgenen Parametern, und zwar von *lokalen verborgenen*

---

[19] Welche Bedeutung diesen zunächst eher technisch anmutenden Punkten für ein wissenschaftsphilosophisch fundiertes Realitätsverständnis zukommt, lässt sich an der Diskussion ablesen, die sich mittlerweile über mehrere Jahrzehnte erstreckt: Shimony (1978), Redhead (1983), Myrvold (2002), Griffiths (2011), Friederich (2013) und viele mehr.

[20] Genau dies würde man bei klassischen Teilchen erwarten, wenn etwa zwei Billardkugel sich in exakt gegenläufiger Rotation befinden.

[21] Wir könnten dann den verschiedenen Spins, und auch dem Ort *und* dem Impuls jedes Teilchens bestimmte Werte zuschreiben, die gemäß der Quantenmechanik nicht gegeben sind. Niels Bohr begründete in seiner gleichnamigen Antwort auf Einstein, Podolsky und Rosen seine Ablehnung des EPR-Paradoxons erwartungsgemäß damit, dass zum physikalischen Experiment unter anderem auch die Beschreibung der Messapparatur gehöre und dass damit die gleichzeitige Zuschreibung

Parametern, weil sie den Teilchen selbst zuzuordnen sind. Diese würden dann das Verhalten der Quanten bestimmen und eine tiefere Schicht der Realität bedeuten, die der kurzsichtigen Quantenmechanik verschlossen bleibt, so dass die seltsamen Eigenschaften der Quantenmechanik nur dieser Unvollständigkeit entsprängen. Daher könnten wir dann zum gewohnten Weltbild der klassischen Physik zurückkehren, wenn vielleicht auch mit gewissen, geringfügigeren Modifikationen.

4.3.3 Die bellsche Ungleichung und ihre experimentelle Bestätigung

Bereits 1932 hatte John von Neumann in seiner Arbeit über den Hilbert-Raum-Formalismus der Quantenmechanik[22] einen Beweis zur Unmöglichkeit lokaler verborgener Parameter vorgelegt. Dieser Beweis wurde auch aufgrund der enormen fachlichen Reputation von Neumanns zunächst von beinahe allen Physikern als endgültige Bestätigung der Kopenhagener Deutung angesehen; und jeder, der sich noch Hoffnung auf eine realistische Uminterpretation des Formalismus machte, wurde als sturer, reaktionärer Querkopf angesehen, der den neuen Realitäten nicht ins Auge sehen wollte. Im Laufe der Zeit wurden jedoch immer wieder Zweifel an der Stichhaltigkeit dieses Beweises laut, da er auf einer Reihe komplizierter Annahmen fußte. Wichtige Analysen hierzu kamen von David Bohm.[23] Schließlich gelang John Stewart Bell der Nachweis, dass der von neumannsche Beweis entscheidend von bestimmten Annahmen bezüglich der Korrelationen zwischen Ergebnissen inkompatibler Messungen abhängt, von denen aber jeweils nur eine in einem gegebenen Fall gemacht werden kann.[24] Interessanterweise hatte die Mathematikerin und Physikerin Grete Hermann diesen Fehler in von Neumanns Beweis bereits 1935 entdeckt; ihre Kritik geriet aber in Vergessenheit, bis sie von Bell wiederentdeckt wurde. Damit wurde von Neumanns Beweis endgültig als ungültig ausgewiesen und die Möglichkeit einer Beschreibung durch lokale verborgene Parameter tat sich wieder auf.

Im Jahr 1964 stellte Bell seine berühmte Ungleichung[25] auf, derzufolge messbare Unterschiede zwischen der Quantenmechanik und jeder beliebigen Theorie mit lokalen, verborgenen Parametern auftreten müssen. Dieses Bell-Theorem beruht auf

---

von Ort und Impuls zu einem einzelnen Teilchen keinen Sinn mache, weil sie zu zwei komplementären Messanordnungen gehöre. Die EPR-Voraussetzung, das System nicht zu stören, ist laut Bohr folglich mehrdeutig. Natürlich muss man sie nicht in einer mechanistischen Weise als direkte Störung deuten, aber es muss zugestanden werden, dass eine solche Störung bereits als Einfluss auf die Bedingungen zu verstehen ist, unter denen mögliche Vorhersagen über das künftige Verhalten von Systemen definiert sind. Vergleiche Kap. 3.3 sowie Bohr (1935).

[22] Von Neumann (1932).

[23] Insbesondere Bohm (1952a,b).

[24] Bell (1966).

[25] Man spricht auch vom Bell-Theorem, siehe Bell (1964). Ungleichung heißt sie, weil sie eine Größer-gleich-Relation ausweist.

äußerst allgemeinen Voraussetzungen und ist eine Verallgemeinerung der ursprünglichen EPR-Arbeit, die beliebige Orientierungen korrelierter Paare einschließt.[26] Das Theorem hängt insbesondere nicht vom Formalismus der Quantenmechanik ab, sondern nur von ihren Vorhersageregeln. Dies ist ein kleiner, aber entscheidender Unterschied; denn sollte sich eines Tages die Quantenmechanik wie so viele andere naturwissenschaftliche Theorien unter bestimmten Bedingungen als untauglich erweisen und eine andere Theorie an ihre Stelle treten, so bleibt doch ihre Vorhersagekraft für bestimmte Phänomene genauso weiter erhalten, wie das Newtonsche Gravitationsgesetz trotz all seiner Mängel immer noch korrekt vom Baum fallende Äpfel beschreibt. Und somit bleiben auch die Konsequenzen des bellschen Theorems für den Realitätsbegriff der modernen Wissenschaft erhalten.

In seiner Arbeit präzisierte Bell den etwas schwammigen Realitätsbegriff der EPR-Arbeit und übersetzte ihn in den vollkommen allgemeinen Kontext einer beliebigen Theorie mit lokalen verborgenen Parametern. Es stellte sich heraus, dass jede solche Theorie, die unter den Bedingungen von (R) und (L) operiert, unter bestimmten Bedingungen Aussagen machen muss, die von denen der Quantenmechanik abweichen. Damit gelang es Bell, den philosophischen Disput zwischen Kopenhagenern und lokalen Realisten einer experimentellen Entscheidbarkeit zugänglich zu machen. Seine wenn auch vergebliche Hoffnung war, dass sich die Quantenmechanik als inadäquat herausstellen würde. Die bellsche Ungleichung gibt eine Korrelationsgrenze an, die für alle lokal-realistischen Theorien gilt, und zwar für die Messungen an entfernten EPR-Teilchen unter verschiedenen Winkeln. Lokal realistische Theorien können – und dies ist vollkommen unabhängig von ihrer expliziten Form – nur gewisse maximale Korrelationen erlauben, die sich von den Vorhersagen der Quantenmechanik unterscheiden.[27]

Nach Aufstellung dieser Ungleichung dauerte es noch einige Jahre, bis die Technik ausgereift genug war, um diese anspruchsvollen Korrelationseffekte mit der erforderlichen Präzision bestimmen zu können. Zu Beginn der 1980er Jahre zeichnete sich dann ab, dass die Natur der Quantenmechanik den Vorzug vor Theorien mit lokalen verborgenen Parametern gibt. Die ersten Experimente hierzu

---

[26]Die technischen Details dieses abstrakten Zusammenhanges wollen wir an dieser Stelle nicht ausführen, da sie in vielen guten Lehrbüchern zu finden sind. Eine gelungene Darstellung, die die Bedeutung dieser Zusammenhänge bereits im Titel trägt, findet sich bei Audretsch (1994). Eine sehr lesbare, nichttechnische Einführung in die Problematik geben d'Espagnat (1983) und Mermin (1985). Um auch sprachlich deutlich zu machen, dass verschränkte Quantensysteme andere Objekte sind als die Untersysteme, aus denen sie bestehen, hat sich etwa für korrelierte Photonenpaare der Begriff „Diphoton" eingebürgert.

[27]Man weiß inzwischen, dass für bestimmte Klassen von Drei-Teilchen-Systemen, die nach Daniel Greenberger, Michael Horne und Anton Zeilinger benannten sogenannten GHZ-Zustände, Korrelationen auftreten, bei denen der quantenmechanische Fall sogar genau das Gegenteil des lokal-realistischen Falles als Ergebnis liefert – dass also etwa ein Teilchen genau die entgegengesetzte Rotation besitzt zu der, die man eigentlich erwarten würde. Man benötigt hier also keine statistischen Korrelationen mehr, sondern es lassen sich direkte Aussagen treffen. Diese decken sich mit den Ergebnissen der herkömmlichen Bell-Analyse. Siehe Greenberger et al. (1990) sowie Pan et al. (2000).

führten Stuart Freedman und John Clauser in den 1970er Jahren durch.[28] Sie
zeigten bereits deutlich eine Verletzung der bellschen Ungleichung und bestätig-
ten damit die Quantenmechanik. Interessanterweise war Clauser ein Gegner der
Quantenmechanik und hatte gehofft, seine Messungen würden einen Hinweis auf
die Möglichkeit einer lokal realistischen Theorie geben. Er hielt, ähnlich wie
Einstein, die Quantenmechanik für zu verrückt, um wahr sein zu können. Die
Ergebnisse sprachen jedoch für die Quantenmechanik. Die für lange Zeit präzisesten
Experimente dieser Art, die dann auch die letzten Skeptiker noch überzeugten,
stellten schließlich Alain Aspect und seine Mitarbeiter in Paris an.[29]

Die Ergebnisse all dieser Experimente mit verschiedenen Teilchenklassen und
Arten von Korrelationen verletzen die von den lokalen verborgenen Parametern
geforderte obere Korrelationsgrenze und weisen einen engen, holistischen Zusammenhang zwischen den getrennten Teilchen auf, der nur mit der Quantenmechanik
verträglich ist. Heute ist die Präzision dieser Art von Experimenten so groß, dass
man Theorien mit lokalen verborgenen Parametern mit geradezu mathematischer
Sicherheit ausschließen kann. Gleichzeitig wurde die Anwendbarkeit der grundlegenden Konzepte der Kopenhagener Deutung immer wieder bestätigt.

4.3.4 Die philosophischen Folgen

Aus der experimentell nachgewiesenen Unmöglichkeit lokaler verborgener Parameter lassen sich nun verschiedene Schlüsse ziehen, denn die beiden in der Makrowelt
unverdächtigen Grundannahmen (R) und (L) sind nicht gleichzeitig zulässig bei
einer Interpretation der Mikrowelt. Mehr lässt sich jedoch aus der Verletzung der
bellschen Ungleichung zunächst nicht schließen. Es bleibt also jedem einzelnen
Interpreten überlassen, welche der beiden Annahmen er lieber beibehält und von
welcher er sich leichteren Herzens verabschiedet. Diese Entscheidung ist allerdings
mit gewissen Folgen behaftet, die man nicht vorschnell aus dem Auge verlieren
sollte. Auf jeden Fall ist die Vorstellung falsch, wie sie durch das alltägliche
Objektverständnis und die klassische Physik nahegelegt wird: Wenn bei einer
Messung eines Teilchens an einem bestimmten Ort ein bestimmter Wert gefunden
wird, so muss er auch schon unmittelbar vor der Messung an diesem Teilchen
und an diesem Ort vorgelegen haben. Mit diesen experimentellen Befunden ist die
Beobachtung *holistischer Effekte* nun zu einem wichtigen Bestandteil der modernen
Physik geworden; und ihre Interpretation nimmt einen entscheidenden Einfluss auf
unser wissenschaftliches Weltbild.[30]

---

[28] Freedman und Clauser (1972).

[29] Aspect et al. (1982a,b). Bis heute arbeiten Forscher rund um die Welt weiter an solchen
Experimenten, teilweise auch in Verbindung mit *delayed-choice*-Varianten oder anderen typischen
Quanteneffekten. Die damit zusammenhängenden Technologien sind imstande, die Computer- und
Kommunikationstechnik zu revolutionieren.

[30] Die Frage, warum wir in unserer gewohnten makroskopischen Welt keine solchen holistischen
Phänomene beobachten und warum ihr Nachweis solch ausgefeilter Experimentiertechnik bedarf,

Die Kopenhagener haben offenbar der Lokalität den Vorzug vor einer realistischen Interpretation gegeben, denn in ihrer Deutung treten keine physikalisch nichtlokalen Prozesse auf. Sie maßen der friedlichen Koexistenz mit der Relativitätstheorie dementsprechend eine hohe Bedeutung zu. Der nichtlokale Kollaps der Wellenfunktion ist hierbei irrelevant, da die Kopenhagener die Wellenfunktion gerade nicht realistisch deuten. In welchem Sinne ist das aber gemeint? Schließlich sind die beobachteten Korrelationen ja nichtlokal! Die Quantenmechanik ist nun laut den Kopenhagenern in dem Sinne lokal, dass sie keinen physikalischen Mechanismus postuliert, der überlichtschnelle Wirkungen übertragen könnte. Da die Wellenfunktion keine physikalische Entität, sondern ein „Vorhersagekatalog" ist, dessen entscheidende Eigenschaft die Unteilbarkeit ist, entsprechen die Korrelationen eben einfach dieser Eigenschaft, ohne durch nichtlokale physikalische Kraftfelder vermittelt zu sein. Man muss folglich zwischen *nichtlokalen Korrelationen* und *nichtlokalen physikalischen Wirkungen* unterscheiden. Erstere sind experimentell etabliert und ein grundlegendes, neuartiges Charakteristikum der Quantenphysik, gleich in welcher Interpretation, während Letztere nur von denjenigen Interpretationen der Quantenmechanik gefordert werden müssen, die eine realistische Interpretation des Formalismus postulieren.

Einige Physiker, zu denen aber durchaus auch etliche bedeutende Wissenschaftler gehören, sind nun mit der Preisgabe der Realitätsvorstellung nicht einverstanden und bevorzugen stattdessen die Preisgabe der Lokalität. Erste Arbeiten zu solchen Ansätzen gehen zurück auf Louis-Victor de Broglie, der eine Pilotwelle in den Formalismus einführte, die bestimmt, wie sich die Teilchen zu verhalten haben. Obwohl diese Arbeiten noch gewisse Mängel zeigten, war damit den Anhängern dieser Interpretation ein Weg gezeigt, wie sich eine Alternative zur Kopenhagener Deutung aufbauen ließe. Den entscheidenden Schritt machte dann Bohm, indem er eine nichtlokale Theorie der Führungswellen aufstellte, die die Messprognosen der Quantenmechanik reproduziert.[31] Diese auf verborgenen nichtlokalen Parametern aufbauende Theorie werden wir im Folgenden noch analysieren.

Allen realistischen Deutungsversuchen ist gemein, dass sie neuartige physikalische Mechanismen angeben müssen, zu denen unter anderem die Ausbreitung von Wirkungen mit Überlichtgeschwindigkeit gehört, um den Messergebnissen Rechnung tragen zu können. Damit müssen sie gezwungenermaßen auf das zurückgreifen, was Einstein eine „spukhafte Fernwirkung" genannt hat. Die erkenntnistheoretischen Folgen dieser Nichtlokalität auf das Realitätsverständnis der Physik werden wir insbesondere im Anschluss an die bohmsche Interpretation diskutieren. Denn das Postulat von der Existenz überlichtschneller physikalischer Wirkungen bringt realistische Interpretationen auf jeden Fall in ernsten Konflikt mit den

---

liegt an der Kleinheit des planckschen Wirkungsquantums. Die exakte Modellierung dieser Effekte ist Gegenstand aktueller Forschung und unter anderem mit dem Effekt der Dekohärenz verknüpft.

[31] Siehe seine beiden bereits zitierten Arbeiten von 1952.

Prinzipien der Relativitätstheorie und zerstört die „friedliche Koexistenz" zwischen Quantenphysik und Relativitätstheorie. Diese friedliche Koexistenz beruht nämlich gerade darauf, dass die Kopenhagener Deutung die Wellenfunktion nicht realistisch, sondern als Wissen versteht.

In jedem Fall treten durch die nachweisbaren EPR-Korrelationen holistische Effekte in der Natur auf und können von keiner Interpretation mehr umgangen werden. Die Frage ist, wie die einzelnen Interpretationen mit ihnen umgehen: als Korrelation von Messungen an makroskopischen Objekten unter Verzicht auf real und objektiv existierende Quantenstrukturen (à la Kopenhagen) oder als bewirkt durch physikalisch reale, aber nichtlokale Wechselwirkungen.

An dieser Stelle müssen wir noch zwei Schlussbemerkungen anfügen. Die erste betrifft die philosophische Interpretation des Bell-Theorems, die zweite den Messprozess. Wie bereits an dem widerlegten Beweis von Neumanns ersichtlich wird, ist es außerordentlich schwierig, philosophische Annahmen oder gar Realitätsbedingungen zu formalisieren und über einen mathematischen Beweis der experimentellen Entscheidbarkeit zuzuführen. An vielen Stellen, und sei es gar an einzelnen Begriffen, können sich Zusatzannahmen einschleichen, die anstelle der eigentlich zu widerlegenden Annahmen den Widerspruch hervorrufen können. Im Falle der bellschen Ungleichung ist eine solche implizite Annahme bekannt, die als *kontrafaktische Definitheit* bezeichnet wird und die die Tatsache kennzeichnet, dass wir jede Messung nur einmal durchführen können, denn dann ist die Wellenfunktion kollabiert. Wer anstelle von Realität oder Lokalität (oder beiden) lieber auf diese Annahme verzichtet, mag in der Vielwelten-Interpretation Zuflucht suchen, die wir im Folgenden noch diskutieren werden. Es wird zur Zeit noch aktiv nach weiteren versteckten Voraussetzungen im Bell-Theorem geforscht, aber mit Ausnahme von ein paar unbedeutenden Schlupflöchern, die die Grundaussage nicht ernsthaft in Frage stellen können, konnte noch keine entscheidende Lücke festgestellt werden.

Auch zur Theorie des Messprozesses können EPR-Phänomene weitere Einsichten beitragen. Denn entgegen der häufig in frühen Schriften der Kopenhagener und auch heute noch in mehr oder weniger populärwissenschaftlichen Darstellungen der Quantenmechanik zitierten Interpretation des Messprozesses als Eingriff auf ein Teilchen können wir sehen, dass die Messung nicht unbedingt mit der Störung eines Teilchens einhergehen muss. Wir können Eigenschaften von verschränkten Systemen bestimmen, ohne einen kausalen Einfluss auf ein bestimmtes Teilchen zu nehmen, indem wir einfach die Eigenschaften des mit diesem verschränkten Partnerteilchens messen. Dies ist eine besondere Folge der Verschränkung und nur mit der Unteilbarkeit von Quantensystemen zu verstehen. Bei einer solchen Messung wird allerdings die Verschränktheit der beiden Teilchen gestört.

Angesichts der überraschend vielfältigen und außerordentlich fruchtbaren Entwicklungen für Physik, Philosophie und Technologie, die die bellsche Ungleichung angestoßen hat, sehen einige Forscher das simple „Shut up and calculate!", mit dem Feynman schwierigen Grundlagendiskussionen ausweichen wollte, mittlerweile als ziemlich überholt an. Nach Meinung von Lucien Hardy und Robert Spekkens wäre ein besserer Slogan: „Shut up and contemplate!"

4.3.5 Das Kochen-Specker-Theorem und die Kontextualität

Bei diesem Theorem handelt es sich um eine weitere Verschärfung der durch die Bellsche Ungleichung vorgegebenen Einschränkung bezüglich einer realistischen Interpretation der Quantenmechanik. Und zwar konnten Simon Kochen und Ernst Specker kurze Zeit nach Bell einen weiteren Beweis vorlegen, demzufolge jede realistische Theorie nicht nur nichtlokal sein muss, sondern auch den Einfluss aller Umgebungsvariablen berücksichtigen muss.[32] Diese Eigenschaft wird als *Kontextualität* bezeichnet. Dies bedeutet, dass jedes unserer Zerfallsteilchen nicht nur mit dem jeweils anderen Zerfallsteilchen korreliert sein muss, sondern auch mit dem Messgerät, strenggenommen aufgrund der Nichtlokalität sogar mit dem ganzen Universum! Dies betrifft jede realistische Interpretation und damit natürlich auch die bohmsche Führungswellentheorie, deren Voraussetzungen und Implikationen wir weiter unten noch behandeln.

Der Wissenschaftstheoretiker Michael Redhead schließt seine Analyse der hier behandelten Problematik, in der er verschiedene Arten von möglichst eindeutig definierten ontologischen und epistemologischen Lokalitätsprinzipien und ihre jeweiligen Implikationen miteinander vergleicht, auf folgende Weise: „So there it is – some sort of action-at-a-distance or (conceptually distinct) nonseparability seems built into any reasonable attempt to understand the quantum view of reality. As Popper has remarked, our theories are ‚nets designed by us to catch the world'. We had better face up to the fact that quantum mechanics has landed some pretty queer fish."[33]

4.3.6 Interpretative Konsequenzen der relativistischen Invarianz

Seit der Aufstellung der Speziellen Relativitätstheorie ist es die allgemeine Überzeugung der Physiker, dass alle Naturgesetze sich in lorentz-invarianter Form darstellen lassen müssen. Die Schrödinger-Gleichung erfüllt diese Voraussetzung nicht, sondern ist lediglich galilei-invariant.[34] Daher ist sie lediglich eine Näherungsgleichung für niedrige Geschwindigkeiten. Die Erweiterung zur relativistischen

---

[32]Kochen und Specker (1967).

[33]Redhead (1987), S. 169.

[34]Diese Invarianzen implizieren, dass sich die Form der Naturgesetze beim Wechsel zu einem neuen Koordinatensystem, bei sogenannten Koordinatentransformationen, nicht ändert. Den Galilei-Transformationen der klassischen Physik, bei denen Raum und Zeit nicht miteinander verknüpft sind, entsprechen in der Relativitätstheorie die Lorentz-Transformationen, die mit einer vierdimensionalen Raumzeit operieren. Diese zunächst etwas abstrakte Definition bedeutet letztlich nichts anderes, als dass die Naturgesetze der Physik in einer Weise formuliert sein müssen, die nicht von der Position oder dem Bewegungszustand eines Beobachters abhängt. Die Struktur von Raum und Zeit spiegelt sich also in den Transformationsgesetzen der physikalischen Gleichungen wider.

Quantenmechanik und ihre Fortentwicklung zur Quantenfeldtheorie werden wir weiter unten in Kap. 6 noch erörtern. Dies stellt für die Interpretation der Wellenfunktion aber soweit noch kein Problem dar; lediglich ihre mathematische Form muss sich ändern und nun eben so formuliert werden, dass sie nicht mehr den klassischen Galilei-, sondern den relativistischen Lorentz-Transformationen gehorcht. Etwas komplizierter wird die Betrachtung allerdings, wenn man berücksichtigt, dass laut der Relativitätstheorie für einen Beobachter die zeitliche Ordnung von raumartig getrennten, d. h. nicht kausal beeinflussbaren, Prozessen – und auch von Messprozessen – von seinem Bewegungszustand abhängt. Die Relativitätstheorie gibt mit der Lorentz-Transformation eine Regel an, wie die zeitliche Ordnung sich abhängig vom Bewegungszustand des Beobachters kontinuierlich transformieren lässt. So ist es für gegeneinander in Bewegung befindliche Beobachter laut der Relativitätstheorie möglich, dass für den einen ein Ereignis A vor einem anderen Ereignis B stattfindet, während der andere Beobachter B vor A vorfindet. Diese Eigenart der Relativitätstheorie liegt an der endlichen Geschwindigkeit von Licht und der vierdimensionalen Struktur unserer Raumzeit.

Bei einer EPR-Situation wird es damit vom Bezugssystem des Beobachters abhängig, ob die Messung von E oder von S zuerst stattfindet und den Kollaps herbeiführt. Wenn E und S gegeneinander in Bewegung sind, kann also jeder von ihnen behaupten, er habe den Kollaps der Wellenfunktion bewirkt. Die Frage ist nun, ob wir jedem Beobachter eine eigene Wellenfunktion zugestehen müssen oder ob es nicht doch eine einzigartige Wellenfunktion gibt, die das gesamte Wissen über das quantenmechanische System widerspiegelt.

Die Tatsache, dass der Kollaps der Wellenfunktion vom Bezugssystem abhängt, macht die letztere Möglichkeit zunichte, denn dann könnte man sich gegenseitig ausschließende Ereignishistorien konstruieren. Diese hochinteressante, aber konzeptionell sehr anspruchsvolle und in der Literatur nur wenig wahrgenommene Thematik wollen wir kurz an einem Beispiel illustrieren.[35]

Wie beim Standard-EPR-Experiment sollen zwei verschränkte Teilchen ausgesendet werden. Nehmen wir nun an, E vollzieht eine Spinmessung parallel zur y-Achse, während S eine Spinmessung entlang der z-Achse durchführt. Jeder erhalte einen positiven Wert des Spins als Messwert. Dies ist möglich, weil beide in verschiedenen Orientierungen messen. Für E wird nun nach seiner Messung das System im Eigenzustand zur y-Spinrichtung sein, für S hingegen entlang der z-Spinrichtung. Zwischen diesen beiden Eigenzuständen gibt es keine kontinuierliche Transformation. Im Gegensatz ist für jeden der beiden Beobachter der Ausgang des anderen Experiments vollkommen ungewiss, denn gemäß der

---

[35]Eine der wenigen Ausnahmen, die leider die Kopenhagener Deutung nicht angemessen berücksichtigt, findet sich bei Maudlin (1994). Es gibt jedoch Experimente, die mit Hilfe sehr schnell geschalteter Filter diesen Effekt getestet haben. Solche sogenannten „*before-before*"-Experimente sind diffizil, aber zumindest mit der Kopenhagener Deutung kompatibel, siehe Zbinden et al. (2001).

heisenbergschen Unschärferelation, die auch für Spinmessungen gilt, ist für jeden der beiden der Zustand des anderen Photons in der zu der selbst gemessenen Spinrichtung orthogonalen Orientierung vollkommen unbestimmt.

So beschreibt E den physikalischen Zustand korrekt, wenn er sagt, dass nach seiner Messung das System aus beiden Photonen sich im y-Spinzustand befindet, bis die Messung bei S stattgefunden hat – was für ihn zeitlich später stattfindet –, während S umgekehrt Gleiches für den z-Spinzustand behaupten kann – schließlich findet in seinem Bezugssystem seine Messung früher statt. Es gibt keine beobachterunabhängige, objektive Beschreibungsweise, die den einzig „wahren" Zustand darstellen könnte.

Diese Schwierigkeiten im Zusammenhang mit der Relativitätstheorie erwachsen der Kopenhagener Deutung daraus, dass der Kollaps der Wellenfunktion instantan erfolgt und nicht mit Lichtgeschwindigkeit. Sonst nämlich ließe er sich gemäß den bekannten Transformationsregeln darstellen. Wenn also die Wellenfunktion nicht als physikalisch reale Größe, sondern als Wissen oder Wissbares über einen quantenmechanischen Zustand gedeutet wird, so muss dieses Wissen stets auf einen bestimmten Beobachter hin spezifiziert werden, so wie in der Relativitätstheorie die zeitliche Abfolge von (raumartig getrennten) Ereignissen. Nur auf diese Weise lässt sich die friedliche Koexistenz mit dem Relativitätsprinzip aufrechterhalten. Der „Erwartungskatalog" der Wellenfunktion ist also tatsächlich ein „privater Erwartungskatalog".[36] Es ist unmöglich, eine allgemeine Wellenfunktion aufzustellen, die für alle Beobachter zu allen Zeiten Geltung hat.

Deswegen müssen die Wellenfunktionen verschiedener Beobachter nicht prinzipiell inkompatibel sein, im Gegenteil: Wenn beide Beobachter das Experiment im Nachhinein analysieren, werden sie feststellen, dass sie sich ex post zum einen für die Zeit nach den Messungen auf eine gemeinsame, ideale Wellenfunktion einigen können, die das Wissen beider inkorporiert. Zum anderen werden sie jedoch für die Zeit zwischen den Messungen jeder ihre private Wellenfunktion zur

---

[36] Wir benutzen hier diesen trefflichen Ausdruck Schrödingers in einem allgemeineren Sinn als er selbst. In Schrödinger (1935) gebrauchte er zwar ebenfalls den Ausdruck „privater Erwartungskatalog", bzw. „privater Maximalkatalog". Dort bezog er das Wörtchen „privat" allerdings nicht auf unterschiedliche Beobachter, sondern auf die beiden verschiedenen Teilchen in einem verschränkten Zustand. Schrödinger wies damit auf die bereits diskutierte Unteilbarkeit der Wellenfunktion hin, nicht auf die epistemische Divergenz raumartig getrennter Beobachter. Für die spätere Diskussion zu beachten bleibt, dass die Terminologie vom Erwartungskatalog noch ein wenig stärker die subjektive Komponente hervorhebt als die Bohr-heisenbergsche Bezeichnung „Wissen um künftige Messwert-Verteilungen". So kritisiert auch der Theoretiker David Mermin, dass „Wissen" als ein subjekt-unabhängiges Faktum missverstanden werden könnte, und schlägt stattdessen den englischen Begriff *„belief"* vor, der nicht nur „Glaube", sondern auch „Überzeugung" bedeuten kann und der schrödingerschen Position sehr nahe kommt. In der Tat wäre Bohr und Heisenberg diese Position wahrscheinlich zu subjektbetont. Mermin ist ein Vertreter des Quanten-Bayesianismus, einer Interpretation der Quantenphysik, die den Wahrscheinlichkeitscharakter der Quantenwelt besonders betont. Diese Interpretation steht der Kopenhagener Deutung nahe, weshalb wir sie nicht dezidiert diskutieren. Sie besitzt aber ebenso Bezugspunkte zur Informationsinterpretation Anton Zeilingers, die wir in Kap. 5.8 ausführlich erörtern.

Beschreibung des Experiments verwenden müssen. Deren Aussagen widersprechen sich zwar nicht – und dürfen dies bei einer korrekten Beschreibung auch nicht –, sie geben aber zu bestimmten Zeiten eine unterschiedliche Beschreibung des Quantensystems entsprechend der unterschiedlichen Messsituation. Diese Beschreibungsweisen lassen sich nicht ineinander überführen, sondern sind strikt privat, also nur für einen Beobachter in seinem jeweiligen Bezugssystem gültig. Dies ist eine Präzisierung der Kopenhagener Deutung, deren Konsequenzen die Abwendung vom Objektivitätsideal der klassischen Physik noch schärfer hervortreten lassen – oder etwas feuilletonistisch ausgedrückt: Es gibt in unserer Realität eine ganze Menge Objektivitäten.

Alternative Interpretationen der Quantenmechanik

5

> *Es gibt nacheinander und nebeneinander unzählig viele Welten.*
>
> *(Anaximander)*

Die bereits erwähnten Widerstände gegen die Aufgabe des Ideals der klassischen Naturbeschreibung haben zahlreiche Forscher und Denker dazu gebracht, alternative Deutungsmuster zur Kopenhagener Deutung vorzuschlagen. Die wichtigsten sollen hier vorgestellt werden; wobei die Auswahl natürlich ein wenig willkürlich ist, aber trotzdem nicht nur die bekanntesten und einflussreichsten, sondern auch ein paar der unbekannteren, aber dennoch interessanten Interpretationen beinhaltet. Zur Gültigkeit dieser Interpretationen sei angemerkt, dass es jedem einzelnen Forscher natürlich vorbehalten ist, seine eigene, private Interpretation beizubehalten, solange diese ihm bei seiner Forschung dienlich ist. Es kann ja nur im Sinne der Wissenschaft sein, eine Vielfalt von Motiven und Motivationen in die wissenschaftliche Arbeit einfließen zu lassen und dadurch eine heuristische Breite zu erreichen, die durch eine übermäßig einseitige Sichtweise oder Anschauung verloren ginge. Für die philosophische Reflexion jedoch ist eine das gesamte Theoriegebäude berücksichtigende Schärfe erforderlich, die auf den heuristischen Aspekt lediglich als solchen Bezug nehmen und keine Verallgemeinerungen aus ihm ziehen kann.

Die bekanntesten Interpretationen neben der Kopenhagener Deutung sind die Vielwelten-Interpretation und die bohmsche Führungswellentheorie. Sie haben die größte Verbreitung und besitzen die stärkste Popularität. Die anderen Interpretationen sind deshalb nicht unbedingt schlechter. Teilweise genießen sie zu Unrecht geringe Bekanntheit. Dies liegt aber auch daran, dass die Landschaft der Interpretationen etwas unübersichtlich und die Lage etwas zersplittert ist. Auf manchen Gebieten vertritt jeder Interpret seine eigene Deutung, die sich im Laufe der Zeit noch ändert.

Nichtsdestotrotz fällt bei der Debatte um die Interpretation der Quantenmechanik auf, dass nach einer längeren, ruhigeren Phase gegenwärtig wieder intensiv über

© Springer-Verlag Berlin Heidelberg 2017
D. Eidemüller (Hrsg.), *Quanten – Evolution – Geist*,
DOI 10.1007/978-3-662-49379-3_5

111

die Grundfragen diskutiert wird. Zum größten Teil liegt dies sicherlich an der technischen Weiterentwicklung in den letzten Jahren, die es ermöglicht, u. a. mit quantenoptischen Mitteln viele der wichtigen Gedankenexperimente endlich realiter durchzuführen. Dazu gehören verschiedene EPR-Experimente, Quantenteleportation, bei der Zustände identisch auf ein anderes System übertragen werden, verschränkte Quantenbits im Quantencomputing, Quantenkryptographie, Dekohärenzeffekte und vieles mehr. Mit diesem direkten Nachweis der Bedeutung quantenmechanischer Phänomene nicht nur für wissenschaftliche Spezialprobleme, sondern auch für die Technologien unserer Berufs- und Lebenswelt ist die philosophische Frage, wovon die Quantentheorie denn nun eigentlich handelt, wieder stärker in den Mittelpunkt gerückt.[1]

Jede der vorgeschlagenen und teilweise noch in Entwicklung befindlichen Interpretationen besitzt ihre eigenen Vorzüge und Nachteile, die oft erst in einem größeren philosophischen Kontext Sinn machen. Es lässt sich auch nicht ohne weiteres behaupten, lediglich die Kontingenz der historischen Entwicklung habe aufgrund der Popularität gewisser philosophischer Strömungen die Kopenhagener Deutung gegenüber anderen bevorzugt.[2] Viele Physiker, und unter ihnen insbesondere Einstein, hatten explizite Gründe, zwar die Kopenhagener Deutung nicht zu mögen, die hier diskutierten Alternativinterpretationen aber ebenfalls abzulehnen. Diese Gründe liegen in der theoretischen Struktur, den zugrundeliegenden Konzepten und dem Realitätsverständnis der Alternativinterpretationen.

Die meisten dieser Alternativinterpretationen zeichnen sich dadurch aus, dass sie eine möglichst realistische Interpretation des Formalismus zu geben versuchen.[3] Zu diesem Zweck müssen sie einen Mechanismus angeben, mit dem sie das *Mess-* oder *Reduktionspostulat* (unser Axiom V) umgehen können. Aufgrund der durch das bellsche Theorem nachgewiesenen Nichtlokalität der Natur gerät allerdings jede Theorie, die die Wellenfunktion nicht als Wissen, sondern als real existierende Größe auffasst, in ernsten Konflikt mit den Grundlagen der Relativitätstheorie.

Wir werden an dieser Stelle nur einige der vorliegenden Interpretationen skizzieren; es sind ihrer zu viele und sie sind zu komplex, um sie ausführlich behandeln zu können.[4] Stattdessen wollen wir ihre philosophisch zentralen Punkte und die aus ihnen folgenden Konsequenzen diskutieren. Wir werden uns zunächst eingehend mit

---

[1]Zu den wichtigsten Interpretationen der Quantenmechanik siehe Baumann und Sexl (1984). Zum Stand der akademischen Debatte in der Philosophie der Physik vergleiche Esfeld (2012).

[2]Diese These hat Paul Forman ausgearbeitet, u. a. in Forman (1971); in neuerer Zeit wird sie etwa von James Cushing vertreten, etwa in Cushing (1993).

[3]Auf die etwas esoterischeren Ansätze wie z. B. die „*many-minds*-Interpretation" können wir hier nicht näher eingehen. An dieser Stelle sei auch an Karl Poppers Interpretationsansatz erinnert, der eine realistische Ensemble-Interpretation vorschlug. Dieser Weg führte jedoch in die Irre, da Popper die Wellenfunktion als klassisch-statistische Verteilungsfunktion interpretierte, wobei er jedoch die unausweichlichen Korrelationen übersah, siehe Popper (1967); diesen Ansatz kritisiert hat u. a. Erhard Scheibe in Scheibe (1974), vergleiche auch Kap. 2.10.

[4]Eine Diskussion einiger wichtiger Interpretationen und eine präzise, technische Behandlung ihrer theoretischen Grundlagen findet sich bei d'Espagnat (1989).

der Vielwelten-Interpretation und der bohmschen Führungswellentheorie beschäftigen, bevor wir uns mit mehreren anderen Ansätzen auseinandersetzen. Diese gehören vor allem zu verschiedenartigen ontologisch-realistischen Sichtweisen. Die Betrachtung schließt mit zwei Interpretationen, die am anderen Ende des hier ausgeloteten Interpretationsspektrums stehen, nämlich mit einer informationstheoretischen und einer instrumentalistischen Deutung.

Der Grund für die Auswahl und die thematische Breite der im Folgenden erörterten Interpretationen liegt nicht nur darin, die Eigenheiten der Quantenphysik aufzuzeigen und die intellektuellen Verrenkungen, um die sich jeder gedankliche Artist bemühen muss, der sich auf sie einlässt. Auch die Betrachtung des historischen Werdeganges der Debatte, der eine gewisse Tendenz zur Formalisierung zeigt, ist eher zweitrangig, obschon er viele erhellende Entwicklungen in sich birgt. Unsere Diskussion ist eher konzeptionell orientiert; denn viele Interpretationen besitzen interessante Ansätze und Aspekte, die die Eigenheiten der Quantenphysik oder ihrer philosophischen Konsequenzen aus ihrer jeweiligen Perspektive schärfer beleuchten als andere und damit unser Verständnis zu vertiefen vermögen.

5.1 Die Vielwelten-Interpretation

Diese Interpretation ist mit Sicherheit eine der bizarrsten und mutigsten Deutungen des quantenmechanischen Formalismus. Trotz befremdlicher Eigenschaften besitzt sie jedoch auch einige Vorzüge, so dass sie eine gewisse Verbreitung besitzt. Sie geht auf einen Vorschlag von Hugh Everett zurück, der den Begriff der Beobachtung aus der Interpretation der Quantenmechanik entfernen wollte und zu diesem Zweck den relativen Zuständen der Wellenfunktion eine eigenständige Existenz zuwies.[5] Bryce DeWitt hat diesen Ansatz dann erweitert zu der heute bekannten *Vielwelten-Interpretation*.[6] Diese ist nicht zu verwechseln mit ähnlichen, weniger populären Interpretationen, die eine Aufspaltung des Bewusstseins oder mögliche Wechselwirkungen zwischen Paralleluniversen annehmen.

5.1.1 Das sich aufspaltende Universum

Die Vielwelten-Interpretation begreift die Wellenfunktion als objektives Fundament der Natur, das weder einem Kollaps unterliegt noch lediglich das Wissen von Beobachtern widerspiegelt. Die Wellenfunktion ist vielmehr das eigentlich Seiende, die

---

[5]Aus diesem Grund spricht man auch von „Relativer-Zustands-Interpretation". Beim EPR-Experiment etwa sind die wechselseitigen Abhängigkeiten der korrelierten Teilchen relativ zueinander bestimmt, auch wenn wir keine sichere Vorhersage über den Messausgang machen können; siehe Everett (1957).

[6]Siehe hierzu den Band DeWitt und Graham (1973); er enthält auch Everetts Aufsatz: Everett (1973).

einzig wirkliche Entität in unserer Welt. Sie beschreibt nicht nur das Quantenobjekt, sondern schließt auch das Messgerät und den Beobachter ein. Da wir nun aber in der makroskopischen Welt keine wellenförmigen Superpositionen wahrnehmen können, wie sie sich aus der Wellenfunktion ergeben, muss irgendwie der Übergang zum einzelnen Messwert, zu unserer makroskopischen Realität stattfinden. Die Vielwelten-Interpretation behauptet nun, dass nicht etwa die Wellenfunktion kollabiert – schließlich schreibt sie ihr die tiefste Existenz zu –, sondern dass sich das Universum bei jeder Auflösung von Überlagerungszuständen instantan aufspaltet, und zwar so, dass jeder mögliche Messwert in einem eigenen Universum realisiert wird. Schrödingers Katze wird sich also nach Ablauf der Messzeit einmal tot und einmal lebendig wiederfinden in zwei verschiedenen Universen. Dabei sind die beiden Universen exakte Kopien ihres Ursprungsuniversums, mit der Ausnahme der durch den Quantenprozess hervorgerufenen Veränderungen. Die Universen sind außerdem vollständig kausal entkoppelt und besitzen keinerlei Einfluss aufeinander. Daher sind sie prinzipiell unbeobachtbar, was wiederum die Anhänger der anderen Interpretationen monieren.

Da nun ständig und überall Quantenübergänge stattfinden, spaltet sich jedes Universum immerwährend in Myriaden von Subuniversen auf, welche sich weiter spalten und so fort. Die Vielwelten-Interpretation trägt ihren Namen also sehr zu Recht. Die Wahrscheinlichkeiten, mit denen wir verschiedene Ergebnisse messen, stammen daher, dass die Anzahl der Subuniversen mit einem entsprechenden Ausgang der Messung die Amplitude der Wellenfunktion widerspiegelt. Eine Kopie von uns wird in einem anderen Universum ein anderes Ergebnis messen. Je wahrscheinlicher ein Ergebnis ist, desto eher wird eine Kopie von uns sich also in einem Subuniversum wiederfinden, in dem dieses Ergebnis herausgekommen ist. Der Übergang vom Superpositionszustand zum makroskopischen Effekt wird dabei als Dekohärenz aufgefasst, die durch die Dimension des planckschen Wirkungsquantums vorgegeben ist. Dadurch verliert der Begriff der Messung den grundlegenden Charakter, den er etwa in der Kopenhagener Deutung besitzt. Die Vielwelten-Interpretation kommt somit einerseits ohne überlichtschnelle Kräfte aus, andererseits betrachtet sie die Wellenfunktion als grundlegende, reale Entität.

5.1.2 Zusammenhang mit dem bellschen Theorem

Wie wir bereits bei der Diskussion von Bells Theorem festgestellt haben, lässt die Natur keine gleichzeitig lokale und realistische Interpretation der Quantenphänomene zu, falls wir die Bedingung der kontrafaktischen Definitheit aufrecht erhalten wollen. Die Vielwelten-Interpretation ist dennoch realistisch und lokal, dafür verletzt sie die kontrafaktische Definitheit! Was diese Sonderbedingung bedeutet, wird uns hier deutlich vor Augen geführt: Denn wenn eine Messung nicht nur das eine von uns gemessene Ergebnis liefert, sondern alle möglichen Messergebnisse, so können diese anderen Messergebnisse nicht in unserem Universum liegen, sondern müssen in anderen Universen realisiert sein. Damit ist die Vielwelten-Interpretation die einzige Interpretation der Quantenmechanik, die von diesem

Schlupfloch explizit Gebrauch macht und den möglichen interpretativen Spielraum bis in diesen Winkel ausschöpft. Deshalb kann sie als einzige Interpretation auch für sich beanspruchen, sowohl lokal als auch realistisch zu sein. Damit kommt sie dem Ideal der klassischen Naturbeschreibung in einer gewissen formalen Hinsicht am nächsten, auch wenn man die Existenz eines sich kontinuierlich aufspaltenden Multiversums wohl kaum noch als besonders klassisch bezeichnen mag; denn Lokalität bedeutet hier lediglich Nichtexistenz überlichtschneller physikalischer Wechselwirkungen – die Vielfachheit unterschiedlicher Universen ist hiervon natürlich unberührt.

5.1.3 Konsequenzen und Probleme der Vielwelten-Interpretation

Mit Hilfe der genannten Annahmen kann die Vielwelten-Interpretation den von ihr kritisierten Anthropozentrismus (also die Annahme eines makroskopischen Beobachters) bei der Deutung der Quantenphänomene umgehen und folglich insbesondere unser Messpostulat (Axiom V) vermeiden, allerdings auf Kosten einer immens aufgeblähten Ontologie von Universen. Die meisten Physiker und Philosophen lehnen diese Interpretation ab, unter anderem aufgrund der von „Ockhams Rasiermesser" geforderten ontologischen Sparsamkeit.[7] Es sollte aber erwähnt werden, dass sich die Vielwelten-Interpretation insbesondere unter Kosmologen doch einer gewissen Beliebtheit erfreut, da sie es erlaubt, die Quantenmechanik auch in der Frühzeit des Universums anzuwenden, als der Kosmos noch eine winzige Ausdehnung hatte und als noch keine Beobachter oder makroskopischen Messgeräte zur Verfügung standen, die einen Kollaps hätten bewirken können.

Es ist laut der Kopenhagener Deutung schon aus rein logischen Gründen unmöglich, dem Universum als Ganzem eine Wellenfunktion zuzuschreiben; denn man könnte niemandem die Rolle eines externen Beobachters zuweisen und die Wellenfunktion würde nicht kollabieren. Und wessen Wissen würde die Wellenfunktion repräsentieren? Manche Anhänger der Vielwelten-Interpretation sehen diese Beschränkung als gravierenden Mangel an und betrachten es als großen Vorzug ihrer Deutung, dass es nun möglich wird, dem Universum eine Gesamtwellenfunktion zuzuweisen. Die Tatsache, dass das Universum sich dann aber ständig und immer weiter aufspaltet und verzweigt, empfinden sie als geringeres Problem. Der der Quantenmechanik inhärente Indeterminismus spiegelt sich in der Vielwelten-Interpretation wider in der Unvorhersagbarkeit, in welchem Zweig des Multiversums wir uns wiederfinden werden.

Die Vielwelten-Interpretation ist prognostisch äquivalent zur Kopenhagener Deutung. Sie führt keine neuen Terme oder Kräfte ein und benutzt denselben Formalismus. Weiterhin kann sie auf unser Axiom V verzichten. Der Kollaps der

---

[7]Nach dem Scholastiker Wilhelm von Ockham ist es ratsam, beim Vorliegen mehrerer Theorien für ein bestimmtes Phänomen derjenigen Erklärung den Vorzug zu geben, die mit der geringsten Anzahl an Annahmen auskommt.

Wellenfunktion wird nicht mehr gebraucht, da die Wellenfunktion sich stets in den verschiedenen Subuniversen realisiert. Die Vielwelten-Interpretation ist also theoretisch gesehen ein bisschen einfacher strukturiert als die Kopenhagener Deutung, ontologisch jedoch beliebig vielfältiger. Sie ist epistemisch jedoch weniger vielschichtig, da sie keinen Schnitt zwischen Messgerät und Beobachter erfordert. Bis heute konnte kein Experiment erdacht werden, das zwischen diesen Interpretationen unterscheidet. Es wird jedoch vermutet, dass sich auf kosmologischen Skalen Unterschiede ausfindig machen lassen, doch konnte diese Vermutung noch nicht weiter präzisiert werden. Die Präferenz für diese Interpretation scheint also rein eine Frage des persönlichen Geschmacks zu sein.

Man ist nun versucht, moralische Bedenken gegen diese Interpretation ins Feld zu führen. Denn ein gedankenloser Physiker könnte vielleicht auf die unziemliche Idee verfallen, das Gedankenexperiment von Schrödingers Katze realiter umzusetzen, und sich dann entschuldigen, die Katze würde ja zumindest in einem Zweig von Universen überleben. Aber diesen Einwänden ließe sich immer noch entgegenhalten, dass ein solches Verhalten eben in einem anderen Zweig von Universen schadvoll und deshalb zu vermeiden sei.

Die Vielwelten-Interpretation wird äußerst unterschiedlich rezipiert. Während ihre Anhänger die mathematische Geschlossenheit und den fehlenden Anthropozentrismus als Pluspunkte ins Feld führen, lehnen ihre Kritiker diese Interpretation aufgrund ihrer schwindelerregenden Ontologie und der prinzipiellen Unbeobachtbarkeit der Paralleluniversen ab. Andere wiederum bestreiten, dass es sich bei der Vielwelten-Interpretation überhaupt um eine ernsthafte Interpretation handelt.

Wenn wir einen genaueren Blick auf die Ontologie der Vielwelten-Interpretation werfen, stellen wir fest, dass es ihr dank der Einführung von sich aufspaltenden Paralleluniversen tatsächlich zu gelingen scheint, eine Vereinheitlichung der Grundlagen der Physik – mit der üblichen Ausnahme der Gravitation – zu erreichen. Die gesamte Welt, soweit sie der Naturbeschreibung zugänglich ist, scheint lediglich eine Darstellung der Wellenfunktion zu sein, welche die tiefste Schicht allen Seienden ist. Wenn wir aber berücksichtigen, dass die Schrödinger-Gleichung und die aus ihr folgende Wellenfunktion lediglich nichtrelativistische Geltung besitzen, da sie lediglich galilei-invariant sind, bedeutet das, dass diese Wellenfunktion bloß einen approximativen Grenzfall für gegenüber der Lichtgeschwindigkeit kleine Geschwindigkeiten darstellt. Jede tiefere Theorie muss gemäß den Relativitätsprinzipien lorentz-invariant sein.[8] Die grundlegende Ontologie kann also auch in der Vielwelten-Interpretation nicht aus der durch die approximative Schrödinger-Gleichung bestimmten Wellenfunktion hervorgehen. Ernsthafte Grundlage einer Vielwelten-Ontologie wäre jedoch eine Wellenfunktion, die alle bekannten Kräfte und Materieteilchen im Universum vereinigt – gewissermaßen eine Wellenfunktion am „Ende der Physik", wie es schon häufiger voreilig vorausgesagt worden

---

[8] Wir werden uns im folgenden Kap. 6 mit den relativistischen Erweiterungen der Quantenmechanik befassen.

ist. Noch ist eine solche Entwicklung aber nicht im Entferntesten greifbar. Die Vielwelten-Interpretation liefert daher eher so etwas wie einen methodologischen Interpretationsansatz.

Noch ein weiteres Problem erwächst dieser Interpretation aus der Lorentz-Invarianz, wenn wir die Überlegungen aus Kap. 4.3.6 rekapitulieren. Denn ebenso wie der Kollaps der Wellenfunktion in der Kopenhagener Deutung ist die an dessen Stelle getretene Aufspaltung des Universums ein instantaner Vorgang, der sich sofort im gesamten Universum vollzieht. Die zeitliche Ordnung der Aufspaltung des Universums hängt also vom Bewegungszustand des Beobachters ab! Man kann folglich in dieser Interpretation keine bezugssystemunabhängige Aufspaltungssequenz angeben, so dass verschiedene Beobachter unterschiedliche Sequenzen beobachten. Zu umgehen scheint dieses Problem nur, wenn wir eine zusätzliche Aufspaltung für jeden Beobachter annehmen, was eine weitere Multiplikation mit einer enormen, aber endlichen Zahl bedeutet. Da dies aber den Begriff des Beobachters wieder in die Interpretation einführen würde, der ja gerade vermieden werden soll, müsste man zusätzlich eine Aufspaltung für jeden *möglichen Beobachter* fordern, d. h. für jedes mögliche Bezugssystem. Dies entspricht einer Multiplikation mit einer unendlichen großen Zahl. Was das für die Vielwelten-Interpretation zu bedeuten hat, ist auch den Anhängern dieser Interpretation unklar, aber angesichts der Myriaden von Universen macht es vielleicht auch keinen Unterschied, ob eben auch noch für jeden möglichen Beobachter ein zusätzliches Subuniversum entsteht. In der Literatur findet dieser Punkt jedenfalls bislang keine Beachtung.

Der größte Schwachpunkt dieser Interpretation liegt jedoch in der Tatsache, dass sich über die Natur der Aufspaltung keine plausible Aussage treffen lässt. Sie hat den Charakter eines rein ad hoc eingeführten Postulates, welches bloß den Kollaps der Wellenfunktion beseitigen soll und in keiner Weise physikalisch motiviert ist. Der als Dekohärenz zu verstehende Übergang von quantenmechanischen Wahrscheinlichkeiten zu den makroskopischen Multi-Realitäten lässt zudem offen, wann, wo und wie genau die Aufspaltung der Subuniversen stattfindet und wie ein solche Trennung zu verstehen ist.

Damit steht für einige Interpreten das Verdikt fest: „The MWI [Many Worlds Interpretation] does not help with understanding the measuring process, neither in ‚classical' quantum mechanics nor in quantum cosmology."[9] Insbesondere wenn wir uns den Inhalt des letzten Abschnitts vor Augen führen, fällt es schwer zu glauben, woher das Universum „wissen" sollte, in Bezug auf welche möglichen Beobachter es sich aufzuspalten hat. Dank dieses Aufspaltungspostulates gestattet es die Vielwelten-Interpretation zwar, eine axiomatisch und scheinbar auch philosophisch simplere und dem Erkenntnisideal der klassischen Physik näher stehende Interpretation als die Kopenhagener Deutung aufzustellen, kann dies aber nur auf Kosten einer waghalsigen und nicht verifizierbaren Ontologie, deren philosophische Bedeutung kaum abzustecken ist.

---

[9]Stöckler (1989), S. 148.

5.2   Die bohmsche Führungswellentheorie

Auch die bohmsche Interpretation ist eine realistische Deutung der Quantenmechanik. Sie besitzt eine gewisse Popularität unter den Anhängern realistischer Interpretationen und ist eine fertig ausgearbeitete und mathematisch konsistente Theorie, die prognostisch zumindest im nichtrelativistischen Bereich der Kopenhagener Deutung ebenbürtig ist. In ihr wird zusätzlich zu den bekannten physikalischen Kräften eine neue Dynamik in die Schrödinger-Gleichung eingeführt. Diese Dynamik wird ausgedrückt in einer sogenannten Führungswelle, die es erlaubt, das mikroskopische Verhalten in streng deterministischer Form und ohne Bezug auf den Beobachtungsprozess darzustellen. Die Führungswelle bestimmt zusätzlich zu den üblichen physikalischen Kräften die Bewegung der Teilchen und erlaubt eine streng realistische Interpretation des quantenmechanischen Formalismus. In Einklang mit dem bellschen Theorem besitzt sie somit die grundlegende Eigenschaft, nichtlokal zu sein. Diese Interpretation der Quantenmechanik bezeichnet man auch auch als *Führungswellentheorie* oder *-interpretation*.

Erste Ansätze zur Führungswellentheorie stammen von Louis-Victor de Broglie; aufgrund offensichtlicher Konsistenzprobleme zog er sie jedoch zurück.[10] David Bohm gelang es dann, diese Ansätze in eine konsistente Neuinterpretation der Quantenmechanik umzuformulieren.[11] Hiermit gelang es ihm zu zeigen, dass entgegen der damaligen Meinung doch eine realistische Formulierung der Quantenmechanik möglich war.[12] John Stewart Bell, der selbst kein Freund der Kopenhagener Deutung war, kommentierte dies später mit den Worten: „But in 1952 I saw the impossible done. ... the subjectivity of the orthodox version, the necessary reference to the ,observer', could be eliminated."[13] Wir werden aber gleich sehen, dass auch die Führungswellentheorie den engen Vorgaben der Natur gehorchen muss und deshalb zwar eine realistische Interpretation der Quantenmechanik ist, sich in ihrem Realismusbegriff aber doch weit vom herkömmlichen Realismus klassischer Lesart wegbewegen muss.[14]

Interessanterweise hat sich Bohm, der kommunistischem Gedankengut nicht gänzlich abgeneigt war, bei der Aufstellung seiner Führungswellentheorie wohl durch die dialektisch-materialistischen Ansätze von Blochinzew oder Terletzki motivieren lassen, die versuchten, dem Gedankengebäude der Quantenphysik eine

---

[10]Diese Ansätze firmierten noch unter dem Namen „Pilotwellentheorie", siehe de Broglie (1927).

[11]Bohm (1952a,b).

[12]Der Gegenbeweis zum bereits erwähntem von neumannschen Theorem über die Unmöglichkeit einer Theorie mit verborgenen Parametern lag zu diesem Zeitpunkt noch nicht vor, bzw. war Grete Hermanns Analyse in Vergessenheit geraten.

[13]Bell (1987), S. 160.

[14]Eine kurze formale Einführung mit einem vielsagenden Titel liefern Dürr et al. (1995).

Ontologie gemäß hegelsch-marxschen Denkmustern zu verschaffen.[15] Wir werden diese Ansätze weiter unten noch kurz diskutieren. Sie waren eher ideologisch als wissenschaftlich motiviert, sofern man in Interpretationsfragen eine solche Unterscheidung treffen kann. Wenn Bohm seine Theorie vielleicht auch mehr aus philosophischen denn aus ideologischen Gründen entwickelte, so war er aber doch mit Sicherheit durch die Arbeit sowjetischer Physiker auf eine wichtige Fährte gebracht worden. Entsprechend enthusiastisch waren die ersten Reaktionen marxistisch eingestellter Physiker auf die 1952 publizierten Ideen David Bohms.

5.2.1 Die nichtlokalen Eigenschaften der Führungswelle

Die wichtigste Neuerung und Basis für die gesamte bohmsche Interpretation ist die Einführung einer Führungswelle in den Formalismus der Quantenmechanik. Diese Führungswelle wird auch Quantenpotential genannt und bestimmt zusätzlich zu den bekannten Grundkräften das Verhalten der Teilchen. Dieses Quantenpotential hat kein klassisches Analogon und ist als weitere, reale Kraft anzusehen. Sein Verhalten ist solchermaßen, dass es die Teilchen nach streng kausalen Regeln führt und gleichzeitig bewirkt, dass der Kollaps der Wellenfunktion nicht mehr notwendig ist. Denn die Ergebnisse der Messungen werden durch die Gleichung festgelegt. Die Teilchen werden als Punktteilchen im Raum betrachtet, während der Wellencharakter von der Führungswelle übernommen wird. Dadurch lassen sich den Teilchen feste Trajektorien zuweisen und es werden auch keine Quantensprünge mehr benötigt. Der Übergang eines Elektrons von einem Orbital zu einem anderen findet kontinuierlich statt. Die Theorie ist außerdem streng deterministisch. Durch die Anfangsbedingungen, die prinzipiell die Wellenfunktion und die Orte aller Teilchen des Universums beinhalten, ist die zukünftige Entwicklung der physikalischen Eigenschaften des Universums bestimmt. Der quantenmechanische Wahrscheinlichkeitscharakter stammt daher, dass wir den Anfangszustand nicht in beliebiger Genauigkeit wissen können und deshalb ein sogenanntes „Quantengleichgewicht", d. h. eine bestimmte statistische Verteilung der Anfangszustände, annehmen müssen. Die Zeitentwicklung dieser Anfangszustände wird durch die Schrödinger-Gleichung und das Quantenpotential bewerkstelligt, wodurch sich die Verteilung der Anfangszustände in der beobachteten Wahrscheinlichkeit der Endzustände niederschlägt. Die Zeitentwicklung selbst ist aber streng deterministisch, weshalb einige Interpreten diese Theorie auch als „kausale Theorie" bezeichnen. Dies bezieht sich aber nur auf die hypothetische ontologische und nicht auf die epistemologische Situation dieser Theorie!

Da nach dem bellschen Theorem jede realistische Nicht-Vielwelten-Interpretation nichtlokale Wirkungen besitzen muss, verletzt auch die bohmsche

---

[15]Diese These vertritt etwa Andrew Cross in Cross (1991). Im Zuge der McCarthyschen Hexenjagd verlor übrigens auch Bohm als ehemaliger Mitarbeiter Oppenheimers die Arbeitserlaubnis in den USA und ging dann nach Israel und England.

Interpretation das Lokalitätsgebot in Form der Lorentz-Invarianz. Das Quantenpotential besitzt also die Eigenschaft, überlichtschnelle, im Prinzip auch instantane, physikalische Wirkungen über makroskopische Distanzen vermitteln zu können. Weiterhin zeichnet es damit ein bestimmtes Koordinatensystem vor allen anderen aus und verstößt somit zumindest gegen den Geist der Relativitätstheorie. Dies könnte sich als unüberwindbare Schwierigkeit erweisen beim Versuch, die bohmsche Interpretation relativistisch und quantenfeldtheoretisch darzustellen.[16]

Die bei EPR-Phänomenen auftretenden nichtlokalen Effekte, die im Rahmen der Kopenhagener Deutung als Folge der Unteilbarkeit der nichtrealen Wellenfunktion und somit als rein statistische Korrelation von Messergebnissen gewertet werden, werden im Rahmen der Führungswellentheorie als reale, überlichtschnelle Wirkungen betrachtet, wie Einstein sie einst als „spukhafte Fernwirkung" betitelte. Diese durch das Quantenpotential übertragenen Wirkungen sind nicht nur real und können beliebig schnell sein, sie besitzen sogar die Eigenschaft, über beliebige Distanzen gleichbleibende Wirkungen übertragen zu können.

Damit besitzt die Nichtlokalität dieser Theorie einen noch stärkeren Charakter als diejenige des newtonschen Weltbildes, in dem zwar instantane Kraftausbreitung vorgesehen war, aber zumindest der Betrag dieser Kraft mit größeren Distanzen immer weiter abnahm. Wir gelangen folglich zu einem holistischen Weltbild, bei dem das Quantenpotential eine entscheidende ontologische Rolle einnimmt. Dies wollen wir kurz am Doppelspalt-Experiment illustrieren. Während die Kopenhagener eine Welle-Teilchen-Dualität für alle Quantenobjekte annehmen, wird bei der Führungswellentheorie den Quantenobjekten ein strikter Teilchencharakter und dem Quantenpotential ein Wellencharakter zugewiesen. Das Quantenpotential ist eine eigenständige, reale Kraft, die aber nur indirekt über ihre Wirkung auf die Teilchen nachgewiesen werden kann. Sehen wir also hinter dem Doppelspalt einen Punkt auf dem Schirm, so ist dies laut der bohmschen Interpretation der Auftreffpunkt eines punktförmigen Elektrons, das entweder den oberen oder den unteren Schlitz durchflogen hat, und nie im Leben beide, während das Quantenpotential als Welle durch beide Schlitze gegangen ist und durch seine Wechselwirkung mit dem Elektron diesem eine bestimmte, sehr unklassisch aussehende, zickzackförmige Bewegung aufgezwungen hat. Hierdurch ergibt sich für die Elektronen das bekannte Interferenzmuster. Wenn wir nun beispielsweise den unteren Schlitz schließen oder beobachten, so erfährt das Elektron, das durch den oberen Schlitz geht, zwar zunächst nichts davon, aber die Führungswelle wird davon beeinflusst, und sie wiederum wird die Auftreffwahrscheinlichkeit des Elektrons so lenken, wie es auch die Kopenhagener Deutung vorhersagt.

---

[16]Die Führungswelle verletzt aber zumindest nicht ein wichtiges Gebot der Relativitätstheorie: Man kann mit ihrer Hilfe keine Informationen überlichtschnell übertragen, da der Anfangszustand prinzipiell unbekannt ist und der Empfänger deshalb nur statistisches Rauschen aus seinen Daten herauslesen könnte. Diese Bedeutung des Quantengleichgewichtes für die Verschleierung der nichtlokalen Eigenschaften der bohmschen Mechanik hat Antony Valentini herausgearbeitet, siehe Valentini (1991).

5.2.2 Symmetrieüberlegungen und Umgebungsabhängigkeit

Eine wichtige Eigenschaft der bohmschen Interpretation ist die Verletzung der sowohl aus der klassischen Physik bekannten als auch in der Kopenhagener Deutung der Quantenmechanik berücksichtigten Äquivalenz von Orts- und Impulsdarstellung. Diese Äquivalenz bedeutet, dass sich mit bestimmten Transformationsregeln die Bewegung von Teilchen entweder in orts- oder geschwindigkeitsabhängigen Koordinaten ausdrücken lässt. Dies lässt sich für die Führungswellentheorie nicht mehr durchführen, wodurch eine Symmetrieeigenschaft verloren geht, die bei vielen Überlegungen und Beweisen eine wichtige Rolle spielt; hierdurch wird eine Erweiterung der bohmschen Theorie in eine quantenfeldtheoretische Richtung zumindest sehr erschwert.[17]

Nach der Führungswellentheorie sind die Orte der Teilchen die einzig sinnvollen Messgrößen; andere Observablen wie Geschwindigkeit, Beschleunigung, elektrische Felder etc. sind nur von diesen abgeleitet. Lediglich die Ortskoordinaten der Teilchen sind in der bohmschen Theorie wohldefiniert, auch wenn wir ihren genauen Wert nicht bestimmen können. Aus einer Analyse der Theorie folgt sogar, dass es prinzipiell unmöglich ist, eine bessere Verteilung der Teilchenorte anzugeben als durch die aus der herkömmlichen Quantenmechanik bekannte Wahrscheinlichkeitsverteilung. Dies liegt daran, dass sich die Wellenfunktion mit ändert beim Versuch, die Orte genauer zu bestimmen.[18]

Hinzu kommt die vom Kochen-Specker-Theorem geforderte Umgebungsabhängigkeit der Variablen, auch Kontextualität genannt. Aus ihr folgt, dass mit Ausnahme des Ortes alle anderen Variablen, wie etwa Impuls, Drehimpuls, Spin etc., nicht den Teilchen selbst zugeschrieben werden können, sondern nur noch in Wechselwirkung mit der Umgebung, d.h. dem Messgerät, entstehen. Da das Messgerät seinerseits mit seiner Umgebung und dem gesamten Universum in Kontakt steht, kann man diese Eigenschaften also nicht mehr als Eigenschaft eines bestimmten Teilchens interpretieren, sondern nur noch als möglichen Messwert, der sich aus einer komplexen, holistischen Wechselwirkung eines Teilchens mit seiner Umgebung ergibt. Damit wird der Ort eines Teilchens zur einzigen realistisch deutbaren Eigenschaft in der bohmschen Interpretation, was natürlich eine deutliche Einschränkung des Weltbildes der klassischen Physik ist. Dies hat uns aber laut

---

[17]Es ist allerdings gelungen, eine quantenfeldtheoretische Erweiterung der bohmschen Mechanik zu formulieren und Erzeugungs- und Vernichtungsprozesse von Teilchen darstellbar zu machen. Im Bild der bohmschen Mechanik müssten viele der dort gemachten Aussagen anders dargestellt werden und ein explizites Teilchenbild der Elementarteilchen benutzt werden. Noch gibt es deshalb sehr viel Arbeit zu tun, bis von einer prognostischen Äquivalenz der bohmschen Mechanik mit der Standarddarstellung der relativistischen Quantenfeldtheorie gesprochen werden kann. Insbesondere die Probleme mit der Lorentz-Invarianz sind weit von einer befriedigenden Lösung entfernt. Zur quantenfeldtheoretischen Erweiterung der bohmschen Mechanik siehe Dürr et al. (2004) sowie Dürr et al. (2005). Die Probleme mit der Lorentz-Invarianz realistischer Deutungen der Quantenphysik behandelt Maudlin (1994).

[18]Diese Analyse liefern Dürr et al. (1992).

Bell nicht weiter zu beunruhigen, denn „in physics the only observations we must consider are position observables, if only the positions of instrument pointers. It is a great merit of the de Broglie-Bohm picture to force us to consider this fact. If you make axioms, rather than definitions and theorems, about the ‚measurement' of anything else, then you commit redundancy and risk inconsistency."[19] Wer bisher also glaubte, einem Teilchen außer seinem Ort auch noch irgendwelche anderen objektiven Eigenschaften zuschreiben zu können, muss sich eingestehen, bisher einem Trugschluss aufgesessen zu sein.

5.2.3   Ein holistisches und kontextualistisches Realitätsverständnis

Insgesamt also zeichnet die Führungswellentheorie ein außerordentlich interessantes, zugleich aber auch seltsames Bild von der Welt. Zwar benötigt sie keinen erkenntnistheoretischen Schnitt zwischen Beobachter und Quantenobjekt und auch keine Multiversen, aber dafür weist sie den bisher für eigenständig gehaltenen Variablen einen rein kontextuellen Charakter zu, der entscheidend von der Umgebung abhängt. Die alleinige Ausnahme bilden die Ortskoordinaten, die als einzige Observablen ganz realistisch aufgefasst werden können und die sich gemäß streng deterministischen Rechenregeln entwickeln. Die Physik redet nach Bohm im Endeffekt also nur von Orten als objektiv auffassbaren Größen, der Rest ist lediglich abkürzender Sprachgebrauch.

Die Gleichungen der Führungswellentheorie bilden ein deterministisches System, in dem alles durch die Teilchenorte und die Wellenfunktion sowie das Quantenpotential fest vorgegeben ist, so dass die Wellenfunktion laut Bohm genauso wirklich und objektiv gedeutet werden kann wie etwa die elektromagnetischen Felder der maxwellschen Theorie. Diese Analogie ist allerdings eher formaler Natur. So lässt sich etwa das Quantenpotential nicht wie in der klassischen Physik aus der Kenntnis der Anfangsorte der beteiligten Teilchen und ihrer dynamischen Eigenschaften ablesen, sondern hängt auch von der Wellenfunktion ab, und zwar in einer Weise, die über die Kenntnis der eben genannten Variablen hinausgeht. Wie David Bohm und Basil Hiley zeigen konnten, spielen die realen und imaginären Komponenten der allgegenwärtigen Wellenfunktion eine ebenso wichtige Rolle.[20] Damit erhält die Theorie einen holistischen Charakter, der laut Bohm und Hiley noch über die bereits erwähnte Nichtlokalität hinausgeht. Diese beruht darauf, dass die Wirkungen des Quantenpotentials beliebig schnell übertragen werden können, wodurch instantane Wechselwirkungen zwischen Teilchen möglich sind. Das Konzept der Ganzheitlichkeit geht noch darüber hinaus, indem die Eigenschaften der einzelnen Konstituenten von der Konfiguration des Gesamtsystems abhängen. Auch um diesen der klassischen Physik gänzlich fremden Charakter ihrer Interpretation

---

[19]Bell (1982).
[20]Bohm und Hiley (1993).

deutlich zu machen, nennen ihre Protagonisten diese nicht eine realistische, sondern eine ontologische Interpretation, im Gegensatz zur epistemologisch verstandenen Kopenhagener Deutung.

Der Wahrscheinlichkeitscharakter ergibt sich nur aus den verborgenen Anfangsbedingungen (die das gesamte Universum umfassen) und nicht aufgrund eines eigenen Postulates wie in der Kopenhagener Sichtweise. Die Unkenntnis des Anfangszustandes ist also genau wie in der Thermodynamik die Ursache für unsere Unfähigkeit, die zukünftige Entwicklung des Systems vorherzusagen. Allerdings liegt der Grund dieser Unkenntnis bei der Thermodynamik in der Größe des Systems und der übermächtigen Anzahl von Variablen und nicht in der mangelnden Messbarkeit einzelner Teilchen. In der klassischen Thermodynamik ist die Ungewissheit des Anfangszustandes eine pragmatische Annahme, in der Führungswelleninterpretation hingegen ist die Kenntnis des Anfangszustandes eine prinzipielle Unmöglichkeit. Da außerdem die Wellenfunktion die Physik des gesamten Universums bestimmt, bedarf es auch keines externen Beobachters. Und weil die Konfiguration der Teilchen im Rahmen des Quantengleichgewichtes fest bestimmt ist, kann die Führungswellentheorie auch das Reduktionspostulat vermeiden.

Diese recht abstrakten Betrachtungen wollen wir am Beispiel des Wasserstoffatoms ein wenig veranschaulichen. In der Kopenhagener Standardinterpretation ist der Grundzustand des um einen Atomkern befindlichen einzelnen Elektrons – wie in Kap. 2.6.2 geschildert – durch eine kugelsymmetrische, stationäre (d. h. zeitunveränderliche) Wahrscheinlichkeitsverteilung bestimmt. Dies gilt sowohl für den Ort als auch für den Impuls. Bei einer Orts- oder Impulsmessung des Elektrons kommt jeweils ein bestimmter Wert heraus; wobei bei häufiger Durchführung die Messwerte die Wahrscheinlichkeitsverteilung wiedergeben. Solange keine Messung durchgeführt wird, hat es keinen Sinn, von einem bestimmten Ort oder Impuls zu reden.

In der bohmschen Interpretation hingegen hat das Elektron stets einen festen Ort und somit keinen Impuls. Es steht wie festgenagelt an einem bestimmten Ort in der Umgebung des Atomkerns, wobei in unterschiedlichen Wasserstoffatomen die Elektronen an unterschiedlichen Orten sitzen, so dass sich im Mittel wieder die bekannte Wahrscheinlichkeitsverteilung ergibt. Die Orte der einzelnen Elektronen sind durch die unbekannten Anfangsbedingungen gegeben. Auch bei zwei eng aneinanderliegenden Atomen kann das dazu führen, dass ihre Elektronen sich in Bezug auf ihren Atomkern an völlig unterschiedlichen Orten aufhalten.

Wie aber kann ein negativ geladenes Elektron sich unbewegt in der Nähe eines positiv geladenen Protons aufhalten, ohne beschleunigt zu werden? Hierfür zeichnet das Quantenpotential verantwortlich, das sozusagen als ausgleichende Kraft wirkt. Die Tatsache, dass wir außerdem bei einer Impulsmessung keineswegs den Wert Null erhalten, wie man es auf den ersten Blick aufgrund der stillstehenden Elektronen erwarten könnte, liegt nun darin begründet, dass der Impuls in der Führungswelleninterpretation eben keine objektive Eigenschaft des Elektrons ist, sondern sich erst aus einer komplexen, kontextualistischen Wechselwirkung bei der Messung ergibt, so dass wir wieder die aus der herkömmlichen Quantenmechanik bekannte Wahrscheinlichkeitsverteilung erhalten.

5.2.4   Vergleich mit der Kopenhagener Deutung

Dank ihrer Postulate gelingt es der Führungswelleninterpretation, einige der schon seit Aufstellung der Quantenmechanik bekannten Interpretationsschwierigkeiten aufzulösen. An erster Stelle ist dies das Reduktionspostulat mit dem Kollaps der Wellenfunktion sowie die Forderung nach einem externen Beobachter, wodurch die Theorie nun in stark objektivem Sinne interpretierbar wird. Außerdem wird die Welle-Teilchen-Dualität aufgelöst und durch eine Wechselwirkung von Teilchen mit einer Führungswelle ersetzt, die eine zusätzliche Dynamik einbringt. Auf diese Weise gelingt es, eine realistisch-deterministische Interpretation der Quantenmechanik zu geben, während die Kopenhagener Deutung weder realistisch noch deterministisch ist. Diese Eigenschaften hat die Führungswelleninterpretation mit der klassischen Physik gemeinsam und die Rückkehr zu diesen Prinzipien ist wohl auch die wichtigste psychologische Motivation bei ihrer Aufstellung gewesen.

Die Frage bleibt aber, warum sich weder Schrödinger noch Einstein noch ein großer Teil der anderen Physiker, die eine realistische Deutung der Grundlagen ihrer eigenen Wissenschaft bevorzugen, für diese Interpretation erwärmen konnten. Zum einen trägt die Ablehnung sicherlich irrationale Züge, die sich aus der Gewöhnung an die Standarddeutung ergeben oder aus Vorurteilen, wie etwa einer Fehlinterpretation des bellschen Theorems als Unmöglichkeitsbeweis jeglicher Theorie mit verborgenen Parametern. Sicherlich ist auch – bei prognostischer Äquivalenz zumindest im nichtrelativistischen Bereich – die aufgrund der Führungswelle größere mathematische Komplexität für pragmatisch orientierte Physiker keine besonders einladende Eigenschaft. Zum anderen aber liegt es auch an der Struktur der Führungswelleninterpretation selbst, die sich aufgrund ihrer Nichtlokalität und Kontextualität und der Reduktion auf die Ortskoordinaten (bei gleichzeitiger Bevorzugung eines bestimmten Bezugssystems) so weit von der Realitätsvorstellung und vielen wichtigen Prinzipien der klassischen Physik entfernen musste, dass sie nicht notwendig als kleineres Übel erscheint. Einstein etwa hatte einen ähnlichen Ansatz bereits längere Zeit vorher einmal diskutiert. Da er damals bereits von „Gespensterwellen" gesprochen hatte, die die einzelnen Teilchen auf ihrem Weg leiten, ging David Bohm davon aus, dass Einstein von seinem Vorschlag begeistert sein würde. Einstein beschied diesen Vorschlag zu Bohms großem Verdruss jedoch als „zu billig".

Ein grundlegender Vorwurf der Bohmianer an die Kopenhagener ist die explizite Erwähnung des Beobachters und die damit in die Quantenphysik eingeführte Subjektivität. Wie wir aber gesehen haben, ist die Quantenmechanik auch in der Kopenhagener Deutung durchaus objektiv beschreibbar, wenn auch nicht im stark objektiven Sinne der klassischen Physik. Diese oft zitierte Subjektivität ist wiederum leider ein gängiges Vorurteil gegenüber der Kopenhagener Deutung. Dort wird kein bewusster Beobachter benötigt, lediglich die irreversible Vergrößerung auf makroskopische Dimensionen. Es ist jedoch ein erkenntnistheoretischer Schnitt erforderlich, da die Wellenfunktion bloß ein „Vorhersagekatalog" ist und keine reale Entität. Mit diesem Schnitt räumt die Führungswelleninterpretation auf, so wie die anderen realistischen Interpretationen auch. Dadurch erreichen diese

Interpretationen eine größere metaphysische Einheitlichkeit, haben dafür aber laut dem bellschen Theorem mit anderen Schwierigkeiten zu kämpfen.

Das größte theoretische Problem der Führungswellentheorie ist die Tatsache, dass sie sich nicht lorentz-invariant darstellen lässt. Dies führt nicht nur zu großen mathematischen, sondern auch zu konzeptionellen Problemen, die noch einer befriedigenden Lösung harren. Auf der philosophischen Seite entstehen die Probleme eher daraus, dass die bohmsche Mechanik aus einer Ablehnung der als zu idealistisch angesehenen orthodoxen Deutung der Quantenmechanik entstanden ist. Dabei ist es ihr zwar gelungen, anhand weniger Postulate und in mathematisch recht natürlicher Weise eine grundlegende ontologische Umdeutung der Quantenphysik vorzunehmen; doch die Gewinne auf der einen Seite bedingen Verluste auf der anderen, so dass die neue Ontologie mit Sicherheit nicht mehr jene der klassischen Physik ist. Was für eine Weltsicht also genau vertreten wird in dieser realistisch-deterministischen und nichtdualistischen Interpretation, ist nach allem, was wir bisher gesagt haben, nicht gänzlich klar, insbesondere wenn wir die Rolle des Quantengleichgewichts und der kontextuellen Variablen betrachten.

Diese Punkte bedingen, dass in der bohmschen Interpretation zwar den Ortsvariablen ein fester, von der Beobachtung unabhängiger Wert zugeschrieben werden kann, weshalb man von einer ontologisch realistischen Interpretation sprechen kann. Gleichzeitig aber sind die wahren Werte dieser Variablen durch das Quantengleichgewicht verschleiert, so dass wir aus der erkenntnistheoretischen Perspektive des messenden Beobachters diese Ontologie nicht direkt wahrnehmen können. Der impliziten Realität der Wellenfunktion entspricht die explizite Realität, die wir nur anhand der örtlichen Stellung von makroskopischen Objekten und Zeigern feststellen können, bedingt durch die prinzipiell unzugänglichen Anfangsbedingungen. Dies führt zu einer gewissen Uneinheitlichkeit zwischen Ontologie und Epistemologie.

Trotz all dieser Unklarheiten und grundlegenden mathematischen und konzeptionellen Schwierigkeiten sind die Führungswellentheorie und die etwas exotische Vielwelten-Interpretation gegenwärtig die bekanntesten Alternativkandidaten zur Kopenhagener Deutung. Sollte es der Führungswelleninterpretation eines Tages tatsächlich doch noch gelingen, die verbleibenden konzeptionellen Schwierigkeiten aufzulösen und zumindest die wichtigsten Aussagen der relativistischen Quantenfeldtheorien zu reproduzieren, so wird sie nicht nur neue Anhänger gewinnen, sondern dann werden vermutlich auch ihre philosophischen Voraussetzungen und Implikationen in einer bisher unerwarteten Breite diskutiert werden. Und der Gemeinde der Physiker und Philosophen wird eine erkenntnistheoretische Debatte ins Haus stehen, wie sie eine solche vielleicht seit den Tagen von Bohr und Einstein nicht mehr gesehen hat. Die mathematische Struktur dieser Interpretation wirkt jedoch recht eigenartig; und das etwas seltsame Bild, das sie von der Quantenwelt zeichnet – wie am Beispiel des Wasserstoffatoms zu sehen –, ist so weit von der gewohnten Anschauung und den Intuitionen der meisten Forscher entfernt, dass diese Interpretation wohl nur schwerlich eine größere Anhängerschaft unter praktisch arbeitenden Wissenschaftlern finden wird.

5.3   D'Espagnats Konzept einer verschleierten Wirklichkeit

Eine etwas unbekanntere, aber philosophisch sehr interessante und aufschlussreiche Interpretation der Quantenmechanik hat der Pariser Quantentheoretiker Bernard d'Espagnat ausgearbeitet. Er verzichtet auf eine Änderung des Formalismus oder die Einführung eines Multiversums und schlägt stattdessen eine philosophisch mit den Ergebnissen der modernen Physik konsistente Änderung des Realitätsbegriffs vor. Laut d'Espagnat sollten wir aus verschiedenen Gründen zwar am Begriff der Realität festhalten; wir können diese Realität aber nicht mehr im klassischen Sinne als direkt wahrnehmbar oder zumindest intelligibel (durch den Verstand begreifbar) verstehen, sondern nur noch als eine nichtlokale, „verschleierte" Realität.[21] Die ontologischen Interpretationen lehnt er ab aufgrund ihrer Probleme mit der Relativitätstheorie, aufgrund der Tatsache, dass es eine Vielzahl von ihnen gibt, zwischen denen kaum oder gar nicht entschieden werden kann, und weil einige von ihnen bei genauerer Analyse nicht wirklich die erforderliche starke Objektivierbarkeit erfüllen können.

Die tiefer liegende, eigentliche, verschleierte Realität unterscheidet sich von der empirischen Realität, wie wir sie wahrnehmen können. Die empirische Realität lässt sich von uns ergründen und wissenschaftlich beschreiben, wobei wir, wenn wir uns an die Bedeutung der Wellenfunktion erinnern, auf den Begriff der Messung zurückgreifen müssen, wie er sich in der schwachen Objektivierbarkeit der quantenmechanischen Eigenschaften ausdrückt. Die Eigenschaften der eigentlichen Realität sind uns verborgen, trotzdem können wir anhand unserer heutigen Theorien einige wichtige Eigenschaften dieser verschleierten Realität, wie etwa die Nichtlokalität, bestimmen. Dank dieser Unterscheidung gelingt es d'Espagnat, einen bestimmten Realitätsbegriff zu retten. Wir wollen deshalb seine Argumentation und den Begriff der verschleierten Realität genauer analysieren.[22]

---

[21] Die Diskussion seines Standpunktes bezieht sich hauptsächlich auf die Darstellung in d'Espagnat (1983, 1995) sowie in seinem umfassenden Werk über Physik und Philosophie d'Espagnat (2006). Eine ausführliche Behandlung der technischen Methoden und Kritik an diversen ontologischen Interpretationen findet sich bei d'Espagnat (1989). Den Begriff der „verschleierten" Realität hat d'Espagnat wohl bei Einstein entlehnt. Als de Broglie in seiner Dissertation das revolutionäre Postulat vorstellte, dass Teilchen auch Welleneigenschaften zuzuschreiben seien, was von vielen Zeitgenossen als unglaubwürdig oder gar lächerlich angesehen wurde, sandte sein Lehrer in Paris, Paul Langevin, diese Dissertation an Einstein mit der Bitte um eine Stellungnahme. Dieser war von dem Ansatz entzückt und bemerkte, de Broglie habe „eine Ecke des großen Schleiers gelüftet."

[22] An dieser Stelle müssen wir einige klärende Anmerkungen zur Semantik machen, um den häufig durch unterschiedliche Begriffsdefinitionen bewirkten Verwirrungen zu entgehen. So hat Roberto Giuntini zeigen können, dass – wie nach den bisherigen Betrachtungen nicht anders zu erwarten – sich die Aussagen der Quantenmechanik nicht in einer der klassischen Physik entsprechenden Realsemantik ausdrücken lassen und man stattdessen nur noch eine Prozesssemantik aufstellen kann, die in Übereinstimmung mit der orthodoxen Interpretation den Begriff des Messens beinhaltet. Hieraus schließt Peter Mittelstaedt, dass es eine verborgene, verschleierte Realität nicht geben kann. Dies trifft auf den von d'Espagnat benutzten Begriff einer verschleierten Realität allerdings nicht zu, da beide etwas vollkommen Unterschiedliches mit diesem Ausdruck implizieren. Nach mittelstaedtscher Sichtweise ist diese verschleierte Realität ein

5.3.1   Gründe für einen offenen Realismus

Es gibt laut d'Espagnat verschiedene Gründe, den Begriff der Realität nicht vorschnell über Bord zu werfen und anzunehmen, die gesamte Welt sei bloß ein Konstrukt unseres Verstandes. Er wendet sich also insbesondere gegen jeden radikalen Idealismus oder Phänomenalismus. Wie wir uns erinnern (und wie es oft missverstanden wird), haben die Kopenhagener zumindest den makroskopischen Realismus beibehalten und lediglich der Quantenwelt eine Beobachtungsabhängigkeit zugewiesen, wie sie uns von den Alltagsdingen her nicht geläufig ist. D'Espagnat bezieht folgende Gründe aber auch auf den Mikrokosmos, wie er sich in der heute bekannten Quantenphysik zeigt und vielleicht auch in noch tiefer liegenden Schichten der Wirklichkeit und zukünftigen Theorien darbieten mag.

Zum einen besteht das Prinzip der *experimentellen Falsifizierbarkeit*. Wir können wunderbare Theorien aufstellen, die dennoch von der Natur nicht bestätigt werden und verworfen werden müssen. Es ist unglaubwürdig anzunehmen, dass diese Zurückweisung lediglich unserem Geist entspringt. Vielmehr muss es irgendetwas „da draußen" geben, das von uns unabhängig ist.

Weiterhin ist unverständlich, wie *intersubjektive Kommunikation* funktionieren könnte, wenn sie sich nicht auf etwas bezöge. Diese Referenz kann nicht etwas rein Geistiges sein.

Außerdem ist die Frage nach dem *Verhältnis von Wissen und Sein* unbestimmt, wenn wir nicht dem Begriff „Wissen" unterstellen, dass er sich auf etwas real Existierendes bezieht. Wer dem rein sinnlich-empirisch Erfahrbaren den Vorzug vor dem real Seienden geben will, gerät in Gefahr, die Bedeutungshaftigkeit seines Sprachgebrauches zu verlieren.

Diese und andere Gründe bewegen d'Espagnat dazu, den Begriff des „offenen" Realismus einzuführen, den er wie folgt definiert: Es gibt „etwas",[23] dessen Existenz nicht von der Existenz des menschlichen Geistes abhängt. Dies kann man auch als „unabhängige" Realität bezeichnen, womit allerdings nicht gemeint ist, dass wir keinen Einfluss auf diese Realität haben könnten oder umgekehrt.

---

mittels klassischer Konzepte beschreibbarer, in Einzelobjekte zerlegbarer Hintergrund, der Träger stark objektivierbarer Eigenschaften ist, die sich bloß unserer Kenntnis entziehen; sei es aufgrund einer Störung durch den Messprozess oder aus anderen Gründen. Damit bestätigt Mittelstaedts Analyse den in der Unteilbarkeit der Wellenfunktion verwurzelten holistischen Charakter der Quantenphysik, wie wir ihn in den Kap. 2.9, 2.10, 3.7 und 4.3.4 diskutiert haben. Dies deckt sich auch mit der Zurückweisung lokaler verborgener Parameter. Der d'espagnatsche Begriff einer verschleierten Realität hat mit solchen klassisch geprägten Vorstellungen jedoch nichts gemein und muss deutlich von solchen Ansätzen unterschieden werden, so dass er von allen dem obigen Beispiel ähnlichen Unmöglichkeitsbeweisen völlig unberührt bleibt. Zur Literatur siehe Giuntini (1987) und Mittelstaedt (1990).

[23] Dieses „etwas" ist noch vollkommen unspezifiziert, es könnte die Menge aller Objekte, Atome, Ereignisse, Platonischen Ideen oder auch ein göttliches Prinzip sein.

5.3.2   Eigenschaften der unabhängigen Realität

Nach der bisherigen Analyse der Quantentheorie lassen sich verschiedene Aussagen über diese unabhängige Realität machen. Zum einen ist sie nicht „atomisierbar"; das Prinzip der gedanklichen Teilbarkeit in Untersysteme oder kleinste Einheiten, das sich in der klassischen Physik so bewährt hat, ist aufgrund der Nichtfaktorisierbarkeit, d. h. Unteilbarkeit, der Wellenfunktion, die sich in den bekannten Korrelationen ausdrückt, nicht mehr gegeben.

Die unabhängige Realität ist auch nicht wahrnehmbar oder wissbar. Sie ist weder messbar noch intelligibel. Unser Wissen bezieht sich auf die empirische Realität, die gewissermaßen eine Emanation der unabhängigen Realität ist. Dies ist ein bedeutender Unterschied zu den anderen ontologischen Interpretationen. Diese wollen die Quantenmechanik stark objektiv interpretieren, im Gegensatz zur schwach objektiven Form der Kopenhagener Deutung. Dafür müssen sie nichtlokale Eigenschaften in ihre Theorie mit aufnehmen, die die Prinzipien der Relativitätstheorie verletzen. Die größte Stärke der ontologischen Interpretationen, die starke Objektivität, bedingt also zugleich auch ihre größte Schwäche. Da wir aufgrund der hervorragenden experimentellen Stützung des Relativitätsprinzips dieses nicht so ohne weiteres aufgeben sollten, sind wir nach d'Espagnat besser beraten, der Physik die etwas bescheidenere Rolle zuzuweisen, die beobachteten Phänomene zu ordnen und zu erklären – und nicht eine Theorie des eigentlich Seienden zu sein. Diese Eigenschaft kann man mit dem Begriff „Irrationalität" der Wirklichkeit bezeichnen, in dem Sinne, dass sie sich der rationalen Betrachtung entzieht.[24]

Die eigentliche, unabhängige, verschleierte Realität existiert außerhalb von Raum und Zeit. Raum und Zeit gelten d'Espagnat als geistige Kategorien, als Formen unserer Anschauung, mehr oder weniger im kantschen Sinne; nur mit ihrer Hilfe können wir uns ein Bild materieller Objekte machen. Der Grund für die Zurückweisung einer raumzeitlichen Lokalisierbarkeit der unabhängigen Realität liegt wieder in der Tatsache, dass die Verschränktheit quantenmechanischer Zustände dazu führt, dass man die unabhängige Realität als deren Basis nur als verwobenes, holistisches Ganzes denken kann, dessen Teile keine wohldefinierten Plätze in der Raumzeit einnehmen können.

Wenn man nun materielle Objekte als in Raum und Zeit befindlich ansieht, so drängt sich sogleich die Frage auf, was „existieren" in Bezug auf die unabhängige Realität bedeuten mag, wenn man hinzufügen muss: „jedoch nicht in Raum und Zeit"?

---

[24]Diesen Begriff hat d'Espagnat bei Pauli entlehnt, demzufolge die Theorie rational sei, die Wirklichkeit aber nicht.

5.3.3 Philosophische Bedeutung des Begriffs der verschleierten Realität

Es fällt auf, dass d'Espagnat mit dieser Trennung zwischen empirischer und unabhängiger, verschleierter Realität einen weiteren erkenntnistheoretischen Schnitt zieht, der zudem einen ganz anderen Charakter besitzt als derjenige der Kopenhagener zwischen Mikro- und Makrokosmos. In der d'espagnatschen Sicht ist der Kopenhagener Schnitt lediglich ein zur Interpretation des Formalismus notwendiges Mittel, um im Rahmen der Quantenmechanik konsistente Vorhersagen zu ermöglichen. D'Espagnat führt aber darüber hinaus eine ontologische Unterscheidung zwischen dem empirisch Wahrnehmbaren und wissenschaftlich Beschreibbaren einerseits und einer tiefer liegenden Wirklichkeitsschicht andererseits ein, über die sich nur noch indirekte Aussagen machen lassen.

Man könnte nun à la Heisenberg einwenden, dass es keinen Sinn macht, von einer solchen tiefer liegenden Realität zu sprechen. Sie lässt sich weder verifizieren noch falsifizieren, worauf auch d'Espagnat in aller Eindeutigkeit hinweist. Den Kopenhagenern reicht die Verankerung ihres Realitätsverständnisses in der makroskopischen Welt, zu der Messgeräte ebenso wie Alltagsgegenstände gehören. Aber wenn man den oben aufgeführten Gründen für einen offenen Realismus folgen und ihnen auch im Bereich der Mikrowelt eine Bedeutung zusprechen will und wenn man gleichzeitig die Quantenmechanik und ihre Implikationen, zu denen auch das bellsche Theorem gehört, ernst nimmt und sich aus guten Gründen nicht mit den bekannten ontologischen Interpretationen abfinden will, so kommt man kaum umhin, einen Wirklichkeitsbegriff zu entwickeln, wie er sich im Begriff der verschleierten Realität präsentiert.

Dieser Begriff mag auch heuristisch wertvoll sein, denn die Erforschung des Seienden ist seit Menschengedenken eine Grundmotivation der menschlichen Neugier, und mancher Wissenschaftler mag bestrebt sein, dieser verschleierten Realität weitere Eigenschaften zu entlocken, und seien sie, wie die oben aufgeführten, lediglich negativer Art. Es ist auch gar nicht so unwahrscheinlich, dass ein gewisser Teil der Quantenphysiker ähnlichen Konzeptionen anhängt, wenn vielleicht auch nicht in einer solch philosophisch expliziten, ausformulierten Form. Die Kopenhagener waren in ihrem Anspruch bescheidener und haben sich in ihren Realitätsvorstellungen auf den Makrokosmos beschränkt. Auf die Einführung einer tieferen Schicht haben sie verzichtet, was man je nach Lesart als weise bezeichnen kann oder als blindes Folgen einer philosophischen Mode ihrer Zeit.

Der Begriff der verschleierten Realität ist die logisch zu Ende gedachte Vorstellung, was man unter der eigentlichen Wirklichkeit, so man denn ein Bedürfnis nach der Klärung dieser Frage besitzt, heutzutage unter naturwissenschaftlichen Auspizien noch verstehen kann. Die eigentliche Realität muss unterschieden werden von der empirischen Realität unserer Anschauung und der wissenschaftlichen Zugänglichkeit, wie sie sich unter anderem im Rahmen der Quantenmechanik präsentiert. Ihre wahren Eigenschaften sind unbekannt und verborgen, aber einige generelle, negative Aussagen können wir doch über sie machen. Dies wird viele

Realisten nicht zufrieden stellen, während die meisten Phänomenalisten es als unnötige Verdopplung des Realitätsverständnisses betrachten werden. Doch ist diese Konzeption auf dem vorgeschlagenen Weg die einzig gangbare Alternative. Damit liefert d'Espagnat eine konsistente und philosophisch vielversprechende Vorlage zur Diskussion des Realitätsbegriffs in der Quantenphysik und darüber hinaus.

Ein weiterer interessanter Gesichtspunkt am Begriff der verschleierten Realität liegt nun aber auch darin, dass er so etwas wie eine metaphysische Note besitzt – oder besser gesagt: Vor dem Hintergrund dieses Begriffs scheint sich ein größerer Raum für metaphysische Gedankengänge zu öffnen, als andere Interpretationen naturwissenschaftlicher Erkenntnisse üblicherweise zuzulassen scheinen.[25]

5.4 Die Transaktionelle Interpretation von John Cramer

Eine der ungewöhnlichsten Interpretationen ist die von John Cramer vorgeschlagene *Transaktionelle Interpretation*.[26] Bei seiner Deutung versucht Cramer, eine realistische Interpretation der Wellenfunktion zu geben, ohne gleich eine Vielzahl von Welten zu postulieren oder überlichtschnelle, nicht lorentz-invariante Wechselwirkungen anzunehmen. Wie wir aber bei der Diskussion der EPR-Ergebnisse gesehen haben, schließen sich Lokalität und Realität gegenseitig aus. Deshalb hat Cramer einen besonders trickreichen Mechanismus ersonnen, der Mikrokausalität und Lorentz-Invarianz bewahrt, ohne jedoch lokal zu sein.

Das Kernstück der Transaktionellen Interpretation ist die Annahme von sogenannten *avancierten Wellen*. Dies sind zeitlich rückwärts laufende Wellen, die zwar formal von den zeitsymmetrischen Gleichungen der Physik zugelassen sind, aber üblicherweise als physikalisch sinnlos verworfen werden, da sie erstens die Kausalität verletzen und zweitens noch nie ein Phänomen beobachtet wurde, das ihre Existenz hätte bestätigen können.[27] Die Transaktionelle Interpretation hingegen nimmt diese Möglichkeiten ernst. Die avancierten Wellen werden nun in den Formalismus der Quantenmechanik in einer solchen Form eingebaut, dass sie den Kollaps der Wellenfunktion bewerkstelligen können. Dies geschieht, indem sich eine stehende Welle aus retardierten, d. h. normal in der Zeit vorwärtslaufenden, und avancierten, in der Zeit rückwärtslaufenden, Wellen zwischen den Messobjekten

---

[25] Vergleiche d'Espagnat (2006), S. 449 ff. Der wissenschaftstheoretische Gehalt seiner Thesen bleibt jedoch davon unberührt, inwieweit man diesen Folgerungen zuzustimmen bereit ist.

[26] Siehe Cramer (1986) sowie den Übersichtsartikel Cramer (1988).

[27] Denn dies würde bedeuten, dass Ursachen den Wirkungen vorausgehen. Zwar werden einige Probleme in der Physik, insbesondere in der Quantenfeldtheorie, zeitgespiegelt gerechnet, doch geschieht dies gemäß gewissen Symmetrieprinzipien lediglich aus kalkulatorischen Gründen. Da die Grundgesetze der Physik zeitinvariant sind, lassen sich eben viele Probleme mathematisch einfacher in einer bestimmten Zeitrichtung behandeln, indem man einfach Anfangs- und Endbedingungen vertauscht. Es werden jedoch nirgends reale, zeitlich rückwärts laufende Prozesse angenommen.

ausbildet. Durch diesen Kunstgriff lässt sich zugleich auch das Born-Postulat, unser Axiom III – demzufolge das Absolutquadrat der Wellenfunktion die Aufenthalts- wahrscheinlichkeit eines Teilchens angibt –, aus dem Formalismus herleiten und muss nicht mehr eigens aufgestellt werden. Die stehende Welle sorgt somit dafür, dass die Wellenfunktion als eigenständige Entität gedeutet werden kann, deren Kollaps nicht mehr von einem Messprozess abhängt, sondern auf natürliche Weise durch Interferenz der stehenden Welle bedingt wird. Die Wellenfunktion besitzt zwar nach wie vor imaginäre Anteile, aber am Ort der Messung verschwinden diese Anteile durch besagte Interferenz.

Da die Wellen sich in die Zukunft ausbreiten und wieder in unsere Gegenwart zurücklaufen, ist diese Art der Wechselwirkung nicht nur nichtlokal, sondern auch atemporal. Durch den Formalismus wird gewährleistet, dass die avancierten Wellen keinen anderen als den erwähnten Einfluss auf das physikalische Geschehen haben können und nicht etwa Informationen oder Wirkungen aus der Zukunft übertragen können. Damit bleibt die normale Kausalität erhalten. Gleichzeitig reproduziert die Transaktionelle Interpretation die Vorhersagen der Kopenhagener Interpretation, kann jedoch das Reduktionspostulat, unser Axiom V, umgehen und damit die Wellenfunktion realistisch deuten. Sie ist damit eine nichtlokale, objektiv- realistische Interpretation der Quantenmechanik.

Laut ihrem Urheber ermöglicht sie daher eine anschauliche Visualisierung quantenmechanischer Prozesse, die uns im Rahmen der Kopenhagener Deutung vorenthalten bleibt, und besitzt somit den Vorzug, zusätzliche Einsichten in die Mikroprozesse zu liefern. Allerdings muss sie zu diesem Zweck zeitlich rückwärts wirkende Wellen postulieren, was den Anhängern anderer Interpretationen als ein stark überzogenes und ad hoc eingeführtes Postulat erscheint. Aus diesem Grunde wird die Transaktionelle Interpretation zwar als interessante Interpretation wahrgenommen, jedoch von fast niemandem ernsthaft vertreten. Insbesondere das Zustandekommen der stehenden Welle besitzt einige schwer durchschaubare Charakteristika. Es wird von Cramer als „Handschlag" (*handshake*) zwischen korrelierten Objekten bezeichnet. Wie aber ein solcher Handschlag etwa bei zwei mit Lichtgeschwindigkeit auseinander fliegenden, korrelierten Photonen aussehen sollte, ist nicht besonders einsichtig.

Weiterhin ist es bei der Transaktionellen Interpretation notwendig, den Begriff der starken Kausalität von dem der schwachen zu unterscheiden. Erstere besagt, dass in jedem Bezugssystem die Ursache der Wirkung vorangehen muss, während letztere dies auf makroskopische Beobachtungen und Informationsübertragung zwi- schen Beobachtern einschränkt. Offensichtlich ist die Transaktionelle Interpretation nur im schwachen Sinne kausal. Damit führt sie aber doch wieder den Begriff des makroskopischen Instrumentes und des Beobachters in ihre Interpretation ein, obwohl sie diese ja gerade eliminieren wollte. Cramer scheint diesen Punkt überse- hen zu haben. Diese beiden Begriffe tauchen bei der Transaktionellen Interpretation an einer anderen Stelle auf als in der Kopenhagener Deutung, und zwar nicht mehr beim erkenntnistheoretischen Schnitt zwischen Mikrokosmos und Makrokosmos, also beim Übergang zur mikroskopischen Beschreibung durch die Wellenfunktion, sondern bei der Aufstellung des zugrundeliegenden Kausalitätsprinzips. Damit wird ihre Rolle noch schwieriger einsehbar und fast kaum noch interpretierbar. Im Gegensatz zu unseren Axiomen III und V vermag die Transaktionelle Interpretation also den Begriff der Messung und des Beobachters für die Interpretation des Formalismus keineswegs zu verbannen, sondern weist ihnen lediglich einen deutlich dunkleren Platz zu als die Kopenhagener Deutung.

Aufgrund all dieser offenen Punkte behauptet selbst Cramer, die Transaktionelle Interpretation sei eher eine Art zu denken als eine Art zu rechnen. Wem diese Imaginationsweise gefällt, der mag fruchtbar mit ihr arbeiten. Sie kann aber aufgrund der angesprochenen Mängel mit Sicherheit nicht ihre versprochenen erkenntnistheoretischen Ansprüche einlösen und besitzt mit den avancierten Wellen zusätzlich eine ansonsten in der Physik unbekannte und fremdartig wirkende Eigenschaft. Aus diesen Gründen ist sie als zwar heuristisch interessante und außerordentlich originelle, aber konzeptionell etwas kurz gegriffene und den anderen Interpretationen nicht gewachsene Deutung anzusehen.

5.5　Nichtlineare Erweiterungen des Formalismus und spontane Lokalisation

Es gibt verschiedene Ansätze, den mathematischen Formalismus zu verändern, um das Reduktionspostulat zu umgehen. Diese Ansätze haben gemein, dass sie prinzipiell experimentell unterscheidbar sind von den Vorhersagen der Quantenmechanik. Hierdurch unterscheiden sie sich von den meisten anderen Interpretationen. Da aus der mathematischen Eigenschaft der Linearität der Wellenfunktion folgt, dass auch bei Vielteilchen-Systemen (wie in Festkörpern) Überlagerungszustände auftreten können, was unserer makroskopischen Erfahrung widerspricht, besteht eine Möglichkeit, dies zu umgehen, darin, einen nichtlinearen Zusatzterm zur Schrödinger-Gleichung hinzuzufügen. Andere Möglichkeiten, die Linearität und die Superposition zu brechen, liegen in stochastischen Modellen der Zustandsreduktion. Diese Methoden könnten dafür sorgen, dass rein mathematisch eine bestimmte Lösung aus der Schar möglicher Lösungen heraussortiert wird, ohne dass Bezug auf eine makroskopische Messung genommen werden muss. Da die lineare Schrödinger-Gleichung aber alle Messergebnisse exakt vorhersagt, müssen die Parameter bei diesen Alternativinterpretationen sehr sorgfältig gewählt sein, um nicht in Widerspruch zum Experiment zu geraten. Es wird auch die Hoffnung gehegt, dass eine nichtlineare Schrödinger-Gleichung so etwas wie einen Zeitpfeil in die fundamentalen Gleichungen der Physik einführen könnte.[28] Dann wäre eventuell

---

[28] Roger Penrose etwa, der als grundlegende Theorie der Physik eine zeitasymmetrische Theorie der Quantengravitation postuliert, steht diesen theoretischen Entwicklungen dementsprechend positiv gegenüber. Eine solche Theorie sollte die Singularitäten (also die Unendlichkeiten) in der Allgemeinen Relativitätstheorie eliminieren, den Zusammenbruch der Wellenfunktion erklären und das Rätsel des Zeitpfeils auf grundlegende Gesetzmäßigkeiten zurückführen. Dies sind natürlich hochgesteckte Erwartungen an eine neue Theorie, gleich so viele grundlegende Fragen

das Messpostulat ersetzbar und die Irreversibilität in der Naturbeschreibung würde sich auf andere Weise ergeben.

Zu den wichtigsten Interpretationen dieser Art gehören die Vorschläge von Philip Pearle, sowie von Gian Carlo Ghirardi, Alberto Rimini und Thomas Weber.[29] Diese Ansätze wurden weiterentwickelt zur Theorie der sogenannten *kontinuierlichen spontanen Lokalisation*, bei der zufallsinduzierte Reduktionen der Wellenfunktion auftreten.[30] Wenn sich eine Welle ausbreitet, dann wird ihr Zustand auch ohne jede Messung hin und wieder reduziert. Ein Quantenzustand kann also nach einer solchen Reduktion nicht mehr im ganzen Raum gefunden werden, sondern nur noch in einem kleinen Bereich, von dem aus er sich dann wieder neu ausbreitet. In diesen Ansätzen wird nun postuliert, dass in größeren Systemen diese spontanen Reduktionen häufiger auftreten. Dies würde erklären, warum Katzen oder auch Bakterien nie in Superpositionen auftauchen.

Da diese Interpretationen modifizierte Versionen des quantenmechanischen Formalismus sind, sind sie eigentlich als neue Theorien zu bezeichnen, die sich nur in gewissen Bereichen mit der herkömmlichen Quantenmechanik decken. Insbesondere sind diese Interpretationen damit experimentell von der Standard-Quantenmechanik unterscheidbar, etwa bei mesoskopischen Objekten. Solange die herkömmliche Quantenmechanik aber mit allen Experimenten in Einklang steht, gibt es für die große Mehrzahl der Physiker keinen Grund, an eine Modifikation des Formalismus zu denken, die den mathematischen Apparat kompliziert und damit auch in Bezug auf die erfolgreichen Erweiterungen der Theorie hin zu relativistischen Quantenfeldtheorien Fragen aufwirft. Darüber hinaus tragen all diese Ansätze sehr stark den Charakter metaphysisch inspirierter Ad-hoc-Prozeduren, welche die mathematische Eleganz der eigentlichen Theorie lädieren. Formale Schönheit ist aber für viele Theoretiker ein überaus wichtiges Kriterium, das keinesfalls unterhalb interpretativ-weltanschaulicher Schwierigkeiten angesiedelt ist – und keineswegs werden Eleganz und Einfachheit einer Theorie nur deshalb geschätzt, weil sie das Rechnen erleichtern.

Nun ließe sich im Fall einer experimentellen Widerlegung dieser Ansätze gewiss an dem einen oder anderen Schräubchen drehen, wie das bei komplexen Theorien oft der Fall ist. Dies würde ihren Ad-hoc-Charakter aber nur verstärken. Abgesehen davon ist ohnehin noch offen, welche interpretativen Probleme der Quantenphysik auch mit Hilfe nichtlinearer Erweiterungen des Formalismus ungeklärt oder rätselhaft bleiben und welche neuen Fragen sie wiederum aufwerfen. So sind insbesondere für den Zusammenhang mit der Relativitätstheorie noch viele Fragen ungeklärt. Solche Ansätze können deshalb bislang noch nicht als vollwertige Konkurrenten der Kopenhagener Deutung gelten.

---

auf einen Schlag zu lösen. Welche Fragen eine solche Theorie wiederum neu aufwerfen würde, ist natürlich unklar, solange kein ernsthafter Ansatz zu ihr existiert.

[29] Pearle (1976), Ghirardi et al. (1986).

[30] Ghirardi et al. (1990).

5.6   Dialektisch-materialistische Interpretationen

Es ist nicht allzu schwer einzusehen, dass zwischen der Kopenhagener Interpretation und den Ansprüchen des von Karl Marx und Friedrich Engels begründeten dialektischen Materialismus an eine objektive Realität ein gewisser Gegensatz besteht, da Erstere darauf verzichtet, eine unabhängig von jeder Beobachtungsweise existierende Realität anzunehmen. Die Philosophie der Quantenphysik bot also marxistisch eingestellten Physikern alle Möglichkeiten, mit Alternativvorschlägen von sich reden zu machen. Und sehr bald nach dem Zweiten Weltkrieg, als die sowjetische Zivilgesellschaft sich wieder zu erholen begann, wurden diese dann auch gemacht. Das Interessante an der Geschichte der Philosophie der Physik in der Sowjetunion ist dabei, dass sich die Physiker mehr oder weniger in zwei Lager gespalten hatten, in die Anhänger der Kopenhagener Deutung und in die dialektischen Materialisten – daneben gab es natürlich die schweigende Mehrheit, die mit all diesen Diskussionen nichts zu tun haben wollte.[31] Diese Lager stritten intellektuell, instrumentalisierten ihre Differenzen aber nicht zu derartigen ideologischen Machtkämpfen, wie sie etwa die Biologie in der Sowjetunion hinnehmen musste, was sich unter anderem in einem jahrelangen Lehrverbot der mendelschen Vererbungslehre niederschlug und den wissenschaftlichen Fortschritt in der Biologie schwer behinderte.

Dabei gehörten einige der hervorragendsten Physiker, unter ihnen Lew Landau und Igor Tamm, zu den Anhängern der Kopenhagener Deutung, auch weil sie mit deren Protagonisten in engem Kontakt standen oder bereits zusammengearbeitet hatten; während Waldemar Alexandrow, Dimitri Blochinzew und Jakow Terletzki zu den wichtigsten Vertretern der materialistischen Schule zählen. Alexandrow argumentierte gegen die Kopenhagener Deutung, sie sei

„unter den verschiedenen idealistischen Richtungen in der gegenwärtigen Physik ... die reaktionärste. ... Deshalb muss man unter ‚Messergebnis' in der Quantenmechanik nur den objektiven Effekt der Wechselwirkung des Elektrons mit einem passenden Objekt verstehen. Die Erwähnung des Beobachters muss man ausschließen und die objektiven Bedingungen und objektiven Effekte behandeln. Eine physikalische Größe ist eine objektive Charakteristik der Erscheinung, nicht aber das Resultat einer Beobachtung."[32]

Der Wellenfunktion entspricht mithin der „objektive" Zustand des Elektrons. Wie wir aber bereits gesehen haben, lässt sich der Formalismus nicht ohne weiteres philosophisch uminterpretieren. Denn das Reduktionspostulat wird gebraucht, um sinnvoll Messergebnisse vorhersagen zu können. Die vorgetragene Kritik ist lediglich eine Zusammenfassung der Prinzipien, anhand derer sich die klassische Physik betreiben lässt, nicht aber die Quantenmechanik.

Ein bisschen differenzierter drückte Blochinzew seine Kritik aus, indem er Bezug auf die Thermodynamik nahm:

---

[31] Diese Spaltung wurde laut Andrew Cross von Parteiphilosophen gefördert, siehe Cross (1991).

[32] Zitiert nach Heisenberg (1956), S. 298.

„In der Quantenmechanik wird nicht der Zustand eines Teilchens ‚an und für sich' beschrieben, sondern die Zugehörigkeit des Teilchens zu dieser oder jener Gesamtheit. Diese Zugehörigkeit besitzt vollkommen objektiven Charakter und hängt nicht von den Aussagen des Beobachters ab."[33]

In der Thermodynamik lässt sich aber jedem Teilsystem einer Gesamtheit ein wohldefinierter Satz von Variablen zuweisen, doch ist dies in der Quantenmechanik nicht mehr möglich.[34] Heisenberg bemerkte hierzu folglich süffisant:

„... so würde man doch das Wort ‚objektiv' in einem etwas anderen Sinne, als in der klassischen Physik verwenden. Denn ‚Zugehörigkeit zu einer Gesamtheit' bedeutet, zum mindesten wenn es sich um ein vergangenes Ereignis handelt, in der klassischen Physik stets auch eine Aussage über den Grad der Kenntnis des Systems durch den Beobachter. Begriffe, wie ‚objektiv real' haben eben gegenüber der Situation, wie man sie in der Atomphysik vorfindet, keine von vornherein klare Bedeutung. Man erkennt aus den erwähnten Formulierungen vor allem, wie schwierig es wird, wenn man versucht, neue Sachverhalte in ein altes aus früherer Philosophie stammendes System von Begriffen zu pressen, oder, um eine alte Redeweise zu brauchen, wenn man probiert, neuen Wein in alte Schläuche zu füllen. Solche Versuche sind immer peinlich; denn sie verführen dazu, sich immer wieder mit den unvermeidbaren Rissen in den alten Schläuchen zu befassen, statt sich über den neuen Wein zu freuen."[35]

Die dogmatische Argumentationsweise einiger sowjetischer Gelehrter und der unheilvolle Einfluss totalitärer Doktrinen jener Zeit lässt sich auch anhand allgemeinerer Zitate belegen. Psychologisch aufschlussreich ist dabei die Bereitschaft, auch die abstraktesten wissenschaftlichen Theorien in den großen, gesellschaftlich relevanten Rahmen des dialektischen Materialismus zu pressen und dabei nicht vor üblen und billigen Verunglimpfungen konträrer Positionen zurückzuschrecken, um sich ohne eigene wissenschaftliche Leistungen vor Politik und öffentlichen Institutionen zu profilieren.[36] So schrieben die Parteiideologen Mikhail Kammari und Fedor Konstantinow:

„Im Zusammenhang mit dem Verfaulen des Kapitalismus, mit der Offensive der Reaktion auf der ganzen Linie, versuchen bürgerliche Gelehrte die Wissenschaft und die Religion zu ‚versöhnen', fälschen die Ergebnisse der Wissenschaft, um dem Idealismus und dem Pfaffentum neue Argumente zu liefern. Der englische Astronom Eddington versuchte

---

[33] Zitiert nach Heisenberg (1956), S. 299.

[34] Dies folgt aus den Überlegungen in Kap. 2.10.

[35] Heisenberg (1956), S. 299 f.

[36] Auf die beschämende Rolle der Vertreter der „Deutschen Physik" in der Weimarer Republik und dann vor allem im Dritten Reich, an der sich der moralische und intellektuelle Bankrott einiger weniger, aber durchaus bedeutender Naturwissenschaftler offenbarte, können wir an dieser Stelle nicht näher eingehen. Sie kann in diesem Kontext aber auch nicht gänzlich unerwähnt bleiben. Die Vertreter der „Deutschen Physik" lehnten die Relativitätstheorie und Quantentheorie, an deren Entwicklung jüdische Wissenschaftler entscheidenden Anteil hatten, als zu unanschaulich ab und versuchten stattdessen die eigentlich verworfene Äthertheorie wiederzubeleben. Wie sehr diese durch rassistische Vorurteile geprägte Weltsicht schon aus rein wissenschaftlichen Gründen zum Scheitern verurteilt war, wird daran ersichtlich, dass bei der „Münchner Religionsgespräch" genannten Aussprache zwischen Vertretern der „Deutschen Physik" und der modernen Physik sich die Ersteren zur Aufgabe ihrer Position gezwungen sahen – und zwar im im November 1940!

z. B. ein physikalisches Weltbild zu konstruieren, das geradewegs zum Glauben an die apokalyptische Zahl 666 führte. Bürgerliche Gelehrte versuchen ernsthaft, die Endlichkeit des Weltalls und die ‚Willensfreiheit‘[37] des Elektrons zu beweisen. Sie verbannen aus der Wissenschaft die Begriffe Ursächlichkeit, objektive Gesetzmäßigkeit und objektive Wahrheit. Die amerikanischen Pragmatisten, Instrumentalisten, Semantiker und sonstigen Idealisten behaupten hartnäckig, dass die Wissenschaft nicht die Kenntnis der Gesetze der objektiven Welt sei, sondern ein System bedingter Zeichen, Fiktionen, die nichts widerspiegeln, aber dem Profit dienen.[38] ... der Kampf gegen die idealistischen Schwankungen einiger sowjetischer Physiker, der Kampf gegen den Idealismus in der Chemie ist ein Kampf gegen den Einfluss der bürgerlichen Ideologie, für die sozialistische Ideologie, für den dialektischen Materialismus, für den kommunistischen Ideengehalt in der Wissenschaft.“[39]

Auch wenn diese und andere Autoren nicht stets explizit auf die Quantenmechanik eingehen, so ist doch ersichtlich, dass sie auch die Erkenntnisprinzipien der Kopenhagener Deutung attackieren. Ihre meist recht doktrinäre Haltung kann jedoch, wie hier gezeigt, den Anforderungen an eine Interpretation der Quantenmechanik nicht standhalten. Man kann die Versuche, eine realistische Deutung der Quantentheorie anhand einer Umdefinition des Sprachgebrauches in dialektisch-materialistischem Sinne zu liefern, folglich als gescheitert betrachten. Sie entstammen einer ideologisch übermotivierten und unkritischen Übernahme klassischer Prinzipien und Realitätsvorstellungen, die auf dem neuen Feld der Naturerforschung in dieser Form versagen.

5.7 Axiomatisch verallgemeinerte Interpretationen der Quantenmechanik

In der Hoffnung, die klassische Mechanik und die Quantenmechanik in einem größeren theoretischen Rahmen zu vereinigen und auf diese Weise eine gemeinsame und realistisch interpretierbare Basis dieser physikalischen Theorien zu finden, sind unterschiedliche axiomatische Ansätze vorgeschlagen worden. Diese Ansätze umfassen sowohl quantenlogische als auch algebraische Ansätze, sowie Konvexe-Zustands-Formulierungen. Aufgrund ihres stark technischen Charakters und ihrer Vielzahl lassen sich diese Ansätze an dieser Stelle nicht ausführlich darstellen. Wir wollen aber einige der zentralen Punkte dieser Ansätze insbesondere in Bezug auf den Realismusbegriff untersuchen, da diese Interpretationen oftmals den Anspruch vertreten, eine ontologische Darstellung des quantenmechanischen Formalismus geben zu können, was nach der bisherigen Analyse nicht gerade selbstverständlich erscheint.

---

[37] Hiermit ist natürlich der indeterministische Charakter der Quantenphänomene gemeint.

[38] Kammari und Konstantinow (1952), S. 69.

[39] Ebenda, S. 73. Die Bezugnahme auf den „Idealismus in der Chemie“ ist eigentlich ein direkter Angriff auf die neuen Sichtweisen in der Quantenphysik, denn diese beschreibt das Verhalten der Elektronen in der Atomhülle, an der sich alle chemischen Reaktionen abspielen.

Erhard Scheibe hat eine Klassifizierung physikalischer Systeme in „ontische"
und „epistemische" Zustände vorgeschlagen.[40] Während epistemische Zustände
unser Wissen über mögliche Messergebnisse beinhalten, geben ontische Zustände
die aktualen Eigenschaften eines Systems an, „wie es wirklich ist." Eine rein phä-
nomenalistische oder mentalistische Interpretation der Quantenmechanik wäre also
eine Theorie epistemischer Zustände, die Kopenhagener Deutung ist epistemisch
in Bezug auf die Quantenwelt und ontisch in Bezug auf die Alltagswelt, während
ontologische Interpretationen wie die Vielwelten-Interpretation oder die bohmsche
Theorie auf rein ontische Zustandsbeschreibungen abzielen.

Angesichts der bisher behandelten Schwierigkeiten bei solchen ontischen
Zustandsbeschreibungen liegen die Hoffnungen vieler Anhänger realistischer Interpretationen auf Erweiterungen der axiomatischen Basis der Quantentheorie.
Dezidiert quantlogische Ansätze gehen zurück auf einen Vorschlag von Weizsäckers, die Aussagenstruktur der klassischen zweiwertigen Logik – mit den
Wahrheitswerten „wahr" und „falsch" – zu erweitern und zusätzliche Wahrheitswerte einzuführen. Darauf aufbauend haben neuere Ansätze sich insbesondere der
modalen Logik bedient – mit Modalbegriffen wie „notwendig" und „möglich", um
eine ontologische Deutung von Aussagen der Quantenmechanik zu geben.

Wir können an dieser Stelle keinen umfassenden Überblick über das breite und
wachsende Spektrum von quantlogischen Interpretationsansätze geben, sondern
wollen stattdessen – gewissermaßen pars pro toto – den Vorschlag von Hans Primas
diskutieren. Denn dieser Ansatz ist nicht nur sehr umfassend durchgeführt; Primas
vertritt zudem eine Reihe interessanter naturphilosophischer Thesen, die auch im
Folgenden noch als Inspiration dienlich sein werden.

An den anderen Ansätzen können wir hier zwar keine explizite Kritik anbringen;
doch stellen sie nicht nur in unseren Augen keine überzeugenden Alternativen zu
den bekannteren Interpretationen dar. Und es ist anzunehmen, dass einige der hier
vorgebrachten Überlegungen auch andere quantlogische Interpretationen betreffen, insbesondere die Frage nach der starken oder nur schwachen Objektivierbarkeit
der quantlogisch oftmals als ontisch definierten Zustände.[41]

5.7.1 Die algebraische Interpretation nach Primas

Der Zürcher Chemiker und Quantentheoretiker Hans Primas hat aus einigen der
oben erwähnten Ansätze eine gemeinsame axiomatische Basis geschaffen, auf
der eine Diskussion sowohl klassischer als auch quantenmechanischer Systeme

---

[40]Scheibe (1974).

[41]Einen Überblick über modale Interpretationen liefern Dieks und Vermaas (1998). Eine explizit
empiristisch-modale Sichtweise der Quantenphysik vertritt van Fraassen (1991). Eine wahr-
scheinlichkeitstheoretisch grundierte Interpretation der Quantenphysik, in der ähnlich wie in der
Kopenhagener Tradition makroskopische Agenten unverzichtbare Bestandteile sind, findet sich bei
Fuchs und Schack (2011).

möglich ist.[42] Dieser Ansatz entsprang wohl etwas weniger dem Wunsch nach einer realistischen Deutung, als eher dem Bemühen um eine Vereinheitlichung der verschiedenen naturwissenschaftlichen Konzepte, mit denen es ein interdisziplinär arbeitender Naturwissenschaftler in seiner Arbeit ständig zu tun hat. Vor allem die vielfältige Verquickung quantentheoretischer Begrifflichkeiten mit klassischen Modellen und die für einen Chemiker nur schwerlich anzweifelbare Existenz von Molekülen laden zu der allerdings anspruchsvollen Aufgabe ein, diese beiden Beschreibungsweisen in einen größeren Rahmen zu gießen. Zu diesem Zweck bedient sich Primas verschiedener Konzepte der oben angesprochenen Ansätze und formuliert aus ihnen eine auf verallgemeinerten algebraischen Grundlagen stehende Interpretation, die es ermöglicht, klassische und quantentheoretische Zustandsbeschreibungen eines physikalischen oder chemischen Systems zu vereinen. Diese Zustände werden als *ontisch* charakterisiert.

Überdies verbindet Primas im Gegensatz zu vielen anderen Befürwortern ontologischer Interpretationen seinen Ansatz keineswegs mit einem übergreifenden Reduktionismus, wie man angesichts der Tatsache vermuten könnte, dass er eine gemeinsame Grundlagentheorie für Physik und Chemie vorgeschlagen hat. In seinen Augen sind es gerade die omnipräsenten, nichtlokalen EPR-Korrelationen, deren Existenz eine holistische Natur impliziert, so dass der klassische Versuch der Naturerforschung durch fortgesetzte Unterteilung in Untereinheiten zum Scheitern verurteilt ist. Aus diesem Grund können wir nicht mehr dem „alten Traum" nachhängen, einen einzigen Referenzrahmen anzunehmen, der es erlauben würde, die Pluralität physikalischer, chemischer und biologischer Theorien zu beseitigen. Stattdessen brechen wir die holistische Symmetrie, indem wir absichtlich von bestimmten Korrelationen abstrahieren. Erst hierdurch werden Phänomene definierbar und beobachtbar. Durch unterschiedliche Abstraktionen werden unterschiedliche Beschreibungsebenen und Phänomene möglich, so dass man sogar sagen kann, dass Abstraktionen erst die Phänomene erzeugen.[43] Nach Primas ist Erfahrungsrealität also stets bedingt und abstraktionsabhängig. Ihre Objektivität ist durch ihre Intersubjektivität gegeben.

Wir wollen an dieser Stelle nicht den für Naturwissenschaftler oder Logiker gewiss interessanten mathematischen Apparat dieser Interpretation diskutieren, sondern uns auf den philosophisch relevanten Anspruch beschränken, es hier mit einer Darstellung ontischer Zustände zu tun zu haben. Um diese einzuführen, werden Wahrheitsfunktionale definiert, welche unterschiedliche Zustände repräsentieren. Diese Wahrheitsfunktionale sind nur für klassische Systeme eindeutig determiniert.

---

[42]Diese Diskussion bezieht sich auf die Darstellung in Primas (1983).

[43]Natürlich macht diese Sichtweise nicht in allen philosophischen Weltbildern Sinn, in diesem aber durchaus. So bezieht sich etwa die klassisch-physikalische Sichtweise auf die makroskopische Abstraktionsebene, bei der Korrelationen zwischen Körpern keinen Einfluss mehr besitzen, während auf der Quantenebene diese Korrelationen fundamental sein können. Die Chemie beispielsweise steht zwischen diesen Extremen und benutzt sowohl klassische als auch quantentheoretische Modelle, wobei das Verhältnis zwischen beiden dem Problem angepasst sein muss und sich nicht immer a priori bestimmen lässt.

Inkompatible Eigenschaften – etwa bei komplementären Messsituationen – hingegen können nicht gleichzeitig definite Wahrheitswerte besitzen. Daher müssen wir unterscheiden zwischen den epistemischen Zuständen, welche dem maximalen Wissen über das System entsprechen, und den ontischen Zuständen, welche der maximalen Aktualisation von Eigenschaften eines Systems entsprechen. Im Quantenfall können nun nicht mehr sämtliche Eigenschaften gleichzeitig realisiert sein, so dass den als *ontisch* bezeichneten Zuständen immer auch *potentielle* Eigenschaften entsprechen. Diese Eigenschaften geben eine vollständige Beschreibung des solchermaßen charakterisierten Systems.

Die Einführung von Potentialitäten erinnert an Heisenbergs Bezugnahme auf Aristoteles, doch stehen diese hier unter dem Vorzeichen einer ontischen Interpretation, im Gegensatz zur Kopenhagener Deutung. Gleichzeitig wird die Gültigkeit einer bestimmten Beschreibungsebene als abstraktionsabhängig, der Perspektive eines spezifischen Problems geschuldet erkannt. Klaus Mainzer hat diese Position deshalb als „kontextualen Realismus" bezeichnet.[44] Primas umschreibt seine Position mit den Worten:

> „We consider objects to be mind-independent. That is not to say that objects exist in an absolute sense, independently of any abstraction. . . . nothing can be said about nature unless some abstractions have been made. Objects exist only by virtue of abstractions. The notion ‚object' is abstraction-dependent but it can be taken as mind-independent.[45] . . . A point of view is characterized by a deliberate lack of interest which breaks the holistic unity of nature . . . There is only one reality but there are many points of view."[46]

Dies sind – im Licht der neuen Erkenntnisse durch die Quantenphysik – wichtige Kommentare zum Verhältnis der Naturwissenschaften zueinander mit ihren unterschiedlichen Abstraktionsweisen. Wir werden bei der Reduktionismusdebatte im zweiten und dritten Teil dieser Abhandlung auf diese Thematik zurückkommen. Wie aber verträgt sich der Anspruch, es hier mit einer realistischen Interpretation zu tun zu haben, mit der bisher präsentierten Analyse? Sind die hier als ontisch charakterisierten Zustände wirklich real existierende Zustände identifizierbarer Objekte? Sind sie stark objektivierbar? Da die Potentialität ihrer Eigenschaften die Grundlage der Definition dieser ontischen Zustände ist, hängt die Interpretation dieser Zustände am Begriff der Potentialität. Dieser aber muss stets einen Bezug auf irgendeine Art von Messung beinhalten, durch die ein potentieller Zustand aktualisiert werden kann. Ohne Verwirklichbarkeit über eine Messung hätte es keinen Sinn, von Potentialitäten zu sprechen. Somit sind diese Zustände also nicht als stark objektivierbar zu bezeichnen und es macht wohl auch wenig Sinn, sie ontisch zu nennen, zumindest dann nicht, wenn man den Begriff „ontisch" nicht in gänzlich neuer Weise definieren wollte. Die hier als ontisch bezeichneten Zustände besitzen aufgrund dieser mangelnden starken Objektivierbarkeit also immer auch zumindest

---

[44]Mainzer (1990).

[45]Primas (1983), S. 293.

[46]Ebenda, S. 325.

teilweise nur epistemischen Charakter. Man kann diese Zustandsdefinition also in keiner streng klassisch gemeinten Weise als realistisch bezeichnen.

Will man dennoch am Begriff des Realismus festhalten, und Primas nennt ebenso wie d'Espagnat gute Gründe hierfür, so sind die obigen Zitate von Primas vielleicht ein guter Anhaltspunkt, wie man seine Sichtweise der Realität besser umschreiben könnte als mit dem Sprachgebrauch von ontischen Zuständen oder der Klassifizierung als kontextualem Realismus. Es fällt auf, dass Primas der ungeteilten, holistischen und einzigen Realität keine direkte Erkennbarkeit zuweist. Diese wird erst durch Abstraktion von bestimmten Korrelationen gewonnen, wobei der von ihm ausgearbeitete Formalismus ein Modell dafür ist, wie sich mit Hilfe verschiedener Abstraktionsebenen Phänomene erfolgreich beschreiben lassen. Diese Aufteilung in die eigentliche, ungeteilte Welt einerseits und die Welt der Phänomene andererseits entspricht erstaunlich gut den von d'Espagnat vorgeschlagenen und klar herausgearbeiteten Begriffen der „verschleierten" und der empirischen Realität. Die hier als ontisch bezeichneten Zustände sind dabei natürlich der Welt der empirischen Phänomene zuzurechnen und nur schwach objektiv, so wie auch die Interpretation der Wellenfunktion in der Kopenhagener Deutung, mit der sie die heisenbergsche Sichtweise der *potentia* teilen.

Mit Hilfe dieser Begriffsklärung lässt sich also das Bild dieser Interpretation präzisieren, wobei zwar der realistische Anspruch revidiert werden muss und stattdessen auf die bereits vorgestellte Interpretation von d'Espagnat zu verweisen ist; während zugleich der fruchtbare Gedanke dieser Interpretation hinzutritt, unterschiedliche Arten von Phänomenen durch einen größeren konzeptionellen Rahmen zu beschreiben, der es ermöglicht, verschiedene Beschreibungs- und Abstraktionsebenen in einem einzigen formalen System zu vereinigen. Damit zeigt der Ansatz von Primas eine sehr interessante Möglichkeit auf, einen auf der Ebene der Phänomene pluralistischen Standpunkt zu begründen.

5.8   Zeilingers Sicht der Welt als Information

Der Wiener Quantenphysiker Anton Zeilinger, der mit seinen Kollegen mit der gelungenen Durchführung der Quantenteleportation und anderer grundlegender Tests der Quantenmechanik für Aufsehen gesorgt hat, vertritt eine philosophisch weitreichende Variante der Kopenhagener Deutung.[47] Ihr Realitätsbegriff ist erkenntnistheoretisch sogar so radikal, dass man sie eigentlich schon als eine neue Art von Interpretation bezeichnen muss; auch wenn sie mit der Kopenhagener Deutung in vielen wichtigen Punkten übereinstimmt. Nach Zeilinger ist Information der „Urstoff des Universums". Die Begründung für einen solch radikalen Schritt weg

---

[47]Die folgende Darstellung beruht auf Zeilinger (2003), insbesondere S. 207 ff., sowie auf Zeilinger (1999). Eine Kritik an diesem Ansatz und seinem Informationsbegriff findet sich bei Timpson (2003).

vom üblichen Realitätsverständnis liegt nach Zeilinger darin, dass unter Berücksichtigung der Quantenphysik und ihres universellen Charakters keine operationelle, nachvollziehbare Unterscheidung mehr getroffen werden könne zwischen Wirklichkeit und Information. Als Inspiration für diese Interpretation diente Zeilinger wohl nicht zuletzt Carl Friedrich von Weizsäckers Konzept der Ur-Alternativen. Mit diesem Ansatz versuchte von Weizsäcker, eine auf grundlegenden logischen Alternativen beruhende, sehr allgemeine Fundierung naturwissenschaftlicher Theorien zu geben.

Ist für die klassische Physik und unser Alltagsverständnis – zumindest in Hinsicht auf materielle Dinge – die Wirklichkeit unabhängig von uns, so dass unsere Informationen über sie etwas Sekundäres, Abgeleitetes sind, so dreht sich in der Quantenphysik diese Abhängigkeit um. Wirklichkeit im Quantenbereich ist als Wissen um mögliche Messausgänge anzusehen. Zeilinger interpretiert die Wellenfunktion folglich ganz in Einklang mit den Kopenhagenern. Überdies lehrt uns die Komplementarität, dass allein schon die Möglichkeit, eine bestimmte Variable zu messen (wie etwa den Weg eines Elektrons beim Doppelspalt-Experiment), einen entscheidenden Einfluss auf das physikalische Phänomen besitzt, auch wenn die Messung de facto nicht von uns registriert wird. Sobald und solange die Information über diesen Messausgang irgendwo und irgendwie im Universum erhältlich ist, wird die Interferenz zerstört, verwandelt sich das Phänomen in ein anderes.

Zeilinger berücksichtigt überdies noch den universellen Charakter der Quantentheorie, der in der Formulierung der Kopenhagener noch nicht so deutlich vor Augen lag. Dies liegt auch an den erstaunlichen Weiterentwicklungen der Experimentaltechnik, an denen nicht zuletzt das Wiener Institut einen Anteil hat. Nahm man in der früheren Diskussion über Schrödingers Katze und die Dekohärenz noch eine Beschränkung typischer Quanteneffekte auf den atomaren Bereich an, so lassen sich heute sogar Fullerene, die sogenannten Fußball-Moleküle, und noch größere Moleküle zur Interferenz bringen; und es ist keine prinzipielle Grenze für größere Objekte absehbar. Ob in einer nahezu perfekt von der Umgebung abgeschirmten Box mit supraleitenden Wänden eventuell Kleinstlebewesen oder zumindest Viren in eine Superposition gebracht werden können und ob sie diese überleben – von Katzen nicht zu sprechen –, ist eine experimentell höchst interessante Frage. Nach dem, was heute über Dekohärenz bekannt ist – derzufolge die Überlagerung von Zuständen durch die Wechselwirkung mit der Umgebung sehr rasch zusammenbricht –, ist bei lebenden Organismen, die auf einen Stoffaustausch mit der Umwelt angewiesen sind, aber kaum ein Auftreten solcher Überlagerungen zu erwarten.

Allerdings ist jedes Lebewesen daran gebunden, ständig Informationen mit seiner Umwelt auszutauschen und zu verarbeiten, um anhand dieser Informationen Entscheidungen zu treffen und dementsprechend zu handeln. Nicht nur in der Physik, auch in der Biologie ist also der Begriff der Information fundamental. Die Konsequenz aus diesen Überlegungen ist, dass wir bei unserer Beschreibung des Universums nicht mehr eindeutig zwischen Wirklichkeit und Information unterscheiden können. Dies lässt sich zunächst als Paradigma für die naturwissenschaftliche Theoriebildung definieren: „Naturgesetze dürfen keinen

Unterschied machen zwischen Wirklichkeit und Information."[48] Zeilinger zeigt, wie sich innerhalb dieses Paradigmas die Besonderheiten der Quantenphysik, als da wären der *objektive Zufall*, die *Komplementarität* und die *quantenmechanische Verschränkung*, elegant im Rahmen der informationstechnischen Beschreibung von Quantensystemen darlegen lassen. (Diese Argumentation führt Zeilinger anhand von Spin-Zuständen, die zwei Werte annehmen können und sich folglich für eine binäre Darstellung anbieten, wie sie auch in der Informatik üblich ist.) Bis zu diesem Punkt ist die zeilingersche Interpretation noch sehr nahe an der Kopenhagener Deutung, mit einem gewissen Fokus auf der Bedeutung der Information. Zeilinger geht aber weiter; er verallgemeinert das neue Paradigma der naturgesetzlichen Beschreibung von Wirklichkeit und überträgt es auf die Wirklichkeit schlecht-hin, indem er Information und Wirklichkeit als zwei Seiten derselben Medaille betrachtet:

> „Wirklichkeit und Information sind dasselbe."[49]

Mit diesem Postulat wird auch ein neuer Überbegriff eingefordert, der die beiden Begriffe Information und Wirklichkeit umschließt; ähnlich wie die relativistisch ver-standene Raumzeit die vormals als voneinander unabhängig begriffenen Konzepte von Raum und Zeit in sich auflöste. Einen solchen Überbegriff zu entwickeln, wird sicherlich mit großen konzeptionellen Schwierigkeiten verbunden sein. Dass dieses Postulat Sinn macht, lässt sich aber schon daran ersehen, dass über Wirklichkeit einerseits nicht gesprochen werden kann, ohne dass Information über sie verfügbar wäre, und dass man andererseits nicht von Information reden kann, wenn diese sich nicht auf irgendetwas bezieht.

Eine sehr interessante erkenntnistheoretische Implikation aus diesen Thesen ergibt sich, wenn wir die Bedeutung der Potentialität für quantenphysikalische Systeme in Betracht ziehen. Quantenphysikalische Aussagen sind nicht nur Aussa-gen darüber, was passiert ist, passiert oder passieren wird, sondern auch darüber, was passieren *könnte*. Auch diese Aussagen sind Teil der Welt. Wenn Ludwig Wittgenstein seinen *Tractatus Logico-Philosophicus* also beginnen lässt mit den Worten: „Die Welt ist alles, was der Fall ist.", so korrigiert ihn Zeilinger:

> „Die Welt ist alles, was der Fall ist, und auch alles, was der Fall sein kann."[50]

Mit diesen Aussagen wird auf jeden Fall ein universeller Anspruch formuliert, der über die Kopenhagener Deutung hinausgeht. Seine philosophischen Implikatio-nen sind vielschichtig, seine universelle Anwendbarkeit ungewiss. Hierzu bedarf es einer präziseren Ausarbeitung, einer breiteren Darlegung der grundlegenden Begriffe. Gewiss lässt sich alles, was der Mensch sprachlich an Aussagen trifft, als Information auffassen, somit auch jede Beschreibung unserer Welt. Das propo-

---

[48] Zeilinger (2003), S. 216.

[49] Ebenda, S. 229. Zur Bedeutung des Informationsbegriffs vergleiche auch Kap. 2.6.4, 2.10 und 3.7.

[50] Ebenda, S. 231.

sitionale „Wissen, dass" gehört mit Sicherheit hierzu. Wie aber steht es mit dem implizitem „Wissen, wie", dass ja auch irgendwie zum Betreiben von Wissenschaft mit dazugehört? Auch zum Begriff der Information selbst bestehen Fragen: Was ist Information? Ist Information nur das, was gewusst wird? Oder das, was gewusst werden kann? Ist Wirklichkeit nur Wirklichkeit *für* irgendwelche Lebewesen? Kann von Wirklichkeit nur gesprochen werden, solange irgendwie Information über sie verfügbar ist? Kann es dann so etwas wie vollkommen objektiv existierende Wirklichkeit überhaupt geben, ist ein solcher Begriff von Wirklichkeit sinnvoll? Alte Fragen aus den Gebieten der Erkenntnistheorie und der Ontologie erscheinen hier wieder im hellen Licht modernster wissenschaftlicher Forschung.

Diese Fragen sind sehr tiefgehend und betreffen ganz allgemeine Problemstellungen, auch solche, die mit der Einsicht in die evolutionäre Entstandenheit des Menschen und seines Bewusstseins einhergehen. Wir werden sie deshalb im Lauf der erkenntnistheoretischen Diskussion in dieser oder ähnlicher Form noch mehrfach aufgreifen. Dass diese Fragen in Zeilingers Interpretation noch etwas unscharf im Raum schweben, ist aber auch nicht weiter verwunderlich; kann doch noch schwerlich von einer voll ausgearbeiteten Interpretation gesprochen werden. Sie ist eher noch in statu nascendi und wird konstruktive Kritik zu ihrer weiteren Ausarbeitung und eventuell auch zum Erkennen der Grenzen ihrer Begrifflichkeiten benötigen.

Was die Universalität dieser Interpretation betrifft, so ließe sich aus philosophischer Sicht anmerken, dass über Wirklichkeit nicht nur gesprochen werden kann, sondern dass Wirklichkeit zunächst einmal *erfahren* wird. Es ist – und das ist ein Vorgriff auf die Diskussion der Qualia im zweiten und dritten Teil dieser Abhandlung – nicht klar, ob etwa im Fall von Empfindungen (wie beim Wahrnehmen der Farbe Rot) in irgendeinem objektiven oder auch nur intersubjektiven Sinn (etwa gegenüber einem Farbenblinden) von Information gesprochen werden kann. Erlebte Wirklichkeit würde dann über das informationell Vermittelbare hinausgehen. Dies betrifft also auch die Frage nach dem Verhältnis der materiellen Welt zu der des bewussten Erlebens. Die Frage, ob der Grundsatz der Vereinbarkeit der Begriffe von Wirklichkeit und Information nun lediglich als Paradigma für das Schmieden und Begreifen physikalischer Theorien oder darüber hinaus sogar als allgemeine philosophische Ontologie taugt, ist also mit mehr als bloß einem Fragezeichen versehen. Dennoch ist diese Interpretation eine hochinteressante Variante und Weiterentwicklung der Kopenhagener Deutung; denn sie zeigt einen Weg auf, schwierige Grundbegriffe der Quantenphysik aus einer neuen und einheitlichen Perspektive zu durchdenken und für eine breitere erkenntnistheoretische Diskussion zugänglich zu machen.

5.9 Ludwigs instrumentalistische Interpretation

Es herrscht trotz aller Interpretationsstreitigkeiten unter Physikern große Übereinstimmung darüber, wie der Formalismus anzuwenden ist. Aus diesem Grunde kann man versuchen, eine Minimalinterpretation anzugeben, die auf möglichst viele unnötige Annahmen verzichtet. Die Kopenhagener Interpretation ist zwar mit gutem Recht bescheiden in ihren Ansprüchen; es lassen sich aber durchaus noch wesentlich instrumentalistischere oder operationalistischere Interpretationen aufzeigen. Diese besitzen zumeist gewisse Parallelen zu der bereits beschriebenen harten Version der Kopenhagener Deutung, zeichnen sich aber häufig durch einen logisch-abstrakten Apparat aus, der angibt, wie mit den messtechnischen Statistiken umzugehen ist. Eine instrumentalistische Minimalinterpretation, die sogar den Anspruch der Kopenhagener aufgibt, sich mit einzelnen Systemen zu befassen, sondern nur noch Ensembles von Systemen betrachtet, die durch Laborbedingungen festgelegt sind und damit durch menschliche Technik, hat Günther Ludwig vorgeschlagen.[51]

Diese Interpretation verzichtet auf jegliche Annahme bezüglich einer Realität der Mikrowelt und bezeichnet Mikrosysteme als nichts anderes als Wirkzusammenhänge zwischen schon vorher als wirklich vorausgesetzten Makrosystemen. Ludwig beschreibt den physikalischen Quantenprozess rein symbolisch als Zusammenhang zwischen Präparier- und Registrieranordnungen. Erstere erzeugen einen Zustand, welcher sich nach den Gesetzen der Quantenmechanik entwickelt, während Letztere dann gemäß den sich ergebenden Wahrscheinlichkeitsfunktionalen reagieren und dementsprechende Messergebnisse ausspucken. Jegliches Gerede über die Realität der Mikrozustände wird von Ludwig gerne als „Märchen" oder „Luftschlösser" bezeichnet.[52] Diese Interpretation kann also als besonders scharfe und formale Ausarbeitung der harten Version der Kopenhagener Deutung verstanden werden, wobei allerdings zusätzlich noch der Ensemblecharakter berücksichtigt werden muss, da Ludwig explizit darauf verzichtet, einzelnen Mikroobjekten einen Zustand zuzuweisen. Die Quantenmechanik ist ihm zufolge lediglich ein Formalismus zur Bestimmung der statistischen Korrelation von durch menschliche Technik hergestellten Präparier- und Registrierapparaten.

Diese Interpretation entgeht allen Schwierigkeiten, mit denen realistische Positionen zu kämpfen haben und kann als äußerst *minimalistischer Instrumentalismus* gelten. Sie beruht auf einer komplexen Kategorisierung von Wahrscheinlichkeiten und Messprozeduren, mit deren Hilfe Ludwig ein umfangreiches begrifflich-methodisches System aufbaut, das vorschreibt, wie mit der Quantenmechanik umzugehen ist. Die Popularität dieser Interpretation leidet aber wohl auch etwas daran, dass kaum ein Physiker den anspruchsvollen logischen Apparat der ludwigschen Interpretation für notwendig erachtet. Man weiß eben, wie man mit komplexen Statistiken umzugehen hat und benötigt keinen Formalismus, der die Dinge weiter verkompliziert. Hierdurch büßt die ansonsten stringent aufgebaute Interpretation doch stark an Attraktivität ein. Ihre philosophische Gültigkeit bleibt aber davon unberührt.

Man kann einer solch radikal instrumentalistischen Formulierung nun entgegenhalten, dass sie allzu starken Bezug auf die aus der handwerklichen Tradition des

---

[51]Ludwig (1967, 1985, 1987).
[52]Siehe auch seine kurze Übersichtsarbeit in Ludwig (1990).

Homo Faber stammenden Apparaturen nimmt, wodurch das Motiv der Naturerforschung in den Hintergrund gerät und stattdessen die Erforschung der von Menschen künstlich geschaffenen und technisch umsetzbaren Phänomene an seine Stelle tritt. Mit Sicherheit ist der rein kontemplative Standpunkt der Naturbetrachtung früherer Generationen heute nicht mehr in dieser Allgemeingültigkeit anerkannt. Aber etwa dem Astronomen, der Spektren entfernter Galaxien betrachtet, mag es seltsam vorkommen, die Aussendung von Photonen in Milliarden von Lichtjahren entfernten Objekten als Präparierapparat zu bezeichnen. Auch wenn gewiss viel Weisheit in der expliziten Berücksichtigung der Tatsache liegt, dass Naturwissenschaft stets auch Menschenwerk ist, ist es zumindest psychologisch zu erwarten, dass sich insbesondere der realistisch gesinnte Teil der Physiker mit einer solch strikten Interpretation noch weit weniger wird anfreunden können als mit der Kopenhagener Deutung. Außerdem ist die ontologische Einstufung vieler mikroskopischer Systeme, wie etwa von Molekülen, die vielfach klassische Verhaltensweisen aufweisen, sich aber trotzdem der direkten Wahrnehmbarkeit entziehen, außerordentlich schwierig.

Auch die Aufstellung von Ensembles ist kein zur Interpretation unbedingt notwendiger Schritt; die Kopenhagener haben auf ihn verzichtet, weil es in ihrer Deutung der Quantenphysik ausreichend ist, bei Einzelereignissen Wahrscheinlichkeiten für bestimmte Messungen vorherzusagen. Natürlich verlangt eine umfangreiche Prüfung einer Theorie zahlreiche und vielfältige Messungen, aber die Theorie gestattet zumindest die probabilistische Vorhersage von einzelnen Messresultaten. Die explizite Berücksichtigung des Ensemblecharakters durch Ludwig entspricht also einer sehr vorsichtigen Definition von Messung und Vorhersage.

Nicht zuletzt besteht noch das Argument, das von Anhängern realistischer Interpretationen gerne vorgebracht wird, die Interpretation einer physikalischen Theorie solle nicht nur die natürlichen Phänomene korrekt beschreiben, sondern auch als fruchtbare Inspiration für künftige Forschung dienen. Schließlich ist Wissenschaft nie abgeschlossen, und der Verzicht auf Veranschaulichung, so unangemessen sie oft sein mag, mag sich in den Augen vieler als Mangel erweisen. Auf der anderen Seite lässt sich das Argument vorbringen, die mathematische Theoriebildung solle sich möglichst wenig von metaphysischen Annahmen beeinflussen lassen; eine gesunde positivistische Grundeinstellung befördere nur den Fortschritt, gerade auf den abstrakten Pfaden der modernen Physik. Beide Ansichten besitzen ihre Anhänger; und ihr jeweiliger heuristischer Wert ist wohl auch eine Sache der Psychologie des einzelnen Forschers, der hier eine äußerst minimalistische Interpretation präsentiert bekommt.

Ist Zeilingers Sicht auf die Quantenphysik ein Weiterdenken der Bedeutung von Information für die Grundlagen unserer Naturbeschreibung – und damit ein Schritt über die Kopenhagener Deutung hinaus, die ja auch den Begriff des Wissens für die Wellenfunktion beinhaltet, aber ansonsten die Verankerung der Messergebnisse in den makroskopischen Messgeräten zur Grundlage hat –, so ist die ludwigsche Variante ein formales System, das demgegenüber die messtechnische Realisierbarkeit in den Vordergrund stellt; um den Preis, die Informationen über die Quantenwelt, die sich bei einzelnen Ereignissen und bei semiklassischen Systemen zeigen – und derer gibt es viele, wie die breite und fruchtbare Anwendung der sogenannten weichen Variante der Kopenhagener Deutung vor Augen führt –, unzureichend zu berücksichtigen und stattdessen durch einen komplexen mathematisch-logischen Apparat zu ersetzen. Nichtsdestotrotz bietet der Ansatz von Ludwig eine konsistente Sichtweise der Quantenphysik, die das Spektrum der hier vorgestellten Interpretationen zur instrumentalistischen Seite hin abrundet.

Aspekte der relativistischen Quantenmechanik und Quantenfeldtheorien

6

> *In Wirklichkeit gibt es nur die Atome und das Leere.*
>
> *(Demokrit)*

In diesem Kapitel wollen wir in kurzer und sehr skizzenhafter Form die neueren Entwicklungen der Quantentheorie aufzeigen, auf denen die heutige physikalische Grundlagenforschung beruht und die in ihrer Präzision und Reichweite weit über die herkömmliche Quantenmechanik hinausreichen. Die unglaublichen Erfolge der Physik ab der zweiten Hälfte des 20. Jahrhunderts in der Aufklärung der Struktur der Materie sowie die Vielzahl der auf diesem Gebiet in den letzten Jahrzehnten vergebenen Nobelpreise sind ein beredtes Zeugnis für die wissenschaftliche Signifikanz dieser Entwicklungen. Zugleich jedoch hat die wissenschaftsphilosophische Diskussion lange Zeit wenig Notiz von ihnen genommen.[1] Dies hat mehrere Gründe. Zum einen sind die neuen mathematischen Konzepte noch wesentlich komplizierter und abstrakter und besitzen einige rein ad hoc konstruierte Zutaten, so dass eine Interpretation noch weniger auf ein wohldefiniertes Axiomensystem zurückgreifen kann, als es bei der Quantenmechanik der Fall war. Zum anderen hat wohl auch die immer noch sehr kontroverse Auseinandersetzung um die Interpretation der Quantenmechanik vielen die Lust oder den Mut genommen, sich mit den noch wesentlich anspruchsvolleren Quantenfeldtheorien zu beschäftigen. Dennoch besitzen diese einige außerordentlich interessante Aspekte, die weit über die nichtrelativistische Quantenmechanik hinausreichen und die sowohl für eine Interpretation der Mikrowelt als auch allgemein für das wissenschaftliche Weltbild weitreichende Einsichten liefern können.

---

[1] Es gibt gleichwohl einige wichtige Ausnahmen, so Redhead (1982) oder Teller (1995). In den letzten Jahren mehren sich aber die Bemühungen, dieses schwierige Gebiet zu erschließen, siehe etwa Falkenburg (2007).

© Springer-Verlag Berlin Heidelberg 2017
D. Eidemüller (Hrsg.), *Quanten – Evolution – Geist*,
DOI 10.1007/978-3-662-49379-3_6

Die Quantenmechanik ist zwar eine mächtige Theorie mit einem großen Anwendbarkeitsbereich – aber auch sie stößt an ihre Grenzen. Sie vermag zwar im Gegensatz zur klassischen Physik nicht nur die Schwarzkörperstrahlung, die Linienspektren der Elemente, die Stabilität von Atomen und Molekülen, das Verhalten von Festkörpern und vieles weitere zu erklären und erreicht damit auch eine erheblich größere konzeptionelle Abgeschlossenheit als die klassische Physik, indem sie die vielen Kontingenzen der klassischen Naturbeschreibung auf wenige Prinzipien und Naturkonstanten reduziert; aber sie versagt doch bereits bei einer Feinanalyse dieser Spektren und kann unter anderem weder die hochenergetischen Prozesse der Teilchenphysik noch die Natur der fundamentalen physikalischen Wechselwirkungen noch die Struktur der Atomkerne erklären. Die bisher vorgestellte Quantenmechanik ist auch konzeptionell nur ein halber Schritt in Richtung einer quantentheoretischen Beschreibung; denn in der Quantenmechanik werden die Teilchen quantisiert, die Felder und Potentiale jedoch klassisch behandelt. Eine konsequent quantisierte Beschreibung der Mikrowelt erfolgt erst durch die Quantenfeldtheorien, in denen auch Felder und Potentiale quantisiert werden.

Rein messtechnisch gesehen sind diese Quantenfeldtheorien vor allem bei Präzisionsexperimenten oder in der Hochenergie- und Astrophysik von Bedeutung; für die Chemie etwa sind sie unerheblich. Konzeptionell sind sie allerdings außerordentlich wichtig. Denn die relativistischen Quantenfeldtheorien leisten nochmals eine tiefgreifende Vereinheitlichung der zugrundeliegenden physikalischen Konzepte. Man könnte ihre Bedeutung für das wissenschaftliche Weltbild zwar in operationalistischer Manier zurückweisen, indem man behauptet, sie seien nur spezielle Theorien, die einige auf Basis der Quantenmechanik unverständliche Phänomene eben etwas besser zu beschreiben vermögen. Aber damit würde man der Tatsache nicht gerecht, dass es der modernen Physik dank der Quantenfeldtheorien gelungen ist, anhand von nur rund zwei Dutzend Naturkonstanten die prinzipielle Entwicklung des Universums und seiner Konstituenten von Sekundenbruchteilen nach dem Urknall bis zum heutigen Tag in weitgehend konzeptioneller Abgeschlossenheit zu beschreiben. Auch die Herkunft der Masse lässt sich nur quantenfeldtheoretisch begründen.[2] Sie ist die Fundamentaltheorie der Materie, birgt allerdings einige als mathematisch inkonsequent betrachtete Unsauberkeiten – wie etwa die sogenannte Renormierung, die gerade deshalb, weil die Quantenfeldtheorie die heutige Fundamentaltheorie ist, den nach ästhetischer Klarheit und konzeptioneller Einfachheit strebenden Theoretikern Kopfschmerzen bereiten.

---

[2]Hiermit ist die träge Masse gemeint, da die Gravitation und die schwere Masse sich nicht quantenfeldtheoretisch ausdrücken lassen. Das zu dem Masse vermittelnden Kraftfeld gehörende Elementarteilchen wird auch „Higgs-Boson" genannt. Seine Entdeckung wurde im Juli 2012 vom Europäischen Kernforschungszentrum CERN bekannt gegeben. Die Suche nach ihm war eines der größten wissenschaftlichen Projekte aller Zeiten.

Wie bei der Vorstellung der Quantenmechanik wollen wir auch hier aus Gründen der Darstellung zunächst die Zusammenhänge in einer an die Praxis der Physik angepassten Sprache darlegen, um dann in einer philosophischen Reflexion diesen Sprachgebrauch zu hinterfragen.

6.1 Anfänge der relativistischen Quantenphysik

Bereits zur Zeit der Aufstellung der Quantenmechanik waren sich die Physiker bewusst, dass die Schrödinger-Gleichung nicht lorentz-invariant ist, sondern ebenso wie die Newtonschen Gleichungen lediglich galilei-invariant. Sie gehorcht also ebenso wie die klassische Mechanik nicht den von der Speziellen Relativitätstheorie vorgeschriebenen Transformationseigenschaften und kann deshalb nur als eine Näherung für gegenüber der Lichtgeschwindigkeit langsame Teilchen angesehen werden. Zwar erfüllt sie diesen Zweck in vielerlei Hinsicht hervorragend und erlaubt es, komplizierte Spektren zu berechnen, doch zeigt sich bei genauerem Hinschauen, dass oftmals sogenannte relativistische Korrekturen hinzugezogen werden müssen, um die Übereinstimmung von Rechnung und Experiment zu gewährleisten. Auch lassen sich etwa die Wechselwirkungen von Lichtteilchen mit Materie nicht aus der Theorie begründen. Sehr bald also hat man versucht, mit den in der Quantenmechanik erfolgreichen Korrespondenzprinzipien relativistisch invariante Wellengleichungen aufzustellen. Dabei stießen Oskar Klein und Walter Gordon zunächst auf die nach ihnen benannte Klein-Gordon-Gleichung. Nur wenige Jahre später ersann der britische Theoretiker Paul Adrien Maurice Dirac die berühmte Dirac-Gleichung.[3] Trotz anfänglicher Interpretationsschwierigkeiten fanden beide Gleichungen nach kurzer Zeit bedeutende Anwendungen für verschiedene Klassen von Teilchen.[4] Insbesondere Dirac konnte mit seiner Gleichung scheinbar zwanglos und völlig überraschend bis dahin völlig unverstandene Probleme – darunter etwa die Existenz von Antiteilchen – erklären. Carl Friedrich von Weizsäcker schrieb in seinen Erinnerungen, er habe Heisenberg nie mit solcher Bewunderung über eine neue Entdeckung sprechen hören wie über die Dirac-Gleichung.

6.2 Das Pauli-Prinzip, der Spin und die Dirac-Gleichung

Die Stabilität aller Materie beruht auf der Tatsache, dass sich ihre Konstituenten nicht beliebig zusammenquetschen lassen. In der Sprache der Quantenmechanik liest sich das so, dass sich jeweils nur einer dieser Konstituenten in einem bestimmten Zustand befinden kann. In einem kleinen Raum-Zeit-Bereich kann sich also immer höchstens eine bestimmte Anzahl von Teilchen aufhalten. Dies ist auch

---

[3]Dirac (1928).

[4]Eine wissenschaftstheoretische Aufarbeitung dieser Fragestellungen ist nachzulesen bei Stöckler (1984).

als *Pauli-Verbot* oder *Pauli-Prinzip* bekannt und erklärt die Tatsache, dass sich beispielsweise in einem bestimmten Energieniveau eines Atoms nur eine bestimmte Anzahl Elektronen aufhalten können. Auf diesem Prinzip basiert das Periodensystem der Elemente und die gesamte Chemie. Nun hatte man herausgefunden, dass diese Anzahl an Elektronen in einem Energieniveau allerdings doppelt so groß ist, als man unter Berücksichtigung aller klassisch bekannten Variablen eigentlich erwartet hatte; woraufhin Wolfgang Pauli eine neue, zweiwertige Quanteneigenschaft postulierte, den Spin. Dieser konnte kurze Zeit später nachgewiesen werden. Er besitzt zahlreiche Eigenschaften eines Drehimpulses,[5] weswegen er auch als *Eigendrehimpuls* bezeichnet wird. Gleichzeitig aber ist er eine reine, intrinsische Quanteneigenschaft ohne klassisches Analogon. So tritt er etwa bei Elektronen nur in zweiwertiger Form auf – also entweder positiv oder negativ, wobei sein positiver oder negativer Wert stets dem halben planckschen Wirkungsquantum entspricht und nie einen anderen Wert annehmen kann. Er verhält sich zwar additiv zu den üblichen Drehimpulsen, doch ist die mit ihm verknüpfte magnetische Wechselwirkung doppelt so stark, als sie es nach klassischem Verständnis sein sollte. Damit erscheint diese seltsame Eigenschaft des Spins zwar sehr fremdartig, aber sie hat doch einen entscheidenden Einfluss auf die Struktur der Materie: Schließlich werden die Struktur aller Atome und Moleküle, die chemischen Wechselwirkungen und damit auch alle sonstigen Materialeigenschaften wesentlich durch den Spin mitbestimmt.

An dieser Stelle lieferte nun die Dirac-Gleichung, die mit nichts weniger als brillanter physikalischer Intuition und der Forderung nach relativistischer Invarianz als Verallgemeinerung der Schrödinger-Gleichung aufgestellt worden war, ganz zwangsläufig die richtigen Eigenschaften des Spins als Lösung. Dieser war somit als genuin relativistischer Quanteneffekt ausgewiesen. Zusätzlich erlaubte die Dirac-Gleichung die Vorhersage des Positrons, des positiv geladenen Antiteilchens des Elektrons.[6] Es setzte eine intensive Suche nach diesem Teilchen ein, bis Carl Anderson es 1932 schließlich in der kosmischen Höhenstrahlung nachweisen konnte, die unablässig aus den Tiefen des Alls auf die oberen Atmosphärenschichten der Erde prasselt. Damit offenbart die Dirac-Gleichung in besonderer Weise eine Eigenschaft der modernen Physik, nämlich dass unter gewissen Symmetriebedingungen,[7] denen sich die theoretische Spekulation unterwirft, neue Merkmale der Natur und unerwartete Materieformen erklärt oder sogar vorhergesagt werden können. Insbesondere in der Teilchenphysik hat sich das Prinzip bewährt, nach allem zu suchen, was die Theorie vorhersagen kann.

---

[5] Insbesondere erfüllt er die gleichen Kommutatorrelationen; diese Formeln beschreiben in abstrakter Form die formalen Eigenschaften von Drehimpulsen.

[6] Antiteilchen besitzen die identische Masse und sonstige Eigenschaften wie ihre Gegenstücke, jedoch die entgegengesetzte elektrische Ladung. Treffen sie auf normale Materie, zerstrahlen sie zu reiner Energie.

[7] Hierzu zählt etwa die Lorentz-Invarianz, die sich formal als Symmetrieeigenschaft der Poincaré-Gruppe ausdrücken lässt.

6.3 Grenzen der relativistischen Quantenmechanik und Übergang zur Quantenfeldtheorie

Die Dirac-Gleichung hat sich spätestens mit der Entdeckung des Positrons als wichtige Verallgemeinerung der Schrödinger-Gleichung erwiesen und damit die relativistische Quantenmechanik begründet. Trotz dieser Erfolge ist die damit zusammenhängende Theorie an dieselben erkenntnistheoretischen Bedingungen geknüpft wie die herkömmliche Quantenmechanik. Sie kann auch nicht etwa das Messproblem auflösen. Auch wenn sie viele neue Einsichten in die Natur der Materie geliefert hat, so wie die Herleitung des Spins, die Existenz von Antimaterie und wichtige Korrekturen zum nichtrelativistischen Modell, so besitzt sie doch ihre Grenzen. Sie kann genauso wenig wie die herkömmliche Quantenmechanik die Wechselwirkung von Materie mit Licht hinreichend erklären und beinhaltet auch keinen Mechanismus, mit dem sich Erzeugungs- und Vernichtungsprozesse von Teilchen beschreiben ließen. Außerdem sind tiefere Einsichten in die Struktur der Materie gebunden an eine Theorie der elementaren Kräfte, die festlegt, wie die Konstituenten der Materie untereinander wechselwirken. In der normalen Quantenmechanik werden etwa elektromagnetische Kräfte ganz herkömmlich mit Hilfe von Potentialen behandelt, wie im Formalismus der klassischen maxwellschen Theorie beschrieben.

Erst die Umsetzung dieser Kräfte in ein neues, allgemeineres, quantenfeldtheoretisches Konzept hat der modernen Physik die unglaublichen Erfolge ermöglicht, die in einer vereinheitlichten Beschreibung der Grundkräfte der Materie,[8] der Identifizierung ihrer Konstituenten und deren Umwandlungsmechanismen bestehen; kurz: die beschreibt „was die Welt im Innersten zusammenhält". Diese neuen, sogenannten Quantenfeldtheorien bilden eine der Speerspitzen physikalischer Grundlagenforschung und besitzen ein Maß an Präzision, das keine andere wissenschaftliche Disziplin, weder innerhalb noch außerhalb der Physik, vorzuweisen hat. Sie vermögen Theorie und Experiment in einer Genauigkeit von bis zu zehn oder mehr Nachkommastellen in Übereinklang zu bringen.[9] Damit bieten sie sich zwar für jede erkenntnistheoretische Reflexion der modernen Naturwissenschaft in besonderer Weise an, aber ihr mathematisch überaus anspruchsvoller und komplexer

---

[8]Mit Ausnahme der Gravitation, vergleiche hierzu die einleitenden Bemerkungen in Kap. 1.5.

[9]Als Beispiel diene das anomale magnetische Moment des Elektrons in Einheiten des bohrschen Magnetons, einer Bohr zu Ehren benannten atomaren magnetischen Stärke. Dieses Moment gibt an, wie stark ein Elektron auf magnetische Felder reagiert. Seine Stärke wird durch den sogenannten gyromagnetischen Faktor ausgedrückt. Dieser beträgt laut der herkömmlichen Quantenmechanik: 1, laut der relativistischen Quantenmechanik nach der Dirac-Gleichung: 2, laut der Quantenelektrodynamik (der Quantenfeldtheorie elektromagnetischer Kräfte): 2,002 319 304 8 (8). Experimentell wurde der Wert bestimmt zu: 2,002 319 304 362 2 (15). Die Angaben in Klammern geben den Fehler in der letzten Stelle, bzw. den letzten beiden Stellen an. Die Bestimmung des theoretischen Wertes ist mit einem erheblichen Aufwand verbunden und ein Ergebnis jahrzehntelanger, stetig verbesserter mathematischer Berechnungen. Die Bestimmung des experimentellen Wertes seinerseits gehört zum Exaktesten, das die moderne Naturwissenschaft zu bieten hat; siehe Gabrielse et al. (2006).

Apparat sperrt sich nicht nur gegen jede einfache Interpretation; einige seiner Eigenheiten führen auch gestandene Quantenfeldtheoretiker zu der Vermutung, dass diese Theorie noch nicht ihre endgültige Form gefunden habe und in ihrer jetzigen Fassung nur schwer oder vielleicht sogar gar nicht interpretierbar sei. Dennoch ist ihr Erklärungspotential immens und ihre prognostische Präzision unübertroffen. Die von ihr eingeführten Konzepte haben zu einer gewaltigen Erweiterung des physikalischen Wissens geführt, wobei sich der typisch unanschaulich-abstrakte Charakter der Quantentheorie bei der Beschreibung des Mikrokosmos noch entscheidend verschärft hat. Obwohl also der Formalismus als Ganzes nicht ohne weiteres einer klaren Interpretation zugänglich sein mag, so lassen sich doch aus einigen fundamentalen Aspekten der Quantenfeldtheorien durchaus philosophisch relevante Einsichten extrahieren. Deshalb wollen wir einige ihrer wichtigsten Ergebnisse und Implikationen in Bezug auf das moderne wissenschaftliche Weltbild vorstellen, da sie zu wichtig sind, um einfach übergangen zu werden, und da sie im Folgenden noch erkenntnistheoretische Verwendung finden.

6.4   Die Bedeutung von Quantenfeldtheorien

Der Übergang von der Quantenmechanik zur relativistischen Quantenfeldtheorie besteht darin, dass die Teilchen und Wechselwirkungskräfte zunächst in Felder übersetzt werden; diese Felder werden dann in der sogenannten „zweiten Quantisierung" quantisiert. Damit werden sie zu sogenannten Feldoperatoren. Diese Feldoperatoren besitzen die Eigenschaft, Quanten des jeweiligen Feldes erzeugen oder vernichten zu können. Ein Elektron mit einem bestimmten Impuls wird dann als Elektronzustand interpretiert, der diesen Impuls und auch andere Eigenschaften (wie etwa seinen Spin) repräsentiert. Die Wechselwirkung mit einem elektrischen Feld, durch das dieses Elektron beschleunigt wird, drückt sich quantenfeldtheoretisch so aus, dass bei dieser Wechselwirkung der elektromagnetische Feldoperator den Zustand des einfliegenden Elektrons vernichtet und stattdessen einen neuen erzeugt, der ein Elektron mit dem beschleunigten Impuls beinhaltet. Die Quantenfelder und ihre Wechselwirkungen mit der Materie unterliegen dabei dem gewohnten quantenmechanischen Prinzip des Indeterminismus, so dass die Physiker bei ihren Berechnungen keine festen Bewegungstrajektorien angeben können, sondern lediglich Übergangswahrscheinlichkeiten oder Streuraten.

Die enormen konzeptionellen Schwierigkeiten der Quantenfeldtheorien lassen sich bereits vor Augen führen, wenn man sich die Definition des Feldes aus der klassischen Elektrodynamik in Erinnerung ruft. Dort wurde der Feldbegriff eingeführt als Kraft auf eine Probeladung. Diese Probeladung soll so klein sein, dass sie keinen Einfluss auf das Feld besitzt. Da wir nach der Quantenphysik aber wissen, dass nicht nur die Wirkungen, sondern auch die elektrischen Ladungen gequantelt sind, und damit einen bestimmten kleinsten Wert nicht unterschreiten können, hat also jede Probeladung und jedes geladene Elementarteilchen einen bestimmten endlichen Einfluss auf das Feld. Damit entsteht eine konzeptionelle Dualität zwischen Feld und Quelle. Bereits Pauli wies darauf hin, dass der Feldbegriff in der klassischen Physik nur durch Abstraktion von den Bedingungen entstehen konnte, unter denen ein Feld gemessen werden kann.

Es gibt mehrere Quantenfeldtheorien, die die verschiedenen Grundkräfte darstellen. Außer der durch die Allgemeine Relativitätstheorie beschriebenen Gravitation kennt die Physik noch drei weitere Grundkräfte, die elektromagnetische Kraft und die schwache und die starke Kernkraft. Für diese drei fundamentalen Kräfte existieren quantenfeldtheoretische Beschreibungen. Die älteste und mathematisch einfachste Quantenfeldtheorie ist die Theorie der elektromagnetischen Kraft, *Quantenelektrodynamik* genannt. Sie vermittelt alle Wechselwirkungen, die mit der elektrischen und magnetischen Ladung zusammenhängen; dazu gehört auch die Wechselwirkung von Licht mit Materie.

Die Kernkräfte teilen sich auf in die starke und die schwache Kraft. Beide besitzen eine äußerst kurze Reichweite, die nur über die Distanz von Atomkernen wirkt. Die Theorie der starken Kernkraft wird als *Quantenchromodynamik* bezeichnet und erklärt den Zusammenhalt der Atomkerne sowie die Erzeugungs- und Zerfallsprozesse ihrer Grundbestandteile, der Quarks. Aus diesen Quarks setzen sich die Protonen und Neutronen der Atomkerne zusammen, sowie andere, instabile Teilchen wie etwa Mesonen oder Hyperonen.

Die *schwache Kernkraft* schließlich ist verantwortlich für bestimmte Arten von Radioaktivität und für Umwandlungsprozesse zwischen Elementarteilchen, insbesondere für die Fusion von Wasserstoffkernen zu Deuterium, die das Sonnenfeuer in Gang hält. Sie besitzt besondere Eigenschaften, insbesondere unterscheidet sie zwischen links und rechts! Man sagt auch, sie ist paritätsverletzend, denn bestimmte ihr unterliegende Prozesse treten jeweils nur in einer rechts- oder linksspiraligen Version auf, niemals in der spiegelsymmetrischen Version. Auch ist sie um viele Größenordnungen schwächer als die anderen beiden Kräfte, wirkt aber ebenso wie die noch wesentlich schwächere Gravitation auf alle Arten von Teilchen, während die elektromagnetische Kraft nur geladene Teilchen betrifft und die starke Kraft lediglich Teilchen mit sogenannter „Farbladung", d. h. die Quarks.[10]

Es ist gelungen, die elektromagnetische und die schwache Wechselwirkung in einer einheitlichen Theorie zu vereinigen. Diese heißt deshalb auch *elektroschwache Theorie*. Eine Vereinigung mit der starken Kernkraft steht allerdings noch aus. Hieran wird bereits ersichtlich, wie ambitioniert die eingangs zitierten Ansätze sind, auch noch die Gravitation als Theorie der Raumzeit mit ins Boot der Quantenfeldtheorien zu holen. Mit Hilfe der Quantenfeldtheorien lassen sich aber alle bekannten physikalischen Wechselwirkungen vollständig und in bester Übereinstimmung mit dem Experiment beschreiben. Man nennt die bekannten Quantenfeldtheorien deshalb auch das *Standardmodell der Elementarteilchenphysik*.

---

[10]Eine Erläuterung zu den Quarks und ihrer Farbladung findet sich in Kap. 19.3.

6.5   Die Grundbestandteile der Materie: Fermionen und Bosonen

Sämtliche Elementarteilchen lassen sich in zwei Klassen einteilen. Die Teilchen der ersten Klasse sind die nach dem italienischen Nobelpreisträger Enrico Fermi benannten *Fermionen*. Sie tragen einen halbzahligen Spin in Einheiten des planckschen Wirkungsquantums. Die anderen werden zu Ehren des bedeutenden indischen Theoretikers Satyendranath Bose *Bosonen* genannt und tragen einen ganzzahligen Spin in Einheiten des planckschen Wirkungsquantums. Elementarteilchen mit anderem als halb- oder ganzzahligem Spin konnten noch nie nachgewiesen werden. In seinem berühmten *Spin-Statistik-Theorem* konnte Wolfgang Pauli anhand einiger äußerst allgemeiner Annahmen beweisen, dass für Fermionen und Bosonen jeweils eine ganz bestimmte Statistik gilt. Mit diesem Beweis gelang ihm eine bedeutende Verallgemeinerung seines Pauli-Verbots, welches besagt, dass sich stets höchstens ein Fermion in einem bestimmten Quantenzustand befinden darf. Dieses Theorem war seinerzeit noch mehr oder weniger intuitiv aus den spektroskopischen Daten und Tabellen abgelesen und durch keine tieferen Einsichten motiviert.

Wie schon aus der Quantenmechanik bekannt, sind die Elementarteilchen jeweils einer Art von Quanten völlig ununterscheidbar. Fermionen können sich nach dem Spin-Statistik-Theorem prinzipiell nicht im selben Zustand befinden, während Bosonen umgekehrt vorzugsweise gehäuft im selben Zustand auftreten. Aus diesem Grund werden sich Fermionen also in gewissem Sinne „abstoßen" und nicht beliebig zusammendrängen lassen, weshalb aus ihnen alle Formen ausgedehnter Materie bestehen. Man bezeichnet sie dementsprechend auch als Grundbestandteile oder Konstituenten der Materie. Hierzu gehören sowohl die Neutronen und Protonen in Atomkernen wie auch Elektronen und Neutrinos oder andere, exotischere Formen von Materie.

Die Träger der verschiedenen Wechselwirkungen ihrerseits sind Bosonen; ohne sie wüsste kein Fermion vom anderen. Bekanntestes Boson ist das Lichtteilchen, das Photon, welches die elektromagnetische Wechselwirkung vermittelt. Auch die starke und schwache Kernkraft besitzen Wechselwirkungsteilchen, die im Gegensatz zu Photonen aber eine verschwindend kurze Reichweite haben, so dass diese Kräfte auf die winzige Distanz des Durchmessers von Atomkernen beschränkt bleiben. Da jede Wechselwirkung durch den Austausch dieser Teilchen dargestellt wird, bezeichnet man diese auch als *Austauschbosonen*.[11]

---

[11]Es wird vermutet, dass auch die neben der elektromagnetischen einzige andere Kraft mit unbegrenzter Reichweite, die Gravitation, ein Austauschboson besitzt. Dieses hypothetische Teilchen trägt den Namen „Graviton".

6.6   Wechselwirkungen im Bild der Quantenfeldtheorien und die Rolle des Vakuums

Die bereits erwähnte Eigenschaft der Feldoperatoren, Teilchenzustände erzeugen und vernichten zu können, ist an gewisse, besondere Bedingungen geknüpft und zeigt im Gegensatz zur nichtrelativistischen Quantenmechanik bedeutende Neuerungen. Da gemäß der Relativitätstheorie Masse und Energie äquivalent sind, gestatten es die relativistischen Quantenfeldtheorien, beispielsweise aus der kinetischen Bewegungsenergie sehr hochenergetischer Teilchen bei Kollisionen neue Teilchen zu erzeugen oder in Zerstrahlungsprozessen Teilchen aus Materie und Antimaterie sich gegenseitig vernichten zu lassen, wobei nichts weiter übrig bleibt als Energie, etwa in Form von Lichtteilchen. Die Quantenfeldtheorien sind also zwangsläufig Vielteilchentheorien, da sie die Erzeugung und Vernichtung von Teilchen zulassen müssen. Im Rahmen der nichtrelativistischen Quantenmechanik, wie sie durch die Schrödinger-Gleichung beschrieben wird, ist es unmöglich, solche Prozesse, wie sie in Hochenergieexperimenten ständig auftreten, zu beschreiben.

Da weiterhin gemäß der heisenbergschen Unschärferelation Energie und Zeit miteinander verknüpft sind, und damit auch Masse und Zeit, lässt der quantenfeldtheoretische Formalismus zu, dass in sehr kurzen Zeitintervallen Teilchen quasi aus dem Nichts entstehen und wieder verschwinden. Diese Teilchen werden „virtuelle" Teilchen genannt. Die Länge dieser Zeitintervalle ist über die Unschärferelation mit der Masse des erzeugten Teilchens verknüpft und umso kürzer, je schwerer dessen Masse ist. Diese virtuellen Teilchen entstehen und vergehen ständig und überall und sind keineswegs nur eine rein mathematische Folgerung aus dem Formalismus ohne Kontakt zur Messwirklichkeit. Sie werden auch als *Vakuumfluktuationen* bezeichnet und können z. B. in der Nähe einer Ladung eine messbare *Vakuumpolarisation* bewirken, die sich auf Teilchen in der Umgebung auswirkt.[12]

Besonders anschaulich lässt sich die reale Rolle der Vakuumfluktuationen am *Casimir-Effekt* ablesen.[13] Dieser quantenfeldtheoretische Effekt bewirkt eine anziehende Kraft zwischen zwei nahe aneinander befindlichen, elektrisch leitenden Platten. Die virtuellen Teilchen des Vakuums können zwischen diesen Platten nur bestimmte Zustände einnehmen, ganz analog zur Quantisierungsbedingung des bohrschen Atommodells in Kap. 2.4. Außerhalb der Platten sind alle möglichen Zustände erlaubt. Dieser Überschuss an virtuellen Teilchenzuständen außerhalb

---

[12]Es gibt einen recht tiefgründigen Scherz unter Teilchenphysikern, der sich auf den Fortschritt in der Physik bezieht. Während nach Newton das Dreikörperproblem nur noch approximativ bestimmt werden konnte und laut der Quantenmechanik das Zweikörperproblem, so sind laut der Quantenfeldtheorie jetzt selbst die Eigenschaften des Vakuums nur noch näherungsweise bestimmbar und überdies dem Messpostulat und der noch zu diskutierenden Renormierung unterworfen. Christopher Llewellyn Smith hat zum Fortschritt in der modernen Physik folglich einmal bemerkt: „Heutzutage verstehen wir nicht einmal mehr das Vakuum." Aus einer seiner Vorlesungen am Wolfson College, veröffentlicht in Mulrey (1981).

[13]Casimir (1948).

gegenüber innerhalb der Platten erzeugt einen nachweisbaren äußeren Druck auf die Leiterplatten. Es gibt inzwischen sogar schon Ansätze, diesen Effekt in der Nanosystemtechnik zu nutzen.

Ein weiterer sonderbarer quantenfeldtheoretischer Effekt ist der *Aharonov-Bohm-Effekt*.[14] Ihm zufolge kann ein Magnetfeld auch dann die Interferenz von Elektronenstrahlen beeinflussen, wenn diese gar nicht in direkten Kontakt mit dem Magnetfeld kommen. Mathematisch lässt sich dieses seltsame Verhalten durchaus beschreiben. Denn das sogenannte magnetische Vektorpotential, mit dem man magnetische Phänomene berechnen kann, hat auch an Stellen endliche Werte, an denen kein Magnetfeld vorliegt. Mit Hilfe dieser Größe lässt sich die Interferenz solcher Elektronenstrahlen exakt kalkulieren. Dies war eine große Überraschung für die Physiker: Bis zum Nachweis dieses Effekts hatte man nämlich das Magnetfeld für physikalisch real gehalten, das magnetische Vektorpotential aber nur für ein abstraktes mathematisches Konstrukt, das zur Berechnung einiger elektromagnetischer Phänomene sehr praktisch ist. Stattdessen zeigt der Aharonov-Bohm-Effekt, dass dem Vektorpotential offensichtlich ein höheres Maß an Entsprechung mit der Realität zukommt als dem Begriff des Magnetfeldes, aus dem man es ursprünglich abgeleitet hatte. Dieser Effekt weist also in besonders eigentümlicher Weise auf die Macht der mathematischen Analyse gegenüber dem menschlichen Vorstellungs-vermögen hin. Abgesehen von seiner konzeptionellen Bedeutung hat sich in den letzten Jahren herausgestellt, dass der Aharonov-Bohm-Effekt auch überraschendes technologisches Potential besitzt. So ermöglicht er etwa einen ungehinderten Stromfluss an der Oberfläche eigentlich isolierender Materialien.

Das Vakuum selbst nimmt also in der feldtheoretischen Sicht eine bedeu-tende ontologische Rolle ein, denn die Quantenfelder erzeugen in ihm eine Ord-nungsstruktur, die man, etwas lyrisch gesprochen, als „Meer von Möglichkeiten" bezeichnen kann. Diese wahrscheinlichkeitsbehafteten Möglichkeiten drücken sich beispielsweise dadurch aus, dass ein hinreichend starkes Energiequant sich in einem Stück Materie in ein Teilchenpaar aus Materie und Antimaterie verwandeln kann, etwa in ein Elektron und ein Positron, oder auch in ein Proton und ein Antiproton, oder in irgendetwas anderes, solange nur seine Energie ausreichend ist, um die Massen dieser Teilchen zu erzeugen. Die „reellen" Teilchen unterscheiden sich von den virtuellen dadurch, dass zu ihrer Erzeugung eine ihrer Masse äquivalente Menge an Energie aufgeboten werden muss. Sind sie instabil und zerfallen deshalb oder zerstrahlen sie mit ihrem Antiteilchen, so wird diese Energie wieder frei. Die Anzahl bestimmter Teilchen ist demnach durch verschiedene Anregungsmoden von Feldern repräsentiert. Virtuelle Teilchen hingegen hinterlassen keine Spuren, außer dass sie zur Struktur des Vakuums gehören und das Verhalten der reellen Teilchen beeinflussen. Eine extreme Sichtweise dieser Verhältnisse ließe sich etwa so aus-drücken: Alle bekannte Materie besteht aus Elementarteilchen, die ihrerseits nichts weiter als bestimmte Anregungszustände des Vakuums sind. Unsere Welt ist also eine von potentiell unendlich vielen möglichen Anregungszuständen des Vakuums.

---

[14] Aharonov und Bohm (1959).

Das Vakuum spielt somit auch die bereits von Heisenberg der Wellenfunktion zugewiesene Rolle der Potentialität. Es ist also mehr als ein bloßes „Nichts", sondern ein „Meer von Möglichkeiten", deren Realisierung die uns bekannten Elementarteilchen darstellen, aus denen alle Materie besteht.

Die quantenfeldtheoretischen Wechselwirkungen lassen sich jetzt sämtlich so beschreiben, dass zwischen reellen Teilchen virtuelle Teilchen ausgetauscht werden, welche z. B. eine Anziehung oder Abstoßung bewirken, oder auch die Erzeugung oder Vernichtung reeller Teilchen. Die Eigenschaften der reellen Teilchen, wie etwa ihre Ladung, bewirken eine Kopplung an die virtuellen Teilchen des Vakuums, die ihrerseits an das wechselwirkende Teilchen koppeln. Die Wechselwirkung überträgt sich stets über die virtuellen Teilchen des Vakuums und nie direkt von einem reellen Teilchen zum anderen. Die virtuellen Teilchen des Vakuums haben also nicht nur reelle Wirkungen, sie ermöglichen überhaupt erst Wechselwirkungen zwischen reellen Teilchen. Die Wechselwirkung über reelle Teilchen ist formal gesehen nur ein Sonderfall der Wechselwirkung über virtuelle Teilchen. Die Geschwindigkeit, mit der diese Wirkungen übertragen werden, ist durch die Lichtgeschwindigkeit begrenzt. Das folgt aus der Tatsache, dass die Quantenfeldtheorien dem Relativitätsprinzip der Speziellen Relativitätstheorie gehorchen.

6.7 Symmetrien und Erhaltungssätze

Auch wenn das Vakuum bislang noch recht unspezifisch erscheint, lassen sich doch bedeutende Eigenschaften der auftretenden Wechselwirkungen bereits aus gewissen Symmetrieprinzipien herleiten. Hier zeigt sich eine starke wechselseitige Befruchtung der modernen Mathematik und Physik. Wichtige frühe Ansätze hierzu stammen unter anderem von dem unter mysteriösen Umständen verschwundenen Quantentheoretiker Ettore Maiorana. Nach einem berühmten Theorem der Mathematikerin Emmy Noether ist jede Symmetrie mit einem Erhaltungssatz verbunden. So folgt etwa allein aus der Tatsache, dass gemäß der Rotationssymmetrie keine Raumdimension vor der anderen ausgezeichnet ist, die Erhaltung des Drehimpulses – und zwar sowohl in der klassischen wie in der Quantenphysik. Nun gibt es in der Quantenphysik eine ganze Reihe von teilweise mathematisch recht abstrakten Symmetrien. Sie alle sind mit wichtigen Erhaltungssätzen verknüpft, die die möglichen Arten von Umwandlungsprozessen sowie die involvierten Teilchenarten bestimmen. Zu den wichtigsten Symmetrien korrespondieren die Erhaltung des Impulses und des Drehimpulses, die Erhaltung von Energie und Masse, sowie die Erhaltung der elektrischen Ladung. Jede dieser Symmetrien besitzt einen fundamentalen Anteil an der Gesamtkonstitution des Universums. Sie bestimmen die Stabilität von Elementarteilchen und mögliche Interaktionen. Einige dieser Symmetrien, die sogenannten Eichsymmetrien, bestimmen sogar die Art und Struktur der jeweiligen Wechselwirkung. Diese Symmetrien beruhen auf einer formalen Eigenschaft der Quantenfelder, der sogenannten lokalen Eichinvarianz. Die drei bekannten Quantenfeldtheorien gehorchen aber jeweils einer bestimmten Eichsymmetrie, weswegen sie auch *Eichtheorien* genannt werden.

Ein weiterer wichtiger Punkt betrifft das Konzept des *Atomismus*. In der Quantenmechanik konnten Atome und ihre Konstituenten, also etwa Elektronen, noch als primitive, stabile Bausteine gedacht werden; zumindest wenn man davon absieht, dass sich der Atomkern bei radioaktiven Prozessen ändert. In der Quantenfeldtheorie wird jetzt aber etwa die Anzahl von Elektronen nur noch zu einem möglichen Messwert der zugehörigen Teilchenzahlobservablen, in diesem Fall also der Elektronenzahlobservablen. Damit erhalten die Teilchenzahlen in gewisser Hinsicht einen ähnlichen Charakter wie die dynamischen Variablen, also Ort und Impuls. Nun bedingen diverse Symmetrien die Erhaltung vieler wichtiger Größen, wie etwa der Ladung, so dass wir etwa nach einer Wechselwirkung, wenn vorher ein Elektron da war, nicht etwa zwei Elektronen vorfinden können, sondern höchstens zwei Elektronen und ein Positron. (Ein Positron trägt als Antiteilchen des Elektrons exakt die entgegengesetzte Ladung.) Es ist auch möglich, dass sich das Elektron in ein ebenfalls negativ geladenes Myon umwandelt.[15]

Was also ist ein Elektron? Oder was ist überhaupt ein Elementarteilchen? Aus der Ferne betrachtet, erscheint es als Träger einfacher Eigenschaften, wie Ladung, Masse etc. Je näher man es sich anschaut, desto mehr Energie muss aber man aufwenden, um es untersuchen zu können. Denn gemäß der heisenbergschen Unschärferelation muss man immer energiereichere Teilchen mit immer höherem Impuls erzeugen, um eine immer kleinere Wellenlänge und damit eine bessere Auflösung bei einer Messung zu erhalten. Bei sehr hohen Energien aber beginnen dann immer mehr Teilchen aus dem „Nichts" zu entstehen, was zu den bekannten Bildern von Kollisionen in Teilchenbeschleunigern führt, bei denen unter Umstände viele tausend unterschiedliche Elementarteilchen auseinander fliegen. Wenn man also etwa ein Elektron immer genauer analysieren will, dann erscheint es zunehmend komplex, in ihm offenbart sich aufgrund der Struktur des Vakuums der ganze Teilchenkosmos, den die Quantenfeldtheorien beschreiben. Nach dem Quantentheoretiker und Nobelpreisträger Frank Wilczek ist die Antwort auf Frage nach der Natur des Elektrons deshalb vielschichtig: „An electron is a particle and a wave; it is ideally simple and unimaginably complex; it is precisely understood and utterly mysterious; it is rigid and subject to creative disassembly. No single answer does justice to reality."[16]

Die grundlegende Bedeutung von Symmetrien für die Gesetze der Physik wurde zwar schon früher gesehen, aber ihren eindrucksvollsten Nachweis erfuhr sie in der modernen Quantentheorie. Mathematisch lassen sich Symmetrien in der Gruppentheorie darstellen, so dass man behaupten kann, die Symmetriegruppen der Quantenfeldtheorien geben die möglichen Repräsentationen der Elementarteilchen vor.

---

[15]In diesem Fall sind aufgrund anderer Erhaltungssätze auch noch zwei verschiedenartige Neutrinos am Prozess beteiligt.

[16]Wilczek (2013), S. 32.

6.8 Probleme der Quantenfeldtheorien

Eine große konzeptionelle Schwierigkeit erwächst den Quantenfeldtheorien daraus, dass sie sämtliche Elementarteilchen als Punktkörper betrachten. Zwar gibt es keine experimentellen Befunde, die auf irgendetwas anderes hinweisen, und bis auf die winzige Skala von 10^{-18} Metern – also einem milliardstel milliardstel Meter – ist bislang bei keinem Elementarteilchen eine Abweichung von einer Punktstruktur nachweisbar. Aber aufgrund der Tatsache, dass z. B. die elektromagnetische Potentialdifferenz[17] bei verschwindend kleinem Abstand schließlich gegen unendlich strebt, folgt ganz zwingend aus den Naturgesetzen, dass gemäß der Quantenfeldtheorien sämtliche grundlegenden Eigenschaften, wie etwa Ladungen und Massen der Elementarteilchen, eigentlich unendlich sein müssten! – Vorausgesetzt, die uns bekannten Naturgesetze wären erstens der Weisheit letzter Schluss und bis hin zu beliebig hohen Energiedichten und beliebig kleinen Distanzen gültig, und zweitens, das Modell von Punktkörpern entspräche der Realität.

Diese Unendlichkeiten erfreuten sich weder in den Anfangstagen der Quantentheorie noch heute besonderer Beliebtheit; und sie wehrten sich hartnäckig gegen jede mit bekannten mathematisch-physikalischen Methoden durchführbare Auflösung. Nun hat sich allerdings ein ungewöhnliches mathematisches Verfahren als besonders effektiv erwiesen, um diese Unendlichkeiten abzuschneiden, ohne sie jedoch auflösen zu können; hierdurch lassen sich konzeptionelle Widersprüche vermeiden. Diese trickreiche Prozedur ist als *Renormierung* bekannt. Indem man darauf verzichtet, die sogenannten „nackten" Massen und Ladungen der Elementarteilchen selbst zu bestimmen, lassen sich die mathematischen Formeln umstellen und die Unendlichkeiten verschwinden. Mathematisch gesehen folgt dies daraus, dass man Unendlichkeiten sich gegenseitig aufheben lässt. Die Theorie kann dadurch aber nicht mehr die nackten, unsichtbaren Massen und Ladungen der Elementarteilchen vorhersagen, sondern beschränkt sich darauf, die in endlicher Distanz von ihnen gemessenen Werte, also die durch eine Wolke von virtuellen Teilchen des Vakuums „abgeschirmten" Massen und Ladungen, zu bestimmen. Hierdurch wird es jedoch leider auch unmöglich, die Anzahl der Naturkonstanten weiter zu reduzieren.

Die Quantenfeldtheorie muss also eine räumliche Grenze für ihre eigene Anwendbarkeit annehmen, um konsistente Vorhersagen zu ermöglichen. Diese Grenze kann bei extrem kleinen Distanzen und extrem großen Energien liegen, wie sie nur bei äußerst energiereichen Prozessen vorliegen. Aber ohne die Einführung einer solchen Grenze lassen sich die unsinnigen Unendlichkeiten nicht umgehen. Vielleicht wird eine zukünftige Theorie diese Grenze genauer bestimmen können oder sogar bis zu den Teilchen selbst vordringen, aber vielleicht wird diese neue Theorie auch weitere, noch tiefer liegende Grenzen kennen.

Eine mögliche Entwicklung der Physik könnte auch in einer *Kaskade von Theorien* bestehen, bei denen ausgehend von der klassischen Physik und weiter über

---

[17]Das ist der energetische Unterschied zwischen zwei Punkten.

die Quantenphysik hinaus immer tiefere, aber an die Begriffe der Vorgängertheorien gebundene und über Korrespondenzbegriffe verknüpfte Theorien aneinander anschließen. Allerdings liefern die gegenwärtigen Quantenfeldtheorien bei allen den heutigen Experimenten zugänglichen Energien hervorragende Ergebnisse, sodass – neben der Erklärung der rätselhaften Dunklen Materie und Energie – als wichtigste Motivation zur Aufstellung neuer, tieferer und allgemeinerer physikalischer Theorien vor allem abstrakte ästhetische Kriterien verbleiben. Zu diesen zählen mathematische Stringenz, begriffliche Geschlossenheit und die möglichst weitgehende Vereinheitlichung der physikalischen Grundkräfte in einem zusammenhängenden Theoriegebäude, inklusive der Verringerung der Kontingenz in der Theorie wie etwa bei der Anzahl der benötigten Naturkonstanten.

Bereits Dirac, für den mathematische Ästhetik immer zu den wichtigsten Kriterien guter physikalischer Theorien zählte, betrachtete diese Probleme als Anzeichen der Schwäche der neuen Theorie, und Stephen Hawking klassifiziert die Renormierung als „mathematisch ziemlich zweifelhaft".[18] Selbst der hart antimetaphysisch eingestellte Pauli hat seinen Unmut hierüber in seiner Nobelpreisrede vom 13. Dezember 1946 in folgender Weise ausgedrückt, nachdem er den Nobelpreis für Physik des Jahres 1945 für die Aufstellung des Pauli-Prinzips erhalten hatte:

„At the end of this lecture I may express my critical opinion, that a correct theory should neither lead to infinite zero-point energies nor to infinite zero charges, that it should not use mathematical tricks to substract infinities or singularities, nor should it invent a ‚hypothetical world' which is only a mathematical fiction before it is able to formulate the correct interpretation of the actual world of physics."

Nichtsdestotrotz sind die Quantenfeldtheorien die am präzisesten geprüften und in diesem Sinne erfolgreichsten Theorien der Naturwissenschaft. Dies hat sogar manche ihrer Begründer heftig überrascht, wie etwa der Quantentheoretiker Freeman Dyson freimütig bekennt:

„As one of the inventors [of Quantum Electro Dynamics, QED] I remember that we thought of QED in 1949 as a temporary and jerry-built structure, with mathematical inconsistencies and renormalized infinities swept under the rug. We did not expect it to last more than 10 years before some more solidly built theory would replace it … Now, 57 years have gone by and that ramshackle structure still stands. And you did not find the discrepancy that we hoped for. To me it remains perpetually amazing that Nature dances to the tune that we scribbled so carelessly 57 years ago. And it is amazing that you can measure her dance to one part per trillion and find her still following our beat."[19]

Mit all diesen Eigenheiten wird die Quantenfeldtheorie zu einer *effektiven* Theorie, die den Anspruch aufgeben muss, die Eigenschaften der Teilchen selbst zu beschreiben. Sie kann lediglich die durch das Vakuum in einem gewissen Abstand vermittelten Eigenschaften der Teilchen vorhersagen. Mit anderen Worten:

---

[18] Hawking (1988), S. 197.

[19] Aus einem Glückwunschbrief von Freeman Dyson an Gerald Gabrielse anlässlich der Präzisionsmessungen zur Bestimmung des gyromagnetischen Faktors des Elektrons im Jahr 2006, vergleiche die Fußnote in Kap. 6.3.

„As a result of this view, one consequently has to admit that there are no absolute physical properties of real objects. Rather, the properties of real matter appear as a result of its mutual interactions with fluctuations of the vacuum that are always present. In this respect, the idealistic artefact of a real particle without its vacuum environment is a useless and unpragmatic chimera. This may remind one of the old Parmenidean ideas of the world as an unquantizable ‚whole-istic' plenum of reality."[20]

An dieser Stelle wird sehr deutlich, dass die moderne Quantentheorie nicht einfach eine Theorie dessen ist, was *ist*, sondern dessen, was *gemessen werden kann*. Nur eine wissenschaftsphilosophische und erkenntnistheoretische Analyse, die diesen Komplex in ein Gesamtbild wissenschaftlich fundierter Erkenntnis einordnet, kann deshalb Aufschluss darüber geben, in welchem Sinn schließlich von der Existenz der naturwissenschaftlich erforschten Objekte gesprochen werden kann. Diese Punkte müssen wir an dieser Stelle offenlassen; wir werden sie vor allem in den Kap. 15 und Kap. 19.3 noch einmal aufgreifen.

Wenn man nun versucht, den Formalismus halbwegs anschaulich zu interpretieren, kann man also nicht mehr von den Elementarteilchen selbst ausgehen, sondern muss sich ihnen aus endlicher Distanz nähern. Aufgrund der Wellennatur der Materie ist nun eine immer stärkere Annäherung mit immer größerer Energie verbunden, da die Wellenlänge eines Teilchens und damit sein Auflösungsvermögen sich umgekehrt proportional zu seinem Impuls verhält. (Aus diesem Grund sind die modernen Teilchenbeschleuniger auch so groß und so teuer.)

Wenn wir nun sehr nahe an ein Elementarteilchen, z. B. ein Elektron, heran wollen, wird die benötigte Energie des Probeteilchens so groß, dass mit steigender Wahrscheinlichkeit immer mehr neue Teilchen, darunter auch Elektronen, erzeugt werden. Die so erzeugten Teilchen sind stets wieder schon bekannte Teilchen des Standardmodells; dabei kann das beobachtete Elektron beschleunigt oder umgewandelt, nicht jedoch gespalten werden. Wir können also die heute bekannten Elementarteilchen nicht weiter in Unterteile zerlegen! Sie – und nicht die Atome – sind es, die den griechischen Namen ἄτομος (*átomos*, „unteilbar"), wirklich verdienen. Ihre Struktur besteht aus einem für die heutige Theorie unsichtbaren Kern und dem umgebenden Vakuum als Vermittler ihrer Eigenschaften. Oft werden auch die ein Elementarteilchen notwendigerweise umgebenden Vakuumfluktuationen zu diesem hinzugerechnet und das Gesamtgebilde als „Struktur" dieses Teilchens bezeichnet. Nur dank dieser Sichtweise vermag die Quantenfeldtheorie sinnvolle und hochpräzise Vorhersagen zu machen.

6.9   Philosophische Implikationen der Quantenfeldtheorien

Wer einmal die Hoffnung hatte, die Weiterentwicklung der Quantenmechanik würde deren konzeptionelle Schwierigkeiten auflösen oder zumindest lindern, sieht sich angesichts des überwältigenden prognostischen Erfolges der Quantenfeldtheorie

---

[20]Fahr (1989), S. 54 f.

nun der Tatsache gegenüber, dass diese Schwierigkeiten noch bedeutend zugenommen haben. Nicht einmal die Elementarteilchen als Träger fundamentaler Eigenschaften, deren Begriff bei den Anwendungen der Quantenmechanik noch unproblematisch ist, lassen sich mehr als eigenständige Entität deuten, während das Vakuum auf einmal eine bedeutende Rolle spielt. Gleichzeitig hat die Bedeutung von Symmetrien und Erhaltungssätzen immens zugenommen.

Der komplexe mathematische Formalismus lässt sich in sehr eleganter Weise mit bestimmten Übersetzungsregeln in sogenannten *Feynman-Diagrammen* darstellen. Hierbei werden gemäß den Erhaltungssätzen des Formalismus die einzelnen Quanten als verschiedenartige Linien mit unterschiedlichen Verbindungsregeln dargestellt. Einige Theoretiker sind inzwischen der Meinung, dass diese Art der Darstellung mehr Wahrheit enthält als der Formalismus, den diese Diagramme repräsentieren. Dies liegt wahrscheinlich daran, dass an ihnen die Erhaltungssätze besonders deutlich werden. Diese Erhaltungssätze ergeben sich aus den fundamentalen Symmetrien der Naturgesetze, welche sich in Symmetriegruppen zusammenfassen lassen. Dabei lassen sich diese Übersetzungsregeln einerseits als rein buchhalterische Maßnahme verstehen, die es ermöglicht, den komplexen Formalismus in erstaunlich einfacher Weise anschaulich darzustellen, während andererseits die Meinung vertreten wird, die (unendliche) Summe der Feynman-Diagramme *sei* die Theorie. Dazu bemerken allerdings James Bjorken und Sidney Drell in ihrem Standardwerk zur Quantenfeldtheorie: „Der unbefriedigende Stand der heutigen Elementarteilchentheorie lässt einen solchen Luxus nicht zu."[21]

Die moderne Quantenfeldtheorie ist aus der Quantenmechanik in ihrer Kopenhagener Sichtweise hervorgegangen. Die Quantenfeldtheorie basiert dementsprechend ebenfalls auf den erkenntnistheoretischen Prinzipien der Kopenhagener Deutung und geht sogar noch über diese hinaus, indem sie über das Verfahren der Renormierung die Grenze ihrer eigenen Anwendbarkeit als grundlegendes Prinzip in ihren Formalismus integriert. Die Dualität von Teilchen und Welle wird, auch wenn der Sprachgebrauch von Elementarteilchen dies andeuten könnte, keineswegs aufgehoben. Vielmehr sind beide Eigenschaften im Formalismus enthalten. Dabei entspricht die Tatsache, dass z. B. Elektronen stets eine bestimmte Ladung und Masse tragen, dem Teilchenbild, während ihre Propagation, die Fortpflanzung im Raum, Wellencharakter besitzt.

Am Verfahren der Renormierung wird deutlich, dass die moderne Quantentheorie eine effektive Theorie des Messbaren ist, die wesentlich auf einer nicht allzu großen, aber doch unumgänglichen Anzahl rein empirischer Parameter basiert. Die Hoffnung der Physiker, die an noch tieferen Theorien arbeiten, ist es, die Anzahl dieser Naturkonstanten und damit die Kontingenz in der theoretischen Physik weiter zu verringern. Sämtliche Ansätze hierzu sind allerdings noch rein spekulativ. Eine realistische Interpretation des heute vorliegenden Formalismus der Quantenfeldtheorie ist nicht greifbar.

---

[21]Bjorken und Drell (1993), S. 5.

Zusammenfassend lässt sich also sagen, dass die Quantenfeldtheorie den Anspruch, das Kleinste in all seinen Einzelheiten ontologisch zu bestimmen, aufgibt und sich auf das empirisch Feststellbare beschränkt. Diese Sichtweise hat sich als ungeheuer fruchtbar erwiesen und zu all den unvorstellbaren Erfolgen der modernen Physik geführt. Die Prinzipien der Kopenhagener Deutung haben sich auch in der Theorie der Elementarteilchen bewährt; und es ist unklar, ob eine Alternativinterpretation sowohl konsistent zu formulieren ist als auch die gleiche Übereinstimmung mit dem Experiment gewährleisten kann. Das Verständnis des Kleinsten kann nur noch durch einen abstrakten Formalismus geleistet werden, der dank seiner Struktur und Symmetriegruppen die Eigenschaften der phänomenologisch beobachtbaren Größen in erstaunlicher Präzision vorherzusagen gestattet.

Heisenberg hat diese Einsicht mit den platonischen Körpern verglichen, die gewisse Grundzüge der modernen Physik vorwegnehmen. Denn auch wenn Platons Polyeder natürlich nicht viel mit der heutigen Erforschung des Kleinsten zu tun haben, so ist beiden doch gemein, dass sie die Grundbausteine der Natur nicht als gewöhnliche, anschauliche Körper ansehen, sondern nur noch als symbolisch-abstrakte, symmetrische Einheiten, welche die Ordnungsprinzipien der Materie bestimmen:

„Wenn man die Erkenntnisse der heutigen Teilchenphysik mit irgendeiner früheren Philosophie vergleichen will, so könnte es nur die Philosophie Platons sein; denn die Teilchen der heutigen Physik sind Darstellungen von Symmetriegruppen, so lehrt es die Quantentheorie, und insofern gleichen sie den symmetrischen Körpern der platonischen Lehre."[22]

---

[22]Heisenberg (1985), S. 511; zur Philosophie Heisenbergs siehe auch Heisenberg (1966).

Zusammenführung der Ergebnisse 7

> *Einstein sagte, die Welt kann nicht so verrückt sein, wie uns die Quantenmechanik dies erzählt. Heute wissen wir, die Welt ist so verrückt.*
>
> *(Daniel Greenberger)*

Ist die Welt wirklich verrückt? Oder erscheint sie uns nur so aus unserer bescheidenen menschlichen Perspektive? Oder ist es vielleicht eher verrückt zu glauben, man könne anhand einer Handvoll Prinzipien, die sich zu einem bestimmten Zeitpunkt in der Geschichte der Zivilisation als brauchbar erwiesen haben zum Verständnis und zur Nutzbarmachung makroskopischer Körper und der sie regierenden Kräfte, die ganze Welt erklären? Welche Antwort man auch für sich findet, so ist doch nach der bisher präsentierten Analyse der Quantenmechanik ersichtlich, dass wir uns vom allzu einfachen Naturverständnis der klassischen Physik verabschieden müssen. Und dies folgt nicht erst aus der Unmöglichkeit, Lebens- oder Geistesprozesse anhand dieser Prinzipien zu beschreiben, sondern bereits aus einer Analyse der fundamentalen Eigenschaften der unbelebten Natur. Diese Prinzipien, die für einen großen Teil vor allem abendländischen Denkens zur meist unreflektierten Grundlage geworden sind, versagen bei der Ergründung der Struktur unserer Materie.

Während das nicht zuletzt anhand des daoistischen Gegensatzpaares des Yin und Yang gewachsene fernöstliche Denken durch den komplementären Charakter der modernen Quantentheorie sicherlich keine übermäßige Erschütterung erleidet, muss sich das abendländische Denken daran wagen, seine geistigen Grundlagen nicht nur in Bezug auf eindeutig voreingenommene Positionen hin zu hinterfragen und neue Perspektiven jenseits der bisher notwendigerweise für wahr gehaltenen Voraussetzungen zu erarbeiten. Zuallererst gilt dies natürlich für die Wissenschafts- und die Erkenntnistheorie – aber es ist zu vermuten, dass sich auch in vielen anderen Zweigen intellektueller Betätigung unhaltbare Überbleibsel historisch gewachsener und vorschnell verallgemeinerter Überzeugungen finden lassen.

© Springer-Verlag Berlin Heidelberg 2017
D. Eidemüller (Hrsg.), *Quanten – Evolution – Geist*,
DOI 10.1007/978-3-662-49379-3_7

7.1   Bewertung der verschiedenen Interpretationen der Quantenphysik

Wenn wir uns an dieser Stelle die Frage stellen, in welchem Maße das bisherige Realitätsverständnis der Physik durch die Quantenmechanik eingeschränkt wird und Veränderungen erfährt, so wird anhand der Vielfalt der existierenden Interpretationen ersichtlich, dass die Antwort auf diese Frage durchaus vielschichtig sein kann und sich nicht unbedingt nur anhand rein objektiver Kriterien entscheiden lässt. Vielmehr spielen persönliche Präferenzen eine bedeutende Rolle bei der Wahl einer für den Einzelnen akzeptablen Interpretation. Zu diesen gehören nicht nur kulturell gewachsene gesellschaftliche Dispositionen und tradierte philosophische Erklärungsmuster, sondern auch die Erwartung, fruchtbar mit einer bestimmten Interpretation arbeiten zu können und auf diese Weise wissenschaftlichen Fortschritt zu erzielen. Unbeschadet dieser subjektiven Komponenten lassen sich aber bestimmte strenge Ausschlusskriterien angeben, wie wir sie beispielhaft mit dem bellschen Theorem kennengelernt haben. Wir kommen also nicht umhin, die vorliegenden Interpretationen einer gemeinsamen Bewertung zu unterziehen, die auf den bisher präsentierten Ergebnissen aufbaut und mögliche Revisionen des tradierten Realitätsbegriffs aufzeigt. Zu diesem Zweck wollen wir die Kopenhagener Deutung und ihre Konkurrenten anhand ihrer Implikationen für den Realitätsbegriff noch einmal kurz rekapitulieren.[1]

In die folgende Bewertung sollen auch die Erfolge der modernen Physik in Gestalt der Quantenfeldtheorien einfließen, da sie üblicherweise in Diskussionen über die Interpretationen der Quantenmechanik übergangen werden. Nur auf diese Weise lässt sich eine der heutigen Wissenschaft angemessene Analyse vornehmen, die den oftmals kursorischen Charakter solcher Betrachtungen umgeht. Mögliche zukünftige Entwicklungen werden wir nur insoweit aufnehmen, als sie subjektiv als fruchtbare Inspiration dienen mögen. Zuerst betrachten wir zwei Punkte, die für sämtliche Interpretationen relevant sind, bevor wir uns den einzelnen Interpretationen zuwenden.

Die *erste* erkenntnistheoretische Folge der Quantenmechanik, die für alle Interpretationen verbindlich ist, ist die Anerkennung „spukhafter Fernwirkungen", d. h. von nichtlokalen Korrelationen, die nicht mehr klassisch beschrieben werden können. Damit bewirkt die Quantenmechanik einen Paradigmenwechsel im Realitätsverständnis der Physik, mit einer Abkehr vom Prinzip der Separabilität und hin zu einer stärker holistischen Weltsicht – auch wenn dies keineswegs impliziert, dass alles mit allem verbunden ist, sondern lediglich bestimmte Arten

---

[1]Beim Vergleich von Interpretationen finden sich mitunter Tabellen, die die unterschiedlichen Einbußen im Realitätsverständnis der verschiedenen Interpretationen illustrieren. Hier wollen wir auf eine solche Darstellung verzichten, da solche Tabellen fälschlicherweise den Eindruck erwecken können, die entscheidenden Begriffe wie *Lokalität*, *Realität* etc. besäßen in allen Interpretationen den gleichen Sinn. Sie können keinesfalls eine tiefere Analyse ersetzen. Auf subjektive Faktoren schließlich kann eine solche Tabelle überhaupt nicht eingehen.

von *verschränkten Phänomenen*. Bei makroskopischen Körpern mitteln sich die wechselseitigen Verschränkungen so vollständig weg, dass es äußerster Präzisions-experimente bedarf, um überhaupt Quanteneffekte (wie beispielsweise Interferen-zen) nachweisen zu können. Wie die einzelnen Interpretationen mit diesem Befund umgehen und ob sie ihn als reale, überlichtschnelle Kraftwirkung oder als bloße Korrelation zwischen makroskopisch getrennten Körpern deuten, haben wir bereits erörtert. Dieser Punkt beinhaltet auch unterschiedliche Sichtweisen des Prinzips der Lokalität. Für die spätere erkenntnistheoretische Diskussion bleibt festzuhalten, dass es sich bei diesem Phänomen der Verschränktheit und der Nichtseparabilität der Wellenfunktion nicht um ein Emergenzphänomen[2] handelt, sondern um ein holistisches. Die Gesamtwellenfunktion eines verschränkten Systems spiegelt nicht etwa eine durch Verbindung zweier Teilsysteme gewonnene neue Eigenschaft wider; sie beschreibt in gewisser Hinsicht ein anderes System. Denn es lassen sich keine kausalen Wirkungen angeben, die das neue Verhalten bewirken – außer in der bohmschen Interpretation, und dort überlichtschnell.

Zweitens müssen wir uns vom Prinzip des Determinismus verabschieden. Keine der vorliegenden Interpretationen erlaubt die feste Vorhersage von Messwerten. Lediglich *Wahrscheinlichkeitsaussagen* sind möglich. Auch hier sind unterschiedli-che Sichtweisen möglich: So ist etwa die bohmsche Führungswellentheorie eine streng deterministische Theorie, was die Zustandsentwicklung der betrachteten Systeme betrifft – doch ist die prinzipielle Unmöglichkeit, die Anfangsbedingungen genau zu kennen, der Grund für den prognostischen Indeterminismus auch dieser Interpretation. Damit wollen wir uns den wichtigsten Interpretationen zuwenden.

Die *Kopenhagener Deutung* beschränkt ihren Realitätsbegriff auf die Alltags-gegenstände, zu denen auch die mit Hilfe der klassischen Physik zu beschreiben-den Messgeräte gehören. Mit Hilfe dieser Verankerung des quantentheoretischen Formalismus im Makrokosmos erlaubt sie die Beschreibung aller beobachteten Quantenphänomene. Die Frage, was denn eigentlich im Mikrokosmos passiert, lässt sich nicht mehr anschaulich beantworten, vielmehr bleibt sie offen. Der For-malismus erlaubt die Zustandsbeschreibung eines quantenmechanischen Systems mittels einer Wellenfunktion. Dieser Zustand ist durch die Art der Präparation bestimmt. Bei einer Messung ändert sich die Zustandsbeschreibung durch die Wellenfunktion, denn die erwartete Statistik der Messergebnisse hat sich verscho-ben, so dass die neue, reduzierte Wellenfunktion der jetzt erwarteten Statistik entspricht.[3] Wir müssen uns damit zufrieden geben, einen Formalismus zu besitzen, der uns die Vorhersage von Messergebnissen erlaubt. Die Kopenhagener Deutung

---

[2]Der Begriff der *Emergenz* beschreibt das Auftauchen neuer Eigenschaften bei einem System, die nicht schon bei den Teilen des Systems zu finden sind.

[3]Man darf nicht missverstehen, dass „Reduktion" oder „Kollaps" stets eine Verringerung an möglichen Messausgängen und damit einen Gewinn an Information bedeuten. Dies bezieht sich nur auf die Variable, deren mögliches Wertespektrum reduziert wird. Aufgrund der Unschärferelation wird aber die zu dieser komplementäre Variable eben unschärfer, so dass wir auch Informationen verlieren können. Dies ist im Formalismus bei der Reduktion bereits enthalten.

hat sich dank dieser vorsichtigen Annahmen bisher als allen Herausforderungen
gewachsen erwiesen; insbesondere hat sie die relativistische Erweiterung in Form
der Quantenfeldtheorie ermöglicht, die als präziseste Theorie der Fundamentalei-
genschaften der Konstituenten der Materie und hochenergetischer Prozesse in Labor
und Kosmos firmiert. Diese relativistische Verallgemeinerung kann die Kopenhagener Deutung leisten, da sie die Wellenfunktion nicht als reale Entität, sondern
als „Erwartungskatalog", als „Wissen um mögliche Messausgänge" interpretiert.
Damit verabschiedet sich die Kopenhagener Deutung vom Prinzip der starken
Objektivierbarkeit physikalischer Phänomene, während sich der Indeterminismus
durch die Wahrscheinlichkeitsinterpretation der Wellenfunktion ausdrückt.

Als eine Abwandlung der Kopenhagener Deutung, die in einem besonders
formalen Stil die Bedeutung der menschlichen Experimentiertechnik hervorhebt,
kann der *minimalistische Instrumentalismus* Ludwigs angesehen werden. Er verzichtet konsequent auf jeden nicht instrumentell definierbaren Wortschatz, wodurch
er sich allerdings weit von der „Laborsprache" seiner experimentellen Kollegen
entfernen muss. An einer solch rigiden Haltung wird folglich ihre mangelnde
Fruchtbarkeit beim Durchdringen quantenphysikalischer Sachverhalte kritisiert.
Dieser Vorwurf wird teilweise auch gegen die Kopenhagener Deutung erhoben.
Heisenbergs Rückgriff auf den alten philosophischen Begriff der *potentia* entsprang
vielleicht auch dem Versuch, mit Hilfe überlieferter Konzepte gedanklich wieder
ein wenig tiefer in die Quantenwelt eindringen zu wollen. Die Bedeutung von
Möglichkeiten, von Potentialitäten, die sich im Informationsbegriff widerspiegelt,
kommt wiederum besonders stark in der *Informationsinterpretation* von Zeilinger
zum Vorschein. Die zeilingersche und die ludwigsche Interpretation können folglich
als Varianten der Kopenhagener Deutung aufgefasst werden, die sich je einem
spezifischen Aspekt widmen und diesen herausheben; allerdings auf Kosten der
konzeptionellen Ausgewogenheit der Kopenhagener Interpretation. Zweifelsohne
jedoch gebührt beiden Interpretationen das Verdienst, diese Punkte sehr eingehend
beleuchtet und dem Verständnis der Quantenphysik somit Vorschub geleistet zu
haben.

Die mit Sicherheit verwegenste Deutung der Quantenmechanik ist die *Vielwelten-Interpretation*. Sie steht dem Erkenntnisideal der klassischen Physik zwar
rein formal am nächsten, da sie keinen Schnitt zwischen Mikro- und Makrowelt
erfordert und eine streng objektive Deutung der Wellenfunktion postuliert, kann
dies aber nur auf Kosten des völlig ad hoc eingeführten Postulates der Aufspaltung in Subuniversen. Damit unterscheidet sich das Realitätsverständnis dieser
Interpretation entscheidend von allen anderen Interpretationen, weswegen sie von
vielen nicht einmal als ernst zu nehmende Interpretation angesehen wird. Sie
ist indeterministisch für den Beobachter, insofern er nicht vorhersagen kann, in
welchem Universum er sich wiederfinden wird, auch wenn die Zeitentwicklung
der Wellenfunktion (ebenso wie in der Kopenhagener Deutung, solange kein
Messprozess stattfindet) deterministisch ist. Die Vielwelten-Interpretation ist auch
für den quantenfeldtheoretischen Fall formulierbar, man muss nur berücksichtigen,

dass dann eben noch beliebig viele zusätzliche Subuniversen entstehen. Aber das stellt für diese Interpretation gewiss kein unüberwindbares Hindernis dar.

Die bohmsche *Führungswelleninterpretation* behält die Sichtweise einer ontologisch streng objektiven Realität bei, auch wenn zusätzlich zu den Teilchen noch die reale Wellenfunktion hinzutritt, die eine ebenso wichtige Rolle in der bohmschen Ontologie spielt. Die bohmsche Theorie beinhaltet nichtlokale, überlichtschnelle Wechselwirkungen, was zu ernsten Problemen mit der Relativitätstheorie führt. Diese Probleme harren noch einer befriedigenden Lösung. Dennoch entsprechen die starke Objektivierbarkeit und der Determinismus dieser Interpretation eindeutig dem Erkenntnisideal der klassischen Physik. Da Determinismus und Objektivierbarkeit sich an dieser Stelle aber lediglich auf die formal definierte Zustandsentwicklung beziehen und nicht auf die Prognose, die durch das Quantengleichgewicht verborgen wird, enthält die bohmsche Theorie eine Ambiguität zwischen Ontologie und Epistemologie, deren philosophische Konsequenzen noch weitgehend undiskutiert geblieben sind. Der prognostische Indeterminismus ist auf alle Fälle stärker als der in der klassischen Physik durch die Chaostheorie implizierte Indeterminismus, da es in der bohmschen Theorie prinzipiell unmöglich ist, bessere Aussagen als die der herkömmlichen Quantenmechanik zu machen. Aus diesem Grund ist sie mit jener zumindest im nichtrelativistischen Bereich (d. h. bei kleinen Geschwindigkeiten) prognostisch äquivalent und ununterscheidbar. Die bohmsche Interpretation ist im relativistischen Bereich (noch) nicht prognostisch äquivalent zur herkömmlichen, auf der Kopenhagener Deutung basierenden Quantentheorie. Ob sie es je sein wird, ist zur Zeit nicht vorherzusehen, jedenfalls belegen die bisher zitierten Arbeiten die Notwendigkeit einer noch ausstehenden Verallgemeinerung.

Die d'espagnatsche Sichtweise einer *verschleierten Realität* wiederum weist alle realistischen Deutungsmuster aufgrund ihrer mangelnden Kompatibilität mit der Relativitätstheorie zurück und unterscheidet sich von der Kopenhagener Deutung vornehmlich in der zusätzlichen Annahme einer tieferen, verschleierten, eigentlichen Realität. Die Phänomene der empirischen Realität deutet d'Espagnat in völligem Einklang mit den Kopenhagenern. Über die tiefere Realität hingegen lassen sich nur Aussagen allgemeinster Form machen; sie ist uns nicht direkt zugänglich. Insbesondere besitzt sie außer ihrer Unabhängigkeit, die aber keine Wechselwirkungsfreiheit bedeutet, praktisch keine Gemeinsamkeiten mehr mit der klassischen Sichtweise der Wirklichkeit. Was das Realitätsverständnis betrifft, besitzt auch der Ansatz von Primas viele Gemeinsamkeiten mit der Sichtweise der verschleierten Realität, auch wenn der übrige Inhalt seiner Werke sehr verschieden von d'Espagnats Ausführungen ist und gänzlich andere Schwerpunkte setzt.

Wenn wir uns die Unterschiede und Gemeinsamkeiten dieser Interpretationen vor Augen halten, so wird klar, wie schlecht es um das Realitätsverständnis der klassischen Physik bestellt ist. Wenn wir die Vielwelten-Interpretation eher als interessante logische Spielerei denn als ernsthafte Interpretation betrachten, so fällt unter den stark objektiven Interpretationen zunächst die bohmsche Führungswellentheorie ins Auge. Diese ist allerdings – und dieser Punkt wird bei vielen Interpretationsvergleichen gerne übersehen – keineswegs der modernen Standard-Quantentheorie ebenbürtig, da sie sich im relativistischen Bereich nicht mit ihr messen kann. All die Erfolge der Hochenergie- und Teilchenphysik, die die zweite Hälfte des 20. Jahrhunderts dominiert haben, können von der bohmschen Theorie nicht reproduziert werden. Es gehört anhand der mangelnden Lorentz-Invarianz dieser Interpretation ein gewisses Maß an Optimismus zur Annahme, dass sie dies in absehbarer Zeit wird schaffen können. Wir können sie also (zumindest noch) nicht als gleichwertigen Kandidaten ansehen. Sollte ihr der Äquivalenznachweis zur Standardformulierung der Quantentheorie gelingen, wird eine neue erkenntnistheoretische Diskussion zu ihrer Bewertung nötig werden; denn abgesehen von der starken Objektivierbarkeit unterscheiden sich ihre Voraussetzungen und Implikationen doch erheblich vom Weltbild der klassischen Physik.

Andere stark objektive Ansätze, die wir nur kurz angesprochen haben, stecken in ähnlichen Schwierigkeiten, da auch sie unter das Bell-Verdikt fallen, wie in Kap. 4.3 erörtert. Solange ihre Äquivalenz also nicht explizit auch für den relativistischen Fall bewiesen ist, sind sie zumindest in den Punkten empirische Relevanz und pragmatische Anwendbarkeit der Standarddeutung unterlegen. Quantenlogische oder algebraische Interpretationen wiederum besitzen oftmals das Problem, zur Definition ihrer Zustände logische Operationen zu gebrauchen, die nur mit einer schwachen Objektivität kompatibel sind. Dies haben wir am Beispiel von Primas' Interpretation vorgeführt.

Was übrig bleibt, sind folglich die schwach objektiven Darstellungen, wie sie in Graden verschiedener Schärfe anhand unterschiedlicher Formulierungen oder Varianten der Kopenhagener Deutung vorliegen. Diese reichen von den pragmatischen, an der Forschungspraxis orientierten Versionen bis hin zu den harten und abstrakt-instrumentalistischen Formulierungen. Wer der Gesamtstruktur der Welt eine durchgehende Realität unterstellen will, kommt nicht umhin, den von d'Espagnat und implizit auch von Primas vertretenen Standpunkt einer tieferen, nicht direkt zugänglichen, verschleierten Realität anzunehmen.[4]

---

[4]Wir haben hier vor allem die Kopenhagener Deutung und ihre wichtigsten realistischen und stark objektiven Konkurrenten diskutiert. Es gibt überdies auf der anderen Seite des Spektrums auch äußerst idealistische Positionen, wie etwa die sogenannte *many-minds*-Interpretation. Ihr Realitätsbegriff ist allerdings meist recht spekulativ, weswegen sie nicht zum Kreis ernsthafter Alternativen zählen. Sie besitzen gegenüber dem Bell-Verdikt jedoch eine höhere Resilienz als ihre realistischen Gegenspieler, da sie die Wellenfunktion nicht als reale Entität deuten. Deshalb gerät bei solchen Interpretationen der Kollaps der Wellenfunktion genau wie bei den Kopenhagenern nicht in Schwierigkeiten mit der Relativitätstheorie.

7.2 Bedeutung der Quantenphysik für unser Realitätsverständnis

Der heutige Stand physikalischer Forschung erlaubt es uns folglich nicht mehr, von einer „Welt an sich"[5] zu sprechen, insofern wir den Quantenkosmos betrachten, sondern höchstens noch von einer „Welt für uns", wobei mit „uns" jeder denkbare Beobachter, bzw. makroskopische Beobachtungsapparat gemeint ist. Der Begriff „Welt an sich" ist nicht mehr in völliger Allgemeingültigkeit auf die von der Naturwissenschaft beschriebenen Entitäten anwendbar, sondern allenfalls im Sinne der verschleierten Realität als metaphorische Redeweise für die Vermutung des gesunden Menschenverstandes, dass „da draußen" noch etwas sein müsse, und zwar nicht nur makroskopische Messgeräte, wie es die bescheidenere Sichtweise des Instrumentalismus uns nahezulegen sucht. Die Kopenhagener haben auf die Annahme einer tieferen, unabhängigen Realität verzichtet. Ein solcher Verzicht ist alleine aus einer Philosophie der Physik heraus aber nicht zu begründen. Ob die Annahme einer tieferen Realität, die der Welt unserer Phänomene zugrunde liegt, nun Sinn macht, ist nur aus einer allgemeineren philosophischen Betrachtung heraus zu ergründen und unterliegt immer auch persönlichen Präferenzen; diese Frage wird nicht zuletzt unter evolutionären Gesichtspunkten erneut zu stellen sein.

Wenn wir uns daher folglich vorerst auf die phänomenologisch wahrnehmbaren Bereiche der Wirklichkeit beschränken und die Annahme einer tieferen Realität offenlassen, so können wir den Einfluss der Quantenmechanik auf unser modernes Realitätsverständnis in folgenden Punkten zusammenfassen.

Erstens ist das menschliche Vorstellungsvermögen nicht in der Lage, die mikroskopischen Prozesse anschaulich zu erfassen. Wie bereits am Doppelspalt-Experiment erkennbar, versagen die menschlichen Begriffe bei der Beschreibung von Quantenphänomenen. Das Prinzip der Komplementarität weist einen Weg, die verschiedenen Aspekte quantenmechanischer Prozesse zu begreifen; dabei grenzt es zugleich den Anspruch ein, diese Prozesse in nur einem einzigen, einheitlichen Zusammenhang erfassen zu können.

Zweitens können wir quantenmechanische Phänomene nicht mehr in stark objektivem Sinne, d. h. losgelöst von den zu ihrer Erforschung notwendigen Mitteln, betrachten. Der Begriff der Messung ist unumgänglich und bedingt die Unmöglichkeit einer stark objektiven Darstellung der Mikroprozesse. Dies beinhaltet keineswegs die Einführung individueller Subjektivität, sondern lediglich die Berücksichtigung des Messaufbaus bei jeder Beschreibung von Quantenobjekten. Dies lässt sich im durch Intersubjektivität gestützten Begriff der schwachen Objektivität zusammenfassen. Zur Einführung des Begriffs der Messung gehört auch der Abschied vom Prinzip der Kontinuität, was sich in der Existenz von Quan-

---

[5]Dies ist hier natürlich nicht im kantschen Sinne gemeint, sondern im Sinne einer stark objektivierbaren, dem Erkenntnisideal der klassischen Physik entsprechenden Sichtweise.

tensprüngen und der Reduktion der Wellenfunktion bei Messprozessen bemerkbar macht. Dieser Reduktion liegt der Begriff der Information zugrunde: Denn die Wellenfunktion können wir nicht als direktes Abbild eines realen Prozesses verstehen, sondern nur als gedankliches, symbolisches Instrument zur Vorhersage künftiger Messergebnisse. Der Begriff der Information ist also ebenso zentral für die Interpretation der Quantenphysik wie die Berücksichtigung des experimentellen Aufbaus bei der Erforschung der Natur.

Drittens wird es durch diese explizite Erwähnung der Messung notwendig, einen Schnitt zu ziehen zwischen der makroskopischen Alltagswelt, auf die unsere Begriffe zugeschnitten sind, und der Welt des Kleinsten, die wir nur noch in mathematischer Abstraktion erfassen können. Die Unterschiede in den verschieden harten Formulierungen der Kopenhagener Deutung und anderen schwach objektiven philosophischen Interpretationsmustern, seien sie instrumentalistischer, informationstheoretischer, positivistischer, mentalistischer oder sonstiger antirealistischer Art, bestehen im Wesentlichen in der Beantwortung der Frage, wo genau dieser Schnitt zu ziehen ist. Interessanterweise ist die der Forschungspraxis angepasste weiche Formulierung der Kopenhagener Deutung dieser Fragestellung am angemessensten, wenn wir die Fruchtbarkeit wissenschaftlicher Arbeit im Auge behalten.[6]

Viertens müssen wir uns neben der starken Objektivierbarkeit und dem Kontinuitätsprinzip auch von den Prinzipien des Determinismus, der Separabilität und der Lokalität verabschieden. Lediglich die Zustandsentwicklung der Wellenfunktion ist deterministisch, jede Messung hingegen ist intrinsisch indeterministisch. Nichtlokale Korrelationen lassen sich nicht auf reale oder gar überlichtschnelle Kräfte zurückführen, sondern sind als genuine Quantenphänomene zu betrachten, für die es kein anschauliches kausales Bild mehr gibt. Die Nichtlokalität hängt eng mit der Nichtseparabilität zusammen. Weit auseinander liegende Quanten können miteinander verschränkt sein und dadurch Korrelationen aufweisen, die sich nicht dem einen oder anderen Teilchen allein zuschreiben lassen. Wenn Quantensysteme solchermaßen nichtlokal korreliert sind, so können sie auch nicht als getrennte Einzelsysteme beschrieben werden. Quantenphänomene lassen sich also nicht als Summe ihrer Teile darstellen, außer in Spezialfällen. Die Zerteilung eines Systems in Untereinheiten ändert in grundlegender Weise die Eigenschaften dieses Systems: Sie erschafft ein neues System mit neuen Eigenschaften.[7]

---

[6]Dies wird sich begründen lassen durch eine Analyse des menschlichen Kognitionsapparates im Lichte der evolutionären Anpassung desselben, unterminiert die Zurückweisung einer ontologischen Interpretation der Quantenmechanik aber keineswegs. Die zu diesen Zwecken benutzte Laborsprache besitzt viele Elemente aus der Alltagssprache; daher ist sie zwar ungenau, aber flexibel.

[7]Es handelt sich hier um eine andere Form der Teil-Ganzes-Beziehung als üblicherweise bei systemtheoretischen Betrachtungen. In systemtheoretischen Zusammenhängen finden sich Beschreibungsweisen desselben Systems unter unterschiedlichen Perspektiven oder methodologischen Voraussetzungen, bei denen die Erklärungen unterschiedlicher Ebenen nicht immer

Außerdem hat die Weiterentwicklung der Quantenmechanik hin zur relativistischen Quantenfeldtheorie den abstrakten Charakter der modernen Physik noch verstärkt. Auch alle neueren Ansätze zu den noch ungelösten Problemen der heutigen Forschung, von denen wir einige angesprochen haben, weisen in diese Richtung. Es ist folglich in keiner Weise davon auszugehen, dass wir auf einer tieferen Ebene physikalischer Theorien eines Tages dem alltäglichen Realitätsverständnis näher liegende Vorstellungen erwarten können.

Anhand dieser Punkte wird auch ersichtlich, dass bereits in der physikalischen Weltbeschreibung so etwas wie „epistemische Zirkularität" ein notwendiger Bestandteil ist. Dies liegt daran, dass wir Menschen uns trotz unserer makroskopischen Sinnesorgane zwar bis ins Kleinste vortasten können und dass wir zur Erklärung der Eigenschaften von Materie neue Naturgesetze aufstellen können, dass wir dabei zugleich aber gezwungen sind, über den Prozess der Messung unsere eigene Makroskopizität zu berücksichtigen. Diese Makrokosmoszentriertheit der menschlichen Erfahrungswelt und die epistemische Zirkularität werden im zweiten und dritten Teil unter evolutionären Gesichtspunkten noch eine wichtige Rolle spielen.

Die Tatsache, dass die moderne Physik sich unter Berücksichtigung all dieser Punkte heute daran wagen kann, die grundlegenden Eigenschaften unseres Universums von Sekundenbruchteilen nach dem Urknall bis zum heutigen Tag zu erklären, erweist, dass zahlreiche Ansichten der aus der klassischen Physik gewonnenen philosophischen Untermauerung unseres Weltbildes nicht nur nicht notwendig, sondern schlicht unbrauchbar sind zum Verständnis unserer Welt und sich nicht bis in den Bereich des Kleinsten extrapolieren lassen. Vielmehr belegt insbesondere die Kopenhagener Deutung, dass sich mit einer subtil gewählten Mischung realistischer und idealistischer Standpunkte eine Interpretation der Quantenphänomene geben lässt, die – im Gegensatz zu verschiedenen nicht zu Unrecht kritisierten philosophischen Haltungen – den Alltagsrealismus bewahrt, wie er bei Menschen unterschiedlichster Herkunft und Kultur seit jeher im Hausgebrauch ist.
Der seit Jahrzehnten anhaltende Streit über Interpretationsfragen der Quantenphysik hat – obwohl er noch nicht zu einem befriedigenden Abschluss gebracht werden konnte und vielleicht auch nie werden wird – aufgrund der fruchtbaren Zusammenarbeit von Grundlagenforschung und philosophischer Reflexion aber doch bereits zu erstaunlichen Erkenntnissen geführt, die das Wissenschafts- und Realitätsverständnis der heutigen Zivilisation in ihren Grundfesten erschüttern

---

ineinander aufgehen. Die Beschreibungen oder Erklärungen höherer Ebenen entsprechen strukturell neuartigen Eigenschaften; sie beziehen sich aber auf dasselbe Objekt oder Phänomen. In der Quantenphysik hingegen wird durch den Akt der Messung bzw. Präparation, der Zerteilung in kleinere Einheiten, ein neues Phänomen geschaffen. Diese Aspekte einer Teil-Ganzes-Beziehung werden für die Reduktionismusdebatte noch eine Rolle spielen; vor allem für das Verhältnis von Physik, Chemie und Biologie, aber auch allgemein für die Diskussion eines modernen Wirklichkeitsverständnisses.

und die den sicheren Abschied von vielen althergebrachten und liebgewordenen Positionen implizieren. Somit steht die moderne Philosophie vor der Aufgabe, diese Erkenntnisse zu reflektieren und in den größeren Kontext menschlicher Kultur einzuarbeiten. Hiermit wollen wir die Betrachtungen zur Philosophie der Quantenphysik schließen, da sich eine Erhellung der offengebliebenen Punkte erst aus einer Analyse der evolutionären Entstandenheit des menschlichen Erkenntnisvermögens wird ergeben können.

Teil II

Evolution und Erkenntnistheorie

Einleitung

> *Ließe sich irgendein*
> *zusammengesetztes Organ nachweisen,*
> *dessen Vollendung nicht*
> *möglicherweise durch zahlreiche*
> *kleine aufeinanderfolgende*
> *Modifikationen hätte erfolgen können,*
> *so müsste meine Theorie unbedingt*
> *zusammenbrechen.*
>
> *(Charles Darwin)*
>
> *Durch natürliche Auslese hat sich*
> *unser Verstand an die Bedingungen*
> *der Außenwelt angepasst. Er hat die*
> *für unsere Spezies vorteilhafteste*
> *Geometrie gewählt, oder, in anderen*
> *Worten, die zweckmäßigste. Geometrie*
> *ist nicht wahr, sie ist vorteilhaft.*
>
> *(Henri Poincaré)*

Der Gegenstand dieses zweiten Teils sind die philosophischen Folgerungen, die die darwinsche Evolutionstheorie und ihre modernen Ausarbeitungen für das Selbstverständnis des Menschen und die daraus folgende Neueinschätzung seines Erkenntnisvermögens bedeuten.[1] Die stammesgeschichtliche Abstammung des

---

[1] Um eventuellen Missverständnissen vorzubeugen, sei darauf hingewiesen, dass wir uns an dieser Stelle nicht mit der von Karl Popper favorisierten Version einer Evolutionären Erkenntnistheorie befassen wollen. Poppers Vorstellung bezieht sich nicht allgemein auf den Erwerb von Erkenntnis, sondern auf die Vorgehensweise in der Wissenschaft. Er benutzt die Analogie zur Evolutionstheorie, um das Entstehen wissenschaftlicher Theorien anhand von Mutation (sprich: Erraten von Neuem), Selektion (dem Test an der Natur) und Reproduktion (Weiterentwicklung und Ausarbeitung von Theorien, Anwendung auf neue Felder) zu erklären. Michael Bradie hat diese

Menschen von affenartigen Vorfahren erweist sich auch heute noch für viele Menschen als nicht mit ihrem religiösen oder spirituellen Weltbild kompatibel. Aber auch wenn mittlerweile ein guter Teil der gebildeten Bevölkerung in vielen Ländern die Evolutionstheorie akzeptiert, so unterliegt einem großen Teil dieser Bildung doch ein geistiger Hintergrund, der in Unkenntnis der Evolutionstheorie gewachsen ist und mit ihr teilweise in Konflikt steht; zum einen weil die Evolutionstheorie ein wesentlich neuerer Bestandteil dieser Bildung ist als viele literarische, religiöse und philosophische Texte, zum anderen aufgrund der getrennten Entwicklung der geistes- und der naturwissenschaftlichen Kulturen und der mangelnden institutionellen Belohnung für den Blick über den Tellerrand. So gab es zwar schon lange, bevor die Evolutionstheorie schließlich ernsthaft philosophisch aufgegriffen und reflektiert wurde, immer wieder Stimmen, die ihre Bedeutung auch für die menschliche Erkenntnisfähigkeit betonten. Die philosophische Disziplin der Erkenntnistheorie aber beachtete, wohl auch weil sie in ihrem akademischen Diskurs gerne die Befangenheit in tradierten Konzepten zelebriert, diese Implikationen lange Zeit gar nicht oder nur peripher, so dass schließlich erst Konrad Lorenz mit seinen Arbeiten die Tür zu einer konsequenteren Betrachtungsweise aufstieß.[2] Später wurden dann im englischsprachigen Raum Donald Campbell und

---

Art von Evolutionärer Erkenntnistheorie folglich als „Evolutionary Epistemology of Theories" bezeichnet, während wir uns mit der „Evolution of Epistemological Mechanisms" beschäftigen werden. Letzterer Name ist nicht ganz treffend gewählt, insofern er zwar den Unterschied zum popperschen Ansatz verdeutlicht, aber dem Spektrum an evolutionären Ansätzen in der Erkenntnistheorie nicht gerecht wird. Es gibt zwar Ansätze, die sich darauf beschränken, die Naturgeschichte des menschlichen Erkenntnisapparates nachzuzeichnen, und dies für eine hinreichende philosophische Erörterung des Erkenntnisbegriffs halten. Uns wird jedoch die *Evolutionäre Erkenntnistheorie* – wie wir sie im Folgenden exklusiv bezeichnen werden – beschäftigen, die durchaus einen umfassenden philosophischen Anspruch erhebt. Poppers Theorie wäre vielleicht auch als „Evolutionäre Wissenschaftstheorie" nicht schlecht betitelt. Zur Literatur siehe Popper (1973) und Bradie (1986).

[2] Seine Gedanken hat Lorenz in einer aus offensichtlichen Gründen – man beachte das Jahr der Erscheinung – zunächst unbemerkt gebliebenen Publikation veröffentlicht: Lorenz (1941), nachgedruckt in Lorenz und Wuketits (1983). Wesentlich bekannter ist Lorenz' 1973 zuerst erschienenes Hauptwerk *Die Rückseite des Spiegels*, siehe Lorenz (1997). Bereits Charles Darwin hatte in seinem Notizbuch ein paar grundlegende Gedanken zum erkenntnistheoretischen Gehalt der Evolutionstheorie notiert: „Platon ... sagt im Phaidon, unsere ‚notwendigen Ideen' entstammten der Präexistenz der Seele, seien nicht von der Erfahrung abgeleitet. – Lies Affen für Präexistenz." Zitiert nach Ghiselin (1973), S. 965. Darwin sah also schon damals ganz klar, dass durch seine Evolutionstheorie auch eine grundlegende Neueinschätzung der geistigen Kapazitäten des Menschen erforderlich werden würde. Seine beiden Bücher *The Descent of Man* und *The Expression of Emotions in Man and Animals* können deshalb als Beginn der vergleichenden Verhaltensforschung sowie der philosophischen Reflexion über das stammesgeschichtlich entstandene menschliche Bewusstsein gelten. Vor allem Ludwig Boltzmann gehörte dann zu den Ersten, die hieraus weiterführende erkenntnistheoretische Schlüsse gefordert haben; siehe hierzu auch Kap. 11.3.6. Weitere Denker, die frühzeitig die epistemologischen Implikationen der Evolutionstheorie reflektierten und damit wichtige Anstöße lieferten, waren Ernst Mach, Georg Simmel, Henri Poincaré, Karl Popper, Karl Ludwig von Bertalanffy, Bertrand Russel und Jacques Monod.

im deutschsprachigen Raum Gerhard Vollmer zu den bekanntesten Autoren einer voll ausformulierten Erkenntnistheorie, die sich entscheidend auf die evolutionäre Kontingenz des menschlichen Erkenntnisapparates beruft und dabei auch zahlreiche wissenschaftliche Einzelergebnisse aufgreift und in die nunmehr *Evolutionäre Erkenntnistheorie* getaufte Theorie integriert; wichtige Beiträge stammen auch vom Biologen und Wissenschaftstheoretiker Rupert Riedl.[3] Innerhalb recht kurzer Zeit gelang es dieser Theorie, sich ebenso euphorische Anhänger wie entschiedene Gegner zu verschaffen; wobei allerdings nach Vollmers eigener Aussage „ihre Anhänger nicht immer ihre besten Verteidiger, ihre Gegner nicht immer ihre überzeugendsten Kritiker" sind.[4] Folglich gilt es, auf einem solch kontroversen und leicht missverständlichen diskursiven Gelände jeden Schritt mit Bedacht zu setzen.

Die metaphysische Kränkung, die mit der Evolutionstheorie verbunden ist, ist vielleicht die tiefgreifendste von allen, vergleichbar in ihrer Dramatik höchstens mit der kopernikanischen Wende, welche in einem Zeitalter urwüchsiger religiöser Verbundenheit stattfand. Es ist also durchaus zu erwarten, dass eine wissenschaftliche Entdeckung, die uns Menschen nicht mehr als „Krönung der Schöpfung" dastehen lässt, sondern in eine entwicklungsgeschichtliche Verwandtschaft mit Affen, Ameisen und Algen stellt, unser Welt- und Selbstbild grundlegend verändern muss. Und ebenso ist zu erwarten, dass unser kulturell über Jahrtausende geprägtes Welt- und Selbstbild sich nicht einfach durch das logisch-abstrakte Nachvollziehen dieses Zusammenhanges ohne innere und äußere Spannungen in ein neues transformieren lässt, das den Ansprüchen dieser naturwissenschaftlichen Erkenntnis entspricht. Es ist deshalb auch kaum zu erwarten, dass eine Theorie, die als Erste eine solch monumentale, evolutionäre Neueinschätzung unseres menschlichen Erkenntnisvermögens vornimmt, gleich auf Anhieb ein Realitätsverständnis formuliert, das sämtlichen Neuanforderungen der modernen Wissenschaft entspricht – die ja im 20. Jahrhundert so zahlreiche Durchbrüche und Paradigmenwechsel vollzogen hat, dass auch dem Fachwissenschaftler schwindlig werden kann. Und doch ist eine philosophische Reflexion unseres Selbstbildes und unseres Realitätsverständnisses dringend nötig – gerade angesichts der zahlreichen wissenschaftlichen Umbrüche; gemahnen sie uns doch daran, dass vieles Althergebrachte nicht auf so stabilen Fundamenten steht wie gemeinhin angenommen. Eine der wichtigsten Einsichten aus der evolutionären Entstandenheit des menschlichen Erkenntnisvermögens ist gewiss die Anerkennung gewisser Grenzen unserer Vorstellungskraft und unseres Erkenntnisvermögens. Dies weist uns darauf hin, ein gesundes Maß an Vorsicht gegenüber Überschätzungen unserer Vernunft walten zu lassen. Diese und andere Einsichten vermögen auch für soziale, politische und ethische Debatten von großer Bedeutung zu sein.

In diesem Teil wollen wir die Evolutionäre Erkenntnistheorie vorstellen und an ihren eigenen Ansprüchen messen. Dies bedeutet auf der einen Seite, dass wir das

---

[3] Entscheidende Werke dieser Entwicklung sind Campbell (1974b) und das 1975 erstmals erschienene Buch Vollmer (1983) sowie Riedl (1980).

[4] Vollmer (1985), S. 268.

philosophische Weltbild, das die Evolutionäre Erkenntnistheorie zeichnet, hinsichtlich seiner Konsistenz mit den wichtigsten naturwissenschaftlichen Erkenntnissen zu überprüfen haben – dies umso mehr, als die Evolutionäre Erkenntnistheorie ja explizit für sich in Anspruch nimmt, ein naturwissenschaftlich fundiertes Weltbild zu formulieren. Diese Punkte werden insbesondere bei der Diskussion des Verhältnisses der Naturwissenschaften zueinander von Bedeutung sein, also bei der naturphilosophischen Reduktionismusdebatte. Auf der anderen Seite werden wir auch zu untersuchen haben, inwieweit sich das Weltbild der Evolutionären Erkenntnistheorie in plausibler Weise zu menschlichen Alltagserfahrungen in Bezug setzen lässt. Dies wird vor allem bei der Bewertung psychischer Phänomene eine Rolle spielen.

Als Hinführung zum Thema dienen anfangs einige allgemeine Betrachtungen zur Aufgabe und zum Charakter von Erkenntnistheorie sowie zur Evolutionstheorie, um in die grundlegenden Fragestellungen und Begriffe einzuführen. Anschließend werden wir das Gedankengebäude der Evolutionären Erkenntnistheorie vorstellen, wie es in der vollmerschen Fassung vorliegt. Zunächst wollen wir in Kap. 9 deren wichtigste Postulate, ihr Realitätsverständnis und ihren Erkenntnisbegriff erörtern, um diese später bewerten zu können. In Kap. 10 diskutieren wir dann das philosophische Weltbild der Evolutionären Erkenntnistheorie, das auf den zuvor dargelegten Postulaten beruht, anhand seiner philosophischen Implikationen. Behandeln wir in Kap. 9 also den abstrakten Unterbau, das theoretische Gerüst der Evolutionären Erkenntnistheorie, so wird in Kap. 10 der philosophische Gehalt dieser Thesen und Postulate anhand ihrer Anwendung auf die wichtigsten erkenntnistheoretischen Themenfelder erläutert. Insbesondere der durchgehend vertretene und an starke Objektivierbarkeit gebundene *hypothetische Realismus* muss nach dem bisher über die Quantentheorie Gesagten revisionsbedürftig erscheinen; aber auch andere Argumente lassen die von der Evolutionären Erkenntnistheorie vertretene reduktionistische Grundhaltung unhaltbar erscheinen.

Kapitel 11 steht ganz im Zeichen der Reduktionismusdebatte. Hier greifen wir die entscheidenden Punkte der Reihe nach auf und unterziehen sie einer gründlichen Kritik. Dabei schneiden einige Positionen der Evolutionären Erkenntnistheorie besser ab als andere. Insofern sie aber auf dem gleichen theoretischen Apparat basieren, wird sich aus dieser Kritik ergeben, dass eine Revision des von der Evolutionären Erkenntnistheorie vertretenen Realitätsverständnisses unerlässlich ist. Dies folgt vor allem daraus, dass ihre wichtigsten epistemologischen Anwendungsfelder – nämlich das Verhältnis der Naturwissenschaften untereinander sowie das Leib-Seele-Problem – allesamt im theoretischen Rahmen der Evolutionären Erkenntnistheorie zu unauflösbar scheinenden Problemen führen. So sind weder die Einordnung der Quantenphysik noch das Verhältnis von Biologie oder Psychologie zu Chemie und Physik in der geforderten Weise konsistent zu formulieren. Eine weiterer wichtiger Kritikpunkt betrifft die heute in der Philosophie des Geistes äußerst kontrovers debattierte Frage, inwieweit sich geistige auf körperliche Zustände zurückführen lassen oder nicht.

Die hier vorgestellte Kritik ist auf den hypothetischen Realismus der Evolutionären Erkenntnistheorie und das von ihr vertretene reduktionistische Weltbild zugeschnitten. Die meisten Kritikpunkte lassen sich aber wohl auch so oder in nur leicht modifizierter Form auf viele andere Arten reduktionistischer bzw. materialistischer Ontologien oder Epistemologien anwenden. Dies gilt sowohl für umfassende Weltbilder, wie das von der Evolutionären Erkenntnistheorie vorgeschlagene, als auch für stärker an einzelne Disziplinen gebundene Ansätze, wie sie etwa in der Philosophie des Geistes vertreten werden – und trotzdem meist ganz selbstverständlich als allgemeingültig betrachtet werden.

Dass sich die hier formulierten Kritikpunkte vermutlich ohne größere Schwierigkeiten auch auf andere philosophische Theorien anwenden lassen, liegt zum einen daran, dass die hier dargelegte Argumentation möglichst allgemeingültig gehalten ist; zum anderen verdankt sich dies dem Umstand, dass die Kritikpunkte größtenteils logisch voneinander unabhängig sind. Sie zeigen anhand unterschiedlicher Problemfelder einige gravierende Inkonsistenzen reduktionistisch-materialistischer Philosophien auf. Um einer solchen Kritik zu entgehen, bedarf es einer umfassenderen Konzeption von Realität, wie sie etwa im dritten Teil dieser Abhandlung entworfen wird. Dort werden wir auch die wichtigsten Elemente der geistesphilosophischen Debatte wieder aufgreifen und in neuem Licht diskutieren.

Dass sich unter Berücksichtigung der Evolutionstheorie durchaus sehr unterschiedlich gestrickte erkenntnistheoretische Thesen formulieren lassen, werden wir auch anhand einer kurzen Betrachtung der Positionen von Ludwig Boltzmann und Konrad Lorenz sehen. Boltzmann ist zwar vor allem als Physiker berühmt geworden, mit seinen philosophischen Reflexionen ist er aber auch ein wichtiger, früher Vordenker der Evolutionären Erkenntnistheorie. Auf die Reduktionismusdebatte folgt deshalb in Kap. 12 eine kurze Analyse einiger alternativer evolutionär motivierter Erkenntnistheorien. Diese stehen auf gänzlich anderen ontologischen und epistemologischen Füßen als die Evolutionäre Erkenntnistheorie, sind aber durchaus als legitime Konkurrenten anzusehen – auch wenn sich ihre Anhängerschaft aufgrund der teilweise etwas extravaganten Konstruktion dieser Theorien als nicht sehr zahlreich erweist. Deshalb werden wir sie nur kurz erörtern und nicht bis ins Detail analysieren und kritisieren.

Hieran fügen sich Reflexionen über ein angesichts der Evolutionstheorie plausibel erscheinendes Realitätsverständnis aus unterschiedlichen philosophischen Perspektiven. Diese Betrachtungen unterscheiden sich ebenfalls von dem durch die Evolutionäre Erkenntnistheorie nahegelegten Weltbild. Gleichzeitig weisen sie auf die Möglichkeit hin, eine neuartige Epistemologie zu entwickeln, die diesen Schwierigkeiten entgeht. Dieser Teil schließt in Kap. 13 mit einem zusammenfassenden Fazit.

Aufgabe und Charakter von Erkenntnistheorie

8

> *Wenn der Mensch zuviel weiß, wird das lebensgefährlich. Das haben nicht erst die Kernphysiker erkannt, das wusste schon die Mafia.*
>
> *(Norman Mailer)*

Wie jede andere philosophische Disziplin lässt sich auch die Erkenntnistheorie durch die Fragen charakterisieren, die sie zu beantworten sucht, von denen sie dies zumindest vorgibt oder auch deren Beantwortbarkeit sie abstreitet – je nach Konstruktion des theoretischen Gebäudes und seiner Grundannahmen, innerhalb derer die einzelnen Schulen der betreffenden Disziplin argumentieren. Die Fragen, die sich der Mensch in Bezug auf seine Erkenntnis oder die anderer Menschen stellt, hängen natürlich von seinem Weltbild ab, welches wiederum eine kulturelle und eine individuelle Prägung besitzt. Das Ziel einer ausformulierten Erkenntnistheorie kann es somit nur sein, den Einzelnen und seine Gesellschaft – oder besser: den Einzelnen in seiner Gesellschaft – über die Natur menschlichen Wissens, über den Erwerb und die Geltung neuer Erkenntnisse aufzuklären. Darüber hinaus stellt sich die Frage, inwieweit eine erkenntnistheoretische Konzeption von alltäglichem und wissenschaftlich erworbenem Wissen ein durchdachtes Weltbild bieten kann, das in sich widerspruchsfrei ist, in Einklang mit möglichst vielen Einzelerkenntnissen oder auch umfassenden Theorien steht sowie plausible Ansichten zur Lösung von Problemen liefert.

Die Erkenntnistheorie dreht sich um all jene Fragen, die die Art und Weise betreffen, wie der Mensch Wissen von der Welt und sich selbst erlangt, welche Bedingungen und Grenzen dieses Wissen hat, woher dieses Wissen stammt, in welchem Verhältnis dieses menschliche Wissen zur Welt steht und welche Geltung dieses Wissen beanspruchen kann. Eine präzise Angabe, welche dieser Fragen im Einzelnen zulässig oder sinnvoll sind, hängt natürlich vom jeweiligen gedanklichen System ab. So macht etwa die Frage, in welchem Verhältnis menschliches Wissen oder Bewusstsein zur Welt steht, für einen strengen Solipsisten keinen besonderen Sinn, denn für ihn konstituieren seine Bewusstseinsinhalte bereits seine ganze Welt.

Trotz dieses Vorbehalts lassen sich einige der wichtigsten Grundfragen ausmachen, die über die Jahrtausende das menschliche Denken angeregt, befruchtet und bisweilen auch in tiefe Krisen gestürzt haben. Ohne an dieser Stelle einen enzyklopädischen Abriss über die Philosophiegeschichte geben zu können, lässt sich vielleicht etwas verkürzend festhalten, dass die erkenntnistheoretischen Fragen nach dem Wesen der Wirklichkeit und nach der Wissbarkeit des Seienden zu den Grundproblemen menschlichen Denkens gehören. Diese sind eng verbunden mit der anthropologischen Frage nach der Stellung des Menschen in der Welt. Die unterschiedlichen Antworten auf diese Probleme haben sich im Laufe der Geschichte in gegenseitiger Auseinandersetzung entwickelt. Dabei führen bestimmte Antworten wiederum zu neuen Fragen und Problemstellungen.

Der naive Realismus des Alltagsverstandes, den auch der tiefgründigste Philosoph im täglichen Leben gebraucht – und dessen Nichtanwendung ihm zu Recht den Ruf des versponnenen Sonderlings einbringt –, wird bereits durch elementare Erfahrungen durchbrochen. Diese begründen den Mythos. Weder Blitzschlag[1] noch Liebe oder Tod lassen sich in naiv-realistischen Begriffen fassen, weshalb der Mensch im Laufe der Geschichte seiner Kulturen unterschiedlichste Erklärungsmuster fand, von Geistern, Göttern und Nymphen über die Reduktion auf einen einzigen Gott oder übergreifendes geistiges Prinzip bis hin zum Glauben an die durchgehende Erklärbarkeit der Welt anhand einiger Naturgesetze.

Oftmals stiftet auch das Nebeneinander mehrerer widersprüchlicher oder unstimmiger Weltdeutungsweisen Verwirrung. Eine wichtige philosophische Aufgabe besteht folglich im Versuch, ein plausibles und nach Innen und Außen konsistentes Welt- und Menschenbild zu entwerfen. Da Erkenntnistheorie sich immer auch um die Frage dreht, wie wir als Menschen Erkenntnis von der Welt erlangen können, bestehen hier tiefe Verknüpfungen zwischen Erkenntnistheorie und Anthropologie. Nach Ernst Tugendhat können wir auch einen Schritt weiter gehen und den Zusammenhang der großen philosophischen Themenfelder in folgender Weise zusammenfassen:

> „Es gibt eine berühmte Stelle in Kants Logik (Akademie-Ausgabe IX, 25), an der er erklärt, dass die drei Fragen, die er als die grundsätzlichen der Philosophie ansieht, die erkenntnistheoretische ‚Was kann ich wissen?‘, die ethische ‚Was soll ich tun?‘ und die religiöse ‚Was kann ich hoffen?‘, alle auf die Anthropologie verweisen, auf die Frage ‚Was ist der Mensch?‘"[2]

Wie Tugendhat weiter ausführt, kommt der reflexive Aspekt der Anthropologie besser dadurch zum Ausdruck, wenn wir die Frage etwas umformulieren: „Wie verstehen wir uns als Menschen?" Wir können die besondere Rolle der Erkenntnistheorie auch als Variation dieser Frage ausdrücken, im Sinne von: „Wie verstehen

---

[1]Dies bezieht sich sowohl auf die steinzeitliche als auch auf die quantenphysikalische Sichtweise dieses Phänomens.

[2]Tugendhat (2007), S. 36 f.

wir uns als Menschen in dieser Welt und wie erkennen wir die Welt als Menschen?" Der darin enthaltene Selbstbezug betrifft natürlich auch die Frage, was eigentlich unter Verstehen zu verstehen ist, bzw. woran man Erkenntnis erkennt. Dies deutet darauf hin, dass jede Erhellung der Begriffe Erkenntnis und Verstehen irgendeinen Ausgangspunkt postulieren muss, den sie nicht von woanders her ableiten kann. Erkenntnistheorie kann also nie ein rein deduktives Geschäft sein, sondern muss sich ihrer Prinzipien immer wieder selbst vergewissern, sie hinterfragen, korrigieren und auf Konsistenz überprüfen.

Denn wie auch immer der menschliche Geist Dinge aus dem Fluss der Wahrnehmungen herausfiltert und zu Objekten ordnet, sie nach Gemeinsamkeiten und Unterschieden aufteilt und zu Begriffen verdichtet, er tut dies vor einem kulturellen Hintergrund, der in immer schnellerem Wandel begriffen ist. Allein schon aus diesem Grund bedarf es immer wieder gründlicher Reflexion über den Begriff der Erkenntnis und plausible Weltbilder.

8.1 Wichtige Fragen

Ein wichtiger Themenkomplex in der Erkenntnistheorie dreht sich um die Frage, welche Formen von Erkenntnis es gibt und welche Gültigkeit Erkenntnis besitzt. Der Mensch kann Erkenntnis über sich selbst, seine Mitmenschen und seine Umwelt erlangen. Er hat Sinneswahrnehmungen, mehr oder weniger reflektierte Erfahrungen, ästhetische oder religiöse Empfindungen oder etwa auch streng definierte Messdaten in einem wissenschaftlichen Experiment. Weiterhin kann er mathematische oder philosophische Theorien aufstellen und sogar mit den Axiomen der Logik spielen. Wie diese Aufzählung bereits verdeutlicht, fallen unter den Begriffen Erfahrung und Erkenntnis verschiedenartigste Dinge zusammen, die erkenntnistheoretisch einzuordnen sind. Hierzu zählt auch die Frage, welchen Grad an Geltung Erkenntnis beanspruchen kann, bzw. ob es verschiedene Geltungsgrade gibt, die unterschiedlichen Arten von Erkenntnis zukommen. Diese Fragen werden in dieser Abhandlung vor allem bei der Bewertung des Verhältnisses von wissenschaftlicher und Alltagserkenntnis eine Rolle spielen.

Ein weiterer wichtiger Themenkomplex in der Erkenntnistheorie behandelt das Verhältnis von Wissen und Welt. Die Erörterung dieses Themas mündet direkt in die alte Streitfrage um das Wesen der Realität und bildet ein zentrales Thema dieser Abhandlung. Wenn wir außerdem berücksichtigen, dass Wissen stets in unserem Bewusstsein repräsentiert ist und dass mit „Welt" die materielle Grundlage alles Seienden gemeint ist und damit auch unser Körper, so weist diese Frage auch auf ein anderes altes – und wieder sehr aktuelles – philosophisches Problem hin, das als *Leib-Seele-Problem* bekannt ist und, in moderner Diktion, den Zusammenhang von Körper und Geist diskutiert. Dieses Problem steht an so zentraler Stelle in der Philosophie, dass eigentlich keine umfassende philosophische Position ihm aus dem Weg gehen kann. In ihm bündeln sich wie in einem Brennpunkt die Eigenheiten der unterschiedlichen philosophischen Ansätze, denn dieses Problem besitzt herausragende Relevanz für unser Selbstbild. Sowohl die in diesem zweiten

Teil vorgestellte Evolutionäre Erkenntnistheorie als auch die im dritten Teil entwickelte, pluralistische Erkenntnistheorie beziehen deshalb explizit Stellung zu diesem Problem.

8.2   Herangehensweisen und Standpunkte

In der Philosophie unterscheidet man zwischen den Annahmen eines gedanklichen Systems erstens zur Existenz bestimmter Entitäten, zweitens zur Erkennbarkeit oder Wissbarkeit dieser Entitäten und drittens zu den Verfahrensweisen, Wissen über diese Entitäten zu erlangen. Dies entspricht den Disziplinen der Ontologie, der Erkenntnistheorie (oder Epistemologie) und der Methodologie. Ein philosophisches Realitätsverständnis setzt sich üblicherweise zusammen aus einer bestimmten Position bezüglich dieser drei Disziplinen.

In der *Ontologie* besitzt die Position des Realismus eine große Popularität, also der Glauben an eine von jeglicher Form von Bewusstsein unabhängige Realität. Die Welt besteht aus einer materiellen Basis, die zwar nicht unbedingt in naiv-realistischer Manier bestimmbar sein muss, aber die doch Grundlage aller, auch der geistigen, Prozesse ist. Die Gegenposition hierzu ist der streng ausgelegte Idealismus, der die Welt als aus Bewusstseinsinhalten, Geistigem konstituiert ansieht. Materielles spielt für ihn nur als Bewusstseinsinhalt eine Rolle. Es gibt in der abendländischen Philosophie kaum vermittelnde Positionen zwischen diesen beiden Grundströmungen; was insofern verständlich ist, als man bei der Frage nach dem Primat der Materie oder dem Primat des Bewusstseins schwerlich sowohl A als auch B sagen kann. Die Evolutionäre Erkenntnistheorie vertritt eine als hypothetischen Realismus bezeichnete, im Folgenden noch genauer zu definierende Position.

In der *Erkenntnistheorie* werden historisch vor allem die Positionen des Empirismus und des Rationalismus unterschieden. Für Ersteren stammt alle Erkenntnis von der Erfahrung her, während für Letzteren die Vernunft den Erwerb von Erkenntnis leitet. Die Trennlinie zwischen diesen beiden Standpunkten ist nicht so scharf wie die zwischen Realismus und Idealismus. Da die beiden Hauptströmungen des Empirismus und des Rationalismus jeweils ihre Stärken und Schwächen aufweisen, nehmen die meisten der heute vertretenen Positionen eine mehr oder weniger vermittelnde Stellung zwischen diesen Extremen ein. Auch die Evolutionäre Erkenntnistheorie besitzt sowohl rationalistische als auch empiristische Züge, wie noch zu sehen sein wird.

In der *Methodologie* schließlich geht es um die Art und Weise unseres Erkenntniserwerbs. Neben der dialektischen Methode ist vor allem in der späteren Neuzeit eine durch die Naturwissenschaften geprägte experimentell-induktive und axiomatisch-deduktive Methodologie populär geworden. Heute teilen die meisten Wissenschaftler und Wissenschaftsphilosophen zumindest die Hauptpunkte des von Karl Popper ausformulierten *Fallibilismus*: Diesem zufolge sind wissenschaftliche Theorien nicht einfach Abbilder der Realität, die sich aus den Messdaten ablesen lassen, sondern frei erfundene menschliche Gedankengebäude, die sich in ihrer

Übereinstimmung mit der Realität anhand der gemessenen Ergebnisse von Experimenten zu prüfen lassen haben. Können sie das nicht leisten, sind sie als gescheitert zu betrachten und eine neue Theorie muss her. Theorien lassen sich nie endgültig bestätigen, sondern sie können sich nur bewähren – aber sie können falsifiziert werden. Um Theorien scheitern lassen zu können, muss bei dieser Argumentation die Realität als etwas von diesen Theorien Unabhängiges gedacht werden. Folglich ist in dieser Konzeption kein Platz für idealistische Positionen[3]; und das Argument, dass das Scheitern von Theorien auf eine unabhängig von Geistigem existierende Realität verweist, wird gerne zur Unterstützung realistischer Positionen benutzt. Auch die Evolutionäre Erkenntnistheorie schließt sich dem an und betrachtet die naturwissenschaftliche Methodologie als ausgezeichneten Weg zur Erlangung von Wissen über unsere Welt.

8.3 Die Rolle der Quantenphysik für die Erkenntnistheorie

Die im ersten Teil vorgestellten Interpretationen der Quantenmechanik gehen stets auch einher mit einem eigenen, spezifischen Weltbild. Zum größten Teil sind die ontologischen und erkenntnistheoretischen Positionen sogar Motivation und Ausgangspunkt für die Formulierung der Alternativinterpretationen. Hier zeigt die Philosophie einen erstaunlich starken Einfluss auf physikalische Theoriebildung und auf naturwissenschaftliche Arbeit. Denn es wird ja bei manchen Interpretationen auch intensiv nach Möglichkeiten gesucht, messbare Unterschiede zwischen der herkömmlichen Kopenhagener Deutung und den alternativen Interpretationen zu finden. Auch haben die Grundlagenarbeiten, etwa zur Klärung der Verschränktheit von Quantenzuständen, wichtige Impulse zur Weiterentwicklung messtechnischer Methoden gegeben, die mittlerweile zu ganz neuen Technologien führen. Zugleich haben Forscherinnen und Forscher hier ein hervorragendes theoretisches und experimentelles Instrumentarium entwickelt, das für die Beantwortung vieler philosophischer Fragen von außerordentlicher Wichtigkeit ist und zu einer erstaunlichen messtechnischen und begrifflichen Präzision geführt hat. Nichtsdestotrotz ist die Quantenmechanik eine physikalische Grundlagentheorie, die jenseits einer hochspezialisierten Fachdebatte leider nur selten in gebotener Schärfe und Ausführlichkeit philosophisch reflektiert wird.

Dabei ist die Quantenphysik aufgrund ihrer zwar teils sehr unterschiedlichen, aber auch recht scharf bestimmbaren Interpretationen ein hervorragender Prüfstein für alle möglichen unterschiedlichen Erkenntnistheorien und Weltbilder. Diese müssten also zeigen, dass sie zumindest eine der angeseheneren Interpretationen der Quantenmechanik in ihr System einpassen können. Sollte ihnen das nicht gelingen, müssen sie schon gute Gründe für das Scheitern oder Unterbleiben eines solchen Versuches angeben, denn die Quantenphysik ist die am präzisesten geprüfte

---

[3]Der von Popper entwickelte Fallibilismus ist an den sogenannten Kritischen Realismus gebunden, der eng mit dem hypothetischen Realismus verwandt ist.

naturwissenschaftliche Theorie überhaupt. Die verschiedenen möglichen Kombi-nationen der einzelnen Prinzipien der quantenphysikalischen Naturbeschreibung eröffnen somit eine hervorragende Möglichkeit, die Verträglichkeit erkenntnistheo-retischer Theorien mit den Ergebnissen der modernen Naturwissenschaft zu testen und im Einzelfall Revisionen unverträglicher Positionen einzufordern.

Die Tatsache, dass die Debatte um die Interpretation der Quantenphysik teilweise mit äußerster Schärfe und größtem intellektuellen Einsatz geführt wird – was ange-sichts der Abstraktheit ihrer Argumente und ihrer allgemeinen Unanschaulichkeit beim Laien auf den ersten Blick für Verwunderung sorgen mag –, zeigt nun, dass diese Theorie entscheidende Paradigmenwechsel im Realitätsverständnis der modernen Naturwissenschaft mit sich bringt, die von vielen abgelehnt werden.[4] Diese Paradigmenwechsel werden in anderen philosophischen Disziplinen leider oft nur recht plakativ und nicht in der gebotenen analytischen Schärfe dargelegt. Nach den bisher geleisteten Vorarbeiten im ersten Teil dieser Abhandlung werden wir also die philosophische Position der Evolutionären Erkenntnistheorie unter anderem auch auf ihre Verträglichkeit mit der Quantenphysik zu prüfen haben.

---

[4]Ein wiederum paradigmatisches Beispiel für eine solche Auseinandersetzung ist die Bohr-Einstein-Debatte.

Die Evolutionäre Erkenntnistheorie

9

> *Ich habe, glaube ich, die*
> *Zwischenstufe zwischen Tier und homo*
> *sapiens gefunden. Wir sind es.*
>
> *(Konrad Lorenz)*

Die Evolutionäre Erkenntnistheorie ist eine moderne Erkenntnistheorie, die mit vielen etablierten Traditionen bricht. Dementsprechend wird sie auch durchaus kontrovers diskutiert. Es existieren leicht unterschiedliche Varianten der Evolutionären Erkenntnistheorie, denen prinzipiell eine materialistische Ontologie gemeinsam ist. Die meisten dieser Ansätze sind von den erkenntnistheoretischen Thesen Konrad Lorenz' inspiriert, die dieser in Anschluss an seine ethologischen Arbeiten aufgestellt und in denen er erstmals eine umfassend angelegte Theorie über den evolutiv bedingten Charakter menschlichen Erkennens erarbeitet hatte.[1] Wir werden uns bei der Darstellung der Evolutionären Erkenntnistheorie vor allem an den Werken Gerhard Vollmers orientieren, da dieser ein geschlossenes philosophisches System präsentieren kann, bei dem die erkenntnistheoretischen Grundlagen konsequent zu Ende gedacht sind.[2] Teilweise besitzt die vollmersche Evolutionäre Erkenntnistheorie auch stark programmatischen Charakter. Insbesondere die Aussagen zum Reduktionismus und zu den Zielen der Wissenschaft sind nicht nur Extrapolationen der hier postulierten Ontologie, sondern durchaus mutige Spekulationen auf zukünftige wissenschaftliche Entwicklungen, die sich eben dadurch – nämlich ihren positiven heuristischen Wert – zu legitimieren suchen. Dabei stößt Vollmer mitunter

---

[1]Lorenz (1988, 1997).

[2]Hierzu gehören: Vollmer (1983, 1985, 1986, 1995, 2003). Gleichfalls wichtige Einsichten liefert Riedl (1985). Einen kritischen Überblick über die unterschiedlichen Ansätze zur Evolutionären Erkenntnistheorie gibt Irrgang (1993). Eine Diskussion strittiger Punkte findet sich etwa bei Riedl und Bonet (1987), Riedl und Wuketits (1987) sowie Riedl und Delpos (1996).

© Springer-Verlag Berlin Heidelberg 2017
D. Eidemüller (Hrsg.), *Quanten – Evolution – Geist*,
DOI 10.1007/978-3-662-49379-3_9

auf Thesen, die sich beispielsweise von denen Konrad Lorenz' unterscheiden, welcher mit seinen verhaltensphysiologischen Reflexionen doch den Grundstein zur Evolutionären Erkenntnistheorie gelegt hatte.

An dieser Stelle lässt es sich nicht umgehen, auf die Philosophie Immanuel Kants hinzuweisen, da sie nicht nur Lorenz als Ausgangspunkt seiner Überlegungen diente. So schrieb Lorenz bereits 1941: „Unsere vor jeder individuellen Erfahrung festliegenden Anschauungsformen und Kategorien passen aus ganz denselben Gründen auf die Außenwelt, aus denen der Huf des Pferdes schon vor seiner Geburt auf den Steppenboden, die Flosse des Fisches, schon ehe er aus dem Ei entschlüpft, ins Wasser passt."[3] Lorenz begibt sich hier, inspiriert vom Denken Kants, auf den Weg, den schon Darwin gesehen hatte. Die Evolutionäre Erkenntnistheorie mag also zwar von Kant inspiriert sein; sie ist aber weder eine Modifikation noch eine Neuinterpretation der kantschen Philosophie, obschon einige Kantianer oder Nichtkantianer sie als solche einstufen. Beide Philosophien haben einige Begriffe und Strukturen gemeinsam, doch handelt es sich bei der Evolutionären Erkenntnistheorie um eine grundlegend neue Theorie mit gänzlich unterschiedlichen Voraussetzungen. Dies wird bereits an diesem Zitat deutlich, das den neuen Gedanken der Evolutionären Erkenntnistheorie schon klar ausdrückt: dass nämlich die Strukturen des menschlichen Verstandes sich in Anpassung an die äußere Umwelt entwickelt haben. Denn nur so war dem Menschen das Überleben in der Natur möglich. Der menschliche Geist muss also ebenso wie der menschliche Körper als etwas evolutiv an seine Umwelt Angepasstes gedacht werden. Sinnliche Wahrnehmung und ihre Verarbeitung und Integration zu einer Repräsentation der Außenwelt müssen die realen Strukturen hinreichend gut wiedergeben, denn: „Derjenige Affe, der keine realistische Wahrnehmung von dem Ast hatte, nach dem er greifen wollte, war bald ein toter Affe und gehört daher nicht zu unseren Urahnen."[4] Die menschlichen Erkenntniskategorien sind also schon lange vor der eigentlichen Hominisation, der Herausbildung der menschlichen Spezies, evolutionär angelegt.

Eine Besonderheit, die die Evolutionäre Erkenntnistheorie vor den meisten anderen Erkenntnistheorien auszeichnet, ist die Tatsache, dass sie eine außerordentlich große Zahl von Einzelbeispielen aus der Wissenschaft zitiert und in einen Zusammenhang mit erkenntnistheoretischen Prinzipien bringt. Dies versteht die Evolutionäre Erkenntnistheorie aufgrund ihres naturalistischen Charakters als ihre Bringschuld; und damit löst sie ihre eigenen Ansprüche weitaus besser ein, als dies manch andere philosophische Theorie von sich behaupten kann.[5] Wir werden aber

---

[3]Lorenz (1941), S. 99 f.

[4]Simpson (1963), S. 84.

[5]Der Begriff *Naturalismus* ist mit teils recht unterschiedlichen Konnotationen belegt. Seine eigentliche Bedeutung liegt im Verzicht auf übernatürliche Erklärungen oder Entitäten. Weder Göttliches noch Wunder, sondern die Natur bilden für den Naturalisten die Grundlage seines Weltbildes. Was alles zu dieser Natur gehört, welche Rolle der Geist hierbei spielt, inwieweit Natürliches erkennbar oder gar wissenschaftlich beschreibbar ist, spielt zunächst keine Rolle. Oft wird Naturalismus aber auch in einem sehr viel weitergehendem Sinne verstanden, unter anderem von der Evolutionären Erkenntnistheorie. Dann tritt zu diesen eher negativen Eigenschaften

noch sehen, dass es weniger die einzelnen Beispiele, als vielmehr die größeren Zusammenhänge und gegenseitigen Inbezugsetzungen verschiedener Weisen der Weltbeschreibung sind, die sich als problematisch erweisen werden.

9.1 Kernaussagen der Evolutionstheorie

Charles Darwin fasste in seinem bahnbrechenden Werk *Über die Entstehung der Arten* die Hauptthesen zur biologischen Artenentwicklung zusammen.[6] Diese besitzen bis heute Gültigkeit; auch wenn in der Zwischenzeit kleinere Ergänzungen hinzugetreten sind, die im Folgenden noch Erwähnung finden werden. Die Evolutionstheorie ist seit Darwins Zeiten nicht einfach eine Theorie: Sie ist ein Geflecht aus unterschiedlichen, logisch teils voneinander unabhängigen Hypothesen und Theorien, die erst in ihrem Zusammenspiel die Entstehung und Entwicklung biologischer Arten begreiflich machen. Sie ist auch ein komplexes Forschungsprogramm, das ständiger Weiterentwicklung bedarf. So haben erst in jüngster Vergangenheit Forschungsergebnisse neues Licht auf erbliche Steuerungsfunktionen im genetischen Material geworfen. Dies ändert aber nichts an der grundsätzlichen Struktur der Evolutionstheorie, sondern zwingt die Genetiker und Evolutionsbiologen lediglich, eine komplexere Vorstellung vom Prozess der Vererbung zu entwerfen. Die Vereinigung der darwinschen Theorie mit den Erkenntnissen der Genetik nennt man auch *synthetische Evolutionstheorie.* Neuere Ausarbeitungen zum selbstorganisierenden Charakter in der Ontogenese (der Entwicklung eines einzelnen Organismus) und zum Wechselspiels des Individuums mit seiner Umwelt, das schließlich zur Phylogenese (der Artentstehung und -entwicklung) führt, gibt die sogenannte *Systemtheorie der Evolution.*

Die Kernthesen der Evolutionstheorie lassen sich recht knapp darlegen. Evolution ist ein offener, ungerichteter Prozess. Dieser Prozess findet in zwei Stufen statt, wobei zunächst neue Organismen erzeugt oder geboren werden, die jeweils ihr eigenes Erbgut in sich tragen. Diese Organismen pflanzen sich dann unterschiedlich stark fort, wodurch sich die Verteilung der Gene und damit auch der Eigenschaften in einer Population von Organismen ändern kann. Dies kann über viele Generationen hinweg schließlich sogar zur Entstehung neuer Arten führen. Die Erzeugung *genetischer Variation* geschieht durch *Mutation* und *Rekombination.* Der Prozess der Auslese (bzw. bevorzugten oder benachteiligten Reproduktionsrate) wird *Selektion* genannt. Dies führt, über viele Generationen gesehen, zur *Anpassung* oder *Adaptation.*

---

des Naturalismus die Annahme, dass alle Natur naturwissenschaftlich erforschbar ist und dass die Naturwissenschaften die ausgezeichnete Weise der Weltbeschreibung liefern. Insofern sich der Begriff *Naturalismus* in dieser Abhandlung auf die Evolutionäre Erkenntnistheorie und vergleichbare Ansätze bezieht, ist er in diesem strengen Sinn zu lesen; ansonsten ist er in seiner zurückhaltenderen, allgemeineren Definition zu verstehen, insbesondere im dritten Teil.

[6]Darwin (1859). Einen hervorragenden konzeptionellen Überblick über die biologischen Wirkweisen gibt Ernst Mayr in Mayr (1979). Einen kurzen Abriss zur Ideengeschichte biologischer Thesen liefert Franz Wuketits in Wuketits (1998).

Aufgrund der *Mutation* vermehren sich Organismen, ohne sich identisch zu reproduzieren. Dies gilt sowohl für asexuell wie für sexuell fortpflanzende Arten. Bei Mutationen ändert sich der genetische Code der Nachkommen durch zufällige Kopierfehler im Erbgut. Dies ist kein Makel, sondern ein Hauptantrieb der Entwicklung des Lebendigen. Häufig haben Mutationen negative Folgen, manchmal aber auch positive. Entscheidend für die evolutionäre Entwicklung von Arten ist also eine Mutationsrate, bei der die Zufallsrate an genetischen Veränderungen und die intrazellulären Mechanismen zur Verhinderung zu schneller Veränderungen in einem gesunden Gleichgewicht stehen; denn eine zu starke Mutationsrate erzeugt zu viele lebensunfähige oder mit Gendefekten behaftete Nachkommen, während eine zu geringe Mutationsrate die notwendige Anpassung an eine sich wandelnde Umwelt verhindern kann.

Unter *Rekombination* versteht man die Vereinigung der elterlichen Gene bei der geschlechtlichen Fortpflanzung. Im Gegensatz zur Mutation, bei der nur hin und wieder hier oder dort ein Baustein im genetischen Material ausgetauscht wird oder eine Sequenz verloren geht oder verdoppelt wird, stellt die Rekombination einen unglaublichen Reichtum an genetischer Varianz zur Verfügung. Diese ist so groß, dass keine zwei Individuen einer sich geschlechtlich fortpflanzenden Spezies den selben genetischen Code in sich tragen.[7] Die genetische Rekombination bei der sexuellen Fortpflanzung ist also einer der wichtigsten Prozesse der Evolution, weil die Vermischung der elterlichen Gene eine außerordentliche Variation der genetischen Ausstattung der Individuen garantiert. Diese Neuverteilung des elterlichen Erbguts wirkt als Motor der Evolution; denn der Nachschub an genetisch neuartigen Individuen liefert der Selektion eine gigantische Breite unterschiedlicher Angriffspunkte, wie sie asexuell fortpflanzende Organismen nicht besitzen. Hiermit geht eine riesige Variationsbreite von überlebenstauglichen Eigenschaften einher, zu denen insbesondere die Entwicklung von Resistenzen gegenüber Krankheitserregern und Parasiten gehört. Mutationen hingegen bereichern den Bestand des Genpools, der bei der geschlechtlichen Fortpflanzung durchmischt wird.

Die *Selektion* tritt nun dadurch auf, dass sich Organismen so vermehren, dass ihre Zahl stetig, gar exponentiell, zunähme, falls nicht externe Faktoren wie Begrenztheit des Lebensraumes oder des Nahrungsangebots, natürliche Feinde etc. dieses Wachstum begrenzen würden. Die Unterschiede im Erbgut zwischen den Individuen bedingen nun auch eine phänotypische Variabilität,[8] welche dazu führt, dass ein Teil der Organismen eher überlebt bzw. sich besser fortpflanzen und dadurch mehr Gene an die nächste Generation weitergeben kann; denn gewisse Merkmale werden unter bestimmten Umweltbedingungen bevorzugt, andere benachteiligt. Auf diese Weise bewirkt der auf alle Organismen wirkende Selektionsdruck eine Bevorzugung jener

---

[7]Sogar eineiige Zwillinge besitzen Unterschiede in ihrem Erbgut, wie die Genomforschung ermittelt hat. Dies beruht auf unterschiedlich häufigen Anzahlen von Kopien bestimmter Erbgutabschnitte, siehe Bruder et al. (2008).

[8]Als *Phänotyp* wird der einzelne Organismus in seinem äußeren Erscheinungsbild bezeichnet, als *Genotyp* seine genetische Struktur.

Organismen, die an die Eigenheiten der artspezifischen Umwelt besser angepasst sind; dies führt, mit Darwins Worten, zu einem „survival of the fittest".[9] Wirkt dieser Selektionsdruck über längere Zeit in eine bestimmte Richtung, kann sich eine Art massiv verändern und sich sogar neue Arten und Unterarten herausbilden – oder sie stirbt aus. So entwickelt sich der *Stammbaum der Arten*.

Auf diese Weise tritt eine fortwährende *Anpassung* oder *Adaptation* auf, die im Laufe der letzten rund vier Milliarden Jahre all den unermesslichen Reichtum an Lebensformen auf unserem Planeten geschaffen hat, wie wir ihn auch heute nur unzureichend kennen. Sämtliche Anpassungsvorgänge gehen dabei kontinuierlich vor, es sind keine Sprünge zu erwarten. In der Tat besteht ein guter Teil der Arbeit von Evolutionsbiologen darin, die stufenweise Entwicklung komplexer Organe wie beispielsweise des Auges nachzuweisen. Es scheint zunächst unvorstellbar, dass etwas dermaßen Hochstrukturiertes und Zweckmäßiges durch lauter kleine Zufallsschritte entstanden sein soll, von denen die große Mehrzahl mit Sicherheit nicht in die „richtige Richtung" führten. Dies liegt allerdings daran, dass sowohl die Zeiträume als auch die Organismenzahl, mit denen die Natur experimentiert, für den menschlichen Geist in gleichem Maße unvorstellbar sind.

Im Lauf der Äonen hat sich so das Leben von den ersten Anfängen einfachster Algen und Archaebakterien über die Vielzeller bis hin zu den heute bekannten pflanzlichen und tierischen Lebensformen und dem Menschen immer weiter entwickelt. Die Grundeigenschaften des Lebens, nämlich die Fähigkeit zu Reproduktion, genetischer Variation und Anpassung durch Selektion, ziehen sich dabei von den frühesten und einfachsten Lebensformen bis hin zum höchstentwickelten Organismus.

Der Ursprung des Lebens, der Übergang von präbiotischen Molekülen hin zu lebenden und sich reproduzierenden Organismen ist noch weitgehend ungeklärt. Man weiß, dass unter den Bedingungen zur Frühzeit der Erde eine Atmosphäre vorherrschte, die reich an unterschiedlichen chemischen Verbindungen war, unter anderem an Aminosäuren und anderen Grundbausteinen des Lebens. Manfred Eigen hat zeigen können, dass sich auch unter solch präbiotischen Verhältnissen gewisse Merkmale von Evolution herausbilden können, falls bestimmte Proteine bei chemischen Reaktionen Rückkopplungsprozesse eingehen. Ein solcher Rückkopplungsprozess, bei dem etwa RNA-Moleküle und Proteine katalytisch

---

[9]Diese Charakterisierung, die gerne auch in schiefen Bildern – etwa im „Sozialdarwinismus" – zur Beschreibung oder Legitimierung wirtschaftlicher und politischer Machtstrukturen herangezogen wird, ist von vielen Biologen als irreführend charakterisiert worden. Es ist keineswegs so, dass nur die bestangepassten Organismen überleben; denn die Natur arbeitet stets mit einer Überproduktion von Nachkommen, von denen nur die Untauglichsten nicht zur Fortpflanzung gelangen. Es wurde daher auch vorgeschlagen, besser von einer Elimination der Untauglichsten zu sprechen, oder ganz einfach vom etwas zahlreicheren Überleben der etwas besser Angepassten oder auch nur Glücklicheren. Es gibt keine „beste" Anpassung: Bei sich verändernden Umweltbedingungen ändern sich auch die reproduktionsfördernden Faktoren ständig. Deshalb ist auch eine gewisse Diversität des Genpools wichtig: Eine Population kann gerade in Krisenzeiten von einer gewissen Variabilität ihres Genpools profitieren. Umgekehrt bedeutet dies, dass Arten in Gefahr geraten können, wenn ihr Genpool sehr klein wird, weil etwa nur wenige Individuen überleben.

wechselwirken, könnte die Vorstufe zu zellulärem Leben gewesen sein. Diese Prozesse werden *Hyperzyklen* genannt.[10] Sie weisen bereits genügend evolutive Merkmale wie etwa differentielle Reproduktionsraten mit einhergehender Komplexitätssteigerung und Informationsweitergabe auf, so dass die meisten Biologen der Ansicht sind, hiermit einen schlüssigen Mechanismus zur Erklärung der Entstehung von Leben aus unbelebter Materie zu besitzen. Es macht wohl Sinn, den Übergang von unbelebten zu belebten Reproduktionsprozessen daran festzumachen, ob die Reproduktion nicht-instruiert stattfindet, d. h. zufällig-katalytisch, oder ob sie selbstinstruiert, d. h. nach einem inhärenten genetisch fixierten Code, abläuft.

Das Interessante hierbei ist, dass sämtliche heute existierenden Lebensformen einen informationstragenden genetischen Code besitzen, der sich aus den selben lediglich fünf Nukleotiden zusammensetzt. Dies sind die kleinsten Einheiten der Nukleinsäuren, welche die genetische Information tragen. Aus verschiedenen Triplets dieser fünf Nukleotiden wiederum setzen sich die Proteine zusammen, die den Stoffwechsel in allen lebenden Zellen am Laufen halten. Vom einfachsten Bakterium über Pilze und Pflanzen bis hin zu Insekten, Reptilien, Vögeln und Säugetieren besitzen alle bekannten Lebensformen auf unserem Planeten dieselbe molekulare Struktur; was auf die gemeinsame Abstammung hinweist. Warum es genau diese fünf Nukleotide und 20 Aminosäuren gibt, ist ungeklärt: Ob dies daran liegt, dass diese Grundbausteine allen anderen in evolutiver Hinsicht haushoch überlegen sind oder dass sie bloß aus reinem Zufall die Ersten waren, die sich zu Lebensformen entwickelt haben und damit allen anderen möglichen Formen den Platz und die Bausteine weggenommen haben, ist ebenso unklar wie die Größe der Rolle des Zufalls bei der Entstehung von Leben überhaupt.[11]

Man nimmt aber an, dass sich auf unserem Planeten kein neues Leben mehr spontan bilden kann, da das bereits existierende Leben einen solch unglaublichen Vorsprung an Komplexität und Angepasstheit an die Umweltbedingungen besitzt, dass neuartige Moleküle sich nicht werden durchsetzen könnten. Alles heutige Leben besitzt dieselbe Struktur im Erbgut. Dies ist ein wichtiges Indiz für die gemeinsame Abstammung aller Spezies auf unserem Planeten von gemeinsamen Vorfahren.[12] Die Regeln, nach denen dieses Erbmaterial arbeitet, legen nicht nur die Vererbungsmechanismen fest, sondern kontrollieren auch die Ontogenese, d. h. die Entwicklung des einzelnen Organismus. Die Phylogenese, die Entwicklung von Arten, geschieht durch den Prozess der Evolution über viele Generationen hinweg.

---

[10]Siehe Eigen (1971), Eigen und Winkler (1976) und Eigen und Schuster (1979).

[11]Vielleicht wird die Astro- oder Xenobiologie oder der Besuch von fremden Sternen eines Tages neues Licht auf diese Fragen werfen können. Jedenfalls scheinen unterschiedliche Pfade zur Entstehung organischen Lebens möglich, siehe Gollihar et al. (2014).

[12]Mit Hilfe der Bioinformatik lässt sich anhand von im Computer rekonstruierten Stammbäumen von Enzymen auch ungefähr der letzte gemeinsame Vorfahr allen heutigen zellulären Lebens feststellen: Es handelt sich um eine *LUCA* (*Last Universal Cellular Ancestor*) getaufte Mikrobe, die vor ungefähr zwei bis dreieinhalb Milliarden Jahren gelebt haben muss und ziemlich hitzeresistent war, was Hinweise auf ihre Lebensbedingungen geben könnte; siehe Reisinger et al. (2014) sowie Groß (2014).

Die ersten primitiven Organismen besaßen noch keinen Zellkern. Diese Prokaryoten, zu denen heute noch unter anderem die Bakterien gehören, kennen keine geschlechtliche Fortpflanzung. Sie teilen sich, solange sie können, wobei natürlich Mutationen auftreten können. Sie besitzen auch die Fähigkeit, untereinander Erbmaterial auszutauschen. Da sie sich beliebig teilen können, altern sie nicht und kennen folglich keinen natürlichen Tod; außer den gewaltsamen natürlich. Der natürliche Tod kam erst dann ins Spiel, als die sexuelle Fortpflanzung erfunden wurde – ein Zusammenhang, den die großen Dichter immer schon geahnt haben. Denn in dem Augenblick, in dem genetisch völlig neu durchmischte Nachkommen auf die Welt kommen, macht es evolutionär keinen Sinn mehr, dass die Elterngeneration noch ewig auf der Erde bleibt und dem Nachwuchs Ressourcen wegfrisst. Die Nachkommen müssen sich in der Welt bewähren und ihrerseits einer neuen Generation weichen. Für genetisch identische oder nur minimal unterschiedene Kopien, wie bei Bakterien, besteht diese Abhängigkeit nicht. Alle höheren Organismen bestehen aus Zellen mit Zellkern, sogenannte eukaryotische Zellen. Eukaryoten haben sich aus der symbiotischen Verbindung prokaryotischer Zellen entwickelt und sind folglich entwicklungsgeschichtlich jünger. Erst sie haben aber – wohl aufgrund der Abtrennung des Erbmaterials – das Prinzip der Sexualität entdeckt und damit einer ungeheuren Artenvielfalt Raum geschaffen. Sexuelle Fortpflanzung gibt es auf unserem Planeten erst seit etwa 700 bis 800 Millionen Jahren; vorher gab es nur asexuelle Fortpflanzung.

Weitere wichtige Bausteine der modernen Evolutionstheorie zur Erklärung der Phylogenese sind Annidation und Isolation. *Annidation* (Einnischung) bedeutet, dass in bestimmten Biotopen oder ökologischen Nischen sich gänzlich neue Merkmale oder neue Arten herausbilden können, da zum Beispiel die Organismen in diesen Nischen kaum Konkurrenz haben außer ihrer innerartlichen. Dann nimmt der selektive Binnendruck einen stärkeren Raum ein als bei Spezies, die einem starken äußeren Selektionsdruck unterliegen. Dieser Binnendruck wirkt insbesondere durch sexuelle Selektion, d. h. durch bevorzugte phänotypische Merkmale, die keinen weiteren Zweck aufweisen, als Geschlechtspartner anzuziehen. (Man denke exemplarisch an Pfauen und ihr Federkleid.) Dies beschleunigt die Entstehung neuer Arten ungemein. Auch die geographische *Isolation* fördert die Artbildung; denn wenn eine Population keinen genetischen Austausch mehr mit anderen Populationen derselben Art hat, können sich neue Eigenheiten sehr viel schneller durchsetzen. Sie werden nicht durch Durchmischung mit den altbekannten Merkmalen wieder nivelliert. Diese Prozesse sind folglich sehr wichtig für die evolutionsbiologische Sicht der Artentstehung. Nicht ohne Zufall inspirierte ausgerechnet die phänotypische Vielfalt der isoliert liegenden Galapagosinseln Charles Darwin zur Evolutionstheorie.

Eine weitere Eigenschaft der Evolution ist die *Irreversibilität*. Spezialisierungen können zwar von verschiedenen Spezies unabhängig voneinander entwickelt werden und einzelne Arten können Organe zurückbilden, doch bestimmte Merkmale werden nicht mehr aufgegeben. So haben Säugetiere, die ins Wasser zurückgekehrt sind, ihre Lunge behalten und keine Kiemen entwickelt, und Huftiere haben nicht wieder Pfoten zurückentwickelt. Im Falle von Parallelentwicklungen haben die zugrundeliegenden Gene nicht dieselbe Struktur. Die hierauf wirkenden inneren und äußeren Abhängigkeiten werden im Rahmen der Systemtheorie der Evolution diskutiert, die ihrerseits eine Weiterentwicklung der synthetischen Evolutionstheorie ist und bei der Ontogenese besonderen Augenmerk auf die systemischen Zusammenhänge zwischen dem Organismus und seiner Umwelt legt.[13]

Eine Betrachtung der Ontogenese eines Organismus macht nur im Hinblick auf das Gesamtsystem von Organismus und Umwelt Sinn. Hierzu gehören sowohl innere Zwänge (Stoffwechsel, Signalwege, Entwicklungsstufen etc.) als auch äußere Zwänge (Fressfeinde, Nahrungsverfügbarkeit, sexuelle Selektion etc.), die den Phänotyp mitbestimmen. Diese spielen eine entscheidende Rolle bei der Genexpression und Genregulation, d. h. der Umsetzung der im Genotyp gespeicherten Information. Zusätzlich spielen Selbstorganisationsprozesse vor allem bei komplexen Organen eine immer wichtigere Rolle. Die Information zum Aufbau eines solchen Organs ist also nicht vollständig im Genom gespeichert, sondern seine Ontogenese ergibt sich als hochkompliziertes Zusammenspiel der gegenseitig wechselwirkenden genetischen Instruktionen, den Umweltbedingungen und -reizen sowie den von beiden Seiten auf dieses Organ wirkenden inneren und äußeren Konstruktionszwängen. Man fasst dies auch unter dem Begriff der epigenetischen Entwicklung zusammen. Das eindruckvollste Beispiel für epigenetische Entwicklung ist das Werden des menschlichen Gehirns mit seiner in der Natur unerreichten Komplexität. Aus wenigen Typen von Zellen entsteht durch Selbstorganisation im Laufe mehrerer Lebensjahre ein Organ aus etlichen Milliarden zusammenarbeitender Zellen, das uns Menschen in die Lage versetzt hat, unseren Planeten in einem bisher unerreichten Ausmaß zu beherrschen.[14]

---

[13]Riedl (1975), Wagner und Laubichler (2004).

[14]Grundlagenforschungen auf dem noch jungen, aber bereits sehr dynamischen Gebiet der transgenerationalen *Epigenetik* haben gezeigt, dass die genetische Ausstattung durchaus auch im einzelnen Organismus noch verändert werden kann. Es handelt sich hierbei nicht um Mutationen, d. h. Veränderungen des „Alphabets" der DNA, sondern um chemische *Modifikationen der Erbsubstanz.* Bei der *DNA-Methylierung* etwa werden Methylgruppen an einzelne Genabschnitte gekoppelt, wodurch diese inaktiviert werden. Eine solche Methylierung bewirkt keine Übersetzung in DNA, sondern eine Markierung bestimmter DNA-Abschnitte, die unterschiedliche Aktivierungen dieser Gensequenz zur Folge haben kann, d. h. zu unterschiedlich starken Ausprägungen, wie oft etwa ein bestimmtes Protein gebildet wird und wie stark folglich eine Zelle bestimmte Aufgaben für den Organismus wahrnimmt. Eine ähnliche Rolle spielen sogenannte *Histonmodifikationen* oder die *RNA-Interferenz.* Epigenetische Modifikationen sind eine natürliche Weise des Organismus, seine Genexpression zu steuern. Sie werden auch durch bestimmte Umweltbedingungen hervorgerufen. Damit wirft die Epigenetik zwar nicht die Grundprinzipien der Evolutionstheorie über den Haufen. Sie führt aber eine neuartige Komplexitätsebene ein, die den systemischen Zusammenhang von Erbmaterial, Organismus und Umwelt besonders deutlich macht. Epigenetische Mechanismen sind von enormer Wichtigkeit für die Genregulation und Genexpression und somit für die phänotypische Individualentwicklung und die Eigenschaften des Lebewesens. Diese Modifikationen sind nur in sehr begrenztem Maße vererbbar, da bei der Entstehung der Keimzellen die epigenetische Programmierung größtenteils aufgehoben wird. Einige von ihnen scheinen jedoch trotzdem über mehrere Generationen hinweg erblich zu sein. Vererbt werden hierbei aber keine Gene, sondern Genaktivitäten. Epigenetische Modifikationen können jedoch durchaus echte Mutationen nach sich ziehen, da sie die Wahrscheinlichkeit solcher zu erhöhen imstande sind. Auf diese Weise

9.1.1 Die Entwicklung des menschlichen Gehirns

Zur Illustration der verschiedenen, sich gegenseitig bedingenden Ebenen, auf denen die Evolution operiert, wollen wir uns kurz der Funktionsweise des menschlichen Gehirns zuwenden. Auf diese Weise lässt sich nicht nur anhand des komplexesten uns bekannten Organs das Funktionieren von Evolution begreiflich machen: Die hier präsentierten neurobiologischen Erkenntnisse werden uns auch bei der Diskussion um den Zusammenhang von Körper und Geist nützlich sein; denn sie sind – in einer bestimmten Interpretation, die jedoch keineswegs zwingend ist – die zentralen Stützen eines reduktionistischen Weltbildes, das nicht nur unter Fachwissenschaftlern populär ist.[15]

Beim Vergleich der Erbmasse der Maus mit der des Menschen und anderer höherer Säugetiere fällt auf, dass kein wesentlicher Unterschied bei der Menge an Erbmaterial vorhanden ist, welches in Form der DNA die genetische Information kodiert. Einfachere Organismen wie etwa Bakterien oder Spulwürmer haben ein wesentlich kleineres Erbgut, das die Ontogenese recht vollständig kontrolliert. Aber bei höheren Lebewesen wird die Synthese des Organismus nicht mehr in diesem Maße durch das Erbgut beschrieben, sondern in Kontakt mit der Umwelt der Selbstorganisation überlassen. Der enorme Komplexitätsunterschied zwischen menschlichem und Mäusegehirn wird also nicht direkt durch das Erbgut bestimmt. Sowohl die Zelltypen als auch die Botenstoffe und die Form der Signalverarbeitung

---

lassen sich also wohl doch epigenetische Informationen von der Eltern- an die Kindergeneration weitergeben; auch wenn der eigentliche genetische Code in der Abfolge seiner Basenpaare dabei nicht verändert wird. Das bisherige Dogma der Evolutionstheorie muss also ein wenig verändert werden. Das Wechselspiel zwischen Genen, Organismus und Umwelt scheint komplexer zu sein, als man lange Zeit annahm. Vielleicht sind ja auch die Flugrouten mancher Zugvogelarten auf eine solche Weise gespeichert; epigenetische Prägungen könnten auch bei Lachsen oder Meeresschildkröten eine Rolle spielen, wenn sie sich bei ihrer Wanderung durch die Weltmeere am Erdmagnetfeld orientieren. Noch ist allerdings wenig über die genauen Mechanismen und langfristigen Auswirkungen der Epigenetik bekannt. Doch gibt es Indizien, dass zum Beispiel unter Kindern, die aus künstlicher Befruchtung stammen, gewisse Krankheiten gehäuft auftreten, möglicherweise vermittelt über solches genomisches Imprinting. Dies wirft auch neue ethische Fragen auf zur künstlichen Befruchtung, zur Belastung mit Schadstoffen, zur Pharmakologie, zum Arbeitsschutz, Umweltschutz und weiteren Gebieten. Denn sogar das, was wir uns zuzumuten bereit sind, könnte trotzdem für unsere Kinder und Kindeskinder Konsequenzen zeigen. Und vieles, was problematisch werden könnte, wissen wir schlicht und einfach noch nicht. Zur Epigenetik siehe etwa Lederberg (2001) oder Jablonka und Lamb (2002).

[15]Zum Beleg dieser Behauptung und als zwar nicht mehr ganz aktuelles, aber immer noch lesenswertes Lehrbuch sei verwiesen auf Changeux (1984). Einen guten Überblick über die Entstehung der Kognitionswissenschaften liefert Gardner (1985), wo auch die Debatte um die Natur des Geistes von der antiken griechischen Philosophie bis ins 20. Jahrhundert in prägnanter Kürze nachgezeichnet wird. Den Zusammenhang mit den Informationswissenschaften beschreibt Hofstadter (1979) ausführlich. Zur neueren Debatte vergleiche Kap. 11.3 und Kap. 17.

gehorchen den selben Regeln und sind ähnlich kodiert.[16] Im menschlichen Erbgut müssen im Vergleich zur Maus lediglich die wesentlich größere Anzahl von Zellen, ein leicht geänderter Aufbau und ein paar zusätzliche Regelmechanismen kodiert sein, der Rest ergibt sich aus den epigenetischen Wechselwirkungen zwischen Organismus und Umwelt. Verglichen mit den enormen Informationsmengen, die die Struktur aller Proteine im Nervensystem beschreiben, machen diese Zusatzinformationen nur einen geringen Anteil im Erbgut aus.

Die Entwicklung des Gehirns lässt sich nun in drei miteinander gekoppelten Stufen beschreiben. Zunächst legt das Erbgut die Proteinstruktur, die zellulären Mechanismen und die systemischen Entwicklungsmöglichkeiten fest. Diese sind allerdings der Zahl nach astronomisch groß, d. h. jedes Gehirn könnte aufgrund seiner genetischen Struktur eine unglaubliche Vielzahl unterschiedlicher Entwicklungen nehmen, von denen aber in uns Menschen nur ein winziger, dem Überleben dienlicher Prozentsatz verwirklicht ist. Diese Auswahl findet dadurch statt, dass sich die Neuronenkomplexe und mit ihnen die einzelnen Zellen so entwickeln und verschalten, dass aufgrund einiger übergreifender Regelmechanismen sich bestimmte Nervenverbindungen bevorzugt ausbilden, von denen manche signalverstärkend, andere wiederum hemmend wirken. Diese Auswahl wird sowohl durch innere Strukturbedingungen des neuronalen Systems wie auch durch den äußeren Input der Sinnesorgane festgelegt. In der „Festverdrahtung" (die gar nicht so fest, sondern vielmehr dynamisch und plastisch ist) des Nervensystems spiegelt sich folglich nicht nur die genetische Information, sondern auch die individuelle Geschichte des Menschen wider. Die postnatale, epigenetische Entwicklung wird also von den Genen nicht determiniert, sondern nur in bestimmte Bahnen gelenkt. Eine strenge genetische Determinierung macht auch nur für simpel gebaute Lebewesen Sinn, denn der Erfolg komplexer Organismen mit hoher Lebensdauer und veränderlicher natürlicher und sozialer Umwelt hängt von ihrer Anpassungsfähigkeit ab.

Die Art und Weise, wie das Gehirn nun die Sinnessignale aufnimmt, verschiedenen Gehirnregionen zur Verarbeitung zuweist und deren Resultate schließlich in der Großhirnrinde zu einer bewussten Wahrnehmung integriert, ist immer noch nur rudimentär erforscht. So viel jedoch ist bereits verstanden: Quer über das Gehirn verteilte, aufgrund charakteristischer, rhythmischer Aktivitätsschwankungen gekoppelte Neuronenverbände erzeugen erst im gemeinsamen Zusammenspiel das, was uns schließlich als Sinneseindruck, Empfindung oder Gedanke bewusst wird. Die Art und Weise, wie diese nervlichen Aktivitäten ablaufen, beeinflussen wiederum die weitere Entwicklung des Gehirns. Die zeitlich kurzlebigen Muster bestimmen in

---

[16]Man sieht hin und wieder Vergleiche zwischen der Rechenkapazität des menschlichen Gehirns und der Leistungsfähigkeit von elektronischen Datenverarbeitungsgeräten. Abgesehen davon, dass solche Vergleiche stark hinken, lässt sich beim menschlichen Gehirn insbesondere keine eindeutige Unterscheidung zwischen Hardware und Software treffen. Das Gehirn ist beides zugleich, und zwar als ständig seinen Zustand veränderndes Gesamtsystem, dessen Schalt- und Recheneinheiten – die Neuronen – miteinander die von außen einströmenden Sinnessignale in rhythmische Muster auflösend verarbeiten und ihrerseits den Organismus steuern.

der Ontogenese nach den genetisch vorgegebenen Regeln die Art der Verdrahtung des Gehirns; häufig vorkommende Signalketten werden verstärkt, unbenutzte abgebaut. Entsprechend gibt es in der Ontogenese zeitlich offene Fenster für bestimmte Entwicklungen wie etwa den Erwerb der Muttersprache; liegt diese erst einmal fest, ist das Sprachzentrum für immer entsprechend geprägt. Die Verdrahtung ihrerseits bestimmt die Signalverarbeitungsmöglichkeiten des Nervensystems und damit den evolutionären Erfolg des Organismus und hat somit in letzter Instanz über die Generationen hinweg wiederum Einfluss auf den genetischen Code und die Entwicklung der Spezies.

Es lassen sich also drei Ebenen ausmachen, zu denen erstens das neuronale Zusammenspiel mit seinen Aktivitätsmustern gehört, die sich fortlaufend und in Sekundenbruchteilen ändern; zweitens die zellulären Verschaltungen der Neuronen über Synapsen und Botenstoffe, die sich auch im erwachsenen Organismus durchaus noch ändern können, teilweise aber langfristig festliegen; und drittens der genetische Code, der sich über die Generationen hin ändert. Das strukturelle Zusammenspiel dieser Ebenen ist bei allen höheren Organismen gleich. Erst beim Menschen hat es jedoch eine solche Komplexität erreicht, dass wir über eine zig Jahrtausende dauernde, zunächst extrem langsam verlaufende, dann sich immer weiter beschleunigende kulturelle Evolution letztendlich unsere Umweltbedingungen so weit haben ändern können, dass unsere angeborenen Reaktionsschemata eigentlich gar nicht mehr zu diesen passen und nur noch durch kulturelle Überformung in sinnvolles Verhalten münden können. Bisher hat sich allerdings die genetisch-epigenetisch festgelegte Offenheit zu solcher Überformung als so flexibel erwiesen, dass immer noch kein Ende unserer Spezies abzusehen ist. All dies verdanken wir Menschen der einzigartigen Organisation unseres Gehirns. Damit sind wir an dem Punkt angelangt, über die Erkenntnisfähigkeit eben genau dieses Organs zu reflektieren.

9.2 Die Postulate der Evolutionären Erkenntnistheorie

Die Evolutionäre Erkenntnistheorie verfolgt das Ziel, das menschliche Erkenntnisvermögen vor dem Hintergrund einer wissenschaftlichen Welterklärung zu analysieren und in seinen Möglichkeiten und Grenzen einsichtig zu machen. Zu diesem Zweck fasst Gerhard Vollmer die erkenntnistheoretischen Grundlagen dieser Theorie zunächst in den zehn Postulaten wissenschaftlichen Erkennens zusammen. Er gesteht ein, dass sich diese wohl auch abschwächen oder leicht variieren ließen, ohne dabei den argumentativen Zusammenhang zu zerstören. Entscheidend ist aber das Gesamtbild, das sich ergibt, wenn man diese zehn Postulate mit dem hypothetischen Realismus und der projektiven Erkenntnistheorie in Verbindung bringt, was in den folgenden Unterkapiteln geschieht. Dies führt zu der im anschließenden Kap. 10 noch zu diskutierenden Sichtweise auf wichtige philosophische Probleme. Diese zehn Postulate bilden das Grundgerüst des hier vorgestellten Realitätsverständnisses. Dabei sind sie zum einen strikte Festlegungen auf ein materialistisch-reduktionistisches Programm; zum anderen sind sie eher heuristischer Natur und dienen der Motivation des noch einzufordernden Forschungsprogramms, das die bestehenden Lücken in unserem wissenschaftlichen Weltbild zu schließen helfen soll.[17]

Im Folgenden ist stets zu beachten, dass Erkennen als Prozess angesehen wird, in dem subjektive Strukturen, die durch Sinnesorgane, Nervensystem und Gehirn festgelegt sind, sich in evolutiver Anpassung an objektive äußere Strukturen entwickelt haben und von diesen affiziert werden. Dies geschieht im Prozess der Evolution, bei dem es sich für die Überlebenschancen und die Reproduktivität von Organismen als vorteilhaft erweist, bessere und vielfältigere Informationen über die Umwelt zu haben. Es handelt sich hier also um einen Kreisprozess, bei dem die subjektiven Strukturen sich weiterentwickeln und so fortwährend an die objektiven anpassen. Genaue Passung ist nie gewährleistet, schließlich ist Überleben das Ziel der Evolution und Objektivität höchstens ein Mittel zu diesem Zweck, kein Zweck an sich. Während die subjektiven Strukturen dem Individuum also angeboren und damit ontogenetisch a priori („vor aller Erfahrung") vorgegeben sind, sind sie für die Spezies ein Ergebnis ihrer phylogenetischen, d. h. stammesgeschichtlichen Entwicklung und damit ein Aposteriori („aus der Erfahrung stammend"). Konrad Lorenz hat diese Erkenntnis auf die folgende Formel gebracht:

„Das ontogenetische Apriori ist ein phylogenetisches Aposteriori."[18]

Die Anpassung der mentalen Strukturen kann hierbei natürlich nur im durch die Sinnesorgane zugänglichen Wahrnehmungsbereich stattfinden. Weder Mikrophänomene noch das Universum und seine großräumigen Strukturen haben unser Anschauungsvermögen geprägt. Der dem Menschen sinnlich zugängliche Bereich – mit Größen von Millimeterbruchteilen bis Kilometern, mit Zeiten von Zehntelsekunden bis Jahren, mit Gewichten von Gramm bis Tonnen – wird als *Mesokosmos* bezeichnet.[19] Man kann den Mesokosmos in Analogie zur ökologischen Nische auch als „kognitive Nische" des Menschen bezeichnen, als den Bereich, auf den

---

[17]Unter *Materialismus* ist hier eine Ontologie zu verstehen, die das physikalisch Wirkliche umschließt. Hierzu gehören sowohl Materie als auch Felder, denen – wie bereits in der Diskussion der klassischen Physik erläutert – eine eigenständige Realität zuzusprechen ist. Vollmer hat in späteren Schriften dann den Begriff *Naturalismus* bevorzugt, da dieser weniger durch Konnotationen mit dialektischem Materialismus, Geldgier oder primitivem „Klotzrealismus" (ein Realismus ohne Felder und in naivem Sinne) belastet ist. Da *Naturalismus* aber im Allgemeinen zunächst einmal den Verzicht auf höhere Wesenheiten und unnötige metaphysische Annahmen bezeichnet, ohne unbedingt eine Festlegung auf harte materialistische Thesen zu implizieren, wollen wir im Verlauf unserer Diskussion den Begriff „materialistisch" im besagten Sinne für die Ontologie der Evolutionären Erkenntnistheorie verwenden.

[18]Sinngemäß zitiert nach Lorenz (1941).

[19]Demgegenüber stehen der *Mikro-* und der *Megakosmos*; Letzterer umfasst die Weiten des Alls. Als *makroskopisch* bezeichnen wir alles, was nicht mikroskopisch ist, d. h. sowohl mesokosmische Körper als auch kosmische Distanzen. Anschaulichkeit wiederum ist nicht zwingend an Mesokosmizität gebunden: Wir können auch einen mikroskopischen oder megaskopischen Körper wie etwa unser Sonnensystem anschaulich beschreiben, sofern sich seine Strukturen halbwegs verlustfrei in menschlich vorstellbare Größenordnungen transformieren lassen.

seine Sinnesorgane und sein kognitiver Apparat zugeschnitten sind. So zieht die Evolutionäre Erkenntnistheorie sowohl die Quantenphysik als auch die Relativitätstheorie als Beleg dafür heran, dass unser Anschauungsvermögen außerhalb des Mesokosmos versagen kann; denn sowohl im Kleinsten als auch im Größten herrschen andere Strukturen der Realität als diejenigen, die wir gewohnt und an die wir angepasst sind.

Die Dreidimensionalität des menschlichen Vorstellungsvermögens beruht nach der Evolutionären Erkenntnistheorie folglich darauf, dass die Natur – zumindest im mesokosmischen Bereich – drei räumliche Dimensionen besitzt. Unser Verstand arbeitet nun deshalb mit drei Dimensionen, weil ein zweidimensionales Vorstellungsvermögen zu viele Informationen unterschlagen würde und nicht überlebensadäquat wäre. Ein höherdimensionales Vorstellungsvermögen – so sehr es einem die Behandlung vieler mathematischer Probleme erleichtern würde – war wiederum evolutionär nicht notwendig, denn die (mesokosmische) Natur besteht eben nur aus räumlich dreidimensionalen Strukturen. Nun ist aber aus der Relativitätstheorie bekannt, dass die Struktur von Raum und Zeit miteinander verwoben ist und sich nur durch eine vierdimensionale Raumzeit darstellen lässt. Der gewöhnliche dreidimensionale Raum unserer Anschauung ist nämlich nur für kleine Geschwindigkeiten, Beschleunigungen oder Gravitationskräfte gültig, bei denen wir relativistische Effekte getrost vernachlässigen können. Da so große Geschwindigkeiten, Beschleunigungen oder Gravitationskräfte aber auf unserem Planeten nie aufgetreten sind, haben sie für die Evolution nie eine Rolle gespielt und folglich auch keinen Einfluss auf die Anpassung unseres Vorstellungsvermögens besessen. Unser räumliches Vorstellungsvermögen entspringt also unserer mesokosmischen Alltagswelt. Gleichwohl vermag der Mensch jedoch mit Hilfe wissenschaftlicher Analyse die Grenzen seines Vorstellungsvermögens zu überschreiten und allgemeinere Strukturen der Realität aufzudecken und somit durchaus Erkenntnisse zu erwerben, die seine bildliche Vorstellungskraft übersteigen. Solche Erkenntnisse müssen nur irgendwie in Bezug zu unserer Alltagswelt zu setzen sein – etwa durch den messbaren Nachweis von relativistischen Effekten, oder dadurch, dass unsere Alltagswelt als Grenzfall in der allgemeineren Beschreibung enthalten ist –, so wie die klassische Physik als Grenzfall für kleine Geschwindigkeiten aus der Relativitätstheorie ableitbar ist. *Geistige Kategorien und Anschauungsformen* sind für die Evolutionäre Erkenntnistheorie also nicht als grundlegende Kategorien der Wirklichkeit anzusehen, sondern nur als *evolutiv bewährte kognitive Muster* in einer umfassenderen Realität. Die Klärung des Verhältnisses von geistigen Kategorien und Strukturen der Wirklichkeit ist für die Evolutionäre Erkenntnistheorie ein zentrales erkenntnistheoretisches Thema von Wissenschaft.

Die objektiv gegebenen Strukturen der Realität werden von der Evolutionären Erkenntnistheorie in einem völlig realistischen und strikt naturalistischen Sinne gedeutet. So betrachtet sie die Welt als durchgehend objektiv bestimmbar und als materiell-energetisch konstituiert, wobei wir in unseren Aussagen aber nie sicher sein können, ob wir die Welt etwa zufälligerweise exakt so beschreiben, wie sie wirklich ist, oder ob wir nur mehr oder weniger korrekte Vermutungen anstellen. Da die methodologisch sauberste Art und Weise, sichere und nachprüfbare Aussagen über die Welt zu machen, in der Wissenschaft praktiziert wird, ist folglich die Wissenschaft der angemessenste Weg, über die Wirklichkeit zu reden. Wo dies noch nicht zutreffen mag, liegt dies an der bisher noch unzureichenden Entwicklung der Wissenschaft, die aber in Zukunft weitere Fortschritte machen wird. Jede Rede über die Wirklichkeit tut also gut daran, sich an den Standards des wissenschaftlichen Sprachgebrauchs zu orientieren. Vollmer hat diese Realitätssicht in zehn Postulaten zusammengestellt. Auf sie stützen sich der die gesamte Evolutionäre Erkenntnistheorie durchziehende hypothetische Realismus und die projektive Erkenntnistheorie. Wir wenden uns zunächst den einzelnen Postulaten und ihrer Einordnung in das erkenntnistheoretische Konzept der Evolutionären Erkenntnistheorie zu, da sie den theoretischen Rahmen für deren Realitätsverständnis bilden.[20]

1. *Realitätspostulat: Es gibt eine reale Welt, unabhängig von Wahrnehmung und Bewusstsein.*

   Hiermit wird insbesondere jeder ontologische Idealismus ausgeschlossen. Subjektive Empfindungen, Wahrnehmungen, Vorstellungen und Erkenntnisse sind zumindest teilweise durch das Subjekt, durch unsere Sprache und durch die Strukturen unseres Erkenntnisapparates bestimmt. Auch wenn die Annahme einer Außenwelt nicht beweisbar ist, so hat sie sich doch bewährt.

2. *Strukturpostulat: Die reale Welt ist strukturiert.*

   Diese Strukturen können verschiedenster Art sein: Symmetrien, Wechselwirkungen, Naturgesetze, Dinge, Individuen, Systeme. *Die Ordnungsprinzipien (Strukturen) sind selbst real, objektiv, wirklich. Auch wir gehören mit unseren Sinnesorganen und kognitiven Funktionen zur realen Welt und haben eine gewisse Struktur. Erst für die Betrachtung des Erkenntnisprozesses unterscheiden wir Außenwelt und Innenwelt.*

3. *Kontinuitätspostulat: Zwischen allen Bereichen der Wirklichkeit besteht ein kontinuierlicher Zusammenhang.*

   Denkt man an Wirkungsquantum, Elementarteilchen, Mutationssprünge, Revolution und Fulguration, so ist vielleicht quasi-kontinuierlich die angemessenere Bedeutung. Jedenfalls besteht keine unüberbrückbare Kluft zwischen toter Materie und lebendem Organismus, zwischen Pflanze und Tier, zwischen Tier und Mensch, zwischen Materie und Geist.[21]

---

[20]Bei den Postulaten sind Zitate kursiv, Erläuterungen und Zusammenfassungen steil gesetzt, siehe Vollmer (1983), S. 28 ff.

[21]In diesem letzten Punkt besteht eine deutliche Diskrepanz zu Konrad Lorenz, der zwar einerseits der Urvater der hier ausformulierten Evolutionären Erkenntnistheorie ist, andererseits aber einen unüberwindbaren Hiatus zwischen physischen und psychischen Phänomenen sieht. Dieses Postulat ist von zentraler Bedeutung für die Evolutionäre Erkenntnistheorie. Es ist die Hauptstütze für das Prinzip der universellen Evolution, welches wir im folgenden Kapitel behandeln werden, und ebenfalls für den durchgängigen Reduktionismus. Als *Fulguration* bezeichnet Lorenz das blitzartige Auftreten vollständig neuer Eigenschaften aufgrund der Kopplung zweier oder mehrerer bereits vorliegender Eigenschaften. In der Evolution gehört hierzu beispielsweise das Auftreten der Warmblüter, die ein temperaturgesteuertes Stoffwechselsystem besitzen.

4. *Fremdbewusstseinspostulat: Auch andere (menschliche und tierische) Individuen haben Sinneseindrücke und Bewusstsein.*

    Dieses Postulat ist eine Absage an jede Form von Solipsismus und beschreibt die Basis jeglicher Intersubjektivität. Behavioristische Standpunkte sollen hiermit ebenfalls ausgeschlossen werden, da ein Verzicht auf jegliches psychologische Vokabular weder notwendig noch möglich ist – schließlich arbeiten auch andere Wissenschaften hypothetisch und nutzen theoretische Begriffe.

5. *Wechselwirkungspostulat: Unsere Sinnesorgane werden von der realen Welt affiziert.*

    Dabei wird Energie zwischen Umwelt und Körper ausgetauscht. Veränderungen in den Sinneszellen werden als Signale weitergeleitet. Einige dieser Signale werden im zentralen Nervensystem und im Gehirn weiterverarbeitet. *Sie werden wahrgenommen, als Information über die Außenwelt interpretiert und bewusst gemacht. Mit dieser kausalen Theorie der Wahrnehmung (causal theory of perception) arbeitet im Grunde jeder Sinnesphysiologe. Schon Wahrnehmung besteht also in einer unbewussten Interpretation der Sinnesdaten und in der Rekonstruktion einer hypothetisch vorausgesetzten Außenwelt.*

6. *Gehirnfunktionspostulat: Denken und Bewusstsein sind Funktionen des Gehirns, also eines natürlichen Organs.*

    Hier wird vom *psychophysischen Axiom* ausgegangen, welches besagt, dass mit allen Bewusstseinsänderungen physiologische Vorgänge verknüpft sind. Vollmer legt nahe, dass subjektives Erleben und objektiv bestimmbare Hirnzustände nur zwei verschiedene Sichtweisen auf das selbe Phänomen sind, die streng miteinander korreliert sind.[22] Es liege wohl überhaupt nur ein Zustand vor, der jeweils unterschiedlich wahrgenommen wird – mal psychologisch, mal physiologisch. Diese Betrachtungsweise fügt sich ein in die noch zu diskutierende projektive Erkenntnistheorie.

7. *Objektivitätspostulat: Wissenschaftliche Aussagen sollen objektiv sein.*

    Objektiv bedeutet hier wirklichkeitsbezogen. Zusammen mit Postulat 1 ergibt sich, dass objektive Aussagen prinzipiell möglich sind. Hierzu zählen auch intersubjektive Verständlichkeit und Nachprüfbarkeit, sowie die Unabhängigkeit der Aussagen von spezifischen Bezugssystemen, Methoden oder bloßen Konventionen.

8. *Heuristikpostulat: Arbeitshypothesen sollen die Forschung anregen, nicht behindern.*

    Dieses methodologische Postulat führt nicht konstruktiv zu neuen Vermutungen, sondern dient der Unterscheidung zwischen gleichwertigen, aber widersprechenden Hypothesen. Es ist auch eine Motivation für den von der Evolutionären Erkenntnistheorie vertretenen durchgängigen Reduktionismus. *Es wäre heuristisch ungeschickt, eine prinzipielle Grenze zwischen unbelebten und lebenden Systemen zu postulieren, weil man damit die (inzwischen sehr erfolgreiche) Forschung auf diesem Gebiet verhindern würde.*

---

[22] Vollmer (1983), S. 86 ff.

9. *Erklärbarkeitspostulat: Die Tatsachen der Erfahrungswirklichkeit können analysiert, durch „Naturgesetze" beschrieben und erklärt werden.*
   Dieses Postulat folgt eigentlich aus dem Heuristikpostulat. Einen Vorgang oder eine Tatsache als prinzipiell unerklärbar anzunehmen, ist aber nicht nur heuristisch ungeschickt, sondern bedeutet in vielen Fällen einen unverantwortlichen Wissensverzicht. Damit werden auch jeglicher Vitalismus, Irrationalismus oder Parawissenschaften zurückgewiesen.

10. *Postulat der Denkökonomie: Unnötige Hypothesen sollen vermieden werden.*
    Auch dies ist ein methodologisches Postulat. In Anlehnung an Ockhams Rasiermesser verlangt es Minimalerklärungen und dient damit der Beschränkung unseres Theoretisierens, vor allem auch der Vermeidung überflüssiger metaphysischer Annahmen.

Die einzelnen Postulate werden von Vollmer betont vorsichtig formuliert; sie klingen auf den ersten Blick nicht unplausibel. Insbesondere das Kontinuitätspostulat wird sich jedoch im Zusammenhang mit den übrigen Postulaten als problematisch erweisen. So bestehen etwa grundlegende Unterschiede zwischen quantenphysikalischen und evolutionsbiologischen „Quasi-Kontinuitäten". Fulgurative Entwicklungen sind temporal auflösbar, Quantensprünge nicht.

9.3   Hypothetischer Realismus

Die Evolutionäre Erkenntnistheorie vertritt eine realistische Grundhaltung. Im Gegensatz zum naiven Realismus geht der von der Evolutionären Erkenntnistheorie vertretene *hypothetische Realismus* davon aus, dass die reale Welt nicht so beschaffen sein muss, wie wir sie wahrnehmen. Der hypothetische Realismus behauptet sogar, dass *alle* unsere Aussagen über diese Welt bloß hypothetischen Charakter haben.[23] Die am besten geprüften Aussagen sind die Aussagen der Wissenschaft. Folglich ist unsere Vorstellung von Realität in Einklang mit den oben zitierten Postulaten wissenschaftlichen Erkennens zu sehen. Wenn wir nun berücksichtigen, dass die letzten drei Postulate methodologischer und nicht ontologischer Natur sind, so lassen sich die ersten sieben zu folgender Hauptthese zusammenfassen:

> „Hypothetischer Charakter aller Wirklichkeitserkenntnis; Existenz einer bewusstseinsunabhängigen (1), gesetzlich strukturierten (2) und zusammenhängenden (3) Welt; teilweise Erkennbarkeit und Verstehbarkeit dieser Welt durch Wahrnehmung (5), Denken (6) und eine intersubjektive Wissenschaft (7)."[24]

---

[23]Die hypothetische Sicht auf menschliche Erkenntnis geht bis auf die Antike zurück. So ist von Xenophanes überliefert: „Nicht von Beginn an enthüllten die Götter uns Sterblichen alles; aber im Laufe der Zeit finden wir, suchend, das Bess're. Sichere Wahrheit erkannte kein Mensch und wird keiner erkennen, über die Götter und alle die Dinge, von denen ich spreche. Selbst wenn es einem einst glückt, die vollkommenste Wahrheit zu künden, wissen könnt' er sie nie; es ist alles durchwebt von Vermutung." Zitiert nach Popper (1994), S. XXVI.

[24]Vollmer (1983), S. 34.

Auch wenn unser menschliches Wissen über die Welt und uns selbst also nie sicher sein kann, so kann es doch durchaus sein, dass wir in unseren Theorien die Welt, wie sie wirklich ist, korrekt wiedergeben – auch wenn wir das nie genau werden feststellen können. Die bisherige Höherentwicklung der Wissenschaften belegt zumindest, dass wir uns immer besser und adäquater an die realen Strukturen anzunähern vermögen.

Damit sind die Rahmenbedingungen für das Realitätsverständnis der Evolutionären Erkenntnistheorie festgelegt. Zu klären bleibt vorerst die Plausibilität der Annahme einer bewusstseinsunabhängigen Außenwelt, die der hypothetische Realismus mit den anderen Spielarten des Realismus teilt. Zur Rechtfertigung dieser Annahme zieht Vollmer zahlreiche Argumente heran. Wir wollen eine Auswahl der wichtigsten davon betrachten.

Zum einen sind dies Alltagserfahrungen, zu denen die psychologische Evidenz und unser realistischer Sprachgebrauch gehören. Weiterhin sprechen die Einfachheit und der heuristische Wert für diese Hypothese.

Außerdem ist die funktionelle Konvergenz (d. h. das ähnliche Funktionieren) von strukturell unterschiedlichen Sinnesorganen stammesgeschichtlich getrennter Lebewesen ein Indiz dafür, dass sich diese Erkenntnisapparaturen auf dieselbe objektive Realität beziehen, in der sie ein Überleben sichern sollen. Die Konstanzleistung der Wahrnehmungsorgane weist ebenfalls darauf hin, dass wir es mit realen Objekten zu tun haben.

Auch die wissenschaftliche Erkenntnis mit der Konvergenz ihrer Messwerte – selbst bei unterschiedlichen Methoden – und mit der Konvergenz ihrer Theorien sowie der Möglichkeit der Widerlegung von Theorien und der zunehmenden Entanthropomorphisierung unseres Weltbildes spricht für die Existenz einer realen Außenwelt. Schließlich muss die reale Existenz dessen vorausgesetzt werden, was erforscht werden soll.[25]

Der Realismus ist also laut Vollmer nicht nur aufgrund seines höheren Erklärungswertes vorzuziehen, sondern auch, weil antirealistische Positionen gleich welcher Art ihm in folgenden Punkten unterlegen sind:

1. Warum „retten manche Theorien die Phänomene" besser, sind sie bessere Instrumente zur Beschreibung, Erklärung, Voraussage oder auch Retrodiktion als andere, wenn nicht wegen ihrer Übereinstimmung mit der Realität, ihrer (partiellen) Wahrheit, bzw. Wahrheitsähnlichkeit? Der Erfolg und vor allem das Scheitern wissenschaftlicher Theorien sind nur plausibel, wenn wir annehmen, dass sie sich auf etwas Wirkliches beziehen (*Referenzargument*).
2. Ein weiterer Vorzug des ontologischen, wissenschaftlich-kritischen Realismus besteht darin, dass er heuristisch fruchtbarer ist als positivistische, relativistische oder instrumentalistische Positionen. Schließlich behauptet er die Existenz der zunächst theoretisch postulierten Entitäten wie etwa Schwarzer Löcher, Quarks etc. und liefert somit eine größere Motivation zum Nachweis solcher Objekte.

---

[25]Vollmer (1983), S. 36.

Idealistische Positionen müssen ihre methodologischen Konsequenzen unabhängig von einer solchen Ontologie rechtfertigen (*Heuristisches Argument*).[26]

3. Wenn weiterhin komplexe Systeme in einem einzigen Evolutionsprozess nach kausalen Gesetzmäßigkeiten aus einfacheren Grundbausteinen hervorgegangen sind, sollte es möglich sein, ihr Entstehen durch eine einzige, einheitliche Naturwissenschaft zu beschreiben. Die Evolution gibt einen Hinweis auf die Einheit der Natur und dadurch eine Chance zur Einheit der Wissenschaft (*Evolutionsargument*).[27]

9.4 Der Erkenntnisprozess

Mit diesen Begrifflichkeiten zeichnet Vollmer folgendes Bild für den Prozess des Erkennens: Erkennen ist stets ein Geschehen, das auf verschiedenen Stufen abläuft. Es hebt an bei einem erkennenden Subjekt und endet bei einem zu erkennenden Objekt. Erkenntnis ist stets bedingt sowohl durch die Strukturen des Objekts als auch durch die des Subjekts. Erkennen wird dabei als dreistufige Relation aufgefasst: A erkennt B als C. Dabei spielt zur Einordnung des Erkannten der „Mustervorrat", das Gedächtnis, eine unverzichtbare Rolle. „Von Erkennen im engeren Sinne kann also nur bei höheren Organismen gesprochen werden, bei denen ein Vergleich mit vergangenen Erfahrungen vorgenommen wird."[28] Erkenntnis kann also aufgefasst werden als ein Passen von inneren zu äußeren Strukturen. Die verschiedenen Stufen des Erkennens sind: Wahrnehmung, vorwissenschaftliche Erkenntnis („Alltagserkenntnis") und wissenschaftliche Erkenntnis.

Wahrnehmung ist bereits eine deutlich strukturierte Ordnung der zahlreichen Empfindungen unserer Sinnesorgane. Sie kommt nicht durch passive Spiegelung der Welt ins Bewusstsein, sondern ist essenziell eine Rekonstruktion und neuronale Verarbeitung von rohen Nervenzellsignalen, die mehr oder weniger vollständig unbewusst abläuft. Damit enthält sie bereits subjektive Beiträge.

Vorwissenschaftliche oder *Alltagserkenntnis* geht über die Wahrnehmung hinaus. Unser normaler menschlicher Erfahrungsschatz besteht zum größten Teil aus ihr.

---

[26]Daraus folgen bereits bestimmte Konsequenzen: So sollte allen Wissenschaften eine einheitliche Ontologie unterliegen, also auch der klassischen Mechanik und der Quantenmechanik. Erfüllen sie diesen Anspruch nicht, so kann dies nur ein vorläufiger Zustand sein, bis bessere Theorien und neues Wissen diesen Mangel beheben.

[27]Dies ist eine sehr weitgedehnte Auslegung des Evolutionsbegriffs. Aus der biologischen Evolution folgt keineswegs die allgemeine Anwendbarkeit des Evolutionsprinzip zum Zweck der Naturbeschreibung. Vielmehr stützt das Evolutionsargument den hypothetischen Realismus nur insoweit, als es selbst auf den obigen zehn Postulaten basiert. Es rundet gewissermaßen die interne Konsistenz des hier vertretenen Weltbildes ab. Es wird noch zu prüfen sein, ob die hier gestellten Ansprüche einlösbar sind.

[28]Vollmer (1986), S. 74.

Sie ist meist unkritisch und durch sprachliche Mittel bedingt. Sie stützt sich auf Verallgemeinerungen und induktive Schlüsse.

Wissenschaftliche Erkenntnis schließlich ist die höchste Form menschlicher Erkenntnis. Sie wird durch die Methode von Beobachtung, Experiment, Abstraktion, Begriffs- und Hypothesenbildung und Prüfung dieser Hypothesen beschrieben. Ihre Theorien gehen weit über unsere alltägliche Erfahrung hinaus.

Mit diesen Formen der Erkenntnis schreitet der Mensch nun voran zu einem immer objektiveren Weltbild. Es ist nun aber noch die Frage zu stellen, inwieweit wir durch unseren Erkenntnisapparat vorgeprägt sind. Schließlich ist alle Erkenntnis ja stets hypothetisch, und absolute, voraussetzungslose Wahrheiten gibt es nicht. Der subjektive Beitrag zu jeder Erkenntnis kann nun perspektiv, selektiv oder konstruktiv sein, bzw. mehrere dieser Beiträge auf einmal beinhalten.

Die *Perspektivität* wird durch den Standort, den Bewegungs- oder Bewusstseinszustand des Subjekts festgelegt. Sie wird auch durch physikalische, physiologische und kulturelle Aspekte, wie etwa frühere Erfahrungen, ästhetische Erziehung oder andere Faktoren, bestimmt.

Die *Selektivität* ergibt sich aus der Tatsache, dass jedes Sinnesorgan nur bestimmte Bereiche von Reizen aus der realen Welt aufnehmen, herausfiltern kann. So bildet beispielsweise sichtbares Licht nur einen kleinen Ausschnitt aus dem Spektrum elektromagnetischer Wellen.[29]

Die *Konstruktivität* zeigt sich überall dort, wo die Strukturen des Erkenntnisapparates positive Beiträge zur Erkenntnis beisteuern oder sie überhaupt erst ermöglichen. Ein klassisches Beispiel ist die Farbwahrnehmung: Das sichtbare Licht besteht aus unterschiedlichen Wellenlängen; wir nehmen diese aber nicht einzeln wahr – im Gegensatz zu unserem Gehör etwa, das sehr gut verschiedene Frequenzen identifizieren kann. Die Verrechnung der verschiedenen Kombinationen von Wellenlängen zu Farben, die in unserem Gehirn stattfindet, erfüllt allerdings hervorragend den Zweck, bei unterschiedlichsten Lichtverhältnissen dasselbe Objekt über seine Farbe wieder zu erkennen. Der Farbenkreis ist geschlossen, während sich sowohl die elektromagnetischen Wellen als auch die Schallwellen als Mischungen von Wellenlängen auf einer linearen Skala darstellen lassen. Die Konstanzleistung der Farbwahrnehmung ist also ein genuin konstruktiver Beitrag der Evolution, der unser Überleben vereinfacht. Ähnliches gilt natürlich auch für die räumliche und die Gestaltwahrnehmung.

---

[29] Das Forschungsgebiet zur spezifischen Umwelt verschiedener Lebewesen hat Jakob von Uexküll begründet, siehe von Uexküll (1920). Im Falle des Menschen entspricht dies der Mesokosmizität unseres Vorstellungsvermögens. Diese Arbeiten dienten ihrerseits Konrad Lorenz als Inspiration.

9.5   Projektive Erkenntnistheorie

Um den Erkenntnisprozess noch weiter zu präzisieren, erläutert ihn die Evolutionäre Erkenntnistheorie am Modell der Projektion.[30] So ist die Struktur eines Abbilds abhängig von der Struktur des Gegenstandes, von der Art der Projektion und von der Struktur des auffangenden Schirms. Wenn diese drei Bestimmungsstücke bekannt sind, so lässt sich das Bild rekonstruieren. Es wird nicht unbedingt mit dem Original übereinstimmen, aber es wird eine partielle Isomorphie zwischen beiden bestehen. Ist das Bild bekannt, so lässt sich anhand von Hypothesen über Schirm, Projektion und Original dieses Bild erklären. Auf diese Weise gelangt man vom Bild zu hypothetischen Informationen über das projizierte Objekt.

Der Erkenntnisprozess wird jetzt analog zum Prozess der Projektion betrachtet. Bereits die sinnliche Wahrnehmung mit ihren unbewusst ablaufenden Verrechnungsprozessen stellt fortwährend Erwartungen und Hypothesen an die Wirklichkeit. Wo diese enttäuscht werden, sprechen wir etwa von optischen Täuschungen. Diese Art der Hypothesenbildung ist angeboren und nahezu unkorrigierbar. Sie vollzieht sich in unglaublich komplex verschachtelten und verzweigten, rhythmisch koordinierten, neuronalen Aktivitätsmustern. Die Alltagserfahrung hingegen läuft bereits bewusst ab und ist ein, wenn auch meist unkritisches, Bilden von Verallgemeinerungen, ausgehend von eigenen oder fremden Wahrnehmungen. In der Wissenschaft schließlich läuft dieser Prozess in hohem Maße verfeinert und elaboriert weiter, hier in bewusster *und* kritischer Form. Sie kommt der Wirklichkeit viel näher als die Alltagserfahrung, weil sie aufgrund der experimentellen Ausweitung unserer Sinnesorgane über einen viel größeren Erfahrungsbereich, mehr Information und präzisere Daten verfügt. Die kritische Art wissenschaftlicher Hypothesenbildung ist auch prinzipiell korrigierbar – wenn auch oft nur gegen starken psychologischen Widerstand. Aus diesen Gründen ist die Wissenschaft die sicherste und effektivste Art und Weise, Erkenntnisse über die Realität zu gewinnen.

In der Projektionsanalogie spiegelt sich auch der hypothetische Charakter aller Erkenntnis. Denn wir kennen nur das Bild und müssen alles Übrige erschließen. Bereits die Unterscheidung von Eigenschaften des projizierten Gegenstandes (objektive Seite) und des Projektionsschirms (subjektive Seite) ist nur versuchsweise möglich, etwa durch systematische Variation der Versuchsparameter. Bei der objektiven Seite mag dies noch teilweise möglich sein, auf der subjektiven wird das natürlich ein wenig schwieriger.[31] Wenn wir uns die Postulate wissenschaftlichen Erkennens in Erinnerung rufen, müssen wir beim Erschließen dieser Strukturen auch folgende Bedingungen beachten.

---

[30]Vollmer (1983), S. 122 ff.

[31]Von ethisch bedenklichen Manipulationen am menschlichen Erkenntnisapparat wollen wir an dieser Stelle abraten. Dementsprechend stammen viele dieser Erkenntnisse aus der klinischen Neurophysiologie anhand von Analysen von Patienten mit Schädigungen an unterschiedlichen Bereichen des Gehirns.

Erstens müssen die Hypothesen über subjektive und objektive Strukturen miteinander verträglich sein. Unser gedankliches System muss also *interne Konsistenz* besitzen.

Zweitens müssen die subjektiven Strukturen Passungscharakter haben, sie müssen in evolutiver Anpassung an die äußeren Strukturen entstanden sein. Dies ist *externe Konsistenz*, hier evolutiver Natur.

Drittens müssen unsere Hypothesen unsere Wahrnehmungs- und Erfahrungsstrukturen erklären können, einen gewissen *Erklärungswert* besitzen.

Viertens müssen Fälle denkbar sein, durch die unsere Hypothesen verifiziert oder falsifiziert werden können. Diese haben also auch die Forderung nach *Prüfbarkeit* zu erfüllen.

Die projektive Erkenntnistheorie ist nicht angewiesen auf die explizite Erwähnung des evolutionären Charakters des menschlichen Erkenntnisvermögens. Sie könnte auch mit anderen, statischen Erkenntnistheorien verknüpft werden, lässt sich aber hervorragend in die Evolutionäre Erkenntnistheorie einfügen. Zusammen mit den weiter oben erwähnten Thesen und Postulaten liefert sie den formalen, abstrakten Rahmen für das Realitätsverständnis der Evolutionären Erkenntnistheorie und für ihr Bild vom Erkenntnisprozess.

Das Weltbild der Evolutionären Erkenntnistheorie 10

> *Das Ganze ist mehr als die Summe*
> *seiner Teile.*
>
> *(Aristoteles)*

Nachdem wir nunmehr den theoretischen Rahmen dieser Theorie abgesteckt haben, wollen wir uns nun ihren philosophisch bedeutsamsten Anwendungen zuwenden. Diese bieten sich nicht nur zur Veranschaulichung der oben zitierten Postulate an, sondern präzisieren auch die Aussagen der Evolutionären Erkenntnistheorie, indem sie mögliche unterschiedliche Interpretationen des hypothetischen Realismus scharf eingrenzen und somit auch einer Kritik besser zugänglich machen.[1] Im anschließenden Kapitel werden wir diese Punkte einzeln aufgreifen und kritisch beleuchten.

Die Reihenfolge der Darstellung hier und im nachfolgenden Kapitel unterscheidet sich ein wenig. Dies liegt daran, dass in diesem Kapitel das Augenmerk auf der

---

[1]Den Versuch, unter ähnlichen Prämissen ein umfassendes Weltbild anhand der heute bekannten wissenschaftlichen Erkenntnisse aufzustellen, hat auch der Philosoph und Wissenschaftstheoretiker Bernulf Kanitscheider unternommen. Vor allem die interdisziplinäre Breite und Exaktheit, mit der er einzelwissenschaftliche Ergebnisse aufnimmt und in einen größeren Kontext stellt, verdienen Aufmerksamkeit. Die seinem Entwurf zugrundeliegende Ontologie entspricht weitgehend derjenigen Vollmers, seine Beispiele stammen aber stärker aus der Physik und der Systemtheorie und weniger aus der Biologie. Sein Entwurf kann also durchaus als sehr detailreiche Ausführung eines materialistisch-reduktionistischen Weltbildes aufgefasst werden, wie es auch Vollmer vertritt. Insbesondere verlangt auch Kanitscheider nach einer realistisch interpretierbaren Revision der Quantenphysik. Er stellt allerdings keine explizite Erkenntnistheorie auf; siehe Kanitscheider (1993). Zu derartigen Bestrebungen gibt es einen interessanten Kommentar des Gestaltpsychologen Kurt Koffka, der sich auf unser Eingangszitat von Aristoteles bezieht und gleichfalls an die Situation in der Quantenmechanik denken lässt: „It has been said: The whole is more than the sum of its parts. It is more correct to say that the whole is something else than the sum of its parts, because summing up is a meaningless procedure, whereas the whole-part-relationship is meaningful." Koffka (1935), S. 176.

© Springer-Verlag Berlin Heidelberg 2017
D. Eidemüller (Hrsg.), *Quanten – Evolution – Geist*,
DOI 10.1007/978-3-662-49379-3_10

Klärung der Strukturen der Evolutionären Erkenntnistheorie liegt. So wird etwa der Rolle der Quantenphysik in der Evolutionären Erkenntnistheorie weniger Gewicht zugemessen, so dass diese erst nach der Diskussion des Verhältnisses von unbelebter und belebter Natur und des Leib-Seele-Problems folgt. In Kap. 11 hingegen richtet sich die Kritik nach den Strukturen der Realität, ausgehend vom Mikrokosmos, über das Verhältnis von Physik und Biologie bis hin zum Leib-Seele-Problem. Auch wird das Prinzip der Universellen Evolution als Fundament der reduktionistischen Weltsicht der Evolutionären Erkenntnistheorie am besten zu Anfang erläutert, während eine Kritik an ihm sich auf Analyseergebnisse zu stützen hat, die sich erst aus den anderen Punkten ergeben. Der gewählte Aufbau orientiert sich also daran, zunächst in diesem Kapitel eine geschlossene Darstellung des Weltbildes der Evolutionären Erkenntnistheorie zu geben, um anschließend im folgenden Kapitel eine formal aufgebaute, kritische Gesamtanalyse ihres reduktionistischen Weltbildes durchzuführen.[2]

10.1 Universelle Evolution

Das stärkste Argument für das von der Evolutionären Erkenntnistheorie vertretene Weltbild ist das bereits zitierte Evolutionsargument. Es spielt eine wichtige Rolle in der Argumentation für den hypothetischen Realismus und bedingt sich gegenseitig mit dem Kontinuitätspostulat aus Kap. 9.2. Wir haben es bereits zitiert, wollen es aufgrund seiner überragenden Bedeutung allerdings nun etwas genauer untersuchen.

Laut den Erkenntnissen der modernen Naturwissenschaft bestehen Organismen aus komplexen Molekülen, diese aus einfachen Atomen und jene wiederum aus Elementarteilchen. In dieser Stufenleiter von physikalisch-chemischen bis hin zu biologischen Systemen sehen wir eine Höherentwicklung von einfachen Grundbestandteilen hin zu komplexeren Formen. Das sogenannte Prinzip der *Universellen Evolution* beinhaltet dabei keineswegs eine notwendige Komplexitätssteigerung. Allerdings besitzt zumindest die biologische (und bei hinreichend bewussten und intelligenten Lebewesen auch die kulturelle) Evolution durchaus komplexitätssteigernde Züge.

Vorläufer der biologischen war die chemische Evolution. Nach dem Urknall gab es zunächst nur sehr leichte Elemente wie Wasserstoff und Helium im Universum. Erst im Kernbrennen im Innern von Sternen und bei Supernova-Explosionen entstanden dann – und entstehen noch immer – auch die schwereren Elemente wie Kohlenstoff, Sauerstoff, Eisen etc. Weder Reproduktion, noch Mutation oder Selektion spielen für die chemische Evolution eine Rolle, lediglich gesetzesmäßige

---

[2]Für jeden an den Feinheiten der Reduktionismusdebatte Interessierten empfiehlt es sich deshalb eher, beim zweiten Lesen die korrespondierenden Unterkapitel aus Kap. 10 und 11 direkt nacheinander zu lesen. Die Zuordnung ergibt sich aus den Titeln.

Entwicklungsstufen, die durchlaufen werden und stoffliche Transmutationen erzeugen.[3] Die chemische Evolution ist also deutlich von der biologischen Evolution zu trennen, hat sie aber überhaupt erst möglich gemacht, indem sie das Material für die Entstehung von Planeten und damit auch für Lebensformen lieferte. Nach Vollmer sollte sich diese Abfolge und der Aufbau der Natur aus Konglomeraten kleinster Teilchen auch in unserem Erkenntnisbegriff und in unseren wissenschaftlichen Theorien widerspiegeln:

> „So verschieden reale Systeme auch in Größe oder Struktur, in Komplexität oder Verhalten sein mögen, wir dürfen sicher sein, dass sie alle in der kosmischen Evolution aus kleineren und einfacheren Teilen hervorgegangen sind. Deshalb dürfen wir hoffen, dass wir sie auch als Systeme verstehen lernen, die aus einfacheren Elementen bestehen und entstanden sind. ... Wenn alle Systeme in einem historischen Prozess fortschreitender Integration entstanden sind, wenn Elementarteilchen, Kerne, Atome, Moleküle, Makromoleküle, Protobionten, Einzeller, vielzellige Organismen, Pflanzen, Tiere, Menschen und andere Systeme in der Evolution durch kausale Prozesse entstanden sind und wenn Kausalbeziehungen in der Natur auf logische Beziehungen in wissenschaftlichen Theorien abgebildet werden, dann muss es doch möglich sein, die evolutive Einheit der Natur in einer deduktiven Einheit der Wissenschaft zu spiegeln. ... Da Evolution ein ontologischer Begriff ist, ist das Evolutionsargument offenbar ein ontologisches Argument zugunsten einer Einheit der Wissenschaft. Indem es die Einheit der Natur im ontologischen Sinne einer historisch kontinuierlichen und kausal verknüpften kosmischen Evolution gleichsetzt, liefert es eine mächtige Stütze für die Einheit der Wissenschaft im Sinne einer starken Reduktion, einer Reduktion durch Deduktion."[4]

Dabei ist der Punkt zentral, dass die komplexeren Systeme nicht nur aus den einfacheren bestehen, sondern im Laufe der Geschichte auch aus ihnen entstanden sind. Atome, Zellen und Organismen mit all ihren Zwischenstufen stellen nicht nur eine *scala naturae* dar, sondern auch eine historische, evolutionäre Abfolge. Dabei ist allerdings zu berücksichtigen, dass das Prinzip der Universellen Evolution weder die Einheit der Welt noch eine einheitliche Naturbeschreibung im Sinne eines wissenschaftlichen Reduktionismus beweisen kann. Dies hebt auch Vollmer hervor:

> „Mit anderen Worten, die Evolution gibt uns nicht mehr, aber auch nicht weniger, als einen positiven Hinweis auf die Einheit der Natur und dadurch eine Chance zur Einheit der Wissenschaft. Ohne Evolution könnten wir andererseits nicht einmal die Einheit der Natur behaupten, viel weniger die Einheit der Wissenschaft in irgendeinem substantiellen Sinne."[5]

Die wachsende Komplexität beim Aufstieg von physikalischen über chemische bis hin zu biologischen, psychischen und sozialen Systemen ist allerdings verantwortlich für neu auftretende Phänomene und die zunehmenden Schwierigkeiten, diese exakt zu beschreiben. Deshalb wird es vielleicht auch nicht möglich sein, aus der Physik exakt alle chemischen Prozesse deduktiv abzuleiten, und aus Chemie und

---

[3]Wir bestehen also – Blumenkinder haben nie daran gezweifelt – zu einem guten Teil aus Sternenstaub.

[4]Vollmer (1986), S. 187 f.

[5]Ebenda, S. 189.

Physik eindeutige Vorhersagen für die Biologie machen zu können. Aber zumindest immer weiter fortlaufende, approximative Reduktionen sollten möglich sein:

> „Somit liefern die Tatsachen der kosmischen Evolution ein Argument zugunsten einer Reduktion durch Deduktion. Sie wecken die Hoffnung, dass eine solche evolutionäre Reduktion durchführbar sein sollte. Sie geben uns sogar einen Hinweis, wie wir vorzugehen haben: Wir sollten versuchen, evolutionäre Prozesse in wissenschaftlichen Theorie nachzubilden, die evolutionäre Einheit der Natur in einer deduktiven Einheit der Wissenschaft zu spiegeln."[6]

Dieses Argument der Universellen Evolution dient also einerseits als Stütze für die materialistische Ontologie der Evolutionären Erkenntnistheorie. Denn Materie war vor allem Leben schon da; und Leben vor allem Bewusstsein. Materie – was im physikalischen Sinne immer auch die Existenz von Feldern einschließt – ist also das, woraus alles besteht und woraus sämtliche natürlichen Phänomene erklärbar sein sollten. Der Primat der Materie ist mithin nicht rein materiell, sondern materiell-energetisch zu verstehen.[7]

Gleichzeitig gibt das Prinzip der Universellen Evolution einen Hinweis auf die mögliche Reduzierbarkeit aller Phänomene auf die Grundgesetze der Materie, eventuell angereichert um systemtheoretische Gesetzmäßigkeiten, welche die Entstehung neuer Eigenschaften beschreiben. Denn wenn Höheres (wie Leben und Bewusstsein) aus Tieferem (wie Materie) entstanden ist, dann sollte es sich auch darauf zurückführen lassen. Dieses Prinzip der Universellen Evolution ist also das zentrale Paradigma der Evolutionären Erkenntnistheorie; es gibt den Leitfaden vor, anhand dessen alle folgenden Unterpunkte zu verstehen sind.

10.2 Das Verhältnis von Materie und Lebewesen

Dieser Punkt betrifft den Zusammenhang von unbelebter Materie und Lebewesen, sowie die Reduzierbarkeit der Biologie auf Chemie und Physik. Aus den Materiebausteinen wie Elektronen, Protonen und Neutronen setzen sich die Atome der verschiedenen chemischen Elemente zusammen. Diese wiederum verbinden sich zu Molekülen, die komplexe chemische Eigenschaften besitzen. In der Urzeit der Erdgeschichte haben sich nun aus bestimmten Verbindungen, die besondere katalytische und informationstragende Struktureigenschaften besitzen, die Frühformen des Lebens entwickelt, die schließlich zu den ersten Zellen und bis zur heutigen Vielfalt an Lebensformen geführt haben. Da nun die moderne Naturwissenschaft keinerlei zu den physikalisch-chemischen Kräften hinzutretende Kraft benötigt, um die Entstehung des Lebens aus unbelebter Materie zu erklären – anders als etwa der Vitalismus mit seiner Lebenskraft –, so ist laut der Evolutionären Erkenntnistheorie kein prinzipieller Trennstrich zwischen Leben und Materie zu ziehen. Lebewesen bestehen aus unbelebter Materie und sind durch sie bestimmt und erklärbar.

---

[6] Ebenda, S. 226.

[7] Auch physikalische Felder besitzen – wie bei der Vorstellung der klassischen Physik in Kap. 1.2 erörtert – ontologischen Status. Nach der Relativitätstheorie besitzen auch Felder Masse und können sich nach der Quantenfeldtheorie sogar in Materie verwandeln und umgekehrt.

Zwar mögen diese Erklärungen oftmals außerordentlich lückenhaft sein, doch ist dies lediglich der Komplexität der vielfach verwobenen Regelkreismechanismen lebendiger Organismen geschuldet, die sich von der intrazellulären Genexpression über viele verschiedene Integrationsstufen bis hin zum Gesamtorganismus durchzieht. Durch diese enorme Komplexität und die daraus folgende Emergenz neuer Qualitäten ist nun eine strikte Ableitung biologischer Phänomene allein aus physikalischen Naturgesetzen nicht oder nur in seltenen Fällen möglich. Die uns bekannte Physik besitzt nicht das Instrumentarium, um hochkomplexe, systemische Zusammenhänge erfolgreich zu beschreiben. Hinzu treten müsste eine Systemtheorie, die die Entstehung der neuen Qualitäten, wie wir sie an lebenden Organismen beobachten, erklären kann. So sollte schließlich doch eine immer bessere Erforschung lebender Organismen die Biologie auf physikalische und systemtheoretische Prinzipien zurückführen können. Vollmer fasst dies in folgende Worte:

„In diesem Sinne muss das reduktionistische Programm ‚aufgeweicht' werden: Eine unmittelbare Reduktion der Biologie auf die heutige Physik ist aus systemtheoretischen Gründen nicht zu erwarten. Dies schließt jedoch nicht aus, dass eine noch zu entwickelnde naturwissenschaftliche Disziplin dies einmal in umfassender Weise leisten könnte. Diese Disziplin dürfte eine Synthese aus Physik und Systemtheorie darstellen; ob sie noch den Namen Physik tragen soll, ist eine terminologische und zweitrangige Frage."[8]

Außerdem führt die Rolle des Zufalls in der Biologie dazu, dass die spezifische Ausprägung und der Verlauf der Evolution nicht determiniert sind, so dass Erklärungslücken bestehen bleiben:

„Vertretbar ist also nur ein systemtheoretisch entschärfter Reduktionismus, der die Rolle des Zufalls als konstitutiv für Lebenserscheinungen anerkennt. Ganz unabhängig von der sachlichen (d. h. ontologischen und wissenschaftslogischen) Rechtfertigung des reduktionistischen Programms ist sein heuristischer Wert so groß, dass es schon deshalb verfolgt werden sollte."[9]

10.3   Das Leib-Seele-Problem und die evolutionär-systemtheoretische Identitätstheorie

Hinsichtlich des Leib-Seele-Problems, über das heute in Form der Beziehung von Gehirn und Geist debattiert wird, vertritt die Evolutionäre Erkenntnistheorie eine systemtheoretisch-materialistische, monistische, evolutionäre Identitätstheorie. Mentale Prozesse betrachtet sie als identisch mit speziellen physikalisch-chemisch-neuronalen Prozessen. Geist und Bewusstsein sind in dieser Sichtweise nichts anderes als eine Funktion des Zentralnervensystems, die auf einem gewissen evolutiven Niveau entsteht. Sämtliche psychischen Prozesse und Bewusstseinsinhalte sind Zustände und Prozesse von Neuronen und Gehirnen. Da ein hinreichend komplexes System wie insbesondere das Gehirn aber auch Eigenschaften aufweisen

---

[8] Vollmer (1986), S. 207.
[9] Ebenda, S. 210.

kann, die in keinem seiner Bestandteile liegen, wird der Geist dementsprechend als eine emergente Funktion angesehen.

Damit eine solche Emergenz evolutionär gesehen Sinn macht, muss mit dem Auftreten des geistigen Innenaspekts ein adaptiver Vorteil, ein selektiv begünstigendes Merkmal vorliegen. (Vergessen wir nicht, dass das Gehirn zur Erzeugung dieser Funktion auch enorme Mengen an Energie benötigt!) Solche Vorteile lassen sich finden, wenn wir an die Funktionen des Gedächtnisses, der Darstellungsfunktion und insbesondere der Simulationsfunktion denken.

> „An einem inneren Modell der äußeren Welt können wir (Menschen und höhere Säugetiere) Änderungen vornehmen, hypothetische Manipulationen, Gedankenexperimente usw. … Nach Lorenz ist Denken auf elementarem Niveau nichts anderes als Hantieren im Vorstellungsraum. Diese Fähigkeit erspart Zeit, Energie und Risiko. Ihr biologischer Vorteil liegt auf der Hand."[10]

Oder nach Popper: „Lasst Theorien sterben anstelle von Menschen!" – Monistisch ist die hier vorgestellte Position deshalb, weil sie den Geist nicht als etwas Eigenständiges, Unabhängiges betrachtet, sondern als naturgesetzlich im Nervensystem erzeugte Funktion mit bestimmten Eigenschaften. Natürlich kann der Hinweis auf die evolutive Relevanz des Geistigen dualistische Positionen nicht widerlegen. Schließlich ist alle unsere Erkenntnis hypothetisch und die Annahme einer geistigen Substanz zusätzlich zu den materiellen Gegenständen unserer Welt wäre jedenfalls eine denkbare Möglichkeit. Diese These wäre allerdings schwieriger zu falsifizieren als die Identitätstheorie. Vollmer sieht es deshalb als sinnvoller an, die Identitätstheorie zu verfolgen. Denn sollte sie sich unhaltbar erweisen, so ließe sich dies am ehesten feststellen, indem wir ihr folgen und irgendwann scheitern:

> „Deshalb ist es heuristisch geschickter und forschungsstrategisch fruchtbarer, die Identitätstheorie zu verfolgen … Sollte die Identitätstheorie sich als haltbar erweisen, dann wird der Dualismus dadurch zwar – wie erwähnt – nicht widerlegt, aber er wird als eine Theorie mit verborgenen und überflüssigen Größen (geistige Substanz, psychische Energie, Wechselwirkung) entbehrlich."[11]

Der Zusammenhang zwischen Außen- und Innenaspekt, zwischen Gehirn und Geist, wird im Rahmen der projektiven Erkenntnistheorie so gedeutet, dass sie als verschiedene Zugangsweisen zu ein und demselben System gelten. So kann man etwa einen Apfel

> „sehen und fühlen (und außerdem noch riechen und schmecken). Der optische und der haptische Eindruck eines Apfels sind auch inkommensurabel; Farbe und Form sind ja ganz verschiedene Qualitäten. Trotzdem schreiben wir diese verschiedenen Eigenschaften ein und demselben Objekt zu und deuten sie als Projektionen auf unsere verschiedenen Erlebnis-‚Ebenen'."[12]

Die Tatsache, dass einige Lebewesen Bewusstsein besitzen und andere nicht, ist der besonderen Struktur ihres kognitiven Apparats zu verdanken. Lebewesen mit

---

[10]Vollmer (1985), S. 109.

[11]Vollmer (1986), S. 86.

[12]Ebenda, S. 91.

Bewusstsein besitzen besondere Vorteile, aber auch Nachteile wie eine höhere metabolische Belastung durch einen höheren Verbrauch an Energie und Mineralstoffen. Die Neuronen des Gehirns liefern also die materielle Basis, die durch ihre Struktur eine spezielle Funktion erfüllen, nämlich das Bewusstsein zu erzeugen. Lebewesen mit Bewusstsein unterscheiden sich insbesondere durch den Aufbau ihres Nervensystems von Lebewesen ohne Bewusstsein. Da es die besondere Struktur des Nervensystems ist, die für Bewusstseinsphänomene verantwortlich zeichnet, könnte es eines Tages möglich sein, Bewusstsein technisch zu realisieren – was natürlich von weitgehenden Fortschritten in der neurowissenschaftlichen Forschung abhängen wird.[13] Dies fügt sich ein in die materialistische Ontologie der Evolutionären Erkenntnistheorie.

Epistemologisch gesehen gibt allerdings die Tatsache zu denken, dass jeder einzelne Mensch einen privilegierten Zugang zu seiner Innenwelt besitzt, während der Außenaspekt, sein Gehirn, allen zugänglich ist. Die Evolutionäre Erkenntnistheorie nimmt nun an, dass sich die Grenze zwischen Innen- und Außenaspekt, zwischen geisteswissenschaftlich-subjektiver und naturwissenschaftlich-objektiver Beschreibungsweise, immer weiter in Richtung Objektivität verschieben lassen werde, bis sich schließlich eines Tages – der auch in ferner Zukunft liegen mag – das Rätsel des Bewusstseins naturgesetzlich-systemtheoretisch werde aufklären lassen. Die reduktionistische Komponente des Weltbildes der Evolutionären Erkenntnistheorie wird also auch in Bezug auf das Leib-Seele-Problem konsequent vertreten. Damit sei laut der Evolutionären Erkenntnistheorie das Leib-Seele-Problem zwar noch keineswegs gelöst, aber auch nicht als unlösbar erwiesen. Die hier vorgestellte Sicht der Dinge sei vielmehr als sinnvolle Heuristik gedacht, die mit dem hypothetischen Realismus und dem Prinzip der Universellen Evolution in Einklang steht.

Mit diesem Ansatz steht die Evolutionäre Erkenntnistheorie in einer Linie mit etlichen anderen materialistischen Sichtweisen auf das Leib-Seele-Problem. Diese Theorien teilen viele ihrer Vorzüge und Schwierigkeiten. Denn so unstrittig komplexe Materie Selbstorganisation zeigt, bleibt doch die Frage bestehen, auf welche Weise daraus psychische Phänomene einsichtig werden. Ebenso bleibt umgekehrt die Frage offen, inwieweit der menschliche Geist denn sicher sein kann, eine zutreffende, objektiv-neutrale Beschreibung von Materie zu besitzen. Wir werden in den Kap. 11.3 und Kap. 17 eingehend auf diese Punkte zurückkommen.

10.4 Kausalität

Der Begriff der Kausalität hat insbesondere in der Diskussion zwischen Vertretern der Evolutionären Erkenntnistheorie und kantianisch gesinnten Philosophen eine bedeutende Rolle gespielt.[14] Laut Kant ist Kausalität ein Verstandesbegriff, anhand

---

[13]Da zu Bewusstsein nicht nur Intelligenzleistungen, sondern auch Emotionen und bewertete Erfahrung zählen, mag dies auch mit ethischen Problemen verknüpft sein.

[14]Vergleiche hierzu den Band von Lütterfelds (1987).

dessen die Erscheinungswelt geordnet wird. Durch sie wird überhaupt erst strukturierte Erfahrung möglich; Kausalität ist folglich Bedingung der Möglichkeit von
Erfahrung. Die Evolutionäre Erkenntnistheorie deutet nun das Kausalitätsprinzip
biologisch, sie fragt also nach dem evolutionären Nutzen und der Herkunft dieser
menschlichen Neigung, alles in Kausalzusammenhängen zu begreifen. Die Evolutionäre Erkenntnistheorie versteht Kausalität also als

> „angeborene Kausalerwartung und kausale Interpretation der Welt. Wenn nun diese Kau-
> salerwartung des Menschen tatsächlich genetisch bedingt ist, dann liegt aus evolutions-
> theoretischen Gründen die Annahme nahe, dass dieser Kausalerwartung in der Welt etwas
> Reales entspricht, das nicht nur in einer zufälligen zeitlichen Koinzidenz von Ereignissen
> besteht. Es sollte also in der Natur einen ontologischen Unterschied zwischen regelmäßiger
> zeitlicher Abfolge (post hoc) und kausaler Verknüpfung (propter hoc) geben."[15]

Ausgehend von einer Überlegung Konrad Lorenz' sieht die Evolutionäre Erkenntnistheorie diesen Unterschied im Energieübertrag, der bei kausalen Beziehungen vorliegt und messbar ist, bei rein zeitlichen Abfolgen hingegen nicht. Die
durch den Energieübertrag verursachten Vorgänge an realen Objekten drücken sich
in unserem Geist nun in zweierlei Weise aus.

Erstens erwarten wir instinktiv Gründe und Kausalursachen für alle möglichen
Ereignisse. Kausale Ereignisse verknüpfen das Verhalten von Objekten und legen es
fest. Es hat sich also evolutiv als vorteilhaft herausgestellt, diese Kausalverknüpfun-
gen zu erwarten und unsere Umwelt neugierig in Hinsicht darauf zu erforschen. Die
kausale Erwartungshaltung ist Menschen und höheren Tieren eingeprägt und lässt
sich auch zur Konditionierung einsetzen.[16]

Zweitens erfolgt auch die Rekonstruktion unserer Umwelt anhand kausaler Interpretationsmuster. Die Zwanghaftigkeit und Kreativität, mit der unser Gehirn laut
neueren psychologischen Ergebnissen beispielsweise Erinnerungslücken schließt,
indem es bekannte Gedächtnisinhalte in teilweise völlig frei konstruierte Kausalzu-
sammenhänge einbaut, um uns nicht etwa erklärungslos und desorientiert dastehen
zu lassen, grenzt teilweise an ein Wunder.[17]

---

[15]Vollmer (1983), S. 213. *Post hoc* und *propter hoc* beziehen sich auf die alte philosophische
Debatte um die kausale Ursächlichkeit aufeinander folgender Ereignisse, die vor allem der
berühmte schottische Philosoph David Hume angestoßen hat und die unter anderem für Kant eine
wichtige Inspiration war.

[16]Das Besondere am Menschen ist die Tatsache, dass dieses Neugierverhalten nicht auf die
Jugend beschränkt ist, sondern bis ins hohe Alter wirken kann. Dieses grundlegende menschliche
Charakteristikum bezeichnet man auch als *Neotenie*.

[17]Jeder Richter weiß, wie viel oder eher wenig auch glaubwürdigst vorgetragene Augenzeugen-
berichte wert sind. Dies muss überhaupt nichts mit Schauspielerei zu tun haben: Die Zeugen
haben schlicht und einfach diese Erinnerung an ein bestimmtes Ereignis. Die Manipulierbarkeit
und Selbstmanipulation unseres Gedächtnisses, das offenbar manchmal stärker von unserem
mentalen Präsenzzustand als von unserer realen Vergangenheit geprägt wird, haben insbesondere
großen Einfluss auf die Debatte um die Zuverlässigkeit wiedergewonnener Erinnerungen gehabt;
vergleiche hierzu Knecht (2005). Auch können sich Erinnerungen verändern mit jedem neuen
Aufruf und der damit einhergehenden Bewertung. Die Funktion des Gedächtnisses besteht für das
Individuum schließlich nicht darin, ein exakter und sicherer Speicher für vergangene Ereignisse

Auch die kausale Interpretationstendenz ist ein Merkmal, das sich als evolutiv vorteilhaft erwiesen hat, denn kausale Ketten und wechselseitige Energieüberträge können wir überall in unserem Mesokosmos, auch wissenschaftlich, nachvollziehen. Lediglich Mikroereignisse wie etwa der radioaktive Zerfall sind unverursacht, akausal, statistisch. Da unser Geist sich aber nicht in Anpassung an Mikroprozesse herausgebildet hat, ist auch nicht zu erwarten, dass wir uns diese anschaulich vorstellen können oder dass unsere Kausalerwartung durch sie erfüllt wird. Wie aber steht die rätselhafte Quantenwelt zum hypothetischen Realismus?

10.5 Die Einordnung der Quantenmechanik

Dieser für den hypothetischen Realismus und das Prinzip der Universellen Evolution eigentlich äußerst wichtige Punkt wird leider von Vollmer wie auch von anderen Vertretern der Evolutionären Erkenntnistheorie nur recht knapp behandelt. Im Gegensatz zu den meisten anderen Erkenntnistheorien thematisiert ihn die Evolutionäre Erkenntnistheorie aber immerhin. Betrachten wir zur Diskussion die relevanten Stellen:

> „Insbesondere muss man sehen, dass die klassische Mechanik nicht durch die Quantenmechanik ergänzt wird. Der Eindruck, die klassische Mechanik beschreibe die Makrowelt, die Quantenmechanik aber die Mikrowelt, entsteht dadurch, dass man die klassische Mechanik in der Physik der Elementarteilchen, Atome und Moleküle nicht anwenden kann, während man die Quantenmechanik auf makroskopische Phänomene nicht anwenden will. Genaugenommen ist die klassische Mechanik überall falsch, die Quantenmechanik dagegen (hypothetisch!) richtig; jedoch sind die Abweichungen der klassischen Mechanik von der Quantenmechanik im makroskopischen Bereich so gering, dass sie meist weit unter die zur Zeit erreichbare Messgenauigkeit fallen. Unschärferelation, Welle-Teilchen-Dualismus, Quantelung der Energie usw. gelten aber auch für die Makrowelt! Die Quantenmechanik enthält also die klassische Mechanik."[18]

Zum Realismusbegriff in der Quantenphysik führt Vollmer Folgendes aus:

> „Gerade die Diskussion um die Interpretation der Quantenmechanik zeigt, dass die möglicherweise erforderlichen Abweichungen vom Standard-Realismus vor allem die Erscheinungen der Mikrowelt betreffen. Für eine Theorie, die wie die Evolutionäre Erkenntnistheorie ausschließlich über makroskopische Systeme (Organismen, Zentralnervensystem, Gehirne) spricht, brauchen diese Abweichungen keine Rolle zu spielen. Wir finden hier eine sehr interessante Analogie zwischen einzelwissenschaftlichen Theorien und erkenntnistheoretischen Positionen. Wie die Newtonsche Gravitationstheorie genaugenommen auch schon für Kanonenkugeln falsch ist, zur Berechnung von deren Flugbahn aber ohne Nachteil verwendet werden kann, so ist vermutlich auch die Separierbarkeit für

---

zu sein, sondern sie besteht vor allem in der Synchronisierung des Einzelnen mit seiner sozialen Umwelt. Sofern Erinnerungen nicht so oft so falsch sind, dass sie ein eindeutiges evolutives Manko darstellen, besteht für das Gehirn alle Freiheit, die mentale Konstitution des Individuums in sozialer Anpassung zu optimieren. Zu diesem Zwecke ist es umgekehrt geradezu unerlässlich, bestimmte Gedächtnisinhalte zu vergessen oder zu verdrängen. Die Einheit des Ichs ist somit kognitiv und emotional bedingt durch eine Vergessensleistung, die sich von der sozialen Welt, die sie beeinflusst, nicht trennen lässt; siehe auch Markowitsch und Welzer (2005).

[18]Vollmer (1983), S. 175.

makroskopische Objekte nicht in Strenge gegeben, kann aber für sie ohne merklichen Fehler angenommen werden. Demnach wäre der ‚klassische' (kritische, wissenschaftliche, konvergente, hypothetische) Realismus ganz ähnlich auf den Mesokosmos zugeschnitten wie die klassische Physik. Ein aufgrund der Quantentheorie modifizierter Realismus dürfte entsprechend ‚Quantenrealismus' heißen. Der theoriendynamischen Abfolge Impetustheorie → Newtonsche Mechanik → Quantenmechanik würde dann auf der erkenntnistheoretischen Ebene etwa die Abfolge naiver Realismus → Kritischer Realismus → Quantenrealismus entsprechen. Die Evolutionäre Erkenntnistheorie wäre von einer solchen Modifikation des Realismus nicht ernsthaft betroffen."[19]

An anderer Stelle diskutiert Vollmer auch den Welle-Teilchen-Dualismus:

„Elektronen zeigen Wellen- und Teilcheneigenschaften: In der Nebelkammer hinterlassen sie Spuren wie Düsenflugzeuge am Sommerhimmel, also wie Teilchen; im Elektronenmikroskop nützen wir ihre Welleneigenschaften, um feinste molekulare Strukturen abzutasten und sichtbar zu machen, wie wir das im gewöhnlichen Mikroskop mit Lichtwellen tun. Hier spricht man sogar von einem Welle-Teilchen-Dualismus. Der klassischen Physik erschienen diese Eigenschaften ‚inkommensurabel'. Die Quantenmechanik kennt aber nicht zwei Substanzen, Welle einerseits, Teilchen andererseits; für sie sind Elektronen vielmehr einheitliche Systeme, die durch physikalisch interpretierte mathematische Gleichungen einheitlich beschrieben werden und je nach der experimentellen ‚Falle', in die wir sie locken, verschiedene Aspekte zeigen. Wellen- oder Teilcheneigenschaften sind also nur Projektionen der Eigenschaften des Elektrons auf verschiedene experimentelle ‚Ebenen'. Die ‚wahre' Natur des Elektrons ist dabei zwar unanschaulich (weil sich unser Anschauungsvermögen in Anpassung an eine mesokosmische Umwelt entwickelt hat), aber nicht unerkennbar."[20]

Vollmer postuliert also nicht nur eine Reduzierbarkeit der klassischen auf die Quantenphysik; er geht auch davon aus, dass eine strikt realistische Deutung der Quantenphysik möglich sein sollte. Und nicht zuletzt versteht er komplementäre und holistische Eigenschaften von Quantensystemen als auflösbar im Sinne der projektiven Erkenntnistheorie.

Diese von der Evolutionären Erkenntnistheorie vertretene Sicht auf die Quantenphysik wird im Einzelnen zu kritisieren sein. Sie argumentiert aus einem stark durch die klassische Physik geprägten Realitätsverständnis, was nach der bisherigen Analyse jedoch mehr als nur geringfügige Probleme vermuten lässt. Zunächst aber wollen wir, um das Bild abzurunden, noch kurz zwei weitere Aspekte des durch die Evolutionäre Erkenntnistheorie implizierten Realitätsverständnisses diskutieren.

10.6 Die Rolle der Wissenschaft

Wenn Wissenschaft die höchste Form menschlicher Erkenntnis ist und wenn sich gemäß dem Prinzip der Universellen Evolution die Eigenschaften komplexer Systeme auf einfachere zurückführen lassen, dann sollte eine fortgeschrittene Wissenschaft diese Entwicklung nachzubilden vermögen:

---

[19] Vollmer (1985), S. 286 f.
[20] Vollmer (1986), S. 91 f.

„Das spätere, komplexere System sollte aus früheren, einfachen Teilsystemen deduktiv erklärt werden. Vollständiges Wissen über die Teile sollte ausreichen zur Erklärung von Ganzheiten."[21]

Die Idee eines solchen reduktionistischen Programms soll also als Orientierungspunkt für künftige Forschung dienen. Es ist offenkundig, dass dies nicht den Stand der heutigen Wissenschaft widerspiegelt – oder zumindest nur begrenzt –, sondern den Charakter eines Forschungsprogramms beschreibt, das erst noch durchzuführen bleibt. Die Evolutionäre Erkenntnistheorie kann die Durchführbarkeit eines solchen reduktionistischen Programms natürlich nicht beweisen. Es zieht seine Legitimation als regulative Idee aber aus den bisher und eventuell auch in Zukunft fruchtbaren Vereinheitlichungen und den mit ihnen erzielten Vereinfachungen von Komplexität in unserer Weltbeschreibung. Ein wesentliches kognitives Ziel von Wissenschaft besteht laut der Evolutionären Erkenntnistheorie folglich in der Reduktion von Kontingenz.

10.7 Die wahre kopernikanische Wende

Die Evolutionäre Erkenntnistheorie betrachtet den erkenntnistheoretischen Wandel, den sie in den philosophischen Diskurs eingebracht hat, als „wahre kopernikanische Wende". Dieses Selbstverständnis zieht sie aus der Tatsache, dass sie die Entanthropomorphisierung unseres Weltbildes durch den wissenschaftlichen Fortschritt ernst nimmt und dabei den Standortwechsel vom Menschen als Gesetzgeber der Natur, wie ihn etwa Kant ansieht, hin zu einer Perspektive vornimmt, die unser Erkenntnisvermögen, unseren kognitiven Apparat, als in Anpassung an vorgegebene reale äußere Strukturen entstanden erklärt. Wurde Kants Lehre oft als „kopernikanische Wende" in der Erkenntnistheorie bezeichnet, so entspricht sie doch nach Bertrand Russels Worten eher einer ptolemäischen Gegenrevolution: Denn Kant hat den Menschen ins Zentrum der Epistemologie gerückt, aus dem Kopernikus ihn astronomisch gesehen vertrieben hatte. Für die Evolutionäre Erkenntnistheorie nun ist.

„der Mensch nicht Mittelpunkt oder Gesetzgeber der Welt, sondern ein unbedeutender Beobachter des kosmischen Geschehens, der seine Rolle meist weit überschätzt hat. ... Zu dieser Erkenntnis mahnen uns nicht nur die Lehren von Kopernikus und Darwin, sondern auch die Ergebnisse weiterer Wissenschaften, z. B. auch der Verhaltensforschung."[22]

An dieser Stelle wird auch ersichtlich, dass der hier vertretene Erkenntnisbegriff entscheidende Inspirationen im *Kritischen Rationalismus* Karl Poppers gefunden hat. So schreibt Popper über Ansprüche an einen objektiven Erkenntnisbegriff, im Gegensatz zu einem subjektiven:

„Erkenntnis in diesem objektiven Sinne ist völlig unabhängig von irgend jemandes Erkenntnisanspruch, ebenso von jeglichem Glauben oder jeglicher Disposition, zuzustimmen, zu

---

[21] Ebenda, S. 226.
[22] Vollmer (1983), S. 172.

behaupten oder zu handeln. Erkenntnis im objektiven Sinne ist Erkenntnis ohne einen Erkennenden: Es ist Erkenntnis ohne erkennendes Subjekt."[23]

10.8 Gesamtbild

Die Evolutionäre Erkenntnistheorie zeichnet also ein Bild von Erkenntnis, demzufolge der Mensch sich in einer Welt wiederfindet, die aus objektiven Strukturen besteht. Sein eigener Erkenntnisapparat ist in evolutionärer Anpassung an diese Strukturen entstanden – zumindest an die mesokosmischen Strukturen der Welt. Erkenntnis entspricht einem Passen der subjektiven zu den objektiven Strukturen. Dieses Passen ist durch die evolutionäre Anpassung nur teilweise gegeben, sollte sich aber durch den kritisch hinterfragten Prozess der Wissenschaft auf immer weitere Bereiche der Wirklichkeit ausdehnen lassen. Hierdurch wird ein immer höheres Maß an Objektivität erreichbar, das einer immer stärkeren Entanthropomorphisierung entspricht – im Gegensatz zu anderen, mystisch-religiösen oder auch philosophischen Ansätzen, welche den Menschen in den Mittelpunkt ihrer Welterklärung stellen.

Da die objektiven Strukturen sich in einem historisch-evolutiven Prozess von einfacheren zu größeren und komplexeren hin entwickelt haben, sollte es der Wissenschaft auch möglich sein, diese Entstehung von Komplexität nachvollziehen zu können. Dementsprechend sollten die unterschiedlichen Phänomene – von physikalischen über chemische, biologische, neuronale bis hin zu psychischen und schließlich sozialen – grundlegend von denselben aufzudeckenden Gesetzmäßigkeiten bestimmt sein. Die durch die Komplexität bedingte Emergenz neuer Eigenschaften auf höheren Integrationsebenen kann jedoch dazu führen, dass streng deduktive Reduktionen nicht möglich sind, sondern sich nur noch approximativ durchführen lassen. Dies ist die systemtheoretische Komponente des ansonsten materialistisch-reduktionistischen Weltbildes der Evolutionären Erkenntnistheorie. Solche systemtheoretisch begründeten Schwierigkeiten betreffen vor allem das Verhältnis von Lebewesen und unbelebter Materie und das Verhältnis von (neuronal strukturierter) Materie und Bewusstsein. Die Auflösbarkeit dieser Schwierigkeiten ist nach der Evolutionären Erkenntnistheorie aber nicht prinzipieller, sondern lediglich pragmatischer Natur. Denn nach dem Prinzip der Universellen Evolution sollte die Wissenschaft in der Lage sein, eines Tages auch solche komplexen Systeme verstehen und auf grundlegendere Zusammenhänge zurückführen zu können.

---

[23]Popper (1973), S. 126.

Reduktionismusdebatte und Kritik an diesem Realitätsverständnis

> *Wahrheit ist derjenige Irrtum, der sich als der beste Wegbereiter zum nächst kleineren erweist.*
>
> *(Pater Adalbert Martini)*

Der Evolutionären Erkenntnistheorie kommt das große Verdienst zu, zum ersten Mal in der Geschichte der Philosophie die entscheidende Bedeutung der evolutiven Entstandenheit des Menschen in eine umfassende Theorie der Erkenntnis gefasst zu haben. Da nun aber keine menschliche Erkenntnis – und auch keine Erkenntnistheorie – endgültige Geltung für sich beanspruchen kann, wollen wir untersuchen, welche Punkte an ihrem Realitätsverständnis zweifelhaft, unplausibel oder widersprüchlich sind. Wir werden hierbei die Kritik gemäß dem Prinzip der Universellen Evolution von unten im Mikrobereich beginnen und schließlich zu den höher gelegenen Problemen vordringen.

11.1 Interpretationskonflikte mit der Quantenphysik

Die Betrachtungsweise der Quantenmechanik, wie sie von der Evolutionären Erkenntnistheorie nahegelegt wird, entspricht einer an der klassischen Physik geschulten Herangehensweise. Sie würde wohl von vielen, die nicht näher mit den Tiefen und Untiefen der Quantenphilosophie vertraut sind, zunächst für völlig glaubwürdig gehalten werden. Sie ist auch eine konsequente und klar durchgeführte Extrapolation des Realitätsbegriffs der Evolutionären Erkenntnistheorie in den Mikrokosmos. Gerade deshalb müsste ihr Scheitern allerdings Anlass zu Bedenken geben. Und dass dieser Ansatz in der Tat nicht durchführbar ist, lässt sich nach der ausführlichen Analyse im ersten Teil dieses Werkes in sehr konziser Form nachweisen.

© Springer-Verlag Berlin Heidelberg 2017
D. Eidemüller (Hrsg.), *Quanten – Evolution – Geist*,
DOI 10.1007/978-3-662-49379-3_11

Zunächst wird in der Evolutionären Erkenntnistheorie die klassische Physik gewissermaßen als Spezialfall der Quantenmechanik bezeichnet, der in ihr enthalten sei. So wird die Quantenmechanik (und eventuell ihre zukünftigen Ausarbeitungen oder andere weiterführende Theorien – etwa in Richtung einer Theorie der Quantengravitation) als ontologisch grundlegendere Theorie angesehen, aus der auch die Physik der Makrokörper folge. Wir haben aber bei der Diskussion der Kopenhagener Deutung und dem Vergleich mit den Alternativinterpretationen einsehen müssen, dass dem keineswegs so ist. Wir können über Eigenschaften von Mikroobjekten nur im schwach objektiven Sinn reden, d. h. unter Berücksichtigung des zu ihrer Bestimmung notwendigen Messaufbaus. Ebenso ist der Begriff der Messung unerlässlich, denn ohne ihn bliebe die Wellenfunktion unreduziert. Es ist also unsere makroskopische Welt, die zur Bestimmung des Kleinsten notwendig ist, nicht umgekehrt – auch wenn viele Aspekte unserer makroskopischen Welt ohne Rekurs auf die Mikrostruktur unerklärt bleiben müssen. Die Quantenmechanik enthält also nicht die klassische Physik, ebenso wenig wie sich die eine Theorie aus der anderen ableiten ließe. Im Gegensatz zur Ansicht der Evolutionären Erkenntnistheorie ist die klassische Physik ein begriffliches und messtechnisches Apriori der Quantenphysik. Da die Quantenphysik aber zugleich auch Eigenschaften der makroskopischen Materie erklärt, die einer klassisch-physikalischen Analyse verschlossen bleiben, haben wir es – wie in Kap. 3.4.1 ausgeführt – mit einer epistemischen Zirkularität zu tun. Diese epistemische Zirkularität ist jedoch nicht streng reduktionistisch auflösbar, wie von der Evolutionären Erkenntnistheorie gefordert.

Weiter postuliert sie einen Quantenrealismus, dessen Abweichung vom hypothetischen oder Kritischen Realismus für die Evolutionäre Erkenntnistheorie und ihre mesokosmischen Gegenstände keine Rolle zu spielen brauche. Ein solcher Quantenrealismus hat sich bisher in keiner Weise als durchführbar erwiesen. Die bohmsche Interpretation, die zu diesem Standpunkt noch am nähesten steht, besitzt so viele dem klassischen Realismus fremde Eigenschaften, dass sie, selbst wenn sie eines Tages die gleiche prognostische Kraft wie die herkömmliche Interpretation der Quantenphysik demonstrieren können sollte, wohl nur schwerlich als Kandidat in Frage käme. Aber auch jede andere, und wohl auch jede zukünftige, Interpretation wird mit dem Bell-Verdikt leben müssen. Die Annahme, eine zukünftige physikalische Theorie der Quantenwelt, die sich mit den aus der klassischen Physik bekannten Prinzipien von starker Objektivierbarkeit und Separabilität interpretieren ließe, könnte dieses Problem auflösen, ist angesichts des jahrzehntelangen, intensiven und ergebnislosen Bemühens um eine solche eine recht wagemutige Spekulation, die nicht als Basis für eine glaubwürdige Erkenntnistheorie dienen sollte. Der mit äußerster Präzision experimentell ermittelte holistische Zusammenhang von Quantenphänomenen benötigt noch nicht einmal den theoretischen Apparat der Quantenmechanik und basiert auf sehr allgemeinen Voraussetzungen. Das Bell-Verdikt und damit die Ungültigkeit des Separabilitätsprinzips sind folglich auch für eventuelle zukünftige Nachfolger der Quantenmechanik bindend. Wer sich nicht die kühne Ontologie der Vielwelten-Interpretation zu eigen machen will, benötigt also ein Weltbild, das über mehr als nur rein materialistisch-reduktionistische Züge verfügt.

Die vor diesem Hintergrund von d'Espagnat vorgeschlagene Sicht einer „verschleierten Realität" ist zwar mit der von der Evolutionären Erkenntnistheorie geforderten Existenz einer bewusstseinsunabhängigen Welt kompatibel, bestreitet aber jegliche Erkennbarkeit ebendieser. Die verschleierte Realität zeichnet sich gerade dadurch aus, dass erst durch Abstraktionen von ihren inneren Zusammenhängen Aussagen über die Wirklichkeit möglich werden. Damit ist keine epistemische Konvergenz – keine Annäherung an die Realität, nicht einmal in hypothetischer Form – möglich. Jegliches stark an den Objektivierbarkeitsidealen der klassischen Physik orientierte Realitätsverständnis ist dementsprechend inkompatibel mit den Erkenntnissen der Quantenphysik.

Schließlich bezeichnet die Evolutionäre Erkenntnistheorie die komplementären Eigenschaften von Mikroobjekten als Projektionen einheitlich beschriebener Systeme auf verschiedene experimentelle Anordnungen. Dies wird als Anwendung der projektiven Erkenntnistheorie verstanden. Auch wenn die „wahre Natur" des Elektrons nicht anschaulich sei, so sei sie doch keineswegs unerkennbar. Wie im Unterkapitel über die Quantenfeldtheorie gezeigt, ist eine solche Einschätzung nach dem heutigen Stand der Wissenschaft aber ebenfalls nicht zulässig. Die „wahre Natur" des Elektrons ist überhaupt nicht definiert; lediglich Messwerte in endlichen Abständen lassen sich nach der Theorie sinnvoll vorhersagen. Und die komplementären Eigenschaften der Quantenwelt als unterschiedliche Projektionen zu werten, könnte nur dann gelingen, wenn sich ein Mechanismus angeben ließe, wie das Ursprungsobjekt auf die verschiedenen Anordnungen projiziert wird. Wenn wir ohne Anordnung aber gar nicht von einem irgendwie definierten Untersuchungsobjekt sprechen können?

Zudem wird bei einer Projektion der zu projizierende Gegenstand als objektiv existierend angenommen. In der Quantenphysik ist eine stark objektive Existenz von Quantenobjekten allerdings nicht gegeben; lediglich bestimmten Erhaltungsgrößen wie Masse, Ladung etc. lässt sich eine solche zuschreiben. Der holistische, inseparable Charakter der Quantenwelt erfordert also eine gänzlich andere epistemologische Herangehensweise, als man aus einem klassisch-physikalischen Realitätsverständnis heraus erwarten würde. Die psychologische Tendenz, Struktureinsichten unserer menschlichen Alltagswelt in andere Bereiche zu extrapolieren, verleitet hier schnell zu falschen Schlüssen.

Eine weitere logische Folgerung, die auch von anderen realistisch orientierten Quantenphilosophen gefordert wird, ist dann, auch die Reduktion der Wellenfunktion als realen Prozess zu deuten. (Wie dies etwa in der Vielwelten-Interpretation geschieht.) Wie wir ausgeführt haben, ist es jedoch so, dass die Wellenfunktion lediglich als mögliches Wissen über Messausgänge gedeutet werden kann und ihre Reduktion als Änderung der zu erwartenden Statistik von künftig möglichen Messungen. All diese Fragen illustrieren die Diskrepanzen im Realitätsverständnis zwischen der Evolutionären Erkenntnistheorie und der Kopenhagener Deutung der Quantenphysik deutlich.

Die von der Evolutionären Erkenntnistheorie geforderte Sicht auf die Quantenwelt kollidiert also in fast all ihren Punkten mit den anerkannten, wissenschaftstheoretisch abgesicherten Interpretationsanforderungen an die Quantenmechanik. Nun wären all diese Interpretationsprobleme bezüglich der Quantenmechanik vielleicht nicht allzu gravierend, wenn man sie auf den Mikrokosmos einschränken könnte und der Rest der Evolutionären Erkenntnistheorie nicht weiter von ihr betroffen wäre. So würde dann eben die Quantenwelt eine Sonderrolle einnehmen, die durch eine spezielle Erkenntnistheorie in die Evolutionäre Erkenntnistheorie eingefügt werden müsste, mit ein paar merkwürdigen zusätzlichen Interpretationsregeln. Die herkömmliche Evolutionäre Erkenntnistheorie könnte dann für alles über dem Mikrobereich liegende Geltung beanspruchen. Dies ist jedoch nicht der Fall, denn die bereits eingehend diskutierten Eigenheiten der Quantenmechanik untergraben das zentrale Prinzip der Evolutionären Erkenntnistheorie, nämlich das der Universellen Evolution: Wenn wir nicht von den Eigenschaften von Atomen und Molekülen reden können, ohne auf die makroskopischen Bedingungen einzugehen, die wir zu ihrer Untersuchung benötigen, und wenn wir folglich den ontologischen Primat dem Mesokosmos zusprechen müssen, dann macht es keinen Sinn mehr, einen durchgreifenden Reduktionismus zu postulieren, der vom Kleinsten bis zum Größten oder Komplexesten reicht und die Eigenschaften von Leben und Bewusstsein aus denen seiner Bestandteile zu erklären sucht. Die epistemische Zirkularität in der Quantenphysik zwingt uns zu berücksichtigen, dass wir nicht die gesamte Wirklichkeit nach dem einfachen Modell makroskopischer Gegenstände auffassen können.

Es scheint vielmehr, dass uns an dieser Stelle unser menschliches Vorstellungs-vermögen mit seiner natürlichen Tendenz, ihm aus dem Mesokosmos bekannte Strukturen zu extrapolieren, einen Streich spielt, indem es den *divide et impera*-Realismus, der sich im Makroskopischen so hervorragend bewährt, auch ins Mikroskopische überträgt. Der Mensch ist es gewohnt, mit makroskopischen Gegenständen und Werkzeugen umzugehen, die er aus Teilen zusammensetzt. Ist das Ganze zwar in seiner Funktion auch mehr als seine Teile, so besitzen die Teile im Ganzen doch auch noch jene Eigenschaften, die sie vorher besaßen. In der Quantenphysik ist dieses Prinzip durchbrochen. Und dem menschlichen Verstand gelingt es nicht, sich vorzustellen, was in der Quantenwelt für diese seltsamen Eigenschaften sorgt. Da wir die Quantenwelt aber auch nicht unabhängig von den zu ihrer Erforschung benötigten Mitteln beschreiben können, ist der Versuch, sich die Quantenwelt als eigenständig vorzustellen, ohnehin zum Scheitern verurteilt. Dieses teils wissenschaftstheoretische, teils evolutionär-psychologische Argument trifft den der Evolutionären Erkenntnistheorie zugrundeliegenden hypothetischen Realismus in voller Schärfe. Das in Kap. 9.2 unter Punkt 3 vorgestellte Konti-nuitätspostulat muss damit als nicht hinreichend allgemeingültig erachtet werden und mit ihm das Prinzip der Universellen Evolution – zumindest in der Lesart, wir Menschen wären in der Lage, die Natur dementsprechend zu erfassen; auch die Behauptung, der hypothetische Realismus ließe sich als für alle Bereiche der Realität angemessenes Realitätsverständnis betrachten, ist folglich eine voreilige Extrapolation.

Der durch die epistemische Situation der klassischen Physik motivierte hypo-thetische Realismus muss also als hinfällig erachtet werden. Was seine Ontolo-gie betrifft, verbleiben entweder nach Kopenhagener Lesart ein Alltagsrealismus oder – darüber hinausgehend – das Konzept eines verschleierten Realismus, wie d'Espagnat es vorgeschlagen hat. Erkenntnistheoretisch betrachtet, verliert der hypothetische Realismus seinen völlig allgemeingültig formulierten Anspruch. Er mag für bestimmte Klassen von naturwissenschaftlich erfassbaren Phänomenen praktikabel sein, außerhalb dieser versagt er jedoch.

Wenn nun aber die klassische Physik sich nicht auf die Quantenmechanik reduzieren lässt und die klassische Physik zwar eine Vorbedingung der Quantenmechanik ist, ihrerseits aber nicht die Mikroeigenschaften der Materie zu erklären vermag, so stellt sich in völlig neuer Form die Frage, wie denn Chemie und Biologie, die den Begriff des Atoms und des Moleküls und die Methoden der Quantenmechanik benutzen, ihrerseits zur Physik stehen.[1] Die heutige Physik ist schließlich kein gerader Baum mit einem Stamm und einer Wurzel und vielleicht wenigen Zweigen, sondern ein deutlich komplexeres Gewächs. Verschiedene Theorien für unterschiedliche Phänomenbereiche stehen nebeneinander und gehorchen sogar unterschiedlichen mathematischen Prinzipien – weshalb sie manchem Mathematiker gar als „Magie" erscheint.

11.2 Mangelnde Reduzierbarkeit der Biologie auf Physik und Chemie

Die Evolutionäre Erkenntnistheorie muss zur Aufrechterhaltung ihres reduktionistisch-materialistischen Weltbildes unter anderem auch eine Reduzierbarkeit der Biologie auf Physik und Chemie postulieren. Da sie die Chemie als bereits auf physikalische Prinzipien reduziert ansieht und die gegenwärtige Situation in der Naturwissenschaft es nicht gestattet, von einer Reduzierbarkeit der Biologie auf die Physik zu reden, geht die Evolutionäre Erkenntnistheorie davon aus, dass eine künftige neue Physik, vereint mit den passenden systemtheoretischen Ansätzen, eine solche Reduktion ermöglichen sollte.

11.2.1 Zur Reduktionsproblematik zwischen Chemie und Physik

Zunächst einmal sei angemerkt, dass bereits die Reduktion der Chemie auf die Physik eine mehr als heikle Sache ist. Insbesondere wird die Möglichkeit einer solchen Reduktion von Chemikern wesentlich kritischer gesehen als von den meisten Physikern und Wissenschaftsphilosophen. Wohl sind die physikalischen

---

[1]Die Unmöglichkeit der Reduktion der heutigen physikalischen Theorien aufeinander hat einige Denker wie etwa Roger Penrose dazu veranlasst, eine zukünftige Physik oder Universalwissenschaft zu fordern, die von einer einheitlichen Beschreibung der physikalischen Grundkräfte bis hin zur Erklärung des Bewusstseins reicht, siehe etwa Penrose (1989). Während Ersteres zwar auf enorme Schwierigkeiten stößt, aber weltweit intensiv erforscht wird, werden wir weiter unten noch die grundsätzlichen Probleme der Inbezugsetzung psychischer und physischer Phänomene diskutieren. Als Motivation scheint Penrose übrigens ähnlich wie Vollmer das Prinzip einer universellen Evolution zu dienen.

Gesetzmäßigkeiten bekannt, mit denen auch die Chemie arbeitet. Diese entstammen im Wesentlichen den Disziplinen der Thermodynamik, der Elektrodynamik und der Quantenmechanik; die Mechanik gehört selbstverständlich als Grundlage all dieser Theorien mit dazu.[2] An dieser Stelle sei auch daran erinnert, dass die Quantenmechanik analytisch exakte Vorhersagen nur für das einfachste aller Atome, das Wasserstoffatom, bestehend aus einem Proton und einem Elektron, zulässt. Jenseits dieses Modellsystems werden die Gleichungen für mathematisch exakte Lösungen zu komplex.[3]

Alle Chemie – denn Chemie hat es stets mit Verbindungen von Atomen zu tun – ist quantenphysikalisch nur in Näherungsmodellen zu bestimmen, die natürlich an der Natur, d. h. den gemessenen Laborwerten, kalibriert werden müssen. Auch in der physikalischen Theoriebildung lässt sich eine Gesetzmäßigkeit häufig nicht wie in einem mathematischen, axiomatischen System aus einer anderen und aus gewissen Grundprinzipien herleiten. Gerade in den anspruchsvolleren, komplexeren Theorien entscheidet oft erst das Experiment, welche der logisch möglichen, mit den Grundprinzipien verträglichen theoretischen Ansätze weiter verfolgt wird. Man muss also feststellen, dass die Physik schon lange das Stadium verlassen hat, als sie noch als einheitliche, monolithische Disziplin gelten konnte. Die mathematische Geschlossenheit aus der Zeit der analytischen Mechanik ist lange vorbei – auch wenn sich dies noch nicht wirklich überall herumgesprochen hat.

Zu behaupten, die Chemie sei auf die Physik reduziert, macht allein schon deshalb keinen Sinn, weil es *die* Physik im Sinne eines einheitlichen Gedankengebäudes gar nicht gibt.[4] Sie besteht aus unterschiedlichen Theorien, die teilweise übergreifenden Prinzipien gehorchen. Sie ist aber nicht in sich selbst homogen. Ein Hinweis hierauf ist die epistemische Zirkularität, wie man sie zwischen Quantenmechanik und klassischer Physik vorfindet. Es wäre also sogar berechtigt, die Frage zu stellen, ob nicht jeder harte reduktionistische Ansatz ganz strenggenommen bereits an der Physik scheitert! Jedenfalls solange die Physik nicht die axiomatische Abgeschlossenheit aus der Zeit der klassischen Mechanik zurückgewinnt. Diese Frage soll hier allerdings nicht vertieft werden, denn man kann sich ja auch auf den pragmatischen Standpunkt zurückziehen, dass das Gedankengebäude der Physik, auch wenn es eine gewisse Komplexität und Heterogenität aufweist und nicht als geschlossenes mathematisches Axiomensystem angesehen werden kann, dennoch die Ableitung aller möglichen Regeln und Gesetzmäßigkeiten für Chemie und Biologie gestattet.

Die Frage, ob die Chemie auf die Physik reduziert werden kann, ist also nicht einfach zu beantworten; und die Antwort hängt auch davon ab, was genau man unter

---

[2]Vergleiche hierzu Kap. 1. Die Relativitätstheorie spielt für die Chemie nur da eine Rolle, wo sie als relativistische Korrektur quantenchemischer Terme für die Spektroskopie von Bedeutung ist. Außerdem erklärt die relativistische Quantenfeldtheorie grundlegende Struktureigenschaften der Materie und insbesondere der Elektronenhülle von Atomen, an der sich alle Chemie abspielt.

[3]Man vergleiche die Fußnote zum Dreikörperproblem in Kap. 6.6.

[4]Darauf spielt auch Einsteins Eingangszitat aus Kap. 1 an.

einer Reduktion zu verstehen bereit ist. Die Beziehung zwischen Physik und Chemie ist leider ein in der Wissenschaftsphilosophie noch recht unterentwickeltes Gebiet. Dies mag daran liegen, dass man es hier mit zwei anspruchsvollen und mitunter auch etwas trockenen Fachgebieten zu tun hat, für die sich nur wenige philosophisch Interessierte zu begeistern vermögen. Allerdings liegt hier noch ein weites intellektuelles Gebiet brach, das für die höherstufigen Reduktionismusdebatten von großer Bedeutung ist und für das sicherlich noch bedeutende Entwicklungen zu erwarten sind. Es mutet mitunter schon verwunderlich an, mit welch entschiedener Verve und mit welch unermüdlichem geistigen Einsatz um die Reduzierbarkeit geistiger Zustände auf physikalische gestritten wird, während viele Experten für Quantenchemie bereits auf der Ebene von Atomhüllen reduktionistische Ansätze für unmöglich und zum Scheitern verurteilt halten.

Viele entscheidende Begriffe der Chemie tauchen weder in den physikalischen Theorien auf, noch sind sie aus diesen ableitbar. Zwar sind chemische Phänomene ohne die Quantenphysik nicht zu verstehen, doch impliziert dies noch keineswegs eine vollständige Reduktion der Chemie auf die Physik. Der theoretische Chemiker Karl Jug fasst dies in die Worte:

> „Zwar können geometrische und elektronische Strukturen von Molekülen über Lösungen der Schrödinger-Gleichung bestimmt werden, jedoch nur über eine Hierarchie von Näherungsstufen.... Neben dem Begriff der Struktur sind in der Chemie Atomladung, Bindung, Valenz, Reaktivität und Reaktion zentrale Begriffe, die nicht aus der Schrödinger-Gleichung abgeleitet werden können. Sie können aber über Näherungslösungen als Modellkonzepte zum Verständnis chemischer Vorgänge herangezogen werden. Es ist bezeichnend für die Chemie, dass sie mit quantenmechanisch nicht eindeutig quantifizierbaren Begriffen arbeitet. Man kann die naturwissenschaftlich beobachteten Phänomene einer Abfolge von Ebenen zuordnen, von denen die Physik eine beschreibt, während sich die Chemie auf einer komplexeren Ebene abspielt, die neue Begriffe zur Beschreibung neuer Arten von Systemen braucht. In diesem Sinne kann die Reduktion der Chemie auf die Physik nur partiell sein."[5]

Ebenso sei an die Position von Hans Primas erinnert, die wir in Kap. 5.7.1 vorgestellt haben. Ihr zufolge ist es aufgrund der quantenphysikalischen Verschränktheit überhaupt bei jeder Art von Naturerkenntnis unumgänglich, die holistische Symmetrie der Natur gedanklich zu brechen und durch die Wahl eines Standpunktes und einer bestimmten Weise der Naturbeschreibung erst festzulegen, welche Art von Phänomenen man mit welchem begrifflichen Instrumentarium beschreibt. Nach Primas folgt aus der Einsicht in die Nichtlokalität der Natur und ihr holistisches Wesen schon die Notwendigkeit pluraler Beschreibungsweisen und folglich das Scheitern jedes strengen Reduktionismus.

Es bleibt also folgendes festzuhalten: Die Chemie ist nicht einfach „nur" die Physik der Atomhülle. Die Chemie ist zwar verträglich mit den Prinzipien der Quantenmechanik, jedoch lässt sie sich nicht aus der Physik ableiten in dem Sinne, dass wir nur unsere quantenmechanischen Methoden mathematisch immer weiter verfeinern müssten, um sämtliche chemischen Fragestellung zur Auflösung zu bringen. In diesem Sinne ist die Chemie eigenständig. Wenn überhaupt, so sind

---

[5] Aus Wünsch (2000), S. 203.

ihre Begriffe und Gesetzmäßigkeiten aus den Naturgesetzen der Physik über mehrstufige Näherungsverfahren, die durchaus pragmatischen Zwecken und Zwängen entspringen, erklärbar.[6] All diese Verfahren besitzen auch einen schöpferischen Charakter und lassen sich nicht aus den Gesetzen der Physik herleiten. Jedoch werden sie benötigt, um das chemische Verhalten der Materie aufzuklären, zu dem die Physik nicht in der Lage ist. Es ist vollkommen unbestimmt, ob sich dieser Sachverhalt je ändern wird. Vielleicht wird sich eines Tages mit Hilfe von Dekohärenzüberlegungen eine Transformation chemischer Begriffe vornehmen lassen, die eine stärkere Reduktion der Chemie auf die Physik zulässt. Auch könnten Quantencomputer zu erstaunlichen neuen Verfahren führen, die eine Bestimmung chemischer Eigenschaften aus physikalischen Gesetzmäßigkeiten wesentlich vereinfachen und somit beide Disziplinen näher zueinander führen.

Angesichts der bedeutenden konzeptionellen Schwierigkeiten mit dem Messproblem, verschränkten Zuständen und dem Übergang vom Mikro- zum Makrokosmos besitzt die Annahme einer vollständigen Reduzierbarkeit jedoch keine Plausibilität. Solange keine bedeutenden naturwissenschaftlichen Neuerungen eintreten, die eine grundlegende Neueinschätzung dieser Problematik mit sich bringen, ist aus erkenntnistheoretischer Hinsicht folglich eine bescheidene Haltung gegenüber dem Anspruch auf Reduzierbarkeit angemessen.

Die Bedeutung dieser Erkenntnisse für die höherstufigen Debatten über eine reduktionistische Beziehung von Physik und Biologie sowie von Physik und Psychologie sind offenkundig. Das bisher ein wenig stiefmütterlich behandelte Gebiet der Philosophie der Chemie lässt hier in Zukunft noch sehr viel weitergehende Klärung erwarten – sowohl für den Reduktionsbegriff als solchen als auch für allgemeinere wissenschaftstheoretische Fragestellungen. Für die nicht nur von der Evolutionären Erkenntnistheorie verlangte Möglichkeit einer Reduktion der Biologie auf die Physik stellt also bereits das Verhältnis von Chemie und Physik eine kaum überwindbare Hürde dar, soll der Anspruch an einen solchen Reduktionismus nicht deutlich abgeschwächt werden.

11.2.2　Die besondere Stellung der Biologie unter den Naturwissenschaften

Auch für die Biologie wird gerne eine Reduzierbarkeit auf physikalisch-chemische Naturgesetze formuliert und ebenso gerne auch bestritten. Immanuel Kant konnte sich in seiner *Kritik der Urteilskraft* noch skeptisch zeigen, ob mechanische Ursachen etwa je das Wachsen eines Grashalms würden erklären können.[7] Nun hat das heute gewiss nicht mehr zu heißen, dass Reduktionen organischer Vorgänge

---

[6]Das wichtigste dieser Verfahren ist die sogenannte Born-Oppenheimer-Näherung.

[7]So etwa in §75. Eine von Umfang, Anspruch und Titel her sehr nennenswerte Einführung in die moderne Philosophie der Biologie liefern Sterelny und Griffiths (1999).

prinzipiell unmöglich und a priori zum Scheitern verurteilt sind; bestimmte Bereiche der Biologie lassen sich hervorragend mit physikalisch-chemischen Methoden aufklären. Dies hat in den letzten Jahrzehnten vor allem in der Molekularbiologie, Zytologie, Mikrobiologie, Genetik, Neurophysiologie, Biochemie und Pharmakologie zu bedeutenden Fortschritten geführt. Jeder Molekularbiologe würde Kant heute bezüglich der mechanischen Ursachen zustimmen und stattdessen auf die Quantenphysik und die Biochemie verweisen.

Nirgends in lebenden Organismen lassen sich Kräfte nachweisen, die nicht physikalisch-chemischer Natur sind. Der einst vom französischen Philosophen Henri Bergson postulierte *élan vital* („Lebensdrang" oder „Lebenskraft") spielt ebenso wie andere metaphysische Begründungsmuster für die spezielle Rolle des Lebendigen in der modernen Wissenschaft keine Rolle mehr. In der klassischen philosophischen Diskussion von Aristoteles über Kant wurden immer wieder und werden zum Teil sogar noch bis in die heutige Zeit – meist in Unkenntnis der evolutionären und funktionalen Ursachen der organismischen Wirkweisen – besondere Kräfte oder teleologische Erklärungsmuster angenommen. Diese Spekulationen sind von der naturwissenschaftlichen Entwicklung überholt worden. Dennoch gibt es viele Fragestellungen und Begrifflichkeiten in der Biologie, die von Physik und Chemie überhaupt nicht berührt werden.

Für die Biologie gestaltet sich deshalb die Frage der Reduzierbarkeit noch weitaus schwieriger als für die Chemie. Denn teilweise arbeitet sie mit Begriffen und kümmert sich um Fragestellungen, die mit nichts in der unbelebten Natur vergleichbar sind.

Es bleibt also zu klären, worin diese Eigenheiten und die Eigenständigkeit der Biologie bestehen und ob sie prinzipieller Natur sind oder nur vorläufigen Charakter besitzen, weil die Wissenschaft unserer Zeit noch nicht weit genug ist, eine Vereinheitlichung unseres Wissens zu erlauben. Schließlich ist unsere Wissenschaft immerhin fortgeschritten genug, um die Entwicklung unseres Universums ab Sekundenbruchteilen nach dem Urknall nachvollziehen zu können und um die Struktur der Materie bis in winzige subatomare Bereiche hinein ausleuchten und dabei Präzisionseffekte aufklären zu können, die für die biologische Entwicklung und auch für chemische Reaktionen keine Bedeutung mehr besitzen – die aber dennoch den Zusammenhalt und die Struktur der Materie erklären. Es wäre also etwas zu billig, sich auf den Standpunkt zu stellen, die Naturwissenschaften und vielleicht sogar auch die Geisteswissenschaften müssten auf jeden Fall irgendwann bei einer einheitlichen Weltsicht anlangen – und wenn wir dies heute noch nicht einmal ansatzweise am Horizont erkennen können, so sei dies nur unserem mangelhaften, vorläufigen, im Vergleich mit der Zukunft kläglichen Kenntnisstand geschuldet.

Es besteht in der Debatte um die Stellung der Biologie zu den anderen Naturwissenschaften eine recht deutliche Diskrepanz zwischen Reduktionisten – zu denen etliche Physiker, Wissenschaftsphilosophen und auch einige reduktionistisch eingestellte Biologen gehören – auf der einen Seite und nichtreduktionistisch eingestellten Denkern – zu denen viele Evolutionsbiologen und Emergentisten gehören – auf der anderen. Nachdem wir die reduktionistische Position bereits recht ausführlich dargelegt haben, wollen wir die Gegenseite anhand eines passenden Zitats des berühmten Biologen Ernst Mayr erläutern:

> „Alle Biologen sind Erz‚materialisten' in dem Sinne, dass sie keine übernatürlichen oder immateriellen, sondern lediglich physiko-chemische Kräfte anerkennen. Aber sie akzeptieren keineswegs die naive materialistische Vorstellung des 17. Jahrhunderts und weisen energisch die Vorstellung zurück, Tiere seien ‚lediglich' Maschinen. Die Biologen, die Organismen als Ganzes betrachten, heben hervor, dass Lebewesen viele Merkmale besitzen, für die es in der Welt unbelebter Objekte keine Parallele gibt. Das in den exakten Wissenschaften vorhandene erklärende Instrumentarium reicht zur Erklärung komplexer lebender Systeme nicht aus, insbesondere nicht zur Erklärung des Wechselspiels zwischen historisch erworbener Information und den Reaktionen dieser genetischen Programme auf die physische Welt. Die Welt der Phänomene des Lebens ist sehr viel weiter als die der relativ einfachen Erscheinungen, mit denen sich die Physik und Chemie befasst. Daher ist es ebenso unmöglich, die Biologie in die Physik mit einzubeziehen, wie es unmöglich ist, die Physik in die Geometrie einzubeziehen."[8]

Der modernen Biologie ist es gelungen, eine große Anzahl von biologischen Wirkzusammenhängen auf physikalisch-chemische Prozesse zurückzuführen. Insbesondere scheint nirgends im Tier- oder Pflanzenreich eine „Lebenskraft", die zusätzlich zu den physiko-chemischen Kräften wirkt, zur Beschreibung notwendig zu sein. Es ist zu vermuten, dass sich die Funktionsweisen von immer mehr biologischen Phänomenen und Prozessen mit Hilfe von physikalisch-chemischen Modellen erklären lassen werden. Auch die Biologie ist von den Gesetzmäßigkeiten der unbelebten Natur durchdrungen, baut auf ihnen auf. Sie unterscheidet sich aber von den übrigen Naturwissenschaften durch einige Besonderheiten. Um diese in der nötigen Schärfe herauszuarbeiten, wollen wir die in Kap. 9.1 beschriebenen Charakteristika der Evolutionstheorie hier in einem stärker wissenschaftstheoretischen Rahmen diskutieren.

Die Untersuchungsobjekte der Biologie sind in einem historisch einmaligen, nicht reproduzierbaren Wechselspiel aus Zufällen und Notwendigkeiten entstanden, und sie entwickeln sich ständig weiter. Lebewesen besitzen die Fähigkeit zur Autoreproduktion, zur Selbsterhaltung und -regulation, zu programmgesteuertem Wachstum und organischer Differenzierung. Sie verändern sich auf der Ebene des Genotyps ebenso wie auf der des Phänotyps – sämtlich Eigenschaften, die unbelebte Materie nicht kennt. Dabei haben lebende Organismen eine unglaubliche Komplexität hervorgebracht, die sich einerseits in den vielfach miteinander verwobenen Prozessen in jedem einzelnen Lebewesen und andererseits in den Wechselbeziehungen der verschiedenen Organismen in einem Lebensraum widerspiegelt. In jedem Organismus existiert eine Vielzahl hierarchischer Ebenen, die miteinander Steuerungsmechanismen unterliegen, die im genetischen Code fixiert sind. Dieser genetische Code unterliegt zugleich evolutionärem Wandel, da die Populationen ihrer Träger ständig wechselseitigem evolutivem Druck ausgesetzt sind. Das Interessante daran ist, dass die Grundstruktur des genetischen Codes in der ganzen lebenden Welt, vom einfachsten Mikroorganismus bis hin zu den

---

[8]Mayr (1984), S. 43.

höchsten Lebewesen, identisch ist. Dies liegt daran, dass einerseits alle Lebewesen miteinander verwandt sind, da sie von dem gleichen Urahn abstammen, und dass andererseits die biologische Evolution konservativ ist, d. h. sie bewahrt erfolgreiche Strukturen wie etwa die Fixierung des genetischen Code in DNA-Strängen. Der genetische Code vermittelt dem einzelnen Organismus sowohl innerorganismische Prozesse als auch Verhaltensweisen in Bezug auf dessen Umwelt. Diese Verhaltensweisen sind auf die Erreichung überlebensdienlicher Ziele ausgerichtet, man sagt auch, sie sind *teleonomisch*. Hierunter versteht man die programmgesteuerte, kausal erklärbare Zweckmäßigkeit biologischer Systeme; sie ist abzugrenzen von bewusst zielgerichtetem, menschlichem Handeln, das man als *teleologisch* bezeichnen kann. Die Biologie hat sich von der Idee verabschiedet, der Natur eine vorgezeichnete Zweckmäßigkeit zu unterstellen. Das scheinbar zielgerichtete Verhalten von Organismen wird hervorgerufen durch vielschichtige, sich wechselseitig regulierende biochemische Prozesse. Zum Begriff der Evolution gehört also auch die Existenz geschichtlich entstandener Programme, die Organismen teleonomische Prozesse ermöglichen und zu Anpassungsleistungen führen. Solche Programme sind der unbelebten Welt gänzlich unbekannt.

Die komplexe hierarchische Verschachtelung dieser Prozesse führt zur Emergenz von Eigenschaften und damit zu qualitativ Neuartigem. Vom Zellkern über die Zelle, Gewebe, einzelne Organe, den individuellen Organismus bis hin zu Populationen, Spezies, Ökosystemen und letztlich dem Gesamtökosystem Erde treten ständig und überall neue Strukturen, Eigenschaften und Gesetzmäßigkeiten auf. Diese selbstorganisierte Komplexität übersteigt um viele Größenordnungen alles, was in der unbelebten Welt auftritt.[9] Hierzu gehört auch, dass jeder einzelne Organismus in seiner Ontogenese nicht nur umweltabhängig ist, sondern auch umweltverändernd. Er nimmt über sein Verhalten, seinen Stoffwechsel und Informationswechsel Einfluss auf die Phylogenese seiner und anderer Arten. Der Mensch als besonders erfolgreiche Spezies macht immer wieder die Erfahrung, dass dies auch auf ihn zutrifft.[10]

Inwieweit sind dies nun Besonderheiten, die die Biologie vor anderen Naturwissenschaften auszeichnet? Schließlich hat es etwa auch die Kosmologie mit der historisch einzigartigen und nicht reproduzierbaren Entwicklung des Universums zu tun; auch die Geologie erforscht historisch einmalig entstandene Gesteinsschichten und den Aufbau der Erdkruste, die sich aus gegenseitig wechselwirkenden Kräften erklären lässt. Und die Meteorologie hat mit solch komplexen Systemen von

---

[9]Selbstorganisierende, komplexe Systeme treten zwar auch in der unbelebten Natur auf, sie sind jedoch nicht selbstreproduzierend. Selbstorganisierende Systeme können enorme hierarchische Komplexität besitzen – sie befinden sich zwischen perfekter Ordnung (wie bei Kristallen) und absolut zufälligem Chaos (wie etwa bei völlig durchmischter Materie). Zum informationstheoretischen Verständnis biologischer Systeme vergleiche auch Coveney und Highfield (1994).

[10]Paläontologen einer fernen Zukunft werden vielleicht das Artensterben, das die industrialisierte Menschheit unserer Zeit verursacht, mit den Faunenschnitten (dem gleichzeitigen Aussterben vieler Spezies) nach mittleren Asteroideneinschlägen vergleichen. Dies schafft ökologische Nischen für neue Arten, die zu besetzen es allerdings noch zigtausende von Jahren dauern wird.

Luftströmungen zu tun, dass jeder Wetterbericht über mehr als ein paar Tage eher eine Wette als eine Vorhersage ist. Mit Komplexitätsproblemen hat auch die Klimaforschung zu tun.

Historizität, Komplexität und Einmaligkeit sind also keine Alleinstellungsmerkmale der Biologie. Was die Biologie auszeichnet, ist der zweistufige, informationsübertragende und informationserzeugende Prozess der Evolution, bei dem in einem ersten Schritt ein neuer Organismus mit einer bestimmten genetischen Ausstattung auf die Welt kommt, und bei dem dann in einem zweiten Schritt die Umwelttauglichkeit und Fortpflanzungsfähigkeit des neuen Organismus auf die Probe gestellt wird. Dies bedeutet, die Angepasstheit eines Organismus lässt sich daran messen, ob er zum Genpool der nächsten Generationen seiner Population einen Beitrag leistet.[11] Sowohl beim ersten Schritt der genetischen Neuausstattung eines Organismus als auch beim zweiten Schritt der Selektion ist ein Wechselspiel aus Zufall und Notwendigkeit zu beobachten. Weder darf das neue Genom zu zufällig variiert sein (dann bestünde kaum eine Hoffnung auf lebensfähigen Nachwuchs), noch darf es zu starr sein (dann fehlen die Entwicklungsmöglichkeiten bei sich verändernden Umweltbedingungen).

Auch die Selektion trägt Züge von Zufall, doch über längere Zeiträume und Generationenfolgen hin führen Selektionsdrücke mit einer gewissen Notwendigkeit, bzw. großer Wahrscheinlichkeit zur Entwicklung bestimmter Eigenschaften. So hat sich etwa das Auge ungefähr vierzigmal unabhängig voneinander in verschiedenen Tierspezies entwickelt. Auch die Stromlinienform von Fischen und Vögeln ist der Fortbewegungsart in ihrem Medium geschuldet.

Eine weitere Besonderheit lebender Organismen besteht in ihrer Ausrichtung auf die Zukunft. Um überleben zu können, müssen die Regelmechanismen im Organismus in Hinsicht auf Fortpflanzungs- und Entwicklungsmöglichkeiten auf die Zukunft hin gestaltet sein. Diese Zukunftsfähigkeit ist der unbelebten Natur völlig fremd. Der Philosoph Helmuth Plessner drückt dies folgendermaßen aus:

> „Alles Lebendige überhaupt, ob Pflanze oder Tier, *ist* seine Vergangenheit – auf eine an sich durch den Zukunftsmodus, d. h. rückläufig, *vermittelte* Weise. Darin liegt der Unterschied zu den unbelebten Gebilden. Ein Mineral, ein Berg, eine ganze Landschaft sind auch ihre Vergangenheit, aber sie werden unmittelbar von ihr gebildet, sie bestehen aus ihr. Das Lebendige ist dagegen mehr als nur das, was es gewesen ist. Denn es ist das Seiende, das ihm vorweg ist."[12]

Dies bedeutet, die Gegenwart alles Lebendigen ist auf die Zukunft hin entworfen – natürlich ist das hier nicht in einem kreationistischen, vitalistischen oder sonstigen teleologischen Sinn gemeint. Die Historizität von Lebewesen erschöpft sich nicht im Präsens. Der Grund hierfür liegt darin, dass sich in der Jahrmilliarden dauernden Evolution diejenigen biomolekularen Strukturen im genetischen Code durchgesetzt

---

[11]Er muss sich hierzu nicht einmal selbst fortpflanzen. Indem er dem Überleben seiner Population dienlich ist, schützt er verwandte Gene vor dem Aussterben. Dies wird als *inklusive Fitness* bezeichnet. In der *Soziobiologie* werden hiermit unter anderem altruistische Phänomene diskutiert.
[12]Plessner (1981), S. 351.

haben, die eine komplex regulierte, zukunftsfähige Entwicklung erlauben – auch wenn hiermit keineswegs garantiert ist, dass neue Arten dann nicht doch irgendwann wieder aussterben. Diese Zukunftsgerichtetheit befördert die Erhaltung von Individuen und Arten durch komplex gesteuerte Regulationsprozesse; sie unterliegt dabei natürlich immer dem Diktat der Umwelt bei Reproduktion und Selektion. In ihr drückt sich der gewaltige Informationsgehalt biologischer Information aus, die in den Genpools der unterschiedlichen Arten gespeichert ist. Da jede Art von den anderen Arten ihres Ökosystems abhängt, ist es also auch das Zusammenspiel all dieser Informationen und ihrer ontogenetischen Entfaltung, das die Besonderheit jedes Ökosystems ausmacht.

Die Begriffsbildung in der Biologie ist bereits so weit fortgeschritten, dass sie Millionen unterschiedlichster Spezies taxonomisch erfassen und klassifizieren kann. Ein weiterer grundlegender Begriff der Biologie ist also derjenige der *Spezies*; zu ihm gibt es unterschiedliche Definitionen. Früher war der Artbegriff morphologisch definiert. Heute wird eine Spezies zumeist als die Gesamtheit der untereinander fortpflanzungsfähigen, einzigartigen Individuen angesehen, die in einer oder mehreren Populationen existieren können. Nun gibt es aber zu jeder Begriffsdefinition von „Spezies" oder „Leben" Grenz- oder Streitfälle, die nicht in das sonst hervorragend funktionierende Raster passen. So herrscht in der Zunft der Biologen immer noch Streit darüber, ob Viren zu den Lebensformen gerechnet werden können oder nicht. Einerseits lassen sie sich kristallisieren, denn sie bestehen aus nichts weiter als genetischem Material, von einer Hülle umgeben. Sie besitzen keinen Stoffwechsel. Andererseits können sie sich von einer Wirtszelle reproduzieren lassen und unterliegen hierbei auch Mutationen, erfüllen also zumindest einen Teil der zum Leben gehörenden Bedingungen. Bakterien oder Archaeen wiederum, die keinen Zellkern besitzen, lassen sich nicht auf herkömmliche Weise als Art bezeichnen. Sie vermögen untereinander Genmaterial auszutauschen, denn sie besitzen nicht die genetischen Isolationsmechanismen, die bei geschlechtlich fortpflanzenden Lebewesen einen solchen Gentransfer verhindern. Es lassen sich bei allen zellkernlosen Prokaryoten folglich keine strengen Arten bestimmen wie bei höher entwickelten, einen Zellkern besitzenden Eukaryoten. Da Eukaryoten aus symbiotisierenden Prokaryoten hervorgegangen sind, ist also die Entstehung des Lebens bis zu dieser Schwelle nicht mit dem herkömmlichen Artbegriff zu klären. Dann wiederum gibt es Schwarmwesen wie Bienen, Ameisen oder Termiten, die nicht als Einzelwesen existieren können, sondern bei denen die hochkomplexe Gemeinschaft genetisch und verhaltensmäßig als Ganzes wie ein Organismus agiert. Auch hier ist eine Definition nicht einfach, denn das Verhältnis von Individuum zur Population und zum Genmaterial ist ein anderes als bei anderen Tierarten. Häufig wird deshalb der ganze Schwarm als *Super-Organismus* beschrieben.

Die Biologie ist also interessanterweise aufgrund der zunehmenden Abstrahierung ihrer Begriffe und Weiterentwicklung ihrer Methoden ähnlich wie die Physik bei terminologischen Problemstellungen angelangt, die tiefliegende wissenschaftstheoretische und philosophische Fragen aufwerfen. Wird in der Physik der Begriff der Materie unscharf, so lässt in der Wissenschaft vom Leben sogar der Begriff des Lebens unterschiedliche, inkompatible Deutungen zu, die unterschiedlichen

Fragestellungen angemessen sind. Und dies, obwohl unsere Intuition uns bei Lebendigem generell enorm zuverlässig informiert. – Zum Begriff des Lebens sollte aber noch angemerkt sein, dass er nicht nur als abstrakter, so oder anders definierbarer, naturwissenschaftlicher Begriff für uns eine Rolle spielt. Unser Verständnis von Leben geht weit über die naturwissenschaftlich darstellbaren Aussagen hinaus und berührt unsere tiefsten moralischen und ästhetischen Werte. Man sollte daher stets berücksichtigen, dass der Begriff „Leben" ein übergreifender Begriff ist, dessen objektivierbare Seite naturwissenschaftlich von der Biologie erforscht wird, während seine anderen Seiten im täglichen Leben durchspielt werden.

Die bisherige Diskussion zusammenfassend lässt sich also sagen, dass die Besonderheit lebender Organismen in dem zweistufigen, spezifisch biologischen Prozess der Evolution besteht, der in einer historisch einmaligen Abfolge zu einer riesigen organismischen Vielfalt geführt hat. Er unterscheidet auch Lebewesen von den autokatalytisch ablaufenden, chemischen Vorläuferprozessen des Lebens. In diesem evolutionären Zusammenspiel von Zufällen und Notwendigkeiten verändert sich die genetische Information, während die durch den genetischen Code entstehenden Organismen Einfluss auf ihre Umwelt nehmen und dadurch ihrerseits die Rahmenbedingungen ihrer eigenen Existenz verändern. Hierdurch entstehen vielschichtig miteinander verwobene Komplexitätsebenen. Die durch den historisch erworbenen genetischen Code gesteuerte, selbstorganisierte Komplexität hat auf allen hierarchischen Ebenen zu zahlreichen qualitativ neuen Eigenschaften geführt, die den besonderen Reichtum der Biologie ausmachen.

Doch gilt es näher zu betrachten, inwieweit diese Besonderheiten der Biologie wirklich auch eine Eigenständigkeit gegenüber Physik und Chemie begründen. Hierzu wollen wir zunächst die Rolle der Evolutionsbiologie erläutern und im Anschluss daran jene der Information und der Randbedingungen im Vergleich zu Physik und Chemie. Eine weitere Besonderheit biologischer Systeme, nämlich die Fähigkeit zu Wahrnehmung, Bewusstheit und psychischen Zuständen, die zweifelsohne selektive Vorteile gewähren, sei an dieser Stelle außen vor gelassen. Fragen nach dem Verhältnis von Naturwissenschaft und Psyche werden wir in den nachfolgenden Unterkapiteln aufgreifen.

11.2.3 Funktionale Biologie und Evolutionsbiologie

Eine für die Philosophie der Biologie äußerst wichtige Unterscheidung ist diejenige zwischen der funktionalen Biologie und der Evolutionsbiologie. Nicht zuletzt Ernst Mayr hat wiederholt auf die völlig unterschiedlichen Erklärungsprinzipien in diesen beiden Hauptzweigen der Biologie hingewiesen. Die *funktionale Biologie* oder *Funktionsbiologie* beschäftigt sich mit der Wirkungsweise und den wechselseitigen Beziehungen in biologischen Strukturen, angefangen von den Molekülen über intra- und interzelluläre Wechselwirkungen bis hin zu vollständigen Organismen. Die Funktionsbiologie erforscht die physikalischen und chemischen Kausalketten, die die Entwicklung und das Verhalten eines Organismus steuern. Aufgrund der unglaublichen Komplexität und der ebenso unglaublichen Vielfalt von Organismen kann die Funktionsbiologie niemals eine vollständige Beschreibung der belebten Natur zu geben hoffen; doch liefert sie ein immer tiefer gehendes Verständnis der Funktionsweise von Lebewesen.

Die *Evolutionsbiologie* hingegen befasst sich mit der Entwicklung von Arten, mit unterschiedlichen Selektionsdrücken und Aufspaltungsprozessen in Unterarten, mit der geschichtlichen Entwicklung und den hierdurch hervorgerufenen qualitativ neuartigen Strukturen. Die Evolutionsbiologie besitzt einen eher holistischen, deskriptiven und qualitativen Charakter, während die funktionale Biologie stärker reduktionistischer, experimenteller und quantitativer Art ist. In der biologischen Forschung sind diese beiden Herangehensweisen natürlich häufig durchmischt; sie befruchten sich gegenseitig. Das verbindende Element ist die darwinsche Evolutionstheorie.

Beiden Arten von Biologie ist ein unterschiedlicher Typ von Kausalität zu eigen. Die funktionale Biologie bemüht sich um den Nachweis physiko-chemischer Kausalketten, die ausgehend von bestimmten Ereignissen das weitere Geschehen im Organismus bestimmen. Es handelt sich sozusagen um eine *physiko-chemische Aufwärtskausalität*. Im Gegensatz hierzu erklärt die Evolutionsbiologie die Artentwicklung anhand von Selektionsdrücken, die im Lauf der Generationenfolgen auf den genetischen Code und somit auf die biochemischen Abhängigkeiten der funktionalen Biologie zurückwirken. Sie benutzt dabei folglich einen historischen Begriff von Kausalität, den man *evolutive Abwärtskausalität* nennen kann. Die Ursachen der funktionalen Biologie sind unmittelbarer Natur, diejenigen der Evolutionsbiologie sind mittelbar: „Unmittelbare Ursachen haben mit dem Entschlüsseln des Programms eines gegebenen Individuums zu tun; evolutionäre Ursachen haben mit den Veränderungen genetischer Programme im Laufe der Zeit und mit den Gründen für diese Veränderungen zu tun."[13]

Während die funktionale Biologie davon lebt, möglichst weitreichende reduktionistische Erklärungsmuster für das organismische Geschehen zu finden, sind reduktionistische Aussagen für den Evolutionsbiologen oftmals völlig irrelevant. So antwortet vielleicht ein funktionaler Biologe auf die Frage, warum manche Vögel im Winter in wärmere Gebiete ziehen, dass durch das Kürzerwerden der Tage und die zunehmende Abkühlung der Umgebungstemperaturen hormonelle Prozesse in Gang kommen, die das genetisch gesteuerte Zugprogramm in Bewegung setzen. Dies sind die direkten Ursachen für das Zugverhalten eines bestimmten Vogels. Ein Evolutionsbiologe hingegen antwortet auf die selbe Frage mit dem Hinweis, dass es eben für eine Vogelart, die bestimmte Insekten frisst, zwingend erforderlich ist, in wärmere Gefilde zu ziehen, da sie den Winter sonst nicht überleben könnte. Das Zugverhalten hat sich also in Anpassung an äußere Selektionsdrücke entwickelt und ist abhängig vom Ernährungsverhalten und der bevorzugten Beute bestimmter Vogelarten.[14]

---

[13] Mayr (1984), S. 57.

[14] Es lassen sich auch noch weitere Arten biologischer Ursachen für das Vogelzugverhalten aufzählen, siehe Mayr (1988), S. 27 f.

Die Antwort der funktionalen Biologie erklärt also das biochemische Wie des Vogelzugverhaltens, nicht aber sein evolutionäres Warum, auf welches wiederum die Evolutionsbiologie eine Antwort gibt, ohne das Wie erklären zu können. An diesem einfachen Beispiel wird sehr schön deutlich, wie funktionale Biologie und Evolutionsbiologie zusammenarbeiten müssen, um biologische Phänomene aufklären zu können. Es wird auch sichtbar, dass sich bestimmte Fragen in der Biologie mit rein physikalisch-chemischen Begriffen nicht sinnvoll beantworten und ebenso wenig deduktiv-kausal ableiten lassen. Historische Abfolgen von Artevolution und Populationsdynamiken lassen sich nur durch Schlussfolgerungen rekonstruieren, die auf einzelne Beobachtungen gestützt und nicht experimentell reproduzierbar sind. Dieses Doppelspiel *funktionaler* und *evolutionärer* Erklärungen zeigt sich an vielen Stellen in der Biologie – in der Ethologie spricht man etwa von den *proximaten* und *ultimaten* Ursachen von Verhalten.

Reduktionisten übersehen häufig diese entscheidende Rolle der Evolutionsbiologie und werten Fortschritte in der funktionalen Biologie als Hinweis auf die mögliche Reduktion der Biologie auf Physik und Chemie. Die funktionale Biologie, zu der man in weitem Sinne auch die Neurophysiologie rechnen kann, beruht geradezu auf dem Paradigma, möglichst viele biologische Phänomene physiko-chemisch zu erklären. Dementsprechend ist der Anteil an Reduktionisten unter funktionalen Biologen wesentlich höher als unter Evolutionsbiologen, unter denen holistisches Denken viel stärker verbreitet ist. Da die Begrifflichkeiten der Evolutionsbiologie aber für die Biologie essenziell sind und die Biologie aus einem Wechselspiel zwischen funktionaler Biologie und Evolutionsbiologie besteht, d. h. aus dem Wechselspiel zwischen der Erforschung verursachender Prozesse und der Erforschung der Entwicklung von Organismen und Ökosystemen, lässt sich auf keine der beiden verzichten, ohne die Biologie als Wissenschaft zu verstümmeln.

Ein wirklich konsequenter Reduktionismus, der sich auf die funktionale Biologie zu beschränken sucht, hat also mit immensen Problemen zu kämpfen. Dabei seien einem solchen Reduktionismus sogar alle möglichen emergenten Eigenschaften zugestanden, wie ihn zum Beispiel der systemtheoretisch erweiterte Physikalismus der Evolutionären Erkenntnistheorie fordert. Denn einerseits hat es die Biologie mit so unzählig vielen historisch einmaligen Gegebenheiten zu tun, die ständig noch in Organismen weiterwirken, da sie ja im genetischen Code bewahrt sind. Und andererseits ist die Entwicklung dieses genetischen Codes auch nicht aus noch so vielen Umweltvariablen ablesbar. Die Tendenz zum Zugverhalten bei Vögeln lässt sich nicht physiko-chemisch ableiten. Manche Vogelarten bleiben ortstreu und stellen ihre Ernährung und ihren Stoffwechsel um und legen sich ein dichteres Gefieder und mehr Körperfett zu. Die Frage, warum einige Vogelarten diesen und andere einen anderen Weg der Entwicklung eingeschlagen haben, lässt sich nicht rein funktional erklären. Denn ihre Beantwortung schließt nichtreproduzierbare Wechselwirkungen innerer und äußerer Zufälle und Notwendigkeiten mit ein, die sich zu bestimmten Zeiten an bestimmten Orten ereignet haben. Damit sind wir bei der Rolle der Rahmen- oder Randbedingungen für die Reflexion über die Eigenständigkeit der Biologie angelangt.

11.2.4 Die leidige und wunderbare Kontingenz in der Biologie

Eine systemtheoretisch-physikalistisch-reduktionistische Herangehensweise, wie sie die Evolutionäre Erkenntnistheorie fordert, vermag durchaus die funktionale Seite der Biologie zu erhellen. Aber selbst wenn die Aufklärung der physiko-chemischen Wirkketten in lebenden Organismen jemals vollständig sein sollte, so bliebe doch die Frage offen, woher all die verschiedenen Arten auf unserem Planeten stammen, warum die Evolution gerade diesen und nicht jenen Weg eingeschlagen hat und welche besonderen Bedingungen die Entstehung des Lebens überhaupt möglich machten. Dies sind spezifisch biologische Fragen, die man der Biologie schwerlich absprechen kann. Ihre Beantwortung hängt an Randbedingungen, die zu bestimmten Zeiten an verschiedenen Orten vorgelegen haben. Systemtheoretische Betrachtungen können die evolutionsbiologische, beobachtende und klassifizierende Herangehensweise an diese Fragen nicht ersetzen; denn sie vermögen zwar das Zusammenspiel von verschiedenen Strukturen und die Emergenz neuer Systemeigenschaften zu erklären, aber nicht die entscheidende, die jeweilige Zukunft bestimmende Kontingenz, die im Vorliegen eben der Randbedingungen besteht, wie sie faktisch den Gang der Dinge bestimmt haben.[15]

Eine Reduktion der Biologie auf die Physik und eine eventuelle Systemtheorie wird also insbesondere deshalb nie vollständig sein können, weil die historisch-evolutionäre Komponente der Biologie, wie sie durch die Zufälle von Mutation und Selektion bedingt ist, von Randbedingungen abhängt, auf die wir keinen Zugriff (mehr) haben. Dies macht dem Biologen einerseits die Arbeit so schwer, beschert ihm aber andererseits auch den unerschöpflichen Reichtum an Untersuchungsgegenständen. Aus diesem Grund müssen Erklärungen in der Biologie immer auch die evolutionsbiologische Herangehensweise berücksichtigen. Dazu gehören all die inneren und äußeren Zwänge und Wahrscheinlichkeiten für die Entwicklung der Individuen, die sich dann auch in der Entwicklung der Arten niederschlagen.

Nun könnte man entgegnen: Wir kennen zwar nicht all diese einzelnen Randbedingungen, aber prinzipiell können wir doch die natürlichen Phänomene anhand der physikalisch-chemischen Gesetzmäßigkeiten beschreiben. Doch dies impliziert bereits ein Vorverständnis von Leben: Denn auch vor dem Hintergrund eines durchweg naturgesetzlich erklärbaren Universums sind gerade die kontingenten Randbedingungen entscheidend für die Entstehung und Weiterentwicklung des

---

[15]Dieses Argument trifft natürlich auch auf die Erklärung der kosmischen Evolution zu, die sich etwa in der Verteilung der Materie im Universum oder der spezifischen Häufigkeit schwerer Elemente bemerkbar macht. Der Physik geht es aber um prinzipielle Gesetzmäßigkeiten und weniger um den Einzelfall. In der Biologie ist es allerdings der Einzelfall, dem aufgrund seiner evolutiven Rückkopplung mit dem Gesamtsystem die Bedeutung zukommt. Natürlich kennt auch die Biologie übergreifende Strukturzusammenhänge, etwa die Form der Codierung genetischer Information in einer Doppelhelix der DNA. Das Auftreten dieses Zusammenhanges ist aber wiederum bestimmten Faktoren geschuldet, die sich historisch zu einem bestimmten Zeitpunkt als evolutionär vorteilhaft herausgestellt und durchgesetzt haben.

Lebens. Die Abstraktion von ihnen verstellt uns den Blick auf das, was wir als lebendige Wesen eben unter Leben verstehen. Es gibt also einen entscheidenden epistemischen Unterschied zwischen der Biologie auf der einen und der Physik und Chemie auf der anderen Seite – wobei die Biochemie und Biophysik hier als unscharfe Grenzgebiete zwischen Physik, Chemie und funktionaler Biologie anzusiedeln sind. Seine Ursache liegt darin, dass bei Lebewesen die in Jahrmilliarden erzeugte, erprobte und überlieferte Information, die im Genom kodiert ist, in ständiger Wechselwirkung mit der Umwelt und in irreversibler Weiterentwicklung begriffen ist.

Auch in Physik und Chemie gibt es historische Prozesse, wie etwa die chemische Evolution der Elemente. Diese tragen allerdings keine programmsteuernden Informationen in sich. Deswegen spielt bei Erklärungen, bei denen wir es mit biologischen Phänomenen zu tun haben, immer der Informationsgehalt der Randbedingungen, wie er nicht nur in der Umwelt eines Organismus, sondern auch im genetischen Programm vorliegt, eine entscheidende Rolle. Vom evolutionären Informationsgehalt des genetischen Codes kann aber auch die funktionale Biologie nicht abstrahieren, denn er ist ihr Ausgangspunkt. Sie kann lediglich darauf verzichten, ihn zu hinterfragen, wenn sie von ihm ausgehend die physiko-chemischen Wirkketten erforscht. In ihm ist schließlich die Erfahrung von Jahrmilliarden organismischer Evolution enthalten; er ist das kondensierte Substrat aller biologischen Aktivität.

Wie der Naturforscher und Wissenschaftstheoretiker Bernd-Olaf Küppers in einer umfangreichen informationstheoretischen Herleitung zeigen konnte, kann man den Unterschied zwischen biologischen und physikalischen Randbedingungen sehr gut so fassen, dass erstere „keine untergeordnete Rolle mehr [spielen], sondern sie rücken selbst in das Zentrum der Erklärung, werden somit selbst zum Explanandum."[16] Dies ergibt sich aus dem unauflösbaren, rückgekoppelten Bezug biologischer Selbstorganisationsprozesse.

> „Naturgesetzlich erklären lässt sich daher nur das ‚Dasein' biologischer Strukturen, nicht aber ihr ‚Sosein'. Das ‚Sosein' spiegelt die historische Einzigartigkeit lebender Systeme wider und entzieht sich prinzipiell einer naturgesetzlichen Beschreibung. Dies bedeutet: Der Ursprung biologischer Information lässt sich zwar als *allgemeines* Phänomen erklären, die biologische Information ist jedoch nicht in ihrem konkreten Inhalt aus den Gesetzmäßigkeiten der Physik und Chemie ableitbar."[17]

Unter „Dasein" ist etwa auf mikrobiologischer Ebene die allgemeine chemische Struktur der DNA zu verstehen, unter „Sosein" die spezifische Anordnung der kodierenden Aminosäuren. Auf makroskopischer Ebene könnte man allgemein

---

[16]Küppers (1986), S. 241. In Physik und Chemie sind die Randbedingungen üblicherweise vorgegeben; ihre Kenntnis gestattet es, anhand der Naturgesetze die weitere Entwicklung des Systems zumindest der Wahrscheinlichkeit nach vorherzusagen. Randbedingungen liefern also eine Erklärung für die zeitliche Entwicklung der beobachteten Prozesse und sind dementsprechend ein Explanans – im Gegensatz zu dem, was erklärt werden soll, dem Explanandum.

[17]Ebenda, S. 261. Die Irreduzibilität biologischer Phänomene auf die Physik und Chemie hat Michael Polanyi anhand des Informationsbegriffs noch schärfer formuliert: „All objects conveying information are irreducible to the terms of physics and chemistry." Polanyi (1967), S. 56.

anführen, warum etwa in bestimmten Klimazonen bestimmte Pflanzen- und Tiergattungen bevorzugt existieren. Damit ist aber eben nicht erklärt, warum auf verschiedenen Galapagosinseln sich so unterschiedliche Vogel- und Schildkrötenarten herausgebildet haben oder warum auf dem ebenfalls isoliert gelegenen Madagaskar genau diese Lemuren und jene Chamäleons entstanden sind.[18]

Wissenschaftstheoretisch ließe sich dem hinzufügen, dass eine systemtheoretische Beschreibung eines extrem komplexen Systems, das in fortlaufender Veränderung begriffen ist, das keine stabilen Attraktoren besitzt und bei dem jeder Zufall wiederum auf das Gesamtsystem zurückwirken kann, keine reduktionistische Gesamtschau liefern kann; schon gar nicht von Agenten, die Teil des Systems sind. Denn zur vollständigen Beschreibung eines solchen Systems reichen die Prinzipien, nach denen es sich organisiert, nicht aus; vielmehr stehen sein historisch gewordener Ist-Zustand und die Möglichkeiten zukünftiger Entwicklung im Zentrum des Interesses.

11.2.5 Partielle Reduzierbarkeit

Das biologische Vokabular und die physikalisch-chemischen Begriffe lassen sich also zwar in vielen Fällen miteinander korrelieren und in fruchtbare funktionale Zusammenhänge bringen. Doch ist die Begrifflichkeit der Biologie dergestalt, dass sie nicht zur Gänze in Physik und Chemie aufgeht. Eine reduktionistische Herangehensweise an die Phänomene der Biologie kann immer nur partiell erfolgreich sein und immer nur bestimmte Kausalketten erfolgreich beschreiben, bei denen man von den evolutionsbiologischen Fragen abstrahiert. In diesem Vorgehen liegt auch eine Stärke, denn dies ermöglicht den Gewinn vieler neuer Erkenntnisse, die durch die fortgehende Weiterentwicklung physikalischer und chemischer Experimentiertechniken und Theorien möglich geworden sind. Eine solch reduktionistische Methode spiegelt allerdings nur einen Teil der Biologie wider. Sie besitzt ihre Existenzberechtigung nur als Teil der gesamtbiologischen Methodik, zu der die Evolutionsbiologie eben auch dazugehört.

Damit muss jedes reduktionistische Programm, auch das der Evolutionären Erkenntnistheorie, an dieser Stelle aufgeweicht werden. Denn selbst wenn es sich als möglich erweisen sollte, alle möglichen Einzelanalysen von Lebewesen anhand von biochemischen Prinzipien durchzuführen, die sich ihrerseits zumindest näherungsweise aus physikalischen Gesetzen ableiten lassen, so entzieht sich dieser Betrachtungsweise folglich das spezifisch Biologische. (Ganz abgesehen von den bereits angesprochenen prinzipiellen Schwierigkeiten, die Chemie aus

---

[18]Sowohl auf den vulkanisch mitten im Ozean entstandenen Galapagosinseln als auch auf Madagaskar, das sich vor vielen Millionen Jahren vom afrikanischen und indischen Festland abgetrennt hat, finden sich viele biologisch äußerst wichtige Studienobjekte. Dort lässt sich auf begrenztem Raum das Wirken der Evolution in besonderer Weise nachvollziehen, da die Natur sich frei von äußeren Einflüssen über sehr lange Zeit entwickeln konnte. Für Biologen sind diese Inseln deshalb so etwas wie „Labore der Evolution".

physikalischen Prinzipien ableiten zu wollen.) Zwar lassen sich einzelne Lebewesen stets aus ihrem Lebenszusammenhang herausnehmen, betrachten, sezieren und analysieren sowie ihr Erbgut und ihre Verwandtschaftsverhältnisse aufklären. Doch nur in den vielfältigen, sich immer wieder ändernden und dann wieder für gewisse Zeit stetig bleibenden ökologischen Beziehungen zu anderen Tieren und Pflanzen der eigenen und anderer Spezies vollzieht sich der Kreislauf des Lebens und mit ihm die Evolution. Diese Erkenntnis gehört zu den Grundeinsichten der Biologie. Das bedeutet, dass die Biologie einerseits in Einklang mit Physik und Chemie steht, andererseits eine völlig eigenständige, nicht reduzierbare Wissenschaft ist. Um das reduktionistische Programm durchführen zu können, müsste man also die evolutionsbiologischen Fragestellungen der Biologie aufgeben und durch rein physikalisch-chemische ersetzen. Dann allerdings hätte man die Biologie nicht reduziert, sondern abgeschafft.

11.3   Leib, Seele und der Zusammenhang

Das Verhältnis von Körper und Geist thematisiert die Evolutionäre Erkenntnistheorie anhand der evolutionär-systemtheoretischen Identitätstheorie. Da diese im Wesentlichen ein Programm darstellt, das heuristischen Charakter besitzt und das in dieser oder ähnlicher Form auch von vielen Neurowissenschaftlern geteilt wird, kann eine Kritik an ihr nicht hoffen, allzu viele einzelwissenschaftliche Ergebnisse anbringen zu können. Vielmehr ist die Frage zu stellen, inwiefern ein derartiges Programm auch in einem breiteren Rahmen Sinn macht, ob seine Postulate gerechtfertigt sind, inwieweit seine Analogien greifen und welchen Beschränkungen es unterliegt. Eine solche Diskussion ist allein schon deswegen notwendig, weil die interessante Entwicklung der Philosophie des Geistes in den letzten Jahrzehnten zu zahlreichen neuen Resultaten und Problemstellungen geführt hat, deren Kompatibilität mit der von der Evolutionären Erkenntnistheorie vertretenen Identitätstheorie mitunter fragwürdig erscheint. Da diese Problemstellungen nicht nur in der kontemporären Philosophie des Geistes im Fokus stehen, sondern auch im dritten Teil dieser Abhandlung noch von großer Wichtigkeit sein werden, werden wir die Diskussion in diesem Unterkapitel in größerer Allgemeinheit führen und erst gegen Ende hin spezifisch auf die Evolutionäre Erkenntnistheorie anwenden.

Zu diesem Themenkomplex gehören Fragen, die sich auf die Phänomenalität des menschlichen Bewusstseins beziehen und die in der Qualia-Debatte diskutiert werden, ebenso wie Betrachtungen zur Perspektive der ersten oder dritten Person; außerdem neuere Ausarbeitungen zur mentalen Verursachung und zur psychophysischen Kausalität, die das moderne Bild vom Leib-Seele-Problem bestimmen, und schließlich das Problem der Intentionalität, das tief in die Erkenntnistheorie hineinreicht.

Als *Identitätstheorien* bezeichnet man gemeinhin solche Ansätze zum Leib-Seele-Problem, die eine wechselseitige Zuordnung, bzw. Gleichsetzung neuronaler und mentaler Zustände postulieren. Von diesen gibt es verschiedene Varianten; die von der Evolutionären Erkenntnistheorie favorisierte ist eine systemtheoretisch-materialistische, monistische, evolutionäre Identitätstheorie. Wie andere Identitätstheorien kann auch sie noch keinen Hinweis auf ihre Durchführbarkeit geben, sondern ist stets als offenes Programm, als intuitive Heuristik gedacht. Nun war die Identitätstheorie zur Zeit der Aufstellung der Evolutionären Erkenntnistheorie recht populär. Sie verlor jedoch schon in den 1970er Jahren stark an Rückhalt.[19] Seitdem ist insbesondere im angelsächsischen Raum der *Funktionalismus* populärer geworden, demzufolge mentale Zustände funktionale Zustände sind; unabhängig davon, ob sie nun biologisch oder etwa technisch realisiert sind. Auch die *eliminative Variante des Materialismus* hat seitdem an Verbreitung gewonnen, derzufolge Bewusstsein nur ein Scheinphänomen ist, das es eigentlich gar nicht gibt. Wirklich ist dann nur Physisches im Sinne von physikalisch Beschreibbarem.[20]

In der kontinentaleuropäischen Philosophie ist aus historischer Tradition der eliminative Materialismus weniger präsent. Stattdessen sind, vor allem in jüngerer Zeit, moderne Versionen der Identitätstheorie wieder häufiger anzutreffen. Beide teilen jedoch eine materialistisch-reduktionistische Grundhaltung. So macht sich etwa Michael Pauen stark für eine durch die neuere neurophysiologische Forschung motivierte und präzisierte Fassung einer naturalistischen Identitätstheorie. Man kann diese durchaus als eine zeitgemäße Fortsetzung des von der Evolutionären Erkenntnistheorie geforderten Programms ansehen. Auch Pauen gesteht allerdings ein, der Naturalist sei „darauf angewiesen, dass sich die Identifikation von geistigen mit physischen Prozessen verständlich machen lässt. Dies scheint allerdings nicht ganz einfach zu sein."[21]

Eine moderne und umfassende Variante eines *emergentistischen Materialismus* präsentieren Mario Bunge und Martin Mahner.[22] Ihre dem vollmerschen Ansatz nahestehende Ontologie basiert auf einem materiellen Dingbegriff, weil sie nur Materielles als Substanz zulassen; sie bezeichnen ihren Ansatz deshalb als einen *Substanz-Monismus*. Hinzu treten auf supraphysikalischen Systemebenen jedoch noch weitere Eigenschaften chemischer, biologischer, mentaler und sozialer Natur. Damit gestehen sie neben dem Substanz-Monismus noch einen Eigenschaftspluralismus zu. Sie unternehmen auch den Versuch, eine Interpretation

---

[19]Hier spielten insbesondere modale Argumente von Saul Kripke eine wichtige Rolle, sowie das von Hilary Putnam vorgebrachte und von Jerry Fodor weiter ausgearbeitete *Problem der multiplen Realisierbarkeit*. Dies betrifft die Tatsache, dass der gleiche mentale Zustand durchaus auf unterschiedlichen neuronalen Verknüpfungen beruhen kann. Zur Literatur siehe Kripke (1971, 1980), Putnam (1968) und Fodor (1974).

[20]Im Folgenden wird der Begriff „physisch" je nach Kontext entweder in diesem physikalistischen Sinn gebraucht, oder er bezieht sich schlicht auf Nicht-Psychisches. Dann ist es offen, ob damit physikalisch oder biologisch oder anderweitig objektiv Beschreibbares gemeint ist und ob die objektiven Beschreibungsebenen aufeinander reduzierbar sind.

[21]Pauen (2007), S. 115.

[22]Bunge und Mahner (2004). Man vergleiche die Kritik Hans-Dieter Mutschlers an materialistischen Weltbildern, deren Plausibilität er gerade aus Gründen der naturwissenschaftlichen Methodik abstreitet. Mutschler, der mit seiner Kritik auch Raum für theologische Ansichten zu schaffen sucht, führt aus, dass materialistische Positionen auf Glaubensvoraussetzungen basieren, die keineswegs aus der Naturwissenschaft abzuleiten sind, siehe Mutschler (2014).

der Quantenmechanik in rein materialistischen Begriffen zu liefern und kritisieren zu diesem Zweck folglich die Kopenhagener Deutung. Ihre Analyse berücksichtigt jedoch die interpretativen Schwierigkeiten der Quantenphysik nur unzureichend und kann deshalb insbesondere der Subtilität der Kopenhagener Deutung nicht gerecht werden. Auch ihre Diskussion des Leib-Seele-Problems wirft Fragen auf. Der emergentistische Materialismus von Bunge und Mahner dürfte also, erkenntnistheoretisch gesehen, mit sehr ähnlichen Problemen wie die Thesen Vollmers konfrontiert sein und ebenfalls von den hier entwickelten kritischen Argumenten getroffen werden.

Abgesehen von der innerwissenschaftlichen Diskussion ist zu beachten, dass in der Öffentlichkeit – teilweise aber auch in etlichen mehr oder weniger wissenschaftlichen Texten – mit zunehmender Häufigkeit evolutionäre Argumente für psychische Besonderheiten und Verhaltensanlagen unserer Spezies herangezogen werden. Oft haben diese lediglich holzschnittartigen oder auch nur instrumentalisierenden Charakter und werden grundlegenden kulturanthropologischen und evolutionsbiologischen Erkenntnissen schlichtweg nicht gerecht. Um solchen verfälschenden Vereinnahmungen entgegentreten zu können, muss eine naturwissenschaftlich fundierte Erkenntnistheorie auf der Höhe ihrer Zeit argumentieren; sowohl was den Bezug auf wissenschaftliche Erkenntnisse als auch was die philosophische Reflexion angeht. Auch aus diesem Grund wollen wir in diesem Kapitel nach einer kritischen Erläuterung der evolutionär-systemtheoretischen Identitätstheorie die genannten Fragestellungen der Philosophie des Geistes in angemessener Tiefe darlegen.

Weiterhin werden wir kurz die erkenntnistheoretischen Positionen von Ludwig Boltzmann und Konrad Lorenz skizzieren. Beide sind auf ihre Weise gedankliche Vorläufer der Evolutionären Erkenntnistheorie, unterscheiden sich aber deutlich in ihrer Haltung zum psychophysischen Reduktionismus. Während Boltzmann einen eindeutig materialistischen Reduktionismus vertritt, ist Lorenz nur als Dualist zu bezeichnen.[23] Sowohl bei Lorenz als auch bei Vollmer bildet die Umdeutung der apriorischen geistigen Strukturen im kantschen Sinne in evolutionär entstandene Anschauungsformen den Kern der neuen Erkenntnistheorie. Während Lorenz aber stärker durch das biologische Konzept der Merkwelt Jakob von Uexkülls beeinflusst wurde, spielten bei Vollmer Fragen der Nichtanschaulichkeit relativistischer Effekte und Edmund Husserls Konzept der Lebenswelt eine wichtige Rolle. Im Begriff des Mesokosmos treffen sich also zwei verwandte Gedankenstränge, die gleichwohl aus unterschiedlichen Richtungen kommen: einerseits der Begriff der biologisch-organisch-sensorischen und andererseits derjenige der sozial-historisch-kulturellen Umwelt. Es überrascht nicht, dass auch von Uexküll stark von Kant beeinflusst

---

[23]Es ist eine interessante Begebenheit, dass Gerhard Vollmer, wie er mir in einer privaten Mitteilung versicherte, die einschlägigen Arbeiten Boltzmanns zur Zeit der Aufstellung der Evolutionären Erkenntnistheorie noch gar nicht kannte. Dabei stehen diese seinen Thesen in gewisser Hinsicht erkenntnistheoretisch näher als die gleichwohl sehr viel detaillierter ausgearbeiteten Werke Konrad Lorenz', der Vollmer entscheidend beeinflusst hat.

war und dass die von uexküllschen Theorien ihrerseits sehr aufmerksam durch den Radikalen Konstruktivismus rezipiert wurden, den wir weiter unten noch diskutieren werden.

Die hier erläuterten Punkte der geistesphilosophischen Diskussion spielen aber nicht nur für die Reduktionismusdebatte eine Rolle, sondern auch für die Diskussion im dritten Teil. Unter anderem werden wir dort einen Bezug zu anthropologischen Erkenntnissen herstellen und eine Eingliederung des Leib-Seele-Problems in ein wissenschaftlich fundiertes Weltbild, das über die Biologie hinausgreift, vornehmen. Dies wird auch neues Licht auf einige offene Fragen der hier präsentierten Debatte werfen.

11.3.1 Kritische Erläuterung der evolutionär-systemtheoretischen Identitätstheorie

Zunächst behauptet die evolutionär-systemtheoretische Identitätstheorie die evolutionäre Entstandenheit des menschlichen Bewusstseins und die Relevanz desselben für das Überleben unserer und artverwandter Spezies. Dieser Punkt ist der am wenigsten strittige der vorliegenden Konzeption und eine wesentliche Lehre für jede Art von Erkenntnistheorie. Ab hier beginnt aber auch bereits der programmatische Charakter der evolutionär-systemtheoretischen Identitätstheorie. Denn weder kann sie eine klare Definition von Geist liefern, noch präzise aufklären, in welchem Zusammenhang dieser mit den Neuronenkomplexen des Gehirns steht. In Bezug auf den Innenaspekt, die Psyche, verlässt sie sich auf das alltagspsychologische Vorverständnis; in Bezug auf den Außenaspekt, das Gehirn, ist sie eine weitreichende Spekulation auf künftige Forschung.

Auch die Hoffnung, die Grenze zwischen alltagspsychologisch-geisteswissenschaftlich-subjektiver und naturwissenschaftlich-objektiver Beschreibung werde sich immer weiter in Richtung Objektivität verschieben, ist von der bisherigen Forschung ungedeckt. Zwar lassen sich immer weiterführende Korrelationen zwischen Bewusstseinszuständen und gleichzeitig aktivierten Gehirnarealen und feuernden Neuronenverbänden feststellen; nur impliziert dies nicht, dass man hierbei auf die subjektive Beschreibungsebene verzichten könnte. Bisher ist sie weder ersetzbar, noch ist eine solche Ersetzbarkeit auch nur in Ansätzen auszumachen. Der von der Evolutionären Erkenntnistheorie postulierte Primat der Materie zeigt sich bisher nicht in der Forschungswirklichkeit. Es ist auch außerordentlich unklar, wie er dies jemals tun können sollte. Diese Schwierigkeit teilt die Evolutionäre Erkenntnistheorie mit allen materialistischen Position in der Philosophie des Geistes. Die hiermit zusammenhängenden Problemfelder werden in den folgenden Unterkapiteln im Einzelnen noch zu erörtern sein.

Der Zusammenhang zwischen Außen- und Innenperspektive wird von der Evolutionären Erkenntnistheorie über die projektive Erkenntnistheorie erklärt. Sie gelten als verschiedene Zugangsweisen zu ein und demselben System. Dem materiellen Zugang wird hierbei ein ontologischer und epistemologischer Vorrang gegenüber dem psychischen eingeräumt. Es bleibt aber vollkommen unbestimmt, auf welche

Weise sich beide aufeinander beziehen. Die projektive Erkenntnistheorie wird an dieser Stelle zwar bemüht, kann die Problemstellung aber nicht erhellen. Weder die Art der Projektion noch das Urbild können expliziert werden. Wie bei der Bestimmung des Wellen- und Teilchencharakters des Elektrons versagt auch hier die Analogie zur geometrischen Projektion. Die monistisch-systemtheoretisch-evolutionäre Identitätstheorie besitzt also zwar eine eindeutige Programmatik, ist in ihren Anwendungen aber leider nicht klar bestimmt und muss als weitreichende Spekulation auf künftige neurowissenschaftliche Entwicklungen gelten, die sich bislang noch in keiner Weise abzeichnen.

Dass solche Positionen heute nicht nur unter einigen Neurowissenschaftlern und Philosophen populär sind, liegt wohl nicht zuletzt an der Einfachheit ihrer Thesen sowie daran, dass sie sich gut in ein szientistisch-technologisches Weltbild einfügen lassen, wie es einem starken Strang abendländischer Geistesgeschichte und Hoffnungen auf lukrative technologische Umsetzbarkeit entspricht – nicht aber an etwaigen wissenschaftlichen Erfolgen.

11.3.2 Qualia und die Phänomenalität unseres Bewusstseins

Dennoch ist hiermit nicht ausgeschlossen, dass eine präzisere Formulierung einer solchen Identitätstheorie, vereint mit bisher noch unerreichten neurophysiologischen Erkenntnissen und unterstützt von höchstauflösenden bildgebenden Verfahren, in Zukunft wieder an Durchsetzungskraft gewinnen könnte. Gegenwärtig vertreten zahlreiche Neurowissenschaftler und Philosophen eine materialistische Grundhaltung, die explizit reduktiven oder sogar eliminativen Charakter besitzt. Es ist ziemlich sicher anzunehmen, dass fast alle ihrer Vertreter die Bedeutung der evolutiven Entwicklung und des Systemcharakters des neuronalen Apparats anerkennen und somit den wichtigsten Prinzipien der vollmerschen Identitätstheorie oder einer funktionalistischen Variante dieser Theorie recht nahestehen.

Einer der zurzeit am stärksten umkämpften Begriffe in der Auseinandersetzung zwischen Reduktionisten und Materialisten auf der einen und Pluralisten, Dualisten oder Idealisten (oder kurz: Nichtreduktionisten) auf der anderen Seite ist der Begriff der *Qualia*.[24] Diese bezeichnen die phänomenalen Eigenschaften unseres Bewusstsein, d. h. wie es sich eben anfühlt, etwas Rotes zu sehen, Kirschen zu schmecken, etwas Heißes zu berühren etc. Von Nichtreduktionisten wird die These vertreten, dieser private, subjektive Empfindungs- und Erlebnischarakter bliebe dem Zugang der Wissenschaft schon aus rein methodischen Gründen verschlossen. Die Rolle der Qualia für die geistesphilosophische Diskussion ließe sich also auch sehr treffend zusammenfassen in der Feststellung Einsteins, Wissenschaft könne uns keine Auskunft darüber geben, wie Suppe schmeckt.

---

[24]Der Begriff „Qualia", Singular „das Quale", geht zurück auf Charles Sanders Peirce. In seinem heutigen Sinne hat ihn Clarence Irving Lewis in die philosophische Diskussion eingeführt, siehe Lewis (1929).

Nun wird genau dies aber von den Reduktionisten behauptet; nämlich dass sich die subjektive Qualität des Erlebens und Empfindens durch eine möglichst vollständige neurophysiologische Beschreibung unseres Gehirns zumindest funktional rekonstruieren ließe.[25] Sollte es nun möglich werden, aus der neuronalen Aktivität eines Gehirns eine sichere Identifikation mit phänomenalen Zuständen abzulesen, und sollte in einem zweiten Schritt dann das mentalistische Vokabular mit einem neurophysiologisch-materialistischen Vokabular gleichgesetzt oder gar durch dieses vollständig ersetzt werden können, so wäre damit gezeigt, dass sämtliche Bewusstseinsinhalte nichts weiter und nichts mehr als neuronale Prozesse sind.[26]

Noch stehen die Neurowissenschaften zwar ganz am Anfang eines solchen Identifikationsprozesses; doch sind zumindest bisher abgesehen von der Problematik der ungeheuren Komplexität der neuronalen Verschaltungen keine naturwissenschaftlichen Hindernisse absehbar, die diesem Programm prinzipiell im Wege stehen. Es mögen jedoch durchaus begrifflich-kategoriale Barrieren existieren, die auszumachen Sache der Philosophie ist. Und in der Tat gibt es gewichtige Argumente für die Existenz solcher Barrieren. Zu den meist diskutierten zählen Thomas Nagels Fledermaus-Argument und Frank Jacksons Argument des unvollständigen Wissens.

Thomas Nagel beschreibt in seinem berühmt gewordenen Aufsatz zum *Fledermaus-Argument* das Problem, aus der Kenntnis der objektiven Außenperspektive auf die subjektive Innenperspektive zu schließen.[27] Fledermäuse sind trotz ihrer besonderen Fähigkeiten keine gänzlich rätselhaften Tiere mehr für uns. Man hat schon viel über ihre besonderen Fähigkeiten und ihre Lebensweise herausgefunden. Wir wissen, dass sie sich mit Hilfe von Ultraschall auch im Dunkeln hervorragend orientieren und ihre Beute jagen können. Der Mensch hat diese Technik mit dem Sonar sogar bereits kopiert. Nagels Argument ist nun aber dies: Auch wenn wir Fledermäuse noch sehr viel genauer kennen würden, als wir es heute bereits tun, wenn wir eines Tages umfangreiche ethologische und neurophysiologische Experimente an ihnen vollführen und umfassendes Wissen über sie erlangen, so können wir doch nicht nachvollziehen, wie es eben ist, eine Fledermaus zu sein. Es bleibt uns verschlossen nachzuempfinden, wie es sich anfühlt, in vollkommener Dunkelheit anhand der Reflexionen von uns selbst ausgestoßener Geräusche durch enge Kavernen zu fliegen. Hiermit ist nicht gesagt, dass der Versuch zu einer solchen Imagination nicht auch erheiternd sein kann; nur leider gibt es keine Fledermaus, die uns umgekehrt sagen könnte: Ja, genau so ist es. (Und Fledermäuse sind immerhin Säugetiere.) Daraus folgt Nagel, dass der subjektive Charakter von

---

[25]Eine gute Einführung in die grundlegenden Konzepte des Funktionalismus, Materialismus und der Identitätstheorie sowie eine Auswahl wichtiger Texte zu diesen Themen finden sich etwa bei Bieri (1993) oder bei Teichert (2006).

[26]Genau hier liegt aber noch ein weiteres Problem für die sehr sprachanalytisch gewordene moderne Philosophie: Sind Empfindungen überhaupt sprachlich durch angemessenes Vokabular ausdrückbar, und wenn ja: in welchem Umfang? Gleiches gilt für Praktiken und somit für die Unterscheidung von propositionalem „Wissen, dass" und praktischem, implizitem „Wissen, wie".

[27]Nagel (1974); eine deutsche Übersetzung findet sich bei Nagel (1993).

Empfindung für jeden Organismus, sei es Mensch oder Fledermaus, etwas Eigenes, Unhintergehbares bedeutet. Es fühlt sich nun einmal auf eine gewisse, nicht von außen bestimmbare Weise an, es ist irgendwie, ein bestimmter Organismus zu sein. Diese Innenperspektive lässt sich nicht durch die Außenperspektive erschließen, im Gegenteil:

> „Wenn der subjektive Charakter der Erfahrung nur von einer einzigen Perspektive aus ganz erfasst werden kann, dann bringt uns jeder Schritt hin zu größerer Objektivität, d. h. zu geringerer Bindung an eine spezifische Erlebnisperspektive, nicht näher an die wirkliche Natur des Phänomens heran: sie führt uns weiter von ihr weg."[28]

Ein ähnliches Argument ist das von Frank Jackson vorgebrachte *Argument des unvollständigen Wissens*, auf Englisch *knowledge argument*.[29] Jackson beschreibt hier eine Superwissenschaftlerin Mary, die sich auf die Neurophysiologie des Farbensehens spezialisiert hat. Sie kennt alle wissenschaftlichen Fakten über das Farbensehen. Leider ist sie selbst seit ihrer Geburt in einem schwarz-weißen Labor eingesperrt und hat noch niemals Farben gesehen. Ihrem unglaublichen Wissen um die physikalisch-neurobiologischen Fakten des Farbensehens steht die völlige subjektive Erfahrungslosigkeit in Bezug auf die Farbwahrnehmung gegenüber. Jackson entwickelt nun die These, dass eben diese subjektiven Fakten der Farbwahrnehmung nicht durch die objektiven, physischen Fakten abgedeckt sind. Wenn nun also trotz vollständigen naturwissenschaftlichen Wissens Fakten offenbleiben, so gibt es unreduzierbare, nichtphysische Fakten, womit der Materialismus widerlegt ist. Dieses Gedankenexperiment hat eine anhaltende Debatte losgetreten, bei der die Kritiker dieses Arguments behaupten, wir könnten uns einfach nicht vorstellen, was umfassendes neurophysiologisches Wissen denn wirklich bedeutet. Wenn wir es eines Tages besäßen, würden wir es nicht mehr nötig haben, Farben zu sehen, um zu wissen, was sie sind.[30] Andere Kritiker meinen, dass Mary, wenn sie das erste Mal Farben sieht, keine neuen Fakten kennenlernt, sondern lediglich schon Bekanntes aus einem neuen Blickwinkel zu betrachten lernt. Allerdings ist auch von materialistischer Seite bisher kein konstruktiver Vorschlag vorgebracht worden, wie denn nun der Umschlag von der objektiven in die subjektive Beschreibung geschehen könnte. Es müsste doch so etwas wie ein kategorialer Phasenübergang, eine begriffliche Emergenz passieren. Für etwas Derartiges gibt es jedoch keinerlei Präzedenzien.

Anhand dieser und weiterer Argumente hat es sich in der Philosophie des Geistes herauskristallisiert, dass eben die Phänomenalität des menschlichen Bewusstseins zu den stärksten Kandidaten für nichtreduzierbare geistige Eigenschaften gehört. Die Debatte um die Qualia zählt zu den wichtigsten geistesphilosophischen Problemen; David Chalmers etwa bezeichnet dies schlicht als das „harte Problem

---

[28]Nagel (1993), S. 268.

[29]Jackson hat dieses Gedankenexperiment vier Jahre nach der ersten Publikation noch einmal erweitert; siehe Jackson (1982, 1986).

[30]Dennett (1991).

des Bewusstseins".[31] Wenn man nun die Definition der Problemstellung und die Erwartungen an die zukünftige Neurowissenschaft in der heutigen geistesphilosophischen Debatte mit der einige Jahrzehnte älteren Evolutionären Erkenntnistheorie vergleicht und diese wiederum mit dem Streit um den nochmals ein Jahrhundert älteren, von Emil du Bois-Reymond auf den Punkt gebrachten Ignorabimus-Vortrag, so fällt interessanterweise auf, dass sich die Argumente zugespitzt und präzisiert haben, dass die gesamte Argumentation sehr viel komplexer und subtiler geworden ist, dass die Experimentaltechnik in der Zwischenzeit immense Fortschritte gemacht hat, aber dass doch gleichzeitig in der Sache praktisch gar nichts passiert ist.[32] In du Bois-Reymonds Vortrag von 1872 sind bereits die zentralen Punkte der heutigen Debatte enthalten.

Es ist heute trotz des unglaublichen Zuwachses an Wissen über die Struktur und Funktionalität des menschlichen Gehirns genauso unklar wie im 19. Jahrhundert, wie denn eine neurophysiologische Erklärung des Bewusstseins auszusehen hätte und wie sich mentales Vokabular durch naturalistisches ersetzen ließe. Dies mag unter anderem daran liegen, dass sowohl von den meisten Reduktionisten wie auch von vielen Nichtreduktionisten die Tatsache nicht thematisiert wird, dass es sich bei dem Gehirn um ein Organ eines lebenden Organismus handelt und dass keineswegs eine einheitliche Beschreibungsebene für physikalische und biologische Objekte existiert. Oft wird der Begriff „Physisches" so verwendet, als ob Physikalisch-Chemisches und Biologisches als einheitlicher Begriffsrahmen zu gelten hätten. Wie im letzten Unterkapitel gezeigt, ist bereits dies nicht zulässig. Die Biologie geht nicht in Physik und Chemie auf. Vollmer gehört zu denjenigen, die immerhin diesen Punkt mit großer Deutlichkeit eingestehen und mit einem gewissen Quantum Optimismus zunächst folgerichtig eine Reduktion der Biologie auf die Physik als Vorbedingung für eine psychophysische Identitätstheorie postulieren. In der geistesphilosophischen Diskussion wird die Bedeutung dieses wichtigen wissenschaftstheoretischen Zusammenhangs zumeist verkannt oder unterschätzt. Zwar ist es den meisten Nichtreduktionisten aus argumentativen Gründen ganz recht, den Reduktionisten möglichst viel zuzugestehen, um ihnen dann mit großer Gewissheit doch etwas vorhalten zu können, das sich nicht reduzieren lässt. Soll aber die geistesphilosophische Debatte mehr als nur den spezifisch akademischen Charakter einer innerhalb zweier Disziplinen geführten Spezialdiskussion besitzen und für unser Weltbild und erkenntnistheoretische Fragestellungen fruchtbar werden – und diese Diskussion ist in den großen Medien bereits präsent –, so ist der Hinweis auf ihre durchaus problematischen Voraussetzungen unumgänglich.

---

[31]Chalmers (1995).

[32]Die berühmte Ignorabimus-Rede von du Bois-Reymond über „Die Grenzen des Naturerkennens" wurde nachgedruckt etwa in du Bois-Reymond (1974). Du Bois-Reymond fasste seine Haltung zum Verhältnis geistiger und neuronaler Zustände kurz und bündig zusammen: *Ignoramus et ignorabimus*. – Lateinisch: „Wir wissen es nicht und wir werden es niemals wissen."

11.3.3 Die Perspektive der ersten und der dritten Person

Die Unterscheidung zwischen der Innen- und der Außenperspektive wird in der geistesphilosophischen Debatte meist festgemacht an der subjektiven Perspektive der ersten Person und der objektiven, neutralen Perspektive der dritten Person. Dabei findet eine Gleichsetzung der sogenannten Dritte-Person-Perspektive mit einer vollständigen physikalischen Beschreibung statt oder zumindest mit einer für alle wichtigen Zwecke hinreichend präzisen neurophysiologischen Beschreibung. Es wird unterstellt, dass eine solche vollständige naturwissenschaftliche Beschreibung existiert. Dies geht oft einher mit der Illusion der Vorhersagbarkeit und des deterministischen Charakters einer solchen einheitlichen Beschreibung. Sie folgt wahrscheinlich aus der bereits angesprochenen Tatsache, dass die Postulate der klassischen Physik zum unhinterfragten Hintergrund des abendländischen Verständnisses von Wissenschaft und Wirklichkeit geworden sind, sowie daraus, dass in der gegenwärtigen Diskussion die synaptische Verschaltung zwischen den Nervenzellen und die aus ihr folgende neuronale Architektur in ihren Datenverarbeitungsmöglichkeiten analog zur Verdrahtung eines Computerprozessors betrachtet wird, der sich nun einmal hervorragend klassisch-elektromagnetisch und deterministisch beschreiben lässt. Die Transistoren in modernen Computerchips beruhen zwar auf quantenmechanischen Prinzipien, sind jedoch so gebaut, dass auch ihr Verhalten ziemlich deterministisch ist. Gleiches gilt für die Biochemie der Nervenzellen – zuviel Quantenrauschen oder thermodynamische Störungen würden unser Bewusstsein ganz schön durcheinanderbringen.[33]

Hieraus ergeben sich aber gleich zwei Probleme. Das erste besteht darin, dass zwar sowohl Computerprozessoren als auch Neuronenverbände per constructionem quasideterministische Gebilde sind. Der Unterschied in der Signalverarbeitung liegt hierbei in der Architektur: sie verläuft bei Computern seriell und bei neuronalen Netzen parallel. Beide sind von hoher Komplexität und vor allem arbeiten sie iterativ und rekursiv, die Signale sind also rückgekoppelt und laufen in Schleifen; dabei gilt das für das Gehirn in noch ungleich stärkerem Maße als für jeden Computerchip. (Unser Bewusstsein kennt auch keinen Neustart.) Dies kann durchaus zu nichtlinearem und chaotischem Verhalten führen. Denn das Ergebnis einer Berechnung, auch wenn es nur einer minimalen Änderung unterliegt, kann sich zu drastischen makroskopischen Veränderungen verstärken. Diese sind nicht mehr deterministisch beschreibbar. Die Neurophysiologie ist noch weit davon entfernt, auch nur eine Abschätzung der Bedeutung solcher Prozesse liefern zu können.

Das zweite Problem ist erkenntnistheoretisch wesentlich tiefgreifender und prinzipieller Natur. Es hängt damit zusammen, dass keine ausgezeichnete wissenschaftliche Perspektive existiert, die man als die gültige *Dritte-Person-Perspektive* bezeichnen könnte. Ist der Wissenschaftler an den molekularen Mikrostrukturen

---

[33]Nebenbei ist das Quantenrauschen ein fundamentaler naturgesetzlicher Grund, warum Computerchips sich nicht beliebig verkleinern lassen. Unterhalb einer gewissen Strukturgröße wird das Rauschen so stark, dass vernünftige Signalverarbeitung unmöglich wird.

interessiert, wählt er die probabilistische Beschreibungsebene der Quantenphysik, der Biochemie oder der Molekularbiologie. Will er die elektrischen Impulse der neuronalen Datenverarbeitung nachvollziehen, orientiert er sich an einem deterministischen, konnektionistischen Modell. Den Stoffwechselumsatz der Nervenzellen und die Entwicklung des Gehirns verfolgt er am besten gemäß den biologischen Theorien der Zellphysiologie, der Ontogenese und der Genexpression. Die Bedeutung des Gehirns für den Organismus erforschen die Psychologie, die Verhaltensforschung, die Soziologie und wir selbst im täglichen Leben. Die Behauptung, all diese Perspektiven ließen sich zu einer einzigen verdichten, heißt, entweder die gegenwärtige Situation der Wissenschaft grundsätzlich zu verkennen oder nicht zu kennen, oder auf zukünftige Entwicklungen zu spekulieren, die sich heute noch annähernd nicht abzeichnen. Wieder ist Vollmer einer der wenigen, die dieses Postulat immerhin ausformulieren.[34]

In der Philosophie des Geistes wird nun zwar in Anlehnung an alte mechanizistische Konzeptionen die Position vertreten, es gäbe eine endgültige naturwissenschaftliche Beschreibungsebene. Bereits in der Quantenphysik zeigt es sich aber, dass ein Phänomen sich nicht unabhängig von seinem Messaufbau beschreiben lässt. Dies ist eine grundsätzliche Erkenntnis der modernen Physik, hinter die nicht zurückgegangen werden kann. Die physikalische Beschreibungsweise eines Phänomens hängt von der Fragestellung ab, die wir an die Natur richten, und davon, wie wir unseren Messaufbau zur Beantwortung dieser Frage einrichten. Selbst wenn sich die Biologie auf die Physik reduzieren ließe, würde dieser Punkt die gängige Konzeption in der Philosophie des Geistes sprengen, denn er macht die Möglichkeit einer neutralen Perspektive zunichte. Wie wir außerdem feststellen mussten, ist quantenphysikalisch höchstens die Hälfte der dynamischen Variablen definiert, so dass der Determinismus hinfällig ist.[35] Eine Mikrobeschreibung des Gehirns kann also keine beobachterunabhängige Perspektive liefern. Man kann natürlich versuchen, die typischen Quanteneffekte über größere zelluläre Strukturen dekohärenztheoretisch hinweg zu mitteln. Zellen sind schließlich keine Quantensysteme mehr, obschon viele der biochemischen Prozesse eindeutig Quantencharakter zeigen. Wie bereits dargelegt, bewahrt dies einen aber nicht vor dem erkenntnistheoretischen Schnitt zwischen Mikro- und Makrowelt.[36]

Eine neurophysiologische Beschreibung jedoch, die von den einzelnen Atomen und Molekülen abstrahiert, über den Zufall mittelt, nur die Konnektionen berücksichtigt und so ein im Mittel deterministisches Verhalten beschreibt, kann die innerzellulären Prozesse nicht beschreiben und muss folglich über längere Zeit prognostisch zusammenbrechen. Die Tatsache, dass sich die heutige Neurowissenschaft darum bemüht, aktivierte Hirnregionen zu bestimmen, Veränderungen an Aktionspotentialen gewisser Zellen zu messen und die Rhythmik von über das

---

[34]Zur Rolle der Vereinheitlichung von Wissenschaft siehe auch Kap. 11.5.

[35]Vergleiche auch die in Kap. 11.2 besprochenen Probleme und die in Teil I aufgeführten Interpretationsbedingungen der Quantenphysik.

[36]Siehe hierzu auch Kap. 4.1.1.

Gehirn verteilten Schwingungsmustern festzustellen, zeigt nur, wie unglaublich weit sie noch von einer auch nur zellulären Beschreibung des Gehirns entfernt ist. Wenn sie aber ihren Anspruch weiterdenkt und eine vollständige Beschreibung des Gehirns fordert, kommt sie gar nicht umhin, auf den Unterschied zwischen einer quantenphysikalischen, einer zellulären und der heutigen Beschreibung des Gehirns zu stoßen – wobei die heutige eine Grobversion des konnektionistischen Chipmodells der Computertechnik ist. Dies wird auch für längere Zeit noch so bleiben. Es bleibt somit der Fragestellung des Experimentators überlassen, welche naturwissenschaftliche Beschreibungsebene er wählt.[37]

Von der heutigen Naturwissenschaft zu fordern, eine einzige einheitliche Beschreibungsebene zur Verfügung zu stellen, hieße, erstens die gesicherten Erkenntnisse der Quantenphysik und zweitens den Unterschied zwischen einer physikalischen und einer biologischen Beschreibung zu übersehen. Das Überraschende an diesen Fragestellungen ist eigentlich, dass sie in der Philosophie des Geistes kaum thematisiert werden. Dabei sind sie komplex, tief und von entscheidender wissenschaftstheoretischer und erkenntnistheoretischer Bedeutung.

Damit ist die Debatte um die Reduzierbarkeit von Bewusstsein ein schönes Beispiel für die unkritische Übernahme tradierter Erklärungsmuster.[38] Es ist schon geradezu exemplarisch, wie mechanizistische Thesen und Lösungsverfahren des 19. Jahrhunderts auf heutige Probleme übertragen werden und wie ingenieurswissenschaftliche Paradigmata, die gleichfalls mechanizistischem Denken entstammen, aus der Forschung der Künstlichen Pseudo-Intelligenz und der Herstellung von Computerprozessoren in die Beschreibung lebendiger Organismen und ihrer Funktionen eingehen. Gewiss vereinfacht eine solche Vorgehensweise in ganz gewaltiger Manier die mutige Spekulation. Es gibt bloß leider nicht den leisesten Hinweis darauf, wie sie jemals erfolgreich sein könnte.

In der Tat berühren die mit Perspektivität, Personalität und Weltbeschreibung verbundenen Probleme grundsätzliche erkenntnistheoretische Fragen. Ihre Verwendung in der kontemporären Philosophie des Geistes berücksichtigt jedoch zumeist weder die methodologischen Voraussetzungen der Naturwissenschaften, noch die Einsicht in den komplexen, rückbezüglichen Charakter wissenschaftlicher Erfahrung, wie er etwa in der Quantenphysik durch das Messpostulat Ausdruck findet. Aus diesem Grund werden wir nach einer ausgiebigen Diskussion dieser Voraussetzungen und der Ausformulierung einer dementsprechenden Erkenntnistheorie noch einmal auf die personale Perspektivität von Erfahrung zurückkommen.[39]

---

[37] Eine ähnlich explizite Kritik in diesem Sinne an den neuroreduktionistischen Positionen liefert Rainer Mausfeld. Er bemerkt zu Recht, dass es letztlich inkonsequent ist, die neurophysiologische Beschreibungsebene als reduktionistische Grundlage zur Erklärung mentaler Phänomene heranzuziehen. Die tiefste zurzeit zur Verfügung stehende wissenschaftliche Theorie ist eben die Quantenphysik; deshalb wäre es nach Mausfeld in reduktionistischem Sinne viel logischer und konsequenter, die neurophysiologische Beschreibungsebene nur als „Zwischenebene" anzusehen, siehe Mausfeld (2003). Vergleiche auch Carrier (1993).

[38] Siehe hierzu auch die Kap. 18 und 19.

[39] Siehe hierzu Kap. 17.1.

11.3.4 Mentale Verursachung und psychophysische Kausalität

Ein weiteres wichtiges Problem in der Philosophie des Geistes besteht darin, wie psychische Zustände in der physischen Welt wirken können. Angesichts der Tatsache, dass die Gesetze der Physik kausal abgeschlossen sind und dass wir (abgesehen von den üblichen Quanteneffekten) bei einer physikalischen Analyse natürlicher Phänomene stets physische Ursache und Wirkung und einen mit ihnen zusammenhängenden Energieübertrag feststellen können, stellt sich die Frage, wie Bewusstsein Materielles beeinflussen kann, d. h. in welcher Form Psychisches und Physisches kausal interagieren können. Dies bezeichnet man als *Problem der mentalen Verursachung.*

Üblicherweise wird es folgendermaßen formuliert: Wenn die Welt der physischen Phänomene kausal geschlossen ist, dann müssen psychische Phänomene entweder selbst auch physische Phänomene sein, oder ihre physische Wirksamkeit ist lediglich eine Illusion. Das hieße: In Wahrheit sind es dann die physischen Hirnprozesse, die gleichzeitig das Bewusstsein hervorrufen und materiell wirken. Das Gefühl, unser Bewusstsein bewirke etwas in der physischen Welt, würde uns trügen; dieser Trug mag nützlich sein, er bleibt aber dennoch ein Trug. Peter Bieri hat dieses Problem als Trilemma formuliert:

1. Mentale Phänomene sind nicht-physische Phänomene.
2. Mentale Phänomene sind im Bereich physischer Phänomene kausal wirksam.
3. Der Bereich physischer Phänomene ist kausal geschlossen.

Je zwei dieser Sätze implizieren die Ungültigkeit des dritten. Dementsprechend lassen sich verschiedene Schulen in der Philosophie des Geistes anhand der Zustimmung oder Ablehnung dieser oder jener These charakterisieren.[40] Dieses Argument ist die stärkste Stütze für den reduktiven oder eliminativen Materialismus; denn einen Okkasionalismus (bei dem Gott oder ein höheres Wesen zwischen Körper und Geist vermittelt) oder eine prästabilierte Harmonie (bei dem Physisches und Psychisches unabhängig voneinander wie zwei Uhren synchron laufen) will heute fast niemand mehr vertreten. Die kausale Geschlossenheit physischer Phänomene stellt kaum jemand ernsthaft in Frage, denn solchen Thesen haftet schnell ein parawissenschaftlicher Stallgeruch an. Dann aber verbleiben als Alternativen nur zwei Möglichkeiten: Entweder die kausale Wirksamkeit psychischer Zustände stellt sich als eine Illusion heraus, ihre kausale Rolle existiert in Wirklichkeit gar nicht. Psychische Zustände sind dann lediglich Epiphänomene, also nachgeordnete Phänomene. Oder mentale Phänomene sind eigentlich physische Phänomene. Damit wäre der Dualismus widerlegt und ein materialistisches Verständnis des Mentalen verbliebe als einziger Ausweg.

Dementsprechend ist dieses Problem der mentalen Verursachung sowohl für die aktuelle Diskussion in der Philosophie des Geistes als auch für die Evolutionäre

---

[40]Siehe hierzu Bieri (1993), S. 5 ff.

Erkenntnistheorie von entscheidender Bedeutung. Es steht unserer Selbsterfahrung und einer dualistischen Konzeption von Geist diametral entgegen. Und es wird selbst von vielen Nichtreduktionisten für so groß gehalten, dass in der Debatte um die subjektive Rolle von Qualia und Intentionalität bisweilen der Eindruck aufkommt, als gelte es, eine letzte Bastion von Innerlichkeit und Wärme in einer ansonsten kalten, naturgesetzlich-maschinell ablaufenden Welt zu errichten.

Zweifelsohne stellt sich die Frage, welches Selbstbild wir in einer zumindest makroskopisch recht kausal ablaufenden Welt noch haben können und wie viel Willensfreiheit wir uns in einer solchen Welt überhaupt noch zugestehen können. Manche Autoren vertreten folglich die These, Bewusstsein sei ein bloßes Epiphänomen, eine kausal nicht wirksame Erscheinung, und das Gefühl unserer Willensfreiheit sei nichts weiter als eine sozial nützliche Illusion. Aber wenn dem so ist, warum leistet sich die Natur dann überhaupt so etwas wie Bewusstsein? Ist der enorme Energieverbrauch, den sich unser Körper zur Unterhaltung unseres Gehirns leistet, wirklich notwendig, wenn Bewusstsein ein reines Epiphänomen ist und kausal wirkungslos? Macht die Annahme von Bewusstsein als Epiphänomen Sinn? Diese Frage können auch Epiphänomenalisten nicht beantworten, wodurch der eliminative Materialismus gestärkt wird. Sind wir dann aber nichts weiter als biologische Roboter? Lässt sich wirklich auf alltagspsychologisches Vokabular verzichten? Unser Sprachgebrauch lässt nicht darauf schließen, dass dies möglich sei.

So hat etwa Julian Nida-Rümelin darauf hingewiesen, dass das mentale und das physikalische Vokabular schon in Bezug auf Wirkzusammenhänge nicht zur Deckung gebracht werden kann. Handelt es sich im Fall naturgesetzlicher Zusammenhänge um *Ursachen*, so sprechen wir bei mentalen Verursachungen von Gründen. Rationales Handeln beruht auf *Gründen*, die somit in unserer Welt wirksam werden. Es handelt sich hierbei um eine andere Art von Wirkzusammenhängen als um reine Kausalursachen.[41]

Auch Lutz Wingert sieht hier einen wichtigen kategorialen Unterschied zwischen dem naturwissenschaftlichen und dem psychologischen Vokabular. Hinzu treten semantische Eigenschaften wie logische Konsistenz und Widersprüchlichkeit, die sich nur sprachlichen Gebilden zuschreiben lassen, nicht aber einer chemischen Substanz oder einem Zellgewebe. Wingert betont unter anderem auch die Rolle der Perspektive der zweiten Person, die in der Dritte-Person-Perspektive der Neurowissenschaften unter den Tisch fällt. Die zweite Person, das „Du", ist die eigentliche epistemische Motivation für jedwede Objektivierung; nämlich die Dezentrierung der eigenen Perspektive, um „sich der fremden Stimme und ihren Einwänden und Bestätigungen" zu stellen.[42] Wingert arbeitet somit Widersprüchlichkeiten heraus, die entstehen, wenn wir uns auf den Pfad einer globalen naturalistischen Objektivierung begeben und dabei die epistemischen Voraussetzungen von Objektivierung übersehen. Seine Position ist diskursethisch durch Jürgen Habermas inspiriert;

---

[41]Nida-Rümelin (2006). Zu methodischen Aspekten solcher Inbezugsetzungen siehe auch Elepfandt und Wolters (1993).

[42]Wingert (2006). Zitat S. 256.

auch Karl-Otto Apels Argument der Selbsteinholung spielt eine gewisse Rolle, demzufolge sich der Autor einer vollständigen naturalistischen Selbstobjektivierung nicht selbst in das von ihm gezeichnete Bild integrieren kann; nicht nur Gründe und Motivationen würden fehlen. Die Auflösbarkeit dieser Probleme in einem materialistischen Weltbild ist äußerst unklar; auch deswegen, weil in materialistischen Konzeptionen wie etwa derjenigen von Daniel Dennett durchaus semantische Elemente auftauchen können.[43]

Kein ernsthafter Ansatz zum Leib-Seele-Problem kommt umhin, eindeutig auf das Problem der mentalen Verursachung Bezug zu nehmen. Und in der Frage, wie naturgesetzliche Erklärungen und Selbstbeschreibungen, wie Physik, Biologie und Psychologie, wie Körper und Geist zusammenhängen, überschneiden sich nicht nur die Fachwissenschaften, sondern auch Erkenntnistheorie, Wissenschaftstheorie und Philosophie des Geistes. Die in den letzten Unterkapiteln geäußerte Kritik am Verlauf der bisherigen Debatte in der Philosophie des Geistes weist allerdings darauf hin, dass man gut daran tut, zur Bearbeitung dieser Fragen dementsprechend auch den Boden der rein geistesphilosophischen Debatte zu verlassen und übergreifende erkenntnis- und wissenschaftstheoretische Beziehungen zu berücksichtigen. Schnell krankt eine Diskussion an unkritisch übernommenen und unhaltbaren Voraussetzungen. Dies gilt sowohl für die Argumente der Gegner wie der Befürworter einer reduktionistischen Haltung.

Um das Problem der mentalen Verursachung und der psychophysischen Kausalität auflösen zu können, benötigen wir folglich einen Standpunkt, der andere erkenntnistheoretische Voraussetzungen als die bisher diskutierten zur Grundlage hat und der die Einsichten der modernen Wissenschaft in anderer Weise berücksichtigt. Wir werden deshalb erst in Kap. 17.5 auf diesen wichtigen Punkt zurückkommen können.

11.3.5 Intentionalität

Ein weiterer wesentlicher Gegenstand der geistesphilosophischen Diskussion ist der vom Philosophen und Psychologen Franz Brentano eingeführte Begriff der *Intentionalität*.[44] Intentionalität bezeichnet die Besonderheit mentaler Phänomene, dass sie auf etwas gerichtet sein können, sich auf etwas anderes beziehen können. So denken wir an etwas, lieben jemanden oder verabscheuen eine bestimmte Weltanschauung. Die Objekte, auf die wir uns intentional beziehen, können ebenso gut real sein wie auch nur in unserer Phantasie existieren. Man nennt diesen Bezug, diesen referentiellen Zusammenhang, manchmal auch „intentionale Inexistenz" oder „Existenz in Gedanken". Während ich mir etwa einen Vulkan in Island noch ganz gut als wirklich existierend vorstellen kann, so ist es bei den Elfen, die um ihn

---

[43] Siehe hierzu das folgende Unterkapitel.

[44] Brentano (1874).

herum schweben, schon ein bisschen fragwürdiger; auch wenn die Einheimischen noch so stark beteuern, dass sie hin und wieder in der Dämmerung zu sehen sind. Es ist nicht so, dass sämtliche Bewusstseinsphänomene intentionalen Charakter besitzen. Heiterkeit, Melancholie, Glück und Schmerz können, müssen aber nicht, an gedachte Objekte geknüpft sein. Damit ist Intentionalität ein sehr spezifisches Kriterium mentaler Phänomene. Es ist zwar kein notwendiges, aber zumindest ein hinreichendes Kriterium für Psychisches; denn kein materielles Phänomen besitzt eine derartige Gerichtetheit. Diese Gerichtetheit schließt auch den semantischen Gehalt von Sprache und Denken ein. Mit ihr meinen wir die Bedeutung und die Propositionalität unserer sprachlichen Symbole oder gedanklichen Vorstellungen, die Möglichkeit, wahr oder falsch zu sein.

Es ist heute eher unstrittig, dass sich intentionale Beschreibungen von Personen nicht durch physikalische Beschreibungen ersetzen lassen. Die Debatte besitzt hier größere Klarheit und eindeutigere Fronten als der Streit um die Qualia. Dies mag daran liegen, dass sich argumentativ leichter über Sprache und Denken reden lässt als über Empfindungen. Zumindest haben westliche Denker hierin deutlich mehr Übung. Damit stellt Intentionalität aber die materialistischen Vertreter vor ein gewisses Problem: Wenn wir Personen nicht ohne intentionale Zuschreibungen zu charakterisieren vermögen, wie kann dann die Prämisse einer durchgehend materialistischen Weltbeschreibung durchgehalten werden? Wie müsste sich Intentionalität auflösen lassen, wenn sie schon nicht naturgesetzlich reduziert werden kann?

Hierzu existieren verschiedene Ansätze. Einer der bekanntesten ist die von Daniel Dennett vertretene These, dass die Zuschreibung von Intentionalität letzten Endes nichts weiter als eine pragmatische Abkürzung für das immens komplexe System unseres Körpers mitsamt seines Gehirns ist.[45] Dennett geht von drei verschiedenen Beschreibungsebenen aus, deren unterste die Domäne von Physik und Chemie ist. Über dieser liegt die funktionale Design-Ebene, zu der auch biologische Funktionen gehören. Die oberste, intentionale Ebene beschreibt die geistigen Zustände oder auch die Funktionsweise von Software. Der Schritt von einer tieferen auf eine höhere Ebene erspart uns eine Unmenge an Komplexität, geht aber mit einem Verlust an Präzision einher. Nach Dennett sind wir beim heutigen Stand unseres Wissens und Könnens auf intentionale Zuschreibungen angewiesen, wenn wir das Verhalten von Personen beschreiben wollen; diese Zuschreibungen werden als ontologisch neutral betrachtet. In Zukunft sollte es sich erweisen, dass physikalische Beschreibungen mit höherer Präzision das Verhalten von Menschen beschreiben und vorhersagen können. Dann hätte sich die Annahme, dass unser intentionales Vokabular nicht weiter hinterfragbar ist, als vorläufige Fiktion erwiesen. Durch diesen Aufbau seiner Theorie umgeht der eliminative Materialist Dennett auch den Bezug auf Qualia.[46]

---

[45] Dennett (1987).

[46] *Eliminativ* bedeutet also für Dennett, dass geistige Zustände nicht existieren, sondern sozusagen höchstens als Platzhalter für enorm komplexe materielle Prozesse zu verstehen sind.

Wie aber verhält sich das Gehirn zu einem Gedanken? Und sind damit die Qualia wirklich aus dem Spiel? Man kann sich ja auch etwas Grünes vorstellen. Diese Vorstellung speist sich aber aus gemachten Empfindungen, wodurch die Analogie mit Software dann doch etwas hinkt. Auch was den Reduktionismus angeht, ist in dieser Konzeption keineswegs klar, in welchem Verhältnis die verschiedenen Beschreibungsebenen zueinander stehen. Ist der Begriff der Information, den wir zur Beschreibung der Wellenfunktion in der Quantenphysik benötigen, nicht ein geistiger Begriff, und tritt hiermit nicht eine für Dennett unzulässige Vermengung physikalischen und geistigen Vokabulars auf? Der dennettsche Materialismus hat also nicht nur mit den Argumenten der geistesphilosophischen Debatte Probleme, sondern auch mit den bereits für die Evolutionäre Erkenntnistheorie besprochenen Kritikpunkten. Dies liegt daran, dass beide Positionen eine materialistische Grundhaltung vertreten, auch wenn die eine Position dezidiert eliminativ-materialistisch ist, während die andere systemtheoretisch-reduktionistisch argumentiert.

Auch die Evolutionäre Erkenntnistheorie fordert, ohne spezifisch auf Qualia und Intentionalität einzugehen, die zukünftige Neurowissenschaft heraus, eine materialistische Beschreibung auch von Bewusstseinsphänomenen zu geben. Allen materialistischen Ansätzen ist jedoch bisher gemein, dass sie außer großen Forderungen und einen an den Optimismus des 19. Jahrhunderts erinnernden Fortschrittsglauben noch keine positiven Antworten auf die an sie gestellten Fragen liefern konnten. Sie beschwören ein Forschungsprogramm, dem sehr viel engere Grenzen gesetzt sein könnten als vermutet.

11.3.6 Die erkenntnistheoretischen Positionen von Ludwig Boltzmann und Konrad Lorenz

Es ist nur als erstaunliche Tatsache zu beschreiben, dass die erkenntnistheoretischen Thesen des berühmten Thermodynamikers Ludwig Boltzmann – der ja wahrlich kein unbeschriebenes Blatt ist und der auch für seine äußerst lesbaren *Populären Schriften* bekannt ist – auf die Entwicklung der Evolutionären Erkenntnistheorie und ihrer philosophischen Rezeption keinen Einfluss hatten. Dabei forderte Boltzmann mit klaren Worten bereits im 19. Jahrhundert erstens die Aufstellung einer erkenntnistheoretischen Konzeption, die Darwins Lehre und die Vorläufigkeit menschlichen Wissens entscheidend berücksichtigt, und zweitens entwickelte er – angeregt durch Ernst Mach – Thesen zur Wissenschaftstheorie, die dem popperschen Fallibilismus sehr nahestehen und die wichtige Einsichten des Kritischen Rationalismus vorwegnehmen, die jedoch zunächst kaum bleibende Wirkung zeigen konnten. Dass seinerzeit kaum jemand diese Anregungen aufnahm und dass sie erst über viele Umwege und lange Zeit später fruchtbar werden konnten, spricht leider Bände über die intellektuell wie institutionell verfasste Getrenntheit der natur- und der geisteswissenschaftlichen Kulturen.

Boltzmann vertrat reduktionistische Positionen, die der von Vollmer formulierten Evolutionären Erkenntnistheorie in Bezug auf das Leib-Seele-Problem deutlich näherstehen als der im Folgenden zu besprechende Dualismus Konrad Lorenz'.

Boltzmann bietet allerdings keine fertige Theorie an, sondern macht sich für eine Erkenntnistheorie stark, die die Bedeutung der Evolution mit einem umfassenden reduktionistischen Programm verbindet. Sein Traum sollte erst Jahrzehnte später Wirklichkeit werden. Er selbst hat seine Ansichten bezüglich Evolution und Erkenntnis auf einem Vortrag in St. Louis folgendermaßen formuliert:

„Wohl ist es sicher, dass wir keine Erfahrungen machen könnten, wenn uns nicht gewisse Formen des Verknüpfens der Wahrnehmung, also des Denkens angeboren wären. Wenn wir diese Denkgesetze nennen wollen, so sind sie insofern freilich aprioristisch, als sie vor jeder Erfahrung in unserer Seele oder, wenn wir lieber wollen, in unserem Gehirn vorhanden sind. Allein nichts scheint mir weniger motiviert, als ein Schluss von der Apriorität in diesem Sinne auf absolute Sicherheit, auf Unfehlbarkeit. Diese Denkgesetze haben sich nach den gleichen Gesetzen der Evolution gebildet, wie der optische Apparat des Auges, der akustische des Ohres, die Pumpvorrichtung des Herzens. Im Verlaufe der Entwicklung der Menschheit wurde alles unzweckmäßige abgestreift, und so entstand jene Vereinheitlichung und Vollendung, welche leicht Unfehlbarkeit vortäuschen kann. So erregt ja auch die Vollkommenheit des Auges, des Ohres, der Einrichtung des Herzens unsere Bewunderung, ohne dass jedoch die absolute Vollkommenheit dieser Organe behauptet werden kann. Ebensowenig dürfen die Denkgesetze als absolut unfehlbar betrachtet werden. Ja gerade sie haben sich behufs Erfassung des zum Lebensunterhalt notwendigen, des praktisch Nützlichen herausgebildet. ... Es kann uns daher nicht wunder nehmen, dass die zur Gewohnheit gewordenen Denkformen den abstrakten, dem praktisch anwendbaren so fern liegenden Problemen der Philosophie nicht ganz angepasst sind und sich seit Thales Zeiten noch nicht angepasst haben. ... Sobald daher Widersprüche scheinbar nicht zu beseitigen sind, müssen wir sofort das, was wir unsere Denkgesetze nennen, was aber nichts anderes, als ererbte und angewöhnte zur Bezeichnung der praktischen Erfordernisse durch Äonen bewährte Vorstellungen sind, zu prüfen, zu erweitern und abzuändern suchen. ... Unsere angeborenen Denkgesetze sind zwar die Vorbedingung unserer komplizierten Erfahrung, aber sie waren es nicht bei den einfachsten Lebewesen. Bei diesen entstanden sie langsam auch durch deren einfache Erfahrungen und vererbten sich auf die höher organisierten Wesen fort. Dadurch erklärt es sich, dass darin synthetische Urteile vorkommen, welche von unseren Ahnen erworben, für uns angeboren, also aprioristisch sind. Es folgt daraus ihre zwingende Gewalt, aber nicht ihre Unfehlbarkeit."[47]

Unzweifelhaft fällt hier auch die Abneigung Boltzmanns gegenüber allzu wilder metaphysischer Spekulation ins Auge. Er vertritt ungefähr den gleichen hypothetischen Realismus wie die vollmersche Evolutionäre Erkenntnistheorie und besitzt den gleichen Optimismus bezüglich der fortschreitenden Erklärbarkeit auch der psychischen Aspekte unserer Welt durch wissenschaftliche Forschung. Er vollzieht bereits die Umdeutung des kantschen Apriori in evolutionär entstandene Denkstrukturen. Es ist ebenso offensichtlich, dass seine Art zu denken – wie auch die Ansichten Ernst Machs – auf die kommende Physikergeneration entscheidenden Einfluss besaß, insbesondere wohl auch auf Einstein. Dessen Art und Weise, durch Erweiterung unserer Begriffe von Raum und Zeit die alten, von Kant so klar

---

[47] Boltzmann (1905), S. 353 ff. Auch von Max Planck sind ähnliche Ansichten bekannt. Thales von Milet gilt nicht nur als erster Philosoph des Abendlandes. Er war wohl phönizischer Abstammung und seiner Philosophie zufolge war Wasser dementsprechend der Ursprung aller Dinge – womit moderne Astrobiologen völlig übereinstimmen. Thales war auch der erste Naturforscher Griechenlands und ein bedeutender Mathematiker.

herausgearbeiteten Antinomien über die Begrenztheit bzw. Unendlichkeit von Raum und Zeit zu umgehen, ist genau eine solche Anpassung und Umwandlung unserer zur Gewohnheit gewordenen, ja zum unhinterfragbaren Apriori hochstilisierten Denkformen, wie Boltzmann sie fordert. In der neuen Relativitätstheorie ist es eben denkbar, dass der Raum endlich ist, aber keine Ränder hat; so wie man auf einer Kugeloberfläche beliebig herumlaufen kann, ohne an eine Kante zu stoßen und in den Limbus zu fallen. In seinem Vortrag über „Eine These Schopenhauers" bemerkt Boltzmann in ähnlicher Weise:

> „Nach meiner Ansicht ist alles Heil für die Philosophie zu erwarten von der Lehre Darwins. ... Erst wenn man einsieht, dass Geist und Wille nicht ein Etwas außer dem Körper, dass sie vielmehr komplizierte Wirkungen von Teilen der Materie sind, deren Wirkungsfähigkeit durch Entwicklung immer vollkommener wird, erst wenn man einsieht, dass Vorstellung, Wille und Selbstbewusstsein nur die höchsten Entwicklungsstufen derjenigen physikalisch-chemischen Kräfte der Materie sind, durch welche Protoplasmabläschen zunächst befähigt wurden, solche Regionen aufzusuchen, die für sie günstiger sind, solche zu vermeiden, die ihnen ungünstig sind, wird einem in der Physiologie alles klar. ... Wie wird es jetzt um das stehen, was man in der Logik Denkgesetze nennt? Nun, diese Denkgesetze werden im Sinne Darwins nichts anderes sein als ererbte Denkgewohnheiten. ... Man kann diese Denkgesetze aprioristisch nennen, weil sie durch die vieltausendjährige Erfahrung der Gattung dem Individuum angeboren sind. Jedoch scheint es nur ein logischer Schnitzer von Kant zu sein, dass er daraus auch auf ihre Unfehlbarkeit in allen Fällen schließt."[48]

Mit diesen Bemerkungen sind wesentliche Einsichten von Konrad Lorenz und der Evolutionären Erkenntnistheorie vorweggenommen. Es ist anzunehmen, dass auch Einstein diese um die Jahrhundertwende mehrfach in öffentlichen Vorträgen geäußerten Gedanken, die auch in Zeitungen publiziert wurden, kannte, noch dazu sie von einem so berühmten Physiker wie Boltzmann stammten. Das hieße aber, dass diese Art zu denken, die Evolution und die menschliche Erkenntnisfähigkeit wechselseitig kritisch zu betrachten, auf die moderne Physik einen viel tiefgreifenderen Einfluss gehabt hätte als gemeinhin angenommen. An den belegten Textstellen wird auch ersichtlich, dass Boltzmann eine dem heute vertretenen Materialismus völlig konforme Haltung gegenüber dem Leib-Seele-Problem vertrat und somit die Ontologie der Evolutionären Erkenntnistheorie teilte.

Konrad Lorenz hingegen, der Stammvater der Evolutionären Erkenntnistheorie, hat die Dualität von Leib und Seele als unüberwindbaren, irreduziblen Hiatus bezeichnet, der selbst dann noch bestehen bliebe, wenn sich die Biologie eines Tages physikalisch erklären lassen sollte. So schreibt Lorenz, der ansonsten ein strenger Verfechter des hypothetischen Realismus ist:

> „Der große Hiatus zwischen dem Objektiv-Physiologischen und dem subjektiven Erleben ist nun insofern anderer Art [als der Hiatus zwischen unbelebter Materie und Lebewesen und auch als der zwischen Tier und Mensch], als er keineswegs nur durch eine Lücke in unserem Wissen bedingt ist, sondern durch eine apriorische, in der Struktur unseres Erkenntnisapparates liegende prinzipielle Unfähigkeit zu wissen. Paradoxerweise ist die undurchdringliche Scheidewand zwischen dem Leiblichen und dem Seelischen nur für unseren Verstand und nicht für unser Gefühl gezogen: Wie schon gesagt, meinen wir, wenn

---

[48]Ebenda, S. 396 ff.

wir von einem bestimmten Menschen reden, weder die objektiv erforschbare Realität seines Körpers noch die psychische Realität seines Erlebens, an der zu zweifeln uns die ‚Du-Evidenz' hindert; wir meinen vielmehr ganz gewiss die selbstverständliche, axiomatisch unbezweifelbare Einheit beider. ... Die Kluft, die Leibliches vom Seelischen trennt, [ist] prinzipiell anderer Art als die beiden anderen großen Einschnitte im Schichtenbau der realen Welt, nämlich der Einschnitt, der zwischen dem Nichtlebendigen und dem Lebendigen besteht, und jener, der den Menschen vom Tier trennt. Diese beiden Einschnitte sind Übergänge, jeder von ihnen verdankt seine Existenz einem historisch einmaligen Geschehnis im Werden der realen Welt. Beide sind nicht nur grundsätzlich, durch ein denkbares Kontinuum von Zwischenformen, überbrückbar, sondern wir wissen, dass solche Zwischenformen zu bestimmten Zeitpunkten wirklich existiert haben. Die Unüberbrückbarkeit des klaffenden Hiatus wird durch zwei Umstände vorgetäuscht. Erstens sind in beiden Fällen die Übergangsformen instabil, d. h. sie waren Phasen, die vom Entwicklungsgeschehen besonders rasch durchlaufen wurden, um danach zu verschwinden. Zweitens aber stellt die Größe des getanen Entwicklungsschrittes in beiden Fällen einen besonders eindrucksvollen Abstand zwischen den beiden Rändern der eben überbrückten Kluft her.

Der Leib-Seele-Hiatus hingegen ist unüberbrückbar ... nicht etwa nur für den heutigen Stand unseres Wissens. ... Selbst eine utopische Zunahme unserer Kenntnisse würde uns der Lösung des Leib-Seele-Problems nicht näher bringen. Die Eigengesetzlichkeit des Erlebens kann grundsätzlich nicht aus chemisch-physikalischen Gesetzen und aus der wenn auch noch so komplexen Struktur der neuro-physiologischen Organisation erklärt werden."[49]

Lorenz vertritt hier, ausgehend von phänomenalen und perspektivischen Überlegungen, einen psychophysischen Dualismus, im Gegensatz zur vollmerschen Evolutionären Erkenntnistheorie. Für Lorenz ist eine Reduktion der psychischen auf die physische Ebene kategorisch ausgeschlossen. Es zeigt sich hier also erstens, dass sich ein evolutionär-epistemologisches Programm allgemein auch unter gänzlich anderen ontologischen Voraussetzungen aufstellen lässt als unter den reduktionistischen Auspizien der Evolutionären Erkenntnistheorie und dass somit auch die Möglichkeit zu einer diesbezüglichen Neuformulierung gegeben ist. Und zweitens fällt auf, dass bereits zwischen der lorenzschen Grundkonzeption einer Evolutionären Erkenntnistheorie und Vollmers Ausarbeitung ein solch erstaunlicher Kontrast besteht. Es ist also nicht Sache dieses Programms, sondern der Einbettung in einen größeren philosophischen Kontext geschuldet, ob eine evolutionär motivierte Erkenntnistheorie reduktionistisch angelegt ist oder eben nicht. Diese Differenz zwischen Lorenz und Vollmer spiegelt auch aktuelle Fronten in der geistesphilosophischen Debatte wider.

---

[49]Lorenz (1997), S. 215 f. Lorenz ist, was das Außerpsychische betrifft, mit Sicherheit als funktionaler Reduktionist zu bezeichnen. Hierauf deutet sowohl die Erwähnung des Entstehens von Lebendigem aus Unbelebtem hin als auch der Vergleich jenes Übergangs mit der Entwicklung zum Menschen. Da Lorenz aber diesen Punkt nicht ausführt und nicht auf die unreduzierbaren oder unreduzierbar erscheinenden Elemente der Biologie eingeht, wollen wir diesen Aspekt seines Standpunktes nicht weiter verfolgen.

11.3.7 Grundsätzliche Probleme des psychophysischen Reduktionismus

An den boltzmannschen Zitaten lässt sich ablesen, dass die wichtigsten materialistischen Intuitionen in den letzten mehr als hundert Jahren im Prinzip gleich geblieben sind. Natürlich hat es Akzentverschiebungen gegeben; so ist etwa der Einfluss der Systemtheorie auf den heute vertretenen Reduktionismus überall sichtbar – ist doch das Gehirn ein komplexes, rückgekoppeltes System und als solches geradezu prädestiniert als systemtheoretisches Paradebeispiel. Aber die Grundkonstanten der materialistischen Sicht auf das Verhältnis von Körper und Geist haben sich ebenso wenig geändert wie ihre prinzipiellen Probleme. Zwar sind heute die neurobiologischen Methoden und Erkenntnisse wesentlich weiter gediehen, und auch die philosophische Debatte hat sich sehr viel weiter präzisiert und in unterschiedliche Facetten aufgefächert; aber substanziell ist es immer noch genauso rätselhaft wie zu Boltzmanns und du Bois-Reymonds Zeiten, wie sich denn subjektive Empfindungen und Intentionen sowie (zumindest schwach) objektiv bestimmbare Nervensignale oder Elektronenzustände begrifflich auf einen gemeinsamen Nenner bringen lassen könnten.

Auch die Evolutionäre Erkenntnistheorie gibt keinen Hinweis darauf, wie eine solche Reduktion denn auszusehen hätte, und verlässt sich recht optimistisch auf die künftige Entwicklung der Neurowissenschaften. Diese Einstellung teilt sie mit vielen Neurowissenschaftlern und Philosophen. Es existiert aber nicht ein einziger, halbwegs erfolgversprechender Ansatz oder auch nur eine vage Idee, wie Subjektives auf Objektives zurückgeführt werden könnte. Im Gegenteil sprechen gewichtige Argumente, deren bedeutendste wir hier zitiert haben, gegen eine solche Reduzierbarkeit von Psychischem auf Physisches. Nur das Problem der mentalen Verursachung bedient die materialistischen Intuitionen kontinuierlich und stark. Ihm eine neue Lesart zu geben und seine Voraussetzungen so abzuändern, dass sie verträglich mit der Eigenständigkeit psychischer Empfindungen sind, verbleibt deshalb als zentrale Aufgabe jeder nichtreduktionistischen Ontologie.

Wenn wir also nun die Existenz subjektiver Faktoren nicht gänzlich abstreiten oder zur Illusion erklären wollten – sei es aus Verzweiflung, Verblendung oder Bosheit – und wenn wir zugleich unter Beibehaltung der menschlichen Subjektivität und unter Berücksichtigung ihrer Nichtreduzierbarkeit die Naturwissenschaften als umfassende Basis unseres Realitätsverständnisses ansehen wollten, dann müssten wir von der Naturwissenschaft der Zukunft fordern, auch subjektive Faktoren miteinzubeziehen. Die auch von der Evolutionären Erkenntnistheorie vertretene Heuristik müsste dann konsequenterweise von der künftigen Naturwissenschaft den Mut zur Subjektivität fordern. Dies wäre ein recht verzweifelter Ausweg aus dem Dilemma, Subjektives und Objektives nach einheitlichen Prinzipien beschreiben zu können. Ein solcher Versuch erscheint nach aller bisherigen Erfahrung aber mehr als fragwürdig, da Naturwissenschaft mit all ihren Erfolgen eben stets unter der bewussten Abstraktion von subjektiven Faktoren stattgefunden hat. Die Ausklammerung von Subjektivität – nicht im wissenschaftlichen Betrieb, aber beim methodologischen Nachweis ihrer Ergebnisse – ist geradezu das definierende Charakteristikum, wie Naturwissenschaft sich auf die Welt bezieht. Subjektivität nun in die naturwissenschaftlichen Inhalte einzuführen, würde einen Paradigmenwechsel erfordern, wie ihn die Naturwissenschaft seit ihrer Begründung nicht gesehen hat.[50] Dieser Ausweg, der bisher noch von keinem Reduktionisten gefordert wurde, zu dem man sich aber vielleicht eines Tages gezwungen sehen könnte, würde dann aber ein neues Verständnis von Reduktionismus mit sich bringen; schließlich enthielten die Naturwissenschaften dann ja Subjektives bereits in ihren Grundlagen. Sehr viel wahrscheinlicher als ein solcher Paradigmenwechsel in der Naturwissenschaft als Ganzes ist ein Paradigmenwechsel in der philosophischen Einordnung neurobiologischer Erkenntnisse. Das gegenwärtige Paradigma in der Neurophysiologie ist häufig ein physikalistisch-konnektionistisches. Um an seine Grenzen stoßen zu können, muss es allerdings wohl ernsthaft weiter verfolgt werden. Auch die Physik kennt Ähnliches: Nur durch strikte Anwendung der Gesetze der klassischen Physik konnte Max Planck bis zu dem Punkt vorstoßen, an dem deren Prinzipien schließlich zu Widersprüchen führten und durch einen genialen neuen Einfall abgeschwächt werden mussten und schließlich durch neue ersetzt werden konnten.

Anhand der bisher diskutierten Problemstellungen wird auch deutlich, dass der Materialismus keineswegs kurz vor seinem endgültigen Triumph steht. Die Evolutionäre Erkenntnistheorie kann ebenso wenig wie andere materialistisch-reduktionistische Theorien auch nur den geringsten Hinweis auf die mögliche Durchführbarkeit ihres Programms geben. Sie verweist immerhin – und hier zeigt sich die große Bedeutung sauberer erkenntnistheoretischer und wissenschaftstheoretischer Arbeit für die Philosophie des Geistes – konsequenterweise auf die noch durchzuführenden Schritte, die sonst in der Diskussion gerne unterschlagen werden und außen vor bleiben. Bereits die ersten, grundlegenden Schritte zur Bearbeitung dieser Fragen – und dies beginnt bei der Klärung des Verhältnisses von Chemie und Physik – sind hochproblematisch und harren einer Lösung. Dies einzuordnen muss jeder brauchbaren Position in der Philosophie des Geistes in der einen oder anderen Form gelingen. Allzu materialistisch-reduktionistische Thesen könnten einer solchen Einordnung durchaus im Weg stehen. Die Problematik aller materialistisch-reduktionistischen Programme, wie auch jenes der Evolutionären Erkenntnistheorie, offenbart sich also auch darin, dass die verfolgte Heuristik augenscheinlich undurchführbar ist und sich somit zu einem Hemmnis für die Forschung oder zumindest für die Reflexion über die erzielten Forschungsresultate entwickeln kann.

Nun ist es ja eine wichtige Aufgabe der Philosophie, über ein einheitliches Weltbild nachzudenken, in dem sich der gesunde Menschenverstand und die Erkenntnisse der Wissenschaften, die unseren Alltag inzwischen zu einem großen

---

[50]Hier schließt sich die Definitionsfrage an, inwiefern Psychologie als Naturwissenschaft zu verstehen ist, bzw. welche ihrer Methoden und Untersuchungsobjekte naturwissenschaftlichen Charakter besitzen oder überhaupt besitzen können. Gleiches gilt natürlich für die Medizin, insbesondere wenn man psychosomatische Phänomene bedenkt.

Teil bestimmen, in einem gewissen Einklang befinden und nicht zueinander in Widerspruch stehen. Gerade die Erfolge der Neurowissenschaften haben hier für Diskrepanzen gesorgt zwischen unserem Selbstbild als empfindende und frei entscheidende Wesen einerseits und dem Modell eines kausal-determiniert funktionierenden Neuronengeflechts andererseits. Man kann und muss nun sowohl darüber nachdenken, ob unser alltäglicher Verstand hier zu kurz greift und welchen Beschränkungen oder Illusionen er unterliegt, als auch darüber, ob nicht unsere Interpretation naturwissenschaftlicher Ergebnisse von einem schiefen Bild dessen ausgeht, was wir unter Naturwissenschaft und einem naturalistischen Weltbild verstehen. Es kann sehr gut sein, dass unsere Vorstellungen von Wissenschaft und Wirklichkeit nicht mehr zeitgemäß sind; schlicht und einfach weil sich mit Zunahme unserer Kenntnisse auch die interpretativen Rahmenbedingungen von Wissenschaft verschoben haben. Diesen Zusammenhängen nachzuspüren ist das schwierigste Gebiet der Wissenschaftsphilosophie.

Oftmals stockt die Wissenschaft, ist ihr Fortschritt durch selbst auferlegte gedankliche Fesseln blockiert, weil ihre Grundbegriffe und Methoden nur den alten, bewährten Theorien gerecht werden und zur Aufstellung neuer Theorien modifiziert oder ersetzt werden müssen. Solche Paradigmenwechsel geschehen nur gegen starken emotional-weltanschaulichen Widerstand und werden nur durch langanhaltende, hartnäckig sich jeder Lösung verweigernde Problemstellungen angestoßen.[51] Eine mögliche Antwort auf die seit geraumer Zeit in der Schwebe befindliche Diskussion um Körper und Geist sowie um Determination und Willensfreiheit könnte also sehr wohl lauten, dass die reduktionisch verstandenen Sparten der Neurowissenschaften schlicht noch nicht hart genug an die Grenzen ihres wissenschaftlichen Paradigmas gestoßen sind, sie es mit zunehmendem Fortschritt allerdings tun werden. Dies allerdings würde heißen, dass es noch einige Zeit braucht, bevor die neurophysiologische und geistesphilosophische Diskussion wieder in bessere Fahrwasser kommen kann.

11.4 Universelle Evolution mit Erklärungslücken

Das Konzept der Universellen Evolution, demzufolge alle realen Systeme aus kleineren oder kleinsten Einheiten bestehen und aus ihnen erklärbar sein sollen, weist nach der bisherigen Analyse doch einige Lücken auf. Weder lassen sich makroskopische Körper aus Atomen erklären, ohne ihrerseits Bezug auf makroskopische Messprozesse zu nehmen, noch erscheint das Leben aus physikalischen und chemi-

---

[51] Wie am Beispiel der Quantenphysik und der Relativitätstheorie zu sehen, müssen die begrifflich-methodischen Vorüberlegungen, die einer wissenschaftlichen Revolution vorausgehen, nicht unbedingt in den neuen Theorien enthalten bleiben. Die Positionen des Positivismus und des Empiriokritizismus hatten die Funktion, den verhärteten philosophischen Unterboden der klassischen Physik aufzustemmen, um neue und tiefere Fundamente legen zu können. Sie sind jedoch nicht selbst dieses philosophische Fundament, auch wenn in einzelnen Elementen ihr Einfluss deutlich wird. Zum Begriff des Paradigmenwechsels siehe Kuhn (1962).

schen Prinzipien allein erklärbar zu sein, noch lassen sich der subjektive Charakter menschlichen Empfindens oder die intentionalen Zuschreibungen personalen Verhaltens in objektive, naturgesetzliche Schemata einordnen. Insbesondere die Tatsache, dass der herausragendste Kandidat für ein solches umfassend reduktionistisches Programm, die Quantenphysik, sich aufgrund der in Teil I beschriebenen Interpretationsbedingungen nicht einmal für die Physik allein als Grundlage anbieten kann, zeigt, dass die heutige Naturwissenschaft keineswegs einen globalen reduktionistischen Charakter besitzt. Und die heutige Physik ist kein Provisorium, sondern schon recht fortgeschritten, wenn man bedenkt, bis zu welch außergewöhnlichen kosmischen Objekten, tiefen Temperaturen, winzigen Elementarteilchen, enormen Energien und Sekundenbruchteilen nach dem Urknall das Erklärungspotential ihrer heutigen Theorien reicht. Von der Quantenphysik als der Fundamentaltheorie der Materie zu sprechen, bedeutet folglich nicht, dass sie aus sich selbst heraus den Rest der Physik abzuleiten gestattet, sondern lediglich, dass sie zur Beschreibung der Eigenschaften aller Formen von Materie unerlässlich ist.

Selbst die von vielen für selbstverständlich gehaltene Reduktion der Chemie auf die Physik ist höchstens unter Berücksichtigung von pragmatischen Erwägungen und höchstens approximativ gültig. Von einer strengen Ableitbarkeit kann keine Rede sein. Die Beziehung zwischen Chemie und Physik trägt aber immerhin gewisse Züge partieller und schwacher Reduzierbarkeit; gleiches gilt für den funktionalen Teil der Biologie. Für sämtliche anderen besprochenen Problemstellungen ist keine mögliche Variante reduktionistischer Beschreibungsformen erkennbar.

Lehrt uns aber nicht die Geschichte des Universums, dass offensichtlich nach dem Urknall zunächst Wasserstoff und Helium und später erst die schweren Elemente entstanden sind? Dass sich dann größere Mengen dieser Elemente zu Planeten zusammengeklumpt haben, auf denen dann eine komplexe Chemie Formen von Leben hat entstehen lassen, die schließlich sogar über sich selbst und ihre Stellung im Weltall nachdenken können? Das mag wohl sein, nur folgt daraus eben noch lange nicht, dass solche Wesen dann auch in der Lage sein müssen, sich selbst und ihre Umwelt in durchgehend reduktionistischer Weise beschreiben oder erklären zu können. Naturwissenschaft zu betreiben heißt zunächst einmal, die Natur unter gewissen methodologischen Voraussetzungen zu erforschen, die dabei gemachten Erfahrungen zu sammeln und unter gewissen Prinzipien zu ordnen – und nicht, dem Schöpfer in die Karten zu schauen und alle Phänomene, die wir im Universum finden, aus diesem Urkartenspiel abzuleiten.

Ein solches Programm für möglich zu halten, könnte durchaus eine sehr spezielle kulturelle Ausprägung einer generellen Tendenz unserer Spezies sein, ihre eigenen Fähigkeiten zu überschätzen. Diese Tendenz mag durchaus evolutionär Sinn machen. Denn wenn wir uns vor Augen halten, dass die biologisch-genetische Evolution von *Homo sapiens* vor einigen zehntausend Jahren in der Steinzeit durch die kulturelle Evolution überholt worden ist, dann mag eine gewisse Selbstüberschätzung durchaus hilfreich gewesen sein, neue Lebensräume zu erobern. Auch wenn immer wieder Individuen oder sogar ganze Stämme beim Versuch, in unbekannte Gebiete vorzudringen, gescheitert oder sogar umgekommen sind, so haben sich doch die, die es geschafft haben, längere Zeit konkurrenzlos fortpflanzen können.[52] Kühnes Theoretisieren mag ebenfalls Ruhm bringen oder zumindest ein spannender Zeitvertreib sein, und das sogar meist ohne Gefahr für Leib und Seele. Es könnte in unserem Universum ja vielleicht sogar Lebensformen geben, denen ein anderer Zugang zur Welt die Durchführung eines solchen reduktionistischen Programms möglich macht. Vielleicht ist aber auch das Entstehen von Bewusstsein an ganz bestimmte mesokosmische Bedingungen gebunden, wie etwa die Existenz von Wasser und Kohlenstoffverbindungen, erträgliche Werte von Gravitation, Säurekonzentration, Druck, Strahlung und Wärme, so dass alle komplexeren Lebensformen, die Bewusstsein oder Vorstufen dazu ausbilden können, uns notwendigerweise in einigen entscheidenden kognitiven Punkten so ähnlich sind, dass auch sie keine erfolgreichen Reduktionisten sein können. Vielleicht ist auch die Struktur unseres Universums – aufgrund von Nichtlokalität, komplexen, irreduziblen Teil-Ganzes-Beziehungen etc. – solchermaßen, dass umfassende reduktionistische Auflösungen prinzipiell unmöglich sind und immer nur partiell sein können.

Man kommt nicht umhin zu konstatieren, dass der gegenwärtige Stand unserer Wissenschaft ein solches reduktionistisches Programm nicht zulässt. Sowohl zwischen den unterschiedlichen Bereichen der Naturwissenschaft, als auch zwischen naturwissenschaftlichen und psychischen Phänomenen sind Trennstriche zu ziehen, die auf unterschiedlichen Weisen der Natur- bzw. Selbsterforschung beruhen. Die unterschiedlichen Wissenschaften benutzen unterschiedliche Methodologien, unterschiedliche Begriffe und unterschiedliche Theorien. Zwar lassen sich in vielen Fällen interdisziplinäre Forschungsfelder finden und Übergangsgebiete zwischen den verschiedenen Bereichen; doch ist dies kein Beweis für die prinzipielle Reduzierbarkeit der verschiedenen Wissenschaften aufeinander, sondern lediglich ein Hinweis auf die strukturellen Abhängigkeiten verschiedener Phänomene voneinander. Es ist auch weder ein in irgendeiner Hinsicht plausibler Ansatz dazu erkennbar, wie die jetzige Wissenschaft in Richtung auf einen möglichen Reduktionismus hin zu transformieren sei oder wie eine grundlegend andersartige und neuartige Wissenschaft zu begründen sei, die diese Probleme nicht kennt; noch gibt es den leisesten Hinweis darauf, was eine solche Wissenschaft bezwecken könnte, außer dass sie diesen einen Anspruch – nämlich reduktionistisch zu sein und damit eine einheitlichere Weltbeschreibung als bisher zu liefern – eventuell einlösen könnte.

---

[52]Wie hat man sich die Besiedlung Polynesiens vorzustellen? Welche Opfer mussten gebracht werden, um entlegene Inseln, Oasen in Wüsten, Eisgebiete im hohen Norden zu besiedeln? Noch heute zeugt der Todesmut von Flüchtlingen in aller Welt oder durchaus auch von einigen Extremsportlern und Abenteurern davon, dass der Mensch, gerade weil er bewusst planen und abwägen kann, in der Lage ist, massivste Gefahren auf sich zu nehmen. Die besondere lebensweltliche Offenheit der Spezies Mensch zeigt sich nicht zuletzt daran, dass er imstande ist, wie kein zweites Tier seine Instinkte zu konditionieren. Dadurch konnte er sich unter anderem das Feuer nutzbar machen und dann zum Herrscher auf unserem Planeten aufschwingen; doch dazu später mehr.

11.5   Welche Rolle spielt Vereinheitlichung für die Wissenschaft?

Die bisherige Entwicklung der Naturwissenschaften hat zwar gezeigt, dass es sinnvoll ist, sich um Vereinheitlichung zu bemühen – allein schon, um übergreifende Theorien zu entwickeln, die größere Klassen von Phänomenen beschreibbar machen. Dabei sind allerdings nicht nur ständig neue Unterwissenschaften mit neuen Einsatzgebieten entstanden; auch der Abstraktionsgrad, mit dem die Fundamentaltheorien (wie etwa die Quantenmechanik oder die Relativitätstheorie) operieren, hat bei dieser Entwicklung ständig zugenommen. Um die Fundamentaltheorien auf die Wirklichkeit, d. h. auf natürliche Phänomene, anwenden zu können, benötigen wir zur Spezifikation von Problemen nun immer umfangreichere Beschreibungen, die sich nicht direkt aus den Fundamentaltheorien ergeben, sondern die in Form von Randbedingungen vorliegen, welche zum guten Teil selbst Ergebnis eingehender theoretischer Betrachtungen sind, die aus bewährten Vortheorien, Erfahrung, pragmatischen Erwägungen und wissenschaftlicher Intuition gewonnen werden. Dies ist bei der Bewertung des reduktionistischen Charakters insbesondere der modernen Physik zu beachten. Man könnte also als wissenschaftliche Maxime festhalten: Bemüht euch um Vereinheitlichung und Reduktion, aber vergesst dabei nicht die Bedingungen, unter denen von Reduktion gesprochen werden kann, welchen Einschränkungen sie unterliegt und vor allem: in welchem Verhältnis natürliche Phänomene zu den abstrakten Theorien stehen. Dies ist eine deutlich zurückhaltendere Position im Vergleich zum Programm der Evolutionären Erkenntnistheorie.

11.6   Kleinere Kalamitäten mit Kausalität und Kopernikus

Die Selbsteinschätzung der Evolutionären Erkenntnistheorie als „wahre kopernikanische Wende" und ihr Kausalitätsverständnis – auch wenn diese einem Transzendentalphilosophen in der Tradition Kants natürlich sauer aufstoßen müssen – bedeuten für unsere Kritik keine größeren Schwierigkeiten. Bei der Diskussion der Kausalität fällt zwar auf, dass der Realitäts- und der Objektbegriff stark an die klassische Physik angelehnt sind und im Quantenbereich zusammenbrechen[53]; die damit zusammenhängenden Probleme sind aber in der Tat hauptsächlich dann von Belang, wenn man sie im Gesamtkontext einer reduktionistischen Weltbeschreibung betrachtet. Diese haben wir bereits zurückgewiesen. Wenn wir aber die kausalen Wechselwirkungen unserer mesokosmischen Gegenstände und unsere

---

[53]Strenge Objektivierbarkeit im Sinne unabhängiger Objekte kann nur dann gegeben sein, wenn der Energieübertrag bei jeder Art von Wechselwirkung so klein gemacht werden könnte, dass er keinen Einfluss auf das zu untersuchende Objekt oder System besitzt. Nach den Erkenntnissen der Chaostheorie ist dies bereits in der klassischen Physik ein kritischer Punkt, der am strengen Objektivitäts- und Kausalitätsideal kratzt; in der Quantenmechanik wird diese Betrachtungsweise aufgrund der Endlichkeit des Wirkungsquantums endgültig obsolet.

psychologische Tendenz, diese in unser kausales Weltbild einzuordnen, für sich allein genommen betrachten, so ergibt sich kein Widerspruch. Im Gegenteil liefert die Evolutionäre Erkenntnistheorie hier ein wesentlich schlüssigeres und zeitgemäßeres Bild als viele andere philosophische Ansätze.

Der Vergleich mit Kopernikus ist nun ein passendes Bild für die bescheidenere Rolle, die die Evolutionäre Erkenntnistheorie dem Menschen und seinem Erkenntnisvermögen im Gegensatz zu anderen erkenntnistheoretischen oder religiösen Weltbildern zugesteht. Der Vergleich hinkt jedoch ein klein wenig in Bezug darauf, dass Kopernikus zwar richtig erkannt hatte, dass die Erde nicht im Mittelpunkt des Universums steht, die Evolutionäre Erkenntnistheorie aber als von Menschen aufgestellte Theorie trotz aller Entanthropomorphisierung schwerlich behaupten kann, menschliche Erkenntnis gehe nicht von uns Menschen aus. Wir sollten diesen Vergleich daher lieber mit einem kleinen Augenzwinkern betrachten – schließlich könnte er in anderer Hinsicht doch brauchbar sein. Denn so wie Nikolaus Kopernikus die Planeten noch auf Kreisbahnen angeordnet hatte, um die verworrenen Epizyklen des antiken Entwurfs des Ptolemäus zu umgehen, und erst Johannes Kepler – dank verfeinerter Messdaten und Methoden – die Ellipsenbahnen korrekt berechnen konnte und damit die Astronomie zum leuchtenden Stern am Firmament der Naturwissenschaften machte, so warten vielleicht auch die evolutionär-erkenntnistheoretischen Prinzipien noch auf eine Korrektur, die ihnen eine strahlende Zukunft beschert. Es könnte sich zeigen, dass hierzu von als notwendig empfundenen Symmetrie- und Schönheitsvorstellungen Abschied genommen werden muss. Im Falle Kopernikus' waren dies die perfekten Kreisbahnen, im Falle der Evolutionären Erkenntnistheorie ist es vielleicht die Vorstellung einer möglichst einheitlichen Beschreibbarkeit der Welt, die sich in ihrem reduktionistischen Programm niederschlägt.

Andere evolutionär motivierte Erkenntnistheorien

12

> *Der Mensch steht der Welt nicht*
> *gegenüber, sondern ist Teil des Lebens,*
> *in dem die Strukturen, der Sinn, das*
> *Sichtbarwerden aller Dinge gründen.*
>
> *(Maurice Merleau-Ponty)*

Nun ist die Evolutionäre Erkenntnistheorie nicht die einzige Erkenntnistheorie, die den Anspruch erheben kann, die evolutive Entstandenheit des Menschen philosophisch verarbeitet zu haben. Es existieren unter anderem einige dezidiert nichtreduktionistische und sehr unterschiedliche Ansätze, die wir an dieser Stelle nicht tiefer gehend diskutieren können, die aber zumindest einer knappen Erörterung bedürfen. Sie öffnen zudem den Blick für biologisch begründete Erkenntnistheorien, die auf anderen Fundamenten als die meisten realistisch-naturalistischen Ansätze stehen, und mögen somit auch als Kontrastpunkte und Motivation für den dritten Teil dienen.

12.1 Radikaler Konstruktivismus

Die bekannteste Theorie unter ihnen ist der *Radikale Konstruktivismus*, der auf die Annahme einer beobachterunabhängigen Realität völlig verzichtet. Die Arbeiten zum Radikalen Konstruktivismus unterscheiden sich von Autor zu Autor durchaus; auch haben einige Autoren ihre Thesen im Laufe der Zeit modifiziert oder tun dies immer noch. Hier wollen wir vor allem die von Humberto Maturana und Francisco Varela vertretene Variante vorstellen, ohne dass hiermit eine Wertung der anderen Ansätze verbunden sei.[1] Natürlich können wir dieser Position in der hier gebotenen

---

[1] Siehe hierzu insbesondere die Darstellungen in Maturana und Varela (1987) und von Glasersfeld (1996) sowie den Sammelband mit Beiträgen von Heinz von Foerster, Ernst von Glasersfeld, Peter Hejl, Siegfried Schmidt und Paul Watzlawick: Gumin und Meier (1997). Interessanterweise

© Springer-Verlag Berlin Heidelberg 2017
D. Eidemüller (Hrsg.), *Quanten – Evolution – Geist*,
DOI 10.1007/978-3-662-49379-3_12

Kürze nicht gerecht werden; insbesondere da einige dargelegten Ideen sich auch vor dem Hintergrund der späteren Argumentation als sehr viel fruchtbarere Inspiration erweisen werden, als die Kritik an ihrem Objektivitätsbegriff an dieser Stelle anklingen lässt.

Die erkenntnistheoretische Position des Radikalen Konstruktivismus beruht auf der Einsicht, dass jede Form von Wahrnehmung und Weltbezug sich nicht auf die Welt als solche bezieht, sondern dass erfahrene Realität immer ein Konstrukt unseres Nervensystems ist. Das Zentralnervensystem als sogenanntes autopoietisches („selbsterschaffendes") System erzeugt aus sich selbst heraus, nach seinen eigenen Strukturbedingungen, die Welt, unsere Lebenswirklichkeit. Während die klassische Evolutionstheorie und die ihr nahestehende Evolutionäre Erkenntnistheorie das Leben und entsprechend auch dessen Wahrnehmungs- und Erkenntnisstrukturen als zunehmende Anpassung an eine äußere Wirklichkeit annehmen, gibt es für den Radikalen Konstruktivisten gar keine „objektive" Wirklichkeit. Lebewesen sind vielmehr informationell geschlossene Systeme; sie nehmen Informationen nicht anhand objektiver Gegebenheiten auf, sondern nur durch Interpretation aufgrund selbst gesetzter Regeln. Solange nur die Grunderfordernisse des Lebens erfüllt sind, kann das genetisch und epigenetisch geprägte Weltbild jeden möglichen Charakter annehmen. Das Subjekt ist folglich der Schöpfer seiner nur dem Anschein nach objektiven Wirklichkeit. Wahrnehmung und Erkenntnis werden als aktive Handlungsformen verstanden. Es gibt nicht eine Realität, sondern so viele, wie es Menschen gibt. Natürlich sind diese nicht grundverschieden, sondern besitzen als Formen sozialen Handelns und Sprechens übereinstimmende Komponenten. Keine von ihnen vermag sich jedoch vor einer anderen darauf zu berufen, sie beinhalte einen ausgezeichneten Zugriff auf die Wirklichkeit.

Der Radikale Konstruktivismus bezieht sich auf die stammesgeschichtlich gewachsene Struktur des menschlichen Erkenntnisapparates, reflektiert aber dessen selbstorganisierende Entstehung in grundlegend anderer Form als die Evolutionäre Erkenntnistheorie. Er stellt fest, dass „alles, was ein menschliches Wesen tut, aus der Dynamik seines Körpers im Prozess der Selbsterhaltung durch die Interaktion mit einem geeigneten Milieu entsteht."[2] Diese Einsicht teilt er durchaus noch mit der Evolutionären Erkenntnistheorie. Der Unterschied wird jedoch deutlich, wenn wir berücksichtigen, dass der (laut Evolutionärer Erkenntnistheorie) objektive oder zumindest objektivierende Charakter von Erkenntnis hier anders interpretiert wird, nämlich nicht als Widerspiegelung streng objektiv existierender Strukturen, sondern so, dass „Körper und Körperdynamik vom Beobachter als das Fundament allen menschlichen Tuns erkannt" werden.[3] Dies impliziert die Ablehnung einer außen liegenden und unabhängig existierenden Realität. Die Motivation, die hinter dieser philosophischen Position steht, ist nicht nur

---

bezeichnen sich Maturana und Varela selbst nicht als Konstruktivisten im üblichen Sinne, doch hat sich dieser Terminus auch für ihre Ansichten eingebürgert.

[2] Maturana und Pörksen (2002), S. 15.

[3] Ebenda, S. 15.

eine rein erkenntnistheoretische; vielmehr steht hinter ihr – wie auch hinter allen anderen – eine ethische Komponente. Die Negierung einer hinter den Erscheinungen liegenden, unabhängigen Wirklichkeit bedingt gleichzeitig die Absage an endgültige Autoritäten und Wahrheiten. Dieser Verzicht ermöglicht die Akzeptanz auch grundlegend anderer Einsichten als unserer eigenen und besitzt somit etwas wie demokratisch-mitmenschliche Toleranz, denn „die emotionale Basis besteht hier darin, dass man die Gesellschaft des anderen genießt."[4]

Das Problematische am Radikalen Konstruktivismus – so interessant, sympathisch und einleuchtend einige seiner Thesen auch klingen mögen – ist jedoch die Tatsache, dass er weder unsere Alltagsintuition noch den Sprachgebrauch in der Wissenschaft gut reproduzieren kann und dass er auch nicht den unleugbaren Erfolg der wissenschaftlichen Methodologie zu erhellen vermag. Er berücksichtigt schlicht unzureichend die objektivierbare Seite der Realität. Diese Eigenheit teilt er mit allen harten idealistischen Positionen.[5] Aus diesem Grund wollen wir ihn an dieser Stelle nicht weiter vertiefen. Er stellt aber insofern eine bedeutende Weiterentwicklung klassischer idealistischer Positionen dar, als er die Erkenntnisse der modernen Biologie und Neurophysiologie verarbeitet und zugleich fortschrittliche humanistische Thesen vertritt, die auch jenen zu denken geben sollten, die seine Ontologie – oder besser: den Verzicht auf eine solche – nicht zu teilen bereit sind.

12.2 Konstruktivistische Evolutionäre Erkenntnistheorie

Die Popularität konstruktivistisch-operationalistischer Interpretationsschulen in der Physik hat den Physiker und Wissenschaftstheoretiker Olaf Diettrich dazu veranlasst, eine ebensolche Lesart der Evolutionären Erkenntnistheorie auszuarbeiten: die eher unbekannte *Konstruktivistische Evolutionäre Erkenntnistheorie*.[6] Es handelt sich bei ihr allerdings weniger um eine voll ausformulierte Erkenntnistheorie als um einen sehr allgemein und abstrakten operationalistischen Ansatz zu evolutionär-epistemologischen Fragestellungen. Die Konstruktivistische Evolutionäre Erkenntnistheorie verzichtet darauf, theoretischen oder Beobachtungstermen eine ontologische Qualität beizumessen. Weiterhin setzt sie Wahrnehmung und aus ihnen folgende Gesetzmäßigkeiten in Analogie zu physikalischen Messvorgängen: Wahrnehmungen sind nichts anderes als Invarianten kognitiver Operatoren; wahrgenommene Regelmäßigkeiten sind Konstrukte mentaler Operatoren, die sich als überlebenstauglich herausgestellt haben.

---

[4]Ebenda, S. 39.

[5]Zu Problemen der inneren Konsistenz siehe auch Walter (1999). Eine scharfe Kritik am Radikalen Konstruktivismus, die unter anderem am Wahrheitsbegriff festgemacht ist, liefert Dettmann (1999). Manche Kritiker gehen sogar so weit, dem Radikalen Konstruktivismus vorzuwerfen, er könne nicht zwischen Wahrnehmung und Halluzination unterscheiden.

[6]Diettrich (1991).

Wissenschaft ist demnach keine Annäherung an eine objektive Realität, sondern der Versuch, unsere spezifisch menschlichen Erfahrungen systematisch zu deuten. Daraus ergibt sich aber eine Frage, die auch den Radikalen Konstruktivismus betrifft: Welchen Nutzen haben Naturgesetze, wenn sie sich nicht auf die uns umgebende Welt beziehen, sondern nur rein mentale Konstrukte sind? Wie lässt sich Übereinstimmung mit der Außenwelt herstellen?

Laut der Konstruktivistischen Evolutionären Erkenntnistheorie sind Naturgesetze nun das Konzentrat aus menschlicher Erfahrung, welches uns die Vorhersage künftiger Erfahrungen ermöglicht. Sie sind „Transformationen oder Operatoren, die Erfahrung ineinander überführen."[7] Naturgesetze sind somit *humanspezifisch*, d. h. von uns Menschen untereinander (als biologisch verwandte Spezies) als brauchbar akzeptierte Gedankengebäude. Da Wahrnehmungsprozesse, auf denen wissenschaftliche Theorien basieren, von der stammesgeschichtlichen Entwicklung abhängen, müssen die theoretischen Kriterien in erster Linie Vereinbarkeit mit der jeweiligen physiologischen und kognitiven Stammesgeschichte beweisen und nicht mit den Strukturen einer unabhängigen Realität. Ebenso wie den Radikalen Konstruktivismus trifft die Konstruktivistische Evolutionäre Erkenntnistheorie aber das Argument, dass es weniger das Funktionieren als das Versagen wissenschaftlicher Theorien ist, das auf ihren Kontakt mit einer außen liegenden Realität verweist.[8]

Die Vorstellung einer universellen, unabhängigen Realität ist dann laut Diettrich bloß ein funktionaler Trick der Evolution, der uns eine bessere Kommunikation ermöglichen soll. Denn die Deutung und Vermittlung von Sinnesreizen fällt wesentlich einfacher, wenn wir uns vorgaukeln, dass die uns kulturell eingeprägten Interpretationsmuster universeller Standard wären. Eine unabhängige Wirklichkeit ist aber kein irgendwie operationalisierbarer Term.

> „Realität präsentiert sich uns immer nur als Differenz zu einem Organismus. Hierin gleichen Organismen und Sinnesorgane physikalischen Messgeräten, insofern es allein von ihrem Bau und ihrer Konstruktion abhängt, wie sie auf den Kontakt mit der Umwelt reagieren. Weder im einen noch im anderen Fall lässt sich aus dieser Wechselwirkung ein objektives Korrelat destillieren, das man Realität nennen könnte."[9]

Der Hauptunterschied zwischen der Konstruktivistischen Evolutionären Erkenntnistheorie und dem Radikalem Konstruktivismus besteht (abgesehen vom theoretischen Ansatz) darin, dass Letzterer die prinzipielle Unmöglichkeit behauptet, individuelle menschliche Weltbilder gegeneinander abzuwägen, während Erstere vor allem versucht, den Menschen von anderen Lebensformen abzugrenzen und die Möglichkeit einer universellen, absoluten Wissenschaft zurückzuweisen, die unabhängig vom Menschen oder auch von anderen intelligenten, extraterrestrischen

---

[7] Diettrich (1996), S. 61.

[8] Wir werden diesen Punkt noch in Kap. 15.1 diskutieren und dabei auf das Verhältnis von Subjektivität, Intersubjektivität und Objektivität eingehen.

[9] Diettrich (1996), S. 65.

Lebewesen ist. Die Unterschiede beim Erkenntnisapparat verschiedener Menschen betont Diettrich aufgrund ihrer gemeinsamen biologischen Abstammung weniger stark.

12.3 Der Panpsychische Identismus à la Rensch

Eine weitere wenig bekannte Minderheitenposition ist der vom Evolutionsbiologen und Neurophysiologen Bernhard Rensch vertretene *Panpsychische Identismus*.[10] Er besitzt einige recht ungewöhnliche Postulate, steht allerdings durchaus in einer klassisch-philosophischen Tradition und erweitert Gedanken von Leibniz, Spinoza, Kant und Schopenhauer um Erkenntnisse der modernen Psychologie und Biologie. Wir wollen ihn trotz seiner geringen Popularität kurz skizzieren, da er einen interessanten Kontrast zu den populäreren Thesen bietet. Der Name „Panpsychischer Identismus" kennzeichnet eine bestimmte Haltung gegenüber dem Leib-Seele-Problem und steht hier pars pro toto für die gesamte dieser Haltung zugrundeliegende Philosophie.

Auch Renschs Philosophie liegt – ähnlich wie der Vollmers – die Vorstellung zugrunde, dass sich eine reduktionistische Naturbeschreibung durchführen lassen müsse. Er postuliert zwar nicht eigens ein Prinzip der Universellen Evolution, aber seinen Ausführungen ist zu entnehmen, dass er hier in jedem Punkt den Thesen der Evolutionären Erkenntnistheorie zustimmen würde, wie wir sie in Kap. 10.1 dargestellt haben. Denn auch er spricht von der „kontinuierlichen, von universalen Gesetzlichkeiten bestimmten Entwicklung der Weltkörper, des Lebens und der menschlichen Existenz."[11]

Der entscheidende Unterschied liegt nun darin, dass für Rensch die „unbezweifelbaren psychischen Phänomene" als Ausgangspunkt aller Erkenntnis ontologischen Vorrang vor allen materiellen Befunden besitzen. Sie und nicht die kausal interagierenden materiellen Gegenstände sind die grundlegenden, primären Bestandteile dieses monistischen Weltbildes. Wie aber können eine sich gesetzmäßig aus Elementarbausteinen entwickelnde Natur und psychische Phänomene als ihre höchste bisher bekannte Integrationsform in einem sinnvollen, einheitlichen Zusammenhang gedacht werden?

Hier bietet sich eine Lösung an, die gleichermaßen so konsequent und mutig zu Ende gedacht ist, dass Parmenides und Leibniz ihre Freude daran gehabt hätten, wie sie aber auch problematisch und etwas dunkel in ihren Grundannahmen ist: Jeder Art von Materie werden *protopsychische* Eigenschaften zugeschrieben, die durch die „sukzessive Integration" ihrer Komponenten bei der Höherentwicklung der chemischen und biologischen Evolution sowie bei der Ontogenese zur Entstehung von Bewusstsein führen. Hierzu sei keine Modifikation unserer physikalischen

---

[10]Rensch (1991).
[11]Ebenda, S. 260.

Theorien vonnöten, so dass die Einführung dieser neuen ontologischen Kategorie in unser Weltbild zwar eine sehr mutige und weitreichende Spekulation darstellt, aber widerspruchsfrei zu bewerkstelligen sei. Als Belege dienen die Korrespondenz von neuronalen Prozessen und Bewusstseinsinhalten, die Ähnlichkeit von Atomen innerhalb und außerhalb des Gehirns, sowie die Übertragung des Erbmaterials von Generation zu Generation.[12] Weiterhin unterstellt Rensch jeder Art von Interaktion, physikalischer wie psychischer Natur (schließlich sind beide eines), eine streng deterministisch verstandene Kausalität. Lediglich die durch die Quantenphysik implizierten statistischen Fluktuationen werfen die Frage auf, ob „im subatomaren Bereich die Kausalität eventuell durch Integration noch anderer Gesetzlichkeiten zustande kommt. ... Für alles makromolekulare Geschehen ... kann im übrigen eine lückenlose Wirkung der universalen Kausalgesetzlichkeit angenommen werden."[13]

Die Panpsychizität dieses Weltbildes ergibt sich schlicht und einfach aus der Ubiquität, der Allgegenwart psychischer oder zumindest protopsychischer Eigenschaften in der gesamten Natur; ihr Identismus setzt das materielle Substrat psychischer Empfindungen und Gedanken mit diesen gleich, schließlich ist das „erschlossene transsubjektive Materielle ... letztlich immer ein Vorstellungsinhalt von Menschen."[14] Damit vertritt Rensch, obwohl er sowohl in den wissenschaftlichen Einzelheiten als auch in Hinsicht auf die umfassende Bedeutung des Kausalitätsprinzips und der Universellen Evolution mit der Evolutionären Erkenntnistheorie übereinstimmt, interessanterweise einen exakten Gegenentwurf zu dieser. Eine Motivation für seine Position könnte Rensch nicht zuletzt in der Naturphilosophie Friedrich Schellings gefunden haben, die Carl Friedrich von Weizsäcker mit folgenden Worten zu charakterisieren pflegte: „Die Natur ist der Geist, der sich (noch) nicht als Geist kennt."

Die durchgängige Bedeutung des Kausalitätsprinzips führt Rensch auch zur Ablehnung jeder Form von Willensfreiheit. Der Panpsychische Identismus nimmt für sich in Anspruch, nicht nur in Einklang mit der modernen Naturwissenschaft zu stehen, sondern auch besser als andere Weltbilder die Tatsache erklären zu können, dass die natürliche Entwicklung dazu geführt hat, dass auf der Integrationsstufe des *Homo sapiens* schließlich „die Natur sich selbst und die Zusammenhänge und Gesetzlichkeiten der übrigen Natur zu erkennen vermag."[15] Bezüglich des wenig erbaulichen Faktums, dass wir – trotz des Luxus, ein welterkennendes Gebilde ansonsten nur begrenzt einsichtsfähiger Materiebausteine zu sein – gezwungen sind,

---

[12] Siehe hierzu auch Rensch (1977).
[13] Rensch (1991), S. 239.
[14] Ebenda, S. 257.
[15] Ebenda, S. 258.

unsere Willensfreiheit als Illusion hinnehmen zu müssen, vermag uns aber folgendes Trost zuzusprechen:

> „Dass wir Menschen uns als höchste Integrationsstufe eingefügt wissen in das naturge-
> setzlich bestimmte, evolutionäre Geschehen der Welt, vermag wohl ein dem Religiösen
> entsprechendes Gefühl zu erzeugen."[16]

12.4   Zum Streit über eine angemessene Definition von Realismus

Die Debatte um den von der Evolutionären Erkenntnistheorie vertretenen Realitätsbegriff wurde mit unterschiedlichsten Argumenten geführt, teilweise gar mit
der Begründung, die Evolutionstheorie könne als naturwissenschaftliche Theorie
mit einer Theorie menschlichen Erkennens und Verstehens nichts zu tun haben.
Solche Thesen wurden auch und insbesondere von Philosophen wie etwa Ludwig
Wittgenstein vertreten und besitzen auch heute noch ihre Anhänger. Wir haben
bereits hervorgehoben, dass wir uns dieser Meinung nicht anschließen wollen,
sondern stattdessen davon ausgehen, dass mit der Weiterentwicklung des menschlichen Wissens und der menschlichen Kultur auch neue Einsichten in unser eigenes
Wesen und damit eine Neubewertung unserer Stellung in der Welt und folglich
auch unserer Erkenntnisfähigkeit fällig werden. Zahlreiche Kritiken, zumeist aus
einer eher klassischen philosophischen Tradition heraus, haben Vollmer und andere
bereits in ihren Werken analysiert und zurückgewiesen.[17] Interessanter und zumeist
weniger bekannt sind diejenigen Kritiken am hypothetischen Realismus, die aus
dem Umfeld von Befürwortern einer evolutionären Epistemologie stammen. Es gibt
aus dieser Richtung verschiedene Vorschläge für alternative Realitätsbegriffe.

So macht der Wissenschaftsphilosoph Michael Ruse darauf aufmerksam, dass die
Evolutionäre Erkenntnistheorie gut daran täte, sich nicht an Kants „Ding an sich"
zu orientieren und es als ultimative, objektive, externe Realität umzuinterpretieren,
an die wissenschaftliche Erkenntnis sich zumindest immer weiter annähern kann.[18]
Die Natur selbst hat z. B. auf viele unterschiedliche Weisen bewerkstelligt, dass
Lebewesen sich von A nach B bewegen können. So wie Schwimmen, Krie-
chen, Laufen, Galoppieren oder sich an Ästen Voranzuschwingen verschiedene
Fortbewegungsmethoden sind, so ist auch der menschliche Geist nur eine unter wer-
weiß-wie-vielen möglichen Denk-Arten, die das Überleben und die Fortpflanzung
sichern. Unsere Erkenntnisfähigkeit ist aus ungerichteter Evolution entstanden und
sichert uns keineswegs eine mögliche Erkennbarkeit endgültiger Wahrheiten. Statt
an Kant sollte die Evolutionäre Erkenntnistheorie sich also lieber an Hume halten,
dessen idealistische Grundhaltung durch einen *Alltagsrealismus* besänftigt wurde.
Fortschritt in Wissenschaft und Technik sieht Ruse nicht als immer weiter gehende

---

[16]Ebenda, S. 260.
[17]Siehe hierzu insbesondere Vollmer (1985).
[18]Ruse (1990).

Annäherung an absolute, objektive Grundwahrheiten, sondern als zunehmende, fruchtbare Übereinstimmung theoretischer Vorhersagen mit experimentellen Daten. Hierbei ist aber immer menschliche Projektion im Spiel. Damit spielen im Erkenntnisprozess sowohl die Außenwelt als auch der menschliche Geist eine Rolle. Somit kann von endgültigen Wahrheiten oder etwa auch von einer Annäherung an solche nicht mehr gesprochen werden. Vielmehr ist laut Ruse die Trennung Idealismus – Realismus aufzuheben und als sinnvolle Grundlagenontologie ein Alltagsrealismus vorzuziehen.

Edward Stein argumentiert in ähnlicher Weise. Er unterscheidet in zunehmend anspruchsvollerer Reihenfolge zwischen metaphysischem Realismus, der von nicht mehr und nicht weniger als der Existenz einer objektiven Welt ausgeht, epistemischem Realismus, der zumindest die Möglichkeit wahrer Erkenntnis über unsere Welt postuliert, und konvergentem Realismus, der als schärfste Variante unterstellt, dass wir Menschen in unserem Erkenntnisstreben der Wahrheit immer näher kommen.[19] Aufgrund biologischer Betrachtungen, die sich mit denen von Michael Ruse weitgehend decken, gelangt Stein zu der Auffassung, dass der konvergente Realismus, wie er auch der Evolutionären Erkenntnistheorie zu eigen ist, sich nicht in Einklang mit spezifisch biologischen Einsichten befindet. Die grundlegenden Prinzipien der Evolutionstheorie besagen, dass Evolution nicht zielgerichtet stattfindet, sondern sich durch zufällige Mutation und Auslese in unterschiedlichste Richtungen entwickelt. Fortschritt ist zwar möglich, doch es gibt keinerlei Garantie dafür, dass dieser in irgendeiner Hinsicht im Sinne der Erlangung von sicheren Wahrheiten stattfindet. Gleichwohl ist die Existenz einer realen Welt im Sinne des *metaphysischen Realismus* für Stein eine notwendige Grundlage, um überhaupt von Evolution sprechen zu können. Denn Anpassung setzt steht voraus, dass irgendetwas da ist, an das etwas anderes sich anpasst: „The real world is a posit for selection, but it can only be characterized from its effects; the truth about it cannot be known."[20] Dementsprechend schlägt Stein einen „noumenalen" Realismus vor, der – von Kant inspiriert – lediglich davon ausgeht, dass eine reale Welt hinter den Erscheinungen existiert, wir aber praktisch nichts über sie aussagen können – außer dass sie existiert. Der Unterschied zum hypothetischen Realismus, wie er von Vollmer, Campbell und anderen vertreten wird, besteht darin, dass der *noumenale Realismus* jede mögliche Art von konvergentem Realismus ausschließt. Dieser noumenale Realismus besitzt sehr ähnliche Charakteristika wie der ebenfalls durch Kants Philosophie motivierte „verschleierte" Realismus d'Espagnats; nur dass Letzterer noch zusätzliche, ex negativo begründete Struktureigenschaften aufweist, die sich aus der Reflexion über die Quantenphysik gewinnen lassen.

Ebenfalls aus biologischen Betrachtungen gewinnt der Wissenschaftstheoretiker John Dupré die Ansicht, die These einer einheitlichen Wissenschaft sei nicht haltbar. Ohne so weit gehen zu wollen, sich einer extremen konstruktivistischen oder empiristischen Haltung anzuschließen, zeigt Dupré auf, dass wir in einer

---

[19]Stein (1990).
[20]Ebenda, S. 123.

„unordentlichen" Welt mittels verschiedener Methoden und Perspektiven unterschiedliche und durchaus reale Bereiche unserer Welt aufklären können, dass es aber in der Wissenschaft nicht um den einen, großen Zusammenhang geht.[21]

Aber nicht nur aus biologischer Perspektive wird über diese Punkte diskutiert. Auch in der quantenphysikalisch inspirierten Wissenschaftsphilosophie gibt es in Hinsicht auf die Objektivierbarkeit wissenschaftlicher Theorien und der von ihnen untersuchten Entitäten unterschiedliche Strömungen, deren jeweilige Kompatibilität mit unseren Folgerungen im Folgenden noch klarer werden wird.

Eine immer noch große Popularität besitzt die Position des *wissenschaftlichen Realismus*, demzufolge die Wissenschaft die Welt so beschreibt, wie sie ist – unabhängig von unserer Weise der Bezugnahme. Da die Quantenphysik solche Ansprüche fragwürdig erscheinen lässt, finden sich in der Wissenschaftsphilosophie auch deutlich zurückhaltendere Sichtweisen auf die Objektivierbarkeit wissenschaftlicher Termini. So vertritt etwa Ian Hacking die Position des *Entitätenrealismus*, demzufolge Elektronen deshalb real sind, weil menschliche Experimentatoren mit ihnen viele verschiedene Dinge anstellen können – man könnte auch sagen, weil sich dieser „Entitäten-Sprachgebrauch" bewährt hat. Diese vermittelnde Position passt zwar einerseits gut zu unserer erkenntnistheoretisch weichen Variante der Kopenhagener Deutung, lässt aber andererseits die erkenntnistheoretische Rigorosität der harten Variante vermissen.[22]

Auch Baas van Fraassen wendet sich gegen eine zu sehr an realistischen Positionen hängende Auffassung wissenschaftlicher Theorien. Als Begründer des *Konstruktiven Empirismus* vertritt er die These, dass die wesentliche Funktion wissenschaftlicher Theorien nicht in einer direkten oder hypothetischen Abbildung der Wirklichkeit liege, sondern darin, beobachtbare Größen adäquat zu beschreiben: „Wissenschaft hat zum Ziel, uns Theorien zur Verfügung zu stellen, die empirisch adäquat sind; und die Anerkennung einer Theorie beinhaltet nur die Überzeugung ihrer empirischen Adäquatheit."[23] All diese Reflexionen zeigen wichtige und umsichtig formulierte Elemente auf. Auch wenn sie selbst keinen umfassenden erkenntnistheoretischen Anspruch erheben, werden sie sich als hilfreiche Inspirationen für die Diskussion im dritten Teil erweisen.

---

[21]Dupré (1995).

[22]Hacking (1983).

[23]Van Fraassen (1980), S. 12. Diese Position hat van Fraassen später weiter ausgebaut in van Fraassen (2002).

Diskussion der Evolutionären Erkenntnistheorie und Fazit

13

> *Denn die Wissenschaft bedeutet nicht
> beschauliches Ausruhen im Besitz
> gewonnener Erkenntnis, sondern sie
> bedeutet rastlose Arbeit und stets
> vorwärtsschreitende Entwicklung.*
>
> *(Max Planck)*

Wie aus der bisherigen Analyse ersichtlich wird, hat die Evolutionäre Erkenntnistheorie wichtige philosophische Impulse geben können; jedoch kann sie ihren selbst gestellten Anspruch nicht erfüllen, ein umfassendes, plausibles Realitätsverständnis darzustellen. Betrachten wir zunächst das Grundanliegen der Evolutionären Erkenntnistheorie, so ist es zweifelsohne als intellektueller Quantensprung zu bezeichnen, das menschliche Erkenntnisvermögen in seiner evolutionären Entstandenheit zu reflektieren. Dies stellt ein tiefgehendes kulturelles Unternehmen dar, dessen Konsequenzen vermutlich größtenteils noch völlig unterschätzt werden.

Allerdings ist zu erörtern, ob nicht der der Evolutionären Erkenntnistheorie unterliegende hypothetische Realismus, gleich ob in der hier vorgestellten vollmerschen Fassung oder in einer anderen, ähnlichen Variante, dieses Anliegen untergräbt. Die Mängel des hypothetischen Realismus sind offenkundig; und es sind keine geringfügigen. Sie betreffen die zentralen Postulate der Evolutionären Erkenntnistheorie. Die historische Entwicklung der Evolutionären Erkenntnistheorie lässt den Schluss zu, dass ihre Begründer sich bei der Ausarbeitung dieses Weltbildes stark von der Vorstellung eines wissenschaftlichen Realismus haben leiten lassen, wie er als Verallgemeinerung und Abstraktion des alltäglichen Objektverständnisses ursprünglich aus der klassischen Physik stammt und dann auch in der Biologie und in vielen Bereichen wissenschaftlich inspirierter Philosophie zur meist unreflektierten Grundhaltung geworden ist. Seine Grundlagen haben wir in Teil I dargelegt. Seine wichtigste Komponente ist wohl die Vorstellung einer zumindest im Prinzip immer objektiver darstellbaren äußeren Realität, bei deren

© Springer-Verlag Berlin Heidelberg 2017
D. Eidemüller (Hrsg.), *Quanten – Evolution – Geist*,
DOI 10.1007/978-3-662-49379-3_13

Beschreibung der Einfluss des Subjekts zunehmend verringert werden kann, bis er schließlich verschwindet. Darauf spielt auch der von Vollmer explizit formulierte Anspruch an die zunehmende Entanthropomorphisierung unseres Wissens an. Der Einfluss des klassisch-physikalischen Realitätsverständnisses auf die Evolutionäre Erkenntnistheorie zeigt sich hier in sehr direkter Weise. Ihr Ideal einer zunehmend objektiven – wenngleich stets hypothetischen – und damit eben auch zunehmend entanthropomorphisierten Kenntnis der Welt fügt sich gut in dieses Bild.

Dieser klassisch-physikalische Realismus hat enorme Wirkungsmacht entfaltet und besitzt auch heute noch großen Einfluss auf das abendländische Bild von Wissenschaft und Wirklichkeit, auch und gerade in akademischen Kreisen. Diese Wirkungsmacht gründet sich erstens auf einer gewissen „Natürlichkeit" dieses Realitätsverständnisses – schließlich erwächst es aus dem alltäglichen Umgang mit makroskopischen Gegenständen; zweitens ist uns die Disposition zu einem solchen Gebrauch (wenngleich nicht die zu seiner Verallgemeinerung) sicherlich auch genetisch-epigenetisch vorgegeben; drittens hat es sich nicht nur in unserem Kulturkreis als hilfreiches Mittel zur Lösung zahlreicher technisch-wirtschaftlicher Probleme erwiesen und ist somit in unserem kulturellen Bewusstsein verankert; und viertens verstärkt sich diese Verankerung noch durch die Hoffnung, auch in Zukunft immer mehr Probleme anhand dieses Schemas analysieren, verstehen und bewältigen zu können.

Interessanterweise hat sich gerade die Philosophie der Physik insbesondere aufgrund der Interpretationsschwierigkeiten der Quantenphysik recht weit von diesem Realitätsverständnis entfernt; doch hat dieser Paradigmenwechsel auf die meisten anderen intellektuellen Disziplinen bislang kaum Auswirkungen gezeigt. Meist wird lediglich für den Mikrokosmos eine Sonderstellung beansprucht oder eine modifizierte Form von Realismus, die nicht genauer expliziert wird und die unser übriges Weltbild nicht weiter zu stören brauche. Ebenso verfahren auch die Begründer der Evolutionären Erkenntnistheorie. Wie wir aber sehen konnten, lässt sich keine einzige ernst zu nehmende Interpretation der Quantenmechanik in ein stimmiges Bild mit einem solchen Realismus bringen. Die Bedingungen, denen die unterschiedlichen Interpretationen der Quantenphysik unterliegen, erlauben dies schlicht nicht. Damit stellen sich die von vielen für solide gehaltenen erkenntnistheoretischen Fundamente der Evolutionären Erkenntnistheorie als nicht hinreichend tragfähig heraus. Und nicht nur die Quantenphilosophie, sondern auch eine ganze Reihe anderer philosophisch bedeutsamer Punkte sprengen das Weltbild des hypothetischen Realismus.

Die Reduktionismusproblematik beginnt bereits in kritischer Weise bei der Inbezugsetzung von Chemie und Physik, verstärkt sich noch um ein Vielfaches bei Einbeziehung der Biologie und wird schließlich eine kühne Spekulation ins Blaue bei der Diskussion des Leib-Seele-Problems. Diese Feststellung wird um nichts gemindert durch die Tatsache, dass gegenwärtig viele Forscher und Intellektuelle eine solche materialistische Sicht vertreten, nicht zuletzt in der Philosophie des Geistes. Es ist vielmehr anzunehmen, dass solche Positionen deshalb so populär sind, weil diese Wissenschaftler und Denker in ihrem Weltbild bereits aus alter Bildungstradition heraus durch das klassisch-physikalische Paradigma wissenschaftlich beschreibbarer Realität geprägt sind und schon deswegen zu einer reduktionistisch-materialistischen Grundhaltung tendieren. Die Frage sollte also eher sein, durch welche bessere Alternativen sich ein solches Weltbild ersetzen ließe.

Der hypothetische Realismus basiert auf diesem klassisch-physikalischen Realitätsverständnis, erweitert um die hypothetische Methode und um das Prinzip der Universellen Evolution. Er wird deshalb von allen Argumenten getroffen, die das klassisch-physikalische Weltbild oder die Reduzierbarkeit unterschiedlicher Beschreibungsebenen der Wirklichkeit aufeinander betreffen. Doch einzig die hypothetische Methode geht völlig unbeschadet aus der bisherigen Diskussion hervor. Sie gründet auf der Einsicht in die Vorläufigkeit all unseres Wissens und in die Unsicherheit unserer Wahrnehmungen und Erkenntnisprozesse. Deswegen und aufgrund ihrer schwachen Voraussetzungen ist die hypothetische Methode, deren Ursprung sich bis in die Philosophie des Altertums zurückverfolgen lässt, auch weiterhin als hervorragendes epistemisches Mittel mit tiefem humanistischen Grund zu betrachten.

Der hypothetische Realismus erweist sich nun in dieser Form als zu enges und unflexibles Realitätsverständnis, das sich zwar im Rahmen der klassischen Physik und für den mesokosmischen Objektgebrauch bewährt, ansonsten aber als allzu wagemutige Extrapolation und Spekulation auf künftige Forschung gelten muss. Es spricht nichts dafür und vieles dagegen, dass die Wissenschaft der Zukunft ein Weltbild, wie es der hypothetische Realismus nahelegt, sowohl für die Welt des Kleinsten als auch zur Erklärung der komplexen Strukturen des Lebens sowie letztendlich auch für den Zusammenhang zwischen Körper und Bewusstsein wird restituieren können. Das Hauptargument zur Stützung des hypothetischen Realismus, das Prinzip der Universellen Evolution, hat sich damit als hinfällig erwiesen, insofern man es nicht lediglich als heuristische Motivation zur Verknüpfung verschiedener Einzelwissenschaften ansieht – mit dem Ziel, brauchbare Verbindungspunkte zur wechselseitigen fruchtbaren Interdisziplinarität zu finden. Die darüber hinausgehende philosophische Hoffnung, eine einzige einheitliche Beschreibungsebene für alle Bereiche menschlicher Erkenntnis erreichen zu können, findet nach der vorliegenden Analyse keinerlei Bestätigung mehr. Damit müssen wir einen durchgreifenden Reduktionismus, auch wenn man ihn wie die Evolutionäre Erkenntnistheorie mit systemtheoretischen Emergenzen anreichert, als undurchführbar ansehen. Die Welt, der Mensch und die Art und Weise, wie der Mensch Wissen über die Welt und sich selbst erlangen kann, sind komplexer und verlangen eine vielschichtigere Diskussion, als sie ein reduktionistisches Modell von Naturbeschreibung bieten kann.

Ebenso mag zwar die projektive Erkenntnistheorie ein plausibles Modell für die Gestaltwahrnehmung und manche andere Formen eher passiver Naturbetrachtung sein. Sie versagt aber bei der Bestimmung etlicher anderer Formen von Erkenntnis und insbesondere bei der Inbezugsetzung verschiedener Erkenntnisformen zueinander.

Wenn wir uns in Erinnerung rufen, dass das Weltbild der Evolutionären Erkenntnistheorie durch den eingangs vorgestellten theoretischen Apparat zusammengefasst wird, und wenn wir zu diesem Zweck die Hauptpostulate wissenschaftlichen Erkennens aus Kap. 9.2 rekapitulieren, so sticht zunächst das Kontinuitätspostulat ins Auge. Es besagt, dass zwischen allen Bereichen der Wirklichkeit ein kontinuierlicher Zusammenhang besteht, so dass es keine Kluft zwischen toter Materie und lebendem Organismus, zwischen Tier und Mensch sowie zwischen Materie und Geist geben sollte. Das Kontinuitätspostulat ist ein zentraler Baustein des reduktionistischen Programms der Evolutionären Erkenntnistheorie und dementsprechend allgemeingültig zu verstehen. So mag es zwar wohl durchaus möglich sein, zwischen verschiedenen Bereichen der Realität Zwischenformen und verbindende Elemente zu finden. Dies allein bestätigt es aber noch nicht: Denn nach dem Kontinuitätspostulat sollten sich *alle* Elemente der Realität prinzipiell in *eine* Ordnung fügen.

Das Kontinuitätspostulat kann nun aber weder die komplexen erkenntnistheoretischen Bedingungen nachzeichnen, unter denen man von einer Interpretation der Quantenmechanik sprechen kann, noch erklärt es den Wechsel der Fragestellung beim Übergang von Physik und Chemie zur Biologie, noch den Zusammenhang von Körperlichem und Geistigem. Lediglich den Übergang vom Tier zum Menschen deutet es in Einklang mit paläoanthropologischen Erkenntnissen, ohne aber die Besonderheit dieses Übergangs wirklich erhellen zu können.

Aus der Tatsache, dass Materie vor jedem Leben und dass Leben vor jedem Bewusstsein da war, folgt nun einmal nicht, dass Lebewesen, die Bewusstsein besitzen, aus ihrer mesokosmischen Perspektive heraus die gesamte innere und äußere Natur anhand von einheitlichen Prinzipien beschreiben können – noch dazu anhand von solchen, die ursprünglich der klassischen Physik und damit einem abstrakten Schema zur Beschreibung makroskopischer Gegenstände entstammen. Wir Menschen mit unserem kognitiven System sind nicht zu diesem Zweck auf diesem Planeten; und wir besitzen auf dem gegenwärtigen Stand unserer kulturellen Entwicklung – und vielleicht auch auf allen folgenden Stufen – weder die Fähigkeiten noch die Methoden, ein solches vereinheitlichendes Programm durchzuführen. Es bleibt auch die Frage offen: Wozu? Dies ist unberührt von der Feststellung, dass in Teilbereichen partielle Reduktionen äußerst erfolgreich und erkenntnissteigernd sein können. Die bereits angesprochene heuristische Funktion des Prinzips der Universellen Evolution, die eng mit dem Kontinuitätspostulat verbunden ist, verbleibt also. Sein Scheitern muss aber erkenntnistheoretisch hinterfragt werden und darf nicht lediglich als Motivation verstanden werden, immer wieder aufs Neue unpassende Thesen auf moderne wissenschaftliche Gebiete anzuwenden.

Das Realitätspostulat wiederum, welches besagt, dass eine von Wahrnehmung und Bewusstsein unabhängige Welt existiert, klingt trotz aller philosophisch angemessenen Skepsis nicht unplausibel. Wir müssen uns allerdings die Frage stellen, was alles zu unserer Welt gehört. Insofern wir uns auf Alltagsgegenstände berufen oder auf technisch herstellbare Objekte oder auch auf mögliche vergangene Zeitalter unseres Planeten, die wir paläontologisch untersuchen können, so erweist sich dieses Postulat als sinnvoll. In der Quantenphysik jedoch zeigt sich bereits, dass sich nicht einmal in der objektiven Wissenschaft der Physik alle Phänomenbereiche unter Vernachlässigung der zu ihrer Untersuchung benötigten Mittel beschreiben lassen, sondern dass wir zur Darstellung des Messprozesses die makroskopischen Messgeräte zu berücksichtigen haben. Von ihnen können wir jedoch nicht abstrahieren. Falls wir darüber hinaus bereit sind zu behaupten, dass neben materiellen Objekten auch subjektive Empfindungen unsere Welt konstituieren, so bleibt offen, inwieweit das Realitätspostulat ein erschöpfendes Realitätsverständnis implizieren kann. Vollmer hat es dementsprechend bewusst vorsichtig ergänzt: dass nämlich die subjektiven Faktoren zumindest teilweise durch Sprache und Gehirn bestimmt werden. Seine volle Sprengkraft entwickelt dieses Postulat erst in Zusammenhang mit dem Kontinuitätspostulat. Schließlich sind auch gänzlich andere evolutionär motivierte Weltbilder vorstellbar, denken wir an den von Rensch vertretenen Panpsychischen Identismus oder an den Radikalen Konstruktivismus. Wir werden die Frage nach einem angemessenen Realitätsverständnis deshalb weiter unten noch aus verschiedenen Richtungen aufgreifen. Auch Vollmers Gehirnfunktionspostulat spielt hier eine Rolle. So unbestreitbar Wahrnehmung und Bewusstsein Funktionen eines natürlichen Organs sind, so unklar bleibt der Zusammenhang zwischen den äußeren und den inneren Aspekten dieser Funktion. Auch dies wird noch zu überdenken sein.

Die meisten anderen Postulate sind weniger problematisch und auch unverfänglicher formuliert. So ist weder zu bestreiten, dass unsere Welt Strukturen aufweist, noch, dass andere Lebewesen Bewusstsein besitzen, noch, dass unsere Sinnesorgane von der Außenwelt affiziert werden. Die methodologischen Postulate schließlich sind eher heuristischer Natur und spielen deshalb eine untergeordnete Rolle. Anzumerken bleibt die Einsicht, dass sie – jedes für sich genommen – durchaus Plausibilität besitzen, im Rahmen des hypothetischen Realismus allerdings zu den diskutierten Widersprüchen führen.

Der hypothetische Realismus kann also seinen Anspruch nicht einlösen, ein umfassendes und übergreifendes Realitätsverständnis zu entwerfen, obschon er sich in vielen Beispielen – die wir nicht eigens zitiert haben, da sie in der Literatur zu finden sind – als einfaches und brauchbares Werkzeug erweist. Was aber ist der hypothetische Realismus dann? Eine Theorie, die sich zwar hervorragend in der klassischen Physik, in gewissen Teilen der chemischen, biologischen und medizinischen Forschung sowie in einigen anderen wissenschaftlichen und technischen Disziplinen anwenden lässt, außerhalb dieser allerdings nicht mehr? Dann aber wäre die auf dem hypothetischen Realismus fußende Evolutionäre Erkenntnistheorie nicht viel mehr als eine durch die Biologie motivierte und auf den Bereich makrophysikalischer, funktional-biologischer und wesensverwandter Forschungsarbeit beschränkte Theorie. Dies entspricht aber weder ihrem Selbstverständnis noch dem Ansinnen ihrer Begründer, grundlegende naturwissenschaftliche Erkenntnisse in unserem Welt- und Selbstbild zu reflektieren.

Wenn nun aber das materialistisch-reduktionistische Programm der Evolutionären Erkenntnistheorie nicht durchführbar ist und gleich an mehreren entscheidenden und allgemeinen Punkten scheitert, so gilt dies analog wohl ebenso für eine ganze Reihe ähnlicher Konzeptionen, wie sie unter anderem in der Erkennt-nistheorie, Wissenschaftstheorie, Psychologie, Medizin, Neurophysiologie und in der Philosophie des Geistes vertreten werden und wie sie implizit das Weltbild vieler Menschen betrifft. Das metaphysische Korsett dieser Positionen ist zu eng, ihre Begriffe sind nicht hinreichend allgemein, um die uns bekannten Phänomene zu erhellen. Von den Protagonisten materialistischer Positionen wird gerne das Argument naturwissenschaftlicher Exaktheit und ontologischer Sparsamkeit ins Feld geführt. Den Verzicht auf unnötige Entitäten wie etwa eine geistige Substanz betrachten sie als heuristisch wertvoll. Materialistisch-reduktionistische Positionen scheitern allerdings mehrfach an interpretativen Problemen des inneren Zusam-menhanges in naturwissenschaftlichen Theorien, sowie bei der Inbezugsetzung verschiedener Theorien und Disziplinen zueinander sowie zur alltäglichen Welter-fahrung. Ihre Konzepte reichen folglich nicht hin, die faktisch vorliegenden, uns bekannten naturwissenschaftlichen Erkenntnisse zu erfassen, geschweige denn, sie in ein vernünftiges Verhältnis zum subjektiven Erleben zu setzen. Wenn dieser Anspruch allgemeiner naturwissenschaftlicher Erklärbarkeit aber dermaßen umfas-send fehlschlägt, so ist es auch um die ontologische Sparsamkeit geschehen; sie ist dann bloß formaler Natur, virtuell. Auch das Postulat der globalen Reduzierbarkeit ist dann nichts weiter als ungedeckter metaphysischer Ballast. Es ist somit sogar sparsamer, es aufzugeben und ihm stattdessen bloß einen lokalen heuristischen Wert zuzuschreiben.

Insofern man also die Evolutionäre Erkenntnistheorie an ihren eigenen, umfas-senden Ansprüchen misst, muss man sie in ihrem mutigen Gesamtentwurf als zu einfach und zu optimistisch ansehen. Dies ist ihren restriktiven Postulaten geschuldet, die sich weder mit den Ergebnissen der heutigen Wissenschaft noch mit philosophisch tiefreichenden Fragen – wie etwa nach der Bedeutung der Ich-Perspektive – in Einklang bringen lassen. Gleichwohl ist die Evolutionäre Erkenntnistheorie als bedeutende und folgenreiche philosophische Entwicklung zu betrachten, die entscheidende Neuerungen in den erkenntnistheoretischen Diskurs eingebracht und verfestigte traditionelle Denkstrukturen aufgelockert hat. Dies gilt ganz unabhängig von der Tatsache, dass ihr Weltbild nur sehr partiell anwendbar ist.

Die Frage bleibt, ob ihre Einsichten, bzw. welche von ihnen, in einer verallge-meinerten Konzeption von Realität noch Bestand haben können. Schließlich sollte die Relevanz biologischer Erkenntnisse auch für philosophische Grundlagenfragen im Zeitalter der Biologie eigentlich nicht mehr in Frage stehen. Aber lässt sich auch eine in sich stimmige Erkenntnistheorie formulieren, die in schlüssiger Weise sowohl die biologischen als auch die physikalischen Aspekte unseres heutigen Wissens inkorporiert und dabei zugleich auf alte Fragen neue Antworten gibt?

Teil III

Der Mensch, sein Geist und die Natur

Einleitung

*Das Streben nach Wahrheit ist
wertvoller als ihr Besitz.*

(Gotthold Ephraim Lessing)

*Du musst das Leben nicht verstehen,
dann wird es werden wie ein Fest.*

(Rainer Maria Rilke)

Nach der bisherigen Analyse fällt auf, dass das Desiderat eines dem heutigen Stand der Wissenschaft angepassten, übergreifenden Realitätsverständnisses weiterhin bestehen bleibt. Dieses Desiderat beinhaltet unter anderem die Forderung, die aus der Quantenphysik ableitbaren Folgerungen sinnvoll in ein Gesamtbild von Wissenschaft und Wirklichkeit einzuarbeiten, wie auch die Notwendigkeit, die evolutionäre Entstandenheit des Menschen und seines Erkenntnisvermögens zu reflektieren. Eine Theorie, die beides in gleichem Maße wechselseitig zu berücksichtigen und in ein plausibles Verhältnis zur alltäglichen Welterfahrung zu setzen vermag, steht weiterhin aus.

Im Rahmen der Quantenphilosophie liegen zwar brauchbare Interpretationsmuster vor, vor allem – wenn auch nicht ausschließlich – mit der Kopenhagener Deutung. Aber keine dieser Interpretationen nimmt expliziten Bezug auf die Bedeutung der Evolutionstheorie für unser Weltbild. Diese Interpretationen mögen zwar an eine allgemeinere Erkenntnistheorie anschlussfähig sein; doch wurden solche Ansätze bisher in der Philosophie der Physik kaum diskutiert – was wohl auch daran liegen mag, dass die innerphysikalischen Interpretationsstreitigkeiten lange Zeit eine weiterführende Betrachtung haben vermeiden lassen.

Von den allgemeinen naturphilosophischen Bemühungen um ein umfassendes Realitätsverständnis haben nun aber viele einen materialistisch-reduktionistischen

Ansatz zur Deutung unseres Weltbildes gewählt.[1] Diese Ansätze stehen jedoch vor gravierenden Problemen, wie wir in der Reduktionismusdebatte in Kap. 11 sehen konnten. Dies trifft auch auf die in Teil II diskutierte Evolutionäre Erkenntnistheorie zu, die als biologisch motivierte Erkenntnistheorie zwar zumindest dem Desiderat einer ernsthaften Reflexion der Evolution genügt, weiterreichende Ansprüche jedoch schwerlich erfüllen kann.

Es gilt also, die positiven Errungenschaften der Evolutionären Erkenntnistheorie und der Quantenphilosophie zu bewahren und in einem neuartigen Weltbild in allgemeingültigerer Weise zu vereinigen. Zwar finden sich bereits einige Vorschläge in der Literatur, wie etwa der Erkenntnisbegriff der Evolutionären Erkenntnistheorie zu verbessern sei; diese Vorschläge beruhen jedoch zumeist auf transzendentalphilosophischen Argumentationen. Wir haben sie nicht in die Diskussion aufgenommen, da keiner von ihnen eine wirklich überzeugende Alternative bieten kann. Außerdem ersparen sie sich ebenso wie praktisch alle materialistischen oder konstruktivistischen Ansätze eine tiefere Diskussion der Quantenphysik.[2]

Eine bedeutende Ausnahme hiervon stellt der Versuch Carl Friedrich von Weizsäckers dar, die Grundlagen der Quantenphysik aus transzendental-logischen Argumenten zu rekonstruieren. Außer Struktureigenschaften allgemeinster Art ließen sich mit diesem Ansatz aber bisher keine weiteren Fortschritte erzielen. Deshalb kann dieser auf sogenannten „Ur"-Alternativen aufbauende Ansatz nicht als vollwertige Rehabilitation transzendentalphilosophischer Denkweisen in der Wissenschafts- und Erkenntnistheorie gelten.[3] Auch der französische Wissenschaftsphilosoph Michel Bitbol hat im Geist der Kantschen Philosophie die Quantenphysik daraufhin untersucht, inwieweit sie grundlegende menschliche Erkenntnismöglichkeiten wiederspiegeln.[4]

Die Vereinbarkeit dieser Ansätze mit quantenphilosophischen Erkenntnissen ist folglich – mit Ausnahme derjenigen Bitbols und von Weizsäckers – im besten Falle als ungeklärt zu bezeichnen. Und die beiden letzteren sind eher als ambitionierte, vielleicht auch überambitionierte Programme, denn als fertige Theorien anzusehen. Kein einziger dieser Ansätze wird wohl ohne größere Modifikationen bestehen können; dies lässt sich aus den weitreichenden epistemologischen Konsequenzen der Quantenphilosophie ablesen. Ohne also im Folgenden Kants Philosophie explizit zu berücksichtigen, darf doch der ursprüngliche Anspruch Kants noch als Leitstern dienen: nämlich eine Erkenntnistheorie zu entwerfen, die auch die jeweils besten naturwissenschaftlichen Erkenntnisse aufnimmt und reflektiert. Zur Zeit Kants war dies die klassische Physik, die heute aber mitsamt ihren Prinzipien nicht mehr als unumstößliche Grundlage aller Weltbeschreibung, sondern nur

---

[1]Einige wichtige Ausnahmen hiervon haben wir in Kap. 12 diskutiert.

[2]Vergleiche hierzu etwa die Diskussionen bei Engels (1989), Lütterfelds (1987), Meyer (2000), Radnitzky und Bartley (1987) sowie Wickler und Salwiczek (2001).

[3]Siehe vor allem von Weizsäcker (1985).

[4]Siehe Bitbol (1998) und Bitbol (2008). Einige Forscher haben diesen Ansatz mit leichtem Augenzwinkern deshalb als „Kantum physics" bezeichnet.

noch als eingeschränkte, approximative Theorie makroskopischer Körper gelten kann. Hinzugekommen sind inzwischen nicht zuletzt die Evolutionstheorie, die Relativitätstheorie sowie die Quantenphysik.

Zur Grundlegung dieser neuartigen Erkenntnistheorie benötigen wir Fixpunkte, die aus den biologischen und physikalischen Theorien zu extrahieren sind und die die Vereinbarkeit des zu entwickelnden Realitätsverständnisses mit der heutigen Naturwissenschaft zu garantieren haben. Diesem Zweck dient zunächst in Kap. 14 der sogenannte evolutionär-epistemologische Hauptsatz. Seine ontologischen Ansprüche werden wir bewusst vorsichtig formulieren, um nicht vorneweg mögliche Konflikte mit der Quantenphilosophie zu provozieren. Hieran schließt sich in Kap. 15 eine Diskussion, inwieweit sich Quantenobjekten Realität zugestehen lässt. Natürlich kann die Art von Realität, die man ihnen zusprechen kann, nach der vorliegenden Analyse nicht mehr in klassischem Sinne definiert sein, sondern muss grundlegend andere Züge tragen. Dieses neue Realitätsverständnis unterscheidet sich stark von den Vorstellungen von Wissenschaft und Wirklichkeit, wie sie von der klassischen Physik und ihr verwandten philosophischen Positionen nahegelegt werden.

Nachdem nun solchermaßen der Rahmen abgesteckt ist, innerhalb dessen sich eine zeitgemäße Erkenntnistheorie formulieren lässt, werden wir in Kap. 16 ein umfassendes Weltbild entwickeln, das dem Desiderat genügt, sowohl mit der Quantentheorie als auch mit der Evolutionstheorie kompatibel zu sein. Gleichzeitig erwachsen mit einer solchen Erkenntnistheorie aber auch neue Forderungen jenseits der Vereinbarkeit mit wissenschaftlichen Erkenntnissen; schließlich beansprucht sie Allgemeingültigkeit und muss folglich auch in anderen Bereichen menschlicher Erkenntnis zu sinnvollen Aussagen gelangen. Im Anschluss hieran werden wir dementsprechend nicht nur die Verträglichkeit dieses Ansatzes mit der Relativitätstheorie und anderen wissenschaftlichen Theorien, sondern auch mit der Alltagsintuition und dem gesunden Menschenverstand zu ergründen haben. Das hier präsentierte Weltbild besitzt naturalistische und pluralistische Züge.

Ein besonderes Charakteristikum dieser Erkenntnistheorie ist die Berücksichtigung der Emotionalität menschlichen Erkennens, der affektiven und voluntativen Elemente unserer Vernunft. Diese berühren nicht zuletzt unser Verständnis von Kunst und Sport, auch wenn wir diese Themen hier nur anschneiden und nicht weiter ausführen können.

Ein gewichtiger Gegenstand der Argumentation ist die Diskussion des Leib-Seele-Problems aus dieser neu gewonnenen, pluralistischen Perspektive. Schließlich ist dieser Zusammenhang nicht nur in der Evolutionären Erkenntnistheorie besonders strittig und dementsprechend kritisiert worden. Um ihn rankt sich eine umfangreiche akademische Debatte, die wir in Kap. 17 wieder aufgreifen, wobei ein enger Bezug zur Darstellung in Kap. 11.3 besteht. Die hier vorgelegte Analyse wirft nicht nur einen kritischen Blick auf manche Punkte der bisherigen Debatte, sondern birgt auch einige überraschende neue Einsichten. Dabei werden nicht zuletzt die subjektiven Elemente der hier vorgestellten Erkenntnistheorie eine entscheidende Rolle spielen.

Aus dem nunmehr präzisierten Realitätsverständnis leiten sich in Kap. 18 Folgerungen ab, die stärker als bisherige Erkenntnistheorien den Zusammenhang von biologischer und kultureller Prägung betonen. Besonders die biologische Prägung zu notwendiger kultureller Prägbarkeit spielt hierbei eine Rolle und wird unter dem Begriff des soziokulturellen Apriori thematisiert. Dieser Begriff deutet nicht nur auf ein Spezifikum des Menschen im Gegensatz zum Tierreich hin; er beschreibt zugleich eine Art anthropologische Konstante. Die Bedeutung der kulturellen Evolution, von archaischen Zeiten bis in die Moderne, werden wir ebenso beleuchten wie einige tiefliegende psychologische Momente von Zivilisation überhaupt.

Unser Bild von Wissenschaft, ihre bewussten, ebenso wie ihre zumeist unreflektierten Seiten, lässt sich in Kap. 19 dann mit Hilfe dieser Begrifflichkeiten neu zeichnen. In diesem Kapitel diskutieren wir im Licht der bis dahin gewonnenen Erkenntnisse unsere Vorstellungen von Wissenschaft und Wirklichkeit und wenden dabei in gewisser Hinsicht diese Theorie sozusagen auf sich selbst an. Dies lässt sich schlüssig durchführen und bestärkt somit die Konsistenz des gesamten Gedankenganges, der diesem Werk zugrunde liegt. Denn die Konstruktion einer wissenschaftlich fundierten Erkenntnistheorie, die nicht nur einen allgemeinen Begriff von Erkenntnis verständlich macht, der sich mit menschlichen Alltagserfahrungen deckt, sondern die auch die historische Komponente unseres Wirklichkeitsverständnisses erläutert und anhand der kulturellen Entwicklung unser Bild von Wissenschaft und Wirklichkeit mitsamt seinen psychologischen Bedingtheiten einsichtig zu machen sucht, ist erst dann abgeschlossen, wenn sie zeigen kann, in welchem Verhältnis die Inhalte wissenschaftlicher Theorien und das übergreifende menschliche Wirklichkeitsverständnis stehen; denn zu Letzterem gehören auch die Vorstellungen der Wissenschaftler, welche mit alten und neuen Theorien arbeiten.

Ihren Abschluss findet diese Abhandlung in einer Bestimmung der Einheit des Schönen und Wahren. Diese Einheit überhaupt zuzulassen, ist nicht nur ein ästhetisches, sondern – insofern man die hier vorgelegte Argumentation ernst nimmt – auch ein epistemisches Kriterium dieser Erkenntnistheorie. Die Bestimmung davon, unter welchen Bedingungen und in welcher Weise sich von einer solchen Einheit reden lässt, ist folglich ein spezifisches Charakteristikum der hier dargelegten Erkenntnistheorie.

Der evolutionär-epistemologische Hauptsatz

14

> *Wahrheit ist die Art von Irrtum, ohne welche eine bestimmte Art von lebendigen Wesen nicht leben könnte. Der Wert für das Leben entscheidet zuletzt.*
>
> *(Friedrich Nietzsche)*

Die Reflexion der evolutionären Entstandenheit des Menschen ist von herausragender Bedeutung für unser Weltbild, da wir aus ihr Schlüsse über unsere Veranlagungen, über unsere körperlichen wie geistigen Kapazitäten und auch über deren Grenzen ziehen können. Die daraus folgenden Lehren sind nicht zuletzt für eine Einschätzung unserer Fähigkeit wichtig, Probleme rechtzeitig wahrnehmen und lösen zu können. In einer immer schnelleren und komplexeren Welt ist auch eine immer bessere Einsicht in unsere eigene Natur vonnöten, wollen wir nicht biologischen und kulturellen Vorurteilen unterliegen, sondern stattdessen mögliche Fehlleistungen antizipieren.

Eine dieser uns angeborenen Tendenzen zu Fehlleistungen ist die Neigung zu vorschnellen Verallgemeinerungen. Diese ausgesprochen hartnäckige Neigung – die wohl noch in der Steinzeit positive Auswirkungen auf unsere Reproduktivität besaß, indem sie die Entscheidungsfindung beschleunigte – hat auch in unserer Zeit noch einen recht weitreichenden Einfluss auf unser Weltbild. Nicht nur unsere Vorstellungen von Raum und Zeit – die Einstein über den Haufen warf, indem er sie zum Spezialfall für kleine Geschwindigkeiten und Massen erklärte – sind von solchen Verallgemeinerungen bestimmt, sondern etwa auch unsere Vorstellungen von Objekthaftigkeit und Kausalität, deren Relativierung durch die Quantenmechanik wiederum Einstein nicht mehr nachvollziehen wollte. Im täglichen Leben schließlich begegnet uns diese Tendenz ständig und überall. Um ihre schlimmsten Auswirkungen zu vermeiden, werden wir im Folgenden eine möglichst vorsichtige Herangehensweise an die Interpretation der Evolutionstheorie für

© Springer-Verlag Berlin Heidelberg 2017
D. Eidemüller (Hrsg.), *Quanten – Evolution – Geist*,
DOI 10.1007/978-3-662-49379-3_14

unser menschliches Erkenntnisvermögen wählen. Sie wird zur Basis einer möglichst allgemeingültigen Formulierung des sogenannten evolutionär-epistemologischen Hauptsatzes. Dieser Hauptsatz beruht auf ontologisch ziemlich minimalistischen Voraussetzungen; genau genommen sind seine Voraussetzungen so schwach, dass gerade noch von einer plausiblen Interpretierbarkeit der Evolutionstheorie gesprochen werden kann. Die aus ihm zu ziehenden Schlussfolgerungen betreffen folglich jede moderne Erkenntnistheorie: Nicht nur für die hier aufgestellte, sondern auch für jede andere evolutionär orientierte Erkenntnistheorie, die die grundlegenden Einsichten der Biologie ernst nimmt, ist der Inhalt dieses Hauptsatzes von Belang.

14.1   Einschränkung des Alltagsrealismus

Die Evolutionstheorie mit ihrer Abhängigkeit von für die Individuen externen Selektionsfaktoren scheint nun eine von den Individuen unabhängige, objektive, äußere Realität als notwendige Voraussetzung postulieren zu müssen. Gewiss ist dies im Bereich biologischer Kausalketten bei makroskopischen Tätigkeiten wie Futtersuche, Verdauung, Paarung, Aufzucht der Jungtiere etc. ein zulässiges und wohlbegründetes Realitätsverständnis, das sich mit unserer Alltagsintuition deckt. Vor dem Hintergrund der quantenphilosophischen Analyse aber müssen wir auf der Hut sein, dieses Realitätsverständnis sogleich umfassend zu verallgemeinern. Schließlich spielen auch quantenchemische Prozesse für alle Lebewesen eine entscheidende Rolle. Um also mit einer ontologisch möglichst sparsamen Interpretation der Evolutionstheorie zu beginnen, ist man folglich gut beraten, es zunächst bei der Existenz äußerer selektiver Kräfte zu belassen. Wie auch immer man die Evolution der Arten deuten will: Wenn man an der darwinschen Theorie und ihren modernen Ausarbeitungen festhalten will, muss man zumindest die Existenz selektiver Kräfte zulassen. Diese haben materiellen Charakter, oder, falls sie eher psychischer Natur sind – wie etwa im wichtigen Fall der sexuellen Selektion –, so besitzen sie doch eine materielle Grundlage.[1] Auch eine ontologisch minimalistische Interpretation der Evolutionstheorie muss also die Existenz materieller Ursachen und Kräfte postulieren, die auf den Organismus selektive Wirkung ausüben. Diese Bedingung ist das sine qua non jedes Interpretationsansatzes zur biologischen Evolution.

14.2   Rolle und Charakter der materiellen, selektiven Kräfte

Diese Kräfte bewirken nun, dass der evolutionäre Verlauf der Organismen sich in Richtung zunehmender Komplexität entwickelt. Dies ist zwar keine zwangsläufige Erscheinung der Evolution, aber doch eine hinreichend oft auftretende. Mit

---

[1] Eine rein idealistische Interpretation der Evolutionstheorie hat enorme Schwierigkeiten mit der Frage, was denn eigentlich selektiert, und soll daher hier nicht weiter verfolgt werden.

wachsender Komplexität tauchen neue Funktionen und Eigenschaften auf, zu denen letztlich auch der menschliche Geist gehört. Dieser Geist ist nun nicht einfach rein materiell beschreibbar, basiert aber auf materiellen Zusammenhängen. Die Richtung, in die die evolutionären Kräfte unseren Geist geformt haben, ist genau dieselbe, in die unser Körper geformt wurde: in die dem Überleben dienlichere nämlich. Dies gilt nicht nur für unsere grundlegenden Triebe, wie etwa Hunger, Durst und den Sexualtrieb, sondern auch für die Erkenntnisfähigkeiten, die benötigt werden, um diese Triebe zu befriedigen.

Nicht nur die Evolutionäre Erkenntnistheorie behauptet nun, es gäbe eine objektiv bestimmbare Realität, die zumindest teilweise durch menschliche Wissenschaft erkannt werden kann. Die Evolution habe den Menschen dazu befähigt, dank der Entwicklung von Sprache und Selbstbewusstsein seine von der Natur gesetzten Grenzen zu überschreiten und zu einer immer objektiveren Erkenntnis der Welt voranzuschreiten. Unsere geistige Ausstattung wird als so fortgeschritten angesehen, dass es sozusagen nur noch des Schrittes vom Affen zum Menschen bedurfte, um hypothetische und kritische Welterkenntnis möglich zu machen. So wie Kiemen zur Atmung unter Wasser passen, so passe unsere geistige Ausstattung zur Erkenntnis zumindest mesokosmischer Objekte.

Von verschiedener Seite ist nun das Konzept von Erkenntnis und das reduktionistische Realitätsverständnis der Evolutionären Erkenntnistheorie kritisiert worden; so auch hier in Kap. 11. Es ist zwar durchaus so, dass der Mensch biologisch gesehen ein extrem „offenes" Lebewesen ist, d. h. dass seine Lebensweise und sein Verhalten so unspezifisch und flexibel sind wie bei keinem anderen Lebewesen. Aber aus der Tatsache, dass diese Offenheit eine große, auch geistige Anpassungsfähigkeit und Variabilität erfordert, folgt noch nicht das Postulat, der Mensch könne objektive (wenn auch nur hypothetische) Erkenntnis über die Welt erlangen. Laut der Evolutionären Erkenntnistheorie sollte sich eine möglichst objektive Wahrnehmung der Umwelt bei einer solch offenen Lebensweise als vorteilhaft erweisen und somit über die Jahrtausende selektiv begünstigend wirken. Diese Argumentation übersieht dabei aber, dass es unter rein biologischen Gesichtspunkten für kein Lebewesen eine in irgendeinem Sinne endgültige Objektivität gibt, die über das Überleben und Reproduzieren hinausgeht. Erkenntnis ist laut der Evolutionären Erkenntnistheorie das Passen von Strukturen. Aber wir besitzen keine äußere Perspektive, anhand derer wir vergleichen könnten, in welcher Weise diese völlig verschiedenartigen Strukturen passen – außer im Sinne von überlebensfördernd.

Jegliche Behauptung von Objektivität ist nicht rein biologisch begründet, sondern beruht auch auf – oftmals unhinterfragten – philosophischen Erwägungen. Die meisten Biologen, Chemiker und Physiker arbeiten schließlich wie die meisten Menschen mit einem nicht allein zur Anwendung ihrer Theorien notwendigen Weltbild, sondern mit einem verallgemeinerten Alltagsrealismus; zumindest insofern dieser ihrer Arbeit nicht allzu sehr im Wege steht.

Was etwa die Stromlinienform von Meeresbewohnern angeht, so folgt diese aus dem im Vergleich zur Luft vielfach größeren Widerstand von Wasser und der damit notwendigen Einsparung von Reibungsverlusten. Diese Eigenschaften lassen sich nach den Gesetzen der Hydrodynamik bestimmen, die der klassischen Physik entstammen. Diese Gesetze mögen in objektivierbarer Form darstellbar sein, doch gelten sie keineswegs für die gesamte Wirklichkeit. Sie führen zu außerordentlich vielseitig anwendbaren Modellen; aber diese Anwendbarkeit gewinnen sie nicht zuletzt dank der Abstraktion von unzähligen mikroskopischen Randbedingungen, die sich eben nicht mehr stark objektiv darstellen lassen. Im Bereich der molekularbiologischen Vorgänge etwa, die das innere Funktionieren aller Zellaktivitäten regeln, spielen quantenphysikalische Prozesse eine entscheidende Rolle, die sich nur noch schwach objektiv darstellen lassen.

Hat es sich im Mesokosmos als praktikabel herausgestellt, Gegenständen objektive Eigenschaften zuzuschreiben, so mag auch das eine vorteilhafte evolutionäre Prägung sein; aber keineswegs folgt hieraus, dass alles in der Welt objektiv darstellbar sein muss. Die einzigen rein biologisch motivierten Aussagen, die wir bezüglich des Erkenntnisvermögens des Menschen treffen können, sind die, dass erstens aufgrund seiner lebensweltlichen Offenheit sein sensorisches Vermögen recht breit veranlagt ist, dass zweitens sein Signalverarbeitungsvermögen aufgrund seines großen Gehirn enorm ist und dass er drittens aufgrund dieser Voraussetzungen ein extrem weites Spektrum an Verhaltensmöglichkeiten besitzt.

Wenn man darüber hinaus davon ausgehen will, dass angesichts des enormen reproduktiven Erfolgs von *Homo sapiens* seine geistige Ausstattung doch so falsch nicht sein kann (im Sinne einer Annäherung an die unabhängig von uns existierende Welt), so bedeutet das biologisch also vorerst weiter nichts, als dass diese Ausstattung eben in einem gewissen Milieu für diese Reproduktivität hinreichend ist. Das Milieu beeinflusst die Reproduktivität über materielle, selektive Kräfte. Deren Charakter mag zwar in vielen einzelnen Fällen klassisch-objektiv gedacht werden können; dies lässt sich jedoch nicht verallgemeinern und stellt lediglich ein praktisches Faktum für unsere mesokosmische Umwelt dar.

14.3   Verzicht auf starke Objektivierbarkeit

Es ist philosophisch nicht einmal klar, inwieweit die Rede von einer unabhängigen Umwelt überhaupt Sinn macht. Ohne irgendeine Wechselwirkung kann es schließlich überhaupt keine Erkenntnis von irgendetwas geben und ebenso keinen selektiven Einfluss. Und inwieweit der Einfluss von Wechselwirkungen minimiert werden kann – ohne das System relevant zu stören –, ist aufgrund der Endlichkeit des planckschen Wirkungsquantums nur noch für makroskopische Systeme halbwegs eindeutig anzugeben. Aber auch hier machen die nichtlinearen Wechselwirkungen, wie aus der Chaosforschung bekannt, dem strengen Determinismus einen Strich durch die Rechnung. Deshalb wollen wir zur Formulierung des folgenden Hauptsatzes zunächst nichts weiter als die Existenz materieller, selektiver Kräfte annehmen. Die strikte Unabhängigkeit dieser Kräfte, ihre Objektivierbarkeit und ihr deterministischer oder indeterministischer Charakter sollen zunächst offenbleiben. Wir werden nach der Diskussion der Realität von Quantenobjekten auch den dann eindeutiger bestimmbaren Bereich der Realität makroskopischer Objekte untersuchen.

Auch wenn Biologen zumeist mit einer sehr viel robusteren und alltagsnäheren Definition von Realität arbeiten, so benötigt man sie doch nicht notwendigerweise zur Interpretation evolutionärer Entwicklungen. Man kann nur vermuten, dass auch die Begründer der Evolutionären Erkenntnistheorie sich hier von klassisch-physikalisch motivierten erkenntnistheoretischen Positionen haben leiten lassen und nicht allein von biologischen Erwägungen.

14.4 Formulierung des evolutionär-epistomologischen Hauptsatzes

Die Gattung Mensch kann auf ihrem Planeten nur bestehen, wenn nicht nur ihre körperliche, sondern auch ihre geistige Ausstattung den biologischen Grunderfordernissen entspricht. Wäre dies nicht der Fall, so hätten die materiellen, selektiven Kräfte unsere Spezies bereits vor langer Zeit aussterben lassen. Unsere Fähigkeit zur Erkenntnis von Welt, Mitmenschen und uns selbst hat sich unter der unbedingten Bedingung entwickelt, diese Grundbedürfnisse zu gewährleisten. Damit lässt sich nun der evolutionär-epistemologische Hauptsatz ganz allgemein formulieren:

> Erkenntnis ist das stets unter der Bedingung, dem Individuum Überleben und Fortpflanzung zu sichern und seine Handlungen solchermaßen planen zu lassen, stattfindende Wahrnehmen und geistige Einordnen von wie auch immer gestalteten Phänomenen.

Hierbei bedeutet Sicherung von Überleben und Fortpflanzung nicht, dass jegliche Erkenntnis diesem Zweck direkt und unmittelbar zu dienen hat. Dies gilt vor allem nicht in technisch hochentwickelten Kulturen, die sich dem unmittelbaren Überlebenskampf mittels einer künstlich geschaffenen Umwelt weitgehend entzogen und stattdessen Ersatzhandlungen für unsere ursprünglichen Triebe und Instinkte geschaffen haben. Erkenntnis ist aber auch nie frei von dieser Bedingung, denn unsere Erkenntnisfähigkeit ist zu diesem Zweck entstanden. Es sind alte, genetisch programmierte Algorithmen, die trotz aller kulturellen Überformung unseren geistigen Apparat in solchen Bahnen lenken, dass die notwendigen biologischen Grundbedingungen der menschlichen Existenz erfüllt sind.

Der Verweis etwa auf wissenschaftliche Erkenntnis, die im Verhältnis zur Alltagssprache eher selten mit Themen wie Nahrungsaufnahme oder Fortpflanzungsaktivitäten zu tun hat, widerlegt den evolutionär-epistemologischen Hauptsatz keinesfalls. Wissenschaft wird zwar häufig als der reinen Erkenntnis verpflichtet dargestellt, als Beschreibung der Welt, wie sie uns objektiv gegenübersteht. Dies entspricht einer bestimmten abendländischen Sichtweise von Wissenschaft als „reiner" Schau, die zum Teil sicherlich noch ein Relikt aus der griechischen Antike ist und die durch die Uminterpretation durch das Christentum als passives Aufnehmen der göttlichen Offenbarung im Buch der Natur bis in unsere Zeiten überdauert hat. Dies entspricht aber keineswegs allen Zielen von Wissenschaft. Auch die pragmatische Komponente, das Lösen von Problemen, die Anwendbarkeit ihrer Ergebnisse spielen eine entscheidende Rolle.[2]

---

[2]Dies ist natürlich besonders wichtig beim Einwerben von Forschungsgeldern.

Auch das anfangs scheinbar ziellose, nur durch reine Forscherneugier getriebene Sammeln von neuen Erkenntnissen ist sicherlich kein ausschließliches Merkmal höherer Zivilisationen. Zielloses Neugierverhalten, vor allem bei Jungtieren und beim Menschen auch bis ins hohe Alter, ist für alle komplexeren Lebewesen ein wichtiger Lernmodus, der gerade durch seine Ziellosigkeit und Verspieltheit neue Entdeckungen fördert. Angesichts der Offenheit menschlichen Verhaltens und angesichts der Tatsache, dass die menschliche Spezies sich in recht kurzen Zeiträumen durch unterschiedlichste Klimazonen hinweg über den gesamten Globus ausgebreitet hat, kann man vermuten, dass dieses Neugierverhalten außerordentlich effektiv, weil erkenntnisfördernd, ist. Schließlich hatte *Homo sapiens* keine Zeit, beim Lauf um den Planeten seine zerebralen Voraussetzungen genetisch entscheidend zu verändern. Die moderne Grundlagenforschung kann als hochtechnisierte, institutionalisierte und einer bestimmten Methodik mehr oder weniger streng verschriebene Fortsetzung dieses angeborenen Neugierverhaltens und Spieltriebes angesehen werden.

In diesem Sinne beschreibt der evolutionär-epistemologische Hauptsatz die Tatsache, dass sowohl unsere Wahrnehmungsmöglichkeiten als auch unser Denkvermögen, unsere Erkenntnisfähigkeit und unsere Vorstellungskraft gebunden sind an die Erfüllbarkeit unserer biologischen Bedürfnisse. So sie ihnen zu stark zuwiderlaufen, heben sie sich selbst auf. All unser menschliches Handeln basiert, wenn auch manchmal nur recht entfernt, so doch auf der Erfüllung unserer (wirklichen oder vermeintlichen) Bedürfnisse. Unsere Erkenntnisfähigkeit dient unserem Handeln dabei, so gut sie kann.

14.5   Wichtige Folgerungen aus dem Hauptsatz

14.5.1 Transformierbarkeit auf und Anschluss an den Mesokosmos

Die erste aus dem evolutionär-epistemologischen Hauptsatz ableitbare Folgerung besteht darin, dass Erkenntnis irgendwie auf den Mesokosmos beziehbar sein muss.[3] Dies bedeutet einerseits, dass die zur Interpretation abstrakter Erkenntnis notwendigen begrifflichen Brücken irgendeinen Bezug zum Mesokosmos aufweisen müssen – denn abstrakte Begriffe entstehen ja durch Abstraktion von irgendetwas, und dieses Etwas hat seinen Grund zunächst in der menschlichen Erfahrung, wie sie unseren Sinnen zugänglich ist. Und andererseits bedeutet dies, dass auch der Nachweis jeder Theorie irgendwie mit Mitteln zu geschehen hat, die schließlich im Bereich des menschlichen Wahrnehmungsvermögens liegen. Weiterhin ist das menschliche Denk- und Vorstellungsvermögen an seine lebensweltlichen Erfordernisse gebunden und nicht dazu geschaffen, sich vier- oder elfdimensionale Raumzeiten – wie sie etwa im Rahmen der Stringtheorie diskutiert werden – anschaulich

---

[3]Diese Einsicht teilt die hier vertretene Auffassung mit der Evolutionären Erkenntnistheorie. Sie ist also unabhängig vom dort vertretenen Weltbild.

vorstellen zu können, oder sich ein Bild von Quantenvorgängen oder extrem komplexen Prozessen machen zu können. Zwar ist es der Menschheit im Laufe der Jahrtausende gelungen, sich materielle und auch geistige Werkzeuge wie etwa die Mathematik zu erschaffen, mit deren Hilfe sie ihre Möglichkeiten erweitert; doch von Verstehen reden wir erst, wenn wir begriffen haben, wie sich das Neue an das bereits Bekannte anschließt.[4] Eine Aussage ohne derartigen Anschluss oder unerklärbare Beobachtung ist keine Erkenntnis. Erst die Verbindung neuer Erfahrungen mit bereits erworbenen Erkenntnissen ermöglicht Verstehen und neue Erkenntnis.[5] Da zweifelsohne ein großer Teil unseres Wissens, das sich über Jahrtausende kultureller Evolution angehäuft hat, unbewusst seine Arbeit verrichtet, ist es oftmals bloß nicht einsichtig, wie und über welche Brücken bestimmte Arten von Wissen Anschluss an den Mesokosmos finden.

Zudem muss neue Erkenntnis stets auf den menschlichen Mesokosmos transformierbar sein – wenn auch über lange Umwege, wie etwa von der höheren Mathematik bis hin zu Äpfeln und Birnen –, sonst ist sie nur Scheinerkenntnis.[6] Erst diese Transformierbarkeit ermöglicht es dem Menschen, die neue Erkenntnis mit seinem auf den Mesokosmos zugeschnittenen Erkenntnisvermögen einzuordnen und in sein bisheriges Netz von Überzeugungen zu integrieren. Erkenntnis kann zwar über unsere direkten körperlichen Möglichkeiten und unsere geistige Anschauung hinausgreifen; aber zum Verstehen ist die Transformierbarkeit auf und der Anschluss an den menschlichen Mesokosmos deshalb notwendig, weil unsere Vorstellungskraft als fiktives Handeln in Gedanken entstanden ist. Sie kann sich aufgrund der menschlichen Abstraktionsfähigkeit zwar über dieses hinausbewegen; aber ohne Anschluss an bereits Bekanntes, das letztendlich aus der menschenzu-

---

[4] Die deutsche Sprache ist hier psychologisch sehr aufschlussreich: Der Wortstamm von „Begreifen" entstammt der urmenschlichen Handlung des Greifens, um etwas genauer zu betrachten und dementsprechend hin- und herzuwenden. Diese aller Erkenntnis zugrundeliegende Handlung teilen wir mit den anderen Primaten.

[5] Hier zeigt sich auch der Unterschied zwischen einer reinen Forschernatur und einem geborenen Didaktiker: Der Didaktiker ist in der Lage, seine Schüler dort abzuholen, wo sie sich von ihrem derzeitigen Kenntnisstand und Verständnisgrad her befinden; er vermag sich in seine Schüler hineinzufühlen und weiß, welchen Anknüpfungspunkt er finden muss, um ihre Kenntnis weiterzuführen. Der reine Forscher hingegen ist sich der stufenweisen Erweiterung der Erkenntnisse, die er in seinem eigenen Werdegang durchlaufen hat, oft gar nicht mehr bewusst; er lebt in der „abgehobenen" Sphäre fortgeschrittener Theorien. Seine Konzentration auf diese Theorien verhindert vielleicht manchmal den Überblick über die Anschlussfähigkeit seines Spezialwissens an die alltägliche Erkenntnis. Eine sinnvolle Einheit von Forschung und Lehre zwingt den Didaktiker, sich mit der neuesten Forschung zu beschäftigen, so dass auch seine Schüler den aktuellen Stand der Wissenschaft kennenlernen, während der Forschergeist genötigt wird, sich der Voraussetzungen seines eigenen Faches stärker bewusst zu werden – was ab und zu lästig sein mag, aber durchaus auch zur Weiterentwicklung seiner Theorien notwendig sein kann.

[6] Auch die Konstruktion unglaublich komplexer Theoriengebäude in den abstraktesten Disziplinen der Mathematik kann nicht darüber hinwegsehen, dass der Ursprung der Mathematik in der im Alltagsgebrauch unhinterfragten Kulturtechnik des Zählens liegt. – Viele archaische Kulturen besitzen diese Kulturtechnik nicht und kennen nur Begriffe für eins, zwei und viele. Wollten wir sie Mathematik lehren, müssten wir ihnen zunächst das Zählen beibringen.

gänglichen, mesokosmischen Sphäre stammt, kann nicht von Erkenntnis gesprochen werden. Wenn der Mensch also mit Hilfe technischer und gedanklicher Mittel seinen Mesokosmos transzendiert, so bleiben doch alle hierzu benötigten Konzepte und Konstrukte dadurch bestimmt, dass sie auf den Mesokosmos rückbeziehbar bleiben müssen.

Als Beispiel hierfür kann unser Sonnensystem dienen. Die Größenverhältnisse, um die es beim Lauf der Planeten in unserem Sonnensystem geht, übersteigen das menschliche Vorstellungsvermögen. Die entsprechenden Distanzen sind jenseits unserer Anschauung. Durch einen geeigneten Verkleinerungsfaktor können wir uns das Ganze aber durchaus als Modellsystem, als Planetenmodell vorstellen. Die nötigen Mittel, um dieses Modellsystem mit der Wirklichkeit zu vergleichen, sind uns durch die Experimentaltechnik, wie Teleskope, Raumsonden, Radarmessungen etc., gegeben. Wiederum größere Distanzen in galaktischer Nahdistanz lassen sich durch Parallaxenverschiebung, d. h. durch Winkelveränderung bei verschiedenen Erdpositionen, ermitteln. Mittels dieser und zahlreicher weiterer Methoden, die stets am bereits Bekannten und wissenschaftlich Gesicherten geeicht werden, können die Astrophysiker schließlich Distanzschätzungen bis zur Grenze des beobachtbaren Universums liefern. Eine gute Methode für wahrhaft kosmische Entfernungen, die sogenannte Rotverschiebung, gibt auch gleich einen Indikator für das geschätzte Alter unseres Universums von zirka 13,8 Milliarden Jahren. All diese Nachweise bedürfen des Anschlusses an bereits bekannte Tatsachen und der Verbindung zum für unsere Messtechnik und unsere Wahrnehmung zugänglichen Mesokosmos.

Wie bereits erörtert, lässt sich etwa die Wellenfunktion der Quantenphysik nicht einfach auf den Mesokosmos transformieren. Sie allein kann uns kein Verständnis der Mikrowelt gewährleisten: Um etwas mit ihr anfangen zu können, benötigen wir eine Interpretation, die der Wellenfunktion einen Sinn gibt, indem sie sie in ein größeres gedankliches Gerüst einbaut. Die Kopenhagener Deutung tut dies unter Verweis auf die Unumgänglichkeit der Berücksichtigung der Messung und der Zurückweisung des ontologischen Primats der Quantenwelt. Auf diese Weise wird über die Reduktion der Wellenfunktion beim Messprozess die Transformierbarkeit auf und der Anschluss an den Mesokosmos gewährleistet.[7] Anschaulichkeit ist hier ebenso wie bei kosmischen Distanzen nicht mehr gegeben. (Dies teilt die moderne Physik mit den abstrakten Strukturen der höheren Mathematik, derer sie sich bedient.) Allerdings können wir uns auch keine Modellsysteme der Quantenwelt vorstellen, da es hier nicht um absolute Größenverhältnisse, sondern um Struktureigenschaften geht, welche unserem Verstand nur noch über mathematische Abstraktion zugänglich sind. – Im Rahmen dieser Konzeption wird somit auch ersichtlich, dass die besonderen interpretativen Rahmenbedingungen der Quantenphysik sich völlig problemlos in einem evolutionär-epistemologischen Kontext nachzeichnen lassen, falls das Realitätsverständnis nur hinreichend vorsichtig formuliert ist.

---

[7]Der Mesokosmos ist durch verschiedene Eigenschaften charakterisiert, wie eindeutiger Zeigerstand, keine rätselhaften Überlagerungszustände etc. Wir werden uns im folgenden Kapitel eingehender mit diesen Punkten beschäftigen.

Es gäbe hier zur Illustration noch viele weitere Beispiele aufzuführen: Im sozialen Kontext menschlicher Gemeinschaften etwa fällt der psychologische Drang zur Gruppenbildung auf, der trotz aller Strukturzwänge, die die Technisierung der modernen Gesellschaft dem Menschen auferlegt, eine enorm starke emotionale Kraft entwickelt. Wenn verwandtschaftliche Bindungen in größeren Menschengruppen schwächer werden, benötigen wir zunehmend abstrakte Konzepte, um soziale Kohärenz zu gewährleisten. Diese Gruppenbildung geht einher mit ihren jeweils charakteristischen, soziologischen Identitäts- und Identifizierungsmerkmalen, die der einzelne Mensch seiner Gruppe oder anderen Gruppen zuordnet (bzw. der Gruppe, zu der er gerne gehören würde) und mit denen er sich von anderen abgrenzt.[8] Dieser Hang zur Gruppenbildung ist Teil des psychischen, sozialen Mesokosmos des Menschen. Er ist eindeutig evolutionär bestimmt, denn ein einzelner Mensch ist in der Natur mit großer Wahrscheinlichkeit über kurz oder lang zum Tode verurteilt. Erst die Gruppe schafft ihm den Schutz und die Sicherheit, die er zu seinem Überleben und zur Fortpflanzung benötigt. Interessanterweise wird dies in vielen Sprachen – und natürlich auch im subkulturellen Jargon – schon durch die Titulierung der nicht zur Gruppe, zum Stamm oder Volk gehörenden Individuen deutlich. So bezeichnete das altgriechische *bárbaroi* für Nichtgriechen zunächst schlicht die „unverständlich Sprechenden"; bald verband sich mit diesem Begriff aber auch die Assoziation mit Ungebildetheit, Rohheit und Unkultiviertheit. Zahlreiche Eingeborenensprachen benutzen das Wort „Mensch" schlicht und einfach nur für die Angehörigen des eigenen Stammes. Fremde sind folglich keine Menschen und unterliegen auch nicht den Regeln und Tabus, die innerhalb der eigenen Gemeinschaft gelten. In heutiger Zeit werden gerne herabwürdigende Verballhornungen ausländischer Nationen als Schimpfwörter auch gegenüber Inländern gebraucht. Die Liste ließe sich endlos fortsetzen. Der mesokosmische Ursprung des menschlichen Hanges zur Gruppenbildung liegt also in unserer evolutionären Vergangenheit. Er hat sich bis in unsere Zeit im Laufe der kulturellen Evolution verändert, ohne jedoch seine Wirkungsmacht einzubüßen. Wollen wir diesen Drang mitsamt den aus ihm folgenden Gefahren verstehen, kommen wir folglich nicht umhin, seine evolutionäre Notwendigkeit und spätere kulturelle Überformung zu erkennen und zu berücksichtigen. Größere menschliche Gemeinschaften wie etwa Staaten benötigen identitätsstiftende Symbole oder Ideen, die dem Menschen einen psychologischen Anschluss seiner Kleingruppenmentalität an die Notwendigkeiten des Zusammenlebens in größeren Einheiten ermöglichen.

Diese gesamte Vorstellung einer zunehmenden Aneignung von Erkenntnis – und damit auch Aneignung von Welt – macht natürlich nur dann Sinn, wenn der Mensch nicht als gänzlich unbeschriebenes Blatt auf die Welt kommt, wie es etwa der klassische Empirismus behauptete. Stammesgeschichtliche Prägung gibt dem

---

[8]Dies betrifft natürlich sowohl ethnische oder religiöse Gruppen, als auch etwa Berufsgruppen sowie die Zugehörigkeit zu verschiedenen sozialen Schichten. Der Habitus eines Arztes, die Kluft eines Punks, die Redensweisen eines Bauarbeiters oder Professors sind allesamt Zeugnis dieses urmenschlichen Triebes.

Säugling bereits die notwendigen Instinkte und kognitiven Voraussetzungen (wie etwa die Vorstellung von Raum und Zeit sowie die Kausalerwartung) mit auf den Weg, um die ersten rudimentären Erkenntnisse über seine Umwelt sammeln zu können.[9] Von diesen Erfahrungen ausgehend erwirbt der Mensch fortwährend neue Erkenntnisse; mögen diese direkter Beobachtung, persönlicher Reflexion oder kultureller Überlieferung entstammen. Teilweise werden dabei auch Erkenntnisse zu Methoden, d. h. man erlernt neue Methoden des Erkenntniserwerbs. Dies beeinflusst insbesondere die Art und Weise, wie wir neue Erfahrungen in unser bestehendes Weltbild einordnen.[10]

14.5.2 Handlungsleitender Charakter und Emotionalität von Erkenntnis

Eine weitere wichtige Folgerung aus dem evolutionär-epistemologischen Hauptsatz ist der handlungsleitende Charakter von Erkenntnis. Wenn nämlich die menschliche Erkenntnisfähigkeit unter der Bedingung der Gewährleistung seiner Existenzsicherung steht, so kann menschliche Erkenntnis nicht handlungsneutral sein. Sie muss für das biologische System Mensch Handlungsoptionen aufzeigen können, und diese Handlungsoptionen müssen einer unterschiedlichen Bewertung zugänglich sein. Wiederum ist es ein Zeichen menschlicher Erkenntnis, dass diese nicht stets direkt handlungsbezogen sein muss, aber doch zumindest indirekt. Die Besonderheit des menschlichen Vorstellungsvermögens besteht ja gerade darin, einen Erfahrungsschatz ansammeln zu können, der hypothetische, gedankliche Handlungen ermöglicht und somit über den Triebaufschub ein effektiveres und sichereres Handeln ermöglicht.

Auch vermeintlich vollkommen handlungsneutrale Aktivitäten wie die höhere Mathematik entspringen doch dem evolutionär geschulten Drang, neue Arten von materiellen oder gedanklichen Werkzeugen zu entwickeln, gepaart mit dem ziellosen Spiel- und Erkundungstrieb, den die Evolution gerade durch seine Ziellosigkeit so zweckmäßig zielhaft eingerichtet hat: Denn auf diese Weise muss die Richtung des Erkenntnisdranges nicht mehr genetisch kodiert sein, sondern lediglich die Motivation zur Erkundung der Umwelt und der eigenen Möglichkeiten in ihr. Beim Kind ist dieser Spieltrieb natürlich zunächst motorisch und sprachlich und wendet sich erst später abstrakteren Gebieten zu. So wie ein Kind spielerisch seine

---

[9]Hierüber konnten insbesondere die Forschungsarbeiten von Jean Piaget Aufschluss geben; siehe etwa Piaget (1996, 2003).

[10]Die große Schwierigkeit, wie Menschen unterschiedlicher Religionen oder Religiosität sich über bestimmte Aspekte ihres Weltbildes verständigen können, ist nicht zuletzt der unterschiedlichen Methodik des Erkenntniserwerbs geschuldet. Die moderne, westlich geprägte Weltsicht ist stark durch den Glauben an den Segensreichtum der Wissenschaft geprägt. Zwar vermag die Wissenschaft besser, schneller und effektiver als traditionelle Weltbilder bestimmte Arten neuer Erkenntnis zu generieren; die anderen Aspekte religiösen Lebens bleiben davon zunächst aber völlig unberührt.

Fähigkeiten kennenlernt und erweitert, verbessert auch ein erwachsener Mensch seine Möglichkeiten – in der Wissenschaft ebenso wie in jedem anderen Beruf. Und erstaunlicherweise erweisen sich etwa in der Mathematik immer wieder auf den ersten Blick heillos abstrakte und unanwendbare Bereiche als überraschend nützlich und anwendbar – so etwa die Differentialgeometrie für die Physik oder die Zahlentheorie für die Kryptographie. Auch die Begeisterung und Hingabe, mit der die „abgewandten" Mathematiker ihrer Tätigkeit nachgehen, lassen darauf schließen, dass hier völlig elementare menschliche kognitive Bedürfnisse gestillt werden, und zwar auf höchstem Niveau. Rationales Handeln kann nur dann rational sein, wenn es einem bestimmten Zweck dient. Die Zwecke aber werden nicht allein von der Ratio gegeben, sondern sind immer zu einem guten Teil emotional bestimmt. Letztlich stehen alle Zwecke unter der subjektiven und emotional vermittelten Bedingung der Meisterung des Lebens.[11]

Lernen und Forschen sind selbst Handlungen und dienen der Gewinnung neuer Erkenntnis, die wiederum neuem Handeln nützen kann. Erkenntnis ist nicht nur Repräsentation der Außen- oder auch Innenwelt, sondern steht ebenso unter der Bedingung, Handlungen planen lassen zu können. Erkenntnis, die sich in überhaupt keine Beziehung zu menschlichem Handeln setzen lässt (nicht einmal zu weiterem Forschen), ist sinnfrei und verdient nicht, Erkenntnis genannt zu werden. Oft muss das Forschen und Erforschen auch den Mut zu solchen Sackgassen der Erkenntnis wagen, um schließlich durch Ausschluss der nicht gangbaren Optionen zu sinnvollen Aussagen zu gelangen; doch sprechen wir im Nachhinein dann eben nur von scheinbaren oder überholten Erkenntnissen.

Damit Erkenntnis im Individuum handlungsleitend wirken kann, muss sie stets auch mit einer emotionalen Komponente verknüpft sein, die als Antrieb zur Handlung dienen kann. Biologische Voraussetzung hierfür ist eine Bewertungsfunktion, die durch neuronale Regelmechanismen vermittelt wird.[12] Erkenntnis ist immer mit Emotionen verbunden. Diese können bis zur Unmerklichkeit schwach sein, ja

---

[11]Eine interessante Gegenposition ist die dem hier vorgestellten Ansatz zumindest in einigen Punkten doch ähnliche Philosophie Nicolai Hartmanns. Was die Rolle freier Erkenntnis und insbesondere der Wissenschaft betrifft, so postuliert Hartmann: „Zunächst ist diese [die Erkenntnis] rein vitalen Zwecken der Lebenserhaltung unterworfen, steht also im Dienste des Organismus; dann erhebt sie sich zu höheren praktischen Zielen, zuletzt aber wird sie von allen ihr äußeren Zwecken frei und dient nur der reinen Umschau, dem Erfassen der Welt als solchem. Diese Stufe ist heute in vielen Wissenschaften erreicht und bildet nunmehr ein eigenes geistiges Lebensgebiet des Menschen." Hartmann (1982), S. 17. Was aber soll reine Umschau sein? Schon der Drang zum Forschen, die Motivation zur Wissenschaft entspringen der urmenschlichen Neugier. Die moderne Wissenschaft ist eine kulturelle Weiterentwicklung dieses angeborenen Triebes. Entweder besitzt also bereits das kindliche Neugierverhalten Tendenzen zur reinen Umschau, oder Wissenschaft verfolgt stets auch andere Ziele als nur das bloße, unmotivierte Kennenlernen und Einordnen neuer Phänomene. Zur Philosophie Nicolai Hartmanns siehe auch Hartmann (1950, 1964).

[12]Eine besondere Rolle in der neuronalen Architektur des menschlichen Gehirns spielt hierbei das limbische System. Wir werden weiter unten im Rahmen der Diskussion des Leib-Seele-Problems in Kap. 17 noch auf den Zusammenhang zwischen neuronalen Prozessen und bewusster Entscheidungsfindung zurückkommen.

sogar unter der Schwelle der bewussten Wahrnehmung liegen – und das tut der mit weitem Abstand größte Teil aller Informationen, die ständig auf uns einströmen. Aber bereits die Tatsache, dass bestimmte Wahrnehmungen in unser Bewusstsein treten und weitere geistige Prozesse anregen, verdanken sie der Bewertung unseres für Empfindungen – und immer auch für Emotionen – verantwortlichen neuronalen Systems. Bereits Edmund Husserl und die Phänomenologen sahen die Besonderheit mentaler Phänomene in ihrer Intentionalität, d. h. dass sie auf etwas gerichtet sind – dem Objekt der Begierde, der Neugier, des zu Vermeidenden. Die Einordnung von Erkenntnis in den Lebensalltag ist eng mit der Anerkennung ihrer emotionalen Komponente verknüpft, denn ohne diese bliebe sie wirkungslos. Friedrich Nietzsche nannte den Menschen das „bewertende Wesen."

Es macht folglich nicht viel Sinn, so etwas wie eine völlig interesselose Erkenntnis anzunehmen, sondern höchstens Erkenntnis, die entweder noch nicht klar einem bestimmten Zweck zugeordnet werden kann oder die als nicht besonders relevant eingestuft wird. Auch abstrakte Erkenntnis wird durchaus emotional bewertet: Man beachte die Schilderungen überwältigenden Glücksgefühls, von dem Wissenschaftler berichten, denen ein wichtiger Durchbruch gelungen ist – sowie natürlich die persönlichen Krisen, in die das Ausbleiben des gewünschten Fortschritts führen kann. Hinter der Möglichkeit von Erkenntnis liegt das uns eingepflanzte Interesse am Meistern unseres Lebens; wobei hier auch eine starke Verbindung zwischen Erkenntnistheorie und Existenzialphilosophie sichtbar wird.[13]

Eine andere Bemerkung zu diesem Unterkapitel betrifft das Verhältnis von praktischer und theoretischer Philosophie. Falls sich Erkenntnis nämlich nicht als ein rein passives Geschehen deuten lässt, sondern aktive Handlungskomponenten für den Begriff von Erkenntnis ebenfalls eine bedeutende Rolle spielen, so ist auch jede strenge Unterscheidung zwischen praktischer und theoretischer Philosophie hinfällig. Der Unterschied zwischen ihnen ist dann bloß ein gradueller.

14.5.3 Subjektivität und Anthropozentrizität von Erkenntnis

Eng verbunden mit der letzten Folgerung ist die Einsicht, dass menschliche Erkenntnis stets subjektiv und somit anthropozentrisch ist. Denn handlungsleitend kann Erkenntnis nur sein, wenn sie für das jeweilige Individuum gültig ist, das in seinem natürlichen und kulturellen Mesokosmos lebt. Gänzlich unberührt von der Fragestellung, ob und inwieweit eventuell hypothetische objektive Kenntnis von der Welt möglich sein könnte (die ja nie sicher als objektiv wahr ausgewiesen werden kann), ist Erkenntnis stets die Erkenntnis eines Einzelnen. Erkenntnisse nun, die von vielen Menschen geteilt werden – gleich ob sie kulturellen Konventionen entsprechen oder

---

[13] Auch wenn in dieser Abhandlung die Emotionalität aller Arten von Erkenntnis erkenntnistheoretisch begründet ist, steht dies doch hervorragend mit vielen neueren neurophysiologischen Untersuchungen in Einklang, denen zufolge die emotionalen Zentren unseres Gehirns bei der Bewertung aller möglichen Arten von Informationen eine entscheidende Rolle spielen.

über diese hinausgehen –, beruhen auf dem durch Kommunikation vermittelten Vergleich der Erkenntnisse einzelner Menschen. Diese Intersubjektivität kann nur dann bestehen, wenn die einzelnen Individuen ihre eigene, subjektive Erkenntnis vergleichen können. Zu diesen Erkenntnissen und ihrem Vergleich befähigt sie ihr stammesgeschichtlich gewachsener Erkenntnisapparat und ihr Sprachvermögen sowie die Tatsache, dass sie sich auf etwas beziehen, das für alle diskursbeteiligten Individuen zugänglich ist. Dies können externe Gegenstände sein oder Gemütszustände, die durch Gestik, Mimik und sprachlichen Ausdruck kommuniziert werden.

Auch wenn es Erkenntnis geben sollte, die nicht nur für den Menschen, sondern auch für andere Spezies relevant ist – natürlich nur, insofern wir ihnen bestimmte Arten von Erkenntnis zusprechen können oder wollen; und nicht nur bei Menschenaffen sprechen mittlerweile doch viele raffinierte Experimente dafür –, so ist menschliche Erkenntnis doch eben stets menschliche Erkenntnis. Sollte es eines Tages tatsächlich die Möglichkeit zur Kommunikation mit extraterrestrischen, intelligenten Lebensformen geben und etwa ein Austausch über naturwissenschaftliche Erkenntnis stattfinden, und sollte sich dabei eine Konvergenz ihrer und unserer Erkenntnisse herausstellen, ja vielleicht sogar eine formal identische Formulierung naturwissenschaftlicher Gesetze, so würde das keineswegs die hier konstatierte Subjektivität von Erkenntnis in Frage stellen, sondern lediglich die Allgemeingültigkeit naturwissenschaftlicher Aussagen belegen. Auch irgendwelche Andromedaner wären schließlich biologische Systeme und als solche ihren eigenen subjektiven Bedingungen sowie dem evolutionär-epistemologischen Hauptsatz unterworfen.[14] Diese könnten den unseren durchaus ähnlich sein, falls die Andromedaner unter einem ähnlichen Evolutionsdruck standen wie *Homo sapiens*. Anthropozentrizität und Andromedanozentrizität schließen sich nicht gegenseitig aus, sondern sind unterschiedliche Erkenntnisformen, die durchaus eine gemeinsame Schnittmenge besitzen können – ganz genauso, wie Menschen unterschiedlicher Sprache, Kultur, Religion, Bildung und persönlicher Erfahrung verschiedene Schnittmengen ihres Wissens und ihrer Kenntnisse besitzen. Interplanetare Intersubjektivität scheint theoretisch möglich, können wir doch auch mit manchen Tieren kommunizieren.

Bei der Bestimmung der methodologischen Standards der Physik etwa werden nicht bloß intersubjektive – im Sinne spezifisch menschlicher – Standards geschaffen, sondern solche, die im Prinzip auch von anderen intelligenten Lebensformen nachvollzogen werden könnten, wenn sie von ihrem Wahrnehmungs- und

---

[14] Allerdings sollten wir bei der Betrachtung möglicher andersartiger Lebensformen vorsichtig sein, nicht zu anthropozentrisch zu denken und uns nicht zu sehr auf bestimmte Typen von Leben einzuschränken. Zahlreiche Autoren der Science-Fiction-Literatur haben gezeigt, dass mit der nötigen Phantasie, die einem allzu streng an den heute bekannten Fakten klebenden Denker vielleicht verschlossen bleibt, gänzlich neue Lebensformen zumindest denkbar werden. Man denke an die Werke Lems oder Stapledons. Wer kann schon vorhersagen, unter welch außergewöhnlichen Bedingungen, die hier oder da in unserem Universum herrschen, sich nicht sonderbarste Prozesse von Selbstorganisation und Evolution ereignen mögen? – Auch wenn natürlich auf den uns bekannten Raum- und Zeitskalen die Kohlenstoffchemie in Wasseratmosphäre der bevorzugte Kandidat für allerhand Arten interessanter Kombinationen und Rekombinationen scheint.

Auffassungsvermögen her mit diesen Methoden und Messvorschriften umgehen können. Wenn diese Wesen sich außerdem über logisch-mathematische Strukturen mit uns verständigen können und die von uns gefundenen Naturgesetze eine hinreichende Isomorphie mit den ihrigen besitzen, könnte man davon sprechen, dass sie die gleiche Physik wie wir benutzen.

Auf was aber bezieht sich Erkenntnis? Ist mit dem Hinweis auf Intersubjektivität bereits eine hinreichende Grundlage gegeben, oder müssen wir eine von uns unabhängige, objektive Welt annehmen? An dieser Stelle ist eine klare Unterscheidung wichtig zwischen den verschiedenen Bedeutungen von *objektiv*. Als *objektiv* können wir einerseits Erkenntnis bezeichnen, die sich auf wahrgenommene Gegenstände und deren Eigenschaften bezieht. Verschiedene Menschen können sich dann darüber verständigen, dass sie diesen Gegenständen gewisse Eigenschaften zusprechen können, unabhängig davon, wer diese Eigenschaften bestimmt. Um Eigenschaften bestimmen zu können, ist eine bestimmte Prozedur vonnöten, die durch menschliches Handeln (wie etwa Wiegen, oder auch einfach nur durch Hinschauen oder Anfassen) verwirklicht wird. Dies ist eine *handlungsbezogene* und *intersubjektivistische* Auffassung von Objektivität. Sie ist arm an Voraussetzungen und deswegen gegenüber philosophischer Skepsis recht stabil, entspricht aber nicht unbedingt unserer Intuition, dass die Welt um uns herum doch auch recht unabhängig von uns existiert. Diese Art von Objektivität lässt sich als *handlungsbezogene Objektivität* bezeichnen und wurzelt in der intersubjektiven Bedingtheit des Gruppentiers Mensch.

Auf der anderen Seite kann man von *objektiver Erkenntnis* sprechen, falls Erkenntnis sich auf Objekte in der Welt bezieht, die unabhängig von uns existieren. Dies ist Objektivität im starken Sinne. Wir wollen sie deshalb als *strenge Objektivität* bezeichnen. Die Evolutionäre Erkenntnistheorie zum Beispiel vertritt eine solche streng realistische Sicht. Erkenntnis ist dann die Übereinstimmung von innerer und äußerer Struktur, überprüft durch passives Aufnehmen der von außen einströmenden Informationen. Auf eine Vielzahl von Dingen lässt sich diese Sicht hervorragend anwenden; wie wir aber gesehen haben, keineswegs auf alle. Diese Art von objektiver Erkenntnis, die von der Evolutionären Erkenntnistheorie zum Ideal erhoben wird, lässt sich nur von bestimmten Arten von Eigenschaften erlangen. Sie versagt nicht nur im Quantenbereich, sondern etwa auch bei der Einordnung von psychischen Phänomenen. Diese Definition von Objektivität entspricht stärker unserer durch makroskopische Gegenstände geprägten Alltagsintuition, ist allerdings anfällig gegenüber naturwissenschaftlichen Interpretationserfordernissen, wie aus der Quantenphysik bekannt, und gegenüber allgemeinerer philosophischer Skepsis. Nun können wir aber das Verhältnis von Subjektivität und Objektivität nicht weiter erhellen, solange wir nicht die philosophische Skepsis, die Ergebnisse der Wissenschaft und den menschlichen Alltagsverstand auf einen gemeinsamen Nenner zu bringen vermögen. Wie auch aus der Diskussion der Evolutionären Erkenntnistheorie und ihrer Alternativen ersichtlich wurde, können biologische Einsichten allein hier keine klaren Kriterien aufzeigen, in welche Richtung diese

Gedanken weiter zu entwickeln wären. Um dies leisten zu können, wollen wir uns im anschließenden Kapitel zunächst der Diskussion der Quantenwirklichkeit zuwenden.

Als Ergebnis dieses Kapitels können wir folgende Lehre aus dem evolutionär-epistemologischen Hauptsatz festhalten: Alle menschliche Erkenntnis ist stets (inter-)subjektiv, auf den Menschen und seinen Mesokosmos zugeschnitten. Sie vermag den menschlichen Mesokosmos zwar zu überschreiten, muss dann aber auf diesen transformierbar sein und Anschlussfähigkeit an diesen besitzen. Außerdem besitzt sie handlungsleitenden Charakter und ist nie vollständig interesselos, sondern immer auch mit Emotionen verbunden. Diese Aussagen fußen auf extrem schwachen Voraussetzungen und gelten somit nicht nur für die im Folgenden vorzustellende Erkenntnistheorie, sondern für alle philosophischen Theorien, die die evolutionäre Entstandenheit des menschlichen Erkenntnisvermögens ernst nehmen.[15]

---

[15]Falls diese Theorien nicht explizite Postulate formulieren, die eine solche Sichtweise ausschließen. Die Evolutionäre Erkenntnistheorie etwa erklärt die wissenschaftliche Erkenntnis zum Erkenntnisideal, mit der Konnotation entanthropomorphisierter Allgemeingültigkeit und Objektivität als Endziel. Für jegliche Erkenntnis außer den höchsten Erkenntnissen der Wissenschaft müsste aber auch sie – analog zur Position Nicolai Hartmanns – die hier abgeleiteten Charakteristika wie Emotionalität etc. annehmen. Dass sie dies nicht explizit thematisiert, liegt wohl an ihrem scharfen Fokus auf objektiver Erkenntnis und Reduktionismus.

Realität versus Wirklichkeit: Vom Dasein der Quanten

15

> *Wenn mir Einstein ein Radiotelegramm
> schickt, er habe nun die Teilchennatur
> des Lichtes endgültig bewiesen, so
> kommt das Telegramm nur an, weil das
> Licht eine Welle ist.*
>
> *(Niels Bohr)*

Die grundlegende Frage nach dem Dasein der Quanten, die im ersten Teil dieser Abhandlung angeklungen ist, kann nicht von der Physik allein gelöst werden, sondern nur in Einklang mit der Philosophie eine Antwort finden. Das Erstaunliche an der Quantenphysik ist ja, dass ihre Untersuchungsobjekte sich zwar nicht im strengen Sinne der klassischen Physik objektiv darstellen lassen, sie gleichwohl aber als Konstituenten unserer gewöhnlichen Materie doch so etwas wie dinglichen Charakter haben. Es stellt sich also die Aufgabe, mit Hilfe der bisher aus evolutionären Betrachtungen abgeleiteten Einsichten den Existenzbegriff für die Quantenwelt zu präzisieren. Zu diesem Zweck wird sich eine sprachliche Unterscheidung als hilfreich erweisen, die gemeinhin unberücksichtigt bleibt. Wir benutzen die Wörter „Realität" und „Wirklichkeit" sowie „real" und „wirklich" zumeist synonym. Dementsprechend haben wir auch in dieser Abhandlung bis zu dieser Stelle keine Unterscheidung zwischen diesen beiden Begriffen getroffen.

Im Englischen gibt es diesen Begriffen entsprechend die Wörter *reality* und *actuality*. Hier zeigen sich die lateinischen Wortstämme von *res* („Ding", „Objekt") und *agere* („tun", „wirken"). Hätte das Deutsche einen aus dem Germanischen stammenden Begriff, der etymologisch dem der Realität entspricht, so müsste dieser in etwa „Dinglichkeit" oder „das Gegenständliche" oder so ähnlich heißen. Schon sprachlich ist hier also bereits eine Unterscheidung zwischen zwei unterschiedlichen Existenzbegriffen angelegt, die darin besteht, dass die Realität einerseits als das aus Dinglichem, aus Objekten, Gegenständen, Lebewesen etc. Bestehende bezeichnet wird, während auf der anderen Seite all das, was eine Wirkung auf uns zeigen kann,

© Springer-Verlag Berlin Heidelberg 2017
D. Eidemüller (Hrsg.), *Quanten – Evolution – Geist*,
DOI 10.1007/978-3-662-49379-3_15

was wirk-sam sein kann, als wirk-lich gilt.[1] In die philosophische Diskussion in deutscher Sprache hat übrigens der große mittelalterliche Gelehrte Meister Eckhart den Begriff der Wirklichkeit als Übersetzung aus dem lateinischen *actualitas* eingeführt.

Der Begriff der Wirklichkeit ist in diesem Sinne breiter als der der Realität. Denn während alles Dingliche, alle „Gegen"-Stände schon durch ihr Gegen-Stehen, durch ihren Widerstand auf uns wirken, so umfasst der Begriff der Realität – zumindest in jenem allzu strengen, überstrapazierten Sinne, wenn wir die Bedeutung des Wortes auf seinen Ursprung zurückführen wollten – nicht die geistigen, spirituellen oder emotionalen Aspekte und Konzepte, wie sie jedoch unter den Begriff des Wirklichen fallen. Diese besitzen zwar teilweise enorme Wirkung, können aber nicht dingfest gemacht werden wie materielle Gegenstände. Aus diesem Grund werden sie mitunter einer anderen, manchmal auch als tiefer bezeichneten, Wirklichkeit zugerechnet; manche sehen sie als zurückführbar auf Dingliches an.

15.1 Zum Verhältnis von Subjektivität, Intersubjektivität und Objektivität

Die Frage nach der Objektivität von Dingen in der Welt ist ein altes und beliebtes Streitthema in der Philosophie. Lässt sich die Welt überhaupt objektiv beschreiben? Oder inwieweit? Die Antworten unterscheiden sich nach dem Grad an unmittelbarer Evidenz, den wir, von unseren Erfahrungen ausgehend, Externem zuzugestehen bereit sind. Setzt man auf letztgültige Gewissheit, so bleibt einem nach Descartes zunächst nur das *„cogito, ergo sum"*, die rein subjektive Gewissheit des eigenen Bewusstseins. Beschränkt man seine Weltsicht auf diesen unwiderlegbaren und sterilen Standpunkt – und geht nicht wie Descartes über ihn hinaus –, so vertritt man die Position eines Solipsisten, den Arthur Schopenhauer treffend als einen „in einem uneinnehmbaren Blockhaus verschanzten Irren" bezeichnet hat. Die Frage, ob zum Beispiel mein Mitmensch oder der Mond auch dann existieren, wenn ich sie gerade nicht wahrnehme, ist für den radikalen Solipsisten nicht von Belang. Dies widerspricht natürlich all unserer Intuition von Wirklichkeit und sozialem Umgang.

Gestehen wir folglich überdies unseren Mitmenschen und vielleicht auch manchen Tieren Bewusstsein zu, gelangen wir zur Intersubjektivität. Sie ist bereits eine Wette darauf, dass unsere Welt aus mehr besteht als nur aus unserem eigenen Bewusstsein. Dies gewährleistet unsere soziale Kommunikation und ist damit das Minimum an sinnvollen Annahmen über die Welt, die ohne die Intersubjektivität nur als Vorstellung eines Einzelnen Geltung beanspruchen könnte. Wollten wir, so wie

---

[1]Diese Diskussion verdankt Wolfgang Paulis Essay „Phenomenon and Physical Reality" wichtige Anregungen, siehe Pauli (1994), S. 127 ff.

einige Denker durchaus spekulieren, es dabei belassen und Objektivität, im Sinne unabhängig von uns existierender Gegenstände, gänzlich ausschließen, so hieße das jedoch: Der Welt ihr Sein absprechen.

Mögen auch gute Teile unserer Welt intersubjektive, soziale Konstrukte sein, so umkreisen sich doch schon Sterne und Planeten, auch als noch kein Lebewesen lebte. Die objektiven Strukturen der Wirklichkeit spielen zumindest im mesokosmischen Bereich eine wichtige Rolle, denn sonst wäre unser Vorstellungsvermögen nicht dazu geeignet, diese Strukturen zu erfassen; auch wenn alles, was im ganz strengen Sinn der starken Objektivierbarkeit zu beschreiben ist, nur eine Abstraktion ist.

Objektivität ist allerdings ebenso wenig beweisbar wie Intersubjektivität, sondern eine Wette, ein Postulat, eine sinnvolle Annahme. Denn aus der Tatsache, dass sich nicht alles in der Welt streng objektiv darstellen lässt, folgt nun eben noch lange nicht, dass sich rein gar nichts objektiv darstellen ließe. Der reine Intersubjektivismus kann nicht einmal die Frage beantworten, warum verschiedene Individuen überhaupt kommunizieren können, falls man nicht eine außerhalb ihres Bewusstseins liegende Welt postuliert. Auch zwei Geisteskranke könnten sich intersubjektiv völlig einig sein, dass sie Augustus und Napoleon sind, die vor jubelnden Volksmassen in prächtigen Gewändern einen Triumphzug zum Sieg über Ägypten abhalten, während sie in Wirklichkeit eine verlassene Gasse entlang flanieren und der Wind durch ihre zerlumpten Hosen pfeift. Der Mond wäre auch da, falls die Erde ein lebensfeindlicher, unbewohnter Wüstenplanet wäre. Man könnte ihm vielleicht keine Farbe zuschreiben, denn Farben sind geistige, subjektive Wahrnehmungskategorien; aber Größe, Masse, Form und weitere von subjektiven Bedingungen gänzlich unabhängige Eigenschaften ließen sich ihm auch so zuordnen.[2] Radikale Intersubjektivisten, die darauf verzichten möchten, sind nichts weiter als eine Bande Halbverrückter in einem beinahe uneinnehmbaren Blockhaus.

Natürlich gibt es keine Wahrnehmung des Mondes, keine Beschreibung von ihm, keine Theorien über ihn, solange nicht irgendein lebendes Wesen so etwas wie Bewusstsein entwickelt und der Mond in dieses tritt. Ohne Wahrnehmung und Bewusstsein existiert nicht einmal eine Perspektive auf die Welt: Der Mond könnte aus einer mikroskopischen Sicht ein holistisches Gewusel aus Quanten sein, oder aus einem kosmischen Blickwinkel heraus ein völlig vernachlässigbarer Punkt im Universum, der nur für den Hauch eines Augenblickes existiert. (Was würde wohl ein Einstein aus Dunkler Materie über den Mond zu sagen haben?) Seine Eigenschaften existieren nur in Bezug auf anderes, mit dem er in Wechselwirkung tritt. Um seine Masse oder Größe numerisch zu bestimmen, sind immer entsprechende

---

[2]Farben als phänomenale Empfindungen sind stets Bewusstseinsinhalte von Lebewesen. Sie lassen sich zwar physikalisch mit elektromagnetischen Wellen unterschiedlicher Wellenlängen und spektraler Verteilungen korrelieren, aber nicht aus ihnen ableiten. Im Prinzip hängt an diesem Punkt bereits die Leib-Seele-Problematik, vergleiche Kap. 11.3 und Kap. 17.

Handlungen lebender Wesen notwendig. Luna aber war schon vorher da – und es spielt keine Rolle für sie, ob irgendjemand sie für einen Gesteinsbrocken, einen Gott oder unsere himmlische Begleiterin hält.

Um uns gewiss zu sein, dass wir bei einer bestimmten Wahrnehmung keiner Täuschung unterliegen oder etwas geträumt haben, dient uns der intersubjektive Austausch als Absicherung. Der menschliche Spracherwerb und das gesamte Leben beruhen auf intersubjektiver Kommunikation. Intersubjektive Erkenntnis ist also die Bedingung der Möglichkeit objektiver Erkenntnis, denn ohne Erstere ließe sich Zweitere nicht einmal formulieren. Intersubjektive Erkenntnis basiert aber ihrerseits wiederum auf subjektiver Erkenntnis, denn es ist der Einzelne, der eine Erkenntnis hat, bevor er diese anderen kommunizieren und mit deren Erkenntnissen vergleichen kann. Subjektive Erkenntnis ist folglich ebenso eine Bedingung der Möglichkeit für intersubjektive Erkenntnis. Auf ihr basiert unsere Weltsicht; und die Frage, ob wir wahnsinnig sind, verblendet oder bei guter geistiger Gesundheit, lässt sich nicht einmal aus dem eigenen kulturellen Kontext heraus beantworten. Denn dieser könnte durchaus pathologische Züge tragen. Nur das Meistern des eigenen Lebens und der Vergleich mit anderen Kulturen – auch mit nicht mehr existenten – kann uns über die Tragfähigkeit unseres subjektiven (im eigentlichen wie im sozio-kulturellen Sinne) Erkenntnisapparates belehren.

Auf der einen Seite ist also das subjektive Bewusstsein die Voraussetzung, die Bedingung der Möglichkeit für Intersubjektivität, ebenso wie für die Feststellung objektiver Tatsachen. Auf der anderen Seite gäbe es jedoch ohne äußere Welt keine Grundlage für Evolution und für intersubjektive Kommunikation; und ohne intersubjektive Sprachgemeinschaft wäre kein Transfer von Sprachfähigkeit und Wissen von Eltern auf Kinder möglich. Somit bedingen sich diese unterschiedlichen Ebenen gegenseitig. Wir haben es hier aufgrund einfacher evolutionärer Überlegungen bereits mit einer Kreisstruktur der Erkenntnis zu tun, mit einem Wechselspiel des Subjektiven, Intersubjektiven und Objektiven.

Die Objektivität von Dingen in der Welt kann nicht bewiesen werden, wir setzen sie aber in unserem täglichen Handeln immer schon voraus. In der Praxis hat sich ein robuster Alltagsrealismus hervorragend bewährt. Die Philosophie tut gut daran, solche Erfahrungen sehr ernst zu nehmen, ohne sie allerdings zu Dogmen zu erheben. Zweifelsohne kann der philosophische Zweifel hin und wieder sehr nützlich sein; so, wenn es darum geht, die eingefahrenen Bahnen unseres Denkens in Frage zu stellen, die voreiligen Extrapolationen unseres Verstandes zu kritisieren und somit neue Wege aufzuzeigen. Für die moderne Physik hat sich dieser Zweifel sogar als geistige Grundlage erwiesen. Sowohl die Relativitätstheorie als auch die Quantenphysik sprengen das enge Korsett des an die klassische Physik angepassten Weltbildes, das sich in unterschiedlichen Philosophien niedergeschlagen hatte. Dies sollte die Philosophen auch weiterhin ermutigen, stets aufs Neue zu hinterfragen und zu reflektieren. Doch der Verzicht auf sämtliche Grundlagen unseres Alltagsverstandes ist selbst nichts weiter als eine Spekulation, und eine zwar recht mutige, aber auch recht billige obendrein. Interessanter ist es, die Grenzen des Alltagsverstandes auch mittels der Erkenntnisse der Wissenschaft auszuloten, ohne unsere lebensweltliche Intuition gänzlich zu ignorieren.

In welchem Sinne können wir also zumindest von der Objektivität naturwissenschaftlicher Erkenntnisse sprechen? Und in welchem Verhältnis stehen die naturwissenschaftlich beschriebenen Objekte zu den uns bekannten Alltagsdingen? Man könnte etwa sagen, die Naturgesetze, wie sie zum Beispiel die Physik formuliert, beinhalten keinerlei subjektive Züge und haben sich als hervorragend geeignet zur Erforschung unserer Umwelt erwiesen. In Zukunft sollte es also möglich sein, auf immer mehr subjektive Elemente in unserer Weltbeschreibung zu verzichten; denn die Physik und ihre Naturgesetze bilden mit diesem Verzicht auf Subjektivität die sicherste Basis einer soliden Weltbeschreibung. Als streng materialistische Gegenposition zur solipsistischen Weltsicht könnte man etwa nur die objektiv existierenden Gegenstände als einzig wirklich seiend ansehen und sämtliche subjektiven Phänomene, wie Wahrnehmung, Bewusstsein, Freude und Schmerz, als Illusion und sekundär postulieren. Solche Positionen argumentieren dementsprechend mit den Erfolgen der Naturwissenschaft und insbesondere der Physik und ihren Naturgesetzen.

Die Physik beginnt aber nicht mit Naturgesetzen, sondern zunächst mit einer rein methodologischen Definition von objektivierbaren Messprozeduren der physikalischen Grundgrößen. Hierdurch wird bereits jede spezifische, individuelle Subjektivität ausgeklammert. Ohne eine saubere Definition von Messprozeduren gäbe es keine klaren Begriffe, mit denen die Naturgesetze formuliert sind. Erkenntnistheoretisch gesehen belegt der Erfolg der Physik also keinesfalls die Irrelevanz von Subjektivität, sondern umgekehrt: Die Abstraktion von spezifisch Subjektivem ist eine fundamentale methodologische Grundlage der Physik. Strenge Vertreter eines antisubjektivistischen Physikalismus müsste man dementsprechend – in Anlehnung an Schopenhauers Ausspruch zum Solipsismus – als gefühlsscheue Verblendete in einem recht wackeligen Blockhaus bezeichnen. Henri Poincaré bezweifelt die Sinnhaftigkeit eines subjektfreien Realitätsbegriffs noch schärfer: „Does the harmony the human intelligence thinks it discovers in nature exist outside of this intelligence? No, beyond doubt, a reality completely independent of the mind which conceives it, sees or feels it, is an impossibility." [3]

15.2 Evolutionäre Aspekte des Weltbildes der klassischen Physik

Die klassische Physik gilt als Paradigma von Naturwissenschaft oder sogar von Wissenschaft schlechthin. Dies verdankt sie einerseits ihrem mathematisch-axiomatischen Aufbau, der gedanklich in höchster Präzision und Klarheit entwickelt worden ist; andererseits bewahrt sie bei aller Abstraktion und Komplexität ein gutes Maß an Anschaulichkeit. Zwar ist diese Anschaulichkeit nicht unbedingt der Theorie, ihren Axiomen und Begriffen, zu eigen, aber doch den Modellen und Objekten, mit denen sich die Theorie befasst. Die Grundbegriffe der klassischen

---

[3]Poincaré (1905), S. 14.

Physik, auf denen die Theorie aufbaut und auf denen ihre Modellsysteme beruhen, sind abstrakte Idealisierungen von Alltagsgegenständen. Zu diesen gehören etwa der Massenpunkt oder der starre Körper in der Mechanik, die Punktladung in der Elektrodynamik oder auch das inkompressible Medium in der Hydrodynamik.

Weiterhin gilt in der gesamten klassischen Physik das Objektivitätspostulat in dem Sinne, dass sich Wechselwirkungen im Prinzip immer weiter verringern lassen. Die Modellsysteme bestehen in der Regel zunächst aus einfachen Körpern, die sich ohne äußere Krafteinwirkung bewegen (der sogenannte „freie" Fall). Dies ist ebenfalls eine Idealisierung, denn im Universum herrschen natürlich überall irgendwelche Kräfte. Der nächste Schritt ist dann die Einführung eines äußeren Feldes, etwa eines Schwere- oder Magnetfeldes, dessen Einfluss auf das Untersuchungsobjekt bestimmt wird. Zusätzlich lassen sich auch noch mehrere Objekte in gegenseitiger Wechselwirkung beobachten, mit oder ohne äußeres Feld. Dies sind die sogenannten Vielteilchensysteme. Insgesamt hat es die klassische Physik also mit Abstraktionen und Idealisierungen von natürlichen Objekten zu tun, bei denen bis auf eine Handvoll von Eigenschaften (Masse, Form, Ort, Geschwindigkeit, Impuls) sämtliche anderen unter den Tisch fallen (wie etwa Farbe, Geruch, Geschmack) oder bestenfalls in relevanten Situationen mehr oder weniger genau berücksichtigt werden (Oberflächenbeschaffenheit, Rauhigkeit, chemische Potentiale).

Das eigentlich Überraschende an der klassischen Physik ist die Tatsache, dass sie es dank all dieser Idealisierungen und Abstraktionen, die sie ja doch ein gutes Stück von den real existierenden Objekten entfernen, erlaubt, eine unglaubliche Zahl von Phänomenen zu beschreiben, zu verstehen, vorherzusagen und zu kontrollieren. Die Ingenieurswissenschaften, die gesamte moderne Technik, unser Lebensalltag und somit auch unsere Denkweise sind tiefgreifend von der klassischen Physik bestimmt.

Dass die klassische Physik hierbei anschaulich wirkt, liegt daran, dass die Idealisierungen, mit denen sie es zu tun hat, Idealisierungen von Alltagsobjekten sind. Außerdem entspricht die Struktur sowohl der Wechselwirkungen als auch die ihrer Modellsysteme zumindest näherungsweise unserer natürlichen, gegenständlichen Anschauung; denn unser Anschauungsvermögen ist evolutionär ja genau auf diesen Bereich zugeschnitten, den wir dann in abstrahierter Form wissenschaftlich beschreiben. Auch wenn unser Anschauungsvermögen zwar bei komplexeren Fällen durch die klassische Physik arg strapaziert wird, so wird es doch nicht vor grundsätzlich unlösbare Aufgaben gestellt. Wir Menschen haben uns in unserer Entwicklungsgeschichte eben geistig an Strukturen angepasst, die den abstrakten Strukturen der klassischen Physik recht ähnlich sind.

Die Fähigkeit, in Analogie zu Bekanntem und auch in Abstraktion von diesem neue Phänomene zu begreifen und einzuordnen, ist uns im alltäglichen Gegenstandsbereich schon angeboren. (Selbst manche Tierarten lernen den Gebrauch neuartiger Techniken durch Zuschauen und Nachmachen.) Allerdings widerspricht die klassische Physik trotz ihrer Anschaulichkeit auch häufig unserer Intuition. Diese entspricht in vielen Fällen – und das ist empirisch-didaktisch hervorragend belegt – eher der aristotelischen Physik, die solche Begriffe wie Trägheit etc. noch nicht kennt.[4] Auch ist der euklidische Raum nicht wirklich derjenige der menschlichen Vorstellung. Unser psychologischer Raum kennt keine drei unabhängigen Raumdimensionen, bei uns ist diese Symmetrie durch die Schwerkraft gebrochen. Beim Blick nach oben oder unten nehmen wir Distanzen größer war als beim Blick in die Ebene. Dies wiederum ist dadurch bedingt, dass uns auf diese Weise ein Abhang tiefer und somit gefährlicher erscheint, als er es ist. Die Evolution schützt uns, da wir nicht fliegen können, auf diese Weise vor allzu viel Hochmut und Risiko. Selbst in der Schwerelosigkeit des Weltalls, in der nun diese kraftbedingte Auszeichnung einer Richtung nicht mehr vorhanden ist, kann der menschliche Geist aber nicht von seiner Gewöhnung lassen. Astronauten benötigen ein gutes Stück Übung, um beim gegenseitigen Bällezuwerfen eine moderate Fangquote zu erreichen; etwas, das auf der Erde jedes Kind problemlos meistert.

Hieraus wird ersichtlich, dass unser Anschauungsvermögen nur mit Hilfe unserer Abstraktionskraft erfolgreich arbeiten kann, wenn es darum geht, physikalische Zusammenhänge zu verstehen. Die Evolution hat uns also nicht die Grundlagen der klassischen Physik in die Wiege gelegt, aber immerhin strukturell ähnliche Vorstellungen und Anschauungen, von denen ausgehend wir durch Idealisierung zu einer klassisch-physikalischen Beschreibung gelangen können.[5] Diese Strukturähnlichkeit zwischen Theorie und idealisierten Alltagserfahrungen wird nun von der Quantenmechanik radikal durchbrochen – und mit ihr die Vorstellung, die Welt sei in einer an unser normales Vorstellungsvermögen angelehnten Weise zu beschreiben oder zu verstehen. Das Verführerische an der klassischen Physik ist ja vor allem, dass wir Menschen mit unserer Tendenz zu vorschnellen Verallgemeinerungen in ihr ein Werkzeug an der Hand haben, das es uns erlaubt, eine immense Anzahl an natürlichen Phänomenen zu beschreiben, zu erklären und damit enorme technische Macht über unsere Umwelt zu gewinnen. Der einzige Preis, den wir dafür zahlen müssen, ist eine gewisse Abstraktionsleistung. Die Tatsache, dass diese Abstraktionsleistung keine grundlegenden Strukturen unserer alltäglichen, evolutionär eingeprägten Objektvorstellung verletzt, bestätigt hierbei nur eine bestimmte, pragmatisch orientierte Form unseres angeborenen Naturverständnisses und die damit einhergehenden Ansichten über die Objektivierbarkeit natürlicher Dinge. – Und da bei der Begründung der Physik schon methodologisch die subjektive Seite ausgeblendet werden muss und die Evolutionstheorie und die aus ihr folgenden psychologischen Betrachtungen erst sehr viel später entstanden sind, ist es kaum verwunderlich, dass eine gewisse Diskrepanz zwischen unseren Ansprüchen an physikalische Naturbeschreibung und unserem biologischen Selbstbild besteht.

---

[4]Hierzu wurden u. a. Studien an amerikanischen Colleges durchgeführt.

[5]Die Aufgabe einer guten physikalischen Didaktik ist es also zunächst, den Schülern die neue Beschreibungsebene, die neue Methodik beim Analysieren von Phänomenen näherzubringen.

15.3   Annäherung an den Quantenkosmos

Wenn wir uns nun mit immer feinerer Mikroskopiertechnik dem Quantenkosmos annähern und zu diesem Zweck Licht- und Elektronenmikroskop hinter uns lassen und schließlich mit Rastertunnel- und Rasterkraftmikroskopen in die Welt des Kleinsten eintauchen, was sehen wir dann? Wir erblicken granulare Oberflächen-strukturen, die wir als atomare oder molekulare Elektronenwolkenverteilungen identifizieren. Wenn wir gar das Innere der Moleküle und Atome oder gar Atom-kerne durchleuchten wollen, so sind wir auf ultrahochauflösende Experimente an Teilchenbeschleunigern angewiesen. Hierbei tun sich wieder neue Strukturen auf. Die Form dieser Strukturen ist durch keine klassische Theorie zu beschreiben; nur dank der modernen Quantentheorie gelingt es, sie in verblüffend exakter Weise vorherzusagen.[6] Die gemessenen Verteilungen der Eigenschaften von Quanten-objekten, wie sie sich im Experiment im statistischen Mittel zeigen, sind durch die Wellenfunktion bestimmt. Was wir sehen, ist aber nicht die Wellenfunktion, sondern Elektronendichteverteilungen, die dem Absolutquadrat der Wellenfunktion entsprechen. Die komplexwertige Wellenfunktion selbst ist nicht sichtbar, denn dies würde ihren Interpretationsbedingungen widersprechen.

Zu sehen ist also nichts weiter als das, was auch die Kopenhagener Deutung vorhersagt: Strukturen, deren Form sich aus dem abstrakten quantentheoretischen Formalismus ableiten lässt unter der Bedingung, dass wir den Akt der Messung (als irreversible makroskopische Vergrößerung) berücksichtigen. Was könnte es denn auch heißen, wir näherten uns bei der mikrophysikalischen Analyse immer weiter den Quantenobjekten an? Schon der Begriff „Objekt" entstammt der Alltagssprache, und es ist keineswegs a priori klar, dass dieser Begriff sich auch in diesem Sinne zur Klassifikation von Eigenschaften entlegener Wirklichkeitsbereiche eignet. Vielmehr ist er ein sprachliches Bild, das uns in Analogie zu bereits Bekanntem überhaupt erst einen sprachlichen Ausdruck ermöglicht. In diesem Sinne sind Quantenobjekte also keine gewöhnlichen Objekte. Sie stehen uns nicht unmittelbar entgegen. Wir sind vielmehr auf unsere makroskopischen, mesokosmischen Möglichkeiten angewiesen, wenn wir den Bereich des Kleinsten erkunden wollen. Wie gezeigt, ist die klassische Physik zwar durch die Quantenphysik eingeschränkt, aber nicht ersetzt worden. Die klassische Physik besitzt immer noch grundlegende Bedeutung für den theoretischen Zusammenhang in der Physik; auf ihre Begriffe und Methoden müssen wir immer wieder zurückgreifen. Sie ist als messtheoretisches Fundament jeder physikalischen Theorie unentbehrlich.

Die atomaren Strukturen, die sich nun zum Beispiel im Rastertunnelmikroskop zeigen, schulden ihre Eigenschaften einerseits den Quantengesetzen, andererseits sind sie bereits durch den Akt der Messung bestimmte, klassisch-physikalisch objektivierte Phänomene. Die Grenze zwischen der Quantenwelt und unserer

---

[6]Oft genug muss allerdings der mathematische Apparat der physikalischen Theorie an den gemes-senen Werten kalibriert werden, bzw. entscheidet sogar die Vereinbarkeit mit Messergebnissen zwischen verschiedenen mathematisch gleichermaßen möglichen Formulierungen der Theorie.

makroskopischen Materie lässt sich aber überhaupt nicht eindeutig ziehen. Vieles im Mikrobereich lässt sich hervorragend klassisch beschreiben. So ist etwa der Ort des Atomkerns in vielen Atommodellen fest gegeben, als säße er wie eine klassische, elektrisch positiv geladene Punktladung im Innern des Atoms, während man die Elektronenorbitale quantenmechanisch berechnet. Umgekehrt ist eine absolut fundamentale makroskopische Eigenschaft der Materie, nämlich ihre Stabilität, überhaupt nur quantenmechanisch zu erklären. Was also bleibt in der Quantenwelt an objektiver Wirklichkeit erhalten?

15.4 Auflösung der gewöhnlichen Realitätskriterien

Während wir im Mesokosmos gewohnt sind, all das als materiell Seiendes zu benennen, was unabhängig von uns existiert, so entschwindet uns dieses Realitätskriterium für den Mikrokosmos. Denn wir sind ja gerade daran gebunden, den Akt der Messung und die mit ihm einhergehende Reduktion der Wellenfunktion als notwendige Voraussetzung der Interpretierbarkeit der Quantentheorie anzusehen. Wenn wir noch von Objektivität sprechen können, so kann diese höchstens indirekt sein, vermittelt über die Theorien der klassischen Physik, die wir zur Beschreibung des Messaufbaus benötigen. Die klassische Physik wiederum ist bereits begrifflich aus einer Abstraktion und Idealisierung von Alltagserfahrungen hervorgegangen und zugleich Vorbedingung der Quantentheorie. Die Quantenphysik kann also nur als Theorie angesehen werden, die vermittelst idealisierter Alltagserfahrungen Eigenschaften indirekt bestimmbarer Phänomene beschreibt; und dies in einer unerreichten Präzision. Die Größen, mit denen es die Quantentheorie zu tun hat, sind weder anschaulich noch stark objektiv beschreibbar. Die zahlreichen Besonderheiten der Quantenphysik, die sie von den sonst gebräuchlichen Standards der Naturwissenschaft unterscheidet, haben wir bereits eingehend erläutert. An dieser Stelle sei daran erinnert, dass nicht nur der Abschied von Anschaulichkeit und strenger Objektivierbarkeit sowie die Notwendigkeit der Berücksichtigung der Messung hierzu gehören, sondern vor allem auch die Absage an die Vorstellung einer deterministischen Naturbeschreibung und damit die Anerkennung echten Zufalls in der Natur sowie die Existenz nichtlokaler Korrelationen. Diese hängen damit zusammen, dass man ein physikalisches System nur noch als Gesamtsystem ansehen kann, dessen Eigenschaften sich nicht mehr als aus der Summe seiner Teile bestehend beschreiben lassen.

Die Interpretation der Wellenfunktion als „privater Katalog von Erwartungen", wie Schrödinger sie so treffend genannt hat – und sogar treffender als zunächst gedacht –, symbolisiert den Wandel in der Naturbeschreibung von der klassischen Physik zur Quantentheorie. Die indirekte, oder nach d'Espagnat „schwache" Objektivierbarkeit verbleibt als harmloser Abklatsch der üblichen Objekt-Realität. Etwas, das nicht mehr unabhängig von uns existiert, sondern nur noch über idealisierte Alltagserfahrungen indirekt zugänglich ist, können wir nicht mit demselben Anspruch als real beschreiben wie die ständig von uns als real erfahrenen makroskopischen Gegenstände. Gleichzeitig besteht aber doch sämtliche Materie aus Quanten, aus wenigen Arten von Elementarteilchen! Wie lässt sich dieser scheinbare Widerspruch in einem erkenntnistheoretischen System auflösen? Bevor wir uns im nachfolgenden Kapitel an eine passende Konzeption wagen können, bleibt zunächst die Aufgabe, die Erkenntnisse aus der Analyse der Quantenphysik und ihrer Eigentümlichkeiten weiter herauszuarbeiten und philosophisch in einen Bezug zu den bisher angestellten evolutionären Betrachtungen zu bringen.

Welche Bedeutung aber haben diese Erkenntnisse für unser Weltbild? Die Quantenmechanik müsste ja nicht das letzte Wort sein. Denn Theorien können sich als falsch erweisen, bzw. als ungenau und nur zur Vorhersage bestimmter Arten von Phänomenen in bestimmten Wirklichkeitsbereichen in bestimmten Fehlergrenzen geeignet. Neue Theorien besitzen oftmals nur den Charakter von Hypothesen oder von Mutmaßungen. Bei bewährten und vielfältig und hochpräzise geprüften Theorien hingegen, bei denen sich eine so perfekte Übereinstimmung zwischen theoretisch berechneten und experimentell bestimmten Größen ergibt wie bei der Quantenphysik, kann man durchaus sagen, dass die Theorie gewisse Charakteristika der Natur erfolgreich wiedergibt. Diese Aussage steht natürlich stets unter dem Vorbehalt, dass es darauf ankommt, wie wir die Natur betrachten, d. h. mit welchen Mitteln, unter Abstraktion wovon, unter welchen praktischen wie theoretischen Voraussetzungen. Die Aussage, dass die Theorie gewisse Charakteristika der Natur wiedergibt, gilt auch für den Fall, dass wir über bestimmte Objekte, wie etwa Atome oder Moleküle, nur indirekt Auskunft erhalten können und somit auf diese oder andere Theorien angewiesen sind; sprich, wenn alle unsere Kenntnis von vorneherein massiv theoriebeladen ist. Die Quantentheorie ist aber nicht nur empirisch extrem exakt belegt; wie das Bell-Theorem zeigt, müssten wichtige strukturelle Einsichten der Quantenphysik außerdem auch von künftigen, tieferen Theorien reproduziert werden. Dies ist in klassischer Manier nicht machbar. Die Anerkennung der Besonderheiten der Quantenphysik bedeutet also nichts weiter als eine Anerkennung gewisser Besonderheiten der Natur.

Hierzu gehört insbesondere das Phänomen der Verschränkung, das exemplarisch durch die bereits diskutierten EPR-Experimente nachgewiesen wurde. Die rasch fortschreitende Entwicklung auf dem Gebiet der experimentellen Quantenphysik hat es in den letzten Jahren ermöglicht, sogar erstaunlich große Moleküle mit sich selbst interferieren zu lassen und damit auch an ihnen den Welle-Teilchen-Dualismus nachzuweisen. Es handelt sich hierbei um Variationen des Doppelspalt-Experiments. Es wird sogar geplant, einfache biologische Moleküle und sogar Viren in quantentypischer Manier zur Selbstinterferenz zu bringen. Zur Verringerung der Wechselwirkung mit der Umgebung, die bei solch großen Molekülen extrem schnell eine Dekohärenz und somit die Auflösung der typischen Quanteneigenschaften bewirken würde, finden diese Experimente bei sehr tiefen Temperaturen nahe dem absoluten Nullpunkt statt. Da die Quantenmechanik keine obere Grenze für ihre eigene Anwendbarkeit kennt, ist nicht ausgeschlossen, dass eines Tages auch an noch deutlich schwereren Objekten Quanteneigenschaften am Gesamtsystem nachgewiesen werden können. Es wird aber auch spekuliert, dass die Gravitation, die wir eben nicht abschirmen können, schließlich doch eine praktische Obergrenze für solche Experimente setzt, zumindest für irdische Laboratorien. Es ist nicht unbedingt die absolute Größe von Mikroobjekten, die für die Quanteneigenschaften verantwortlich ist, sondern die Kopplung mit der Umgebung, d. h. die Stärke der Wechselwirkung zwischen dem betrachteten System und seiner Umgebung, inklusive Messgerät. Deshalb sind viele Demonstrationen makroskopischer Quanteneffekte, wie etwa Supraleitung und Suprafluidität, auf tiefe und tiefste Temperaturen angewiesen.

15.5 Stabilität, Invarianzen und andere Seinsmerkmale

Welche Art von Realität können wir also Quantenobjekten zusprechen? Die Quantentheorie lehrt uns, dass die zeitliche Entwicklung der Eigenschaften von Atomen, Molekülen und Elementarteilchen Gesetzen gehorcht, die bestimmte Symmetriebedingungen erfüllen. Wir können nun einige Eigenschaften, die wir realen Objekten normalerweise zuschreiben – so vor allem gleichzeitig wohldefinierte Werte für Ort und Impuls –, den Quantenobjekten nicht zuschreiben (aufgrund der Komplementarität und des unumgänglichen Wahrscheinlichkeitscharakters bei der Reduktion der Zustandsfunktion zum Zeitpunkt der Messung). Gleichzeitig ergibt sich aber aus den Symmetrieeigenschaften der Theorie nach dem Theorem von Emmy Noether, dass auch und insbesondere Quantensysteme bestimmte Erhaltungsgrößen aufweisen.

Dabei beruhen die wichtigsten Erhaltungssätze auf grundlegenden Symmetrien und gelten für alle physikalischen Systeme. So folgt aus der Homogenität der Zeit bereits die Erhaltung der Gesamtenergie.[7] Eine andere Symmetrie beispielsweise garantiert die Erhaltung der elektrischen Ladung. Durch diese Eigenschaften lassen sich Quantenobjekte sehr wohl charakterisieren. Weiterhin besitzt jede Art von Elementarteilchen eine spezifische Ruhemasse.[8] So lassen sich Elektronen eindeutig über ihre einfach negative Elementarladung und ihre Ruhemasse identifizieren.

Das Komplizierte an der philosophischen Diskussion über die Realität von Quantenobjekten ist nun die Tatsache, dass die Quantentheorie einerseits zwar keine stark objektive Interpretation im herkömmlichen Sinne erlaubt, andererseits bestimmte Eigenschaften – wie etwa Ladung und Ruhemasse – aber durchaus unsere Annahmen bezüglich realer Existenz erfüllen: Denn was könnte realer sein als etwas, das selbst unter heftigsten Reaktionen, wie z. B. bei einer Supernova-Explosion, gänzlich unbeeindruckt bleibt, ohne sich zu ändern, und das sowohl im Mikro- wie

---

[7]Unter *Homogenität* der Zeit versteht man die Tatsache, dass der genaue Zeitpunkt, zu dem ein physikalischer Vorgang stattfindet, keinen Einfluss auf die physikalischen Gesetzmäßigkeiten hat. Die Gesetze der Physik sind zeitunabhängig. Ein einzelner Vorgang mag trotz gleicher Präparation anders verlaufen (etwa aufgrund von Quantenfluktuationen); die Gesetzmäßigkeiten bleiben dieselben. Ändert eine physikalische Gesetzmäßigkeit sich nicht unter bestimmten Transformationen (wie etwa der des Koordinatensystems), so spricht man auch von einer Invarianz.

[8]Den Konstituenten der Atomkerne, den sogenannten Quarks, lassen sich aus Gründen, die wir in Kap. 19.3 erörtern, jedoch keine eindeutigen Massen zuweisen. Es existieren mehrere unterschiedliche Massendefinitionen, die je nach Art der Betrachtung eingesetzt werden.

im Makrokosmos unsere Welt entscheidend beeinflusst?[9] In diesem Sinne ist das Konzept der Elementarladung als unter allen erdenklichen Bedingungen erhaltene Größe sogar noch stabiler als beispielsweise das Konzept des Elektrons: Denn die Gesamtladung eines physikalischen Systems bleibt nach heutigem Stand des Wissens stets erhalten, während sich ein Elektron unter Energiezufuhr durchaus in ein instabiles Myon umwandeln kann, welches nach kurzer Zeit aber wiederum in ein Elektron zerfällt. Die Ladungserhaltung gilt nicht nur für Quantensysteme, sondern auch für alle makroskopischen Systeme, da alle makroskopische Materie aus Elementarteilchen zusammengesetzt ist.[10]

Die *quantentypische Stabilität* von Materie, die in klassischen Theorien vollkommen unverstanden bleibt, sowie die in der Theorie durch *Symmetrien* repräsentierten *Invarianzen* bilden somit den Kern dessen, was man in der abstrakten Quantentheorie als wirklich definieren kann. Welche anderen Seinsmerkmale stünden denn auch sonst zur Verfügung? Unser Anschauungs- und Vorstellungsvermögen versagt bereits bei elementar einfachen Demonstrationen der Quantenphysik den Dienst, wie etwa beim Doppelspalt-Experiment. Offensichtlich hat die Evolution uns das Denken in quantentypischen Systemzusammenhängen nicht mit auf den Weg gegeben. Auch direkte Wahrnehmbarkeit des Kleinsten ist uns nicht möglich. Die physiologischen Grenzen unserer Sinne liegen jenseits dessen, wo Quantenphänomene sich bemerkbar machen. Besäßen wir beispielsweise einen optischen Sinn für das Kleinste, so hätte sich vielleicht auch unser geistiger Apparat strukturell auf bestimmte Quantenphänomene eingestellt. Dann würde uns der Quantenkosmos vielleicht nicht seltsamer anmuten als die Welt der klassischen Physik.

Als weiteres Realitätskriterium neben Anschaulichkeit und Vorstellbarkeit, das die Quantenphysik nicht erfüllt, ließe sich die *Polysensualität* aufzählen, d. h. die Fähigkeit, ein Phänomen mit mehr als einem Sinn wahrzunehmen. Schon Descartes hat darauf aufmerksam gemacht, dass ein Sinn uns eher täuschen kann als mehrere. So können wir Materielles sehen und greifen oder sogar hören, riechen und schmecken. Für Quantenobjekte kommt dieses Kriterium jedoch nicht in Betracht.

Zumindest für unser Sehvermögen gilt zwar, dass bereits einzelne Lichtteilchen eine Reizung der Nervenzellen in der Retina bewirken können; aber erstens wird zur Rauschunterdrückung erst durch die Koinzidenz mehrerer Photonen das eigentliche Nervensignal aufgelöst, und zweitens ist das, was wir dann wahrnehmen,

---

[9]Parmenides – der von der Unveränderlichkeit des wahrhaft Seienden ausging – wäre von dieser Permanenz sicherlich recht beeindruckt gewesen. Quantenobjekte tragen diese Eigenschaften sogar noch in viel stärkerem Maße in sich als makroskopische Objekte: Zwei Elementarteilchen derselben Art sind in ihren Eigenschaften nicht unterscheidbar, sie sind von der Natur exakt genormt. Von Menschen hergestellte makroskopische Untersuchungsobjekte leiden hingegen stets unter unserer endlichen Präzision. Vergleiche auch Heisenbergs Platon-Zitat aus Kap. 6.9.

[10]Die Ladungserhaltung spiegelt sich in bestimmten, sogenannten Eichinvarianzen der Quantentheorie wider. Dies sind lokale Symmetrien der die grundlegenden Wechselwirkungen repräsentierenden Eichfelder, die zu einigen fundamentalen Erhaltungssätzen führen.

auch nur der über den natürlichen, zellulären Mechanismus irreversibel verstärkte Lichteindruck und nicht das eigentliche Quantenphänomen. Hier arbeitet unser Sehsinn analog zu einem hocheffektiven Messgerät.

Unsere mesokosmische Bedingtheit, die sich in den evolutionär bestimmten Möglichkeiten und Beschränkungen unserer physiologischen und psychologischen Natur niederschlägt, bewirkt folglich, dass nur noch die indirekten, abstrakten Wirklichkeitskriterien für den Quantenkosmos Anwendung finden können – wie sie durch die Symmetrien und Invarianzen dargestellt werden und in der Stabilität der Materie und den Erhaltungssätzen zum Ausdruck kommen. Man kann zu den bereits erwähnten Kriterien auch noch die Fähigkeit hinzuzählen, in reproduzierbarer Weise Phänomene vorherzusagen und aus der formalen Theorie die Eigenschaften dieser Phänomene abzuleiten.[11] Man könnte dieses Kriterium als eine bestimmte Version eines Theorienrealismus definieren.[12] Nun ließe sich zwar einwenden, auch ferne Sterne und Planeten seien nicht direkt wahrnehmbar, sondern nur mit Hilfe von Teleskopen zu sehen; auch Bakterien, Viren oder Mikrofasern gehörten nicht unmittelbar zu unserer sichtbaren Welt und seien nur durch Vergrößerung erkennbar. Hierzu gehören häufig nicht nur Messapparaturen, sondern oftmals auch Theorien, die die Beobachtung überhaupt erst möglich oder interpretierbar machen. Hierbei ist es aber zumindest denkbar, einen fernen Planeten direkt zu erleben oder gewisse Moleküle etwa auch zu riechen. Ein Bakterium lässt sich, insofern wir nicht in die atomaren Details gehen, genauso objektivierbar darstellen wie die gigantischen thermischen Materieströme im Innern der Sonne, auch wenn wir beides niemals direkt und unmittelbar erblicken können. Die prinzipiellen Eigenheiten der Quantenwelt stellen uns anhand der vertrackten Situation, herkömmliche Realitätskategorien gar nicht, abstrakte und indirekte allerdings sehr wohl anwenden zu können, nun in völlig ungewohnter Weise vor die Frage, inwieweit man die Quantenwelt überhaupt als real oder wirklich bezeichnen kann.

15.6   Realität oder Wirklichkeit?

Es gibt zur Frage nach der Realität von Mikroobjekten unterschiedlichste Antworten. Viele von ihnen, insbesondere die durchgehend realistischen Deutungsmuster der Quantenmechanik, können wir nach der im ersten Teil geleisteten Analyse ausschließen. Ist damit aber alles von der Quantenmechanik beschriebene nur Illusion? Ist Atomen, Molekülen und Elementarteilchen jegliche Existenz abzusprechen? Verbleibt nach der Einsicht in die Unvermeidlichkeit einer schwach objektiven Darstellung von Quantenphänomenen nur der Antirealismus als letzter Ausweg? Die bereits erwähnten indirekten Kriterien geben einen Anhaltspunkt, wie sich durchaus abstrakte Realitätskriterien formulieren lassen, die die Intuition

---

[11]Paranormale Phänomene etwa erfüllen dieses Kriterium nicht, auch wenn manche Menschen durchaus eigentümliche Wahrnehmungen besitzen.

[12]Zur Ontologie und Existenz theoretischer Entitäten kommen wir in Kap. 19.3 zurück.

der Wissenschaftler nicht allzu sehr untergraben; denn zum Selbstverständnis eines Wissenschaftlers gehört das Bestreben, der Natur auf den Grund zu gehen und nicht nur künstlich erzeugte oder unwirkliche Phänomene zu untersuchen. Ein scharfer Antirealismus, der alles, was nicht in die makroskopischen Objektkategorien passt, für irreal erklärt, stünde insbesondere vor der Schwierigkeit, seine eigene Grenze so zu ziehen, dass nicht allzu viel dessen, was wir als durchaus real bezeichnen, auf einmal zur Illusion erklärt würde.

Die bereits in der Einleitung zu diesem Kapitel angesprochene Unterscheidung zwischen dem Begriff der Realität und dem der Wirklichkeit müssen wir deshalb weiter präzisieren. Für den Zweck dieses Unterkapitels soll „Realität" all das bezeichnen, was unter den klassisch-physikalischen Objektbegriff gezählt werden kann. Hingegen soll „Wirklichkeit" das benennen, was in irgendeiner Weise auf uns wirkt.[13] Dies ist der weitestmögliche Begriff. Im entferntesten Sinne würden sogar die Götter des alten Griechenland oder die der Kelten und Germanen hierzu zählen; denn auch wenn wir ihnen keine eigene Existenz mehr zuschreiben, so sind doch unsere Kultur und unsere Mentalität von alters her durch sie geprägt; ihre Attribute sind schließlich im Laufe der Christianisierung Europas in den Heiligen aufgegangen und in veränderter Form tradiert worden. Wir können ihnen also ohne weiteres psychologische Wirklichkeit zuschreiben, ohne noch an ihre metaphysische, göttliche Existenz zu glauben.

Im Bereich der durch die Physik beschreibbaren Wirklichkeit müssen wir folglich unterscheiden zwischen der stark objektivierbaren klassischen Physik und der nur schwach objektivierbaren Quantentheorie. Überschreitet die klassische Physik zwar oft die Grenzen des Wahrnehmbaren, im Kleinen wie im Großen, oder des Vorstellbaren, wie gerade bei komplex rückgekoppelten Systemen und bei der abstrakten Darstellung von Sachverhalten, so beruhen ihre Gesetzmäßigkeiten und Modellsysteme doch auf der idealisierten Darstellung alltäglicher, unabhängig von uns existierender Objekte, deren physikalische Eigenschaften ebenfalls von uns unabhängig sind und denen wir folglich Realität im stark objektiven Sinne zusprechen können.

Im Quantenfall ist man zunächst geneigt, den Untersuchungsobjekten, wie etwa Elektronen, ebenfalls eigenständige Existenz zuzuschreiben, so dass bloß ihre Eigenschaften, wie etwa Ort und Impuls, durch den Akt der Messung „verwaschen" und unscharf werden. Dafür, den Elementarteilchen unabhängige Existenz zuzuschreiben, sprechen die besagten Invarianzen. Dem steht allerdings die Erkenntnis entgegen, dass Quantenphänomene immer nur als Gesamtsystem betrachtet werden können, bei dem zur vollständigen Beschreibung der makroskopische Messaufbau dazugehört. Zwar lassen sich unter speziellen Bedingungen einzelne Elementarteilchen isolieren, denen dann bestimmte Eigenschaften zugesprochen werden können; aber die besprochenen EPR-Experimente zeigen, dass es gerade die

---

[13]Im späteren Verlauf dieser Abhandlung wird der Sprachgebrauch von Realität und Wirklichkeit dann wieder im herkömmlichen Sinn synonym – bis auf die Stellen, an denen die hier erarbeiteten Begrifflichkeiten explizit benutzt werden.

Systemeigenschaften von Quantenphänomenen sind, die eine solche Interpretation in aller Strenge unmöglich machen. Dies drückt sich auch in anderen Eigenheiten der Quantenwelt, wie etwa der Ununterscheidbarkeit von Teilchen, aus. Allerdings ist das plancksche Wirkungsquantum, das den Quantenkosmos regiert, so klein, dass auch im atomaren Bereich vieles noch zumindest halbwegs anschaulich und in semiklassisch-physikalischem Sinne verstehbar ist.

Hier spiegelt sich die in Kap. 3.6 dargestellte schwache und praxisorientierte Version der Kopenhagener Deutung wider. In der Tat lässt sich in der Atom- und Molekülphysik noch vieles anhand semiklassischer Modelle bestimmen. Je präziser wir allerdings messen wollen, umso wichtiger wird der Einfluss der Quantenmechanik und auch der Quantenfeldtheorie. Die Wirkung der Elementarteilchen aufeinander und auf die makroskopische Umgebung folgt deren abstrakten Gesetzen. Wie aber wirken nun diese Teilchen? Wie wird ihre Wirkung übermittelt? Nach Kap. 6 sind es die Eigenschaften des Vakuums, dem als Träger der Wechselwirkungen diese Rolle zukommt. Da wir laut der heutigen Quantenfeldtheorie nicht einmal mehr von den Eigenschaften der Elementarteilchen an sich sprechen können, sondern nur noch von den in endlicher Entfernung übermittelten Wirkungen, müssen wir bei der Betrachtung der Grundeigenschaften unserer Materie folglich das Materiebild verlassen und zum Wirkungsbild übergehen. Schließlich ist Materie, die nicht wirkt, nicht einmal denkbar. Ihre Wirkung aber vermittelt sie nur über das Vakuum, von dem sie also nicht getrennt gedacht werden kann – das wusste schon Demokrit. Das Vakuum besitzt Struktur, die von den grundlegenden Naturgesetzen dargestellt wird. Es ist Träger von Wechselwirkungen und damit existiert es als Wirkendes und Wirk-liches auch, obgleich es natürlich nicht Dingliches ist; auch wenn wir dingliche, makroskopische Messgeräte zu seiner Untersuchung benötigen.[14] Wir können dem quantenfeldtheoretischen Vakuum jedoch – und dies ist eine Lehre aus der erkenntnistheoretisch harten Formulierung der Kopenhagener Deutung – ebenso wenig wie allen sonstigen Quantenobjekten eine eigenständige Realität zugestehen. – Dies wäre freilich auch eine überraschende Wendung gewesen.

Eine um diese Einsicht bereicherte Ontologie kann nur noch behaupten, dass die Existenz von etwas abhängig ist von der Art und Weise, wie es wirkt. Max Jammer hat diese Einsicht einmal auf äußerst elegante und treffende Weise zusammengefasst: „Something is what it is, because of what it does." Wollte man bei diesem schönen Satz den Aspekt der Wirkung noch etwas stärker betonen, könnte man im Deutschen auch sagen: „Etwas ist, was es ist, weil es wirkt, wie es wirkt." Dies steht der herkömmlichen und aus dem Alltag gewohnten Auffassung

---

[14]Eine extreme Deutung der Quantenfeldtheorie, die die Rolle der Messung durch makroskopische Körper vernachlässigt, könnte schließlich die gesamte Welt, inklusive uns selbst und unserer psychischen Prozesse, als angeregten, zeitlich veränderlichen Zustand des quantenfeldtheoretischen Vakuums ansehen: „The whole real world is manifest in this ‚vacuum state of reality'. The vacuum is the stage for the phenomena of the real world to appear. The real physical world is simply nothing but an excited form of the ‚vacuum state'. The vacuum in this respect can be compared to a violin, the real world to all forms of melodic sounds appearing when the strings of this violin are excited." Fahr (1989), S. 49. Vergleiche hierzu Kap. 6.6.

gegenüber, derzufolge etwas wirkt, wie es wirkt, weil es ist, was es ist, und weil bestimmtes Seiendes eben so wirkt, wie es zu wirken hat. Die Wirkung all dieser Elementarteilchen, die die Konstituenten unserer Materie darstellen, zeigt sich uns aus unserer makroskopischen Perspektive. Wir haben keinen anderen Zugang zu den Quantenphänomenen als über unsere mesokosmisch geprägte Wahrnehmung, Vorstellungs- und Abstraktionskraft und die mit ihrer Hilfe gewonnenen Theorien sowie unsere makroskopischen Messgeräte. Diese beschreiben wir mit Hilfe der klassischen Physik, die wiederum auf idealisierten Alltagsobjekten beruht. Ohne diese Idealisierungen gäbe es keine Physik. Der Ursprung der Erforschung des Kleinsten wie auch des Größten liegt folglich stets in den Alltagsgegenständen, zu deren Wahrnehmung und Manipulierbarkeit uns die Evolution befähigt hat. Von diesen ausgehend erschließen wir uns neue Wirklichkeitsbereiche, die sogar gänzlich andere Struktureigenschaften besitzen können als die unserer gewohnten Umgebung. Als ergänzenden Vermerk zum evolutionär-epistemologischen Hauptsatz könnte man also auch sagen, wir verstehen das Bestimmungsgefüge der Welt aus unserer evolutionär vorgegebenen Perspektive, aus dem Zusammenhang mit dem uns zugänglichen Bereich der Wirklichkeit.

Bei all diesen Betrachtungen dürfen wir außerdem nicht vergessen, dass die Subjektivität, die Emotionalität und der handlungsleitende Charakter von Erkenntnis hiervon nicht berührt werden.[15] Physikalische Theorien basieren auf der methodologischen Elimination spezifisch subjektiver Elemente; von emotionalen und anderen nicht objektivierbaren Aspekten wird abstrahiert. Physikalische und allgemein naturwissenschaftliche Erkenntnisse zielen auf das, was sich objektiv darstellen lässt. Die Anschlussfähigkeit von Erkenntnis an den Mesokosmos gilt gleichwohl auch für die Physik. Bei der Quantenphysik zwingen uns sogar die Interpretationsanforderungen der Theorie dazu, den Schnitt zwischen Mikro- und Makrokosmos explizit zu berücksichtigen.

Als weiteres erkenntnistheoretisches Datum bleibt festzuhalten, dass die Physik keine einzelne, ausgezeichnete theoretische Perspektive besitzt, um die Welt zu beschreiben. Die Mikroperspektive bleibt zwar an die klassische Physik gebunden; die klassische Physik besitzt ihrerseits aber nur eine eingeschränkte Reichweite, die nur für gewisse Phänomenbereiche gilt. Damit gilt auch, dass unsere physikalischen Theorien kein direktes Abbild der Welt zeichnen, die unabhängig von uns existiert, sondern dass sie Modellsysteme liefern, anhand derer wir die Natur abhängig von der von uns an sie gestellten Fragestellung in verschiedenen Graden von Objektivierbarkeit beschreiben können.

Diese Ergebnisse zusammenfassend bleibt festzuhalten, dass wir dem Quantenkosmos keine eigenständige Realität zugestehen können. Dies ist abzuleiten aus der harten Formulierung der Kopenhagener Deutung der Quantenphysik.

---

[15]Diese Punkte spielen durchaus eine Rolle in der Wissenschaft, und zwar nicht nur als Motivation zur Forschung. Da diese Aspekte in den wissenschaftlichen Theorien selbst nicht enthalten sind, ja gar nicht enthalten sein können, werden wir sie insbesondere in den Kap. 19.4 und 19.7 noch einmal dezidiert aufgreifen.

Unumgänglicher Ausgangspunkt und messtechnisch-begriffliches Apriori zur Interpretation der Quantenmechanik ist die klassische Physik, die zur Beschreibung alltäglicher Gegenstände aus der Idealisierung von deren Eigenschaften gewonnen wurde. Die Evolution hat uns durch unser Wahrnehmungsvermögen, durch unsere Vorstellungskraft mit seinen spezifischen gedanklichen Strukturen und durch unser Abstraktionsvermögen in die Lage versetzt, diese Beschreibungs- und Erklärungsebene natürlicher Phänomene auffinden zu können. Die mentalen Fähigkeiten hierfür muss die Evolution uns nicht direkt mitgegeben haben; es reicht, dass sie es uns auf der Basis der Alltagsanschauung in Verbindung mit sprachlich-kultureller Weiterentwicklung ermöglicht hat, solche Begriffe zu bilden. Den Objekten der klassischen Physik lässt sich Realität im strengen Sinne zugestehen; doch ist hierbei zu beachten, dass der Anwendbarkeitsbereich der klassischen Physik nur ein eingeschränkter ist. Anders gesagt: Die klassische Physik mitsamt ihrem Paradigma an wissenschaftlichen Prinzipien ist jene naturwissenschaftliche Disziplin, die für den technisch äußerst bedeutsamen, naturphilosophisch allerdings eingeschränkten Bereich stark objektiv darstellbarer, dinglich-unbelebter Phänomene anwendbar ist. Die Quantenwelt erschließt sich uns über diese dinglich-realen Prozesse, die wir in idealisierter Form klassisch-physikalisch beschreiben können und müssen.

Die weiche Formulierung der Kopenhagener Deutung weist uns nun allerdings darauf hin, dass auch im Quantenkosmos immerhin noch manches „mit rechten Dingen" zugeht, nicht völlig kontraintuitiv ist. Wenn wir uns an die neuen Strukturen gewöhnt haben – und dies ist ein Lernprozess wie so viele andere auch –, so gelingt es uns zwar nicht, eine Anschauung von Quantenphänomenen zu entwickeln, aber doch immerhin manche Analogien zu anschaulichen Phänomenen zu finden. Die Strukturen, um die es hier geht, sind nicht mehr die eigentlichen Quantenstrukturen im formalen Sinne, sondern eben die durch den Formalismus mit Hilfe der Reduktion der Wellenfunktion beschriebenen natürlichen Phänomene. Die weiche, praxisbezogene Formulierung der Kopenhagener Deutung bezieht sich also stärker auf die Arbeit mit den experimentellen Gegebenheiten und weniger auf die Interpretationsbedingungen des mathematischen Formalismus. Der psychologische Vorteil einer solchen weichen Formulierung liegt auf der Hand: Einmal ist sie der täglichen, praktischen Arbeit geschuldet – mit der Möglichkeit, einzelne Teilchen zu isolieren und manipulieren. Außerdem erlaubt es das Korrespondenzprinzip, Gemeinsamkeiten und Anschluss an makroskopische Phänomene beim Grenzübergang zur klassischen Physik zu finden. Auch der heuristisch fruchtbare Charakter einer solchen weichen Formulierung, die am semiklassisch orientierten Forschungsprozess ausgerichtet ist, verdankt sich dem evolutiv geprägten Bedürfnis, Unbekanntes über Analogien zu erschließen. Dieses Unbekannte besitzt zwar gänzlich andere, fremde Strukturen, wirkt aber in unserer Welt. So müssen wir sogar dem Vakuum Wirklichkeit zusprechen. Erschließen können wir das Kleinste aber nur unter Berücksichtigung des Messprozesses, d. h. der makroskopischen Vergrößerung von etwas, das ohne eben diesen Messprozess nicht beschrieben werden kann und dessen Existenz anderen Gesetzen gehorcht als alles, was uns in der Natur sonst je begegnet ist.

Ein naturalistisches und pluralistisches Weltbild 16

*Wir gestalten unser Schicksal durch
die Wahl unserer Götter.*

(Vergil)

Die Lehre aus der bisherigen Analyse lässt sich in kurzen Worten schildern. Auf der einen Seite bestehen quantenphilosophische Interpretationsanforderungen, welche jedes klassische, durchgehend objektive Realitätsverständnis scheitern lassen. Aus der Philosophie der Physik heraus alleine findet sich allerdings kein Anschluss an die Philosophie der Biologie oder gar des Geistes. Die Philosophie der Physik bedarf einer Einordnung in ein größeres philosophisches System, um ihrer Bedeutung gerecht werden zu können. Denn einerseits vermag sie uns zwar über Strukturen der Wirklichkeit zu belehren und somit wichtige strukturelle Interpretationsbedingungen zu einem solchen größeren System beizutragen; sie liefert uns grundlegende Einsichten hinsichtlich unserer Begriffe von Wissenschaft und Wirklichkeit. Andererseits besteht unsere Welt nicht nur aus physikalisch Beschreibbarem; sie geht nicht in den Gleichungen der Physik und ein paar Randbedingungen auf. Die Philosophie der Physik kann also ein umfassenderes philosophisches System nicht aus sich selbst heraus konstruieren. Auch die Philosophie der Biologie steht vor ähnlichen Problemen. Dies wird bereits daraus ersichtlich, dass sich ohne Rekurs auf außerbiologische Erkenntnisse aus der von der Evolutionstheorie abgeleiteten Mesokosmos-Zentriertheit unserer Wahrnehmungen und Vorstellungen ebenso eine Beibehaltung der durch diesen Mesokosmos geprägten Realitätsvorstellungen postulieren lässt wie deren Zusammenbruch. Es werden also weiterführende, nicht ausschließlich biologische Betrachtungen benötigt. Bereits der Begriff des Mesokosmos impliziert ja schon jenseits des sinnlich Wahrnehmbaren und eventuell auch Vorstellbaren liegende Ordnungsstrukturen und wächst daher auf einem kulturell und somit auch naturwissenschaftlich gewachsenen Verständnis unserer Welt, das über die Biologie hinausreicht.

© Springer-Verlag Berlin Heidelberg 2017
D. Eidemüller (Hrsg.), *Quanten – Evolution – Geist*,
DOI 10.1007/978-3-662-49379-3_16

Will man aus diesen vielen Mosaiksteinen nun ein übergreifendes Weltbild zusammensetzen, so steht man vor dem Problem, die unterschiedlichen Aspekte der naturwissenschaftlichen wie geisteswissenschaftlich-philosophischen und lebensweltlichen Einsichten in einem gemeinsamen, zusammenhängenden Gedankengebäude zu vereinigen. Diese Aufgabe ist zuvorderst erkenntnistheoretischer Natur; denn ein solches Weltbild hängt von der Art und Weise ab, wie wir Menschen glauben, Erkenntnis über diese unsere Welt und uns selbst erlangen zu können – und was wir überhaupt für Erkenntnis oder für erkennbar halten. Das nun auszuarbeitende Weltbild berührt deshalb Fragen der Anthropologie, der Naturphilosophie und der Wissenschaftstheorie, aber auch der Philosophie des Geistes oder des menschlichen Selbstverständnisses, wie es auch die Psychologie, Soziologie, Ethnologie oder gar die Medizin betrifft. Ein solches Weltbild muss zwar die erörterten, allgemeinen Interpretationsbedingungen erfüllen, ist jedoch nicht aus ihnen ableitbar. Inwiefern es mit den genannten anderen Disziplinen sinnvoll vereinbar ist und welche Lehren man eventuell aus ihm für diese Disziplinen und das menschliche Selbstverständnis ziehen kann, bzw. in welche Richtung es sich weiter ausbauen ließe, um für diese Disziplinen anwendbar und fruchtbar sein zu können, werden wir noch in den nachfolgenden Kapiteln zu diskutieren haben.

Wie kann der Mensch als Teil der Welt Erkenntnis über diese und sich selbst gewinnen? Welchen Charakter hat diese Erkenntnis? Inwieweit trägt diese Erkenntnis subjektive oder objektive Züge? Dies sind die Leitfragen, die sich uns in verschiedener Form immer wieder stellen werden. Auf der einen Seite ist doch das Besondere an der Erkenntnis, dass sie sich in ihrer Subjektivität auf das Objektive bezieht, auf das begrifflich Darstellbare und Mitteilbare.[1] Auf der anderen Seite ist Erkenntnis nur möglich, weil sich in der Welt aufgrund äonenlanger natürlicher Prozesse erst so etwas wie intelligentes Leben entwickelt hat, weil Materie sich zu solchen Organisationsformen zusammengefunden hat, die dann neue Eigenschaften und Funktionen wie Reproduktion und schließlich Bewusstheit hat entstehen lassen.[2] Das Leib-Seele-Problem etwa beruht im Prinzip auf der Schwierigkeit, diese beiden Sichtweisen auf einen gemeinsamen Nenner zu bringen.[3]

---

[1]Der Mensch als soziales Wesen ist an diese Intersubjektivität gebunden. Welche Art von Begrifflichkeit könnten als strikte Einzelgänger existierende, intelligente Lebensformen wohl entwickeln?

[2]Diese Entstehung von kategorial Neuem bezeichnet man üblicherweise als *Emergenz*. Ein anderer wichtiger Begriff ist die sogenannte *Supervenienz*. Letzteren Begriff hat Donald Davidson eingeführt. Er sollte ursprünglich Probleme materialistischer Positionen beheben, siehe Davidson (1980). Man sagt, eine Eigenschaft superveniert dann über einer anderen, wenn es keine Veränderung dieser Eigenschaft geben kann, ohne dass sich auch die andere ändert. Das Höhere baut auf dem Niedrigere auf und bedarf dessen zu seiner Konstitution. Ohne das Niedrigere verschwindet auch das Höhere. Ohne Moleküle keine Lebewesen, ohne Gehirn kein Geist. Gleichzeitig muss dies aber nicht bedeuten, dass sich die Eigenschaften des Höheren aus denen des Niedrigeren ableiten lassen. Wie Jaegwon Kim mit ausführlichen Analysen ausgeführt hat, löst der Supervenienzbegriff das Problem des Reduktionismus jedoch nicht, sondern stellt es bloß klarer heraus. So spricht etwa die Vorstellung starker Supervenienz gegen nichtreduktive Varianten eines Materialismus, siehe Kim (1995, 1998).

[3]Da wir diesen Themenkomplex in anschließenden Kap. 17 tiefer gehend behandeln, wollen wir ihn in diesem Kapitel nur so weit als nötig anschneiden. Stattdessen soll der Fokus hier stärker auf

16.1 Anthropologische Vorüberlegungen

Wir sind als Menschen in diese Welt hineingeboren. Mit auf die Welt bringen wir eine genetische Grundausstattung, die die in unserem Körper ablaufenden biochemisch-physiologischen Prozesse hervorruft und steuert. Für jedes Individuum existiert von seiner genetischen Anlage her ein gigantisches ontogenetisches Möglichkeitsfeld, eine unglaubliche Vielfalt von Entwicklungsmöglichkeiten, die es durchlaufen kann. Bereits die genetische Vielfalt ist enorm; aber durch die lebensweltliche Offenheit der menschlichen Spezies wird diese noch vielfach potenziert. Da hierbei auch zahllose Möglichkeiten auftreten, die für das stets in einer Gemeinschaft lebende Individuum hinderlich oder gar fatal sind, muss zur Stabilisierung des Verhaltens des Individuums seine ontogenetische Entwicklung Steuerungsmechanismen unterliegen, die diese Entwicklung in gewisse Bahnen lenken und die die Zahl an unterschiedlichen Möglichkeiten extrem reduzieren auf ein immer noch sehr großes Maß. Diese reduzierenden und filternden Steuerungsmechanismen sind unterschiedlichster Art; von den grundlegenden naturgesetzlichen Bedingungen der biochemischen Prozesse bis hin zur kulturell bestimmten Norm treten sie in allen Bereichen der menschlichen Existenz auf. Dabei sind die lebensweltlichen, alltagssozialen, physischen und psychologischen Momente vielfach mit den genetisch festgelegten biochemischen, hormonellen und neurophysiologischen Mechanismen rückgekoppelt, welche wiederum die Basis für unser Denken und Handeln sind. Das grundlegendste dieser Steuerungsinstrumente auf kultureller Ebene ist die Sprachentwicklung und die mit ihr einhergehende Prägung durch den Kulturkreis der eigenen Muttersprache. Da der Mensch durch seine ausgeprägte Sprachfähigkeit ein weiteres ungeheures Möglichkeitsfeld gewonnen hat, müssen stammesgeschichtlich mit der Sprachentwicklung ebenfalls Regelungsmechanismen entstanden sein, die sowohl auf die Sprachfähigkeit selbst als auch auf die zusätzlichen sozialen Freiheiten rückwirken.

Wie die Mannigfaltigkeit menschlicher Kulturen uns lehrt, können diese Regelmechanismen offensichtlich äußerst unterschiedlichen Charakter besitzen. Hierbei lassen sich jedoch auch einige mehr oder minder universell gültige Normen und Konventionen ausmachen. Manche Kulturen weisen, obwohl sie unabhängig voneinander entstanden sind, überraschende Ähnlichkeiten auf. Diese auch bei weit entfernt liegenden und ansonsten grundlegend verschiedenen Kulturen auftretenden Ähnlichkeiten, die in manchen Fällen den klimatischen Bedingungen und somit dem äußeren Zwang der Lebensführung geschuldet sind, besitzen eine gewisse Analogie zur sogenannten konvergenten Evolution. Diese hat durch den Evolutionsdruck bei phylogenetisch unabhängigen Spezies funktionell oder morphologisch ähnliche

---

den nicht-psychischen Aspekten unseres Weltbildes liegen. Da eine solche Aufteilung natürlich immer etwas künstlich und der Darstellung geschuldet ist und da einige Punkte der Inbezugsetzung von Körper und Geist zu wichtig für die Bestimmung des hier vorzustellenden Weltbildes sind, um sie gänzlich außen vor lassen zu können, sind im Folgenden gewisse Redundanzen nicht ganz zu vermeiden. Gleiches gilt für das Wiederaufgreifen der quantentheoretischen und biologischen Einsichten für die Erkenntnistheorie, die wiederholt unter verschiedenen Blickwinkeln in die Betrachtungen einbezogen werden.

Eigenschaften entwickeln lassen; andere Konvergenzen wiederum sind eher zufällig entstanden. Die Tatsache, dass praktisch alle menschlichen Kulturen über gewisse Universalnormen hinaus – wie etwa das Inzesttabu oder das Verbot, grundlos Angehörige der eigenen Gemeinschaft zu töten – ihren Mitgliedern umfangreiche Konventionen und Kodizes auferlegen, lässt den Schluss zu, dass der Mensch zur Bewältigung seines Lebens weitgehender kultureller Prägung bedarf. Er ist hierzu dementsprechend in ganz anderem Maße als jedes Tier vorbereitet. Die Prägung zu *notwendiger kultureller Prägbarkeit* ist somit in ihrem Ausmaß ein hervorstechendes Charakteristikum des Menschen.

Der Mensch ist in seinem Denken und Handeln immer auch ein Produkt seiner Kultur. Dies trifft natürlich gleichfalls auf alles Philosophieren zu. Die Schwierigkeit für jeden Philosophen, der neue Thesen vorzustellen wagt, besteht folglich stets auch darin, inwieweit und aus welcher Perspektive er seine eigene Kultur zu reflektieren sucht. Stellt er sich ganz in den Dunstkreis seiner eigenen Tradition, setzt er sich dem Vorwurf aus, er argumentiere naiv oder allzu populär. Sein Werk ist dann nichts weiter als eine eventuell literarisch geglückte Darstellung des eh schon gemeinhin Bekannten. Auch ein solches mag seine Berechtigung haben. Zu einer wohldurchdachten Kritik und zum Setzen neuer Impulse bedarf es hingegen eines breiteren Blickwinkels; es bedarf eines Blickes, der durch Beschäftigung mit der Geschichte, mit anderen Kulturen, Sprachen und Literaturen geschult ist. Wiederum geschieht diese Beschäftigung aber eben aus der kulturellen Perspektive des Verfassers heraus. Um über menschliche Kultur schlechthin zu schreiben, bräuchte es schon so etwas wie eine extraterrestrische Perspektive. Aber welchen Zugang zu menschlichen Kulturen könnte ein Andromedaner schon besitzen? Der hermeneutische Zirkel besitzt auch für Anthropologen keinen allgemeingültigen Ausgangs- oder Endpunkt.[4]

Die Naturwissenschaft nun lässt allgemeine Aussagen zu, die kulturübergreifend nachvollzogen werden können. Dies ist der naturwissenschaftlichen Methodik zu verdanken. Hieraus erwächst die Hoffnung, dass sich mit Hilfe naturwissenschaftlicher Aussagen auch philosophische Theorien oder zumindest deren Rahmenbedingungen konstruieren lassen, die über den Kulturkreis ihres Urhebers hinaus universell Geltung beanspruchen können. Nicht zuletzt vor diesem Hintergrund sind die philosophischen Bemühungen um eine allgemeine philosophische Interpretation naturwissenschaftlicher Erkenntnisse zu verstehen. Weiterhin teilen diese Ambitionen mit der Technikphilosophie und -soziologie das Ziel, die Veränderungen der menschlichen Lebenspraxis und des menschlichen Selbstverständnisses ausgehend von den durch die Naturwissenschaften möglich gewordenen Revolutionen in unserer Arbeits- und Alltagswelt zu verstehen. Auch in diesem Sinne besteht ein enger Zusammenhang zwischen der Anthropologie und erkenntnistheoretischen

---

[4]Unter dem *hermeneutischen Zirkel* versteht man die intellektuelle Kreisbewegung beim Erschließen neuer Gedanken zwischen erkennendem Subjekt und dem zu Erkennenden – wobei ein gewisses Vorwissen seitens des Erkennenden immer schon vorausgesetzt ist. Man vergleiche den Begriff der *epistemischen Zirkularität*, wie in Kap. 3.4.1 diskutiert.

Gedankengängen. Denn unser Selbstverständnis ändert sich mit der Einsicht in die Grenzen unseres Erkenntnis- und Handlungsvermögens; und die Anerkennung und Bestimmung dieser Grenzen geschieht insbesondere durch Reflexion auf die moderne Naturwissenschaft, welche wiederum eine in unserer Kultur verankerte, institutionalisierte Form der Auseinandersetzung mit der Natur, mit unserer Umwelt ist und welche den Boden für eine handwerklich-technische Aneignung ebendieser bereitet.

16.2 Das Erschließen der Wirklichkeit

Angesichts der epistemischen Situation, vor die uns die Naturwissenschaften stellen, lässt sich die These nicht mehr aufrechterhalten, es gäbe eine von uns Menschen unabhängige Welt, die von uns Menschen vorgefunden wird und die wir dank unserer geistigen Fähigkeiten in einheitlichen Kategorien beschreiben könnten. Unser Körper und unser Geist sind durch unsere Umwelt ebenso geprägt, wie wir unsere Umwelt mittels unserer geistigen und körperlichen Fähigkeiten prägen. Der Mensch steht mit seiner Umwelt in einem Wirkzusammenhang, dessen Sinn für ihn insbesondere durch den allen Lebewesen eigenen Überlebenswillen gekennzeichnet ist. Dieser Wirkzusammenhang besteht in den unterschiedlichen Weisen, in denen wir Menschen uns auf die Welt und uns selbst beziehen können, in jeweils unterschiedlicher Form. Ausgehend von dem seinen Sinnesorganen zugänglichen Wahrnehmungsbereich erkundet und erforscht der Mensch die Welt. Erschließt sich ihm seine unmittelbare Umwelt zunächst noch wie von selbst – nämlich in dem Bereich, für den er phylogenetisch ausgelegt ist –, so ist er gezwungen, sich die nicht mehr direkt zugänglichen Bereiche unserer Welt mit zunehmend aktiver Anteilnahme selbst zu erschließen. Die tieferen Zusammenhänge schließlich, die von der Wissenschaft erforscht werden, erfordern langjährige Beschäftigung und Einarbeitung zu ihrem Verständnis.

16.2.1 Alltagserkenntnis und ihre natürlichen Grenzen

Der Mensch bringt fünf Sinne mit auf diese Welt, zu denen sich auch noch andere Empfindungsvermögen gesellen, wie etwa Zeitgefühl, Temperaturempfinden und weitere mehr. Der Wahrnehmungsbereich, in dem diese Sinne arbeiten, ist uns evolutionär vorgegeben. Ausdauerndes Training unserer Sinne vermag diese zwar zu schärfen und mangelnde Benutzung sie verkümmern zu lassen, doch der grobe Rahmen, in dem unsere Sinnesorgane aufnahmefähig sind, ist genetisch determiniert.

Die von der Evolution vorgegebenen Wahrnehmungsgrenzen sind von mehreren Faktoren abhängig. Zum einen sind die äußeren Dimensionen der Sinnesorgane durch anatomische Grenzen bestimmt; zum anderen wächst der Energieverbrauch mit zunehmender Komplexität und Größe der Sinnesorgane und des ihre Daten integrierenden Zentralnervensystems. Unsere Sinnesorgane sind schlicht und einfach eben so gebaut, dass sie hinreichend waren für den Urmenschen in seiner Umwelt. Wäre die stammesgeschichtliche Entwicklung von *Homo sapiens* so verlaufen, dass der Zuwachs an Gehirnvolumen erst sehr viel später eingesetzt hätte, so besäßen wir vielleicht auch schärfere Sinnesorgane, denn die Evolution hätte noch mehr Zeit zu deren Optimierung gehabt, bevor die kulturelle Evolution die biologische überholt hätte. Vielleicht wären sie aber auch rudimentärer, da ein kleineres Gehirn ihre Daten nicht hinreichend integrativ hätte verarbeiten können. Mit den Sinnesorganen ist auch die menschliche Vorstellungskraft verknüpft; denn die Sinne liefern das Rohmaterial, aus dem das Bewusstsein schöpft und mit dem es arbeitet. Nur ist die menschliche Vorstellungskraft freier und stärker von Kultur und Sprache geprägt als die Sinne. Doch auch unsere Vorstellung ist an Grenzen gebunden, die der genetischen und epigenetischen Entwicklung unseres gesamten Nervensystems entspringen. Sie lassen sich im Gegensatz zu den sensorischen Beschränkungen aber deutlich schlechter quantifizieren und sind stärker struktureller Natur als durch Größenordnungen bestimmt – so etwa das auf drei Dimensionen beschränkte räumliche Vorstellungsvermögen.

Von *Alltagserkenntnis* spricht man, insofern sie auf sinnlich Wahrnehmbarem beruht, zu dessen Interpretation die allgemein geläufigen Erklärungsmuster hinreichend sind. Natürlich tritt hierbei eine starke Durchmischung tradierter und neuer, teilweise wissenschaftlich fundierter Erklärungsmuster auf. Schule und Universität, Bildungseinrichtungen und Zeitungen, Internetseiten und mitunter auch die staatlichen Rundfunkanstalten klären den Laien über neue Erkenntnisse auf, bis schließlich der neue, zunächst noch befremdliche Blickwinkel zur alltäglichen Interpretation geworden ist. Es gibt folglich auch keine kulturinvariante Alltagserkenntnis. Mögen sich ein moderner und ein archaischer Mensch noch darüber verständigen können, was ein Bett oder ein Stuhl ist, so ist die jeweilige Erklärung etwa eines Blitzes für den jeweils anderen vollkommen unverständlich. Hier besitzt der moderne Mensch einen Erkenntnisvorsprung, den er in Gestalt des Blitzableiters zu seiner eigenen Sicherheit umzusetzen versteht.

Die erstaunlichen Fähigkeiten von Naturvölkern hingegen, die in ihrem angestammten Gelände zu Dingen in der Lage sind, wie wir sie sonst nur manchen Tierarten zutrauen würden, zeigen übrigens sehr deutlich, dass der Mensch keineswegs ein Mängelwesen ist, sondern als Generalist ein zwar nicht einseitig spezialisiertes, aber trotzdem in sensorischer und motorischer Hinsicht durchaus vielseitig hochentwickeltes Tier ist; nur dass wir vieles an ursprünglichen Fähigkeiten verlernt haben, ja verlernen mussten, um auf einem technisch und sozial komplexeren zivilisatorischen Niveau leben zu können.

16.2.2 Die Rolle der Wissenschaften

Der Mensch kompensiert den Verlust seiner urtümlichen Fähigkeiten durch handwerkliche und soziale Techniken; er überkompensiert ihn bei weitem – sonst wäre Zivilisation ja evolutionär gesehen ein Rückschritt, der sich nicht durchgesetzt hätte. Der bedeutendste Schritt, an dem sich der Mensch endgültig von allen anderen Tierarten trennte, war die Nutzbarmachung des Feuers. Archäologen konnten nachweisen, dass bereits *Homo erectus* das Feuer zu nutzen verstand.[5] Die endgültige Überholung der biologischen durch die kulturelle Evolution fand aber erst vor einigen zehntausend Jahren beim modernen *Homo sapiens* statt.

Seitdem hat der Mensch nicht nur immer wieder neue Erkenntnisse gewonnen und Techniken ersonnen, sondern auch neue Formen der Erkenntnisgewinnung. In der Neuzeit hat sich nun eine Methodik durchgesetzt, die sich als besonders effektiv herausgestellt hat und die wir passenderweise als „Wissenschaft" bezeichnen. Ihre methodische Besonderheit im Vergleich zur religiösen Erkenntnis oder zur Alltagserkenntnis liegt in ihrer Beschränkung auf bestimmte Klassen von Phänomenen oder Problemstellungen, dem Erstellen allgemeiner Theorien und der hierauf basierenden abstrahierten Modellbildung, sowie in der Systematik beim Sammeln und Kategorisieren, beim Experimentieren und Theoretisieren sowie beim Analysieren und Argumentieren. Wissenschaft strebt eine von anderen Forschern und Denkern nachvollziehbare, deswegen intersubjektive, aber eben nicht subjektive, nur dem Einzelnen zugängliche Form von Erkenntnis an. Verständnis wird sowohl in den Natur- wie auch in den Geisteswissenschaften durch Rückbezug auf bereits Bekanntes, als sicher Vorausgesetztes, auf schon Durchdrungenes und Beherrschtes erzielt.

Der Unterschied zwischen Natur- und Geisteswissenschaften liegt hierbei im Gegenstand und der durch ihn bedingten Herangehensweise, nicht in einer wie auch immer dargestellten Diskrepanz zwischen Erklären und Verstehen.[6] Bei allem Unterschied der Disziplinen: Erklären lässt sich nur etwas, das man verstanden hat; und dies gilt für alle Arten von Wissenschaften. Da Geisteswissenschaften aber mit Erzeugnissen des menschlichen Geistes konfrontiert sind, spielt für sie die Übersetzung der subjektiven oder auch kulturell diversen Elemente in intersubjektiv Kommunizierbares eine entscheidende Rolle. Diese Schwierigkeit kennt die Naturwissenschaft nicht; dafür kann Letztere zur Strukturbeschreibung ihrer Untersuchungsgegenstände mit komplexen mathematischen Modellen und informatischen Algorithmen hantieren, welche ihrerseits ihre Schwierigkeiten besitzen. Dank ihrer Methodik ist es den Wissenschaften in einer erstaunlich beschleunigten und stets weiter beschleunigenden Weise gelungen, immer mehr bekannte Phänomene der Wirklichkeit zu erklären und dabei neue zu erschließen. Für diese gilt, wie gesagt, die Bedingung, sich an bereits Bekanntes anschließen zu können.

---

[5]So vor rund einer Million Jahren im heutigen Südafrika, siehe Berna et al. (2012). Der Gebrauch von Steinwerkzeugen ist noch deutlich älter als die Nutzung des Feuers. Bereits vor über drei Millionen Jahren, lange vor dem Auftreten der Gattung *Homo*, besaßen unsere stammesgeschichtlichen Vorfahren genug Geschick und Intelligenz, um aus behauenen Steinen Werkzeuge herzustellen – was bereits ihre Sonderstellung und Abgrenzung zu anderen Primatenspezies belegt, siehe Callaway (2015). An Körperkraft hat es diesen Vormenschen nicht gemangelt: Einige dieser Steinwerkzeuge wogen bis zu 15 Kilogramm!

[6]Nach einer traditionellen und philosphisch einflussreichen Unterscheidung durch Wilhelm Dilthey ist es Aufgabe der Naturwissenschaften zu erklären, während das Verstehen Sache der Geisteswissenschaften sein soll.

Es sei darauf hingewiesen, dass auch zwischen Erkenntnis und Arbeit ein vergleichbarer systematischer Zusammenhang besteht; hierauf hat bereits Max Scheler hingewiesen.[7] In jeder technischen Zivilisation besteht für den Menschen, der nicht nur *Homo rationalis*, sondern auch *Homo faber* ist, dieser Zusammenhang zwischen Alltagserkenntnis und wissenschaftlicher Erkenntnis und ist somit eine lebensbestimmende Mischform. Sie besitzt, je nach Arbeitsgebiet, auch spezifische sensorisch-motorische bzw. intellektuelle Aspekte pragmatischer Naturbewälti-gung. Da dieser Zusammenhang stärker soziologischer als erkenntnistheoretischer Natur ist, wollen wir ihn an dieser Stelle nicht weiter vertiefen. Er fügt sich aber in die folgende Argumentation.

16.2.3 Historizität von Erkenntnis

Erkenntnis erlangt der einzelne Mensch in seinem kulturellen, d. h. geschichtli-chen, sprachlichen und gesellschaftlichen Kontext. Als biologisches Wesen ist der Mensch in seiner Einmaligkeit immer auch Produkt seiner Geschichte: Sowohl die stammesgeschichtliche Entwicklung als auch die kulturelle wie die ontogenetische Entwicklung gehören hierzu. Die Besonderheit der Biologie gegenüber der Chemie und der Physik, nämlich ihre Abhängigkeit von einmaligen und rückgekoppelten Prozessen und damit eben ihre Historizität, zieht sich somit auch durch alle höheren biologischen Funktionen, zu denen schließlich auch seelisch-geistige Prozesse bis hin zur Erkenntnis gehören.

Diese baut auf den tieferen und älteren Regungen der menschlichen Seele auf, die wir mit verwandten Tierarten, und insbesondere den Menschenaffen, teilen. Es spricht einiges dafür, auch höheren Tieren so etwas wie rudimentäre Erkennt-nisfähigkeit zuzusprechen. Die hierfür nötigen geistigen Voraussetzungen bringen sie bereits mit. Nicht nur symbolisches Denken und Kombinieren spielen hierbei eine Rolle; auch die Mimik eines Schimpansen etwa, der in der Hoffnung auf eine Belohnung mit Nahrung eine schwierige Aufgabe löst, erinnert erstaunlich an den menschlichen Gesichtsausdruck, wenn uns „ein Licht aufgegangen ist." Es handelt sich hier um Vorläuferfunktionen der menschlichen Erkenntnis, die bei uns in ähnlicher Form im Stadium der frühen Kindheit durchlaufen werden. Wir Menschen unterscheiden uns jedoch darin von den Affen, dass bei uns das Nachdenken und die Suche nach Erkenntnis durchaus zu einem gewissen Selbstzweck werden können, der nicht mehr durch direkte Belohnung, sondern auch als Vorgriff auf eine völlig ungewisse Zukunft bestimmt wird.

Eine weitere Besonderheit der menschlichen Erkenntnis ist ihre Rückbezüglich-keit, d. h. die Möglichkeit, über den eigenen Geist, das eigene Fühlen, die eigene Endlichkeit und auch über das eigene Erkennen nachzudenken. Diese Selbstent-deckung der menschlichen Subjektivität ist, wie der Philosoph und Anthropologe Arnold Gehlen recht plausibel dargelegt hat, eine Kulturleistung, die bei archaischen

---

[7]Siehe hierzu vor allem Scheler (1926).

Kulturen wohl nur eine begrenzte Rolle spielt.[8] Während archaische Kulturen ihr Innenleben noch sehr stark auf die Außenwelt projizieren, tritt bei komplexer organisierten Zivilisationen – vielleicht aufgrund einer stärkeren Wahrnehmung der eigenen historischen Bedingtheit dank Schriftzeugnissen und Bildung – ein stärkerer Bezug zu den individuellen, subjektiven Empfindungen auf. Dieser Übergang zeigt sich beispielhaft in der Entwicklung religiöser Inhalte und wird direkt sichtbar und erfahrbar im Ritus ehemaliger Kolonialvölker, deren Christianisierung die älteren Bräuche nur synkretistisch ergänzt und nicht völlig verdrängt hat.

Durch die zunehmend komplexe Organisation menschlicher Gesellschaften und die mit ihr einhergehende Lockerung der Bindungen an die Außenwelt – der Kulturmensch ist schließlich nicht mehr in gleichem Maße von den Launen der Natur abhängig wie der archaische Mensch – eröffnet sich auch ein Spiel mit Möglichkeiten, das die menschliche Lebenspraxis bereichert.

16.2.4 Selbsterkenntnis in Kunst und Sport

Die Kunst ist so alt wie der Mensch selbst. In dem Maße, in dem er Werkzeuge herzustellen lernte, von den frühen Faustkeilen angefangen, begann er, sein Können in immer stärker verfeinerter, künstlerischer Form auszuführen. Ebenso sind Tanz, Gesang, Instrumentalmusik, Malerei und bildliche Darstellung stets nicht nur Formen des (ursprünglich naturreligiösen) Ausdrucks und der Darstellung, sondern auch des Erlebens, der Erkenntnissteigerung gewesen. Der Künstler wie auch der Handwerker erleben sich im Akt der Ausführung ihrer Arbeit als Gestaltende, die innerhalb ihrer eigenen Möglichkeiten arbeiten und diese dabei verfeinern. Während man an seinem Ausdruck arbeitet, arbeitet man auch an seinen Ausdrucksmitteln, oft natürlich ganz unbewusst, aber doch lernend.

Kunst kommt von Können; und es ist nicht bloß die Beherrschung von etwas Gelerntem, es ist vor allem die Beherrschung und das Kennen, das Erkannt-Haben seiner selbst. Das geschaffene Kunstwerk wiederum ist für den Betrachter eine Lehre über die menschlichen Möglichkeiten in ihrer emotionalen Verbindung von Körper und Geist. Kunst ist also immer auch *menschliche Selbsterkenntnis im Handeln*.

Eine andere Form, die menschlichen Grenzen und Möglichkeiten auszuloten, ist uns im Sport gegeben. Als der Mensch zu arbeitsteiligen Sozialstrukturen überging und als somit ein Teil der Menschen sich nicht mehr auf der Jagd und beim Finden und Sammeln von Nahrung oder bei kriegerischen Auseinandersetzungen beweisen konnte und musste, bildeten sich schließlich sportliche Aktivitäten heraus, die als Kompensation für die nunmehr brachliegenden emotionalen Dispositionen dienen konnten. Im Gegensatz zur Kunst spielt beim Sport das Prinzip des Wettstreits eine

---

[8]Gleichwohl sollte man stets auch die Möglichkeit im Auge behalten, dass es überraschende Sonderfälle geben kann, vergleiche Gehlen (1977).

große Rolle, des ritualisierten und durch strenge Regeln kodifizierten Kampfes. Der Sport teilt mit einigen Kunstformen die besondere Rolle des Augenblicks, die den gelungenen Einsatz von Körper und Geist auf den Punkt erzwingt und uns somit gleichfalls über unsere körperlichen und geistigen Möglichkeiten belehrt.

Entsprechend den ihnen zugrundeliegenden Urmotivationen besitzen Sport und Kunst unterschiedliche Ziele, Mittel und Formen. Ihnen ist aber gemeinsam, dass es die Erfahrung der Grenzen unserer menschlichen Möglichkeiten ist, die den besonderen Reiz und die wichtige Rolle beider für unsere Kultur ausmachen und die den Menschen dazu bewegen, seine körperliche und geistige Wirklichkeit als Handelnder oder Betrachtender zu erfahren. Gleiches gilt natürlich für alle Mischformen, die zwischen Kunst und Sport stehen. Auch Tänzer, Artisten, Akrobaten und Kampfkünstler arbeiten häufig an den Grenzen des Vorstellbaren und loten die Möglichkeiten des Menschseins auf ihre Weise aus.

16.2.5 Zur Notwendigkeit einer pluralistischen Perspektive

Wie in Kap. 11.2 dargelegt, lassen sich die unbelebte und die belebte Natur nicht in einer einzigen materialistisch-reduktionistischen Weise darstellen. Als ebenso unmöglich erweist es sich, höhere Phänomene seelischer oder geistiger Natur auf die Ebene des Materiellen zu reduzieren. Selbst unter der Voraussetzung, dass sich Leben und unbelebte Materie in einheitlichen Begriffen darstellen ließe, sprechen die Argumente aus Kap. 11.3 eindeutig dafür, dass der Mensch kein einheitliches Beschreibungsmuster für die zahlreichen unterschiedlichen Phänomene in der Welt und in seinem Innenleben besitzt und wohl auch in Zukunft nicht finden wird. Zu unterschiedlich sind die Arten und Weisen, wie wir Erkenntnis erlangen. Ist das Betrachten von Gegenständen, das uns zur Orientierung in unserer Umgebung verhilft, noch eher passiv, so werden die Formen von Erkenntnis, wie wir sie in der Selbsterfahrung im täglichen Leben sowie in Kunst und Sport erlangen, durch aktives Handeln vermittelt. Die Wissenschaft schließlich arbeitet mit einem begrifflichen Instrumentarium, dessen Schärfe sie dem Fokus auf bestimmte Arten von Phänomenen und der hierzu benötigten Abstraktionsleistung verdankt. Auch in der Wissenschaft gibt es, je nach untersuchtem Gebiet, unterschiedlich aktive oder passive Formen der Erkenntnisgewinnung. Aktiv bedeutet hier nicht nur, dass der Wissenschaftler sich anstrengen muss, um etwa einen komplizierten Versuchsaufbau zu realisieren oder eine gefährliche Expedition zu unternehmen, um an seine Daten oder alte Schrifttafeln zu gelangen, sondern vor allem bezieht es sich auf die Rolle, die sein Handeln für das Objekt seiner Untersuchung spielt. So betrachtet der Geologe die von ihm untersuchten Gesteinsschichten nicht in Abhängigkeit von seiner eigenen Tätigkeit (zumindest insofern er durch Selbige die Resultate nicht verfälscht), während der Ethnologe, der in Kontakt mit einem unbekannten Volksstamm tritt, natürlich sowohl Einfluss auf das Verhalten der Menschen der von ihm untersuchten Kultur besitzt; wie auch seine Beschreibung dieser Kultur anhand des Vokabulars seiner eigenen Kultur und persönlichen Vorstellungen erfolgen muss.

Die Erkenntnisse der Wissenschaft zeichnen sich vor der Alltagserkenntnis dadurch aus, dass sie mit einer mehr oder weniger klar definierten, nachvollziehbaren Methodologie gewonnen werden, dass sie in diesem Sinne harte Fakten sind und eine gewisse Allgemeingültigkeit beanspruchen können. Insbesondere ist durch eine saubere Methodologie gewährleistet, dass wir über den Mesokosmos hinaus sinnvolle Aussagen über unsere Welt tätigen können. Die Alltagsintuition versagt hier doch allzu oft.

Die Bedeutung der Alltagserkenntnis wiederum liegt nicht nur in ihrer Angepasstheit an unser tägliches Leben, in dem sie uns Orientierung gibt. Sie ist auch Grund und Ursprung für alle über sie hinausführenden Formen von Erkenntnis, die an sie Anschlussfähigkeit besitzen müssen. Abweichungen anderer Erkenntnisformen von unserer Alltagsintuition verlangen nach einer Erklärung, sei diese wissenschaftlicher, religiöser oder sonstiger weltanschaulicher Natur. Die bereits erwähnte Kulturabhängigkeit von Erkenntnis macht es aber bisweilen schwer, zwischen alltäglichen, wissenschaftlichen, religiösen und weltanschaulichen Begriffen zu unterscheiden, da diese sich wechselseitig durchdringen und beeinflussen. Was in der einen Kultur als „Wissenschaft" gilt, ist in der anderen „Magie" und umgekehrt, in einer anderen wiederum „Ketzerei" oder einfach ganz normal.

Die Pluralität von Beschreibungsweisen, wie wir sie aus dem Alltagsgebrauch kennen, setzt sich in den unterschiedlichen Wissenschaften fort. So wie wir im Alltag klar trennen zwischen Gegenstand und Lebewesen, zwischen Stuhl und der Vorstellung eines Stuhls sowie dem Gefühl, auf einem zu sitzen, so befassen sich auch unterschiedliche Zweige und Unterzweige der Wissenschaft mit verschiedenen Arten von Phänomenen; ja man kann sogar behaupten, erst durch die jeweils spezifisch definierte Methodologie einer bestimmten Wissenschaft, durch ihre charakteristische Herangehensweise, wird das von ihr untersuchte Phänomen überhaupt erst erzeugt. Wir können auch den Planeten Erde in vielerlei verschiedener Weise beschreiben, etwa als Himmelskörper, als geologisches Objekt, als thermodynamisches System, als Biosphäre, als Schöpfung, als Summe von Naturwundern oder als Gesamtheit geopolitischer Interessensgebiete. In der Vielfalt der Beschreibungsweisen der natürlichen Phänomene spiegelt sich also die Vielfalt menschlicher Handlungsformen und Bezugsweisen auf die Welt.

Die Aufgabe der philosophischen Skepsis gegenüber wissenschaftlicher Erkenntnis und Alltagserkenntnis ist es nun, das allzu Offensichtliche zu hinterfragen, das Bekannte immer wieder aufs Neue zu prüfen, Denkalternativen aufzuzeigen und somit neue Wege zu öffnen. Damit fehlt nach der Analyse der Strukturbedingungen wissenschaftlicher Erkenntnis und der Einordnung der Alltagserkenntnis nun noch der Schritt, die unterschiedlichen, nicht ineinander aufgehenden Erkenntnisformen in einem plausiblen Gesamtbild zu vereinen.

16.3   Verschiedene Weisen der Bezugnahme auf unsere Welt

Die einfachste und zuerst vorgefundene Weise des Weltbezugs – abgesehen natürlich von der Beziehung zwischen Mutter und Kind und den weiteren familiären Bindungen – besteht aus dem *natürlichen Gegenstandsverhältnis*, das uns ein von uns unabhängiges und klar unterschiedenes Objekt entgegenstellt. Da unser geistiger Apparat evolutionär auf die Wahrnehmung und Identifizierung mesokosmischer Objekte voreingestellt ist, bedarf es auch keiner weiteren Reflexion über unser Erkenntnisvermögen, wenn wir uns auf solche Objekte beziehen.

Eine andere Weise des Weltbezugs besteht gegenüber *lebendigen Wesen*. Nicht nur beim Kontakt mit Tieren, sondern auch bei Pflanzen ist die emotionale Komponente unseres Erkenntnisvermögens üblicherweise stärker ausgeprägt als beim Kontakt mit Gegenständen, sowohl im Positiven wie im Negativen. Wahrscheinlich spielt hier die Polysensualität dank der typischen Gerüche und haptischen Merkmale eine entscheidende Rolle.

Wir können im Normalfall gar nicht anders, als Tiere oder Pflanzen als lebendig wahrzunehmen. Außer der unbelebten Welt existiert für uns ebenso ein lebendiger Kosmos von miteinander und gegeneinander agierenden, voneinander abhängigen Lebewesen. Höhere Tiere besitzen sogar so etwas wie Kreativität und Nachdenklichkeit; Geist mag ein bisschen viel gesagt sein, aber ein Gefühlsleben und Bewusstheit, teilweise sogar ein rudimentäres Selbstbewusstsein müssen wir ihnen zusprechen.

Diese geistige Art des Weltbezugs erfahren wir zunächst aus dem eigenen Innenleben, bevor wir sie anderen Lebewesen und Mitmenschen zuzusprechen lernen. Zu ihr gehören sämtliche psychischen, seelischen und geistigen Prozesse, von den tiefsten emotionalen Regungen über bewusste, kognitive Zustände (grundsätzlich sprachlicher Natur) bis hin zu den höchsten geistigen Tätigkeiten, wie beispielsweise das Reflektieren oder das gemeinschaftliche Theoretisieren. Wir wollen im Folgenden all diese Prozesse unter dem Begriff der *Psyche* zusammenfassen.[9] Diese drei Hauptarten des Weltbezugs wollen wir nun präziser charakterisieren, wobei wir das philosophische Grundproblem, das die Trennung zwischen Körper und Geist thematisiert und für das Verhältnis der ersten beiden zum dritten Bereich bestimmend ist, aufgrund seiner Bedeutung und Komplexität erst im nachfolgenden Kap. 17 eingehender behandeln.

---

[9] Andere pluralistische Positionen wie etwa das Schichtenmodell von Nicolai Hartmann unterteilen diesen Bereich nochmals in eine seelisch-emotionale und eine geistig-selbstbewusste Ebene. Wir verzichten an dieser Stelle darauf, da sich keine klare Trennlinie zwischen diesen ziehen lässt; auch spricht die aus evolutionären Betrachtungen abgeleitete emotionale Komponente allen Erkennens gegen ein solches Vorgehen. Es verleitet vielmehr dazu, diese Emotionalität unterzubewerten und begünstigt das Missverständnis, unsere geistigen Handlungen könnten sich als von ihrer emotionalen Basis getrennt denken lassen. Die hier erfolgte Einteilung bedeutet also insbesondere auch ein caveat vor überzogenen Idealisierungen. Vergleiche auch die Fußnote zum Hartmannschen Schichtenmodell in Kap. 14.5.2.

16.3.1 Die unbelebte Welt

In der Alltagswelt der unbelebten Objekte finden wir sowohl natürliche, als auch künstliche Objekte vor. Diese Objekte besitzen zahlreiche Eigenschaften, von denen sich einige hervorragend zur Objektivierung, d. h. zur vom einzelnen Subjekt losgelösten Beschreibung, eignen. Andere Qualitäten, wie etwa Farbigkeit, sind für einen Farbenblinden bereits kein eindeutiges Merkmal mehr. Zu den unbelebten Objekten lassen sich auch flüssige oder gasförmige Medien zählen, die dann zwar nicht mehr als massive Körper bezeichnet werden, sondern als Stoffe, die sich aber in ähnlicher Weise objektiv beschreiben lassen.

In dieser Alltagswelt bereitet es keinerlei Probleme, die einzelnen Objekte zu unterscheiden und gegebenenfalls Kompositkörper als aus ihren Bestandteilen zusammengesetzt zu betrachten. Auch der Realitätsbegriff dieser Körper, die von ihrem Wahrgenommenwerden unabhängige Existenz, stellt unseren Verstand keineswegs auf die Probe. Es braucht schon sehr wohlwollende philosophische Skepsis, um an der Existenz unserer Alltagsobjekte ernsthaft zweifeln zu können. (Die massiveren Ausprägungen solcher Skepsis scheinen mitunter durchaus von klinischen Pathologien inspiriert zu sein.) In dieser Welt der Alltagsobjekte bewegen wir uns ganz natürlich. Unser Wahrnehmen, Handeln und Kommunizieren funktioniert auch ohne jede Reflexion. Wir sind phylogenetisch darauf vorbereitet, uns in dieser Welt zurechtzufinden und in ihr zu agieren, und deshalb passt unsere Intuition auf diese Strukturen, an die wir uns von Kindheit an durch Versuch und Irrtum gewöhnt haben.

Im Verlauf der Kulturgeschichte lassen sich nun unterschiedliche Methoden ausmachen, die unbelebten Objekte exakter zu charakterisieren. Ausgangspunkt dieser Bestrebungen dürften die bereits in frühen Hochkulturen errichteten Bauwerke sein, deren Stabilität und Sicherheit mit zunehmender Monumentalität zum Problem wurde. Die Weltwunder der Antike geben Aufschluss über erstaunliche Kenntnisse hinsichtlich Material, Verarbeitung, Planung und Konstruktion. Die zu ihrem Bau erforderlichen mathematischen Kenntnisse entstammen wohl zu einem guten Teil aus Methoden der Landvermessung und Güterverwaltung sowie aus astronomischen Beobachtungen und Berechnungen, die dann als eigenständige Wissenschaft weiterentwickelt wurden.

Auf diesen Grundlagen konnte dann sehr viel später die klassische Physik aufbauen. Die eigentliche Leistung der neuzeitlichen Physiker war es, einen passenden Beschreibungsrahmen zu finden, ein äußerst gelungenes System aus Begrifflichkeiten, das es erlaubt, klar definierte Grundgrößen in mathematisch eindeutige wechselseitige Abhängigkeit zu setzen. Die Einfachheit und konzeptionelle Geschlossenheit dieses Systems überrascht. Wie sein Erfolg zeigt, lässt sich eine große Anzahl natürlicher Phänomene in streng objektiven Kategorien darstellen. Erkauft wird dieser Erfolg allerdings durch eine idealisierte Darstellung der betrachteten Objekte, die von zahlreichen uns geläufigen Eigenschaften abstrahiert. Es handelt sich bei der klassischen Physik um eine reduzierte Beschreibung der Natur. Und das gilt nicht nur für all die sinnlichen Qualitäten, die bei der idealisierten Modellbildung unter den Tisch fallen, sondern auch bezüglich der Unmöglichkeit, die Struktur unserer Materie näher aufklären zu können. Sämtliche klassischen Versuche hierzu sind gescheitert und mussten scheitern, bis schließlich die Quantenphysik sich dessen annehmen konnte. Seither ist die physikalische Weltsicht in Mikro- und Makrokosmos geteilt.

Diese Einschränkung der klassischen Physik zeigt also, dass die Hoffnung, das Weltganze lasse sich zumindest im Prinzip im Rahmen der klassisch-physikalischen – aus Abstraktion von Alltagsgegenständen gewonnenen – Objekt-kategorien darstellen, bereits durch die Physik zunichtegemacht wird. Hierzu tritt noch der eigenständige Charakter der Chemie, die ebenfalls nicht in klassisch-physikalischen Begriffen aufgeht. Abgesehen vom Quantencharakter chemischer Prozesse besteht die Chemie zu einem guten Teil aus empirisch gewonnenen Erkenntnissen und lässt sich nur begrenzt aus physikalischen Prinzipien ableiten. Den Anspruch, zumindest die unbelebte Natur in einer einzigen, einheitlichen Manier beschreiben zu können, mussten die Physiker und Chemiker gezwungenermaßen aufgeben.[10] Gleichzeitig haben diese Wissenschaften der modernen Zivilisation eine verblüffende technische Entwicklung ermöglicht, deren Errungenschaften früheren Zeiten völlig utopisch erscheinen müssten. Die praktische Anwendung und Umsetzung der Naturwissenschaften hat inzwischen alle Bereiche unseres Lebens durchdrungen; gleichwohl ist beispielsweise ein großer Teil der Ingenieurswissenschaften und des Handwerks auf umfangreiche empirische Materialtabellen und Testverfahren angewiesen, da man die benötigten Daten nicht aus der Theorie deduzieren kann.

Nicht einmal die grundlegendste und formalste der Naturwissenschaften, die Physik, lässt sich einheitlich-deduktiv darstellen. Es handelt sich bei ihr vielmehr um ein Theoriengefüge, dessen Fundament auf der methodologischen Definition von Messprozeduren der physikalischen Grundgrößen beruht. Zwar scheint diese Grundlegung für die klassische Physik aufgrund ihrer starken Objektivierbarkeit in den Hintergrund zu treten. Doch die Quantenphysik lehrt uns schließlich, dass der Rekurs auf den Akt der Messung notwendig ist. Zwar ist hierzu nicht die Einbeziehung menschlicher Interaktion, sondern nur die makroskopische Vergrö-ßerung vonnöten; doch schließlich sind es wir Menschen, die wir unsere Fragen an die Natur stellen und aus dem Experiment eine Antwort ableiten. So bleibt uns bei der quantenphysikalischen Erforschung der Natur nur diese indirekte, vermittelte, schwach objektive Weise der Erkenntnisgewinnung. Die unbelebte Welt ist also bereits kein homogenes, einheitliches Gebilde, sondern ein heterogenes Feld, zu dessen Erforschung und Nutzbarmachung wir unterschiedliche Methoden und Verfahrensweisen heranziehen.

Es muss jedoch betont werden, dass der unglaubliche Erfolg der Naturwis-senschaften – und nicht zuletzt derjenige der Quantenphysik – darin besteht, dass sie uns viele neue und tiefe Einsichten und damit auch Eingriffsmöglich-keiten in verschiedenste terrestrische und kosmische Phänomene verschafft hat. Es ist auch keine Grenze auszumachen, wo die Methodik der Naturwissenschaft versagen könnte, ihre Untersuchungsobjekte, nämlich den zumindest schwach

---

[10]Vergleiche hierzu die Reduktionismusdebatte in den Kap. 7.2 und 11.

objektivierbaren Teil unserer Welt, quantitativ zu beschreiben. Das Problem liegt in der riesigen Komplexität natürlicher Objekte, die es häufig erforderlich macht, im Labor stark vereinfachte, auf einzelne Fragestellungen hin beschränkte Phänomene zu untersuchen. Sonst ließe sich keine quantifizierbare, mit hinreichender Messgenauigkeit bestimmbare Antwort erzielen. Die heute bekannten Naturgesetze decken aber einen gigantischen Phänomenbereich zumindest prinzipiell ab.

16.3.2 Der lebendige Kosmos

Auf unserem Planeten existieren nicht nur viele Arten von Lebewesen, auch die unbelebte Natur ist stark durch deren Einfluss geformt. Die Atmosphäre, steinerne Sedimente, die ganze Geochemie der oberen Schichten der Erde werden seit Jahrmilliarden durch verschiedenste Lebensformen verändert und konnten dadurch erst neueren, höherentwickelten Organismen den Weg bereiten. Die heutige, oxidierende Sauerstoffatmosphäre der Erde wäre für die frühen Formen des Lebens tödlich gewesen. Erst die äonenlange Umwandlung der früher stark kohlendioxidhaltigen in eine sauerstoffhaltige Atmosphäre, die dank der Photosynthese und der Karbonatbindung in den Ozeanen stattgefunden hat, konnte den heutigen, uns zuträglichen Status schaffen. Bei einer Zeitreise in die Urzeit dürfte die Sauerstoffmaske auf keinen Fall fehlen.

So wie das Leben unseren Planeten verändert hat, mussten sich auch die Organismen immer wieder aufs Neue an neue Bedingungen anpassen. Auch wir Menschen, die wir etwa zur Halbzeit der Lebensdauer der Sonne, unseres großen Energiespenders, auf die Bühne des irdischen Lebens getreten sind, sind schon dabei, die geochemischen Parameter in Luft, Wasser und Boden zu verändern. Wir fangen gerade erst an, uns bewusst zu werden, wie weit unser Eingriff eigentlich reicht. Und auch das nur, weil wir beginnen zu begreifen, dass die Konsequenzen unseres Tuns massiven Einfluss auf unsere eigene Lebensqualität und die unserer Nachkommen haben werden. Der Natur bleibt allerdings noch unglaublich viel Zeit, um sich an die vom Menschen geschaffenen Veränderungen anzupassen, bzw. in neue Gleichgewichte zu kommen. Zweifelsohne werden dabei viele Spezies auf der Strecke bleiben, deren Nischen im Ökosystem erst nach Jahrtausenden oder Jahrmillionen durch neue Arten gefüllt werden.

Der Mensch hat sich schon immer mit den Organismen seiner Umwelt auseinandergesetzt. Sie liefern ihm Nahrung und Materialien, sie bedrohen ihn als Gejagten oder bedienen sich seiner als Wirt von Parasiten; sie konkurrieren mit ihm um Beutetiere. Der Mensch beeinflusst die Tier- und Pflanzenwelt schlicht und einfach dadurch, dass er lebt. Auch sein Bild von anderen Organismen und die damit einhergehende emotionale Wertung sind durch seine eigenen Lebensbedingungen bestimmt. Auch wissen wir intuitiv, wenn wir etwas wahrnehmen, ob wir es mit etwas Belebtem zu tun haben oder nicht. Die Grundlage für diese Fähigkeit ist unsere ganz normale Naturerfahrung; sie erwächst aus dem angeborenen Trieb der Nahrungssuche. Dieser hat sich nach dem Jäger- und Sammlerleben in der Domestikation wichtiger Nutztiere und in der neolithischen Revolution des Ackerbaus eine sichere Grundlage zu seiner dauerhaften Befriedigung schaffen können, wodurch aller höheren Kultur im wahrsten Sinne des Wortes der Boden bereitet wurde. Bei diesem Übergang muss sich auch ein für uns nicht mehr nachvollziehbarer Wandel des menschlichen Bewusstseins vollzogen haben, und mit ihm hat sich ebenfalls die Einstellung gegenüber der belebten und unbelebten Natur geändert. Denn nun war der Mensch nicht mehr einfach nur Natur in der Natur, nicht mehr einfach nur Teil eines Ökosystems (wenn vielleicht dank des Feuers auch ein privilegiertes), sondern er konnte sich sein eigenes kleines Ökosystem nach seiner eigenen Maßgabe schaffen.

Damit veränderten sich aber auch die Ansprüche an die Erkennbarkeit biologischer Zusammenhänge. Von nun an standen die Beherrschbarkeit und Berechenbarkeit der selbst geschaffenen Nahrungsgrundlage im Vordergrund und nicht mehr das sich als Teil einer Umwelt erlebende, sich mit dieser Umwelt z. B. in Totemtieren identifizierende Leben in kaum beeinflussbaren Naturzusammenhängen. Wir können heute noch bei den wenigen verbliebenen archaisch lebenden Völkern ein erstaunliches Verständnis für solche Naturzusammenhänge beobachten, das uns weitestgehend verloren gegangen ist. Aber das Leben, das diese Völker zu führen haben, ist eine rauhe Schule, die uns erspart bleibt. Wir lernen heute mit großer wissenschaftlicher Anstrengung wieder die vielfältigen Zusammenhänge, die in der Natur bestehen. Doch entspringt unser Erkenntnisbestreben nicht der bitteren Notwendigkeit des Überlebens. Wer einer postneolithischen Kultur angehört, ist in seiner Betrachtung und in seinem Naturerleben dieser existenziellen Bedürftigkeit enthoben. Wohlgemerkt ist die neolithische Revolution ein Produkt des genetisch fertig entwickelten *Homo sapiens*. Seither haben nur noch marginale genetische Veränderungen stattgefunden, zu denen etwa die Anpassung der Laktosetoleranz an die Viehwirtschaft gehören. Dies bezeichnet man auch als *Gen-Kultur-Koevolution*.[11] Genau genommen ist die gesamte Hominisation eine auf vielen Ebenen ablaufende Gen-Kultur-Koevolution, deren wichtigste Komponente das Gehirnwachstum und die Sprachentwicklung samt der Fähigkeit zu begrifflich-abstraktem Denken sind: Kultur ist damit ein entscheidender Teil der menschlichen Stammesgeschichte, die sich in seinen genetischen Dispositionen wiederfindet.[12]

Die mentale Struktur des archaischen Menschen veränderte sich schrittweise und ließ eine kulturelle Entwicklung zu, die schließlich bis in unsere moderne Welt geführt hat. Was den Wandel der menschlichen Bewusstseinsstrukturen betrifft, hat nach Meinung vieler Anthropologen wohl die Entwicklung von Ackerbau und Nutztierhaltung die fundamentalste Veränderung hervorgerufen. Wenn man weiter in der Menschheitsgeschichte zurückgeht, kann man schließlich, falls man

---

[11]Die Produktion laktoseabbauender Enzyme im Verdauungstrakt sinkt bei heranwachsenden Menschen, da sie nach dem Entstillen diese Enzyme nicht mehr zum Verdauen von Milch benötigen. Bei den Kulturen jedoch, die schon über längere Zeiträume Viehwirtschaft kennen, verbleibt die Enzymproduktion auf einem höheren Niveau.

[12]Zu den Besonderheiten bei der Entwicklung der menschlichen Spezies hat der Evolutionsbiologe Jared Diamond ein interessantes Werk vorgelegt, siehe Diamond (2000).

die Klassifizierung unserer Vorfahren nicht allein an morphologischen Strukturen ausmachen will – und schließlich ist die Besonderheit unserer Spezies ja vor allem geistiger Art –, als ersten Menschen denjenigen nennen, der gelernt hat, mit Feuer umzugehen. Dies geschah bereits zur Zeit des *Homo erectus*. Der prometheische Funke stand schon bei den alten Griechen im Zentrum ihres Entstehungsmythos des Menschen. Bei Aischylos darf sich der Feuerbringer und Kulturstifter rühmen: „Mit einem Wort ist alles gesagt: Alle Künste der Sterblichen kommen von Prometheus."[13] Das Tier, das dank seiner Vorstellungskraft und geistigen Selbstkontrolle in der Lage war, das Feuer zu bändigen und zu hüten, lernte später dann auch, andere Tiere und Pflanzen für sich arbeiten zu lassen.[14]

Die zunehmende Erkundung und Beherrschung der belebten Natur hat sich in der Neuzeit in der Biologie systematisiert, so wie auch Physik und Chemie einen Methodenkanon entwickelten. Dank neuer technischer Hilfsmittel, wie einst des Mikroskops und heute der DNA-Analyse, und abstrakter Begriffsbildung kann die Biologie die unglaubliche Vielfalt an Organismen in Klassen, Familien, Gattungen und Spezies einordnen und ihre wechselseitigen Abhängigkeiten aufklären. Die fundamentale Erkenntnis der modernen Biologie besteht in der Einsicht in die evolutionäre Entstandenheit aller Lebensformen, deren genetischer Code aus einer Doppelhelix bestimmter Nukleotide besteht. Das Hauptcharakteristikum von Leben ist die Fähigkeit zu fortlaufender Veränderung und Anpassung, bedingt durch Mutation, Rekombination und Selektion. Leben ist stets verbunden mit Reproduktivität, Stoffwechsel, Informationsaustausch mit der Umgebung, Reizbarkeit und Reaktionsvermögen. Aus der Besonderheit des biologischen Evolutionsprozesses ergibt sich auch die Historizität lebendigen Daseins, seine jeweils historische Einzigartigkeit und Irreversibilität. All dies sind Charakteristika der Biologie, die deren Eigenständigkeit ausmachen.[15]

Die Entstehung des Lebens auf der Erde hat zu einer fortgesetzten Entwicklung hochgradig komplexer und selbstorganisierter Strukturen geführt, die – wie bereits erwähnt – unseren gesamten Planeten mitgestaltet haben. Damit haben sich vielfältige, wechselseitige, historisch gewachsene Abhängigkeiten ergeben, die die gesamte belebte und unbelebte Natur in ein riesiges Beziehungsgeflecht setzen. Von diesem durchschaut die heutige Wissenschaft nur Bruchteile. James Lovelock hat dieses komplexe Wechselwirkungsverhältnis, in dem die einzelnen Organismen auf unserem Planeten mit ihrer gesamten Umwelt stehen, als „Gaia" bezeichnet. Dieses Wort bezeichnet den Planeten als Gesamtökosystem, das nicht auf einzelne Teile reduzierbar ist. Der einzelne Organismus ist nie isoliert denkbar, er kann nur existieren eingebettet in Gaia. Dieser Begriff ist bar jeder mythisch-esoterischen Konnotation aufzufassen – auch wenn er hin und wieder in solchen Kontexten

---

[13]Zitiert nach Lumsden und Wilson (1984), S. 230.

[14]Da Plantagenwirtschaft aber etwa auch bei Blattschneiderameisen beobachtet wird, sollten wir vielleicht doch lieber die Beherrschung des Feuers als Alleinstellungsmerkmal des Menschen betrachten.

[15]Vergleiche die Diskussion über das Verhältnis von Physik, Chemie und Biologie in Kap. 11.2.

Verwendung findet –, und ganz nüchtern zu sehen als Summe der Beziehungsgefüge in der Biosphäre, zu der auch Lithosphäre und Atmosphäre gehören. In diesem Beziehungsgefüge macht sich der rückgekoppelte Einfluss der gesamten Umwelt mit all ihren einzelnen Organismen bemerkbar, sowie mit den nichtlebendigen Bestandteilen der Natur, welche den Lebewesen als Basismaterialien in der Verwertungskette dienen und somit einerseits dem Leben die Bedingungen diktieren, andererseits beständig umgewandelt werden. Damit ist alles Leben abhängig von den Bedingungen, unter denen es auf seinem Planeten entstanden ist und mit denen es seinen Planeten geformt hat. Eine Katze auf dem Mond ist als Lebewesen nicht vorstellbar – zumindest nicht als lebendige Katze, sondern höchstens als äußerst kurzlebiger Fremdkörper.[16]

Die Eigenschaften aller Lebewesen in einem Ökosystem sind aufeinander abgestimmt und hängen außerdem mit wichtigen globalen Parametern zusammen. Sie bilden ein eingespieltes System, denn sie sind in wechselseitiger evolutionärer Anpassung aneinander entstanden. Dies gilt für alle Lebewesen, Tiere wie Pflanzen, Menschen wie Bakterien. In all den Wechselbeziehungen eines Ökosystems ist eine unglaubliche Menge an Information gespeichert. Die Gene aller Mitglieder eines Ökosystems teilen ihre Entstehungsgeschichte und beeinflussen einander; man sagt auch, sie sind koadaptiert. Deshalb besitzen artenreiche Ökosysteme auch einen Wert, der sich in Geld gar nicht ausdrücken lässt: Denn ihr Verlust bedeutet immer auch das irreversible Verschwinden von in Jahrmillionen biologisch gewonnener, hochgradig spezialisierter Information. Die wechselseitige Angepasstheit der belebten Natur wurde von Menschen aller Kulturen immer wieder als harmonisch und vollkommen bewundert, wobei man Vollkommenheit hier aber nicht als statischen und absoluten Begriff missverstehen darf. Diese lebendige Harmonie haben die alten Griechen mit dem Wort „Kosmos" bezeichnet. Es ist kein Zufall, dass dieser Begriff nicht nur Welt, sondern auch Ordnung und Schönheit bedeutet; daher auch der Titel dieses Unterkapitels.

Wenn man nun den Begriff „Gaia" weiterdenkt, dann kann man schließlich nicht nur irdische Faktoren, sondern vor allem die Sonne mit ihrer Strahlung und den Mond mit seiner Stabilisatorfunktion für die Erdachse als entscheidende Faktoren für die Entstehung von Leben hinzuzählen; aber auch Asteroiden- und Kometeneinschläge mit dem vermutlich wichtigen Transport von Aminosäuren und Wasser in der Frühzeit der damals recht trockenen Erde oder den von schweren Treffern ausgelösten lokalen oder globalen Faunenschnitten in späteren Zeitaltern, sowie sogar die kosmische Strahlung mit ihrem Einfluss auf die Mutationsrate sind entscheidende Faktoren für das Leben auf unserem Planeten. Wollte man das Gaia-Prinzip auf alle wichtigen Faktoren ausdehnen, die zur Entstehung, Erhaltung und Weiterentwicklung von Leben beigetragen haben, käme man folglich nicht umhin, auch Asteroiden, ferne Neutronensterne und Supernovae hinzuzuzählen. Allerdings besteht für diese keine Rückkopplung, oder zumindest nur eine sehr

---

[16]Warum eigentlich immer Vertreter der *Felinae* für diese Art von Gedankenexperimenten herhalten müssen, ist bis heute ein dunkler Punkt in der Tiefenpsychologie der Naturwissenschaft.

begrenzte – etwa wenn der Mensch anfängt, irdische Mikroben als Begleiter von Raumsonden auf fremde Planeten zu transportieren oder am Ende gar noch sich selbst: Wer weiß schon, welche Arten von Spielereien im Weltall und zweckreichen kosmischen Techniken zukünftige Zivilisationen noch ersinnen werden und wo die technischen und moralischen Grenzen der Beeinflussbarkeit durch *Homo sapiens interstellaris* liegen? – Gaia wächst.

16.3.3 Die Psyche

Unter *Psyche* wollen wir die Gesamtheit aller Bewusstseinszustände und -vorgänge verstehen. Sie reichen von den tiefsten seelischen Regungen des menschlichen Gemüts, von Emotionen, Stimmungslagen und unterbewussten Gefühlen, über das bewusste Wahrnehmen und Urteilen bis hin zu hochgeistigen Aktivitäten wie dem abstrakten Denken und Reflektieren. Da diese psychischen Prozesse untrennbar miteinander verwoben sind, seien sie hier unter einem einzigen Oberbegriff zusammengefasst. Mit dem Begriff der „Psyche" bezeichnen wir also den eigentlich subjektiven Teil der Wirklichkeit, der natürlich den Einschränkungen und den bestimmenden Faktoren der ihm zugrundeliegenden Wirklichkeitsstrukturen unterliegt, der aber gleichzeitig gänzlich neue Qualitäten, Möglichkeiten, Eigenschaften und eben erst psychische Phänomene hervorbringt. Dieser Übergang findet freilich nicht erst beim Menschen statt. Es ist auch nicht immer klar anzugeben, wo die psychophysische Grenzscheide zwischen organischem und seelischem Teil unserer Natur zu ziehen ist. In unseren Bewusstseinsstrom tritt ja ständig Neues, Wahrnehmungen oder Ideen, die unbewusst oder vorbewusst von unserem Gehirn verarbeitet wurden. Bei den direkten körperlichen Reflexsituationen lässt sich gar nicht mehr von bewusster Steuerung sprechen, und dennoch sind wir ihrer bewusst. An ihnen ist die Einheit von Körper und Geist besonders deutlich. Dennoch findet sich ebenso wenig eine Aufhebung des Körperlichen im Geistigen wie umgekehrt.

Das Eigenpsychische, das eigene, individuelle, subjektive Erleben, ist uns direkt gegeben als Summe all unseres Fühlens und Denkens, unseres Wollens und unserer Stimmungen. Wir erfahren es als Strom unseres Bewusstseins. Es wird ursprünglich entwickelt und bestimmt durch den körperlichen und psychischen Kontakt des Kindes mit der Mutter, dem Vater und dann mit weiteren Bezugspersonen. Das Fremdpsychische ist somit entscheidend für die Entwicklung des Eigenpsychischen. Das Fremdpsychische ist uns allerdings nie direkt gegeben, sondern erschließt sich uns selbst bei vertrauten Menschen nur über die sprachliche und nichtsprachliche Kommunikation. Es ist für uns stets ein erschlossener und immer wieder aufs Neue zu erschließender Wirklichkeitsbereich.

Man kann neben dem Subjektiven und dem intersubjektiv Erschlossenen auch das sogenannte Objektiv-Geistige zu den psychischen Phänomenen hinzuzählen. Hierzu zählen all diejenigen kulturell geschaffenen, nichtmateriellen, gesellschaftlichen Institutionen und Ordnungsprinzipien, die keinen phänomenalen Gehalt haben, die sich also nicht aus Wahrnehmungen oder bildlichen Vorstellungen speisen – auch wenn sie mit solchen assoziiert werden können –, sondern die einer intersubjektiven Setzung entspringen. Zu diesem Objektiv-Geistigen gehören nicht nur Gesetze, Regeln und Wertvorstellungen einer Kultur mitsamt ihrem gedanklichen Hintergrund in Mythos, Religion, Literatur, Wissenschaften und Philosophie, sondern auch so etwas wie Zeitgeist, ja sogar Geld. „Objektiv" bedeutet hier aber nicht objektiv in dem Sinne, dass sie ohne Subjekte gedacht werden könnten; sondern „objektiv" ist hier nur als Abgrenzung zum phänomenalen Erlebnischarakter mentaler Zustände als typisch Subjektivem gedacht. Objektiv-Geistiges ist Intersubjektives und somit immer an die Existenz von Subjekten gebunden.

Evolutionsgeschichtlich ist die Entstehung der typisch menschlichen Kapazitäten unseres Bewusstseins wohl zurückzuführen auf das Hantieren im Vorstellungsraum. Hierauf hat Konrad Lorenz aufmerksam gemacht. Der Urmensch, der mit seinen Händen frei greifen und vor allem auch werfen konnte, besaß mit seinem wachsenden Gehirn auch die Möglichkeit, die lebensdienliche Repräsentation seiner Umwelt immens zu verfeinern.[17] Mit der feineren und umfangreicheren Repräsentation der Außenwelt und dem Leben in größeren Gemeinschaften gehen die Möglichkeiten des komplexen Werkzeuggebrauchs und der Sprache Hand in Hand. Dieser Evolutionsschritt war so bedeutend, dass die Größe des modernen menschlichen Gehirns das der Menschenaffen mehrfach übertrifft. Dieses enorm energieintensive Organ versetzte den Menschen in die Lage, sich rasch über unterschiedlichste klimatische Zonen über die gesamte Welt zu verbreiten. Das menschliche Gehirn besitzt aber nicht nur eine erstaunlich breite Repräsentation der Außenwelt, gepaart mit der Möglichkeit, komplexe sprachliche Interaktion über seine Umwelt zu führen. Es hat auch die ursprünglichen, tierischen Instinkte sehr plastisch werden lassen und damit kulturell formbar. Die menschlichen Instinktreaktionen sind entdifferenziert und „aufschiebbar", d. h. wir besitzen dank unserer Selbstbeherrschung die Fähigkeit, selbst auf starke Reize nicht direkt zu reagieren, sondern über unsere Handlungen, deren Ziele und Mittel nachzudenken, um diese dann erst im Anschluss durchzuführen.

Hier spielt das begriffliche, sprachliche Denken eine äußerst wichtige Rolle. Nur wenn das Handeln in unterschiedliche Tätigkeiten aufgespalten und mit Verben belegt werden kann, lassen sich komplexe Handlungsalternativen logisch durchspielen. Der enorme Vorteil gegenüber der direkten Instinktreaktion besteht darin, dass der Mensch auf diese Art auch gefährliche, ja sogar lebensbedrohliche Situationen gegeneinander abwägen kann, ohne sich real in Gefahr begeben zu müssen. Die Erkenntnis, ob die geplante Handlungsfolge dann in der Tat erfolgreich ist, ergibt sich allerdings erst aus deren Durchführung. Damit dient wiederum die

---

[17]Der Mensch ist übrigens das einzige Säugetier, das eine direkte Verbindung vom motorischen Zentrum des Gehirns zu den Motoneuronen nicht nur der Hand oder des Unterarms, sondern sogar des Oberarms besitzt. Auch bei höheren Affen ist Letztere noch über das Rückenmark vermittelt. Die Bedeutung der hieraus resultierenden Fähigkeiten für die Jagd liegt sozusagen auf der Hand. Die mit der Wurffähigkeit einhergehenden anatomischen Veränderungen, was den Schulteransatz, die Armknochen etc. betrifft, sind erst beim *Homo erectus* vor zirka zwei Millionen Jahren voll ausgeprägt. Zwar bewerfen sich auch Schimpansen mit Gegenständen, durchaus auch in kriegerischer Absicht; doch ist ihre Präzision gering.

Handlung dem bewussten Erkenntnisgewinn. Die Handlung ist also ein Werkzeug des Bewusstseins, ebenso wie das Bewusstsein ein Werkzeug der Handlung ist. Hier lässt sich wiedermals ein rückgekoppelter Kreisprozess beim Erkenntnisgewinn auffinden, der begriffliches Denken und Handeln miteinander verknüpft.

Nun kann sich menschliche Erkenntnis auch auf die psychischen Prozesse selbst beziehen. Wie aber kann man dann noch sinnvoll davon sprechen, dass unsere Hypothesen über die Außenwelt geerdet sind? Ist Denken nicht auch eine Art von Handeln, das aber dann fragwürdig werden kann, wenn es sich auf nichts anderes mehr bezieht als auf sich selbst? Nicht nur die Elfenbeinturmphilosophie liefert einige Beispiele dafür, dass dies durchaus der Fall werden kann. Auch für die Psychologie und die Kognitionswissenschaft lauern hier Fallgruben. So hatte sich etwa in der rationalistischen und später auch in der sprachwissenschaftlich orientierten Philosophie ein rein kognitiver Begriff von Erkenntnis breitgemacht, oder sich beispielsweise der Behaviorismus überaus billig des mentalen Ballastes entledigt. Aus heutiger Perspektive müssen wir zumindest im deutschsprachigen Raum vor allem den eigenwilligen Philosophen Schopenhauer und Nietzsche danken, dass sie auch auf die affektiven und voluntativen Elemente unseres Bewusstseins aufmerksam gemacht haben. Denken, Fühlen und Wollen lassen sich nicht ohne weiteres trennen. Die menschliche Psyche regelt unseren Erkenntnisdrang, die Richtung unseres Denkens, Fühlens, Erkundens und Handelns in dieser Welt. Man kann dies als selbstorganisierenden Kreisprozess auffassen, der aber keineswegs bloß auf Objektivität abzielt.

Wie aber lassen sich Bewusstseinsphänomene überhaupt sinnvoll kommunizieren? Wie kann ich sicher sein, dass mein Eindruck der Farbe purpur von einem Mitmenschen geteilt wird? Es gibt hierfür keinen sicheren Beweis, außer der Feststellung, dass unsere Kommunikation über Psychisches eben doch in den allermeisten Fällen recht gut funktioniert, zumindest in unserem eigenen Sprachraum oder Kulturkreis. Was Gefühle und Stimmungen angeht, so sind etwa die nonverbalen Kommunikationskanäle wie Gestik und Mimik oder auch die Stimmlage oftmals deutlich vielsagender als der rein sprachliche Ausdruck. Die Natur hat uns diese vielseitigen Verständnismöglichkeiten wohl einfach deshalb mit auf den Weg gegeben, weil wir Menschen als soziale Wesen sonst nicht überlebenstauglich wären. Eine gewisse Ähnlichkeit unserer Wahrnehmungsstrukturen, unserer Empfindungsmöglichkeiten und unserer Denk- und Sprachfähigkeiten ist in uns Menschen immer schon angelegt. Hierauf weist unter anderem etwa die von Noam Chomsky aufgestellte These einer menschlichen Universalgrammatik hin.[18] Aber es gibt für Vertreter unterschiedlicher Kulturen durchaus große Unterschiede bereits in der Wahrnehmung des gleichen Sachverhaltes. Auf diesen Punkt werden wir noch unter dem Begriff des soziokulturellen Apriori zu sprechen kommen.

---

[18] Wie man beobachtet, gibt es in vielen menschlichen Sprachen gewisse universelle grammatikalische Strukturen, vergleiche hierzu Chomsky (1980) sowie Chomsky (1995). Gleichwohl gibt es in der Linguistik eine Debatte darüber, welche Regeln wirklich universell genetisch vorgegeben sind und worin genau sich Sprachen unterscheiden.

Die methodische Erforschung bestimmter Aspekte des psychischen Lebens wird in unterschiedlichen Wissenschaften vollzogen. Vor allem die junge Disziplin der Psychologie hat unseren Blick auf die tiefliegenden menschlichen Emotionen geschärft. Sind diese in den großen Weltreligionen noch fester Bestandteil der Weltsicht und werden anhand eines der Lebenspraxis zugeordneten Kanons moralischer Sitten und Konventionen in bestimmte Bahnen gelenkt, so ließen sie sich doch mit der zunehmenden Rationalisierung des menschlichen Lebens im Rahmen der Industrialisierung nur schwer in das fortschrittsgläubige Weltbild integrieren. Die von der Philosophie vorbereitete Wiederentdeckung des Unterbewussten durch die Psychologie liefert nun teils neuartige Erkenntnisse, teils auch methodisch fundierte Verallgemeinerungen altbekannter alltagspsychologischer Weisheiten. Diese Erkenntnisse gehen wiederum in den täglichen Sprachschatz ein, wie etwa das „Verdrängen" oder „Projizieren", und beeinflussen somit auch wieder die Strukturen unseres Bewusstseins. Indem das psychologische oder psychoanalytische Vorgehen aber Einfluss auf das geistig-emotionale Leben besitzt, verändert es wiederum seine eigenen Untersuchungsobjekte. Die Psychologie ist also ganz zwangsläufig vom Zeitgeist geprägt, so wie sie diesen selbst beeinflusst.

16.4   Zum Verhältnis von belebter und unbelebter Natur

Wie in Kap. 11.2 erörtert, lässt sich keine erschöpfende Beschreibung von Lebendigem in rein materiellen Begriffen geben. Dies liegt nicht nur an der gewaltigen Komplexität und Durchstrukturiertheit von Organismen, sondern auch an der Art der Fragestellungen, mit denen wir uns Belebtem und Unbelebtem zuwenden. Die Historizität, Einmaligkeit, Umweltabhängigkeit und Zukunftsgerichtetheit von Organismen hängen an spezifischen, rückgekoppelten Rahmenbedingungen, die mit der Rolle des Zufalls die Entwicklung des Lebens geprägt haben und die zu einem wechselseitigen Beziehungsgefüge zwischen den verschiedenen Lebensformen und der Atmosphäre und der Oberfläche unseres Planeten geführt haben, so dass man strenggenommen die Erde nur als Gesamtökosystem betrachten kann. Auch dieser holistische Aspekt ist der unbelebten, makroskopischen Materie fremd. Da außerdem in den Fragestellungen der Biologie die Rahmenbedingungen ins Zentrum der Erklärung rücken, vom Explanans zum Explanandum werden, lassen sie sich nicht auf die Fragestellungen der Physik zurückführen.

Man versuche nur einmal, sich vorzustellen, in welchen Begriffen die Physik ein Lebewesen zu beschreiben versuchen könnte. Gewiss ist die Mechanik geeignet, die Statik des Skeletts zu beschreiben, die Hydrodynamik für das Fließen der Körperflüssigkeiten, der Elektromagnetismus für die neuronale Signalverarbeitung, die Quantenmechanik und Quantenchemie für die molekular-chemischen Prozesse. Die Anwendung all dieser physikalischen Theorien entspringt aber dem spezifisch menschlichen Interesse, etwas Lebendiges zu verstehen. Wo müsste eine physikalische Theorie beginnen, die uns das Verhalten eines Organismus vorhersagt? Auf der atomaren Ebene? Bereits die Physik ist aber kein monolithisches Gebilde, sondern ein Theoriengeflecht. Je nachdem, welche Eigenschaften eines Lebewesens wir naturgesetzlich zu beschreiben wünschen, wählen wir die entsprechende Theorie. Weiterhin ist ein lebendiger Organismus vollständig durchstrukturiert, vom molekularen bis zum gesamt-phänotypischen Erscheinungsbild durch eine Vielzahl sich wechselseitig durchdringender funktionaler Hierarchien bedingt, eingebettet in innere und äußere Entwicklungszwänge, die ihm durch seine eigene Struktur und die seiner Umwelt auferlegt werden. Er ist in diesem Sinne sehr viel mehr als die Moleküle, aus denen er besteht. (Und bereits die Moleküle in ihm machen sehr viel mehr, als wir deduktiv aus quantenmechanischen Berechnungen ableiten könnten.) Und doch können einzelne Moleküle aufgrund dieser enormen funktionalen Komplexität überraschende makroskopische Auswirkungen haben – man denke an die Schalterfunktion bestimmter Proteine, an pathologische Mutationen oder auch einfach nur an die langfristigen Folgen eines anfangs nur minimal veränderten Neurotransmitterspiegels.

Der Mensch hat schon lange vor der Entstehung der modernen Naturwissenschaft gewusst, was Materie und was Pflanzen oder Tiere sind. Auch wenn Organismen unbelebtes Material verstoffwechseln und gewissermaßen aus ihm aufgebaut sind, so hat man sie doch nie als unbelebte Materie verstanden. Es gibt auch keinen Anhaltspunkt, wie man ein Lebewesen etwa als Konglomerat von Elementarteilchen verstehen könnte; obschon es verschiedene Spekulationen darüber gibt, dass sich auf diesem Weg eines Tages das Wunder des Lebens oder sogar das des Bewusstseins könnte aufklären lassen. Aber welche Grundlage könnte es hierfür geben? Der Mensch *versteht* nicht einmal, was ein Elektron ist. Wie sollte er aus der Messung von Abermilliarden Atomen – vorausgesetzt, ein Tier überlebt eine solche Messung – verstehen, was ein Lebewesen ist? Und doch hat er klare Begriffe davon, was unter Lebendigem zu verstehen ist. Auch Zwischenstufen zwischen Leben und Materie, wie Viren, oder Stoffwechselübergänge verschiedener Substanzen sind kein Argument gegen diese These: Denn schließlich bereitet uns die Klassifikation dieser Übergangsformen durchaus Probleme, während es uns sonst vollkommen klar ist, ob wir es mit etwas Lebendigem zu tun haben oder nicht.[19] Die Disposition zu dieser Erkenntnis ist uns wahrscheinlich ebenso sicher angeboren wie das Farbensehen und die Gestaltwahrnehmung.

Abgesehen von der funktionalen Komplexität, der Rolle der Rahmenbedingungen und den eingangs erwähnten Besonderheiten von Lebewesen scheitert die Reduktion der Biologie auf die Physik also schon daran, dass nicht einmal klar ist, worauf genau reduziert werden soll, auf welche physikalische Theorie oder welche Kombination von physikalischen und chemischen Theorien, und dass

---

[19] Auch Übergangsformen zwischen klassisch sehr gut beschreibbaren Mikroobjekten wie etwa großen Molekülen und eindeutigen Quantenobjekten widerlegen keinesfalls die Deutungsprobleme der Quantenphysik. Zu den Grenzfällen zwischen Materie und Leben gehören natürlich insbesondere die frühesten Vorformen des Lebens, die immer komplexeren, zunächst katalytisch und später selbst-instruiert reproduzierenden Proteine; vergleiche hierzu Kap. 9.1. Ein präziser Schnitt zwischen physicochemisch-anorganischen und biochemisch-organischen Prozessen ist naturgemäß eine etwas willkürliche Definitionsfrage.

ebenso wenig klar ist, wann von einer erfolgreichen Reduktion gesprochen werden könnte, d. h. welche Kriterien für Vorhersagbarkeit, Präzision, Reproduzierbarkeit man anlegen möchte. Schon die Reproduzierbarkeit ist problematisch. Lassen sich vielleicht im Labor bestimmte Bakterien mit einem bestimmten Genom unter genau kontrollierbaren Bedingungen züchten, und eines Tages vielleicht auch komplexere Organismen, so sind in der freien Natur mit ihren ständig wechselnden Umweltbedingungen und Mutationen diese Kriterien für Wissenschaftlichkeit nur noch qualitativ anwendbar. Physik und Chemie können folglich nur erklären, dass Leben möglich ist und welchen Gesetzmäßigkeiten und Wahrscheinlichkeiten organische Prozesse unterliegen. Sie können aber nicht erklären, welche Arten von Lebewesen sich entwickeln und wie verschiedene Lebewesen in ihren Ökosystemen interagieren. Die Klärung dieser Eigenarten des Lebens bleibt der Biologie vorbehalten.

Das Verhältnis von belebter und unbelebter Natur ist also so zu verstehen, dass wir zwar bei einer Analyse des organischen Materials, aus dem Lebewesen bestehen, physikalisch-chemisch darstellbare Materie vorfinden, dass sich aber umgekehrt das, was Leben ausmacht, nicht allein physikalisch-chemisch beschreiben lässt. Die Antworten auf spezifische biologische Fragestellungen lassen sich nicht einfach aus allgemein gültigen Naturgesetzlichkeiten ableiten.

16.5 Philosophische Verortungen

Die Philosophie hat sich seit jeher bemüht, allgemeingültige Wahrheiten und endgültiges Wissen zu ergründen. Wo dies nicht gelingen wollte, hat sie versucht, zumindest die Einsicht in die Unmöglichkeit solchen Wissens zu begründen und die Erlangbarkeit wenigstens vorläufiger und brauchbarer Erkenntnis in eine Methodik zu fassen. Aber wenn kein Wissen absolute Geltung beanspruchen kann, so auch nicht das Wissen um eine sichere Methode wenigstens hypothetischen Erkenntniserwerbs. Jede Erkenntnistheorie, die diesen Standpunkt berücksichtigt, kann auch in der Darlegung des Erkenntnisprozesses nicht mehr als Vereinbarkeit mit aus dem Alltag und aus der Wissenschaft bekannten, bewährten Erfahrungstatsachen verlangen.

Es existiert kein archimedischer Punkt für den Menschen, von dem aus er den Rest der Welt erklären könnte. Sein Ausgangspunkt ist schlicht und einfach er selbst; und seine Welt erschließt sich ihm gemeinsam mit seinen Mitmenschen dadurch, dass er sie erkundet und ihre Wirkzusammenhänge aufdeckt. Diese müssen natürlich seinen Sinnesorganen zugänglich sein oder gemacht werden, teilweise mit äußerst ausgefeilten technischen Mitteln. Das klingt auf den ersten Blick beinahe ein wenig trivial, aber gerade bei der Interpretation der abstrakten Theorien der modernen Wissenschaft ist es wichtig und hilfreich, sich auch solche Gemeinplätze hin und wieder vor Augen zu führen.

Die von Immanuel Kant formulierte Einsicht in die Bedeutung unserer eigenen Vernunft für die Konstitution unserer Erfahrungswelt bedeutete einen epochemachenden Schritt für die Philosophie. Auch wenn man die kantsche Philosophie sehr viel weiter über diesen Punkt hinaus nicht zu teilen bereit ist und sich weder seine

Konzeption der zwei Reiche noch des Dinges an sich zu eigen machen will, bleibt diese Lehre doch bestehen.[20] Sie hat sich dementsprechend auch in vielen späteren Ansätzen niedergeschlagen, nicht zuletzt in biologisch uminterpretierter Form in der Evolutionären Erkenntnistheorie.

Die Erkenntnis, dass die menschliche Vernunft der Erfahrungswelt ihre Form vorschreibt, vermag nun Ausgangspunkt für gänzlich unterschiedliche Philosophien zu sein. So ist für Kant das transzendentale Subjekt als Erkennendes unerkennbar, wodurch es dem kausalen Netz der Erfahrungswelt enthoben und somit seine Freiheit gewährleistet ist. Laut der Evolutionären Erkenntnistheorie hingegen wird die Art unserer Wahrnehmungen durch evolutionär entstandene, lebensdienliche Struktureigenschaften bestimmt. Für einen Kantianer ist diese Aussage nun nicht allgemeingültig genug: Denn er verweist auf die Notwendigkeit einer transzenden- talen Analyse, um die Bedingungen der Möglichkeit von Erkenntnis überhaupt zu erklären, und damit auch von Erkenntnis über biologische Zusammenhänge. Ohne die nur über eine Transzendentalanalyse zugänglichen Erfahrungskategorien gäbe es für den Kantianer nichts, anhand dessen man von Anpassung etc. überhaupt reden könnte. So sind Raum und Zeit für den Kantianer Anschauungsformen, die vor jeder empirischen Erkenntnis vorliegen müssen, da sie unserer Erkenntnis erst Struktur geben. Doch benötigt der Kantianer zur Untermauerung seiner Argumentation das Postulat von der Existenz sicherer synthetischer Erkenntnis a priori, welches ihm wiederum der Evolutionstheoretiker nicht so ohne weiteres abkauft.[21] Dieser verlässt sich stattdessen darauf, dass die Strukturen unserer Repräsentation der Welt halbwegs zu dieser passen müssen, weil wir sonst wahrscheinlich schon lange ausgestorben wären.

Auf ihre Weise machen beide Positionen Sinn, passen im Rahmen ihrer theoreti- schen Konzeption jedoch nicht zusammen. Nun kann man Kant die Unkenntnis der Evolutionstheorie oder der modernen Physik schwerlich vorwerfen. Auf der anderen Seite leidet die Ausarbeitung der evolutionären Position durch die Evolutionäre Erkenntnistheorie darunter, dass ihr reduktionistischer Ansatz nicht durchführbar ist und dass er infolgedessen die Rolle des Subjekts nicht angemessen zu berück- sichtigen vermag. Wenn die Evolutionäre Erkenntnistheorie den Erkenntnisprozess über die Analogie zur Projektion erläutert, fragen andere Philosophen zu recht, wie denn eigentlich diese Analogie jemals zu etablieren sein soll. Von Licht mit 673 Nanometern Wellenlänge zu meinem Eindruck der Farbe rot ist keine eindeutige Zuordnung zu geben. Sollte eine Neurophysiologin je in der Lage sein, den exakten neuronalen Verlauf der Nervensignalkette von der Netzhaut bis in die hochkomplizierten Schwingungsmuster des visuellen Cortex in der Großhirnrinde nachzuvollziehen, so wäre sie zur Beantwortung der Frage, was denn nun eigentlich

---

[20]Schon bald nach der Publikation von Kants Hauptwerk wurde seine Verdoppelung der Welt in eine Welt der Erscheinungen und eine an sich bestehende Welt kritisiert. Diese philosophische Aufteilung geht vermutlich bis auf Platon zurück, dessen Reich der Ideen nicht sinnlich, sondern nur durch intellektuelle Schau erkannt werden kann.

[21]Vergleiche hierzu auch Kap. 10.4 sowie Lütterfelds (1987).

das Wörtchen „rot" bedeutet und wie es sich anfühlt, etwas Rotes zu sehen, immer noch auf unser alltagspsychologisches Vorverständnis angewiesen. In der hier vorgeschlagenen Konzeption von Erkenntnistheorie müssen wir also der Einsicht in die Subjektivität unseres Erkennens und der evolutionären Bedingtheit unseres Erkenntnisapparates auf andere Weise Rechnung tragen.

Als Lebewesen besitzen wir flexible geistige Strukturen, die durch die formbare, dynamische Architektur unseres Gehirns entstehen. Diese Strukturen sind teilweise angeboren, teilweise erworben. Sie dienen uns zur Einordnung unserer Wahrnehmungsinhalte und Erfahrungen. Damit verschaffen sie uns eine Orientierung in der Welt, die der Spezies Mensch Überleben und Reproduktion ermöglicht. Die Verknüpfung unserer Erfahrungen muss regelgeleitet sein, sonst wäre sie willkürlich; es ist aber keineswegs notwendig, dass sie streng kausal und deterministisch vonstattengeht. Es ist hinreichend, wenn beim Erkenntniserwerb stabile statistische Abhängigkeiten auftreten, mit deren Hilfe wir Regelmäßigkeiten entdecken und nutzbar machen können. Zweifellos ist ein großer Teil der natürlichen Prozesse hervorragend in deterministischer Manier beschreibbar – und das gilt auch für viele neuronale Prozesse –, aber die Lehren der Thermodynamik, der Chaostheorie und nicht zuletzt der Quantenphysik zeigen, dass unsere Welt keineswegs streng deterministisch zu beschreiben ist im Sinne eines „Uhrwerksuniversums". In unserer Welt erschließen wir uns ausgehend vom Mesokosmos, auf den unsere natürlichen Wahrnehmungs- und Denkmöglichkeiten zugeschnitten sind, immer weitere Bereiche. Hierzu benutzen wir verschiedene Mittel und Methoden, verschiedene Abstraktionen der Wirklichkeit, die zu unterschiedlichen Phänomenen führen.[22]

Welchen Sinn macht in einer solchen Konzeption der Begriff einer „Welt an sich"? Wir sind als in der Welt lebende Wesen nicht von ihr getrennt. Im Vollzug unseres täglichen Lebens stellt uns die Beziehung von Welt und Körper und Geist, sowie von Denken und Sprechen und Handeln normalerweise nicht vor Probleme. Vielmehr ist es die bestimmten Grundannahmen geschuldete Reflexion über diese Zusammenhänge, die das Spannungsverhältnis zwischen diesen Begriffen hervorruft. Was die physische Welt betrifft, so ist es doch vor allem der überwältigende Erfolg der Naturwissenschaften, der uns den Begriff einer Welt an sich nahe legt. Wenn wenige Gleichungen eine enorme Zahl von natürlichen Zusammenhängen abzudecken und quantitativ zu fassen vermögen und wenn der wissenschaftliche Fortschritt immer präzisere und komplexere Vorhersagen gestattet, so bietet sich scheinbar eine Sicht der Welt an, die dergestalt ist, dass wir Menschen uns mit unseren Theorien immer weiter an eine von uns unabhängige externe Welt annähern. Für die Evolutionäre Erkenntnistheorie etwa ist der Erkenntnisprozess

---

[22]Der Sinn von Bildung besteht nicht zuletzt darin, den Individuen einer Gesellschaft eine bestimmte, kulturell etablierte Sicht auf die Welt beizubringen bzw. aufzunötigen. Der Fachmann schließlich gewöhnt sich an die Methodologie seiner Zunft und lernt, fortan die Phänomene in der Welt durch die Brille ebendieser Methodologie zu sehen. Es besteht hier immer das kognitive Risiko, dass er alsbald die erlernte Sicht der Dinge für die natürliche oder gar für die einzig mögliche hält. Genau dementsprechend halten viele Vertreter einer jeden Kultur ihre kulturspezifische Weltsicht und Mentalität für die einzig sinnvolle oder heilsbringende.

eine Approximation, das Erfassen der Welt an sich zwar möglich, aber nicht beweisbar, nur hypothetisch. Diese Sicht wird in dieser oder ähnlicher Weise von vielen Natur- sowie Geisteswissenschaftlern geteilt und bestimmt zu einem guten Teil das Bild von Wissenschaft und Wirklichkeit in der breiten Öffentlichkeit. Um aber die Gleichungen der Physik auf wirkliche Phänomene anwenden zu können, ist es zunächst erforderlich, eine abstrakte Beschreibung dieser Phänomene in den Begriffen der physikalischen Theorien zu geben. Bevor man sich also den real ablaufenden Geschehnissen durch eine naturgesetzliche Beschreibung annähern kann, muss man sich zunächst ein Stück weit von ihnen entfernen. Die Welt, die man sich mit Hilfe der Wissenschaft aneignen will, ist also zunächst einmal eine konstruierte, eine künstlich durch Verabredung auf eine bestimmte Methodologie festgelegte Welt.

Die Quantenphysik schließlich zwingt uns, diesen Zusammenhang noch weiter zu überdenken. Denn bei Berücksichtigung der Tatsache, dass das Wirkungsquantum endlich ist, fällt auf, dass man aufgrund der Wirkkette vom Kleinsten bis zu uns nicht mehr von unabhängigen Objekten sprechen kann, so dass auch die Objektivität selbst zum idealisierten Begriff wird. (Hier decken sich biologische Einsichten mit denen der Kopenhagener Deutung. Auch biologische Systeme sind stets nur als in gegenseitiger Wechselwirkung mit ihrer Umwelt zu denken.) Die Quantenphysik erfordert zu ihrer Interpretierbarkeit den Begriff der Messung, so dass man nicht mehr von einer Beschreibung eines eigenständig existierenden Mikrokosmos im Sinne starker Objektivierbarkeit ausgehen kann. Die moderne Physik beschreibt keine „Welt an sich" – auch nicht in Annäherung –, sondern eine „Welt für uns", wobei mit „uns" auch makroskopische Messgeräte gemeint sein können. Vielmehr besteht in diesem Kontext die einzige Möglichkeit, von einer Welt an sich zu sprechen, darin, nach d'Espagnat eine tiefere, verschleierte, holistische Realität außerhalb von Raum und Zeit zu postulieren, die sich im Gegensatz zur objektiven Realität der Evolutionären Erkenntnistheorie auch nicht einmal mehr hypothetisch beschreiben lässt und über die wir nur Strukturaussagen allgemeinster Art treffen können. Diese verschleierte Realität besitzt Anleihen bei Kants Welt an sich, ebenso wie bei der „noumenalen" Realität Edward Steins.[23] Eine solche lässt sich weder beweisen noch widerlegen. Man kann nur danach fragen, ob und in welches umfassendere philosophische Weltbild sie sich sinnvoll integrieren lässt.

Wenn wir Menschen uns als Teil dieser Welt begreifen, und damit auch unseren Verstand, und wenn wir uns dessen bewusst sind, dass wir ausgehend von den uns mit auf die Welt gegebenen psychischen und physischen Voraussetzungen uns die Welt erschließen, so stellt sich die Frage nach einer anderen, tieferen oder

---

[23]Vergleiche Kap. 5.3 und 12.4. Um diese Art begrifflicher Problematik zu vermeiden oder um wenigstens ihre Auswirkungen zu minimieren, haben wir in Kap. 15.1 das Wechselspiel von Subjektivität, Intersubjektivität und Objektivität bewusst offen diskutiert und eine Festlegung auf eine bestimmte Art der Fokussierung auf Materielles oder Geistiges vermieden; folglich auch die mangelnde Klassifizierbarkeit der hier dargelegten pluralistischen Position als Realismus oder Idealismus. In der Vielfachheit der Bezugsweisen auf unsere Welt mag man auch Parallelen zu den vielen möglichen Sprachspielen in der Philosophie Ludwig Wittgensteins entdecken.

höheren Realität aber gar nicht mehr; zumindest nicht, falls wir keine Aussagen religiös-weltanschaulicher Art über die Wirklichkeit machen wollen. Denn beim Versuch, das Bestimmungsgefüge der Welt aus unserer Perspektive, aus dem uns zugänglichen Bereich der Wirklichkeit, zu verstehen, ist der Begriff einer tieferen Realität interpretativ keineswegs zwingend notwendig. Denn als in der Welt Existierende und in die Welt Hinausgreifende sind wir Menschen immer auch ein Teil der Wirklichkeit und nicht als von ihr getrennt zu denken. Vielmehr erscheint der Begriff einer tieferen Realität dann als von theologischen oder philosophischen Strömungen inspiriert, die den Status des Geistes ursprünglich als Emanation eines göttlichen Prinzips verstanden und somit in einen außerhalb dieser Positionen nur schwer nachvollziehbaren Kontrast zur sinnlich erfahrenen Welt setzten. Dies gilt nicht erst für die Philosophie Spinozas und Descartes und hatte Auswirkungen über Kant, Hegel und den Deutschen Idealismus bis in die heutige Zeit.

Dass Wissenschaft überhaupt funktioniert, ist, mit den Worten Einsteins gesprochen, ein Wunder. Aber es ist auch kein völlig unerwartetes Wunder, denn nur in einem Universum mit geordneten Strukturen kann sich Leben entwickeln, das schließlich seine Welt naturgesetzlich beschreibt. Hierbei erweisen sich objektivierbare Darstellungen als sehr hilfreich, da sie sich in besonderer Weise zur intersubjektiv vermittelbaren Beschreibung und technischen Umsetzung der Wirklichkeit eignen.

Der Mensch ist darauf programmiert zu überleben. Jegliche Wahrnehmung, Erfahrung und auch Wissenschaft findet unter dieser Prämisse statt. Den Antrieb zu jeder Art von Handlung realisiert die Natur über komplex geregelte Systeme von Emotionen, die sich bei höheren Lebewesen erst im sozialen Kontext einspielen. Damit wird sogar, besonders ersichtlich bei Kindern, die emotionale Bewertung selbst unbelebter Objekte zum Charakteristikum jeder Erkenntnistheorie, die nicht auf völlig anderem Fundament stehen will als die hier präsentierte, d. h. falls jene den evolutionär-epistemologischen Hauptsatz und seine wichtigsten Folgerungen nicht rundweg ablehnt.[24] Objektive Darstellungen der Natur müssen unter anderem von diesen emotionalen Bewertungen abstrahieren:

> Jede rein objektive Darstellung von Dingen, die auf subjektive Komponenten gänzlich verzichtet, ist folglich lediglich eine Abstraktion, die wir zu einem bestimmten Zweck anstellen, der aber wiederum emotional motiviert ist.

Diese emotionale Motivation muss in keiner Weise bewusst sein; oftmals sind die unterbewussten Motivationen um ein Vielfaches stärker als die bewussten.

---

[24]Eine solche emotionale Bewertung ist für uns deshalb leichter an anderen Kulturen nachzuvollziehen, weil wir unsere Weise, die Welt zu betrachten, für selbstverständlich erachten und deswegen kaum über sie zu reflektieren vermögen. Wie auch? Wir können nur schwerlich Vergleiche anstellen. Kinder besitzen offenbar auch gegenüber Tieren so etwas wie vorgeprägte Erwartungsmuster, vergleiche Setoh et al. (2013). – In der modernen Industriegesellschaft werden weniger natürliche, als vielmehr technisch hergestellte Gegenstände zu Objekten des Interesses, der Begierde, des Statusstrebens sowie der Vorstellung, anhand ihrer ließen sich auch andere Aspekte der Wirklichkeit modellieren.

Die Entanthropomorphisierung unseres Weltbildes, wie sie auch die Evolutionäre Erkenntnistheorie anstrebt, ist dementsprechend kein geistiger Selbstzweck. Sie mag oft hilfreich sein, kann aber auch schädliche Auswirkungen haben. In Physik und Technik etwa hat sie zu großen Erfolgen geführt, auch wenn die Physiker die uns evolutionär (biologisch wie kulturell) eingeprägten Erklärungsmuster von Raum, Zeit und Materie inklusive starker Objektivierbarkeit überwinden mussten, um nicht in Widersprüche zu geraten.[25] Die Tatsache, dass man die Gesetzmäßigkeiten der Physik in einem objektiven, subjektunabhängigen Rahmen darstellen kann, ist dementsprechend nicht als Aussage über die Welt als Ganzes, sondern lediglich als Charakteristikum dieser Art von Wirklichkeitsbezug zu verstehen. Objektive Gegebenheiten sind also nichts weiter als Abstraktionen von Weltwirklichkeit. Als solche erfüllen sie ihren Zweck; nicht jedoch lässt sich die gesamte Welt in Kategorien objektiver Gegebenheiten fassen.

Die menschliche Vernunft ordnet die Strukturen der Welt anhand von Regeln, die dem Menschen überlebensdienlich sind. Die räumlich-dreidimensionale und zeitlich fortlaufende Struktur unserer Wahrnehmungen ist eine universale, angeborene Komponente unseres kognitiven Apparates. Sie ist das Fundament, auf dem alle Verallgemeinerungen dieser Struktur aufbauen. Hierzu zählt nicht nur die geometrische Verknüpfung von Raum und Zeit im Rahmen der Relativitätstheorie, sondern auch weiterführende Spekulationen der modernen Physik. Von Kausalität in der Welt können wir nur in ihrer allgemeinsten Form ausgehen: nämlich einerseits als statistische Abhängigkeiten bei der gegenseitigen Wechselwirkung verschiedener Objekte und andererseits als angeborene Erwartung bezüglich der Verknüpfung von zeitlich aufeinanderfolgenden Ereignissen, d. h. als angeborene induktive Kausalerwartung.[26] Viele natürliche Phänomene lassen sich zwar auch in strengerer Kausalität beschreiben, bis hin zum Determinismus, aber als allgemeine kausale Struktur unserer Welt können wir Letzterem keine Gültigkeit unterstellen.

16.6   Der Mensch als Erkennender

Der Mensch ist ein emotional gesteuertes Wesen, das auf Überleben programmiert ist. Dementsprechend ist all sein Erkennen nicht nur ein passives Aufnehmen von ihm unabhängiger Außenfakten, sondern stets auch ein aktives, durch Neugier oder

---

[25] Zum Problem des unbewussten Hintergrundes wissenschaftlich-objektiver Weltbeschreibung und den Tag- wie Nachtseiten der Wissenschaft siehe auch Kap. 19.4.

[26] Diese Erwartung ist sogar so stark, dass „magisches" oder abergläubisches Verhalten durch sie erklärbar wird: Ist eine bestimmte, zufällige Verbindung zwischen einer Verhaltensweise und einem gewünschten oder auch unerwünschten Ereignis aufgetreten, so erwartet unser Unterbewusstsein hier einen kausalen Zusammenhang und steuert unser künftiges Verhalten dementsprechend. Auch bei Tieren lassen sich solche magischen Verhaltensweisen und eine dementsprechende Kausalerwartung nachweisen. Manche dieser eigentlich sinnfreien Verhaltensweisen können indirekt sogar zu höchst erwünschten Resultaten führen: Kein Regentanz hat bisher in reproduzierbarer Weise wirklich Regen herbeiführen können. Das gemeinschaftlich ausgeführte Ritual kann aber durchaus die Gruppe in den harten Zeiten von Wassermangel stabilisieren.

andere Instinkte geleitetes Erforschen seiner Umwelt. Wie jedes Lebewesen kommt der Mensch mit bestimmten Fähigkeiten auf die Welt, ist Teil von ihr. Gleichzeitig besitzt er die Fähigkeit, seine natürlichen Grenzen durch soziale und handwerkliche Techniken, deren eine – in institutionalisierter und methodisch durchdachter Form – die Wissenschaft ist, weiter und weiter hinaus zu schieben. Dabei ist alle Erkenntnis aber stets an die Bedingung gebunden, dass sie auf den menschlichen Kosmos zurücktransformierbar sein muss. Für Erkenntnisse, die außerhalb des Erfahrungs-bereichs liegen, der dem Menschen von der Evolution vorgegeben ist, besteht stets die Gefahr grundlegender Fehleinschätzungen und falscher Extrapolationen. Dies bezieht sich sowohl auf unsere Vorstellungen von Raum und Zeit als auch auf den Charakter von Mikroobjekten wie auf komplexe Systeme, zu denen sowohl das Gehirn als auch soziale Gemeinschaften oder Ökosysteme zählen können.

Erkenntnis bezieht sich nicht nur auf den Begriff des Wissens; mit ihm ver-bunden sind auch all die unterschiedlichen Abstufungen und Vorstufen von Wis-sen, wie Wahrnehmung, Anschauung, Vermutung, Zweifel und Irrtum. Auch die nichtkontemplativen, aktiven Elemente sind für unseren Begriff von Erkenntnis entscheidend. An dieser Stelle überschneiden sich Erkenntnistheorie und Hand-lungstheorie. Zu diesen aktiven Elementen gehört nicht nur das tägliche Handeln, sondern auch die systematische Naturerforschung. Der Erkenntnisprozess ist immer auch mit Emotionen verknüpft, die als Handlungsmotivationen dienen; er besitzt immer sowohl rationale als auch emotionale Momente, die untrennbar miteinander verbunden sind.

Wollte man sich das hier vorgeschlagene Wirklichkeitsverständnis und den Erkenntnisprozess etwas vereinfachend an einem Bild veranschaulichen, so böte sich etwa folgende Darstellung an. Der Mensch ist in seine Welt hineingeboren. Seine Lage in dieser Welt ist zu einem guten Teil durch die Evolution bestimmt, teilweise aber auch durch Kultur und persönliche Charakteristika geprägt. Wie die Welt folglich für den Einzelnen aussieht, welche Rolle er in ihr findet und wie er die Welt und sich selbst erlebt, hängt von den unterschiedlichsten Faktoren ab. Natürlich existieren auch objektiv darstellbare Strukturen unserer Wirklichkeit; sie sind sogar unter pragmatischen Gesichtspunkten besonders wertvoll, weil sie sich technisch sehr gut verwerten lassen. Sie sind aber nur ein Aspekt des menschlichen Weltverständnisses. Erkennen ist sowohl für den einzelnen Menschen als auch für jede Gemeinschaft von Menschen nun keine Annäherung an etwas, sondern eher ein Ausgreifen in die unbegrenzte Welt. Wollte man dies in einem simplen Bild einfangen, geschähe Erkenntnis gleichsam auf einer kreisförmigen Bewe-gung, die in verschiedene Richtungen führen kann und stets durch den Ursprung mitbestimmt ist. Die Kreisförmigkeit symbolisiert dabei die Notwendigkeit, auf den verschiedenen Erkenntnisebenen Konsistenz zu bewahren, und gleichzeitig, dass jegliche Erkenntnis, wie weit sie sich auch von unserem Alltagsverständnis entfernen mag, wieder von Menschen interpretierbar sein muss. Die verschiedenen Richtungen, in die die Kreisbewegungen führen können, entsprechen dann den unterschiedlichen Weisen der Bezugnahme auf die Welt und den verschiedenen Arten von Abstraktionen bei der Beschreibung unserer Wirklichkeit. Der Radius der Kreisbewegung gibt an, wie weit wir uns von unserem vertrauten Mesokosmos entfernen müssen bei der Aufklärung der uns interessierenden Fragen. Der Erkenntnisfortschritt entspricht dann den zunehmenden Radien beim Ziehen unserer Kreise. Und die Verschlungenheit verschiedener Kreisbewegungen mag ein Zeichen dafür sein, wie viele unterschiedliche, eventuell sogar untereinander widersprüchliche beziehungsweise komplementäre Verfahrensweisen wir in unser Bild aufnehmen müssen, um eine möglichst vollständige Sicht auf das von uns behandelte Problem zu erheischen.

Die Art und Weise, wie wir Menschen als Erkennende unsere Kreise ziehen, ist dabei deutlich durch unsere kulturelle Entwicklung mitbestimmt. Sowohl die Methoden als auch unser Hintergrundwissen wie auch die Richtungen unseres Erkenntnisstrebens übernehmen wir aus dem kulturellen Fundus unserer Zivilisation. Für Menschen in archaischen Kulturen etwa besteht nicht die Notwendigkeit, die Bereiche des Unbelebten, des Lebens und des Psychischen fein säuberlich voneinander zu trennen: Das Unbelebte kann von Geistern bewohnt oder den Ahnen teuer sein und nimmt als solches teil am Leben. Das Psychische wiederum ist Ausdruck göttlicher Natur oder spiritueller Kraft und durchdringt die anderen Bereiche. Erst die Unmöglichkeit, mit Hilfe unserer mesokosmischen Anschauungen und Begriffe diese drei Bereiche hinreichend präzise und weit genug verstehen zu können, hat in unserer Kultur über die Abstraktion der wissenschaftlichen Methodologie die Trennung dieser Bereiche erzwungen. Vorläufer dieser uns recht zwangsläufig erscheinenden Trennung sind bei allen hinreichend hochentwickelten Kulturen zu vermuten, natürlich auch bereits im Altertum. Keine postneolithische Gesellschaft kann dasselbe naturgebundene und naturgeborgene Weltverständnis aufbringen, wie es der archaische Mensch mit seiner wechselseitigen Durchdringung psychischer, belebter und unbelebter Natur besitzt; denn jede Ackerbau- und Viehhaltergesellschaft muss Methoden der Kontrolle und der Vorhersage entwickeln, schon zur Sicherung ihrer Nahrungsmittelgrundlage. Diese Methoden aber entfremden den Menschen aus seinem ursprünglichen archaischen Mesokosmos.

Wir sind heute in der Lage, Naturgesetze zu formulieren, die einen erstaunlichen Phänomenbereich in hervorragender und reproduzierbarer Weise abdecken. Diese Naturgesetze werden freilich nicht in der Natur vorgefunden oder von ihr nahegelegt, sondern sind zunächst Erfindungen des menschlichen Geistes. Sie sind Abstraktionen von direkten oder indirekten Naturerfahrungen, die wir modellhaft umzusetzen verstehen und mit denen wir in der Natur vorgefundene Strukturen nachzubilden suchen. Heute besitzen wir einen schon recht weitreichenden Einblick in die Gesetzmäßigkeiten der unbelebten Natur – auch wenn wir sie auf komplexe Systeme nur begrenzt anwenden können – sowie eine stetig wachsende Einsicht in die verwickelten Funktionalitäten der Organismen. Diese Funktionalitäten von Lebewesen unterliegen den Gesetzmäßigkeiten der unbelebten Materie, aus der sie bestehen, ebenso wie der Geist zusätzlich den Bedingungen des biologischen Lebens und des sozialen Zusammenlebens gehorcht.

Wir Menschen als Erkennende sind also bei unseren in die Welt hinausgreifenden Erkenntnisvorgängen sowohl durch die physikalisch-chemischen Grenzen der zellulären Vorgänge bedingt wie durch die biologisch gewachsene Architektur unserer Sinnesorgane und unseres Nervensystems, welches wiederum in seinem

Sosein durch unsere individuelle Entwicklung im Rahmen unserer jeweiligen Kultur geprägt ist. Diese mehrfach rückgekoppelten Abhängigkeiten machen es unmöglich, den Erkenntnisvorgang auf nur einer Beschreibungsebene nachzuvollziehen, sei es die materielle oder die biologische oder die geistige. Erkenntnis muss immer auf irgendetwas aufbauen, und dies kann nur frühere Erkenntnis sein – auch wenn wir diese frühere Erkenntnis im Erkenntnisprozess zum Teil revidieren müssen, was zumeist kein leichter und konfliktfreier Prozess ist. Ausgangspunkt aller höheren Arten von Erkenntnis ist ursprünglich immer unsere Alltagserkenntnis, die wir uns von Kindheit an erworben haben und die mit anderen Erkenntnisarten ebenfalls in einem komplexen Wechselwirkungsverhältnis steht.

16.7   Zur ontologischen Position

Die ontologische Position, die mit der hier präsentierten Erkenntnistheorie einhergeht, lässt sich nicht in strikt realistischen oder idealistischen Kategorien fassen. Ihre Grundlage ist zwar ein robuster Alltagsrealismus als Ausgangspunkt aller Arten von Erkenntnis, aber zugleich gehen wir davon aus, dass ohne eine Perspektive auf die Welt, d. h. ohne Wesen mit Bewusstsein, nicht sinnvoll von etwas Seiendem gesprochen werden kann.[27] Diese Theorie ist also eine der wenigen, die realistische und idealistische Züge in sich vereint. Dies mag auf den ersten Blick etwas widersprüchlich klingen, ist es aber nur, wenn man Realismus und Idealismus in allzu traditioneller Form interpretiert, derzufolge Materielles oder Geistiges als eigenständige Substanzen aufzufassen seien. Die hier vertretene Position ist jedoch besser so zu verstehen, dass man Seiendes nur in wechselseitiger Relation als seiend zu denken hat. Wenn Realität also nicht als rein objektiv-materiell oder als rein subjektiv-geistig gedacht werden kann, und wenn es auch keinen Sinn macht, Realität als hinter den Erscheinungen liegend oder gar als Gesamtheit von versteckten Entitäten aufzufassen, dann ist es naheliegend, sie als Welt zu verstehen, die dem Menschen mit seinen Bedürfnissen entgegentritt; jedoch nicht als außerhalb des Menschen liegende Welt, sondern als ihn einschließende.

Die Welt besteht dementsprechend nicht lediglich aus einzelnen Objekten, sondern zugleich aus den Zusammenhängen zwischen ihnen, sowie zwischen ihnen und unserer subjektiven menschlichen Weise der Bezugnahme auf sie. (In dieser Formulierung spiegelt sich auch ein wenig der holistische Charakter von Naturbeschreibung wider, wie ihn die Quantenphysik fordert und wie er auch im belebten Kosmos besteht.) Dies ist auch als strikte Zurückweisung des klassischen Realismus zu sehen, der Materie als immer weiter analysierbar und objektivierbar versteht; eine Denkart, die ursprünglich aus antiken griechischen Naturspekulationen stammt und sich dank der Erfolge der klassischen Physik bis in moderne philosophische Debatten hinein erhalten hat. Dieser Denkart entgeht, dass sich bei einer Unterteilung die

---

[27] Vergleiche die Bemerkungen zu Subjektivität, Intersubjektivität und Objektivität in Kap. 15.1 sowie zur Perspektivität in Kap. 17.1.

Eigenschaften der untersuchten Objekte ändern können, so dass man es aufgrund der Unterteilung mit grundsätzlich anderen Systemen zu tun hat.

Dem widerspricht auch nicht, dass sich die physikalischen Eigenschaften der Dinge in der Welt, die wir als makroskopische Gegenstände bezeichnen, in hervorragender Weise als von uns und unserem Bewusstsein unabhängig beschreiben lassen. Dies ist lediglich eine besondere Eigenschaft makroskopischer Gegenstände. Dies schließt auch viele der Objekte und Kräfte ein, die schließlich die biologische Evolution bewirkt haben, zusammengefasst unter dem Begriff der materiellen, selektiven Kräfte. Wenn man diese Zusammenhänge näher thematisieren will, so kann man wohl sagen, dass der Mensch zur unbelebten Natur in einem Verhältnis steht, dass sich in den Naturwissenschaften makroskopisch durch starke und mikroskopisch durch schwache Objektivierbarkeit auszeichnet. Unter den Bedingungen alltäglichen Lebens hingegen – und auch der Betrieb der Naturwissenschaften ist von diesen abhängig – spielen emotionale Aspekte immer und überall eine Rolle.

Zur belebten Natur besitzt der Mensch ein vielschichtigeres Verhältnis, das auf der kontemplativ-beobachtenden Seite durchaus gut objektivierbare Komponenten enthält; das aber immer schon allein deswegen, weil auch der Mensch ein Lebewesen ist, das überleben und genussreich leben will, ein schwieriges Wechselwirkungsverhältnis ist. Dem bliebe hinzuzufügen, dass der Mensch, dadurch dass er und wie er lebt, seit langer Zeit einen sehr weitreichenden Einfluss auf die biologische Evolution genommen hat.[28] Psychische Phänomene lassen sich beim Menschen schließlich nur unter den Bedingungen kulturellen Zusammenlebens verstehen.

Da nun aber die Beziehungen zwischen den unterschiedlichen Objekten unseres Interesses das eigentlich Relevante sind, so wird auch klar, warum bisher bei aller Analyse von wissenschaftlich erforschtem und im Alltag erlebtem Seienden so wenig von Ontologie die Rede war. Denn wenn Seiendes erst ist, was es ist, dadurch, dass es auf bestimmte Weise zu etwas anderem in Verhältnis steht, dadurch, dass es auf eine bestimmte Weise wirksam ist, so muss sich die Ontologie auf solche Aussagen allgemeinster Art bescheiden. Von substanzieller Wichtigkeit ist dann zuvorderst die Analyse, welche Arten von Erkenntnis wir im Einzelnen gewinnen können und wie sich all diese Erkenntnisse in ein gemeinsames Bild fügen lassen. Dies aber ist Aufgabe der Erkenntnistheorie.

16.8   Zur Kompatibilität mit anderen Disziplinen und Formen von Erkenntnis

Die hier dargelegte erkenntnistheoretische Konzeption basiert entscheidend auf der modernen Naturwissenschaft. Ihr Wirklichkeitsbegriff kann folglich eine hohe Kompatibilität mit ihren wichtigsten und am besten geprüften Theorien in Anspruch nehmen; insbesondere die evolutionstheoretischen und quantenphysikalischen Inter-

---

[28]Zu den anthropologischen Implikationen dieses Verhältnisses unter den Bedingungen von Zivilisation vergleiche Kap. 18.3.

pretationsanforderungen gehen explizit in die Formulierung ein. In diesem Rahmen haben wir auch die klassische Physik diskutiert und ihre Rolle für unser Weltbild thematisiert. Wie aber sieht es mit den zahlreichen anderen wissenschaftlichen Disziplinen aus?

In der Relativitätstheorie gibt es unterschiedliche Interpretationsschulen, die wir nur am Rande gestreift haben.[29] Wenn wir uns aber in Erinnerung rufen, dass die zur Zeit angestrebte Theorie der Raumzeit auch quantenphysikalischen Charakter tragen soll, so ist durch die explizite Berücksichtigung der scharfen Grenzen der Interpretierbarkeit von Quantentheorien hier kein Konsistenzproblem selbst für die künftige Entwicklung der Raum-Zeit-Theorie zu erwarten. Auch die gegenwärtige Relativitätstheorie stellt keine Hürde für diese Theorie dar, denn die klassisch-objektive Interpretation der Raum-Zeit-Metrik fügt sich in den Rahmen der Diskussion der übrigen klassischen Physik, während operationalistischere Ansätze wohl gut durch die evolutions- und quantentheoretischen Interpretationsanforderungen abgedeckt werden.

Auch von Seiten der Chemie ist Übereinstimmung zu erwarten, denn die Chemie beruht gesetzesmäßig im Wesentlichen auf den Gleichungen der Quantenphysik. Andere Grundgesetze der Chemie sind Umformulierungen oder Weiterentwicklungen der klassischen Physik, insbesondere der Thermodynamik. Zu diesen treten vielfältige Erfahrungswerte, Prozeduren und Verfahrensweisen hinzu, die aber nicht den Rahmen der hier vorgestellten Interpretationsbedingungen sprengen, denn ihre gesetzmäßigen Grundlagen sind ja bereits in der Formulierung dieser Erkenntnistheorie enthalten. Dies gilt analog für die technischen Wissenschaften, von den Ingenieurswissenschaften bis hin zu den eher mathematisch-logisch strukturierten Disziplinen wie der Informatik, der Kybernetik oder der Systemtheorie; wobei wir aber den Status der Mathematik und mit ihm den nicht-anwendungsbezogenen Teil der letztgenannten Wissenschaften an dieser Stelle nicht näher thematisieren wollen.

Schwieriger ist die Vereinbarkeit mit all jenen Arten von Wissen und Wissenschaften zu zeigen, die sich mit dem Psychischen befassen. Der Versuch, auch nur psychologisches Grundlagenwissen – geschweige denn eine Einschätzung allgemein geisteswissenschaftlicher Tätigkeit – hinsichtlich seiner Widerspruchsfreiheit mit der hier vorliegenden Konzeption von Erkenntnistheorie explizit zu erörtern, würde aufgrund der Vielschichtigkeit und der nicht auf wenige Gesetzmäßigkeiten reduzierbaren Fülle von Material den Rahmen dieser Abhandlung leider deutlich sprengen. Und doch ist der Verweis auf all diese Arten wissenschaftlicher Tätigkeit außerordentlich wichtig: Denn nicht nur spielen psychologisch-anthropologische Argumente für diese Arbeit eine große Rolle, da sie sich ja mit Erkenntnis und also mit einem psychischen Phänomen befasst; auch fragt sich der Geisteswissenschaftler, welche Relevanz denn bitte eine Untersuchung quantenphysikalischer und evolutionsbiologischer Interpretierbarkeitsanforderungen überhaupt für ihn besitzen mag – schließlich ist er im Reiche des Geistigen beschäftigt, und alle Naturwissenschaft liefert ihm für sein Interessengebiet keine hinreichenden Erklä-

---

[29]Siehe Kap. 1.4.

rungen, sondern allenfalls Hinweise oder Werkzeuge. Nichtsdestotrotz ist auch das Weltbild des Geisteswissenschaftlers von den Naturwissenschaften mit beeinflusst; vielleicht sogar stärker, als er es sich selbst zugestehen mag oder sich dessen bewusst ist; haben doch die Naturwissenschaften in den letzten Jahrhunderten eine so tiefgreifende Erweiterung unserer Handlungsmöglichkeiten und Transformation unserer Gesellschaft bewirkt.

Da wir im folgenden Kapitel den Zusammenhang zwischen physischer und geistiger Welt noch genauer ergründen wollen, können wir hier nur darauf hinweisen, dass eine Vereinbarkeit zwischen dem hier vorgestellten Weltbild und geistes- oder kulturwissenschaftlichen Disziplinen jedenfalls insofern zu erwarten ist, als dass menschliches Bewusstsein hier als eigenständige biologische Funktion aufgefasst wird, die zwar grundlegenden physikalischen und biologischen Gesetzmäßigkeiten gehorcht, sich jedoch nicht auf neurophysiologische oder andere naturwissenschaftlich beschreibbare Grundlagen reduzieren lässt. Eine sehr viel breitere und „nach oben" offenere, wissenschaftlich fundierte Erkenntnistheorie ist schwerlich denkbar, will man unsere Alltagsintuition und den Erfolg der naturwissenschaftlichen Methodologie gebührend berücksichtigen.

Das Postulat eines eigenständigen Reiches des Psychischen, das durch gewisse naturgesetzliche Eigenschaften bedingt ist, auf deren historisch gewachsenen Strukturen aufbaut und in kulturellem Kontext weiterwächst, kann mit recht unterschiedlichen Theorien psychologischer, geisteswissenschaftlicher oder sogar theologischer Art konform gehen. In diesem Sinne könnte die hier entwickelte Erkenntnistheorie ein Stimulus für sehr unterschiedliche intellektuelle Gebiete sein. So dürfte nicht zuletzt auch Anschluss an einige Thesen des Radikalen Konstruktivismus zu erwarten sein, sofern man diese nicht zu radikal auslegt. Mangelnde Konsistenz ist dann zu erwarten, sollten solche Theorien explizit oder implizit den heute bekannten naturwissenschaftlichen Fakten widersprechen oder etwa in stark idealistischer Manier eine faktische Unabhängigkeit geistigen Seins von allen materiellen Prozessen postulieren. Wenn man aber etwa die evolutionäre Entstandenheit des menschlichen Bewusstseins in Frage stellt, so wird ein interdisziplinärer Diskurs unmöglich. Es ist nun auch dann ein Mangel an Kompatibilität zu erwarten, sollten solche Theorien mit Hilfe einer hinreichend validen Analyse eine grundlegend unterschiedliche Interpretation naturwissenschaftlicher Erkenntnisse aufzeigen und folglich von einem völlig andersartigen philosophischen Weltbild ausgehen. Dies bliebe aber explizit durchzuführen. Insofern soziologische, kulturwissenschaftliche oder andere geisteswissenschaftliche und philosophische Theorien – oder Mischformen zwischen geistes- und naturwissenschaftlicher Tätigkeit, wie sie in der Psychologie und den Neurowissenschaften zu finden sind – also nicht in diesen Punkten widersprechen, ist für sie Anschlussfähigkeit an die hier vorgelegte Erkenntnistheorie zu erwarten.[30] Der jeweilige Zusammenhang bleibt

---

[30]Es soll hier keineswegs so ganz nebenbei ein Denkverbot gegenüber antinaturalistischen Provokationen ausgesprochen werden. Solche können durchaus ihre kulturelle Bedeutung besitzen und sogar allzu engstirnigen und bisweilen auch gefährlichen Interpretationen der modernen

dabei natürlich immer eine Frage der Betrachtungsweise und der interdisziplinären Zielsetzung. Vor allem der im übernächsten Kapitel zu entwickelnde Begriff des soziokulturellen Apriori zeigt einen anthropologisch motivierten Weg auf, natur- und geisteswissenschaftliche Erkenntnis miteinander in Beziehung zu setzen.

Eine andere wichtige Frage ist natürlich die, inwieweit sich die hier dargelegten Thesen in Bezug zu philosophischen Strömungen setzen lassen, die nicht in der abendländischen Tradition stehen, wie sie vor allem Europa und große Teile des amerikanischen Doppelkontinents beeinflusst. Wir haben bereits auf die Werke Hideki Yukawas und Abdus Salams hingewiesen, die gleichfalls die Bedeutung der modernen Naturwissenschaft im Rahmen ihrer weltanschaulichen Tradition reflektiert haben. Es bliebe gewiss jeweils explizit zu erörtern, mit welchen philosophischen, religiösen oder weltanschaulichen Traditionen die hier vorgestellte Erkenntnistheorie in Einklang steht.

Nun ist es in einer zunehmend zusammenwachsenden Welt natürlich wünschenswert, wenn Menschen sich nicht nur über Konsumgüter und deren Preise, sondern auch über Werte und Weltanschauungen austauschen und auf diese Weise zu einem besseren wechselseitigen Verständnis gelangen, das die Grundlage friedlichen und fruchtbaren Zusammenlebens ist. Die hier entwickelten Ideen stehen zwar einerseits in der Tradition des Abendlandes – wobei sie einige Ansätze dieser Tradition natürlich kritisieren muss –, andererseits beruhen ihre Eckpfeiler auf naturwissenschaftlichen Erkenntnissen, die universelle, kulturübergreifende Gültigkeit beanspruchen können. Zudem mag die Offenheit ihrer Konstruktion auch kulturell sehr unterschiedlichen Ansichten einen inhaltlichen Anschluss ermöglichen. Wenngleich also auch die hier diskutierten Probleme und die Art und Weise ihrer Diskussion im Licht abendländischen Philosophierens stehen, so mögen sich die erzielten Ergebnisse vielleicht doch auch jenseits dieser Tradition als Inspiration erweisen.

---

naturwissenschaftlich-technischen Welt die Stirn bieten. Ihre Relevanz in einem umfassenden erkenntnistheoretischen Kontext mag jedoch eingeschränkt sein.

Das Materie-Körper-Bewusstsein-Problem 17

Der Zusammenbruch von Doktrinen ist
keine Katastrophe, sondern eine
Gelegenheit.

(Alfred North Whitehead)

Wie jede andere erkenntnistheoretische Konzeption hat auch diese eine eigene Bedeutung für die Philosophie des Geistes. Der hier entwickelte naturalistisch-pluralistische Ansatz unterscheidet sich deutlich von den herkömmlichen Positionen bezüglich des Zusammenhanges von Körper und Geist. Auffallend ist, wie in der natur- und geistesphilosophischen Diskussion der Gegensatz zwischen Materiellem und Psychischem betont wird; wobei häufig implizit davon ausgegangen wird, dass sich beides halbwegs klar definieren ließe. Wenn wir aber nicht einmal die lebendigen Organismen in rein materiellen Begriffen zu beschreiben in der Lage sind, müssen wir das Leib-Seele-Problem in neuer Form betrachten, nämlich aufge-fächert in dingliche Materie, körperlichen Organismus und psychische Zustände. Dieses Problem stellt sich uns folglich als Problem des Zusammenhanges von Materie, Körper und Bewusstsein. In dieser Form wird auch klar, was Biologen seit langem bekannt ist, was philosophisch aber nicht einfach zu thematisieren ist; nämlich dass Bewusstsein nur Sinn macht als biologische Funktion. Nachdem bisher also die Besonderheiten und nichtreduktiven Eigenständigkeiten von Materie, Leben und Psyche im Zentrum der Erörterung standen, stellt sich jetzt die Frage, in welchen Zusammenhang sie sich bringen lassen – denn dass sie zusammen-hängen, kann nicht bestritten werden. Insbesondere benötigen wir dringend eine Auflösung des Dilemmas der mentalen Verursachung. Bevor dies geschehen kann, sind jedoch zunächst grundlegende erkenntnistheoretische Fragen zu Personalität und Perspektivität sowie zum Zusammenhang von physikalischen und biologischen Beschreibungsebenen des Gehirns, zur psychophysischen Unschärfe und zum Verhältnis von Neurophysiologie und Anthropologie zu klären.

© Springer-Verlag Berlin Heidelberg 2017
D. Eidemüller (Hrsg.), *Quanten – Evolution – Geist*,
DOI 10.1007/978-3-662-49379-3_17

17.1   Ich, Du, Er, Sie, Es: Perspektiven

Eine wichtige Unterscheidung in der Philosophie des Geistes betrifft die Perspektive der ersten und der dritten Person. Im Vergleich zur gebräuchlichen grammatikalischen Unterscheidung von „ich", „du", „er", „sie" und „es" ist nicht a priori klar, in welchem erkenntnistheoretischen Bezug die personalen Pronomen und das neutrale Pronomen „es" stehen. Der Sprachgebrauch – sowohl in der Evolutionären Erkenntnistheorie wie auch in etlichen anderen Positionen – impliziert, dass sich einerseits eine subjektive Beschreibung eines bestimmten Phänomens geben lasse, andererseits aber auch eine objektive Beschreibung existiere, die auf die menschlichen Unzulänglichkeiten keine Rücksicht zu nehmen brauche und die folglich mit überlegener Allgemeingültigkeit eine Darstellung unserer Welt liefern könne. In Kap. 11.3.3 haben wir die wissenschaftstheoretische Problematik dieser Position analysiert und die Unmöglichkeit einer einheitlichen naturwissenschaftlichen Weltbeschreibung am Fall des Gehirns gezeigt. In diesem Kapitel wollen wir nun die prinzipielle erkenntnistheoretische Absurdität einer sogenannten Dritte-Person-Perspektive aus den bisherigen Ergebnissen ableiten.[1]

Wenden wir uns zunächst den personalen Formen zu: „Ich" ist die personale, subjektive Perspektive der ersten Person. Sie entspricht dem jedem Einzelnen vertrauten Strom seines Bewusstseins. „Du" ist die ebenso personale Perspektive einer anderen Person, der man ebenso wie sich selbst Bewusstsein zuschreibt. Das „Du" erwächst aus dem direkten Kontakt mit einem anderen Menschen; es ist die Du-Evidenz, die uns wechselseitig berührt. Die Ich-Perspektive ist die erkenntnistheoretische Voraussetzung für die Du-Perspektive, denn nur ein Lebewesen mit Bewusstsein kann ein solches auch anderen unterstellen. Ontogenetisch gesehen ist diese Relation aber keine Einbahnstraße, sondern gilt ebenso in umgekehrter Form. Schließlich formt sich der menschliche Geist sowie der aller anderen sozialen Lebewesen im Wechselspiel mit den jeweiligen Hauptbezugspersonen.[2]

Die „Er-Perspektive" bzw. „Sie-Perspektive" sind die immer noch personalen Bezugnahmen auf eine dritte Person, die nicht in direktem Kontakt mit uns steht. Um einer solchen Person eine eigene Perspektive zuschreiben zu können, ist die Erfahrung der Du-Perspektive zwingende Voraussetzung. Die personalen Pluralformen sind einfach aufzulösen. Das „Ihr" ist die Mehrzahl des „Du". Das „Wir" setzt sich zusammen aus dem „Ich" und dem „Ihr". Das personale „Sie" ist die Mehrzahl von „Er" bzw. „Sie".

Die apersonale Form „Es" der dritten „Person" bezieht sich auf einen Gegenstand, im Plural „Sie" auf eine Mehrzahl von Gegenständen. Diese apersonalen Formen stellen uns vor eine grundlegende erkenntnistheoretische Schwierigkeit: Wie sollten wir einem „Es" eine Perspektive zuschreiben können? In der

---

[1] Zum Verhältnis der subjektiven und intersubjektiven Perspektiven bei der Welterfassung siehe auch Davidson (2001).

[2] Störungen dieser fundamentalen menschlichen Empathie sind mitunter Grundlage für pathologische Verhaltensweisen.

geistesphilosophischen Debatte hat sich der Begriff der „Perspektive der dritten Person" – im Sinne einer neutralen, perfekten und umfassenden Sicht auf die Welt – zwar recht widerstandslos eingebürgert, er muss vor dem Hintergrund dieser Analyse jedoch leer erscheinen. Eine Perspektive auf die Welt können wir schließlich nur Lebewesen mit Bewusstsein zugestehen; und jegliche objektive Darstellung unserer Wirklichkeit beruht auf der Abstraktion spezifisch subjektiver Elemente, ist damit aber eben immer noch abhängig vom Inhalt des Bewusstseins eines Lebewesens.[3] Eine grammatikalische „Person" des „Es" entspricht weder einem Lebewesen noch gar einem mit Bewusstheit begabten. Die Behauptung der Existenz einer solchen „Es-Perspektive", einer neutralen „Dritte-Person-Perspektive", beruht auf der Vermutung, es lasse sich mit Hilfe der wissenschaftlichen Methodik eine streng objektive, vollständige Beschreibung der Wirklichkeit geben, die auf die Irrtumsanfälligkeit des Individuums verzichten kann. Eine solche Sicht der Dinge lässt sich nun jedoch nicht mehr halten.[4] Es existiert keine apersonale Perspektive der dritten Person. Ihre Hypostasierung entspringt Vorurteilen bezüglich dessen, was man unter wissenschaftlich erfassbarer Wirklichkeit versteht, und basiert auf der unbewussten Unterschlagung der methodologischen Voraussetzungen von Wissenschaft. Die „Es-Perspektive" hängt in Wirklichkeit an der „Ich-Perspektive" (die immer auch eine „Wir-Perspektive" ist); sie ist die gefilterte und methodisch-abstrakte Zusammenfassung bestimmter Aspekte unserer Wirklichkeit als Lebewesen.

Interessanterweise vertritt sogar Thomas Nagel, einer der bekanntesten Protagonisten einer nichtreduktiven Interpretation phänomenaler Bewusstseinszustände, die Existenz einer solchen von jeglichem Subjekt unabhängigen, neutralen, ultimativen Perspektive – er nennt dies „view from nowhere", zu deutsch: „den Blick von Nirgendwo." Es mag rein argumentativ sogar Sinn machen, eine solche Perspektive anzunehmen: Denn wenn es ihm gelingt, wie mit seinem in Kap. 11.3.2 zitierten Fledermaus-Argument, die Irreduzibilität von Qualia sogar angesichts einer hypothetisch angenommenen streng objektiv-naturwissenschaftlichen Perspektive zu zeigen, so spricht dies nur für die Qualität seines Arguments.[5] Sobald man die enge Fachdiskussion der Philosophie des Geistes aber verlässt und sich auf breiteres

---

[3] Es sei erstens angemerkt, dass insbesondere im Deutschen der Sprachgebrauch aufgrund der unregelmäßigen Mischung von Genera manchmal etwas verwirrend ist. Zweitens ist wie immer die Grenze unscharf, bis zu der wir Lebewesen Bewusstsein und eine eigene Perspektive zuschreiben können. Während sich Säugetieren noch problemlos verschieden komplexe Stufen von Bewusstsein zugestehen lassen, so müssen wir uns bei Fischen, Amphibien, Reptilien und Insekten aber doch Ratlosigkeit eingestehen. Dies gilt insbesondere angesichts der erstaunlichen kognitiven Fähigkeiten einiger sehr unterschiedlicher Tierarten, die nicht zu den uns verwandten Primaten zählen, sondern ganz anderen Zweigen des evolutionären Stammbaums entspringen, wie etwa Rabenvögel oder manche Tintenfische. Manche Verhaltensforscher sprechen angesichts der überraschend vielseitigen kognitiven Fähigkeiten bei Krähen gar von „gefiederten Primaten"; das Pendant dazu wäre vielleicht „Tentakelaffe".

[4] Entscheidend für diesen Punkt sind in unserer Argumentation vor allem die Kap. 4.2.1, 7.2, 11.3.3, 15.1, 15.6, sowie 16.5; man vergleiche auch die Einträge zum Stichwort „Entanthropomorphisierung" im Register.

[5] Zur Literatur siehe Nagel (1986) sowie die deutsche Übersetzung in Nagel (1992).

wissenschaftstheoretisches und erkenntnistheoretisches Terrain begibt, wird diese
These jedoch fragwürdig. So hat bereits Sigmund Freud darauf hingewiesen, dass
„das Problem einer Weltbeschaffenheit ohne Rücksicht auf unseren wahrnehmenden
seelischen Apparat eine leere Abstraktion ist, ohne praktisches Interesse."[6] Man
beachte auch, was Niels Bohr diesbezüglich sehr klar und allgemein über das Wesen
der Naturwissenschaft gesagt hat: „In our description of nature the purpose is not
to disclose the real essence of the phenomena but only to track down, so far as it is
possible, relations between the manifold aspects of our experience."[7] Und: „Physics
is to be regarded not so much as the study of something a priori given, but as the
development of methods for ordering and surveying human experience."[8]

Wie allgemeingültig kann Wissenschaft aber sein? Unsere Wissenschaft mag
sich gar mit der Wissenschaft intelligenter extraterrestrischer Lebensformen decken;
schließlich ist der stark oder schwach objektiv beschreibbare Anteil nützlicher
Phänomene nicht gerade klein; und die fundamentalen Naturgesetze beziehen
sich auf einen erstaunlichen großen Bereich von Wirkungen. Doch schon unter
Berücksichtigung der interpretativen Konsequenzen der Quantenphysik lässt sich
die Behauptung einer stark objektiven, apersonalen Perspektive auf unsere Welt
nicht mehr aufrechterhalten – wenn sie denn überhaupt schon jemals mehr als
eine erkenntnistheoretische Fata Morgana war. Das Messpostulat etwa benötigt
ein makroskopisches Messgerät. Ohne diesen Begriff bliebe die Quantenmechanik
uninterpretiert. Wer aber könnte bestimmen, was ein makroskopisches Messgerät
ist, wenn nicht ein intelligentes Lebewesen, zu dessen Lebenswelt makroskopische
Gegenstände gehören? Ein völlig subjektunabhängiger epistemischer Standpunkt,
eine perspektivenfreie Neutralität ist nicht in Sicht. In welcher auch?

17.2 Materie und Körper, Elektronen und Gehirn

In der Philosophie des Geistes findet sich oft eine Entgegensetzung von Materie auf
der einen Seite und Geist auf der anderen Seite, so als ließe sich der menschliche
Körper mitsamt seinem Gehirn eindeutig auf eine bestimmte Art und Weise darstellen. Wenn aber keine ausgezeichnete objektive Perspektive existiert, so sind alle
Beschreibungen von Körper oder Gehirn vom Standpunkt und der Problemstellung
des Wissenschaftlers abhängig. Wie gesagt zeigt schon die Quantenphysik, dass
eine solche Konzeption von Wissenschaft und Wirklichkeit, die aufgrund der langen
Wirkungsgeschichte der klassischen Physik zum vielfach unhinterfragten kulturellen Hintergrund geworden ist, nichts weiter als eine unzulässige Extrapolation
einer aus abstrahierten Gegenstandserfahrungen gewonnenen Kulturtechnik ist.

---

[6]Freud (1927), S. 91.
[7]Bohr (1934), S. 18.
[8]Bohr (1987), S. 10.

Man vergleiche nur, wie weit sich selbst realistische Lesarten der Quantenphysik, wie etwa der „verschleierte" Realismus d'Espagnats, von solch einer Sichtweise entfernt haben.

Bevor sich also das Verhältnis des Psychischen zu seinen körperlichen Grundlagen erhellen lässt, ist eine saubere Unterscheidung auf der Seite ebendieser körperlichen Grundlagen vonnöten, wie wir sie bereits in Kap. 16.4 erörtert haben und wie sie in der Philosophie des Geistes leider unüblich ist. Nach dem bisher Gesagten müssen aber die verschiedenen Weisen der Beschreibung, das biologische und das physikalisch-chemische Vokabular, trotz einiger Überlappungen getrennt bleiben. Organismen sind stets an ihre Umwelt gebunden, durch sie bedingt und mit ihr in Interaktion. Physikalisch-chemische Beschreibungen von Lebendigem können stets nur gewisse Aspekte von diesen Zusammenhängen erklären. Bewusstsein schließlich ist eine besondere Funktion des Organismus. Es ist über die Wahrnehmung und die emotionalen Regelkreise verknüpft mit Körper und Außenwelt.

Das Gehirn ist dasjenige Organ, das unser Bewusstsein erzeugt; es ist der Sitz des neuronalen Netzwerks, der zig Milliarden miteinander verflochtenen Nervenzellen mit ihren unzähligen Synapsen, es stellt das neuronale Korrelat unserer Empfindungen und unseres Denkens dar. Mittels neuer bildgebender Verfahren lassen sich elektrische Aktivitäten in verschiedenen Hirnregionen bestimmten mentalen Prozessen zuordnen. Insbesondere der visuelle Kortex wird zurzeit eingehend erforscht. Elektrische Signale werden, über die Synapsen vermittelt, von einer Nervenzelle an die nächste weitergeleitet, verstärkt oder abgeschwächt, rhythmisch moduliert und schließlich an andere Teile des Gehirns weitergeleitet oder über die Motoneuronen in muskuläre Bewegung umgesetzt. Die physikalische Lesart dieser Vorgänge lässt hoffen (oder befürchten), dass eines Tages auch künstlich erzeugte Systeme Bewusstheit zeigen könnten. Die neuronale Verschaltung des Gehirns wird mit künstlich herstellbaren neuronalen Netzwerken verglichen. Diese neuronalen Netzwerke wiederum besitzen gegenüber herkömmlichen informationstechnischen Geräten wie etwa dem Computer einige herausragende Vorzüge. Letztere arbeiten seriell nach dem Prinzip der Von-Neumann-Architektur, während neuronale Netzwerke parallel arbeiten, d. h. die Arbeitslast verteilt sich über das gesamte Netz und wird simultan verrechnet. Daher rührt die große Stärke neuronaler Netze bei der Mustererkennung und bei der Kompensation von Ausfällen einzelner Zellen – Beispiele, die aus der Biologie gut bekannt sind. Es ist geradezu erstaunlich, wie primitiv bestimmte neuronale Netze sein können, die Datensätze nach komplexen Kriterien zu untersuchen in der Lage sind.

Wie hängen diese informationstheoretischen Fragen aber mit dem Problem des Bewusstseins zusammen? Reicht es vielleicht aus, die funktionale Verschaltung etwa eines Mäusehirns auf einen Computerchip zu übertragen? – An sich schon eine ungeheure Aufgabe. Oder sie in einem gigantischen „Elektronenhirn" zu simulieren, was den Vorteil der Plastizität hätte? Nun bedarf Bewusstsein jedoch auch in einem gewöhnlichen Gehirn mehr als nur der Verdrahtung und einem frankensteinschen Stromstoß. Die Aktivität der Nervenzellen wird kontinuierlich durch Sinneszellen und Botenstoffe des eigenen Körpers befeuert. Die Neuronen und Gliazellen, so langlebig sie auch sein mögen, sind lebendige Zellen, die außer der Übermittlung von elektrischen Signalen noch eine ganze Reihe anderer Stoffwechselprozesse durchmachen, die mit diesen in Zusammenhang stehen. Die bereits besprochenen Besonderheiten des Lebens, zu denen insbesondere auch seine Historizität gehört, ziehen sich natürlich auch durch alle zerebralen Funktionen, die wiederum zu einem Organ gehören, das selbst bestimmte Funktionen für den Gesamtorganismus innehat. Das Chipmodell des menschlichen Gehirns kann diese Abhängigkeiten, die zentral für seine biologischen Funktionen sind, nicht nachvollziehen und taugt deshalb nicht zur Erklärung von Bewusstsein, sondern lediglich zur Simulation einiger Aspekte intelligenten Verhaltens. Die Erzeugung einer *mens ex machina* – also technisch realisierter Verstandestätigkeit – auf solche Weise wird deshalb wohl ein Traum bleiben.

Bewusstsein ist auch kein Augenblickszustand, sondern ein kontinuierlicher Vorgang, der in Lebewesen stattfindet und der auf die Bewältigung der Außenwelt gerichtet ist. Eine Simulation der neuronalen Architektur hätte also nicht nur die unzähligen zellulären biochemischen Prozesse, sondern auch eine Außenwelt sinnvoll wiederzugeben, innerhalb derer der Organismus agieren könnte. Diese Simulation müsste über eine hinreichende Zeit stabil sein. Es ist also zu vermuten, dass so etwas wie künstliche Intelligenz sich erst dann wird simulieren lassen, wenn es gelingt, die spezifisch biologischen Voraussetzungen (zu denen nicht nur Emotionalität, sondern insbesondere auch Lernen und Imitieren gehören) auf künstliches Leben zu übertragen. Die grundlegende Schwierigkeit, solch künstliches Leben informationstechnisch zu simulieren, wird aber bereits an der Bedeutung quantenphysikalisch-chemischer Prozesse für dieses deutlich.[9] Eher machbar scheint hingegen die Erzeugung gemischter Organismen aus echten Nervenzellen, die mit technisch hergestellten Elektroden und Transistoren verknüpft werden. Ob die kognitiven Fähigkeiten solcher Organismen dann noch den Namen „künstliche" Intelligenz verdienen, sei dahingestellt.[10]

Hieraus folgt, dass bereits auf der physischen Seite zwischen physikalischer und biologischer Beschreibung unterschieden werden muss. Materie und Körper, Spannungspotentiale und Nervenzellen, Elektronen- und Ionenflüsse und das

---

[9]Lebewesen besitzen eine komplexe Hierarchie miteinander wechselwirkender Funktion. Hierdurch können einzelne Moleküle, etwa bei genetischen Veränderungen, Bedeutung für den Gesamtorganismus besitzen. Quantenchemische Zufälle können also durchaus mittel- bis langfristig entscheidende Unterschiede bewirken. Alle diese Unwägbarkeiten und die Mittel zu ihrer Vermeidung hängen aber an dermaßen vielen Randbedingungen, dass eine erschöpfende physikalisch-chemische Analyse aussichtslos ist. Dies bedeutet aber nicht, dass der Versuch zu einer solchen Analyse nicht doch wichtige Einsichten zu liefern vermag. Hieran schließen sich viele offene Fragen, unter anderem solche zur Berechenbarkeit mit künftigen Quantencomputern sowie zur nichtlinearen Dynamik.

[10]Es gibt Überlegungen – wenngleich stärker durch die Psychologie und das Scheitern gewisser Projekte der Künstlichen Intelligenz inspiriert als durch fundamental-wissenschaftstheoretische Gründe – die zu einer Konzeption von Bewusstsein geführt haben, die man als *embodied-embedded mind* bezeichnet. Bewusstsein wird als Funktion eines Körpers verstanden und ist deswegen *embodied*; dieser Körper existiert aber nur in einer bestimmten Umwelt, er ist *embedded*,

menschliche Gehirn sind – und das ist nichts weiter als die auf dieses Organ hin spezifizierte Überlegung aus Kap. 16.4 – verschiedene Beschreibungsweisen unserer Realität, die sich nicht durch die jeweils andere ersetzen lassen und die jeweils ihre eigene Berechtigung besitzen. Bereits die physikalische Beschreibung lässt ja verschiedene Ebenen zu, je nachdem, wie weit man ins Detail gehen will und ob man die elektrodynamischen, thermodynamischen, mechanischen oder quantenphysikalischen Eigenschaften des Gehirns zu erforschen sucht. Die psychische Seite wiederum steht zwar in Verbindung mit all diesen physikalisch-chemischen oder biologisch zu beschreibenden Organfunktionen, lässt sich aber nicht in ihren Begriffen darstellen.

Die sogenannte Künstliche Intelligenz hat es dementsprechend auch nicht mit kognitiven, sondern mit pseudokognitiven Phänomenen zu tun. Sie vermag intelligentes oder bewusstes Verhalten nur zu simulieren oder zu imitieren; die von ihr gebrauchten informationstechnischen Mittel besitzen jedoch keine eigene Intelligenz, sondern höchstens ihre durchaus fleischlichen Erschaffer – zumindest insofern sie ihren Artefakten nicht ebenfalls eine solche zusprechen.

17.3 Das psychophysische Unschärfeprinzip

Wenn nun Psychisches und Physisches in Wechselwirkung stehen, dann stellt sich die Frage, in welcher Art von Verhältnis sie zueinander stehen. Aus dem Begriff der Supervenienz (demzufolge sich ein Bewusstseinszustand nicht ändern kann, ohne dass zentralnervöse Veränderungen stattfinden) allein folgt noch nicht, wie sich

---

eingebettet in ein bestimmtes Milieu. Vergleiche auch Varela et al. (1993). Der Gedanke dahinter ist, dass Lebewesen, die intelligentes Verhalten entwickelt haben, auf genau diese Verankerung in irgendeiner Art von Umwelt angewiesen sind. Die Abstraktion von einem solchen Kontext führt zu der irrigen Vorstellung, Bewusstsein und Intelligenz ließen sich entweder in idealistischer Manier als eigenständige Entität oder in behavioristisch-materialistischer Manier als vereinfachende Sprechweise für etwas Nichteigenständiges gebrauchen, durch das gekürzt werden könnte. Es gibt Vermutungen, dass Roboter, die eines Tages vielleicht zumindest so etwas wie insektenähnliche Intelligenz entwickeln könnten, nur dann hierzu in der Lage sein werden, falls sie selbständig in einer bestimmten Umgebung agieren und dabei lernen können. Wie aber etwa Peter Bieri ausgeführt hat, wird mit der Berücksichtigung der Verkörperung beispielsweise das Problem der mentalen Verursachung nicht gelöst. Es mag ein Ansatz für Forschungen zu Künstlicher Intelligenz sein, taugt aber nicht zur Auflösung konzeptioneller Probleme in der Philosophie des Geistes; vergleiche Bieri (1993), S. 52. Hiermit verwandt ist der Gesichtspunkt der Abwärtskausalität, derzufolge größere systematische Einheiten Strukturen hervorbringen, die auf Untereinheiten wirken und deren Verhalten zumindest teilweise bestimmen. So hat eine soziale Gemeinschaft Einfluss auf den einzelnen Menschen und damit auch auf dessen Bewusstsein, dieses wiederum auf die zu ihm gehörige Materie und seine Umwelt. Was auf der Seite des Individuums als emergente Eigenschaft erscheint, ergibt sich aus der umfassenderen Perspektive als bedingt durch die Wechselwirkungen eines Systems mit seiner Umwelt; vergleiche hierzu auch Campbell (1974a) und Popper (1978). Ein prinzipieller Einwand gegen materialistische Positionen lässt sich daraus jedoch ebenfalls nicht konstruieren. Ein reduktionistischer Materialist könnte unter diesen Voraussetzungen immer noch behaupten, man müsse das zu analysierende System eben nur groß genug wählen, um schließlich etwa Bewusstseinsphänomene erklärbar zu machen.

psychische und physische Begriffe aufeinander beziehen. Wenn wir das geistige nicht durch materielles Vokabular ersetzen können, bleibt zumindest zu klären, wie Geistiges und Materielles miteinander korrelieren. Dies ist im Wesentlichen eine empirische Aufgabe und Sache der Neurophysiologie sowie der Psychologie. Wie präzise kann eine solche Korrelation aber sein?

Um eine Korrelation feststellen zu können, benötigt man zunächst eine möglichst präzise Darstellung des neuronalen Korrelats. Diese zu verbessern ist eine Aufgabe der messtechnischen und bildgebenden Verfahren. Je weiter eine neurophysiologische Vorhersage in die Zukunft reichen soll, desto genauer muss der Ist-Zustand des Gehirns erfasst werden. Die prinzipielle Schwierigkeit, die normale Funktion des Gehirns wiederzugeben, ohne sie aufgrund überstarker Magnetfelder oder diverser Strahlungsarten zu stören, wollen wir als *äußere psychophysische Unschärfe* bezeichnen. Die allerletzte Grenze dieser Unschärfe ist durch die quantenphysikalische Unschärferelation gegeben. Es ist jedoch einerseits eine messtechnische Unmöglichkeit, dass jemals der Zustand des gesamten Zentralnervensystems in solcher Präzision erfassbar sein wird; und andererseits wäre eine solche Messung nicht mehr minimal-invasiv und damit störungsfrei.[11]

Abgesehen von diesen Schwierigkeiten ist auch nie ganz sicher, inwieweit sich solche Mess- und Laborsituationen auf das Alltagsleben und die normale Funktionsweise des Gehirns übertragen lassen. Ziel der neurophysiologischen Forschung kann also keine mikrophysikalische Beschreibung des Gehirns sein, sondern nur eine pragmatische, die mit verschiedenen physikalisch-chemischen und biologischen Beschreibungsebenen arbeitet und diese zu einem brauchbaren Erklärungsrahmen mit endlicher Präzision verdichtet.

Außerdem ist es vonnöten, eine möglichst exakte sprachliche Beschreibung von Bewusstseinszuständen zu geben, will man diese präzise in Bezug zu Hirnzuständen setzen. Die hierbei auftretenden Ungenauigkeiten wollen wir als *innere psychophysische Unschärfe* bezeichnen. Sie sind mannigfaltiger Art. Zum einen ist es außerordentlich schwer, auch nur einen kleinen Teil der uns ständig durch den Kopf gehenden Gedanken, Empfindungen, Wahrnehmungen, Eindrücke, Assoziationen, Erinnerungen etc. in Worte zu fassen. Zudem verändern sich unser Bewusstseinszustand und unsere Aufmerksamkeit ständig. Eine halbwegs klare Zuordnung lässt sich nur unter wohlgeordneten Laborbedingungen geben, unter

---

[11]Man muss bei solchen Inbezugsetzungen quantenphysikalischen und neurophysiologischen bzw. psychologischen Vokabulars stets auf der Hut sein, nicht falsche Analogien zu bilden – insbesondere da von wissenschaftlich weniger interessierten Kreisen eine Menge Schindluder mit diesen Begrifflichkeiten getrieben wird. Wenn sich strukturelle Gemeinsamkeiten auffinden lassen, so darf man diese (wie etwa holistische Phänomene oder die Beeinflussbarkeit durch den Akt der Messung bzw. Befragung) nicht in der Weise missinterpretieren, dass quantenphysikalische Prozesse das Funktionieren mentaler Prozesse zu erklären in der Lage wären oder umgekehrt; sondern man kann lediglich die Behauptung aufstellen, dass in beiden Wissenschaften parallele erkenntnistheoretische Prinzipien sichtbar sind, die mechanistischem Denken widersprechen und die z. B. darauf gründen, dass sich eine Beeinflussung des untersuchten Objekts bzw. Bewusstseinszustands durch den Akt der Untersuchung nicht gänzlich vermeiden lässt.

denen der Experimentator dem Probanden etwa vorschreibt, sich etwas Bestimmtes vorzustellen, sich auf Farbtupfer, hüpfende Balken oder was auch immer zu konzentrieren, eine Szene zu imaginieren, die in ihm Mitgefühl auslöst, im Kopf Rechenaufgaben zu lösen oder bestimmte Bewegungen auszuführen. Aber selbst bei diesen extrem reduzierten kognitiven Tätigkeiten muss man berücksichtigen, dass sich der Proband bewusst ist, Teil eines Experiments zu sein. Die Fragen und Vorgaben des Experimentators beeinflussen seinen Bewusstseinszustand. Inwieweit sich die so gewonnenen Erkenntnisse auf natürliche Gegebenheiten übertragen lassen, ist insbesondere für komplexere Fragestellungen kaum zu beantworten. Die Zuordnung einer Blau-Wahrnehmung zu bestimmten Aktivitäten im visuellen Kortex ist eine Sache; die Frage, welche Meinung der Proband zu den Kommentaren seiner Tageszeitung hat, eine andere. Die Beeinflussung des mentalen Zustands ist auch bei der Introspektion nicht zu umgehen; schließlich fokussiert man auch hier die Aufmerksamkeit und gibt anschließend eine propositional formulierte Beschreibung des eigenen psychischen Zustands. Die Vorstellung, durch Introspektion die eigenen Zustände unmittelbar wiedergeben zu können, hat der Philosoph Wilfrid Sellars dementsprechend als „Mythos des Gegebenen" kritisiert.[12] Stattdessen beruhen unsere Darstellungen des so introspektiv Erfassten immer auch schon auf vorgefertigten Meinungen und Theorien. Und auch Mimik und Gestik sind Teil von Kommunikation; sie lassen sich nicht immer durch Sprache ersetzen. Diese innere psychophysische Unschärfe ist natürlich nicht quantitativ fassbar, sondern höchstens in psychologischen Modellen qualitativ zu bestimmen. Sie gibt die Unmöglichkeit wieder, eine exakte Beschreibung von Bewusstseinszuständen geben zu können; denn jede Beschreibung von solchen erfordert einen Beschreibenden, dessen Bewusstseinszustand sich infolge des bewussten Ausdrucks desselben verändert. Auch diese Unschärfe ist folglich stets endlich.

Die gesamte psychophysische Unschärfe ergibt sich aus der Schwierigkeit, trotz äußerer und innerer Unschärfe eine sinnvolle Korrelation zwischen neuronalen und geistigen Zuständen zu etablieren. Diese Unschärfe hat einen anderen Charakter als die quantenmechanischen Unschärferelationen; denn bei den quantenphysikalischen wächst die Unschärfe einer Größe, je genauer man die andere betrachtet, auch bei den einfachsten Systemen. Im psychophysischen Fall hingegen wächst die Unschärfe mit der Komplexität der untersuchten sprachlichen Strukturen oder Empfindungsstrukturen. Diese Unschärfe besteht selbst für den hartgesottensten Reduktionisten, der aus welchen Gründen auch immer die gesamte bisherige Argumentation ablehnt. Sie kann sich auch für ihn als schwieriger Stolperstein auf dem Weg zu einem materialistischen Weltbild erweisen. Denn wenn sich keine eindeutige oder besser eineindeutige Zuordnung von körperlichen und geistigen Zuständen darlegen lässt, welchen Sinn macht es dann, von einer Reduktion des einen auf das andere zu sprechen?[13] Dann bleibt nur der Ausweg des eliminativen

---

[12]Sellars (1963).

[13]Hinzu tritt das Problem der multiplen Realisierbarkeit, vergleiche den Kommentar in der ersten Fußnote in Kap. 11.3.

Materialismus, der mehr Fragen aufwirft, als er löst, und der in seiner Bizarrheit an andere verzweifelte Lösungsansätze wie etwa die Vielwelten-Interpretation der Quantenmechanik erinnert.

17.4   Schopenhauer und das Verhältnis von Neurophysiologie und Anthropologie

Mit Hilfe seiner Erkenntnisfähigkeit erforscht der Mensch seine Umwelt und findet dabei in einem historischen Prozess heraus, dass sich bestimmte Arten des Umgangs mit dieser Umwelt als besonders effektiv erweisen. Diese Methoden etablieren sich dann in einem bestimmten kulturellen Kontext, werden zum unhinterfragten Habitus. Doch etwa im Bereich der Nutzung von Ressourcen geschieht es hierbei immer wieder, dass der Mensch die Endlichkeit von Naturgütern, den unwiederbringlichen Verlust natürlicher Lebensräume und Arten sowie seinen eigenen Einfluss auf die von ihm betroffenen Ökosysteme völlig unterschätzt. Dies ist nicht erst in heutiger Zeit so, hierfür lassen sich bereits zahlreiche Beispiele aus früheren Zeitaltern finden. Von der wirtschaftlichen Bewältigung des Lebens nicht grundsätzlich zu trennen ist die intellektuelle Erforschung der Welt, angefangen von den animistischen Urgründen der Religion bis hin zur abstrakten Modellbildung der modernen Naturwissenschaft. Ihre Besonderheiten und ihre methodologischen Grundlagen haben wir ausführlich erörtert, inklusive ihres Fokus auf Objektivierbarkeit und ihres Verzichts auf Subjektivität. Da Bewusstsein zunächst ein für jeden Einzelnen subjektives Phänomen ist, lässt sich das Problem des Bewusstseins dementsprechend nicht mit den Methoden der Naturwissenschaft beantworten. Die Naturwissenschaft ist schon qua ihrer Methodologie nicht für die Inhalte von Bewusstsein zuständig. Damit stellt sich aber auch die Frage nach der mentalen Verursachung neu. Anstatt zu fragen, wie Bewusstsein aus seinem neuronalen Korrelat erklärbar ist, muss es im Rahmen der hier dargelegten erkenntnistheoretischen Konzeption zunächst heißen: Wie ist Bewusstsein in seinem historischen Prozess entstanden? Dies aber ist eine anthropologische, zum Teil auch ethnologisch-psychologische und letzten Endes kulturhistorische Frage. Die Neurophysiologie kann hierzu keine Antworten liefern, sondern lediglich Struktureinsichten. Bevor wir uns also im Folgenden mit dem Problem der mentalen Verursachung auseinandersetzen können, bleibt zu klären, in welchem Verhältnis Neurophysiologie und Anthropologie stehen.

Die Neurophysiologie betrachtet das fertig evolvierte Gehirn, und zwar in zweierlei Hinsicht: sowohl ontogenetisch als auch phylogenetisch entwickelt. Der Vergleich gleichbleibender Strukturen bei verschiedenen Menschen lässt auf ihre genetische Anlage schließen, Entwicklungsstörungen auf Defekte bei der Genexpression oder metabolische Probleme, funktionale Defizite auf Schädigungen bestimmter Bereiche des Gehirns. Allgemein sind die Neurowissenschaften in diesem Sinne grundsätzlich vergleichender Natur. Sie vergleichen verschiedene Gehirne und ihre Funktionalität und versuchen dabei, Korrelationen zwischen psychischen und physischen Zuständen zu finden. Was sie dabei unter physischen

Zuständen verstehen, hängt von ihren Methoden und letztlich von ihren wissenschaftlichen Paradigmata ab, d. h. vom naturphilosophischen Weltbild, in das sich ihre Methoden und Begriffe einfügen. Dieses Weltbild ist zurzeit häufig durch einen an die klassische Physik angelehnten, manchmal auch systemtheoretisch erweiterten, materialistischen Reduktionismus geprägt. Hierzu zählt insbesondere die Annahme einer unabhängig von unseren Untersuchungsmethoden definierbaren, stark objektiv beschreibbaren Realität, der wir uns immer weiter annähern können; kurz: ein starker, konvergenter Realismus. Zu diesem gehört die Annahme, durch Analyse, also durch immer weiteres Aufteilen von Phänomenen in ihre Einzelteile, schließlich ein vollständiges Bild der Gesamtstruktur zu erhalten. Wie so oft verallgemeinert der Mensch auch hier sehr gerne und überhöht eine fachwissenschaftlich zu einem gewissen Zeitpunkt fruchtbare These zur allgemein gültigen Grundlage seines Weltbildes. Dabei greift er auf kulturell vorliegende Erklärungsmuster zurück, die im Falle des Abendlandes mit der klassischen Physik schon seit langer Zeit vorliegen. Die Physik etwa hat ihr wissenschaftliches Paradigma bereits mehrfach deutlich relativieren müssen. Und auch manche neurowissenschaftlichen Ansätze werden unter Verfolgung ihres derzeitigen Paradigmas noch mit prinzipiellen Unschärfen zu kämpfen haben, die man im Augenblick mangels Entwicklung nur hinter dem Horizont vermuten kann. Eine konvergent-realistische Interpretation der Neuroforschung kann aber nur deshalb reduktionistisch argumentieren, weil sie selbst ein reduziertes Realitätsverständnis als Arbeitsgrundlage besitzt.[14] Wie aber passt das in neurowissenschaftlichen Modellen gezeichnete Bild unseres Gehirns – und hierzu gehören letztlich auch die stammesgeschichtlichen Entwicklungsschritte, die wir heute grob nachzeichnen können – zu der Entwicklung des menschlichen Bewusstseins?

Die Vorläufer des menschlichen Selbstbewusstseins sind schon bei höherentwickelten Tierarten zu finden. Hierzu gehören Sprachfähigkeit und Kommunikation, die Selbstidentifikation im Spiegel und andere Indizien, die sich bei verschiedenen Tierarten in unterschiedlicher, im Vergleich zum Menschen rudimentärer Form wiederfinden lassen. Die Basis jeden Weltbezugs ist die Wahrnehmung der Außenwelt. Bei allen höheren Tierarten, die verhaltensoffen sind, d. h. die so hinreichend komplex agieren können, dass genetisch fixiertes, festverdrahtetes Verhalten zur Lebensbewältigung nicht ausreicht, spielen emotionale Momente bei der Bewertung der jeweiligen Situation und der zu wählenden Verhaltensalternative eine entscheidende Rolle. Natürlich wäre es anthropomorphisierend gedacht, wollte man seine menschlichen Empfindungen wie Furcht, Freude, Schmerz, Hunger, Wohlbefinden etc. eins zu eins auf Tiere übertragen. Auch und gerade Menschen, die zum Beispiel ihr Haustier sehr gut kennen, neigen leicht zu dieser Einstellung. Aber es wäre genauso falsch, die tierischen Vorläufer unserer Emotionen nicht als

---

[14]Wir werden auf die Tendenz zur Übernahme und Verabsolutierung kulturell erfolgreicher Erklärungstraditionen unter dem Begriff des soziokulturellen Apriori zurückkommen.

Emotion anzuerkennen.[15] In dem Maße, wie eine umfangreiche Wahrnehmung, gekoppelt mit Emotionalität, zu einer Repräsentation der Außenwelt führt, in der ein Tier sich verhalten kann, lässt sich von Bewusstheit dieser Tierart reden. In der stammesgeschichtlichen Entwicklung des Menschen haben sich dann in einem nicht allzu langen Zeitraum durch das enorme Größenwachstum des Gehirns und insbesondere der Großhirnrinde bestimmte kognitive und sprachliche Fähigkeiten so stark gesteigert, dass der Mensch schließlich über ein hochentwickeltes Selbstbewusstsein verfügte, das ihm eine enorme kulturelle Entwicklung beschert hat.

Die erkenntnistheoretische Bedeutsamkeit dieser anthropologischen, ethnologischen und psychologischen Befunde liegt vor allem darin, dass die Rolle der Emotionalität einer neuen Bewertung bedarf. Sie ist die zentrale Grundlage all unseren Handelns. In der teils sehr rationalistischen Einstellung der abendländischen Philosophie wurde dieser Punkt oft übersehen; er wird in neuerer Zeit aber durch zahlreiche, auch neurophysiologische Experimente bestätigt. Vielfach konnten Forscher nachweisen, dass bei allen Entscheidungssituationen stets auch stammesgeschichtlich sehr alte emotionale Zentren unseres Gehirns beteiligt sind. Die Summe unserer Emotionen ergibt unser Wollen und Nicht-Wollen, d. h. unseren Willen. Interessanterweise hat Arthur Schopenhauer, der am deutlichsten die Rolle der Emotionalität in die abendländische Philosophie zurückgeholt hat, seine Anregung hierzu aus den Upanishaden, einer altindischen Schriftensammlung, gewonnen. Wenn man diese Einsicht in die menschliche Erkenntnisfähigkeit also etwas schopenhauerisch auszudrücken will: Der Wille ist unhintergehbarer Teil des Bewusstseins. Er ist in gewisser Weise also der Urgrund für alle höhere Erkenntnis, denn der Lebenswille ist allen Organismen in ihrem tiefsten Innern eingepflanzt. Erst die Entwicklung des höheren Bewusstseins konnte dann so etwas wie eine umfangreich konstruierte Repräsentation der Außen- wie der Innenwelt entstehen lassen. Deshalb wählt Schopenhauer in seinem Hauptwerk auch die Reihenfolge seines Titels ganz bewusst: *Die Welt als Wille und Vorstellung*. Vor dem *„cogito, ergo sum"* steht also ein *„amo, ergo sum"*, denn ohne Liebe und Triebe gäbe es auch keine Philosophen.[16]

Die Welt als Wille und Vorstellung lässt sich heutzutage aber nur mehr erfassen – und schon Schopenhauer hat dies gesehen–, falls wir den biologischen Zusammenhang zwischen beiden nicht übersehen. Vorstellung impliziert Willen, denn biologisch gesehen ist der Unterhalt eines repräsentierenden Weltdarstellungsapparates nur sinnvoll, indem dieser zum Überleben und zur Orientierung in der Lebenswelt beiträgt. Zu diesem Zweck müssen die aus den Sinnesorganen

---

[15]Es bleibt deshalb ein wichtiges und lange Zeit unterbewertetes Feld der Ethik, zu den anderen Lebewesen auf unserem Planeten ein tragbares Verhältnis aufzubauen. Für unseren Umgang mit Tieren gilt auch vieles, was in Kap. 18.3 über den Umgang des zivilisierten Menschen mit der Natur als Ganzer gesagt wird.

[16]Die Bedeutung dieses Umstands hat auch Wolfgang Pauli betont. Der Wissenschaftshistoriker Ernst Peter Fischer hat mit seiner Biographie des Nobelpreisträgers diese Gedankengänge trefflich nachgezeichnet, siehe Fischer (2000), S. 17.

einfließenden Informationen über eine emotionale Bewertung mit dem Handeln verknüpft sein. Umgekehrt ist der Wille, das Erreichen-Wollen oder Vermeiden-Wollen bestimmter Ziele, an eine angemessene Darstellung der Umwelt gebunden. Ohne diese wäre er sinnfrei und nutzlos. Wenn wir Schopenhauers Grundgedanken also eine solche moderne, evolutionäre Wendung geben, so wird sichtbar, dass Selbstbewusstsein, ja Bewusstsein überhaupt, nur als Eigenschaft lebendiger Organismen gedacht werden kann.[17]

Intentionalität bedarf einer inneren Repräsentation. Sie dient der Orientierung eines sich verhaltenden, d. h. emotional gesteuerten Wesens. Nicht nur das, was wir tun, um ein bestimmtes Ziel zu erreichen, ist durch zweckmäßige Überlegungen bestimmt, sondern auch die Wahrnehmung, Repräsentation und Bewertung der äußeren Umstände ist inhärent zweckmäßig; und der Zweck ist das biologische Überleben. Bewusstsein ist dementsprechend nur als Funktion höherer Lebewesen zu denken, die über ein genügend komplexes Nervensystem verfügen. Wie sich auch an diesen Argumenten zeigt, hat die sogenannte künstliche Intelligenz folglich nichts mit kognitiver Intelligenz zu tun, sondern mit der technischen Implementierung von Algorithmen, die bestimmte Funktionen kognitiver Intelligenz nachbilden und inzwischen in ihrer rechnerischen Kapazität – wie etwa beim Schachspiel – sogar übertreffen.

17.5 Zum Problem der mentalen Verursachung

In Kap. 11.3 haben wir einige der wichtigsten Thesen und Positionen der Philosophie des Geistes skizziert. Das wichtigste Argument gegen die Eigenständigkeit psychischer Zustände besteht im dort in Kap. 11.3.4 diskutierten Problem der mentalen Verursachung. Dieses Dilemma, bzw. Trilemma, gilt gemeinhin als das stärkste Argument gegen jede dualistische und dementsprechend auch gegen jede pluralistische Lesart des Zusammenhanges von Körper und Geist. Da die hier vertretene Erkenntnistheorie so angelegt ist, dass ein solcher Widerspruch nicht auftreten *darf* – denn dieser Widerspruch allein würde einen guten Teil der bisher aufgestellten Thesen entwerten oder zumindest in Frage stellen –, gilt es also, das bisher über Physisches, Psychisches und ihren Zusammenhang Gesagte auf dieses Problem hin anzuwenden, um es zu einer Auflösung zu bringen.

In fast allen zur Debatte stehenden Positionen spielt in diesem Zusammenhang die Annahme eine Rolle, dass eine physikalische Beschreibung des menschlichen Gehirns – oder, falls man die bisherigen Argumente ernst nimmt, sogar eines gesamten Menschen und seiner Umgebung – die exakteste Darstellung liefert, die zur Erklärung und Vorhersage von Verhalten notwendig ist. Materialisten behaupten, dass alles, auch psychische Zustände, auf Materiellem beruht, aus diesem ableitbar ist. Die grundlegenden Regeln hierzu sind die heute bekannten oder auch zukünftigen Naturgesetze, eventuell noch erweitert um systemtheoretische

---

[17] Dies ist ein unabhängiger, anthropologischer Kommentar zur Argumentation in Kap. 17.2.

Zusammenhänge. Dies ist auch die explizite Position der Evolutionären Erkenntnistheorie. Dabei liefern jedoch die Physik und die Chemie keine einheitliche Perspektive zur Beschreibung der unbelebten Welt. Auch die Eigenschaften des Lebens lassen sich in physikalisch-chemischen Begriffen nur partiell fassen. Folglich ist jede reduktionistisch-materialistische Position eine sehr weitreichende und gegenwärtig völlig ungedeckte Spekulation auf zukünftige naturwissenschaftliche Entwicklungen. In diesem Sinne sind solche Positionen rein fiktive Metaphysik; motiviert durch die Erwartung, das weltbildliche Paradigma der klassischen Physik passe erstens zur gesamten Physik und lasse sich zweitens über die Physik hinaus auch auf alle anderen Weisen physischer und schließlich auch psychischer Wirklichkeitsbeschreibung ausdehnen.

Dualisten hingegen vertreten zumeist die Meinung, dass über die so beschriebenen materiellen Phänomene hinaus noch gewisse weitere psychische Zustände existieren, die sich prinzipiell nicht physikalisch-systemtheoretisch darstellen lassen. Auch sie gestehen allerdings zumeist der Physik eine grundlegende Rolle bei der Beschreibung sämtlicher physischen und dementsprechend auch neuronalen Aktivitäten zu. Wenn aber weder die Physik einen einheitlichen Beschreibungsrahmen anbietet noch die Biologie sich auf die Physik reduzieren lässt, wie soll dann ein ontologischer Dualismus konsistent formulierbar sein? Ein solcher Dualismus müsste schon auf der Seite des Physischen sehr heterogene Züge tragen. Die vorherrschenden dualistischen Ansichten (vor allem in der geistesphilosophischen Debatte) gehen allerdings von einem physisch homogenen Dualismus aus. Solange nun jedoch kein einheitliches, umfassendes und deduktives mikro- und makrophysikalisches sowie biologisches Theoriegebäude steht, auf das Bezug genommen werden könnte, braucht ein solcher Dualismus in der geistesphilosophischen Debatte eigentlich nicht strapaziert zu werden. Er ist dann lediglich ein argumentationstheoretisches Hilfskonstrukt, drückt aber kein naturphilosophisch fundiertes Weltbild aus.

Für einen harten Mentalisten oder Transzendentalphilosophen wiederum stellt sich die äußerst schwierige Frage, wie überhaupt mentale Verursachung letztlich geschehen kann. Auf welche Weise kann der Wille physische Veränderung bewirken? Welche Art von Verbindung existiert zwischen Geist und Welt? – Hier zeigt sich einerseits die Unanwendbarkeit und Sterilität eines „Substanzbegriffs" des Geistigen, der dem Physischen gegenübersteht; andererseits die Problematik, eine strikt kausal verstandene physische Realität mit dem Begriff des freien Willens zu verbinden.

Man kann alternativ zu diesen Positionen aber auch die Ansicht vertreten, dass eine physikalische Beschreibung nicht über oder unter einer psychologischen Beschreibung unserer Wirklichkeit steht, sondern neben ihr.[18] Eine solche pluralistische Position gründet in der Einsicht, dass der Mensch keine ausgezeichnete

---

[18]Hiermit wird auch in keiner Weise eine völlige Willkür oder Beliebigkeit der Beschreibung impliziert, weder als Möglichkeit des Individuums noch als soziale Konstruktion. Die Wirklichkeit, in der wir uns zu behaupten und zu orientieren versuchen, erlegt uns Bedingungen auf, innerhalb

Art und Weise, keine allumfassend anwendbare Methodologie besitzt, mit Hilfe derer er das Weltganze zu beschreiben in der Lage wäre. Dann sind Physik, Chemie und Biologie, Neurowissenschaften und Psychologie, Kulturwissenschaften, Geisteswissenschaften und Geschichtsforschung sowie Philosophie nur verschiedene Arten des Weltbezugs, die bereits die Phänomene, mit denen sie zu tun haben, durch ihre spezifischen, unterschiedlichen Methodologien definieren. Die Welt, die Wirklichkeit, ist dann, zunächst in allgemeinster Form gesprochen, das, was unserem Bemühen, sie zu verstehen, sie zu ändern und auf sie Einfluss zu nehmen, Widerstand entgegensetzt. Ihren Ursprung haben all diese Arten des Weltbezugs im alltäglichen Leben. Sie sind verfeinerte und kanonisierte Kulturtechniken, die der Bewältigung unseres Lebens dienen.[19]

Nun ist der Mensch seiner Natur nach ein Kulturwesen. Er kommt ohne Kultur nicht aus, er ist ohne Kultur und menschliche Gemeinschaft kaum lebensfähig. Zu seiner Natur gehört auch die Tendenz, seine ihm angewöhnten und aufgeprägten kulturellen Muster zu verallgemeinern und zu verabsolutieren; einschließlich natürlich der von ihm selbst gewählten, entdeckten oder erfundenen Zusammenhänge, die seine Individualität kennzeichnen und deren Ausmaß den modernen Menschen auszeichnet.[20] Die Naturwissenschaften sind eine methodologisch besonders raffinierte Art und Weise der Auseinandersetzung mit unserer Umwelt. Und die Physik

---

derer wir sinnvolle Aussagen treffen können. Die kulturelle Entwicklung der Menschheit mag uns unterschiedliche Perspektiven liefern – und komplexe Kulturen besitzen vielschichtigere und schwieriger vereinbare Perspektiven –, aber wenn Menschen sich erst einmal auf eine bestimmte Herangehensweise geeinigt haben, so wird die Wirklichkeit ihren Begriffen zum Korsett. – Eine interessante Parallele zu dieser Sichtweise ist übrigens bei Ernst Mach zu finden, der auf die Entwicklung der modernen Physik so starken Einfluss hatte, weil er mit dem engen metaphysischen Kanon des althergebrachten Weltbildes der klassischen Physik brach. Mach schrieb in seinem 1883 erschienenen Hauptwerk über die historische Entwicklung der Mechanik: „Die Mechanik fasst nicht die Grundlage, auch nicht einen Teil der Welt, sondern eine Seite derselben." Mach (1988), S. 523. Man braucht sich die machsche Metaphysik überhaupt nicht zu eigen zu machen, um diese Aussage teilen zu können. Mach schrieb etwa auch: „Die höchste Philosophie des Naturforschers besteht eben darin, eine unvollendete Weltanschauung zu ertragen und einer scheinbar abgeschlossenen, aber unzureichenden vorzuziehen." Ebenda, S. 479. Mach konnte diesen Anspruch nun aber nicht stets durchhalten und zog – allzu menschlich – doch selbst eine unzureichende Weltanschauung vor, wie Wahsner und Borzeszkoski in diesem Band auch anhand eines Briefwechsels zwischen Mach und Planck belegen konnten.

[19]Eine gewisse Parallele zu diesem existentialistisch inspirierten Kommentar findet sich auch bei Vertretern des Radikalen Konstruktivismus. So schreibt Humberto Maturana die schönen Zeilen: „Ich bin der Meinung, dass die Aufgaben des täglichen Lebens die grundlegenden Aktivitäten unserer menschlichen Existenz sind, weil alle technischen Aktivitäten, wie verfeinert sie auch immer erscheinen mögen, nur Ausdehnungen der Aufgaben des täglichen Lebens sind und faktisch als alltägliche Aufgaben gelebt werden. So ist z. B. die Biologie eine Ausdehnung des sich um die Tiere und Pflanzen des Haushalts Kümmerns, Chemie ist eine Ausdehnung des Kochens, Physik eine Ausdehnung des Hausbaus, und Philosophie eine Ausdehnung der Aufgabe, die Fragen von Kindern zu beantworten." Maturana (1998), S. 10f.

[20]Ein solches Verständnis von Modernität ist nicht auf unser Zeitalter beschränkt. Zweifellos sind uns bereits aus den antiken Hochkulturen zahlreiche Persönlichkeiten bekannt, die sich in diesem Sinne als modern bezeichnen lassen.

besitzt aufgrund ihrer großen Abstraktheit und ihrer allgemeinen Prinzipien die klarste mathematische Präzision und den breitesten Anwendungsbereich unter den Naturwissenschaften. Die Physik beschreibt aber nicht die „eigentliche" Realität, und sie nähert sich einer solchen auch nicht an: Sie ist ein von mesokosmischen Wesen erschaffenes Mittel, das ihnen zur Beantwortung bestimmter Fragen an die Natur dient. Der Materialist wird jetzt aber doch fragen: Aber wie kann denn eine so abstrakte Wissenschaft wie die Physik gleichzeitig in ihrem Erklärungspotential so erfolgreich und so unglaublich präzise sein, wenn sie keine fortgeschrittene und immer weiter fortschreitende Annäherung an die objektive Realität ist?

Der Fehler bei dieser Betrachtung liegt hierbei darin, dass der rückbezügliche Charakter von Erkenntnis außer Acht gelassen wird. Der Mensch nähert sich nicht einer objektiven Realität immer weiter an, er erschließt sich neue Aspekte der Wirklichkeit ausgehend von dem ihm zugänglichen Mesokosmos. Die evolutionär-epistemologischen und quantenphilosophischen Einsichten decken sich in dieser Hinsicht und erzwingen eine Revision der aus der alltäglichen Dinglichkeitserfahrung gewonnenen, klassisch-physikalischen Ansichten über die wissenschaftlich erforschbare, unabhängige Realität. Auch unsere elaboriertesten wissenschaftlichen Vorstellungen, Konzepte und Modelle von Materie entspringen letztlich unserer mesokosmischen Erfahrung, die wir dann mit Hilfe ausgeklügelter begrifflicher, mathematischer und experimenteller Methoden erweitern. Die Strukturen der Wirklichkeit, die wir in unseren Theorien nachbilden, sind nicht die ewigen Geheimnisse des Universums, sondern von Menschen aufgestellte Gesetzmäßigkeiten. Zweifelsohne besitzen diese Gesetzmäßigkeiten eine hinreichende Allgemeingültigkeit und Präzision, zweifelsohne gewährleistet dies die Universalität und Konstanz von Naturgesetzen; doch darf man auch und gerade bei solchen physikalischen Theorien, die so erfolgreich scheinen, dass man davon absehen könnte, dass sie eine Leistung intelligenzbegabter Lebewesen sind, nicht über ebendiese Tatsache hinwegsehen.[21] Auch zu Physischem haben wir keinen privilegierten Zugang. Die Naturwissenschaft versetzt uns gegenüber belebten oder unbelebten Objekten nicht in die überlegene Lage, eine neutrale, gewissermaßen göttliche Perspektive einnehmen zu können, auch nicht in hypothetischer Form. Von einer „Annäherung an eine objektive Realität" zu sprechen, mag zwar in vielen Fällen ein brauchbares und auch heuristisch wertvolles Bild beim Betreiben von Naturwissenschaft sein; man darf sich aber nicht dazu verleiten lassen, es zur Grundlage eines allgemeinen Begriffs auch wissenschaftlich erforschbarer Realität zu machen.[22]

Wenn wir uns nach diesen Vorüberlegungen wieder dem Leib-Seele-Problem und der mentalen Verursachung zuwenden wollen, so fällt zunächst ins Auge, dass für den gesunden menschlichen Alltagsverstand die Einheit von Körper und Geist nicht problematisch ist. Das menschliche Wollen, Quelle von Freud und Leid, ist stets mit dem Körper verknüpft; unsere Vorstellungen, auch jene über

---

[21] Vergleiche hierzu die Bemerkungen zur Universalität und Geltung von Naturgesetzen in Kap. 3.5.1.

[22] Siehe auch die Diskussion in den Kap. 12.4 und 16.5.

uns selbst, hängen an unseren körperlichen Voraussetzungen und sind über den Willen, über Emotionen und Körpergefühl physisch wirksam. Das Körpergefühl und die Emotionen sind gewissermaßen der Kitt, der dafür sorgt, dass der Zusammenhang von Körper und Geist, von Wille und Welt im Alltag unproblematisch ist. Vielleicht ist die Abstraktion von ihnen mit ein Grund, weshalb im modernen, wissenschaftlichen Weltbild das Leib-Seele-Problem so verfahren erscheint? Wenn wir stets nur einzelne Komponenten unserer Gesamterfahrung analysieren und die Methoden dieser Analyse auf Phänomene anzuwenden versuchen, auf die diese Methodologie nicht zugeschnitten ist, so entstehen zwangsläufig weltbildliche Inkonsistenzen. So steht die materialistische Intuition vor der Frage, wie denn selbstorganisierende Materie so etwas wie psychische Zustände entstehen lassen kann. Es ist dem Materialismus aber nie gelungen, psychische Zustände klar zu definieren; er muss sich hier ganz auf das alltagspsychologische Vorverständnis verlassen. Materialistische Positionen – seien sie auch mit systemtheoretischen Emergenzen angereichert wie etwa die Evolutionäre Erkenntnistheorie – besitzen ein dementsprechend philosophisch verengtes Weltbild, in dem sich die Breite menschlicher Erfahrung nicht wiederfindet. Ebenso steht der Materialismus vor der Frage, wie der menschliche Geist denn überhaupt sicher sein könnte, eine zutreffende Methodologie für eine objektiv-neutrale Beschreibung von Materie zu besitzen. Carl Friedrich von Weizsäcker hat einmal sehr passend bemerkt, die Natur sei vor dem Menschen, aber der Mensch sei vor der Naturwissenschaft.[23]

Dass die Auflösung der alten materialistischen und idealistischen Intuitionen bezüglich der Erklärbarkeit unserer Welt im Allgemeinen und des Zusammenhanges von Körper und Geist im Besonderen dringend nötig ist, zeigt sich schon dann, wenn man die kausale Rolle des einen für den jeweils anderen zu Ende denkt. Was ist denn der Körper? Ein Geisterhaltungssystem? Oder umgekehrt: Ist der Geist nichts weiter als ein Körpererhaltungssystem? Solch einseitige Formulierungen erscheinen unsinnig. Hier wird sehr deutlich, dass die Worte, mit denen man dieses Verhältnis beschreibt, einer begrifflichen Analyse geschuldet sind, die in der methodologischen Tradition der Trennbarkeit physischen und psychischen Vokabulars steht. Damit wird nun der Ursprung unseres Vokabulars, sein im Gebrauch und in kulturellen Techniken verankerter Sinn zum eigentlichen Problem, denn diese Trennung ist künstlich. Das alltagspsychologisch unproblematische Verhältnis von Körper und Geist wächst bei einer dieser Tradition verhafteten, immer schärferen Analyse zu einem schier unauflösbaren Problem. In welchem Lichte präsentiert es sich aber im Rahmen der hier dargelegten Erkenntnistheorie? Rekapitulieren wir zunächst das aus Kap. 11.3.4 bekannte Problem der mentalen Verursachung in der Formulierung als Trilemma durch Peter Bieri[24]:

1. Mentale Phänomene sind nicht-physische Phänomene.
2. Mentale Phänomene sind im Bereich physischer Phänomene kausal wirksam.
3. Der Bereich physischer Phänomene ist kausal geschlossen.

---

[23]Siehe etwa von Weizsäcker (1980), S. 66.

[24]Vergleiche Bieri (1993), S. 5 ff.

Nach dem bisher Gesagten müssen wir all diese drei Thesen in ihrem Gehalt neu diskutieren. Zunächst ist zu Punkt (3.) zu sagen, dass diese These ein falsches Bild physischer Phänomene impliziert. Sie verkennt die Emotionalität menschlichen Erkennens sowie die Tatsache, dass die Physik nicht die physische Welt an sich beschreibt, sondern eine methodologisch fundierte Kulturtechnik ist, die insbesondere durch Abstraktion von Subjektivem definiert ist.[25] Somit kann Naturwissenschaft überhaupt nur bestimmte Aspekte und klar definierte Phänomene unserer Wirklichkeit kausal erklären. Die Abgeschlossenheit physischer Phänomene bedeutet also nicht, dass der alltagspsychologische Sprachgebrauch von einem im Gehirn erzeugten Handlungswunsch und der durch sie ausgelösten Handlung grundsätzlich falsch ist, sondern dass wir bei einer bestimmten Weise der Erforschung natürlicher Phänomene von vornherein jegliches Psychische ausblenden und folglich auch nicht in unseren Erklärungen wiederfinden können. *Nicht die physische Wirklichkeit, sondern die naturwissenschaftliche Art und Weise, physische Aspekte der Wirklichkeit naturgesetzlich zu beschreiben, ist kausal geschlossen.* Wir können naturwissenschaftlich beschriebene Phänomene nicht als etwas Vorgefundenes betrachten, sondern müssen sie als etwas unter bestimmten, von Menschen erfundenen Idealisierungen Gemachtes ansehen.

In ähnlicher Weise ist auch These (1.) problematisch. Psychische Zustände sind abhängig von physischen Prozessen, sie stehen in engstem Zusammenhang mit ihnen. Sie lassen sich nicht von ihnen getrennt denken, sind aber auch nicht in physischen Begriffen fassbar. Das macht ja gerade eine klare Definition eines Dualismus so schwierig, soll Psychisches nicht rein negativ, als Nicht-Physisches, deklariert werden. Eine Ontologie, die behauptet: Es gibt Materie, und es gibt Bewusstsein, klingt nicht allein deshalb merkwürdig, weil die offensichtlichen Beziehungen zwischen beiden völlig offenbleiben müssen, wenn sie beide als eigenständige Entitäten aufgefasst werden; sondern auch, weil hier zwei Arten von Existenz nebeneinander gestellt werden, bei denen niemand weiß, was sie eigentlich gemein haben, und was für ein Existenzbegriff einer solchen Ontologie eigentlich zugrunde liegt. (Dies gilt zumindest, seit die Philosophie sich dafür entschieden hat, Geist nicht mehr als Emanation eines höheren Wesens aufzufassen, und diesen Zweig metaphysischer Spekulation der Theologie überlassen hat.) Denn ein normaler Bewusstseinszustand – wie wir ihn ständig erfahren – mag dann zwar als Beispiel für Psychisches dienen; er wird in einer solchen dualistischen Definition jedoch idealisiert und überhöht – bis hin zu dem Punkt, an dem er nicht mehr derselbe zu sein scheint. Deshalb haben dualistische Positionen schon immer viel Kritik über sich ergehen lassen müssen, und manche ihrer Verteidiger sehen sie

---

[25] Sehr ähnlich beschreibt Heisenberg allgemein philosophisch, welche Lehre ihm die Quantenphysik und die Einsichten Bohrs waren: „Schließlich aber muss man sich immer wieder klar machen, dass die Wirklichkeit, von der wir sprechen können, nie die Wirklichkeit ‚an sich' ist, sondern eine gewusste Wirklichkeit oder sogar in vielen Fällen eine von uns gestaltete Wirklichkeit." Heisenberg (1989), S. 59.

selbst nur als geringeres Übel im Vergleich zu materialistischen Positionen an.[26] Eine solche rein negativ definierte Abgrenzung von Psychischem und Physischem macht aber die Frage unentscheidbar, in welchem Zusammenhang beide stehen und wie sich beide als zusammengehörig denken lassen; schließlich erfahren wir uns selbst ständig als geistig und körperlich agierende Einheit. Der logisch stringenteste, wenn auch intuitiv kaum akzeptable und philosophisch recht bizarre Ausweg aus diesem Dilemma ist der eliminative Materialismus, demzufolge nur rein Materielles existiert und alles Psychische nichts als Illusion ist. Dies aber ist ein Hinweis darauf, dass die Voraussetzungen der derzeitigen Debatte um das Leib-Seele-Problem nur vordergründig plausibel, in Wahrheit jedoch höchst fragwürdig sind.

Das heißt aber, dass auch These (2.) im heute vorherrschenden Paradigma von Wissenschaft und Wirklichkeit falsch verstanden wird. Denn soviel Schwierigkeiten diese These auch in der akademischen Diskussion bereiten mag, so einsichtig und zwingend erscheint sie uns in der alltäglichen Erfahrung. In der menschlichen Lebenswirklichkeit lassen sich Körper und Geist gar nicht getrennt vorstellen. Sie voneinander abzusondern entspricht dem Einnehmen unterschiedlicher Perspektiven der Betrachtung, die einmal den inneren, einmal den äußeren Aspekt unzulässig verallgemeinern und verabsolutieren. Dabei gibt es für die Annahme ultimativer oder neutraler Standpunkte keinen Grund, auch keinen naturwissenschaftlich motivierten; sondern höchstens einen, der von unhaltbaren und überholten Ansichten über ein vermeintlich naturwissenschaftliches Weltbild ausgeht. Auch das naturwissenschaftliche Streben nach vereinheitlichenden Theorien spricht nicht für die Existenz solcher Standpunkte.[27]

Wie an diesen Punkten zu sehen ist, beruht also die von Bieri so knapp und präzise getroffene Formulierung dieses verwickelten Problems – ebenso wie viele andere philosophische Debatten – auf einem mittlerweile fragwürdigen Paradigma von Wissenschaftlichkeit, das insbesondere durch die klassische Physik und ein durch sie geprägtes Weltbild bestimmt ist. Dabei ist dieses Paradigma selbst überhaupt keine zwingende Folge der klassischen Physik, sondern nur ein durch die Struktur ihrer Theorien und deren Prinzipien nahegelegtes Weltbild, mit dem sich in der klassischen Physik trefflich und einfach arbeiten lässt. Dieses Weltbild wurde aufgrund des überwältigenden Erfolges der klassischen Physik von den klassisch-physikalischen Phänomenen auf die physische Welt als Ganzes verallgemeinert und hat von Descartes über Kant bis hin zu den heute vertretenen Spielarten des Materialismus unterschiedlichste Philosophien entscheidend beeinflusst.

---

[26]Peter Bieri etwa hält diese These (1.) für die unplausibelste des Trilemmas und verficht dementsprechend die Auffassung, ein nichtreduktiver Materialismus müsse entwickelt werden, der auch all die in Kap. 11.3 angesprochenen psychischen Widerspenstigkeiten überzeugend lösen können müsste. Er legt – nach der bisherigen Analyse wenig überraschend – auch dar, dass ein solcher Materialismus noch nicht in Sicht ist. Man könnte hinzufügen, es wisse auch niemand, hinter welchem Horizont man suchen müsste.

[27]Vergleiche die Erläuterungen hierzu in Kap. 11.5.

Das hier vertretene pluralistische Paradigma hingegen geht von einer Mehrzahl kulturell entwickelter, ursprünglich aus dem Alltagsleben stammender und dann begrifflich und methodisch verfeinerter Perspektiven auf unsere Welt und auf uns selbst aus. Hierzu gehören das Spektrum der Naturwissenschaften, das der Geisteswissenschaften, die aus ihnen folgenden Technologien und Kulturtechniken, ihre zunehmend globalen Mischformen mit dem täglichen Leben, die uns in Haushalt, Beruf, Freizeit und Medien umgeben, sowie die spezifischen kulturellen Ausprägungen, die sich in Religion, Kunst und Sport niederschlagen. Hierbei steht die Religion aufgrund ihrer alten Tradition im stärksten Kontrastverhältnis zur Wissenschaft. Die Kunst bedient sich der Wissenschaft, interpretiert und kritisiert sie und ihre öffentliche Wahrnehmung und ihren Einfluss auf das Alltagsleben. Der Sport ist zumindest im professionellen Bereich inzwischen mechanisch und biochemisch weitgehend wissenschaftlich durchdrungen.[28] Die aus dem evolutionär-epistemologischen Hauptsatz abgeleiteten Einsichten in die menschliche Erkenntnisfähigkeit schlagen sich im Lichte dieses Problems folgendermaßen nieder.

Die Transformierbarkeit auf den Mesokosmos, bzw. der Anschluss an den Mesokosmos sind Voraussetzung auch der abstraktesten naturwissenschaftlichen Erforschung von Wirklichkeit. Ohne diese wäre sie bloße Spekulation im luftleeren Raum. Die grundlegende Emotionalität menschlicher Erkenntnis und ihr handlungsleitender Charakter sind Teil unseres Mesokosmos. In der naturwissenschaftlichen Methodologie wird von ihnen abstrahiert. Folglich können naturwissenschaftliche Theorien die subjektiven Elemente unserer Erkenntnis nicht darstellen, auch wenn natürlich die menschliche Neugier, Entdeckerlust und das persönliche Geltungsbedürfnis immer schon zu den treibenden Motoren aller Wissenschaften zählten. Auch die Naturwissenschaften bleiben allerdings der subjektiven Perspektive und der Anthropozentrizität menschlicher Erkenntnis insofern verpflichtet, als sie sich nicht auf einen endgültigen Standpunkt berufen können, sondern stets an die Tatsache gebunden bleiben, dass sie von mesokosmischen Lebewesen betrieben werden, die mit dementsprechenden spezifischen Wahrnehmungs-, Denk- und Handlungsmöglichkeiten begabt sind. In der Physik zeigt sich die Notwendigkeit des Anschlusses an den Mesokosmos sogar explizit im Messpostulat der Quantenmechanik.

Psychisches und Physisches sind dann lediglich Gattungsbegriffe für bestimmte Perspektiven auf die menschliche Lebenswirklichkeit. Im Alltag sind sie oft kaum zu trennen. Wir haben allerdings als Kulturwesen unterschiedlichste Techniken gelernt, die sich zu unterschiedlichen Zwecken eignen und mit deren Hilfe wir unterschiedliche Phänomene als solche sichtbar machen und erforschen können. Wenn hierbei begriffliche Inkonsistenzen auftreten, wie im oben formulierten Bieri-Trilemma, so resultieren diese aus der voreiligen und zumeist unbewussten Verallgemeinerung unreflektierter methodologischer Voraussetzungen solcher

---

[28]Die starke gesellschaftliche Bedeutung des Sports in unserer Zeit hängt wohl auch damit zusammen, dass der Sport Körperlichkeit und Körpererfahrung direkt erlebbar macht, während diese in einer industrialisierten Welt ja immer stärker in den Hintergrund treten. Vergleiche hierzu Kap. 16.2.4.

Kulturtechniken. Unter dieser Betrachtung wird das obige Trilemma hinfällig: Denn die wechselseitigen Kontradiktionen sind einer Begrifflichkeit geschuldet, die die notwendigen Voraussetzungen, Methoden und Inhalte der modernen Wissenschaft nicht hinreichend erkenntnistheoretisch reflektiert und die auf unzulässigen, wenngleich traditionsreichen und deshalb wirkungsmächtigen Ansichten über wissenschaftlich erforschbare Realität und die Rolle und Methoden der Wissenschaft bei dieser Wirklichkeitserforschung basiert.[29]

Je nach den eigenen philosophischen Interessen und Vorlieben kann man das Problem der mentalen Verursachung durchaus als härtesten Test, als wichtigsten Prüfstein der hier präsentierten Erkenntnistheorie ansehen. Wenn man bereit ist, diese Argumentation ernst zu nehmen, so löst sich dieses psychophysische Trilemma im Rahmen dieser Betrachtung auf, wobei sich das Problem in ein anderes transformiert: Nicht mehr der unklare und unklärbare Zusammenhang von voneinander unabhängig beschriebenem Körper und Geist sind jetzt fragwürdig, sondern die Zusammenhänge und Abhängigkeiten der verschiedenen Betrachtungsweisen und Methodologien rücken ins Zentrum der Fragestellung. Die Vielschichtigkeit dieser neuen Sichtweise auf dieses Problem hat bereits in der Kapitelüberschrift mit dem Dreiklang „Materie, Körper, Bewusstsein" Ausdruck gefunden. Der Exaktheit halber sei angemerkt, dass ja bereits Physik und Chemie keine monolithische Perspektive auf die Struktur unserer Materie besitzen, sondern ein Theoriengeflecht darstellen, dessen Ausgangspunkt und begriffliche Basis unsere makroskopischen Gegenstandserfahrungen sind. Schon Materie wird naturwissenschaftlich heterogen beschrieben. Auch die Biologie kann kein homogenes Bild von allen Organismen zeichnen, abgesehen von einigen fundamentalen Struktureinsichten.[30] Die menschliche Psyche schließlich besitzt ein breites Spektrum unterschiedlichster Zustände, von den tiefsten basalen Trieben und Emotionen bis hin zu den abstraktesten und formal-logischen Gedanken und Vorstellungen. Hier wird sehr deutlich, dass jeder Versuch einer Klassifizierung mentaler Zustände maßgeblich von der Herangehensweise abhängig ist. Auch spielen unterschiedliche kulturelle und religiöse Muster

---

[29]Einer analytisch geschulten Akademikerin mag diese Weise, das Problem der mentalen Verursachung aufzulösen, zunächst vielleicht etwas rasch oder kryptisch erscheinen; eine Konstruktivistin wird sie vermutlich in geringerem Maße für zweifelhaft erachten. Das mag aber daran liegen, dass eben die analytische Methode, verschiedene Dinge begrifflich sauber zu trennen, zwar einerseits enorm bedeutend und effektiv ist, dass sie andererseits jedoch auch zu unpassenden und irreführenden Kategorisierungen verleiten kann. – Umgekehrt könnte man auch sagen, dass sich am Problem der mentalen Verursachung der Gehalt des evolutionär-epistemologischen Hauptsatzes sowie die Einsichten der Quantenphilosophie in besonders überraschender Kombination als fruchtbar erweisen.

[30]Hierzu zählen die evolutionäre Entstandenheit, die Codierung genetischer Information, der Aufbau einer Unzahl von Proteinen aus einer geringen Anzahl von Aminosäuren, Stoff- und Informationswechsel etc. Dies macht es auch verständlich, weshalb es unmöglich ist, aus einem rein deskriptiven, funktional-biologischen Standpunkt heraus etwas über das Bewusstsein von Tieren herauszufinden. Hier verbleibt die Verhaltensbiologie als wichtigstes Gebiet, die ja selbst mit psychischen Konzepten arbeitet und folglich eine Mischdisziplin ist.

der Selbstwahrnehmung, der Introspektion, der Meditation, der Ergründung der eigenen Innerlichkeit eine entscheidende Rolle.[31] Sie bestimmen unsere Vorstellungen vom eigenen Ich.

Durch die hier dargelegte Betrachtungsweise werden selbstverständlich auch neue Fragen und Probleme aufgeworfen: In welcher Beziehung, in welchen Zusammenhängen stehen die verschiedenen Phänomene, die verschiedenen Vokabulare? Mit welchen Mitteln lassen sich zwischen ihnen Korrelationen feststellen? Wird derselbe Begriff in unterschiedlichen Kontexten synonym verwendet, oder findet eine Bedeutungsveränderung durch Transport eines Begriffs in ein anderes methodologisches oder kulturelles Umfeld statt? Wie hängen die untersuchten Phänomene von der gewählten Methodologie ab? Gibt es Grenzbereiche, in denen sich verschiedene Phänomene und Vokabulare überlappen, oder schließen sich gewisse unterschiedliche Herangehensweisen in einzelnen Punkten grundsätzlich wechselseitig aus? Besteht eventuell Komplementarität oder friedliche Koexistenz zwischen ihnen? Die Klärung solcher Fragen wird zumeist ein interdisziplinäres Wechselspiel zwischen empirischer und theoretischer Arbeit erfordern. Sie scheinen aber im Gegensatz zur bisherigen, verfahrenen Situation in der Diskussion zwischen Neurowissenschaften und Philosophie des Geistes nicht prinzipiell unlösbar, sondern beruhen auf einem heuristischen Paradigma, das weiterer Forschung und philosophischer Reflexion offensteht.

17.6   Materie, Körper, Bewusstsein und Erkenntnis

Für den Zusammenhang zwischen Materie, Körper und Bewusstsein kann man nun nun etwa folgendes Bild zeichnen: Die Grundbausteine der Materie, die elementaren Quanten, sind in ihren Eigenschaften nur indirekt in Abhängigkeit von makroskopischen Messgeräten bestimmbar. Dennoch regelt ihre Dynamik das Verhalten der aus ihnen bestehenden Zellbausteine, aus deren funktionaler Einheit jede lebende Zelle besteht. Das Zusammenspiel der Zellen ergibt die Lebensfähigkeit des Organismus in seiner Umwelt, von der dieser nicht getrennt gedacht werden kann; denn Organismen können nur in einer Umwelt bestehen. Für den Menschen gehört zu dieser Umwelt auch sein kultureller Kosmos. Welt ist für den Menschen nicht nur etwas Vorgefundenes, Wahrgenommenes, sondern stets auch etwas Geschaffenes, Umgestaltetes.

Das zelluläre Wechselspiel erlegt den organischen Funktionen, und auch den Hirnfunktionen, gewisse Regeln auf. Das Bewusstsein als besondere Hirnfunktion unterliegt auf der einen Seite diesen Bedingungen, ermöglicht es dem jeweiligen Lebewesen aber auch, in seiner Welt intelligent und in Einklang mit der ihm gleichfalls mitgegebenen Emotionalität – ohne welche sein Bewusstsein sinnlos

---

[31] Mittlerweile gibt es auch neurowissenschaftliche Untersuchungen an Menschen, die sich in tiefe Meditation oder ins Gebet versenkt haben. Dabei ändern sich etwa die Muster der Hirnströme in beachtlicher Weise.

wäre und leerlaufen würde – zu agieren. Eine besondere Fähigkeit des kulturell hochentwickelten menschlichen Bewusstseins wiederum ist es, Theorien über all diese Zusammenhänge zu entwickeln und in wechselseitige Beziehungen zu setzen. Keine dieser theoretischen Beschreibungs- und Erklärungsebenen kann für sich beanspruchen, die einzig gültige für all die unterschiedlichen Phänomene zu sein, die wir bei der Erforschung der inneren und äußeren Natur vorfinden. Vielmehr lassen sich zwar zahlreiche Abhängigkeiten zwischen diesen Beschreibungsebenen ausmachen, die strukturell von unten nach oben wirken (und evolutiv auch von oben nach unten), aber es lässt sich keine dominante Sphäre der Beschreibung von Materie, Körper oder Bewusstsein finden, die die anderen in sich beinhaltet. Dies liegt schon daran, dass in jeder dieser Sphären unterschiedliche Phänomene mit unterschiedlichen Methodologien erforscht werden. – Natürlich enthebt dies den einzelnen Forscher nicht der Mühe, zu untersuchen, ob nicht dieses oder jenes Phänomen doch besser mit den Methoden einer anderen Wissenschaft zu behandeln wäre oder wo man sinnvolle Vereinheitlichungen durchführen könnte.

Auf den üblichen materialistischen Einwand, Materie hätte es doch aber schon vor der Entstehung der Erde, des Lebens und des Menschen gegeben, und deshalb müsse Materie als etwas von Psychischem Unabhängiges gedacht werden, bleibt aber immer noch zu entgegnen, dass wir nun einmal lebende Wesen sind; und nur als solche haben wir überhaupt erst eine Perspektive auf die Welt, einen Zugang zur Welt, und somit auch zur Materie. Unser Bewusstsein und unsere Emotionalität sind unhintergehbarer Bestandteil dieser Perspektive. Erkenntnis besitzt also immer eine lebensweltliche Perspektivität. Mit dem, was wir als Materie bezeichnen, besitzen wir dementsprechend auch keinen archimedischen Punkt, von dem aus wir die Vielfalt und die Eigenheiten der belebten Natur und der psychischen Prozesse verstehen könnten.

Umgekehrt wäre es aber ebenso überzogen, materiellen Gegenständen lebendige oder seelisch-geistige Kategorien zuzuschreiben, wie es in archaischen Kulturen gang und gäbe ist und wie es auch vielen esoterischen oder manchen philosophischen Theorien zu eigen ist. Die Existenz objektiver Eigenschaften zumindest makroskopischer Gegenstände lässt sich zwar nicht logisch zwingend beweisen, aber ihre Annahme entspricht nicht nur dem gesunden Menschenverstand, sondern auch unseren besten wissenschaftlichen Theorien und der handwerklichen und technischen Praxis, der wir unser Leben anvertrauen. Ungeachtet der Bedeutung von Bewusstsein für jede Darstellung von Materie, für jede Perspektive auf die Welt und ungeachtet der emotionalen Komponenten allen Erkennens ist Materie nicht als rein Geistiges zu denken. Denn obgleich jede Vorstellung oder Darstellung eines Objektes natürlich immer im Bewusstsein vorgefunden wird, heißt das noch nicht, dass wir uns sämtliche Eigenschaften von Objekten als rein psychische vorzustellen hätten. Wir sind also wohl beraten, die verschiedenen Sphären zu erkennenden Seins nicht zu durchmischen und jeder ihre eigene Relevanz und Eigenständigkeit zuzugestehen. Diese Haltung unterscheidet den hier vertretenen Pluralismus von jedem Idealismus oder Materialismus. Denn es kommt nicht darauf an, sich auf diesen oder jenen festzulegen – ein solcher Versuch scheint ohne Rekurs auf archaisches Denken oder überholte Vorstellungen von Wissenschaft und Wirklichkeit zum

Scheitern verurteilt –, sondern entscheidend ist vielmehr, das Beziehungsgeflecht zwischen Materie, Leben und Bewusstsein besser zu durchdringen, um so ein besseres Verständnis unserer Position in dieser Welt und unseres eigenen Verstehens zu erreichen. Dieses Beziehungsgeflecht lässt sich aber nur dann in sinnvoller Weise aufzeigen, wenn wir eine gewisse Heterogenität und Eigenständigkeit jedes dieser Bereiche zu akzeptieren bereit sind.

Erkenntnis ist subjektiv; meist lässt sie sich intersubjektiv kommunizieren. Es gibt aber auch Erkenntnis der emotionalen oder intuitiven oder auch spirituell-mystisch-religiösen Art, die etwa die eigene Lebenseinstellung betrifft oder das Verhältnis zu anderen Menschen, die nicht kommunizierbar ist, bzw. bei der der sprachliche Ausdruck die innere Erkenntnis verfremdet, stört oder ihr schlicht nicht gerecht werden kann. (Dies sind besondere Aspekte der inneren psychophysischen Unschärfe.) Bestimmte, mitunter sogar einschneidende Änderungen unserer Weltsicht und unseres Selbstempfindens sind kaum kommunizierbar; sie offenbaren sich im täglichen Leben, im zwischenmenschlichen Umgang, in einer veränderten Grundstimmung. Hiermit verwandte Einsichten lassen sich auch im Wissensbegriff ausfindig machen. So ist das propositionale Wissen über bestimmte Sachverhalte (das „Wissen, dass") allgemein nicht hinreichend zur Erklärung des prozeduralen, praktischen Verfahrenswissens (das „Wissen, wie"). Denn die größtenteils unbewussten motorischen Komponenten unseres Wissens um Existenzbewältigung sind einer logisch-begrifflichen Analyse kaum zugänglich.[32]

Ebenso gehören menschliche Intuition und Kreativität zur Basis unserer Existenz. Sie sind emotionale und sensomotorische Verbindungsachsen von Welt, Körper und Geist und nicht nachrangige, durch analytisches Denken vollständig auflösbare Teile unserer Psyche.[33] Ob unsere Intuition gut war, lernen wir nicht aus einer theoretischen Analyse, sondern aus der praktischen Erfahrung ex post. – Damit der Philosoph nicht in den Brunnen fällt, muss er hin und wieder auf die Erde schauen.

Zum Problem der *Willensfreiheit* bleibt an dieser Stelle, da wir dieses Thema hier nicht vertiefen wollen, nur kurz Folgendes anzumerken: Wenn der geistige Zustand sich nicht auf den körperlichen reduzieren lässt und wenn der geistige Zustand für den Körper zugleich funktional tätig ist – schließlich ist das sein evolutionärer Zweck–, dann ist der geistige Zustand für die zukünftige Entwicklung des körperlichen eine nicht zu vernachlässigende Randbedingung. Damit ist die Frage nach der Willensfreiheit aber aus rein neurowissenschaftlicher Sicht gar nicht mehr eindeutig beantwortbar – nicht einmal bei maximalem neurowissenschaftlichem Wissen. Die

---

[32]Im Gegenteil, sie können durch eine solche Analyse sogar deutlich behindert werden. Schlecht eingeschliffene Bewegungsmuster zu ändern, bedarf nicht einfach einer Einsicht, sondern ist ein langwieriger Übungsprozess. Gleiches gilt durchaus auch für Denkgewohnheiten.

[33]Die Vorstellung ihrer vollständigen Analysierbarkeit ist nicht einmal konsistent formulierbar, denn diese benötigt zur allgemeingültigen Durchführbarkeit Einblick in ihre eigene Funktionstüchtigkeit. Sie bräuchte eine Metaanalyse ihrer eigenen analytischen Kraft, wodurch sie von der Intuition und Kreativität ihrer Begründer abhängt – so dass man letztlich bei einem unendlichen Regress landet.

Frage nach der Willensfreiheit wäre also besser so gestellt, in welcher Weise der Mensch beeinflussbar, prägbar und manipulierbar ist, bzw. wie sich mündiges, kritisches, verantwortungsvolles und selbstbestimmtes Denken und Handeln fördern lassen.

Der moderne, von der Wissenschaft geprägte Mensch hat gelernt, seine Emotionalität bei der Weltbeschreibung hintanzustellen. Dies ist eine kulturelle Entwicklung, die unter anderem dazu geführt hat, dass für den modernen Menschen Diskrepanzen zwischen diesen Kulturtechniken der Objektivierung und seiner Selbstwahrnehmung bestehen. Schließlich sind bereits der objektive oder intersubjektive Blick auf den eigenen Körper und seine subjektive Empfindung völlig unterschiedliche und nebeneinanderstehende Dinge. Modernität heißt ja vor allem, das gleichzeitige Bestehen verschiedener Perspektiven, auch auf sich selbst, zunächst einmal überhaupt auszuhalten; und es bedeutet auch, über mentale Techniken zu verfügen, die dieses Aushalten erleichtern oder erst ermöglichen.[34]

Nach der geistesphilosophischen Einordnung psychischer Phänomene in diesem Kapitel besteht die nächste wichtige Anwendung dieser Erkenntnistheorie folglich in einer allgemeineren Analyse der *Verselbstständigung kulturell tradierter Erklärungsmuster*. An dieser Stelle sind Erkenntnistheorie und Anthropologie sehr eng miteinander verknüpft. Aus solchen Reflexionen ist also nicht nur psychologische Erhellung zu erwarten, sondern auch ein breiterer Blick auf die Methoden und Resultate von Wissenschaft und auf ein wissenschaftlich inspiriertes Weltbild, wobei natur- und geisteswissenschaftliche Erkenntnisse gleichermaßen diesen strukturellen Bedingungen unterliegen. Wenn wir hierzu die anthropologischen Reflexionen Ernst Tugendhats aus Kap. 8 rekapitulieren, dann stellt sich sogleich die Frage, welche Implikationen die bisherige Analyse für ein allgemeines menschliches Selbstverständnis mit sich bringen mag. Denn eine Erkenntnistheorie, die allein theoretischen Betrachtungen dient, verfehlt ihren Zweck, uns über unsere eigenen Bedingtheiten zu unterrichten.

---

[34]*Modernität* ist also in diesem Sinne nicht als Kennzeichnung einer Epoche, sondern als relativer, anthropologischer Begriff zu verstehen. So war der Islam der klassischen Periode die mit Abstand modernste Religion ihrer Zeit und Pfeiler der führenden Zivilisation vom Atlantik bis in den Mittleren Osten. Universalgelehrte wie Al-Biruni und Taqi ad-Din standen nicht nur in der großen Tradition der antiken Gelehrsamkeit, sondern waren auch Vorläufer für europäische Geistesgrößen wie Leonardo da Vinci, Galileo Galilei und Gottfried Wilhelm Leibniz. Diese Stärke bezog der Islam nicht zuletzt aus der Toleranz und Offenheit gegenüber unterschiedlichen Ansichten, auch und gerade in der Auslegung des Korans sowie gegenüber Angehörigen anderer Religionen. Dies erläutert etwa der Islamwissenschaftler Thomas Bauer anhand des aus der Psychologie stammenden Begriffs der „Ambiguitätstoleranz"; siehe Bauer (2011).

Das soziokulturelle Apriori

18

Das Sein bestimmt das Bewusstsein.

(Karl Marx)

Bisher haben wir den von Konrad Lorenz aufgestellten Grundsatz, dass das ontogenetische Apriori der mentalen Strukturen ein phylogenetisches Aposteriori darstellt,
nur in einer sehr allgemeinen Form benutzt. Dieser Satz besagt letztlich nichts
anderes, als dass die grundlegenden geistigen Kategorien des Menschen nicht vom
Himmel gefallen sind, sondern sich, wie seine körperlichen Charakteristika auch,
in einem evolutionären Anpassungsprozess entwickelt haben. Die Gene liefern
hier wie immer nur das Grundmaterial und die Informationen zur organismischen
Entfaltung; entscheidend ist immer auch die Wechselwirkung mit der Außenwelt.
Diese Hypothese ist gewissermaßen eine naturalistische Umdeutung des kantschen
Apriori. Gleichzeitig weist sie darauf hin, dass menschliches Erkennen ein zir-
kelhafter Prozess ist, denn sie benutzt empirische Erkenntnisse aus der Biologie
zur Erklärung der Bedingungen der Möglichkeit von Erkenntnis. Gerhard Vollmer
hat gegenüber Kritiken an dieser Formulierung wiederholt und schlüssig darauf
hingewiesen, dass die einzige Möglichkeit, eine plausible Theorie der Erkenntnis
aufzustellen, darin besteht, diesen Zirkel nicht als vitiösen Zirkel, als Fehlschluss zu
deuten, sondern als plausible Beschreibung der Art und Weise, wie wir Menschen
eben tatsächlich Erkenntnis erlangen.[1]

---

[1]Es gibt natürlich auch andere Auswege aus diesem Dilemma. Man könnte etwa einen harten
reduktionistischen Materialismus mit all seinen seltsamen Konsequenzen vertreten. Letztlich
begreift dieser das Materiale als den archimedischen Punkt, von dem aus alles andere zu verstehen
ist. Oder man geht von der gleichfalls ungedeckten Annahme sicherer synthetischer Wahrheit
a priori aus, wie Kant es tat. Keiner dieser Auswege besitzt allerdings auch nur annähernd
äquivalente Plausibilität in seinen Postulaten und Folgerungen. Solchen Positionen ist gemein,
dass sie die Ungewissheit und Vorläufigkeit menschlicher Erkenntnis verkennen. Max Scheler

© Springer-Verlag Berlin Heidelberg 2017   383
D. Eidemüller (Hrsg.), *Quanten – Evolution – Geist*,
DOI 10.1007/978-3-662-49379-3_18

In der hier dargelegten Erkenntnistheorie tritt dieser Punkt sogar noch stärker zutage als in der vollmerschen Evolutionären Erkenntnistheorie, wie nicht zuletzt am Begriff der epistemischen Zirkularität aus Kap. 3.4.1 ersichtlich. Wie anhand der Unterschiede zwischen der hier dargelegten und der Evolutionären Erkenntnistheorie allerdings deutlich wird, lassen sich über dem lorenzschen Grundsatz sehr verschiedene Erkenntnistheorien entwickeln. Dies ist besonders klar am jeweiligen Wirklichkeitsbegriff auszumachen: Dem hypothetischen und materialistisch-reduktionistischen Realismus Vollmers steht hier ein mesokosmisch eingeschränkter und pluralistisch verstandener Alltagsrealismus gegenüber.

Die Einsicht in die stammesgeschichtliche Entstandenheit der Formen und Kategorien menschlicher Wahrnehmung und menschlichen Denkens belehrt uns jedoch weder über das Wie noch über das Was unserer Bewusstseinsstrukturen, sondern nur über das Woher und Wozu: nämlich als Anpassungsleistung zur Sicherung von Überleben und Fortpflanzung in einer kompetitiven Umwelt. Die geistigen Kategorien und Anschauungsformen standen für Lorenz auch nie zur Disposition; er übernahm sie von Kant. Nur ihre Begründung suchte er auf stabilere Füße zu stellen und somit ebenfalls die Erklärung ihrer Fehlbarkeit und folglich auch die Grenzen ihrer Gültigkeit – nicht für die Erfahrung, sondern in ihrer Rolle als Prinzipien der Naturbeschreibung! Dies ist für die kantsche Philosophie natürlich eine einschneidende Änderung, für die schon Ludwig Boltzmann Pate stand.

Nun scheint die Reichweite der lorenzschen Thesen auf den ersten Blick aber ziemlich stark auf grundsätzliche erkenntnistheoretische und evolutionspsychologische Fragestellungen beschränkt zu sein. Es ist nicht ohne weiteres sichtbar, wie etwa kulturhistorische Theorien sich diese Thesen zu eigen machen könnten, außer zur Erklärung einiger gleichbleibender Wahrnehmungs- oder Denkmuster, die eben genetisch mehr oder weniger universell vorgegeben sind. Zu verschieden sind bereits die Wahrnehmungsformen unterschiedlicher Kulturen, oder gar einzelner Menschen derselben Kultur, betreffs ein und desselben (oder eben nicht ganz desselben) Sachverhalts. Der theoretische Biologe Ludwig von Bertalanffy formulierte dies bereits 1955 als Weiterentwicklung der Lorenzschen Thesen „Linguistic, and cultural categories in general, will not change the potentialities of sensory experience. They will, however, change apperception, that is, which features of experienced reality are focused and emphasized, and which are under-played."[2]

Es lässt sich nun in dieser Hinsicht ein enger und mächtiger Zusammenhang zwischen Erkenntnistheorie und Anthropologie aufzeigen, der im Folgenden noch in vielerlei Hinsicht nützlich sein wird und der interessante Anwendungsfelder einer sonstmals oft ein wenig steril und akademisch erscheinenden Erkenntnistheorie erschließt. Dieser Zusammenhang beruht darauf, dass zur genetischen Ausstattung des Menschen eine *Prägung zu notwendiger kultureller Prägbarkeit* gehört.

---

hat einmal sehr süffisant die erkenntnistheoretische Situation des Materialismus mit einem alten Berliner Studentenlied persifliert: „Ick wünscht, ick wär ein Louisdor, da koofte ick mir ein Bier dafor."

[2]Von Bertalanffy (1955), S. 253. Zur Entstehung menschlicher Kultur und ihrer Besonderheit gegenüber dem Tierreich siehe auch Tomasello (2002).

Wie bereits erörtert, ist die gewaltige Offenheit der menschlichen Natur nur durch die Übernahme großer Mengen an Wahrnehmungs-, Denk- und Verhaltensmustern zu kanalisieren. Der heranwachsende Mensch ist darauf programmiert, von seinen Eltern und seinem sozialen und kulturellen Umfeld zu lernen, durch Imitation, Reflexion und Auseinandersetzung mit dem Vorgefundenen – und auch durch Abgrenzung und Rebellion, besonders in der Pubertät. Kulturhaftigkeit ist Teil der Natur des Menschen. Bereits der frühkindliche Spracherwerb findet in einem bestimmten kulturellen Kontext statt. Dies beeinflusst die grundlegenden Wahrnehmungs-, Denk- und Verhaltensmuster außerordentlich. Die jeweils spezifische Ausprägung, die diese menschliche Eigenart der kulturellen Prägbarkeit in jeder einzelnen Kultur und in jedem Kulturkreis annimmt, wollen wir als *soziokulturelles Apriori* bezeichnen. Dieses soziokulturelle Apriori ist ein Bindeglied zwischen Erkenntnistheorie und Anthropologie. Es ist kultur-evolutionärer Art und setzt auf dem biologisch-evolutionären, ontogenetischen Apriori auf. Es ist also ganz allgemein auch ein Bindeglied zwischen Naturwissenschaften (einschließlich der Neurowissenschaften), Wissenschaftstheorie und theoretisch-abstrakter Philosophie einerseits und Psychologie, Geistes- und Kulturwissenschaften sowie lebensweltlich orientierter Philosophie andererseits. In Analogie zur zentralen lorenzschen These lässt sich ausführen:

Das soziokulturelle Apriori ist ein kulturhistorisches Aposteriori.

Dieses Apriori bestimmt die Einstellung der Mitglieder einer Gemeinschaft zur Wirklichkeit als Ganzes und in ihren Teilen. Die Bedingungen zu seiner Entstehung sind eine spezifische Eigenart des Menschen. Manche Tierarten zeigen zwar rudimentäre Anzeichen von Kultur und von kultureller Evolution, sie sind aber nicht in ihrem Überleben an sie gebunden. Für den Menschen hingegen ist Kultur Teil seiner Stammesgeschichte. *Homo erectus* nutzte bereits das Feuer, und die nachfolgende Hominisation war immer auch an kulturelle Techniken gebunden. Ohne die zunehmende Entwicklung verschiedenster Kulturtechniken und komplexer Formen sozialer Organisation wäre die Entwicklung des menschlichen Gehirns und seiner Sprachfähigkeit nicht notwendig und nicht möglich gewesen. Dies sind die zentralen Faktoren, die zur Sonderstellung des Menschen geführt haben. Der Begriff des soziokulturellen Apriori ist nun eine Präzisierung und Erweiterung des ontogenetischen Apriori, wie sie insbesondere vor dem Hintergrund eines nichtreduktionistischen Weltbildes notwendig und fruchtbar erscheint. Das soziokulturelle Apriori entspringt anthropologischen Einsichten in die Verschiedenheit menschlicher Kulturen und ist zudem von psychologischer Bedeutung; denn es erweitert die Einsicht in die kategoriale Uniformität menschlichen Erkennens um die Einsicht in die kulturelle Diversität menschlichen Erkennens.[3]

---

[3]Der Begriff des soziokulturellen Apriori ist ein sehr universeller Begriff und vielseitig anwendbar. Er ist auch keineswegs nur in der hier entwickelten Erkenntnistheorie ableitbar. Er lässt sich jedoch in einer pluralistisch-evolutionär orientierten Erkenntnistheorie wie dieser besonders einfach und elegant darlegen und fügt sich problemlos in die übrigen Konzepte ein. Er lässt sich wahrscheinlich auch über einem anderen theoretischen Unterbau formulieren, büßt dann aber eventuell an Tragweite ein.

Die hier geführte Diskussion kann natürlich bei weitem nicht abschließend sein. Ebenso wie die Anwendung der hier entwickelten erkenntnistheoretischen Konzeption auf die Philosophie des Geistes dient sie nicht zuletzt dem Nachweis, wie sich innerhalb des neuen Paradigmas schlüssig arbeiten lässt. Jeder erkenntnistheoretische Ansatz lässt sich ja im Prinzip auf beliebig viele unterschiedliche Problemfelder anwenden, ist Erkenntnis doch der grundlegende Begriff für alle Gebiete intellektueller Arbeit und menschlichen Wissens. Die Bedeutung der im Folgenden zu besprechenden Punkte liegt also nicht zuletzt darin, im neuen erkenntnistheoretischen Rahmen sinnvolle Bezugsmöglichkeiten zwischen unterschiedlichen Gebieten geistiger Betätigung aufzuzeigen. Diese Punkte stehen einerseits für sich selbst, andererseits werden ihre Begrifflichkeiten sich noch bei den Betrachtungen zu Wissenschaft und Wirklichkeit im folgenden Kap. 19 als hilfreich erweisen und das dort zusammengefasste Weltbild mit abrunden. Eine wichtige Lehre aus dem Begriff des soziokulturellen Apriori wird sein, wie sich grundlegende biologische Einsichten, vermittelt über den evolutionär-epistemologischen Hauptsatz, anthropologisch umsetzen lassen, ohne in biologistische Vereinfachungen zu verfallen, wie es hin und wieder in der öffentlichen Debatte geschieht. Nicht zuletzt der dezidierte Pluralismus dieser Position sei hier als Mahnung verstanden.

18.1   Der archaische Mensch und die Moderne

Die hier dargelegte Erkenntnistheorie verdankt sich einer Analyse der unterschiedlichen Perspektiven, die uns die moderne Wissenschaft, unser Alltagsverständnis und unsere Selbstwahrnehmung zur Verfügung stellen – sowie den grundsätzlichen Problemen reduktionistischer bzw. materialistischer oder auch idealistischer Positionen. Sie bietet folglich eine pluralistische Sichtweise der Wirklichkeit an, die zugleich die strukturellen Zusammenhänge der verschiedenen Perspektiven nicht vernachlässigt. Wie aber steht eine solche größtenteils aus theoretischen Überlegungen gewonnene philosophische Position zur Reflexion unserer lebensweltlichen Erfahrung? Für den modernen Menschen bietet sich die Welt unter verschiedenen Blickwinkeln dar, er besitzt eine Vielzahl von Kulturtechniken, die ihm unterschiedliche Perspektiven auf die Wirklichkeit ermöglichen. Für ihn ist diese Wirklichkeit teils konstruiert, teils vorgefunden. Immer jedoch kennt er unterschiedliche Zugänge und Bezugsweisen zur Beschreibung, Erklärung und Veränderung der Welt. Der Versuch, eine in materialistischem oder idealistischem Sinne reduzierte Beschreibungsebene zu finden, geht letztlich vielleicht auf das Bestreben zurück, die in der Kindheit erfahrene Einheitlichkeit der Wirklichkeit zu restituieren: Denn dem Kind – und in verwandter Form auch dem archaischen Menschen – präsentiert sich die Welt noch als Einheit. Für beide sind Welt und Vorstellung, emotionale Bewertung und Naturerfahrung noch eins; vielleicht nicht immer in ganz strengem Sinne, aber in vollkommen anderer Weise als für den erwachsenen, modernen Menschen. Sie unterscheiden nicht zwischen einer objektiven Welt und ihrer Wahrnehmung und Beschreibung oder Bewertung dieser Welt. Sondern sie leben in einem naiven Realismus; wobei Realismus hier nicht im üblichen philosophischen Jargon gelesen werden darf, denn er beinhaltet auch die Projektionen emotionaler Zustände und Urbilder auf die Welt. Ein Kind bringt eine „natürliche", archaische Einstellung und ebensolche Verhaltensweisen mit auf die Welt, die es im Laufe seiner Entwicklung in einer modernen zivilisatorischen Umgebung verlernt, die sich abschleifen und die von anderen, kulturell erprobten Mustern überformt werden. Der moderne Mensch unterscheidet sich vom archaischen Menschen durch die Prägungen seiner Kindheit, in denen das Verhältnis von Natur und Kultur sich radikal verschiebt. Der moderne Mensch ist der direkten Abhängigkeit von der Natur und damit auch seiner emotionalen Einbindung in die Natur enthoben; gleichzeitig wird er durch wesentlich komplexere, alterprobte und in zahlreichen zivilisatorischen Konflikten bewährte kulturelle Muster in seinem Wesen anders geprägt als der archaische Mensch, der näher an den auch an Kindern sichtbaren, ursprünglichen Verhaltensmustern steht.[4]

Bereits eine derart elementare Erfindung wie das Abzählen an den Fingern verändert unsere kognitiven Fähigkeiten dramatisch. Bewohner des Amazonasgebietes, die nicht zählen können, scheitern an einfachsten Rechenaufgaben wie zum Beispiel sechs minus zwei. Zugleich besitzen sie Wahrnehmungsfähigkeiten, die diejenigen eines Zivilisationsmenschen völlig in den Schatten stellen.[5]

Der archaische Mensch gehört nicht nur einer urtümlichen, sondern in gewissem Sinne auch „jungen" Kultur an. Natürlich sind auch archaische Kulturen sehr alt und komplex und haben sich aus vielen unterschiedlichen Einflüssen entwickelt. In diesem Sinne sind sie etwas ganz anderes als das ursprünglich Kindliche. „Jung" ist in diesem Kontext also zu lesen im Sinne von „mit zeitlich kurzer Überlieferung"; denn in archaischen, schriftlosen Kulturen verschwindet der zeitliche Horizont der Vergangenheit spätestens nach wenigen Generationen mündlicher Überlieferung und geht in den Mythos über. Wenn der Anthropologe Claude Lévi-Strauss also schreibt, es gäbe keine kindlichen Völker, sondern nur solche, die „keine Chronik ihrer Kindheit und Jugend verfasst haben",[6] und daher seien alle Völker erwachsen, so ist das folglich dahingehend zu verstehen, dass sich die Regeln und Mythen

---

[4]Man beachte sehr, was Thomas Mann ganz in diesem Sinne der Aufgehobenheit des archaischen oder kindlichen Menschen in der Natur über Lew Tolstoi schreibt: „Tolstoi erinnert sich in seinen Bekenntnissen, dass er als kleines Kind von Natur nichts gewusst, sie überhaupt nicht bemerkt habe. ‚Es ist unmöglich‘, sagt er, ‚dass man mir weder Blumen noch Blätter zum Spielen gab, dass ich das Gras nicht sah oder das Licht der Sonne. Dennoch habe ich bis zu meinem fünften oder sechsten Jahr keine Erinnerung an das, was wir Natur nennen. Wahrscheinlich muss man *sich von ihr loslösen*, um sie zu sehen, und *ich selbst war Natur.*‘ Hiermit ist ausgedrückt, das schon das bloße Sehen der Natur, der sogenannte Natur*genuss*, ein zugleich spezifisch menschlicher und schon sentimentalisch-sehnsüchtiger, d. h. aber pathologischer Zustand ist, da er Losgelöstheit von der Natur bedeutet." Mann (1957), S. 57f.

[5]Während das Rechnen eine kulturelle Errungenschaft ist, besitzt der Mensch nach neueren Studien aber so etwas wie ein angeborenes Mengenverständnis, wie etwa der Hirnforscher Stanislas Dehaene in Dehaene (1997) aufgezeigt hat. Dieses ist seinem Wesen nach nicht linear, sondern logarithmisch: Der Unterschied zwischen 99 und 100 erscheint uns folglich geringer als der zwischen 9 und 10.

[6]Lévy-Strauss (1975), S. 376.

archaischer Kulturen über viele, viele Generationen hin entwickelt haben, während deren Kraft darauf beruht, dass ihr Ursprung nicht hinterfragbar ist. Das archaische, „wilde Denken ist seinem Wesen nach zeitlos … Das wilde Denken vertieft seine Erkenntnis mit Hilfe von *imagines mundi*. Es baut Gedankengebäude, die ihm das Verständnis der Welt erleichtern, um so mehr als sie ihr gleichen. In diesem Sinne könnte man es als Analogiedenken definieren."[7] Auch der Zivilisationsmensch besitzt so etwas wie Geschichte schließlich vor allem anhand schriftlicher Zeugnisse. Die archaische Vorgeschichte jeglicher Zivilisation lässt sich nur über Analogien mit den wenigen, durch die moderne Zivilisation zunehmend marginalisierten und an die Wand gedrängten Urvölkern rekonstruieren. – Ein Mythos ist gegenwärtiger und stärker, wenn er im Bewusstsein der Menschen jung bleibt und doch zugleich so etwas wie althergebrachte Autorität besitzt. Auch Diktaturen aller Couleur nutzen die identitätsstiftende Kraft solcher Mythen.

Im Mythos wird der Erfahrungsschatz vergangener Generationen konserviert; er ist aber keine Geschichte mehr. Man betrachte hierzu die nicht ganz unplausible, wenngleich durchaus umstrittene Vermutung, der erste Teil des Nibelungenliedes habe seinen Ursprung in der Zeit der Varusschlacht. Der Siegfried dieser Erzählung entspräche dann Arminius dem Cherusker, der Drache den römischen Legionen als unbezwingbarer und schwer gepanzerter Feind. Die Forschung besitzt hierzu keine germanischen Schriftquellen. Sie muss aus wenigen und teilweise zweifelhaften römischen Berichten sowie der archäologischen Fundlage eine Rekonstruktion der Geschehnisse unternehmen. Dass nun ein solch entscheidender militärischer Sieg der sonst nur selten in größerer Zahl verbündeten analphabetischen germanischen Stämme schlichtweg unüberliefert geblieben ist, ist schwer vorstellbar. Wahrscheinlich ist es eher so, dass sich diese Erzählung mit anderen Geschichten und Motiven im Mythos des Nibelungenliedes verdichtet hat. Siegfried ist dann nicht etwa einfach mit Arminius gleichzusetzen, sondern es wäre besser zu behaupten, dass in der Figur des Siegfried auch etwas von Arminius steckt. Eine ähnlich komplexe Genese ist weltweit für die große Mehrzahl aller Mythen anzunehmen. Der „junge" Charakter archaischer Kulturen besteht also, wie Lévi-Strauss sehr treffend bemerkt hat, nicht in urtümlicher Vergangenheitslosigkeit – menschliche Kultur begann mit der Entstehung des Menschen und „wildes" Denken ist über einen sehr viel längeren Zeitraum gewachsen und konnte sich und seine Nachhaltigkeit sehr viel umfangreicher erproben als jenes der höheren Zivilisationen –, sondern darin, dass sich mangels schriftlicher Fixierung des Überlieferten das Geschehene im Mythos auflöst.

Auch Wilhelm Kamlah zieht eine ähnliche Analogie zwischen dem nach Alter jungen Menschen und dem Menschen, der einer noch urtümlichen und in diesem Sinne „jungen" Kultur angehört. Man kann diesen nach Kamlah auch den „mythischen Menschen" nennen. Kamlah nennt in seiner Anthropologie als Charakteristikum des Kindes und des archaischen Menschen die „Aneignung von Gewohnheiten", die sich zu Normen verfestigen: Wiederholungen, die sich zu Riten

---

[7]Lévy-Strauss (1968), S. 302f.

steigern. Dies führt zur selbsterzeugten und handlungsstabilisierten Geltung von Traditionen. Zu ihr besteht als Antithese die aufgeklärte Haltung der rationalen Begründung von Normen, wie sie schon die Antike kannte.[8]

Dieser Gedankengang folgt ähnlichen Einsichten wie Arnold Gehlens Institutionenlehre, die die Institutionalisierung von Gebräuchen und Sitten beim archaischen Menschen sehr eingehend beschreibt. Das Konzept der Geltung aus Tradition und die Institutionenlehre sind folglich so etwas wie der archaische Bezugspunkt des Begriffs des soziokulturellen Apriori. Vergessen wir bei aller modernen Analyse jedoch nicht, dass auch in unserem modernen Zeitalter noch sehr vieles archaisch ist, ja, dass unsere Kultur, unser Denken und unsere Mentalität vielfach auf nur leicht übermalten, archaischen Fundamenten aufbauen und dass Aufklärung und Moderne in der Hauptsache solche Bestandteile unserer Kultur sind, die das Lebensglück einer größeren Anzahl von Menschen vor allzu großen Verirrungen unserer archaischen Natur in einer komplexen Welt schützen sollen! Das Wörtchen „Zivilisation" taugt nicht zur Wertung, es ist ein rein deskriptiver anthropologischer Begriff.

Zu der vom Kind und vom archaischen Menschen als Einheit erlebten Welt gehören nun auch subjektive Faktoren, Wünsche, Ängste etc., die (aus wissenschaftlich geprägter Sicht! – d. h. übersetzt in den Blickwinkel der Moderne) auf Gegenstände, Tiere und Personen projiziert werden und als Totem- oder Totengeister, Feen, Monster, Engel, Dämonen, gutes oder schlechtes Karma oder andere übernatürliche Entitäten interpretiert werden. Natürlich sind archaische Kulturen teilweise sehr komplex; ihre Kinder werden von den Vorstellungen ihrer Kultur, durch ihr spezifisches soziokulturelles Apriori genauso geprägt wie die Kinder moderner Kulturen durch deren Konzepte. Das für den modernen Menschen aber spezifisch kindliche Element einer direkten Projektion subjektiver Faktoren auf die wahrgenommene Welt ist für den archaischen Menschen ein ganz normaler, unhinterfragter Bestandteil seiner Welt. Diese archaisch-kindliche Einstellung ist in der modernen Welt natürlich keineswegs abgeschafft. Sie ist höchstens undurchsichtiger, problematischer und vielschichtiger geworden.[9] Sie zeigt sich in den unterschiedlichsten Formen. Auf der einen Seite in religiösen Riten, die an sakrale Gegenstände und Gebäude oder Orte gebunden sind. Auf der anderen Seite an Identifikationssymbolen sozialer Gruppen, wie Fahnen, Wappen, Wimpel, Roben, Kittel, Talare, Pokale, Orden, Abzeichen, Hymnen, Lieder, Symphonien etc., aber auch an der emotionalen Aufladung von mehr oder weniger nützlichen Gebrauchsgütern, wie sie durch die Werbung rund um die Uhr und rund um die Welt zur Absatzsteigerung stattfindet. Eine übersteigerte Form der emotionalen

---

[8]Siehe hierzu Kamlah (1972). Diese Angewöhnung hängt zusammen mit der nicht nur beim Menschen, sondern auch bei Tieren zu beobachtenden Kausalerwartung, die wir weiter unten in Kap. 18.4 noch einmal aufgreifen werden.

[9]Für alles andere wäre auch eine vollständige Umprogrammierung der emotionalen Komponente unserer Wahrnehmungsstruktur in der frühkindlichen Entwicklung notwendig. Hier bestehen aber offensichtlich Grenzen der Prägbarkeit.

Bewertung von Objekten durch den modernen Menschen zeigt sich schließlich in den unterschiedlichen Spielarten des Fetischismus.

In manchen asiatischen Kulturen findet der emotionale Selbstzweck von Dingen bewussteren Ausdruck als in westlichen Kulturen üblich. Offensichtlich hat die Entseelung der Welt durch die Vertreibung der heidnischen Geister durch die monotheistischen Religionen im Abendland und vorderen Orient dort einen nicht unerheblichen Einfluss auf die Wahrnehmungsstrukturen der Wirklichkeit gezeitigt.[10] Wobei aber der volkstümliche Katholizismus ebenso wie der Islam und auch das Judentum so zahlreiche heidnische Einflüsse aufgenommen und in uminterpretierter Weise in ihren kulturellen Schatz, in ihren Mythos integriert haben, dass auch in den monotheistischen Religionen noch vielfach urarchaische Wahrnehmungs-, Denk- und Verhaltensweisen erlebbar werden. Man denke nur an die Macht der Reliquienverehrung oder an die Mittlerrolle der Heiligen und Engel zum Jenseits. Hierin bestehen ganz erstaunliche Analogien zum Buddhismus, der auf polytheistischem Boden gewachsen ist.

Die pluralistische Perspektive ergibt sich für uns erst aus unserer kulturellen Entwicklung, durch die wir den sogenannten naiven Standpunkt verlassen haben. Als Kinder haben wir uns selbst noch in einem einheitlicheren Zusammenhang erfahren. Mit zunehmendem Alter und kultureller Prägung haben wir verschiedene kulturelle Techniken erlernt und zu diesem Zweck auch verschiedene kulturelle Perspektiven eingenommen. Der Vorteil dieser Entwicklung, die wir in unserer Erziehung ebenso zwangsläufig und unbewusst durchlaufen haben, wie wir sie an unsere Kinder weitergeben, liegt klar auf der Hand: Durch die Entspiritualisierung unseres Weltbildes und den Gewinn an neuen, unterschiedlichen Blickwinkeln gewinnen wir massive zusätzliche mentale und physische Verfügungsgewalt über unsere Umwelt und unsere gesellschaftliche Struktur. Francis Bacon drückte zum Ausgang des 16. Jahrhunderts diese Stimmungslage in der knappen Losung aus: „Denn Wissen selbst ist Macht", später meist verkürzt zu: „Wissen ist Macht".

Dabei wird, ausgehend vom Naturvolk, der bewusste Teil unserer ursprünglichen psychischen Bindung an Natur, Tiere und Mitmenschen – mit all ihrem Bewahrungs- wie Zerstörungspotential! – zunehmend ersetzt durch immer abstraktere Konzepte. Mit der Vielschichtigkeit der Weltwahrnehmung im modernen Zeitalter geht auch eine große Anpassungsleistung an vielfache äußere soziale Einflüsse einher. Wir schalten im Alltag automatisch und unbewusst zwischen verschiedenen Rollenmodellen mit unterschiedlichen Erwartungshaltungen um, die an uns gerichtet sind und die wir an andere richten.

Die Pluralität des modernen Weltbildes ist somit Teil des soziokulturellen Apriori hochentwickelter Gesellschaften. Ein rein intellektueller Weg zurück zur einheit-

---

[10]Ob aus diesem Grund das Christentum, wie von einigen Autoren vertreten wird, eine entscheidende Voraussetzung der modernen Wissenschaft gewesen ist, ist mehr als zweifelhaft und nicht falsifizierbar. Es ist aber nicht unwahrscheinlich, dass der Monotheismus zumindest in gewisser Hinsicht eine förderliche Rolle für die Entstehung der modernen Wissenschaft gespielt hat. Vergleiche hierzu Kap. 19.6.

lich und ganzheitlich erfassten Welt ist uns nicht gegeben. Auch philosophisch vereinheitlichende Strömungen, so sie denn gewisse Erfolge verbuchen konnten, blieben stets der theoretischen Schau verbunden und entbehrten der emotional gefärbten Empfindung und Einbindung in das Weltganze. Dies gilt schon für die Philosophie Platons – wenngleich für Platon selbst seine Einsichten natürlich ganz herausragende emotionale Bedeutung besaßen. Es verbleibt die spirituelle Versenkung als einzig gangbarer Weg. Denn Religionen und Mystik bewahren die dem modernen Menschen nur in kaum bewusster Kindheitserinnerung verbliebenen Erfahrungen von Einheit in komplex kodifizierter Form und verweben sie in einen moralisch-praktischen Lebenszusammenhang. In den verschiedenen Kulturen gibt es hierzu nun unterschiedlichste Herangehensweisen, die aber doch einiges gemeinsam haben, wie tiefe Konzentration, Askese, Gebet, Gesang, rhythmische Bewegung. Ob der erreichte Zustand nun als *unio mystica*, als *Nirvana*, *Satori*, Lichterlebnis oder auch als Kontakt mit den Ahnen oder Geistern erfahren wird, ist wiederum abhängig vom soziokulturellen Apriori und der individuellen Spiritualität. Doch auch wenn diese tiefen und bewegenden Momente nur sehr schwer zu erreichen sind – schließlich können sie, oder auch nur die Suche nach ihnen, ein ganzes Leben bestimmen –, so sind doch Vorstufen zu ihnen, wie buddhistische Theoretiker versichern, auch in ganz alltäglichen Situationen zu erleben, etwa beim Einschlafen, beim Beenden eines Traumes, beim Orgasmus oder gar beim Niesen. Offensichtlich ist im asiatischen Kulturkreis die Tradition introspektiver Selbsterforschung stärker ausgeprägt als im westlichen Kulturkreis. Auch Musik, Tanz und alle Arten von Rauschmitteln finden in der ganzen Welt rege Verwendung als probate Mittel zur Erreichung nicht-alltäglicher Bewusstseinszustände. Es müsste auch blind, oder eher taub sein, wer die Parallelen moderner elektronischer Musik und der zugehörigen Tanzstile mit Stammestänzen und handgemachter Trommelmusik verkennt. In Japan haben sich sogar traditionelle, uralte Musikstile erhalten, die von avantgardistischer elektronischer Musik teilweise kaum zu unterscheiden sind. Die jüngere, klassische japanische Musik hingegen besitzt mit der alten wenig Gemeinsames.

Die Anziehungskraft des Archaischen, die Faszination seiner Ursprünglichkeit und Direktheit, seine rohe Kraft, seine Einfachheit, seine Unkompliziertheit können aber dem modernen Menschen, so sehr seine Natur manchmal auch des Archaischen bedarf, zum Problem werden – insbesondere wenn es politisch instrumentalisiert wird, ohne dass die mäßigende Stimme der Vernunft zu Wort kommt. Aus diesem Grund kanalisieren höhere Kulturen das Archaische in kulturell sublimierter Form.

In welcher Hinsicht ist der archaische Mensch in seinem zwar primitiven Weltbild dem zivilisierten aber vielleicht doch voraus? Seine natürlichen Reflexe und Denkmuster sind seinem Überleben und dem seiner Sippe angepasst. Sein Glauben an Naturgeister, seine Wünsche, Ängste, Hoffnungen ruhen in einem Geflecht aus naturerprobten Verhaltensweisen. Diese müssen nicht einmal bewusst sein, oft wirken die in Mythos und Ritus institutionalisierten Regeln stärker und langfristiger, als es ein bewusster Gedanke tun könnte. Die Wünsche, Hoffnungen und Ängste zivilisierter Gesellschaften hingegen ändern sich häufig schneller, als dass zur Erprobung der entsprechenden Verhaltensweisen Zeit wäre; und schneller, als dass die Veränderungen in ihrer Lebensweise mit entsprechenden Veränderungen in ihren moralisch-ethischen Grundsätzen zu Einklang finden könnten. Nicht nur die Verwerfungen und Krisen beim Übergang von der Feudal- zur Bürger- und Industriegesellschaft und die unmenschliche Doppelmoral der Kolonialgeschichte geben hiervon beredtes Zeugnis – auch der moralische Bankrott im Europa der Moderne mit seiner krankhaften, antizivilisatorischen Zuspitzung im Dritten Reich sowie die fundamentalistischen Pervertierungen von Religionen in unserer Zeit bekunden dies. Anthropologische Überlegungen können keinen Ausweg aus diesen Krisen weisen, doch vermögen sie immerhin das eine oder andere Mittel zu ihrer Analyse bereitzustellen – und sie gemahnen zu Vorsicht und Weitsicht, steht die Menschheit im Zeitalter der Globalisierung doch wieder vor zahlreichen neuen Problemen, zu denen sie noch keine Lösungen erproben konnte.

18.2   Bedeutung des soziokulturellen Apriori für Kultur- und Geisteswissenschaften

Für den Begriff des sozialen Mesokosmos gibt es viele biologische und evolutionspsychologische Hintergründe. Ihm zufolge ist unter Mesokosmos nicht allein die materielle und sinnlich direkt erfassbare Umwelt zu verstehen, durch die unser Wahrnehmungs- und Vorstellungsvermögen evolutionär geprägt ist; er bedeutet auch, dass wir als soziale Wesen über einen mittleren Bereich an sozialen Kontakten verfügen und dass wir auf ein bestimmtes soziales Umfeld, bestimmte Verhaltensweisen und bestimmte emotionale Reaktionsweisen voreingestellt sind. Auch unser sozialer Umgang besitzt zahlreiche evolutionäre Prägungen. Dies ist aus biologischen Überlegungen leicht einsichtig. Soweit ist der soziale Mesokosmos noch ein biologisch-evolutionärer Begriff, der sich mit Hilfe des soziokulturellen Apriori aber bedeutend weiter ausbauen lässt. Dieser erweiterte Begriff liefert eine gute Schnittstelle, um auch geisteswissenschaftliche Thesen – von kultur- und gesellschaftswissenschaftlichen Theorien bis zur Rechtsphilosophie – mit Erkenntnistheorie und Anthropologie in Verbindung zu bringen.

Zum sozialen Mesokosmos gehört ein auf eine gewisse Anzahl von Einträgen beschränktes Namensgedächtnis, außerdem die Fähigkeit, nur für eine gewisse Anzahl von Personen wirkliche, dauerhafte Empathie empfinden zu können, sowie das Bedürfnis, mit zumindest ein paar Menschen besonders eng, familiär oder freundschaftlich verbunden zu sein. Die Schwankungen nach oben und unten sind begrenzt. Auf der einen Seite gibt es Eremiten, die für sich selbst zu leben vermögen. Doch im Geiste sind sie nicht einsam, denn zumeist ist ihre Existenz auf ein höheres Sein ausgerichtet, das ihnen mehr als nur Ersatz für menschliche Gesellschaft ist. Auf der anderen Seite gibt es kaum jemanden, der in der Lage ist, zu mehr als ein paar Dutzend Personen eine von ehrlicher Empathie getragene Beziehung zu unterhalten. (Ein solcher Mensch besitzt schon so etwas wie eine Gabe.) Dies scheitert ja bereits an der Zeit, die das Pflegen einer nicht allzu oberflächlichen Beziehung erfordert. Das alltägliche Verhalten nicht nur des Großstadtmenschen belehrt uns über die Unmöglichkeit, uns unbekannten Menschen gegenüber in normalen Situationen sehr viel mehr als Neutralität empfinden zu können. Woher kommt dies? Davon ausgehend, dass die genetische Evolution unserer Spezies wesentlich in der Steinzeit stattgefunden hat, ist zu vermuten, dass auch die Strukturen unseres sozialen Denkens und Empfindens durch steinzeitliche Strukturen geprägt sind. Wie die Paläoanthropologie uns belehrt, waren in der damaligen Zeit nomadische oder halbnomadische Siedlungsformen in verwandtschaftlich verbundenen Stammesgemeinschaften vorherrschend. Die durchschnittliche Anzahl an Einwohnern lässt sich natürlich nur grob schätzen. Wenn man davon ausgeht, dass die Bevölkerungsdichte und auch die Siedlungsgröße von der Spät- bis in die Jungsteinzeit zugenommen haben, und wenn sich etwa anhand von Pfahlbauten, die einige Tausend Jahre alt sind, nachweisen lässt, dass in den größeren Siedlungen und in späterer Zeit bis zu 500 Personen lebten, so kann man getrost davon ausgehen, dass die große Mehrzahl der Menschen in archaischen Kulturen in Siedlungen von höchstens einigen Dutzend Einwohnern gelebt hat. Die Größe der Stammesgemeinschaften wird begrenzt durch die Menge an Nahrung, die sich die Bewohner aus ihrem Umfeld zu beschaffen vermögen. Ähnliche Einwohnerzahlen finden sich rund um den Globus. In Amazonien leben heute noch Stämme wie beispielsweise Gruppen von Yanomami als Großfamilien in Rundhütten. Auch hier liegt die Einwohnerzahl im Dutzendebereich. Gleichzeitig darf die Zahl an Stammesmitgliedern nicht zu niedrig sein, sonst drohen Inzucht und Degeneration. Und genau in diesem Bereich einiger Dutzend Personen liegt auch unser normales soziales Kontaktfeld. Unser sozialer Mesokosmos, unsere emotionalen und geistigen Fähigkeiten zu sozialem Umgang sind offenbar eindeutig durch diese Stammesstrukturen der Steinzeit geprägt.[11]

In vielen Kulturen ist weiterhin zu beobachten, dass das Wort „Mensch" für die Angehörigen des eigenen Stammes reserviert ist – so bedeutet etwa die Selbstbezeichnung *Yanomami* der bereits erwähnten Stammesgruppe im Amazonasbecken schlicht „Mensch". Ebenso meint der Eigenname der Masowier in der Region Masuren „Mensch" oder „Einwohner"; ebenso wie der Name der letzten polytheistischen Volksgruppe Europas, der *Mari* in der Region El Mari an der Grenze zu Asien oder die Bezeichnung *Inuit* für die Bewohner der Arktis. Auch der Begriff „deutsch" hieß ursprünglich nichts anderes als „zum Volk gehörig".

Und diese selbsterhöhende Betitelung, die sich weltweit in allen möglichen Sprachen findet, bedeutet natürlich nicht, dass man bei einem Raubzug oder Stammeskrieg, nachdem man die Männer erschlagen oder vertrieben hat, dann nicht die Frauen rauben dürfte.[12] Die Grenze, wer noch als Mensch zu bezeichnen ist, ist teilweise sehr unterschiedlich ausgeprägt: Sie kann „an den Grenzen des

---

[11]Diesen Zusammenhang hat auch Kurt Tucholsky in dem wunderbaren Gedicht „Deine Welt" beschrieben, demzufolge sich alles Leben nur unter 200 Menschen abspielt; siehe Tucholsky (1929), S. 344.

[12]Gleichwohl sind durchaus starke regionale und kulturelle Unterschiede zu beobachten, inwieweit und auf welche Weise Kriegsführung durch Grundsätze, insbesondere religiös-spiritueller Natur, geregelt ist.

Stammes, der Sprachgruppe, manchmal sogar des Dorfes"[13] enden. Mitunter wird die Eigenschaft des Menschseins aber nicht auf den eigenen Stamm beschränkt; dann ist es zumeist üblich, sich selbst mit positiv, Außenstehende mit negativ konnotierten Begriffen zu belegen. Die Tendenz, sein eigenes Menschsein über das von Angehörigen anderer Gruppen zu stellen, ist sowohl bei archaischen als auch bei zivilisierten Völkern zu beobachten: „Als einige Jahre nach der Entdeckung Amerikas die Spanier Untersuchungskommissionen nach den großen Antillen schickten, die erforschen sollten, ob die Eingeborenen eine Seele besäßen, gingen letztere daran, weiße Gefangene einzugraben, um durch Beobachtung zu prüfen, ob ihre Leiche der Verwesung unterliege."[14]

Außenstehende sind von vielen für Menschen geltenden Gewalt- und Tötungstabus, die in der eigenen Gruppe gelten, ausgeschlossen. Dies folgt aus den harschen Bedingungen des Überlebens in der rauhen Natur. Hierin unterscheiden sich *Homo sapiens* und sein nächster Verwandter, der Gemeine Schimpanse, nur unwesentlich. Die Gesetze der tribalistischen Gruppendynamik gelten in gleichem Maße auch für alle höheren Zivilisationen. Die Grenze des „humanen" Wahrnehmungsbereiches hängt von den gesellschaftlichen Umständen ab. Sie wird belegt durch Bezeichnungen wie „Heloten", „Barbaren", „Ungläubige", „Ketzer", „minderwertige Rasse", „Klassenfeind", „Untermensch" etc. und ist jeder politischen Instrumentalisierung offen. Zwar haben sich in zivilisierten Gesellschaften Regeln und gedankliche Modelle entwickelt – wie die von der Gleichheit und Brüderlichkeit aller Menschen –, mit dem Zweck, das Zusammenleben einer größeren Anzahl von Menschen zu ermöglichen. Doch geht in jeglichem Konflikt die Herabstufung des Kontrahenten mit einer Erniedrigung der Hemmschwellen für Gewalt einher. Die Entmenschlichung des Kontrahenten hat sich von der Urzeit bis heute als psychologische Grundlage jeder Art von Kriegsführung erhalten. Und die Tendenz, ehemalige Angehörige einer Gruppe aus dieser auszuschließen und dabei das Tötungstabu gleich mit aufzuheben, zeigt sich auch daran, wie schnell und leichtfertig nicht nur Fundamentalisten, sondern auch ehrbare Bürger mit dem Ruf nach der Todesstrafe für schwere Verbrechen bei der Hand sind.

Anhand der steinzeitlichen Vorgaben unseres sozialen Mesokosmos und der archaischen Grundstruktur unseres Fühlens und Denkens allgemein wird somit auch klar, welch gigantischen Umbruch die neolithische Revolution des Ackerbaus und der Viehzucht und der damit ermöglichte Zusammenschluss in größeren Dörfern und Städten bedeuten mussten. Ohne radikal andere mentale Strukturen, die sich in neuen Religionen, Riten und Regeln niederschlagen, wäre eine solche Gesellschaft vollkommen instabil. In den archaischen Sitten ist die menschliche Instinktstruktur (im Positiven wie im Negativen) noch so stark an das unmittelbare Überleben gebunden, dass sie kaum für das reibungslose Zusammenleben in größeren Gemeinschaften geeignet ist. Die Probleme bei der regelmäßig scheiternden Zwangseingliederung von Menschen archaischer Kulturen in die moderne Zivilisation liegen bereits in dieser Grundstruktur sozialen Umgangs. Politiker und

---

[13]Lévy-Strauss (1975), S. 369.
[14]Ebenda, S. 370.

Bürger wundern und mokieren sich dann über die sogenannten Primitiven; dabei sind sie selbst bei wohlwollendem Optimismus vollkommen blind gegenüber den Bedingungen ihrer eigenen Kultur.

Mit der Gründung der ersten Städte war also die Herausbildung neuer sozial bedeutsamer Konzepte von ganz zentraler Bedeutung. Mit dem Herausgehen aus der Natur ging eine völlige Neuordnung der religiösen Weltbilder einher. Die alten Mythen wurden von neuen überlagert und verloren ihre bestimmende Kraft. Bei den alten Griechen etwa lässt sich wunderbar beobachten, wie in ihrer Götterwelt noch die alten, archaischen Urgewalten mit den neuen, geistigen Mächten im Widerstreit stehen. So wird Gaia, die Urmutter, aus dem Chaos gezeugt, und die Giganten sind aus dem Blut des Kronos entstanden. Dieser Teil ihrer Mythologie lässt sich als Überbleibsel archaischer Erzählungen deuten, wie sie in vielen ursprünglichen Kulturen zu finden sind. Dann sind die Intrigen, Liebschaften und Kriege der olympischen Götter ein Spiegelbild der mykenischen Kultur, wie sie aus den Erzählungen Homers bekannt ist. Sie besitzt starke frühmonarchische, bronzezeitliche Elemente; auch der enorme Einfluss der kretischen Kultur der Minoer auf die griechischen Mykener wird hier spürbar: Zeus nahm die Gestalt eines Stieres, des heiligen Tieres der Minoer, an, um Europa mit unzweideutigen Absichten aus Kleinasien nach Griechenland zu holen. Genauer gesagt war Europa eine phönizische Prinzessin, und Zeus brachte sie nach Kreta. Dass Europa ausgerechnet eine Phönizierin war, die Kontakte zu den Seevölkern beaßen, welche wiederum in Beziehung zu den Mykenern und Minoern standen – von Letzteren lernten sie wohl den Bootsbau und die Seefahrt, die sie schließlich perfektionierten wie keine zweite Kultur des Altertums –, schließt den Kreis der Erzählung. Der Mythos um die Prinzessin als Namensgeberin eines Kontinents war aber bereits antiken Geschichtsschreibern suspekt: „Von Europa weiß kein Mensch, weder ob es vom Meer umflossen ist, noch wonach es benannt ist, noch wer er war, der ihm den Namen Europa gegeben hat", schrieb Herodot rund 430 vor Christus. Eher stammt das Wort „Europa" vom semitischen *ereb* ab und trägt die Bedeutung „düster" und „finster". In Anbetracht seiner Geschichte und nördlichen Lage mag dies durchaus passend erscheinen, doch besitzt auch der antike Mythos seine innere Wahrheit; weist er doch darauf hin, dass Europa vielerlei Befruchtung von außerhalb erhalten hat, bevor es selbst zu kulturellen Höhen aufsteigen konnte.

Der jüngere Teil der griechischen Mythologie wiederum besitzt andere Schwerpunkte; auch wenn, wie es sich für jeden ordentlichen Mythos nun einmal gehört, sich verschiedene Motive und Figuren kräftig durchmischen. Pallas Athene, die Schutzgöttin Athens, wird aus dem Kopf des Zeus geboren. Sie ist als Kopfgeburt eine Göttin der Städte, der Weisheit, der Künste und Wissenschaften und auch der strategischen Kriegsführung. Der rohen Gewalt und Triebhaftigkeit der alten Götter, der Titanen und Giganten, aber auch der wilderen Gesellen unter den Olympiern gegenüber ist sie um Gerechtigkeit bemüht; ihre Anmut ist von Keuschheit. Auch ihr Kult stammt bereits aus mykenischer Zeit; in der Überlieferung der klassischen Antike trägt sie jedoch deutlich städtisch-zivilisierte Züge. In der griechischen Mythologie lässt sich also die Entwicklung von archaisch-stammeskultischen über monarchisch-palaststädtische bis hin zu großstädtisch-hochkulturellen Gottheiten erstaunlich direkt nachvollziehen. Ein ähnlicher Prozess ließe sich wohl bei vielen

Kulturen aufzeigen, bei denen die Überlieferungslage eine ausführliche Analyse zulässt. Wenn man sich nun einerseits den Übergang vom archaischen zum zivilisierten Denken vor Augen hält und andererseits das spezifische soziokulturelle Apriori der modernen Wissenschaft berücksichtigt, so fällt auf, dass auch die Arbeit mancher Anthropologen und Ethnologen durch bestimmte Objektivierbarkeitsideale geprägt ist. Diese stammen natürlich aus einem klassischen Selbstverständnis von Wissenschaftlichkeit, das natürlich auch in diesen Disziplinen zur Debatte steht. Einige Ethnologen ziehen sich auf die Rolle als objektiv beobachtender Wissenschaftler zurück und verstehen ihre Arbeit so, dass sie fremde Völker und Kulturen möglichst genau zu beschreiben versuchen. Dabei steht natürlich die Frage im Raum, ob oder inwieweit eine Beschreibung menschlicher Kulturen jemals neutral sein kann. Denn bereits die Begriffe, mit denen man die Kultur beschreibt, entstammen ja einer anderen Kultur; sie passen nicht unbedingt auf die beobachtete Kultur, oder sie enthalten – allen Objektivitätsbemühungen zum Trotz – Wertungen, die jener Kultur nicht angemessen sind. Oder mit anderen Worten: Objektivität in der ethnologischen und anthropologischen Forschung kann zunächst also erst einmal nichts weiter als Unvoreingenommenheit bedeuten. Die Auseinandersetzung mit einer fremden Kultur bedarf immer auch des Verständnisses ihrer subjektiven Komponenten. Jeder Mensch entwickelt im Lauf seines Lebens einen Zugang zum Fremdpsychischen, der zunächst seinem privaten Umfeld und seiner eigenen Kultur entspricht. Der „naive Realismus" im Psychischen endet dort, wo wir mit Menschen zu tun haben, die gänzlich andere Bewusstseinsstrukturen aufweisen, als die Menschen unserer gewohnten Umgebung, d. h. bei Menschen aus einer anderen sozialen Schicht oder Region, aus einem anderen Land, mit einer anderen Sprache, Kultur oder Religion oder besonders bei Menschen aus einem ganz anderen Kulturkreis.

Was wir in Kap. 16.2.2 noch ganz allgemein über die Rolle der Geisteswissenschaften gesagt haben und über ihre spezifischen Schwierigkeiten bei der Übersetzung subjektiver oder kulturell diverser Elemente in intersubjektiv Kommunizierbares, tritt natürlich in besonderer Weise bei der Beschäftigung mit uns sehr fern liegenden Bewusstseinsstrukturen hervor.

Eine Kultur in ihrer Tiefe zu verstehen, heißt immer auch, ihre Lebensform zumindest teilweise nachvollziehen zu können. Das kann aber nur jemand, der sich auf das Leben in dieser Kultur einlässt und sich in ihre Lebensweise wenigstens teilweise hineinversetzt. Hierzu gehört immer auch eine emotionale Komponente; denn Kultur als Zusammenleben von Menschen unterliegt all den Bedingungen, die auch für menschliche Erkenntnis gelten. Sie ist folglich auch von ihren emotionalen Komponenten nicht zu trennen, und diese bestehen in allen Interaktionen von Menschen.

Der durch die Einführung des Ackerbaus ermöglichte Städtebau ist der eigentliche Beginn von Zivilisation. Kultur beginnt bereits in der Altsteinzeit, sie ist untrennbar mit dem Menschsein verbunden. Zivilisation jedoch ist der Schritt zu mentalen und technischen Strukturen, die das Archaische überformen und neue Formen gesellschaftlichen Zusammenlebens ermöglichen. In allen höheren

Zivilisationen sind zumindest einige grundlegende dieser Regeln schriftlich fixiert; die Mehrzahl jedoch verbleibt als geistiger Hintergrund der jeweiligen Mentalität und ergibt sich aus Sitten, Gebräuchen und Erzählungen. Der mentale Hintergrund einer Gesellschaft ist im Allgemeinen so wenig mit dem einer anderen kompatibel wie die verschiedenen Mythen archaischer Kulturen – auch wenn sich gewisse strukturelle Ähnlichkeiten in der Mythologie unterschiedlichster Völker auffinden lassen. Nur einige wenige anthropologische Grundkonstanten sind quer über den Globus nachzuweisen. Zu diesen gehören das Inzestverbot oder die Tötungshemmung oder als Grundlage aller Religion der Animismus – die Vorstellung der Beseeltheit aller Dinge. Dieser taucht in archaischen Religionen meist noch in Reinform auf, schleift sich dann aber ab und wird zu übergreifenden Gottheiten abstrahiert. Doch auch in neueren Religionen sind stets noch animistische Momente präsent.

All diese Regeln und Übereinkünfte dienen dem gleichen Zweck, nämlich das Zusammenleben zu ordnen und zu stabilisieren. Keine Kulturtheorie und keine Rechtsphilosophie sollte über diese anthropologischen Urgründe gesellschaftlicher Reflexion hinwegsehen. Die Strukturen des Zusammenlebens in einer bestimmten Gesellschaft bedürfen der Gewöhnung, die sich über Generationen erstrecken kann. Denn im Zusammenhang der Regeln mit ihrem geistigen Hintergrund, mit ihrer kulturellen Geschichte, liegt eine bestimmte Lebensweise und eine bestimmte Mentalität begründet, die jeder Gesellschaft eigen sind. Der schriftlich kodifizierte Teil des Regelwerks einer Gesellschaft kann deren Geisteshaltung immer nur zum Teil widerspiegeln, kann im besten Falle nur ein Kondensat ihrer Vorstellungen sein.

Zudem sind tradierte Vorstellungen von Moral und Religion nicht einzeln austauschbar oder eliminierbar, weil sie in einem Netz sich wechselseitig stützender und begründender Überzeugungen ruhen. (Dies gilt natürlich ebenso für Vorstellungen über Wissenschaft und Wirklichkeit.) Diese Überzeugungen haben sich allein durch ihre Beständigkeit zumindest als halbwegs tauglich erwiesen. Das spricht dafür, dass in den Fällen, in denen kultureller Wandel vonnöten ist, eine schrittweise Weiterentwicklung den dauerhaftesten Effekt erzielen kann.[15]

Erinnern wir uns an dieser Stelle an den evolutionär-epistemologischen Hauptsatz, der dieser Erkenntnistheorie und damit auch dem Begriff des soziokulturellen Apriori zugrunde liegt: Erkenntnis ist das stets unter der Bedingung, dem Individuum Überleben und Fortpflanzung zu sichern und seine Handlungen solchermaßen planen zu lassen, stattfindende Wahrnehmen und geistige Einordnen von wie auch immer gestalteten Phänomenen. Dieser Satz bezieht sich auf Erkenntnis schlechthin, und damit auch auf alle Formen sozialen Erkennens – gleich ob in archaischen oder modernen Kulturen.

---

[15]In jüngerer Vergangenheit zeugt etwa das vergebliche Bemühen, Religionen mit dem Schwert oder Demokratie mit Laserbomben zu verbreiten, vom Verkennen der Weise gesellschaftlicher Entwicklung und ist nichts weiter als die zynische Inanspruchnahme des Rechts des Stärkeren, zu dessen Überwindung jede echte Spiritualität und Humanität aufruft.

Die Regeln für das Zusammenleben einer Gesellschaft werden bestimmt durch die geistigen Strukturen der Individuen als Teil einer Gesellschaft und ihrer Kulturgeschichte. Deren tiefste Grundlage ist stets der Überlebenswille; die Gerechtigkeit und das Recht sind dessen Diener und kein Selbstzweck. Dies gilt allgemein, für archaische wie für zivilisierte Gesellschaften. Anhand der evolutionären Entstandenheit des Menschen, wie sie sich in diesem Hauptsatz ausdrückt, sowie anhand der steinzeitlichen Prägung unseres sozialen Mesokosmos und der anthropologischen Einsichten in die Struktur unseres Zusammenlebens lässt sich also ablesen, dass Funktion und Zweck aller Formen von Mythen, archaischer wie moderner, und aller Arten von Regeln und Gesetzen mitsamt ihrem gesamten kulturellen Hintergrund, bis hin zu den höchsten Prinzipien von Gerechtigkeit und Brüderlichkeit, zunächst in der Stabilisierung von Gesellschaften nach innen bestehen. Ihrem Bezug nach außen droht immer die Gefahr, durch die dem Menschen innewohnende Tendenz zur Abgrenzung der eigenen Gruppe schließlich zur Entmenschlichung des oder der Außenstehenden zu führen, wodurch die Regeln des Zusammenlebens ihre Anwendbarkeit verlieren können. Das gilt für Gesellschaften als Ganzes wie für beliebige Teile von ihnen. Das Regelwerk einer jeden Gesellschaft besteht vor allem in nach innen erprobten Verhaltensweisen und ist historisch und kulturell in dieser Gesellschaft gewachsen:

> Die in Schriftform kodifizierte oder auch mündlich tradierte Verfassung einer Gemeinschaft ist folglich mehr als eine Verabredung; sie bedeutet eine Lebensform.

Dies stellt auch alle politischen Bemühungen um stärkere internationale Durchsetzung bestimmter Werteordnungen vor ein großes Problem. Denn Lebensformen und die mit ihnen einhergehenden Bewertungen von Rechten und Pflichten lassen sich nicht gegeneinander aufrechnen. Sie können sich zwar einander annähern – und die globalisierte Wirtschaft und die Vernetzung weltweiter Informationskanäle eröffnen hier erstaunliche Möglichkeiten –, aber sie lassen sich kaum durch Vereinbarungen und Verträge, durch politischen oder wirtschaftlichen Druck erzwingen. Sie können sich nur in langsamen kulturellen Entwicklungsprozessen historisch verändern.

18.3   Die normative Kraft des Möglichen: Machbarkeit und Ausbeutung

Zum Selbstverständnis des Industriezeitalters gehört die Vorstellung, zur Nutzbarmachung aller möglichen Arten natürlicher Ressourcen berechtigt zu sein; und zwar solange, bis diese Ressourcen erschöpft oder wirtschaftlich nicht mehr ausbeutbar sind. Dieses soziokulturelle Apriori ist nicht an marktwirtschaftliche Wirtschaftsformen gebunden. Es taucht in gleicher Weise in kapitalistischen wie in sozialistischen Systemen, in Demokratien wie in Diktaturen, oder auch in anarchistischen Verhältnissen auf. Es sind jedoch unterschiedliche Auswüchse dieser Haltung anzutreffen. So führt in kapitalistischen Systemen der Konkurrenzdruck zu einer hohen Geschwindigkeit der Ausbeutung, während in sozialistischen Systemen die

Monopolstellung von Staatsunternehmen häufig zu niedrigen Technologiestandards und damit einhergehender Verschwendung und Umweltverschmutzung führen. Diese Effekte potenzieren sich üblicherweise in diktatorischen Wirtschaften, in denen die herrschende Schicht an der Ausbeutung von Ressourcen mitverdient. Da die Vorstellung, sich jederzeit und in jedem Maße bei den Reichtümern der Natur bedienen zu können, in der gesamten modernen Welt anzutreffen ist, stellt sich die Frage, ob erstens dies nicht immer schon so war und, falls nein, wie und wann es zweitens zu dieser für unser Zeitalter so bedeutenden Mentalität gekommen ist.

Die erste Frage nach dem Ob ist nicht schwer zu beantworten, denn von den meisten archaisch lebenden Völkern ist bekannt, dass sie einen hochgradig tabuisierten und disziplinierten Umgang mit ihrer natürlichen Umwelt pflegen. Schließlich sind sie direkt von ihr abhängig; und nur ein streng kodifizierter Gebrauch der ihnen zugänglichen Ressourcen kann ihnen ein dauerhaftes Überleben sichern. Lévi-Strauss hat einmal in einem Interview als wichtigste Erkenntnis der Ethnologie das ökologische Denken bezeichnet, das der moderne Mensch von den sogenannten Primitiven lernen kann. Im mythischen Denken zürnt die Gottheit, wenn der Mensch mehr Tiere tötet, als er unbedingt selbst zum Überleben braucht; und bevor eine Heilpflanze gepflückt werden darf, muss ihrem Schutzgeist ein Opfer dargebracht werden – und wehe, dieses Opfer geschieht nur pro forma und ohne, dass ein Kranker der Heilpflanze bedarf. Auf diese Weise ist in vielen archaischen Gesellschaften der gesamte Umgang mit ihren natürlichen Grundlagen geregelt.

Natürlich sind archaische Kulturen nicht per se immun gegen ausbeuterische Tendenzen. Sie werden nur sehr viel schneller als ackerbauende Kulturen für eine Übernutzung ihrer Ressourcen bestraft, da eine Erhöhung ihrer Lebensmittelgrundlage nicht in ihrer eigenen Hand liegt. Aus diesem Grund bildet sich sehr schnell eine restriktive Mentalität in Bezug auf die Natur heraus. So belegen archäologische Funde, dass viele Großsäugetiere auf dem amerikanischen Kontinent ungefähr zur Zeit der Clovis-Kultur ausstarben. Der Grund dafür liegt – neben klimatischen Veränderungen – möglicherweise durchaus darin, dass die frühen Entdecker und Besiedler Amerikas sich auf dem riesigen, nahrungsreichen, neuen Kontinent nicht nur fühlten wie im Schlaraffenland, sondern sich auch dementsprechend sorglos benahmen. Nach dem Aussterben der großen Beutetiere war das Leben sicherlich bedeutend schwieriger geworden.

Haben die ersten Entdecker Amerikas unter wechselseitiger Konkurrenz die natürlichen Ressourcen zu weit ausgereizt? Besaßen vielleicht auch die frühen Clovis schon Medizinmänner und Schamanen, die vor einem allzu sorglosen und respektlosen Umgang mit ihrer Umwelt warnten und kommende Probleme vorhersagten – so wie die Stämme Israels, die nicht auf ihre Propheten hören wollten und sie dann im Nachhinein umso ernster nahmen? Ist auch dies eine anthropologische Konstante? Der strenge ethische Naturkodex der nordamerikanischen Indianer, den die weißen Siedler dann mit Füßen traten, ist möglicherweise so etwas wie eine im Mythos konservierte Lehre aus den leidvollen Erfahrungen ihrer Vorfahren.

Die Ethnologin Amélie Schenk hat die archaischen Gesetzmäßigkeiten im Umgang mit der Natur in die Worte gefasst: „Nicht Dir gehört das Land, sondern Du gehörst zum Land." Diese streng kodifizierte Art des Umgangs mit natürlichen

Ressourcen steht in größtmöglichem Gegensatz zur industriellen Lebensform, in der nicht mehr die Natur über den Menschen, sondern der Mensch über die Natur herrscht. Das, was uns als völlig normal erscheint – Massentierhaltung, industrieller Fischfang, großflächige Landwirtschaft, Bergbau, Holzwirtschaft etc. – und was uns nur dann Sorge bereitet, wenn seine weitere Ausbeutung bedroht ist – Antibiotikaresistenzen in der Tierhaltung, Überfischung und Zusammenbruch der Bestände, Anfälligkeit gegenüber Parasiten bei Monokulturen, Erosion, Vernichtung wertvollen Primärwaldes durch Raubbau und Brandrodung, durch Bergbau induzierte Erdbeben oder großflächige Gewässerverschmutzung –, muss den meisten archaischen Menschen als einziger und fortgesetzter Frevel gegen die heilige natürliche Ordnung erscheinen. Die industrielle Ausbeutungsmentalität muss also geschichtlich gewachsen sein.[16]

Somit verbleibt die Frage nach dem Wie und Wann. Nun gab es bereits im Altertum Kulturen, die aufgrund der verschwenderischen Nutzung ihrer materiellen Grundlagen den ökologischen Kollaps erlitten haben und untergegangen sind. Bereits in der Antike waren der Raubbau an Wäldern und die Brandrodung und mit ihm die Zunahme von Erosion sowie die Abnahme bewirtschaftbarer Flächen wiederholt auftretende Begleiter von Zivilisation. Es ist also zu vermuten, dass der Übergang vom nomadischen Jäger- und Sammlerleben zu Ackerbau und Viehzucht auch für diese tiefgreifende Änderung in der Mentalität verantwortlich ist. Eine Gesellschaft, die die Nahrungsmittelproduktion in der eigenen Hand hatte und somit nicht mehr direkt oder zumindest nicht kurzfristig von ihren natürlichen Bedingungen abhing, konnte sich gegenüber ihren Nachbarzivilisationen einen wirtschaftlichen oder militärischen Vorteil verschaffen, wenn sie etwa besonders schnell und rücksichtslos Wälder in Handels- oder Kriegsschiffe verwandelte. Solche Entwicklungen lassen sich sehr eindrucksvoll etwa in den Punischen Kriegen zwischen der aufstrebenden Weltmacht Rom und der lange Zeit das Mittelmeer beherrschenden phönizischen Handelsstadt Karthago beobachten. Die spärlichen Reste der ursprünglich immensen Zedernwälder der Levante, die bereits im ältesten Epos der Menschheitsgeschichte, dem Gilgameschepos, besungen wurden, sprechen ebenfalls Bände über die herausragende Rolle jener Region als altorientalischer Kreuzungspunkt der Seiden- und der Weihrauchstraße. Diese Zedernwälder mit ihren mächtigen Bäumen und hervorragendem Holz waren schon in assyrischer Zeit stark abgeholzt. Auch zu Verhüttungszwecken hat man ganze Landstriche zu Brennholz verarbeitet. Schon das antike Wirtschaftsleben führte also zu großflächiger ökologischer Beeinträchtigung. Dies lässt sich bereits sehr früh an den bedeutenden Erzfundstätten der Bronzezeit nachvollziehen, wie auf Zypern und im anatolischen Hochland. Auch in den Alpen, etwa am Bartholomäberg,

---

[16]Doch auch archaischen Kulturen ist die soziologische Komponente einer Arbeitsethik keinesfalls fremd, wie sich etwa an ihrer Einschätzung ihrer Waldmitbewohner ausdrückt: „Die Ureinwohner Borneos beispielsweise betrachteten die Orang-Utans als Menschen, die nur darin von uns unterschieden seien, daß sie auf den Trick verfallen waren, nicht zu sprechen – um nicht arbeiten zu müssen." Welsch (2011), S. 244.

rutschten schon vor Jahrtausenden ganze Hänge ab, weil sie aufgrund von Bergbau und Brandrodung zu starker Erosion unterlagen. Dabei wurden immer wieder auch Siedlungen zerstört, wie sich anhand der Fundlage rekonstruieren lässt. Die nichtnachhaltige Ausbeutung natürlicher Ressourcen geht also mit der Entwicklung urbaner Strukturen einher. Sie ist nicht zwingend auf Großstädte angewiesen; aber diese potenzierten offensichtlich den Effekt. Auch der Mensch war stets eine ausbeutbare Ressource: Gegebenenfalls mussten versklavte oder tributpflichtige Nachbarvölker ihre Arbeitskraft mitsamt ihren landwirtschaftlichen Flächen der Versorgung der Sieger zur Verfügung stellen. Keine besonders nachhaltige, aber eine sehr bequeme Lebensart.

Die bekannteste frühzivilisatorische schriftliche Formulierung, in der der Anspruch auf Naturbeherrschung klar ausgesprochen wird, stammt aus dem Alten Testament. Die Vorstellung, sich die Welt untertan machen zu können und gar zu sollen, ist der in Worte gefasste Paradigmenwechsel, der durch die neolithische Revolution ausgelöst worden ist. Gewiss erleichtert der Monotheismus auch eine entmythologisierte Sicht auf die Natur. So schreibt Arnold Gehlen: „Umgekehrt wird notwendig mit dem unsichtbaren einen Gott *die Außenwelt in zunehmendem Maße neutralisiert*, von Faktenheiligkeiten entleert: das heilige Rind wird ein Tier wie jedes andere, der heilige Ganges ein kanalisierbarer Strom, der heilige Wald ein Gehölz – das heißt, auf die neutralisierte Außenwelt wirft sich ohne rituelle Außenbegrenzung oder Denkhemmung die rationale Theorie und Praxis."[17]

Es wäre aber ein vorschneller Schluss, die Rolle monotheistischer Religionen für den Mentalitätswechsel beim Übergang von naturgebundenen archaischen zu naturgestaltenden sesshaft-agrarisch-handwerklichen Kulturen überzubetonen. Diese neue Mentalität ist bei gänzlich unterschiedlichen Kulturen und Religionen zu beobachten und ergibt sich aus den geänderten Lebensbedingungen. Ein großes – beinahe schon größenwahnsinniges – und möglichst weithin sichtbares Beispiel für die Beherrschung und Umgestaltung der Natur ist die Felsenfestung Masada im Südwesten des Toten Meeres, die der jüdisch-römische Herrscher Herodes der Große anlegen ließ. Die Monumentalität der Palastanlage in einer lebensfeindlichen Wüstengegend, mitsamt Badeanstalten und allen Annehmlichkeiten der römischen Zivilisation, steht in denkbar großem Gegensatz zu den Höhlen der Eremiten, die in nicht allzu großer Ferne lagen. Der Kontrast zwischen römischer und abrahamitischer Welt, zwischen in Stein gemeißeltem Statusdenken und weltvergessener Spiritualität, ist an wenigen Orten größer.

Die Technik des Industriezeitalters gar beschert der modernen Zivilisation ungeahnte Möglichkeiten, gänzlich neue und bisher undenkbare Methoden der Ausbeutung immer neuer Ressourcen. Wir sind heute in der Lage, in wenigen Jahrzehnten und in globalem Maßstab Rohstoffe zu fördern und zu verbrauchen, deren Entstehung in der Erdkruste Jahrmillionen gedauert hat. Es ist für uns eine Selbstverständlichkeit, die Ausnutzung dieser Ressourcen mit all den damit verbundenen Annehmlichkeiten als unser gutes Recht zu betrachten. Wir fragen

---

[17]Gehlen (1977), S. 57.

fast ebenso wenig nach den Auswirkungen unseres Handelns wie die alten Römer beim Abholzen von Küstenwäldern rund um das Mittelmeer, die sich zum guten Teil bis heute nicht regeneriert haben. Das unökologische Denken vereint zivilisierte Menschen unterschiedlichster Epochen und Weltregionen. Die seit wenigen Jahren aufkommende Klimaschutzdebatte ist ein erstes Zeichen, dass Angst und Verantwortungsgefühl zum Zweifel an der Fortsetzbarkeit der industriell-ausbeuterischen Wirtschaftsform geführt haben und dass ein vorsichtiges Umdenken stattfindet. Selbst der überzeugteste Klimaschutz-Befürworter ist allerdings in seinem Verhältnis zur Natur und in seinem Umgang mit ihr noch Lichtjahre entfernt von der Lebensform der Naturvölker.

In unserer modernen Lebensweise können wir uns den tabuisierten Umgang des im Naturmythos lebenden Menschen mit seiner Umwelt kaum einmal mehr vorstellen; wir besitzen einen grundlegend andersartigen Zugang zu unseren Handlungsmöglichkeiten. Wir machen vieles, nur weil es machbar ist. Wir kaufen vieles, nur weil man es kaufen kann. Wir konsumieren vieles, nur weil es viel Konsumierbares gibt. Warum ist dem so? Es sind ja mehr als nur alte Jagd- und Sammelinstinkte, die uns hierzu antreiben. Jäger und Sammler, die in der Gegend umherziehen müssen, belasten sich nicht mit allerlei unnützem Zeug. Zur Entmythologisierung der Natur und zum unökologischen Denken muss dem zivilisierten Menschen also noch eine weitere mentale Besonderheit zukommen, ein weiteres soziokulturelles Apriori, das sein Denken und Handeln bestimmt und das ständig unhinterfragt im Hintergrund verbleibt. Es ist dies zunächst schlicht das Statusdenken, das sich in der Darstellung mit Gütern aller Art äußert. Dies gilt für Einzelpersonen in Gesellschaften, wie auch für Gesellschaften gegenüber anderen Gesellschaften. Die Möglichkeit, sich mit einer größeren Zahl von dauerhaften Statusgütern zu umgeben, ist erst sesshaften Völkern gegeben. Nomadische Völker können nicht sehr viel mehr als kleine Schmuck- und Kultgegenstände mit sich transportieren; oder sie stellen für besondere Zeremonien ihren Schmuck aus Naturgütern eigens her. Oder, um es ein wenig sprachpsychologisch-etymologisch auszudrücken: Besitztum kommt von sitzen, genau wie sesshaft. Es mag ebenfalls eine Rolle spielen, dass durch die zunehmende Arbeitsteiligkeit bei sesshaften Völkern kein direkter Vergleich unterschiedlicher Tätigkeiten mehr gegeben ist und dass bei ihnen deshalb dauerhaften Statusgütern ein höherer Wert zukommt als bei nomadischen Völkern, die auf der Jagd und beim Sammeln gemeinschaftlich dieselben Tätigkeiten verrichten. Urvölkern ist deshalb ein solcher Geist des Wettbewerbs, wie Lévi-Strauss es nannte, fremd.[18]

Allerdings erklärt sich hierdurch noch nicht, warum wir vieles tun oder kaufen, das eben keine besondere Bedeutung für den gesellschaftlichen Status besitzt. Hier kommt nun eine zweite Komponente ins Spiel, die mit dem Statusdenken zwar verwandt ist, aber eigene Charakteristika aufweist und nicht leicht zu definieren ist. Es gibt noch keinen Begriff für sie. Auch sie erwächst aus Konkurrenzbedingungen;

---

[18] Siehe hierzu auch Kap. 16.2.4 über die Rolle von Kunst und Sport, die ähnliche Diversifikationen erfahren.

sie dient aber nicht dem Zurschaustellen der eigenen Stärke nach außen, sondern der Vergewisserung der eigenen Stärke nach innen. Dies ist vor allem notwendig in Zeiten und Situationen, in denen die eigene Stellung in der Gemeinschaft bedroht ist oder wenn der eigenen Gruppe Gefahr von anderen Gruppen droht, besonders natürlich, wenn diese Gefahr kriegerischer Art ist und die eigene Existenz bedroht. Aber auch wirtschaftliche oder kulturelle Dominanz anderer Gruppen kann bedrohlich wirken. Dies führt dazu, dass der Mensch sich handelnd seiner eigenen Fertigkeiten, körperlicher wie geistiger, handwerklicher wie sozialer, kriegerischer wie spiritueller, vergewissert, um seine eigenen Möglichkeiten auszuloten und sie im Notfall abrufen zu können.

Es lassen sich zahlreiche historische Beispiele finden, in denen dieses Bemühen um „handelnde Selbstvergewisserung", wie man dieses psychologisch-soziokulturelle Charakteristikum nennen könnte, durch außerordentliche Konkurrenzbedingungen zu erstaunlichen Entwicklungen geführt hat. Je nach Art der äußeren Bedingungen und des kulturellen Kontextes waren diese technischer, sozialer, militärischer, wirtschaftlicher, geistiger oder spiritueller Natur. Insofern sich der eingeschlagene Weg bestimmter Gesellschaften dann als gangbar erwiesen hat, wurden dadurch teilweise die Voraussetzungen für entscheidende kulturelle Transformationen oder Blütezeiten von Zivilisationen geschaffen. Ein Beispiel aus jüngerer Vergangenheit ist der Kalte Krieg, der sowohl den Westen als auch den Osten zwang, zahlreiche neue technische Innovationen zu schaffen, die wiederum zu gesellschaftlichen Veränderungen führten. Gleichzeitig zwang er aber auch beide, schonungslos die natürlichen und menschlichen Ressourcen auszubeuten, um sich gegenüber dem anderen keine Blöße zu geben. Dies erinnert durchaus an Auseinandersetzungen des Altertums, etwa an die Kriege zwischen Griechen und Persern, an die Genialität eines Archimedes bei der Verteidigung von Syrakus oder an die zahlreichen zukunftsweisenden Erfindungen eines Leonardo da Vinci – der den Krieg verabscheute und doch auch als Militäringenieur tätig war – oder an die vielfachen außen- und innenpolitischen Auseinandersetzungen beim Aufschwung Roms. Auch hat der überraschend schnelle Durchmarsch Napoleons quer durch Europa vor allem in Preußen zu weitreichenden gesellschaftlichen Reformen geführt – aber anderswo eben wiederum nicht. Es ist immer auch die Furcht, ins Hintertreffen zu geraten, und der Wille, sich Entwicklungen nicht von anderen aufdrängen zu lassen, die als Motor für Innovationen dienen; und diese unterliegen unterschiedlichen Voraussetzungen.

Diese mentale Komponente erwächst also aus der existenziellen Sorge des Menschen um Daseinsbewältigung unter Bedingungen zivilisatorisch-gesellschaftlicher Konkurrenz. Sie ist so etwas wie die nach innen gewandte Seite des Statusdenkens. Im Großen erschafft sie mit ihm zusammen die staunenswerten Wunder der Zivilisation, in Architektur, Kunst und Musik. Im Kleinen erzeugt sie all die bewundernswerten handwerklichen Gegenstände und kunstvollen Genüsse und Annehmlichkeiten der Zivilisation. Sie ist eine besorgte, aber zukunftsbejahende Selbstvergewisserung. Unter den Bedingungen der industrialisierten Zivilisation nimmt sie allerdings häufig seltsame Formen an. Denn im Zeitalter der technischen Reproduzierbarkeit von Gütern, in der jeder Einzelne nur noch ein Rädchen im

Getriebe ist (auch als Vorstandsvorsitzender), läuft dieser Wunsch nach Selbstvergewisserung natürlich meist ins Leere und wird kompensiert durch den vielfachen Konsum emotional aufgeladener Güter oder durch die Identifikation mit Persönlichkeiten aus Kunst und Sport, die in der gekonnten Ausübung ihrer Tätigkeiten stellvertretend für andere die menschlichen Möglichkeiten ausloten.

Zum soziokulturellen Apriori des Zivilisationsmenschen gehört also auch dieses Streben nach Selbstvergewisserung, das der mythische Mensch, der in der Natur aufgehoben ist, in dieser Form normalerweise nicht kennt, und das jener eventuell in Krisenzeiten im Kriegstanz oder bei der Beschwörung von Geistern befriedigt. Es ist beim mythischen Menschen aber vor allem spiritueller Natur, während es beim modernen, entmythologisierten Menschen materieller Natur ist. Dieses Bedürfnis trennt also den modernen vom mythischen Menschen. Wer den emotionalen Wurzeln des Menschseins näherkommen will, muss diese Trennung folglich zu vermindern suchen. So ermöglicht erst die Weltabgeschiedenheit dem Eremiten, aus diesem Denken auszubrechen und somit wieder näher zu den Ursprüngen menschlicher Welterfahrung zurückzufinden. Die Einswerdung mit Gott, Natur, Kosmos oder sich selbst, zu der der Eremit strebt, benötigt eine Loslösung von den steinernen Fesseln des zivilisierten Denkens, die in unsere Lebensform eingemeißelt sind.

An der Art der Bemühungen um immer neue Innovationen lässt sich ablesen, inwieweit eine Gesellschaft in angstvollen, zukunftsfrohen oder gelassenen Verhältnissen lebt. Die Moderne insgesamt ist aufgrund der Auflösung alter Gewissheiten von einer gewissen Verunsicherung geprägt. Dies hat zu einer psychologischen Besonderheit unseres Zeitalters geführt, die man auch als *normative Kraft des Möglichen* bezeichnen kann: Für den modernen Menschen wird es zum psychologischen Gebot, das Machbare auszuprobieren und sich hierzu auch über tradierte Tabus hinwegzusetzen, um bessere Kenntnis als andere über die eigenen Möglichkeiten zu erlangen. Ein besonders bitteres Beispiel dieser Tendenz ist das Testen immer noch stärkerer thermonuklearer Bomben im Kalten Krieg. Obgleich militärisch ab einer gewissen Größe irrelevant und moralisch als sinnlose, schändliche und umweltzerstörende Kraftmeierei zu brandmarken, gefielen sich die Führungsschichten der beiden dominierenden Machtblöcke im wechselseitigen Überbieten der eigenen höchstwissenschaftlich erzeugten Vernichtungsmöglichkeiten. Man kann halt immer noch stärker.

In der heutigen Wirtschaft entspricht dieser Prozess den in immer kürzeren Abständen auf den Markt geworfenen Konsumartikeln mit immer kürzerer Lebensdauer, sowie dem Steigern von Leistungsdaten, derer kein Mensch bedarf. Eigentlich ist solches Verhalten ja in Hinsicht auf Ressourcenverwertung nicht sinnvoll, aber es rechnet sich eben unter den Bedingungen einer nicht auf Nachhaltigkeit beruhenden Marktwirtschaft; und man beweist der Konkurrenz, dass man selbst noch größere, schnellere, trendigere Produkte zu entwerfen und zu produzieren in der Lage ist. Auch der moderne Mensch kann sich aber nicht von der Natur abkoppeln. Er ist im Gegensatz zum archaischen Menschen lediglich in der Lage, zur Sicherung seiner Nahrungsmittelgrundlage und der übrigen benötigten Rohstoffe selbst planend und gestaltend in die Natur einzugreifen. Dabei übersieht er leider immer wieder, das sein Verhalten nicht reversibel ist. Erst die Bedrohung durch massive Probleme erzwingt hin und wieder eine Verhaltensänderung.

Nachhaltigkeit bedarf eines weiter in die Zukunft schauenden, vorausplanenden Handelns und sie bedarf insbesondere der Rahmenbedingung, dass dem nachhaltig Wirtschaftenden kein allzu großer Nachteil gegenüber seinem nicht nachhaltig agierenden Konkurrenten entsteht. Die Zukunftsträchtigkeit solchen Handelns können wir nur über langwierige Erfahrungswerte ermitteln; sie muss sich im Spiel der verschiedenen gesellschaftlichen Kräfte einpendeln. Viele der sozial nachhaltigen Grundregeln konsensuellen Verhaltens sind tief in unserem sozialen Kodex eingebrannt; sie sind ein meist völlig unterbewusster Teil unseres soziokulturellen Apriori. Bei scharfer Konkurrenz mit wenigen restringierenden Rahmenbedingungen und hohen Bereicherungsmöglichkeiten oder steilen Verlustmargen ist hingegen kaum Nachhaltigkeit zu erwarten. Dies trifft auf einen nicht geringen Teil des weltweiten Wirtschaftens zu. Auch kriegerische Auseinandersetzungen, will man sie reduziert auf ihre ökonomischen Aspekte analysieren, die oftmals ihr Grund sind, unterliegen diesen Bedingungen.

Allerdings ist diese psychologische Besonderheit der normativen Kraft des Möglichen in der Moderne nur auf die Spitze getrieben. Denn wir können die alttestamentarische Aufforderung, sich die Welt untertan zu machen, auch als Gebot verstehen, ebendiese Unterwerfung der Natur vor allem deshalb vorzunehmen, um in der von vielfachen Konflikten geprägten, zwischen Ägypten, Assyrien und Babylon gelegenen Siedlungsregion des jüdischen Volkes nicht ins Hintertreffen zu geraten. Dieses Gebot könnte man dann als ein soziokulturelles Apriori des jüdischen Volkes auffassen, das bereits im Alten Testament explizit ausformuliert wurde und das jüdische Volk schützen sollte, indem es die damals sicher noch vielfach existierenden naturreligiösen Überzeugungen zu überwinden suchte. Denn wenn Gott seinem auserwählten Volk aufträgt, sich die Welt untertan zu machen, ruft er es gleichzeitig dazu auf, sich über alte mythische Vorstellungen mutig hinwegzusetzen und selbst gestaltend das Gesicht der Erde zu verändern. Ein zum Teil noch nomadisch lebendes Hirtenvolk bedurfte gewiss einer solchen Ermutigung, wenn es zwischen Großmächten lebte, die den Schritt zu großflächiger Umgestaltung ihrer landwirtschaftlichen Anbaugebiete dank fortgeschrittener Bewässerungssysteme bereits gegangen waren.

Man vergleiche hierzu die Christianisierung der Germanen. Die Berichte von Wandermönchen, die die noch recht wilden, archaischen germanischen Stämme bekehrten, klingen zum Teil zwar ein wenig theatralisch; es kann aber kein Zweifel daran bestehen, dass etwa das Fällen einer Wotanseiche auf den entsprechenden Stamm unglaublichen Eindruck gemacht haben muss. Sie mussten erwarten, dass bereits beim ersten Axthieb Blitz und Donner den wahnsinnigen Priester erschlagen würden. Dass dem nicht so geschah, konnten diese Wilden nur als Zeichen der Überlegenheit des neuen Gottes werten. Dem war natürlich auch so: Denn der neue Gott ermöglichte ihnen einen Umgang mit der Natur, wie ihn die zivilisierten Völker weiter südlich bereits seit Jahrtausenden praktizierten. Die Tatsache, dass etwa die Germanen noch sehr einem alten, mythischen Denken verhaftet waren, war ein entscheidender Grund für die kulturelle Dominanz des Römischen Imperiums ihnen gegenüber. Mit dem Christentum erwarben die germanischen Stämme dann nicht nur das in ihm kondensierte zivilisatorische Wissen des Orients und des römischen Imperiums, sie erwarben auch neue Verfügungsfreiheiten über ihre natürliche Umwelt; diese zeigten sich dann später auch in den technischen und sozialen Neuerungen des Mittelalters. Judentum, Christentum und Islam haben das Gebot, sich die Erde untertan zu machen, dann teilweise sehr großzügig interpretiert und insbesondere auch auf fremde Völker übertragen. Nachdem sich in der Neuzeit zum Glück die Einsicht durchgesetzt hat, dass diese Passagen in der heiligen Schrift doch eher so nicht gemeint waren, ließ sich dies aber immer noch auf die natürlichen Ressourcen und deren Nutzung und Ausbeutung beziehen. Wir beginnen aber erst heute zu durchdringen, inwiefern die Aufforderung an den Menschen, sich die Natur untertan zu machen, ihn nicht von dem Gebot zur Bewahrung der Schöpfung entbindet – gleich ob man diese Forderung religiös oder humanistisch auffasst.

Die normative Kraft des Möglichen ist also so zu verstehen, dass der Mensch sich die Natur untertan machen soll, weil er es kann – sobald er sich von mythischen Vorstellungen und der Angst vor Geistern und Naturgöttern befreit hat – und weil ihm, wenn er es nicht tut, andere zuvorzukommen drohen. Dies bezieht sich sowohl auf die natürlichen Ressourcen, wie auf die Entwicklung und Nutzbarmachung der im Menschen selbst angelegten kreativen Möglichkeiten. Die schöne, kulturschaffende und die hässliche, naturzerstörende Seite von Statusdenken und handelnder Selbstvergewisserung sind also immer schon Grundbestandteile von Zivilisation. Seit ihrem Beginn besitzt menschliche Zivilisation die Tendenz, zum Bestehen unter Konkurrenz ihre natürlichen Grundlagen weitestgehend auszubeuten und zu diesem Zweck auch die eigenen menschlichen, geistig-sozialen wie handwerklich-technischen Kapazitäten zu entwickeln und auszuschöpfen.

In der heutigen individualistischen marktwirtschaftlichen Wirtschaftsordnung hat dieses Wechselspiel aus Statusdenken und handelnder Selbstvergewisserung zu einer starken Eigendynamik geführt, die den psychologischen Druck auf den Einzelnen, wirtschaftlich erfolgreich zu sein, stark erhöht hat. Der damit einhergehende, omnipräsente Zwang zu Produktivität und Kreativität ist einer der Gründe, warum sich marktwirtschaftliche Prinzipien weltweit durchgesetzt haben. Ihre Vorzüge liegen in einer systemimmanenten Effektivitätssteigerung; aus diesem Grund vermag sich kaum eine größere Gemeinschaft noch dieser Art von Wirtschaftsordnung zu entziehen. Auf der anderen Seite ändern sich durch die enorme Dynamik der marktwirtschaftlichen Wirtschaftsordnung die gesellschaftlichen und ökologischen Rahmenbedingungen schneller als in anderen Systemen, und mit ihnen auch das soziokulturelle Apriori.

Eine spezielle technologisch-administrative Entwicklung, die die bürgerrechtliche Seite dieser Problematik sehr deutlich illustriert, ist die grassierend zunehmende Kontrolle über sämtliche irgendwie verfügbaren Daten. Die noch vor wenigen Jahrzehnten als typisch totalitär verschriene, höchststaatlich angeordnete Durchforstung und Auswertung privater und unternehmerischer Daten und Kommunikation hat Ausmaße angenommen, die sich nicht mehr durch den Schutz des Gemeinwesens erklären lassen. Selbst die hochentwickelten Geheimdienste in den Ländern des kommunistischen Osteuropa hatten mangels leistungsfähiger Computertechnik nicht annähernd dieselben Überwachungsmöglichkeiten, die heute in demokratischen Ländern als völlig normal gelten. Man kann nur als plausibel annehmen, dass sich hier die normative Kraft des Möglichen in zweierlei Weise zeigt. Einerseits sind Geheimdienste große bürokratische Strukturen, die als solche einem Rechtfertigungsdruck unterliegen – insbesondere wenn sie wie alle Bürokratien weiter wachsen wollen. Andererseits sind große Datenmengen auf zweierlei Weise wertvoll: In ihnen finden sich erstens viele kleine Perlen, die sich industriepolitisch nutzen lassen – gleich ob sie von staatlichen Akteuren oder aus illegalen Quellen stammen. Und zweitens sind große Datenmengen in ihrer Summe statistisch interessant – nicht zuletzt für Regierungen und für die Finanzindustrie, die in einem grenzenlosen Konkurrenzkampf steht. Bei der möglichst flächendeckenden Überwachung der globalen Kommunikation verquicken sich also finanzielle, geheimdienstliche, kriminelle, wirtschaftspolitische und obrigkeitsstaatliche Interessen zuungunsten eigentlich verfassungsmäßig geschützter Grundrechte.

An dieser Stelle kann nun nicht sehr viel mehr getan als auf die Notwendigkeit hingewiesen werden, die angesprochenen Punkte und die Verfassung unserer Wirtschaftsweise sehr viel eingehender in einer breiten Öffentlichkeit zu durchdenken. Nicht die Aufgabe einer modernen Wirtschaftsweise, sondern ihre Transformation, nicht die Verherrlichung einer archaischen Lebensform, sondern das Aneignen des Jahrtausende alten Wissens der Urvölker um die Zusammenhänge in der Natur, nicht Maschinenstürmerei, sondern intelligente neue technologische Lösungen, nicht Misstrauen gegenüber modernen Formen der globalen Kommunikation, sondern ernsthafter Respekt vor Bürgerrechten sowie die Bereitschaft, konsensuell auf die Durchführung gewisser machbarer, jedoch einem nachhaltigen zivilisatorischen Fortschritt abträglicher Projekte zu verzichten – und derer sind nicht wenige –, sollten im Zentrum dieser Debatte stehen.

Dabei ist insbesondere eine Einsicht zu berücksichtigen, auf die Klimaforscher seit Jahren aufmerksam machen: Fast jede Effizienzsteigerung bei neuen Technologien hat bisher über kurz oder lang das Tempo der Ausbeutung natürlicher Ressourcen nur erhöht und dadurch ihr ursprüngliches Potential zur Schonung der Umwelt konterkariert. Offensichtlich ist also die Kraft menschlichen Statusdenkens, das kulturübergreifend besonders simpel bei der Akkumulation materiellen Besitztums funktioniert, so stark, dass erst klare Regeln und Kontrollen sowie eine weitgehende Entkopplung von Lebensstandard und Ressourcenverbrauch hier Linderung verschaffen können. Der evolutionär-epistemologische Hauptsatz mag hier eine wichtige Lehre sein, dass in einer nicht nachhaltig wirtschaftenden Kultur jeder Einzelne die Problemhaftigkeit seines Lebensstils schon deshalb kaum zu erkennen vermag, weil eine Abkehr von diesem Lebensstil seiner Position in der Gesellschaft nicht unbedingt zuträglich sein mag.

18.4   Zur Kausalerwartung

Nach diesen wesentlichen allgemein-anthropologischen Anwendungen des soziokulturellen Apriori kommen wir wieder zurück auf die speziellen Aspekte unseres
Wirklichkeitsverständnisses, die sich als wissenschaftliches Welt- und Menschenbild eingebürgert haben. Eine solche Untersuchung ist umso dringlicher, als die
Weiterentwicklung des technisch Machbaren mit der Entmythologisierung der
Strukturen des modernen Bewusstseins Hand in Hand geht und sich wechselseitig
verstärkt. Worin also besteht das hier oftmals als überholt und vorschnell verallgemeinert bezeichnete wissenschaftliche Paradigma? Wie sind seine Genese und
seine Wirkungsmächtigkeit zu erklären? Wenden wir uns deshalb dem Begriff der
Kausalität zu.[19]

Ein wichtiges anthropologisches Problem, das nur empirisch zu ergründen ist,
lautet dahingehend, welche kognitiven Strukturen angeboren sind, welche kulturell
tradiert werden und welche rein individuell erworben werden. Die Bearbeitung
dieser Fragen ist ein sehr komplexes, interdisziplinäres Forschungsgebiet, das von
der Primatologie über die Psychologie bis hin zur Kognitionsforschung und den
Neurowissenschaften reicht. So gehören die Dreidimensionalität der menschlichen
Anschauung und das subjektive, fortlaufende Zeitgefühl mit Sicherheit zu den
allen Menschen angeborenen Strukturen. Die Erwartung allerdings, dass sich
Geschichte wiederholt, dass die Zeit wie ein laufendes Rad wieder an seinen Anfang
zurückkehrt, ist zweifelsohne eine kulturell erworbene geistige Struktur. Lokale
Linearität und globale Zirkularität der Zeitwahrnehmung sind in vielen Kulturen
zu beobachten.

Ähnliche Kongruenzen und Differenzen sind auch bei der Kausalität zu beobachten. So ist allen Menschen eine induktive kausale Erwartungshaltung zu eigen,
d. h. wenn man beobachtet, dass auf A immer B folgt, so beschleicht einen die
Vermutung, dass diese Abfolge auch in der Zukunft wieder auftreten wird. Diese
Erwartungshaltung ist nicht nur beim Menschen, sondern auch bei Tieren zu
beobachten; ihr bekanntestes Beispiel ist der pawlowsche Reflex, die Erwartung,
dass etwa auf das Läuten einer Glocke die Versorgung mit Futter folgt. Seine
evolutionäre Nützlichkeit ist nicht von der Hand zu weisen. Denn auch wenn in
etlichen Fällen die vermutete kausale Abhängigkeit nicht existiert und man sich
stattdessen „abergläubisches" Verhalten antrainiert, so hat sich diese angeborene
Erwartungshaltung doch bewährt zur sinnvollen Verknüpfung von Erfahrungen
und folglich evolutionär durchgesetzt. In jeder Kultur führt dies dann, abhängig
von den intellektuellen Rahmenbedingungen, zu unterschiedlichen Auswirkungen.
Im alten Babylon etwa, wo bedeutende Sternenobservatorien standen, hat man

---

[19]Es sei erinnert an die Kap. 1.1.2 (Kausalität und Determinismus in der klassischen Physik), 2.8
(quantenphysikalischer Indeterminismus), 10.4 und 11.6 (Kausalität und Evolution), sowie den
letzten Absatz von 16.5 (Begriff der Kausalität in dieser Erkenntnistheorie).

himmlische Konstellationen in großer Systematik mit irdischen Geschehnissen in Verbindung gebracht. Dies führte zu Astrologie und Astronomie, und nebenbei auch zu wichtigen mathematischen Fortschritten.[20]

Der Mensch ist im Gegensatz zu den Tieren in der Lage, die Frage nach dem Warum explizit zu stellen und die Welt dank seiner Vorstellungskraft und Phantasie systematisch zu erkunden. Dies führt den Menschen schließlich zu Theorien steigender Komplexität, die Eingang in die allgemeine kulturelle Weltsicht und auch in die private und institutionelle Bildung und Ausbildung finden. In der europäischen Neuzeit hat dieses Fragen zunächst zur Ausarbeitung der klassischen Physik geführt. Deren immenser prognostischer Erfolg und ihre breite technische Anwendbarkeit haben dann bewirkt, dass die stark objektiven und deterministischen Prinzipien, denen die Theoriebildung der klassischen Physik gehorcht, zu idealtypischen Grundlagen von Wirklichkeitsbeschreibung überhaupt erhoben wurden.

Die „induktive kausale Erwartungshaltung" hat sich so in den starren Grundsatz transformiert, unter den Rahmenbedingungen R müssten stets die Folgen F auftreten. Ist dieser Satz so zu lesen, dass unter gleichen R die gleichen F stattfinden, ist vom *schwachen Kausalitätsprinzip* die Rede; falls unter ähnlichen R ähnliche F auftreten, spricht man vom *starken Kausalitätsprinzip*. Die Tatsache, dass die klassische Mechanik zwar deterministisch ist, aber keineswegs dem starken Kausalitätsprinzip gehorcht,[21] wurde trotzdem jahrhundertelang übersehen und erst durch die Arbeiten Poincarés und die moderne Chaosforschung bestätigt. Dass die Vorstellung deterministischer Kausalität und starker Objektivierbarkeit aller natürlichen Phänomene aber trotzdem das abendländische Denken so stark durchdringen konnte, ist nichts als ein weiterer eindrucksvoller Beweis für die identitätsstiftende Macht allgemeiner gesellschaftlicher und erkenntnistheoretischer Prinzipien, die als soziokulturelles Apriori in das Selbstverständnis von Individuen und Gesellschaften übergehen. Die Wirkungskraft des soziokulturellen Apriori liegt darin, dass es zum allergrößten Teil schon in den unterbewussten Strukturen unseres Bewusstseins angelegt ist. Die vorbegrifflichen Verarbeitungsmechanismen in unserem Gehirn interpretieren bereits unsere Wahrnehmungen anhand der ihnen aufgeprägten Muster. Die bewusst gewordene Wahrnehmung des gleichen Sachverhaltes kann sich für Mitglieder unterschiedlicher Kulturen oder durchaus auch für Menschen mit unterschiedlichen metaphysischen Ansichten drastisch unterscheiden. Dies ist bedingt

---

[20]Diese wahrscheinlich unvermeidliche Verquickung von harter mathematischer Analyse und abergläubischem Denken findet sich nicht nur in Babylon, sondern ebenso im pharaonischen Ägypten, in der jüdischen Kabbala und im antiken Griechenland, dort vor allem bei den Pythagoräern und Platonikern. Weniger abstrakt und stärker physisch drückt sich ein solches Weltbild in der Alchemie und in ihren modernen esoterischen Ablegern wie etwa der Homöopathie aus. Auch zahlreiche berühmte Forscher und Philosophen standen in solchen gemischten Traditionen, wenngleich dies heute oft wenig bekannt ist. Kepler etwa betrieb seine astronomische Forschung unter stark religiösen Auspizien, Newton widmete sich neben Mathematik und Mechanik ausführlich alchimischen und theologischen Studien.

[21]Siehe den Kommentar in der letzten Fußnote in Kap. 1.1.2.

durch unterschiedliche, gelernte Bewertungen. Folglich ist bei der Analyse und Aufdeckung möglicher Inkonsistenzen dieses soziokulturellen Apriori mit erheblichen psychologischen Widerständen zu rechnen: Denn die gesellschaftlich akzeptierten Vorstellungen über Wirklichkeit, über Zusammenhänge in der Welt, oder auch mit dem Jenseitigen, sind für jeden Einzelnen Teil seiner Identität geworden. Menschliches Wahrnehmen, Denken und Handeln unterliegt stets historisch gewachsenen, apriorischen Bedingtheiten genetischer, epigenetischer und soziokultureller Natur.

An dieser Stelle zeigt sich auch in ganz besonders starkem Maße die Emotionalität von Erkenntnis. Die mitunter doch etwas abstrakte Debatte um Erkenntnisstrukturen und ein mögliches Verständnis von Wirklichkeit wird häufig mit einem Temperament und einer Schärfe geführt, die akademischen Diskursen sonst zumeist fremd sind. Dies betrifft nicht nur philosophische Zirkel, sondern ebenso Naturwissenschaftler, Geisteswissenschaftler, Theologen, Mediziner, Juristen sowie viele philosophisch interessierte Laien. Der Grund hierfür liegt darin, dass bei einer Debatte um die Möglichkeit von Erkenntnis und um die Art und Weise, wie Erkenntnis zu erlangen ist, immer unser gesamtes Weltbild und somit unsere Identität auf dem Spiel stehen. Denn diese beruhen ja auf den gesammelten Erkenntnissen unseres Lebens und den tradierten Erkenntnissen unserer Vorfahren. Der Zweck unseres Erkenntnisvermögens, nämlich unser Überleben und gutes Leben in Einklang mit der Lebensform unserer Gesellschaft zu sichern, droht durch das Infragestellen seiner schon immer geglaubten Grundstrukturen seinen Halt zu verlieren.

Hieran wird auch verständlich, warum manche Physiker – und nicht zuletzt Einstein, doch hiervon später mehr – einen großen Teil ihres Lebens und ihrer Schaffenskraft der Entwicklung von Theorien widmen, die bestimmte Kriterien von Wirklichkeit besser zu bewahren vermögen als andere. Die in Teil I diskutierten Alternativinterpretationen der Quantenphysik verdanken ihre Existenz sämtlich solchen metaphysischen und ästhetischen Überlegungen und nicht der Notwendigkeit, einen vorhersagekräftigeren mathematischen Apparat zu entwickeln. Die Überlebenskraft idealtypischer wissenschaftlicher Erklärungsprinzipien und der Glaube an das So-und-nicht-anders-Sein von Wirklichkeitsstrukturen beruht also stets auch auf tief im kollektiven Bewusstsein verankerten und lang erprobten Erwartungen. Max Planck hat diese psychologische Komponente im wissenschaftlichen Betrieb, der ihn – so wie Einstein – erst als Revolutionär, dann als Konservativen erlebte, einmal so beschrieben:

> „Eine neue wissenschaftliche Wahrheit pflegt sich nicht in der Weise durchzusetzen, dass ihre Gegner überzeugt werden und sich als belehrt erklären, sondern dadurch, dass die Gegner allmählich aussterben und dass die heranwachsende Generation von vornherein mit der Wahrheit vertraut gemacht ist."[22]

Die scharfen Debatten um Evolutionstheorie und Kreationismus, sowie um das Verhältnis von Körper und Geist sind weitere Belege für die existenzberüh-

---

[22]Planck (1948), S. 22. Auch und gerade die Sozialisierung im wissenschaftlichem Betrieb geht nach Planck also mit einem deutlichen soziokulturellen Apriori einher.

rende Bedeutung solcher grundlegender erkenntnistheoretischer Fragestellungen.[23] Von einer gänzlich anderen Warte aus hat schon Max Scheler im Jahr 1926 die spezifische Rolle des klassisch-physikalisch geprägten Weltbildes unter einer soziologischen Perspektive untersucht:

> „Was bedeutete denn wissenssoziologisch die ursprüngliche Real- und Absolutsetzung der mechanischen Naturlehre? ... Diese Erhebung der mechanischen Naturlehre – die in den Grenzen ihrer aufgewiesenen Gültigkeit und Ungültigkeit als streng formale Lehre ein nie aufhebbares Recht besitzt, nämlich als ‚Technologie aller Technologien‘, als die dauernde gedankliche Leiterin und Führerin menschlicher Herrschaft über die Natur und das heißt zugleich indirekt zur Befreiung des Geistes im Menschen; die aber als metaphysische Lehre und Wegsperrung aller anderen Arten von Naturerkenntnis und möglichem Wissen um die Welt überhaupt ebenso notwendig zur Ertötung des Geistes und zur Vernichtung der Freiheit führt – war nur eine ‚Ideologie‘ der aufstrebenden ‚bürgerlichen Gesellschaft‘, ja die Ideologie, die oberste Grundideologie dieser Gesellschaft. ... Die aristotelisch-scholastische Philosophie und Metaphysik als mittelalterliche Institution – so sehr begrenzt ihre Wahrheitswerte sind – erlag nicht den theoretischen Gründen dieser neuen mechanischen Philosophie, sondern an erster Stelle ihrem praktischen Erfolg.“[24]

Diese soziologisch-gesellschaftskritische Einschätzung deckt sich – was die Bedeutung der pragmatisch-emotionalen Aspekte unseres Weltbildes betrifft, wenn auch nicht ganz in ihrem Vokabular – hervorragend mit den in Kap. 13, Absatz 3, angegebenen Gründen für die Wirkungsmacht des klassisch-physikalischen Weltbildes. Dementsprechend haben wir dieses Weltbild in Kap. 3.4.1 auch als *divide et impera*-Realismus bezeichnet. Auch unsere tiefgreifendsten Vorstellungen von Wissenschaft und Wirklichkeit sind Teil des soziokulturellen Apriori; obgleich hieraus natürlich keineswegs folgt, dass die Entwicklung dieser Vorstellung eine rein willkürliche soziale Konstruktion sei. Diese Verbindung zwischen Naturwissenschaften, Erkenntnistheorie und Anthropologie besitzt auch wichtige psychologische Momente, die im folgenden Kapitel mit zur Debatte stehen sollen.

---

[23]Den trefflichsten Kommentar zum Streit um Evolution und Kreationismus verfasste bereits im 19. Jahrhundert kein geringerer als Wilhelm Busch. Er war hierzu nicht nur ob seiner spitzen Feder prädestiniert: Als Knabe wurde er von seinem Onkel Georg Kleine erzogen, der nicht nur Pastor, sondern auch leidenschaftlicher Imker war und der als Herausgeber des *Bienenwirtschaftlichen Centralblatts* zu den bekanntesten Bienenzüchtern seiner Zeit gehörte. Kleines Rat in Bienenfragen interessierte auch Charles Darwin; denn der Austausch mit Tierzüchtern lieferte Darwin wichtige Einsichten für die Ausarbeitung der Evolutionstheorie. Für den Pastor und seine Bekannten jedoch waren die neuen Thesen nicht gerade beruhigend. Es kam, wie es nach Wilhelm Buschs unvergleichlicher Schilderung kommen musste: „Sie stritten sich beim Wein herum / Was das nun wieder wäre / Das mit dem Darwin wär gar zu dumm / Und wider die menschliche Ehre. / Sie tranken manchen Humpen aus / Sie stolperten aus den Türen / Sie grunzten vernehmlich und kamen zu Haus / Gekrochen auf allen Vieren.“ Busch (1874).

[24]Scheler (1926), S. 483 f. Von wissenschaftshistorischem Interesse ist hierbei die Tatsache, dass Scheler – auch wenn seine erkenntnistheoretischen Positionen mittlerweile zum Teil als überholt betrachtet werden mögen – in diesem Werk bereits den indeterministischen Charakter der gerade im Entstehen begriffenen Quantenphysik als Kritik gegen die Deutungshoheit des klassisch-physikalischen Weltbildes mit ins Feld führt.

Wissenschaft und Wirklichkeit

19

> *Die Wissenschaft fängt eigentlich da an, interessant zu werden, wo sie aufhört.*
>
> *(Justus von Liebig)*

In dieser Abhandlung haben wir bereits viele Themen zum Verhältnis von Wissenschaft und Wirklichkeit erörtert, dieses Verhältnis ist das Grundthema der gesamten Diskussion. Der Titel dieses Kapitels ist also nicht als Abgrenzung gedacht. Vielmehr wollen wir hier mehrere wichtige, offengebliebene Punkte erörtern sowie einige übergreifende Fragestellungen zusammenführen und abrunden. Wie wir gesehen haben, lassen sich die grundlegenden Interpretationsbedingungen der Quantenphysik, wie sie vor allem die Kopenhagener Deutung konzise darstellt, unter hinreichend vorsichtig und allgemein formulierten Grundsätzen durchaus in Einklang bringen mit der Einsicht in die evolutionäre Entstandenheit des menschlichen Erkenntnisvermögens. Anhand dieser Rahmenbedingungen haben wir eine Erkenntnistheorie entwickelt, die sowohl naturalistischen als auch pluralistischen Charakter besitzt. Zu ihr gehört eine grobe Einteilung in Materie, Lebendiges und Psychisches, wobei allerdings die einzelnen Unterbereiche keineswegs als homogen zu denken sind und zwischen den Bereichen durchaus Übergangsformen auftreten können. Der dezidierte Pluralismus zeigt sich darin, dass wir eine prinzipielle Reduktion jedes dieser Bereiche auf einen anderen als unmöglich und daher zum Scheitern verurteilt annehmen. Die Gründe für die Schärfe dieser Position haben wir in der Reduktionismusdebatte in Kap. 11 herausgearbeitet.

Zur ausführlichen Darstellung des neu entwickelten Weltbildes und der mit ihm zusammenhängenden erkenntnistheoretischen Fragen gehörten zunächst sowohl die Klärung des Verhältnisses zwischen unbelebter und belebter Natur als auch eine eingehende Diskussion der neuen erkenntnistheoretischen Situation. Daran musste sich die Frage anschließen, in welchem Verhältnis das Psychische zu Belebtem und

© Springer-Verlag Berlin Heidelberg 2017
D. Eidemüller (Hrsg.), *Quanten – Evolution – Geist*,
DOI 10.1007/978-3-662-49379-3_19

Unbelebtem steht. Wie sich herausstellte, lässt die hier entwickelte Theorie eine elegante Auflösung einiger sehr kontrovers diskutierter Probleme in der Philosophie des Geistes zu.

Die konsequente Fortsetzung der bis dorthin entwickelten Programmatik führte dann weiter zum Begriff des soziokulturellen Apriori. Dieser Begriff umschreibt die Kulturhaftigkeit des Menschen als biologische conditio sine qua non. Er lässt sich für kulturwissenschaftliche Theorien fruchtbar machen, ohne biologistische Simplifizierungen zu begehen, und ermöglicht die Inbezugsetzung biologischer, anthropologischer, ethnologischer, soziologischer, gesellschaftstheoretischer, psychologischer und auch politischer Thesen. Er bietet insbesondere kulturhistorische Perspektiven auf tiefenpsychologische Momente moderner Zivilisation, ja von Zivilisation überhaupt.

Dem linearen Aufbau von Texten geschuldet, mussten wir bei dieser Abwicklung des gedanklichen Fadens einige Punkte auslassen, bzw. konnten sie nur anschneiden. In diesem Kapitel wollen wir also zunächst eine Gesamtschau des hier vertretenen, wissenschaftlich fundierten Weltbildes geben. Es folgt eine Diskussion über die Rolle von Sprache in den Wissenschaften, sowie zur Existenz theoretischer Entitäten. Außerdem werden wir diese Erkenntnistheorie auf eine Reihe unterschiedlicher Aspekte von Wissenschaft anwenden, um die Konsistenz der ihr zugrundeliegenden Gedankengänge zu prüfen. So wird der Spannungsbogen zwischen der Emotionalität allen menschlichen Erkennens und dem objektiv-nüchternen Charakter wissenschaftlicher Erkenntnis hier in diametral anderer Weise aufgegriffen als etwa in der entanthropomorphisierenden Sichtweise der Evolutionären Erkenntnistheorie. Ebenso werden wir die aus dem Begriff des soziokulturellen Apriori gewonnenen Einsichten auf den Bereich wissenschaftlicher Erkenntnis beziehen und eine Analyse der Wirkungsmacht der klassisch-physikalischen geprägten Vorstellungen von Wissenschaft und Wirklichkeit anstellen. Zwar ist hierzu bereits einiges gesagt worden; doch konnten wir diejenigen Aspekte, die psychologisch-existenzieller Natur sind und die Prägung durch das typisch abendländische soziokulturelle Apriori betreffen, noch nicht hinreichend mit den Konsequenzen des neuen Weltbildes kontrastieren. Hierzu bietet sich kein besseres und geringeres Exempel an als Albert Einstein, heroischer Überwinder und verzweifelter Bewahrer klassischer Wirklichkeitsvorstellungen in einer Person. Mit dem Begriff des soziokulturellen Apriori ebenfalls verbunden sind Überlegungen zum Verhältnis von Wissenschaft und Religion. Und eine Diskussion des emotionalen Charakters von Erkenntnis wäre letztlich nicht vollständig ohne eine Betrachtung zur Schönheit in der Wissenschaft; mit ihr schließt dieses Kapitel.

19.1   Zum wissenschaftlichen Weltbild

Die moderne Wissenschaft hat sowohl das Antlitz unserer Erde wie auch das menschliche Selbstverständnis dramatisch verändert. Die Natur- und Geisteswissenschaften haben dem Menschen nicht nur unglaubliche Erweiterungen seines Horizontes und seiner Handlungsoptionen ermöglicht, in intellektueller, kultureller, medizinischer, technischer, sozialer, wirtschaftlicher und administrativer Hinsicht. Sie haben auch das historisch gewachsene, soziokulturell evolvierte Weltbild der Menschen in vielerlei Weise beeinflusst. Da die Entwicklung der Wissenschaft aber schneller fortschreitet als die stabilisierenden, intellektuellen Prozesse der Verarbeitung dieses Wissens und seiner Konsequenzen und da sich die Wissenschaft zudem immer weiter aufgefächert hat, ist allerdings nicht davon auszugehen, dass die Reflexion über Wissenschaft jemals ein solch einheitliches Weltbild wird restituieren können, wie es früheren Zeitaltern zu eigen war. Dies ergibt sich nicht nur aus der großen Spezialisierung in den einzelnen Disziplinen, die es bereits dem Fachwissenschaftler schwierig macht, die Gedankengänge seines Kollegen eine Tür weiter zu verstehen. Die Reduktionismusdebatte weist zudem darauf hin, dass die unterschiedlichen Phänomenbereiche, Grundbegriffe und Methodologien der verschiedenen Wissenschaften und der unterschiedlichen Weisen des Weltbezuges sich nicht auf einen gemeinsamen Nenner bringen lassen; jedenfalls nicht, falls wir keine religiös oder spirituell oder metaphysisch motivierten, übergreifenden Ideen einführen wollten, die sich einer naturphilosophischen Betrachtungsweise entziehen. Erkenntnistheoretische Reflexion unter naturalistischen Auspizien muss sich also darauf beschränken, die wichtigsten, grundlegenden Theorien und deren bedeutendste Anwendungsgebiete zu analysieren, will sie zu hinreichend allgemeinen Aussagen vorstoßen.

Die systematische Erforschung der Welt führt zu immer größeren Mengen an Beobachtungsmaterial. Um dieses zu kategorisieren und in übergreifende Zusammenhänge zu bringen, bedient sich die Wissenschaft der hypothetischen Methode; d. h. der Wissenschaftler ersinnt Theorien, wie seine Daten durch ein gedankliches System verknüpft werden könnten, und testet diese dann an neuen Daten unter systematischer Variation der Rahmenbedingungen.

Hin und wieder haben sich verschiedene Theorien oder Prinzipien als so vorhersagemächtig erwiesen, dass sie in den Status sicheren Wissens erhoben wurden. Manche dieser Verabsolutierungen haben sich später wiederum als voreilig erwiesen, wie etwa der Status von absolutem Raum und absoluter Zeit. Viele dieser Thesen mussten in schwieriger, philosophisch und naturwissenschaftlich neu überdachter Weise relativiert oder in ihrem Geltungsbereich eingeschränkt werden. Dies gemahnt uns, den Charakter wissenschaftlicher Erkenntnis nicht allzu dogmatisch zu deuten und auch unsere für sicher gehaltenen Grundannahmen immer wieder aufs Neue zu prüfen. Nichtsdestotrotz sind viele wissenschaftliche Erkenntnisse inzwischen dank dieser Methodik so abgesichert, dass wir unsere Zweifel an ihnen vorerst ruhen lassen können, sollten nicht überraschende neue Einsichten sie in Frage stellen. In der Tat kann man heute ebenso getrost von der evolutionären Abstammung des Menschen ausgehen wie davon, dass auch morgen noch die Gravitationskraft Äpfel von Bäumen fallen lassen wird. Die hypothetische Methode liefert uns zwar kein unendlich sicheres, aber doch brauchbares und verlässliches Wissen über die Welt; auch wenn wir uns dessen Vorläufigkeit stets gewahr sein müssen.

Die Naturwissenschaften besitzen gegenüber den Geisteswissenschaften die Charakteristik, dass sie in ihrer Theoriebildung keine Rücksicht auf psychische

Phänomene zu nehmen haben und alles Subjektive folglich ausklammern. Diese Einschränkung ihres Erfahrungsbereiches ermöglicht einerseits ein bedeutend idealisierenderes, abstrakteres und präziseres Herangehen an die solchermaßen erst definierten Phänomene, bewirkt andererseits aber unter anderem auch eine unhinterfragte Abtrennung all jener allgemeinen menschlichen Fragen, die mit Moral und Motivation zu tun haben. Diese werden dann gerne in Institutionen ausgelagert, die sich mit den harten Problemen im Labor nur bedingt auskennen. Es ist hier eine Arbeitsteilung zu beobachten, die nicht immer ausgeglichen ist. Die Geistes- und Kulturwissenschaften wiederum beschäftigen sich mit den Errungenschaften und Erzeugnissen des individuellen und sozialen menschlichen Bewusstseins; manchmal ersparen sie sich jedoch eine tiefer schürfende Analyse der von ihnen nicht getrennt zu denkenden naturwissenschaftlichen und technischen Entwicklungen. Wie aber sollten das Bewusstsein des modernen Menschen und seine kulturellen Erzeugnisse zu denken sein, wenn nicht in Abhängigkeit von seinen durch naturwissenschaftliche Erkenntnisse überhaupt erst ermöglichten technischen Mitteln? Wie sollte der Einfluss naturwissenschaftlicher Erkenntnisse auf unser Welt- und Selbstbild näher bestimmt werden, wenn nicht durch eine umfassende Analyse ebendieser Naturwissenschaften? Diese Aufgabe ist in den letzten hundert Jahren mit Sicherheit nicht einfacher geworden, aber auch keinesfalls weniger notwendig. Diese Abhandlung ist ein solcher Beitrag zur als notwendig erachteten Verkleinerung des Abstandes zwischen natur- und geisteswissenschaftlicher Tradition, sowie zur Inbezugsetzung wissenschaftlicher und philosophischer Arbeit zur alltäglichen Selbsterfahrung des Menschen, wie sie bis in anthropologische, soziale und politische Belange hineinreicht.

Im Gegensatz zum klassisch-physikalischen Paradigma, wie auch zu einer großen Zahl anderer philosophischer Weltbilder, ist die hier vertretene Theorie, die eine Art naturalistischen Pluralismus ausdrückt, eine Zurückweisung sowohl materialistischer als auch idealistischer Positionen. Einerseits ließ sich die Unmöglichkeit umfassend reduktionistischer Weltbeschreibungen anhand verschiedener, logisch unabhängiger Argumente zeigen. Auf der anderen Seite müssen wir die Eigenständigkeit psychischer Phänomene zwar anerkennen, sie zugleich aber doch als gebunden an körperliche Prozesse begreifen. Die hier vertretene Position ist also einer der wenigen Standpunkte, die sich nicht in die üblichen philosophischen Kategorien materialistisch-realistischer oder idealistisch-konstruktivistischer Art einordnen lassen. In den Worten dieser Theorie lässt sich der Zusammenhang am kürzesten so ausdrücken: Kein Geist ohne materiellen Körper; aber kein Begriff von Materie oder Körper ohne Geist, keine Vorstellung von Materie oder Körper ohne lebende Wesen mit einer bestimmten Perspektive.

Die Quantenphysik lehrt uns, dass stark objektivierbare Dinglichkeitsvorstellungen nur ein approximatives Charakteristikum makroskopischer Gegenstände sind. Diejenigen Prinzipien, die sich so hervorragend zur Beschreibung und Beherrschung der unbelebten, makroskopischen Natur bewährt haben, lassen sich nicht auf andere Bereiche übertragen. Ihre Geltung und ihr Anwendungsbereich lassen sich nicht auf die Welt als Ganzes übertragen. Der an die Existenz von Lebewesen gebundene mesokosmische Alltagsrealismus, zu dem eben die lebensnotwendigen emotionalen Komponenten mit dazugehören, verbleibt dann als stabiler Bezugspunkt zur Realität. Von ihm ausgehend unsere Kenntnisse und Möglichkeiten zu erweitern und die Welt zu erkunden, ist dann nichts weiter als ein Folgen unserer naturgegebenen menschlichen Neugier, die uns in unterschiedlichsten Formen individueller und sozialer Ausprägung unser Leben lang begleitet. Das spezifische kulturelle Projekt der Wissenschaft ist letztlich eine durch eine besonders klare Methodologie ausgezeichnete, institutionalisierte Weise, diese Neugier zu befriedigen.

Ihrem hypothetischen Charakter entsprechend, ist es der Wissenschaft versagt, Letzterklärungen zu finden: Weder über die Natur der Materie, noch über den in Evolution begriffenen lebendigen Kosmos, noch über den sich kulturell weiterentwickelnden Geist kann sie solche geben. Es lehrt uns nicht erst die Quantenphysik, dass, je genauer wir unsere Welt analysieren, unser Verstand vor immer größere Probleme gestellt wird. Mag die naturwissenschaftliche Methodologie auch von spezifisch Subjektivem abstrahieren – und genau darin liegt eine ihrer Stärken und Besonderheiten –, so bleibt sie doch erkenntnistheoretisch an die Bedingung gebunden, dass sie von lebenden Wesen betrieben wird. Somit bleiben Anschlussfähigkeit an den Mesokosmos sowie Emotionalität und subjektiver Ursprung die wesentlichen Merkmale aller Erkenntnis, auch der naturwissenschaftlichen. Dies ist verbunden mit der Einsicht, dass man ohne eine Perspektive, wie sie nur lebende Wesen – da die Existenz übernatürlicher Entitäten per definitionem nicht zu den Hypothesen naturalistischer Theorien gehört – einnehmen können, nicht sinnvoll von Realität sprechen kann. Unsere Vorstellungen von Wirklichkeit sind mesokosmisch geprägt, einschließlich derer von Materie; und wir verallgemeinern sie fortwährend. Die enorm abstrakten mathematischen Modelle, mit denen etwa die moderne Physik das Kleinste und das Größte beschreibt, geben also nicht das Universum an sich wieder, auch nicht in fortschreitender Annäherung, sondern das Universum *für uns in ihm*. Dies ist eine evolutionär-epistemologisch motivierte Präzisierung der quantentheoretischen Einsicht, dass die Physik nicht die Welt an sich, sondern für uns (bzw. einen makroskopischen Beobachter) beschreibt. Und diese Einsicht gilt für alle Arten von Erkenntnis und ist nicht auf physikalischen oder naturwissenschaftlichen Erkenntniserwerb beschränkt.

Diese allgemeinen Charakteristika menschlicher Erkenntnis finden sich zwar allesamt im wissenschaftlichen Betrieb, aufgrund der speziellen naturwissenschaftlichen Methodologie jedoch nicht mehr in deren Theorien wieder. So fallen die subjektiven und somit auch die emotionalen Aspekte des Erkennens durch das methodologische Raster und lassen sich folglich auch nicht naturgesetzlich beschreiben. Reduktionen des Psychischen scheitern (nicht nur) hieran. Die Anschlussfähigkeit an den Mesokosmos wiederum wird etwa in der klassischen Physik kaum sichtbar; deren Theoriebildung benötigt die Berücksichtigung dieser Anschlussfähigkeit nicht, um erfolgreich arbeiten zu können. Dies liegt daran, dass die klassische Physik sich nur mit den Phänomenen beschäftigt, die stark objektivierbar darstellbar sind. Diese sind allerdings nur eine – wenn auch technisch außerordentlich bedeutungsvolle – Teilklasse naturgesetzlich beschreibbarer Phänomene. In der Quantenphysik müssen wir die Anschlussfähigkeit durch das Messpostulat explizit im mathematischen Apparat berücksichtigen. Die Komplementarität quantenphysikalischer Phänomene offenbart sich dann in den unterschiedlichen Bildern, die wir zur Analyse dieser Phänomene in Abhängigkeit vom gewählten Messaufbau benötigen.

Wie die klassische Physik benötigt auch die Biologie für einen großen Teil ihrer Arbeit nicht die explizite Beachtung mesokosmischer Anschlussfähigkeit – schließlich entspringen ihre Untersuchungsobjekte dem menschlichen Mesokosmos. Die weitreichende Umgestaltung und der Einfluss des zivilisierten Menschen auf die natürlichen Lebensbedingungen unseres Planeten verändert aber auch die Rahmenbedingungen für die biologische Evolution. Die Berücksichtigung dieser Tatsache bedeutet aber auch für die Biologie, dass biologische Erkenntnis über die Natur immer Erkenntnis *für uns in ihr* ist. Gleichermaßen ist Erkenntnis über psychische Phänomene, über den menschlichen Geist und seine Erzeugnisse immer dem kulturellen Kontext, den spezifischen sprachlichen Ausdrucksmitteln und Bildern zu seiner Beschreibung geschuldet; sie ist immer Erkenntnis für den Menschen in diesem Kontext – um Hermeneutik einmal so zu fassen. Da die Entwicklung der sprachlichen Ausdrucksmittel, zu denen man auch die formale Sprache der Mathematik rechnen kann, immer zur kulturellen Entwicklung einer Zivilisation dazugehört, bleibt uns nun also die Rolle der Sprache insbesondere für wissenschaftliche Erkenntnisse näher zu bestimmen.

19.2 Zur Sprache in den Wissenschaften

Eine Besonderheit der menschlichen Sprache – gegenüber situationsgebundener tierischer Kommunikation – besteht darin, dass sie eine prädikative Struktur besitzt. Schon Aristoteles hat dies bemerkt. Dies erlaubt es dem Menschen, Vorstellungen zu entwickeln und auszudrücken, die nicht mehr von seiner gegenwärtigen Situation abhängig sind. Der Mensch ist in der Lage, sich komplexe hypothetische Gebilde auszudenken und über sie als solche zu diskutieren, sei es etwa eine Erzählung, eine Theorie oder was auch immer. Hierzu bedarf er der Phantasie. Die Vorstellungskraft des Menschen ist immens – zumindest im Rahmen seiner mentalen Kapazitäten und der naturgegebenen Grenzen seiner Anschauung. Inwieweit Tiere zu Phantasie und Imagination in der Lage sind, ist ein noch sehr unbestimmtes und schwieriges Forschungsgebiet. Es wird zwar häufig davon gesprochen, Tiere würden Werkzeuge gebrauchen. Es wäre jedoch präziser zu sagen, dass Tiere keinen Werkzeug- sondern lediglich Gegenstandsgebrauch kennen.[1] Wenn wir als Werkzeug in strengem Sinne solche Gegenstände bezeichnen, die *ausschließlich* zur Bearbeitung anderer Gegenstände dienen, welche dann zum Nahrungserwerb eingesetzt werden, so lässt

---

[1] An dieser Stelle schulde ich Günter Tembrock Dank, der in privater Konversation auf diesen Umstand hingewiesen hat.

sich bisher Werkzeuggebrauch in der Tierwelt nicht nachweisen. Intelligentere Tiere bearbeiten Gegenstände durchaus und erhöhen dadurch deren Gebrauchswert, allerdings benutzen sie zur Bearbeitung die Werkzeuge ihres eigenen Körpers – Zähne, Schnabel, Finger, Krallen –, jedoch keine eigens zu diesem Zweck hergestellten anderen Objekte. Dieser Schritt, der Planung in die Zukunft und komplexes kausales Denken erfordert, deutet auf die neuen Qualitäten des menschlichen Geistes hin, wie sie sich in der prädikativen Struktur seiner Sprache ausdrücken. Die Komplexität und Rekursivität des menschlichen Sprachvermögens gehen evolutionär mit einer immer ausgefeilteren technisch-materiellen Kultur einher. Werkzeuggebrauch und eine komplexe propositionale Sprache gehören deshalb gemeinsam zu einer Entwicklung, die den Menschen vom Tier trennt.

Als Propositionalität menschlicher Sprache bezeichnet man ihre Eigenschaft, wahrheitswertfähigen semantischen Gehalt, eine bestimmte Bedeutung besitzen zu können. Diese muss sich nicht auf wahre Begebenheiten beziehen, sondern kann rein hypothetisch sein. Ob sie etwas Realem entspricht, darin liegt ihr Wahrheitsgehalt. Die hypothetische Methode und damit auch alle Wissenschaft beruhen auf dieser urmenschlichen Fähigkeit zu Phantasie und auf der Kraft seines Vorstellungsvermögens, das sich sprachlich in äußerst komplizierten propositionalen Strukturen auszudrücken vermag. Denken und Sprache sind zwei Seiten einer Medaille; das eine kann ohne das andere weder gesagt noch gedacht werden.

Zur menschlichen Psyche gehört auch die bereits diskutierte angeborene Kausalerwartung. Sie leitet auch in der Wissenschaft den Prozess der Erkenntnisgewinnung. Sie lässt den Forscher Zusammenhänge erahnen, die er dann systematisch weiterverfolgt und induktiv verallgemeinert. Induktion ist aber – worauf insbesondere Karl Popper wiederholt hingewiesen hat – nicht erfahrungserweiternd, sondern erwartungserweiternd. Sie ist ein heuristischer Leitfaden, jedoch kein sicheres Rezept zur Gewinnung von Wissen oder zur Aufstellung von Theorien. Die Theoriebildung ist im Gegenteil ein Sprung ins Ungewisse, ein hypothetischer Akt der menschlichen Phantasie. Die Konsequenzen der Theorie zu prüfen, ist dann der zweite Schritt. Hierbei treten eventuell Beschränkungen der neuen Theorie zu Tage, die nur durch eine weitere Theorie zu beheben sind. Das Verhältnis von Theorien zueinander mag hierbei durchaus komplex sein. Es könnte sich ja sogar herausstellen, dass eine zukünftige Theorie des Submikrokosmos – wenn man die Domäne der Stringtheorie oder anderer Ansätze so nennen will – der heutigen Quantenphysik ebenso bedarf, wie die Quantenphysik ihrerseits nicht auf die klassische Physik verzichten kann. Die neue Theorie stünde dann in einer dreistelligen Relation zu ihrer mesokosmischen Überprüfbarkeit.[2]

Eine Besonderheit der wissenschaftlichen Sprache ist ihr Gebrauch von Mathematik. Nicht nur in der Physik ist eine weitgehende Quantifizierung natürlicher Eigenschaften und Prozesse zu finden. Galilei ging so weit zu behaupten, die

---

[2]Willard Van Orman Quine hat einmal das System der Wissenschaften als „Begriffsbrücke" bezeichnet, die uns einen hochgradig theoriebeladenen Zugang zur Realität ermöglicht; siehe Quine (1981), S. 2, 20.

Mathematik sei die Sprache der Natur. Zwar ist in der Tat die Mathematik ein ausgezeichnetes Instrument zur Beschreibung natürlicher Phänomene anhand naturgesetzlicher Zusammenhänge. Doch die Aufstellung von Naturgesetzen bedarf zuallererst eines begrifflichen und messtheoretischen Rahmens, innerhalb dessen man die zu beschreibenden Phänomene überhaupt erst klar definieren kann. Alle weiteren Begriffe der Naturwissenschaften, auch die mathematisch exakt quantifizierten, bedürfen der Verankerung in einem solchen messtheoretischen Rahmen.[3] Er ist das begrifflich-methodologische Fundament aller Naturwissenschaft. Auch ist die Mathematik ebenso wie die Naturwissenschaften ja erst das Produkt einer langen kulturellen Entwicklung. Mathematik, Naturbeobachtung, Technik und schließlich die modernen Naturwissenschaften sind in wechselseitiger Abhängigkeit und gegenseitiger intellektueller Befruchtung entstanden. Es ist zweifelsohne erstaunlich, dass abstrakte mathematische Theorien wie die Differentialgeometrie sich etwa so hervorragend zur Beschreibung von Raum-Zeit-Metriken eignen; doch folgt daraus nicht, dass die Natur sich allein auf mathematische Entitäten zurückführen ließe. Der Hirnforscher Stanislas Dehaene fasst diesen Gegensatz zu Galilei in die Worte, dass die Mathematik „die einzige Sprache ist, in der wir die Welt lesen." Man möchte hinzufügen: nicht unbedingt die einzige, aber sie liefert das einzig scharfe Instrumentarium, um die Natur hinreichend präzise beschreiben zu können. Das Ideenreich der Mathematik ist nicht in platonischem Sinne als Grundstruktur der Wirklichkeit zu verstehen, sondern als Theoriengebäude über abstrakten Strukturen, das sich zum Teil außerordentlich erfolgreich auf naturgesetzlich bestimmte Phänomene anwenden lässt. Wenn wir uns an dieser Stelle an von Weizsäckers Diktum erinnern, die Natur sei vor dem Menschen, aber der Mensch vor der Naturwissenschaft, so ließe sich folglich ergänzen: Die Mathematik ist nicht die Sprache der Natur, wohl aber ein integraler Teil der Sprache der Naturwissenschaften.

Wissenschaftliche Sprache ist also immer eine formalisierte, idealisierte Sprache, die als logisch durchdachtes, begriffliches Geflecht mit bestimmten Voraussetzungen bestimmt ist. Damit erlaubt sie in besonders präziser Weise die Vermittlung von Informationen. Worin sich die wissenschaftlich ermittelten Informationen von solchen unterscheiden, wie sie der Mensch als soziales Wesen ständig miteinander kommuniziert und wie sie auch andere Lebewesen stets mit ihrer Umwelt austauschen, ist natürlich im Einzelfall jeweils genauer zu untersuchen. Der Informationsbegriff überspannt schließlich einen sehr weiten Bereich, der von tierischen Kognitions- und Handlungsschemata auf der einen Seite bis hin zu hochgradig theoriebeladenen Entitäten wie der quantenmechanischen Wellenfunktion auf der anderen Seite reicht.

---

[3]In der Biologie spricht man besser von Methoden der Kategorisierung und der Taxonomie als von Messtheorie. Einen begrifflichen Rahmen benötigt aber auch die Biologie, wenngleich – wie in den anderen Naturwissenschaften – in vielen Fällen dieser Rahmen nicht explizit berücksichtigt wird, da die Systematik auf der Hand liegt.

Die Sprache in den Wissenschaften ist immer auch ein Teil der kulturellen Entwicklung von Gesellschaften und beeinflusst diese durch ihre Begriffe, durch ihre gedanklichen Bilder, durch das von ihnen nahegelegte Weltbild und durch die von ihr ermöglichten zivilisatorischen Veränderungen. Die Verankerung von Wissenschaft in mesokosmischen Nachprüfverfahren wird gerne übersehen, da sich die Theorienbildung in der Wissenschaft oftmals so weit von Alltagserfahrungen entfernt und in ihrer komplexen theoretischen Struktur so abstrakt wird, dass diese Verbindung uneinsichtig wird. Deshalb werden manchmal auch theoretische Termini verabsolutiert und ihres Zusammenhanges entrissen. Wissenschaftliche Sprache besitzt im Gegensatz zur Alltagssprache allerdings eine enorme begriffliche Präzision, welche eine vielschichtige Analyse ermöglicht. Die Alltagssprache hingegen besitzt anstelle dieser Präzision eine große Flexibilität und dementsprechend breite Anwendbarkeit. Sie lässt sich auch nicht klar von der wissenschaftlichen Sprache trennen, denn deren Begrifflichkeiten sind vielfach Teil der Alltagssprache und ihrer Vorstellungswelt geworden.[4] Auch Jürgen Habermas sieht – wobei seine Argumentation auf gänzlich anderen Voraussetzungen beruht als unsere – den Zusammenhang von wissenschaftlich „reiner" und Alltagssprache sowie von naturwissenschaftlich erfasster Wirklichkeit und menschlicher Erfahrung in erstaunlich analoger Weise:

> „‚Reine Sprache' verdankt sich ebenso einer Abstraktion aus dem naturwüchsigen Material der Umgangssprachen wie die objektivierte ‚Natur' einer Abstraktion aus dem urwüchsigen Material der umgangssprachlichen Erfahrung."[5]

Zu jenen erkenntnistheoretischen Ansätzen, die eine immer weiter führende Entwicklung der wissenschaftlichen Sprache mit einer fortschreitenden Erklärbarkeit der Welt durch die Wissenschaft und einer zunehmenden Ersetzbarkeit der Alltagssprache durch die wissenschaftliche Sprache verbinden, gehören nicht nur die klassisch-mechanistische Weltsicht, sondern auch neuere Weltbilder wie die des Logischen Empirismus, der Evolutionären Erkenntnistheorie sowie zahlreicher anderer materialistischer Positionen, nicht zuletzt in der Philosophie des Geistes. Ihnen allen gemein ist ein großer Optimismus hinsichtlich der wissenschaftlichen Methodik und das Übersehen des im Mesokosmos wurzelnden Ursprungs aller Arten von Erkenntnis, auch der wissenschaftlichen. Natürlich besitzt die Wissenschaft auch großen Einfluss auf die Alltagssprache; dies lässt sich überall nachweisen. Von der Alltagssprache zu fordern, sie müsse sich in ihrer Präzision der wissenschaftlichen annähern, hieße aber auch, ihre Flexibilität einzuengen. Dies ist vor allem in psychologischen Fragen problematisch. Wissenschaft vermag nie die ganze Breite menschlicher Erfahrungen einzufangen. Geschweige denn liefert sie ein einheitliches Bild der Welt.

---

[4]Zu dieser Konzeption von Sprache und Wirklichkeitsbezug finden sich etliche Parallelen in der Philosophie des späten Wittgenstein. In seinen *Philosophischen Untersuchungen* formuliert Ludwig Wittgenstein eine sprachphilosophisch fundierte Sichtweise, derzufolge die Bedeutung unserer Begriffe durch ihren Gebrauch in der Alltagswelt festgelegt ist; siehe Wittgenstein (2001).

[5]Habermas (1968), S. 236.

Der eigentliche, tiefere Sinn und Zweck der erwähnten wissenschaftsopti-
mistischen Ansätze liegt denn auch weniger im Ersetzen der Beschreibung von
Alltagsphänomenen durch wissenschaftliche Sprache, sondern im Versuch einer
metaphysischen Katharsis, im Abwerfen von im Alltag eingeschliffenem geistigen
Ballast und in der Reinigung althergebrachter Sprach- und Denkmuster von überholten und potentiell gefährlichen Inhaltsstoffen. Es ist als solches gewiss von seinem
Antrieb her ein humanistisches Projekt, ein humanistischer Szientismus, der aber da
selbst problematisch wird, wo er seine Wurzeln übersieht und seine Möglichkeiten
überschätzt.

19.3   Ontologie und Existenz theoretischer Entitäten

Als Generalisierung der für die Quantenmechanik durchexerzierten Existenzanalyse
bleiben ebenfalls noch einige Punkte zu ergänzen. Die Anschlussfähigkeit von
Erkenntnissen an den Mesokosmos betrifft auch und insbesondere die theoretischen
Entitäten unserer besten wissenschaftlichen Theorien. Es lässt sich keineswegs
a priori festlegen, dass bzw. welche theoretischen Entitäten man als existierend
betrachten kann, und vor allem welche Art von Objektivität sich ihrer Existenz
zuschreiben lässt. Es sei erinnert an die unterschiedlichen Grade schwach oder stark
definierbarer Objektivität physikalischer Terme wie Masse, elektrische Ladung,
Ort oder Impuls etwa eines Elektrons. Es sei ebenfalls daran erinnert, dass vor
allem Ladung, Masse und Spin eines Elektrons das sind, was dieses als Elektron
definieren. Elementarteilchen besitzen diese Eigenschaften nicht akzidentell (also
unwesentlich oder veränderlich) wie herkömmliche Objekte; sondern diese Eigenschaften besitzen feste Werte und sind für die jeweilige Art von Elementarteilchen
streng charakteristisch. Auch in der Biologie weisen die angesprochenen Defi-
nitionsfragen auf schwierige Probleme hin: In welchem Abhängigkeitsverhältnis
existieren Individuen, Populationen, Spezies?

Eine Besonderheit der Quantenmechanik im Gegensatz zur klassischen Physik
ist, dass sie zu ihrer Interpretation der expliziten Berücksichtigung der Messung
durch makroskopische Messgeräte bedarf. Diese Anforderung lässt sich problemlos
mit der Einsicht in die evolutionäre Entstandenheit des Menschen und seines
Geistes in ein erkenntnistheoretisches System einfügen. Allerdings wird damit
auch ersichtlich, wie vielschichtig eine wissenschaftstheoretische Existenzanalyse mitunter argumentieren muss, um erkenntnistheoretisch verwertbar zu sein.
Sie hat die Interpretierbarkeit wissenschaftlicher Theorien unter verschiedensten
Gesichtspunkten zu beleuchten. Nicht nur die Struktur der Theorie selbst und der
Zusammenhang der von ihr benötigten Terme, auch die direkte oder indirekte
Messbarkeit dieser Größen, die unterschiedlichen Grade an Objektivierbarkeit der
zugrundeliegenden Größen oder der Träger dieser Eigenschaften selbst, die gesamte
Kette an gedanklichen und experimentellen Verknüpfungen von den symbolischen
Termen der Theorie bis hin zum mesokosmischen, experimentellen Nachweis durch
die Wissenschaftler spielt eine Rolle. (Und zugleich steht all dies unter dem
Vorbehalt, dass wissenschaftliches Wissen stets hypothetischen Charakter besitzt.)

Die Aufklärung ebendieser Zusammenhänge ist ein Kerngebiet der Wissenschafts-philosophie. Hierzu gehört prinzipiell auch die oftmals unterschätzte Beschäftigung mit der experimentellen Umsetzbarkeit von Theorien.

Auch wir haben die experimentellen Schwierigkeiten bei der Analyse der Interpretierbarkeit der Quantenmechanik nur oberflächlich berührt. Abgesehen vom Doppelspalt-Experiment, das sich bereits mit Schulmitteln durchführen lässt, müssen wir hier auf die Genialität der Experimentatoren vertrauen, die zum Beispiel in Hochenergiedetektoren ihre Szintillationskristalle und ihre Ausleseelektronik so justieren und ihre Drahtkammern so bauen, dass schließlich die Frage entscheidbar wird, ob in bestimmten Teilchenkollisionen etwa ein Higgs-Boson erzeugt wurde oder nicht. Dabei lässt sich ein solches aber nicht einmal direkt nachweisen, sondern nur über seine Zerfallsprodukte. Gleiches gilt für die meisten Elementarteilchen.

In Kap. 6 haben wir die schwierige konzeptionelle Rolle der Quantenfeldtheorien dargelegt, der modernsten und tiefsten Theorien über die elementaren Kräfte, welche unser Universum vom Kleinsten bis zum Größten regieren. Anhand einer kurzen Betrachtung zu einer dieser Theorien wollen wir diese Problematik näher beleuchten.

Die als Quarks bezeichneten Grundbausteine aller sogenannten hadronischen Materie – insbesondere also aller Protonen und Neutronen, aus denen die Atom-kerne unserer Materie bestehen – werden von einer speziellen Quantenfeldtheorie namens Quantenchromodynamik beschrieben.[6] Sowohl Protonen als auch Neutro-nen setzen sich aus je drei Quarks zusammen. Die verschiedenen Quarks sind aber aus prinzipiellen theoretischen Gründen nicht einzeln beobachtbar. Die Struktur ihrer Wechselwirkung lässt keine isolierte Beobachtung einzelner Quarks zu. Sie können überhaupt nur als Kompositkörper existieren.

Dennoch können wir ihnen ohne weiteres innerhalb der in Teil I dargelegten Interpretationsgrenzen schwach objektive Charakteristika zuschreiben; darunter auch eine sogenannte Farbladung, die zum Namen der sie beschreibenden Theorie geführt und die mit Farbe im herkömmlichen Sinn nichts zu tun hat. Diese Bezeichnung stammt hingegen aus der Erkenntnis der Physiker, dass die abstrakte gruppentheoretische Struktur der Theorie nur die Existenz solcher Kompositkörper zulässt, deren Einzelkörperladungen sich, in einer gewissen Analogie zu Farben betrachtet, zu „weiß" addieren. Im Gegensatz zur eindimensionalen elektrischen Ladung mit plus und minus ist der Farbraum zweidimensional: So ergeben etwa rot, grün und blau zusammen weiß, aber auch Farbe und Komplementärfarbe (auch Antifarbe genannt) wie etwa blau und antiblau ergeben weiß. Die Materiebausteine Protonen und Neutronen sind aus drei Quarks mit positiver Farbe zusammengesetzt

---

[6]Diese Theorie ist für die starke Wechselwirkung zuständig, welche nur auf Hadronen (also quarkhaltige Materieformen wie Protonen und Neutronen oder auch alle Mesonen) wirkt und insbesondere die Atomkerne zusammenhält. Diese wiederum sind für fast die gesamte Masse aller sichtbaren Materie verantwortlich. Elektronen, Photonen und Neutrinos etwa gehören nicht zur hadronischen Materie. Auf sie wirken keine Kernkräfte; dementsprechend können sie auch nicht in einem Atomkern gebunden sein. So sie bei radioaktiven Umwandlungsprozessen in Atomkernen erzeugt werden, verlassen sie ihn als Strahlung.

(also rot, grün und blau); Antimaterie hingegen – wie etwa Antiprotonen oder Antineutronen – besitzt Antifarben (d. h. antirot, antigrün und antiblau addieren sich ebenfalls zu weiß); die kurzlebigen Mesonen wiederum sind Zwei-Quark-Systeme aus je einem Quark und Antiquark mit einer Farb-Antifarb-Mischung (also z. B. rot und antirot). Quark-Systeme, deren Gesamtfarbladung sich nicht zu weiß addiert, können nach der Quantenchromodynamik schlicht nicht existieren; es gibt also insbesondere keine Ein-Quark-Systeme. Jeder Versuch, Quarks voneinander zu trennen und einzeln zu isolieren – zum Beispiel über hochenergetische Kollisionen – benötigt aufgrund der speziellen Bindung zwischen den Quarks so viel Energie, dass die Energieschwelle zur Erzeugung neuer Quarks erreicht wird. Wenn wir also versuchen, Quarks aus ihrem Verbund herauszubrechen, erzeugen wir statt getrennter Quarks lediglich neue Quarks, die wiederum in Kompositsystemen zusammengesetzt sind. Die elementaren Konstituenten der Materie sind also wirklich unteilbar, wie es das griechische Wort *átomos* bedeutet. Nach allem, was heute bekannt ist, scheint die Struktur des Vakuums keine isolierten Quarks zuzulassen. Sollte sich jemals ein solches nachweisen lassen, wäre dies eine physikalische Sensation ersten Ranges.

Solche Erkenntnisse zu verarbeiten, zu vermitteln und zu reflektieren, ist nicht nur Sache der Fachwissenschaft und des Wissenschaftsjournalismus, sondern auch der Wissenschaftsphilosophie. Zugleich sind sie hervorragende Prüfsteine für erkenntnis- und wissenschaftstheoretische Ansätze. Eine Position wie etwa der Logische Empirismus würde, obwohl er sich auf die Naturwissenschaften beziehen und die Welt vornehmlich naturwissenschaftlich erklären will, bereits hier abrupt scheitern. Denn der Logische Empirismus vertrat unter anderem die These, dass sich Aussagen über die Welt durch direkte Beobachtungsdaten verifizieren lassen. Diese sind aber in dieser Sparte der Elementarteilchenphysik schon rein prinzipiell unmöglich. Wir sehen auch mit den besten Analysegeräten immer nur „weiße" Kompositsysteme, können aber hypothetisch aus unseren Messdaten Rückschlüsse über die innere Struktur dieser Kompositsysteme ziehen.

Die theoretisch postulierten, jedoch nie isoliert und direkt nachweisbaren Quarks sind als elementare Konstituenten der Materie ein wesentlicher Teil der physikalischen Sicht auf das, was die Welt im Innersten zusammenhält. Wie an ihnen zu sehen ist, werden die theoretischen Entitäten unserer besten wissenschaftlichen Theorien also durchaus zu wichtigen Stützpfeilern des wissenschaftlichen Weltbildes. Und wie sich die Wissenschaft weiterentwickelt, so verändert sich hiermit auch unser allgemeines Weltbild. Unser Zeitalter besitzt gegenüber früheren das Privileg, über bereits recht weit gediehene wissenschaftliche Erkenntnisse zu gebieten; dies bewahrt uns aber nicht vor künftig noch zu erwartenden wissenschaftlichen und erkenntnistheoretischen Veränderungen. Die saubere Ausarbeitung und wechselseitige Inbezugsetzung des Wissens einer Zeit ist hierbei Voraussetzung dafür, dass kommende Generationen von Forschern und Denkern auf diesen Erkenntnissen aufbauen oder sie durch Besseres ersetzen können. Unsere besten Theorien liefern uns Orientierung in der Welt. Auch wenn wir ihren hypothetisch-vorläufigen Charakter nie übersehen dürfen, sind sie doch stabil und vielfach erprobt. Wir müssen uns jedoch davor hüten, die Begriffe und Terme dieser Theorien allzu vorschnell analog zu bereits bekannten Theorien oder naiv-realistisch analog zu mesokosmischen Gegenständen und Phänomenen zu interpretieren.

Auch wenn nun die theoretischen Entitäten ihren Platz in unserem Weltbild einnehmen, so werden die alltäglichen Gegenstände und Phänomene dadurch aber doch nicht „uneigentlicher". Wir gewinnen neue Perspektiven auf sie, neue Möglichkeiten ihres Gebrauchs, neue Weisen der Inbezugsetzung zu anderen Gegenständen und Phänomenen. Sie bleiben dennoch stets die Referenzpunkte unserer Erfahrung von Wirklichkeit.

19.4 Die Tag- und Nachtseiten der Wissenschaft

An dieser Stelle wollen wir einige der Seiten der Wissenschaft beleuchten, die für die Wissenschaft, für ihren Betrieb und für ihre Auswirkungen auf die Gesellschaft relevant sind, die aber nicht in den wissenschaftlichen Theorien selbst auftauchen – außer in einigen psychologischen oder soziologischen Studien, die sich aber wiederum meist selbst nicht hinterfragen. Es verbleiben nach dem bisher Gesagten unter erkenntnistheoretischer Perspektive noch ein paar Anmerkungen, die Natur- und Geisteswissenschaften gleichermaßen betreffen.

Unter „Tagseiten" seien die bewussten Aspekte des Betreibens von Wissenschaft, unter „Nachtseiten" ihre unbewussten Komponenten zu verstehen.[7] Sie bedingen sich vielfach gegenseitig. Der Terminus Nachtseiten sei dabei keineswegs von vornerein negativ oder abwertend gemeint, sondern in dem Sinne, dass es hier um eine wichtige Seite der Wissenschaft geht, die selbst nicht Gegenstand der Wissenschaft ist und sein kann – außer vielleicht in eher abstrakter Form in psychologischen Studien. Zu den psychologischen Aspekten von Wissenschaft (im bewussten wie unbewussten Sinne) gehören wie bei allem menschlichen Handeln und Erkennen auch die emotionalen Seiten sowie die Wirkungsmacht tradierter Konzepte von Erkenntnis und althergebrachte Weltbilder und wissenschaftliche Paradigmata. All diese sind Teil des soziokulturellen Apriori. Die Tag- und Nachtseiten lassen sich deshalb nicht klar voneinander trennen, weil das, was für den einen in bewusster Reflexion geschieht, für den anderen unhinterfragter, unbewusster Bestandteil seines Weltbildes ist. Sie sind auch nicht für jeden gleich. So mag ein Politiker sich durch Forschungsförderung auf einem bestimmten Gebiet ökonomische oder militärische Vorsprünge erhoffen, während der somit bezahlte Forscher nur an seine nächste Publikation denkt. Wir wollen nun zunächst eine Betrachtung einiger psychologischer Aspekte beim einzelnen Forscher anstellen, bevor wir dann die Wechselwirkung zwischen Gesellschaft und Wissenschaft in den Mittelpunkt der Untersuchung stellen.

Eine recht verbreitete Meinung besteht darin, dass manche Wissenschaftler und Akademiker etwas leicht Versponnenes oder Weltfremdes an sich haben, dass sie in ihrem Elfenbeinturm sitzen und vom normalen Leben ein wenig abgeschnitten

---

[7]Dieses Unterkapitel verdankt Fischer (2000) wichtige Anregungen.

scheinen. Insofern das von einer hohen Arbeitsbelastung abhängt, müsste dies ja auch bei vielen anderen Berufsgruppen zu beobachten sein. Es ist allerdings im akademischen Milieu eine so intensive Beschäftigung mit extrem spezialisierten und hochabstrakten Konzepten und Theorien vonnöten, dass hierdurch einige psychologische Dispositionen gefördert und befördert werden, die sich in den meisten anderen Berufsfeldern schnell abschleifen. Die besonderen psychischen Belastungen und Eigenheiten, die bei Forschern vielleicht in größerer Häufigkeit anzutreffen sind als in der durchschnittlichen Bevölkerung, lassen sich auch an den tragischen Helden der Wissenschaft ablesen, deren unglaubliche intellektuelle Leistungen sich nicht im Lebensglück widerspiegelten; hierzu zählen nicht zuletzt Kurt Gödel, Paul Ehrenfest, Alexander Grothendieck und Ettore Maiorana. Aber es finden sich auch ein paar weniger tragische und eher skurrile Persönlichkeiten, nicht nur unter den Großen ihrer Fächer, sondern auch in den tieferen Etagen. Der alte Spruch, dass Genie und Wahnsinn nahe beieinander liegen, besitzt durchaus eine nicht ganz zu leugnende Berechtigung.

Manche Wissenschaftler pflegen auch ganz bewusst ein exzentrisches oder kauziges Naturell. Sie sind in ihrer Psychologie dadurch geprägt, dass sie ihr ganzes Denken, ja ihr ganzes Leben auf ein bestimmtes Ziel ausrichten, auch ihren Alltag unter dessen Stern stellen. Hierin gleichen sie vielen Künstlern und Philosophen. Eine Gefahr, die hier für jeden besteht, ist die der weltanschaulichen und der moralischen Betriebsblindheit, also alles nur noch durch die Brille dessen zu sehen, was in die Konzepte der eigenen Fachrichtung passt oder die eigene Karriere auf diesem Gebiet voranbringen kann. Dies kann auch für die Psyche des Forschers eine Gefahr bedeuten; vor allem, wenn die als faktisch wahrgenommenen Inhalte des eigenen Forschungsgebietes die übrigen allgemein-menschlichen Erfahrungen zu dominieren drohen, oder wenn die wissenschaftliche Arbeit, der man schon als solcher eine gewisse moralische Legitimität unterstellt, in Gegensatz zu ethischen und emotionalen Gestimmtheiten tritt. Eine besondere Gefahr für die akademische Philosophie besteht darin, wenn durch die Ausbildung an der Universität eine bestimmte Art und Weise zu denken gewissermaßen zu einer psychologischen Bedingung der Möglichkeit zu philosophieren wird. Aber auch andere Wissenschaften sind hiervon nicht frei.

Das Arbeiten als Wissenschaftler ist aber kein Selbstzweck, sondern vielmehr durch unterschiedlichste Handlungsmotivationen bestimmt. Auch die Beschäftigung mit den abstraktesten oder vermeintlich anwendungsfernsten Gebieten – wie etwa der höheren Mathematik oder der Astrophysik oder auch der Ugarit-Forschung – entspringt zunächst der urmenschlichen Neugier, also schlicht dem Bedürfnis, mehr von unserer Welt zu erkennen und nebenbei die Grenzen des eigenen Verstandes auszuloten. (Hier spielt auch die in Kap. 18.3 erläuterte handelnde Selbstvergewisserung eine Rolle.) Ein weiteres Grundbedürfnis jeder Forschernatur ist es, nicht nur etwas Neues, sondern auch etwas Dauerhaftes zu entdecken, einen sicheren Zusammenhang, auf dem andere Wissenschaftler aufbauen können und das dem kulturellen Fortschritt der Menschheit dient. Was zu dieser Neugier und diesem Forscherdrang hinzutritt, ist nun bei jedem Menschen anders veranlagt. An diesem Punkt überschneiden sich vielschichtige weitere Handlungsmotivationen, die vom Charakter des Einzelnen abhängen. Zu diesen zählt unter anderem das Streben nach umfassenderem Wissen, um die Welt umgestalten und verbessern zu können. Der eine ist getrieben von persönlichem Ehrgeiz und der Suche nach Anerkennung und gesellschaftlicher Reputation. Wieder andere wollen ihren Eltern beweisen, wozu sie fähig sind, und manch einer forscht ganz zu seiner eigenen stillen Befriedigung. Dieser fühlt sich religiös verpflichtet, die Mirakel des Weltalls zu ergründen oder alte Kulturen zu erforschen; und jener weiß gar nicht genau, warum er Forscher ist, es hat sich halt so ergeben in seiner beruflichen Vita. Diese Breite an Motivationen ist für die Wissenschaft allemal ein Gewinn, denn sie fördert unterschiedliche Herangehensweisen und Standpunkte.

Wie geistige Offenheit, Flexibilität und eine gesunde kritische Haltung – gerade gegenüber den eigenen Vorstellungen – zu wichtigen Entdeckungen führen können, hat Max Planck in bewundernswerter Weise gezeigt, als er – stets ein konservativer, zurückhaltender und edler Mensch – mit der Einführung des nach ihm benannten Wirkungsquantums die Naturwissenschaft revolutionierte und das Zeitalter der modernen Physik einläutete. In Gesellschaften, die eine gesunde Pluralität an Meinungen und Charakteren nicht zulassen, ist hingegen der kulturelle und wissenschaftliche Fortschritt meist deutlich behindert.

Für die Gesellschaft als Ganze wiederum ist die Finanzierung und infrastrukturelle Unterstützung von Forschung schließlich eine Möglichkeit, internationale Reputation sowie kulturellen und technologischen Fortschritt zu mehren, stets vereint mit dem dadurch möglichen Zuwachs an wirtschaftlicher und politischer Macht.

Im Rahmen der kulturellen Evolution lässt sich das Fortschreiten der Wissenschaft auch so beschreiben, dass der einzelne Forscher mit gewissen Voraussetzungen an die Arbeit geht, dabei wissenschaftliche Theorien aufstellt, die dann wiederum Auswirkungen auf die Gesellschaft haben. Dies beeinflusst schließlich auch das Weltbild der Gesellschaft, so dass die späteren Generationen und auch die nachfolgenden Wissenschaftler mit anderen Vorstellungen, mit einem neuartigen soziokulturellen Apriori an die Weiterentwicklung der Wissenschaft gehen.

Indem Wissenschaft solchermaßen technisches und soziales Verfügungswissen bereitstellt, Distanzen verkürzt, Kommunikation erleichtert, die Nutzbarmachung von Ressourcen ermöglicht und neue Technologien zur Verfügung stellt, vereinfacht sie Wettbewerb. Insofern sie selbst ökonomischen Zwängen und politischem Willen unterworfen ist – und welcher Zweig der Wissenschaft könnte sich hiervon völlig ausschließen? –, ist sie ein beschleunigender Teil im globalen Wettbewerb. Wissenschaft schafft Wissen und damit Macht. Wie aus den Betrachtungen zu Statusstreben und handelnder Selbstvergewisserung hervorgeht, benötigt das Streben nach Dominanz gar nicht viel mehr als die Furcht, von anderen dominiert zu werden. Neben der Neugier haben diese menschlichen Urängste die Entwicklung der Wissenschaft von Anfang an mitbestimmt. Die Entwicklung von Geometrie und Astronomie erfolgten aus Sorge um die Bestellung der Felder und um himmlische Zeichen lesen zu lernen. Die Entwicklung der Mechanik wurde von der Antike bis in die Neuzeit durch statische und ballistische Berechnungen zu Türmen, Mauern, Katapulten,

Schleudern, Kanonen und anderem militärischen Gerät entscheidend gefördert und hat ihrerseits zu wichtigen Fortschritten in der Militärtechnik geführt. Niemand verkörperte dieses menschliche Doppelnaturell aus Pragmatismus und Neugier je in genialerer Weise als die beiden wahrheitsliebenden Naturforscher und militärtechnischen Ingenieure Archimedes und Leonardo da Vinci. Ihre bekanntesten Nachfolger in moderner Zeit heißen Fritz Haber, Enrico Fermi, John von Neumann, Robert Oppenheimer, Leó Szilárd, Edward Teller und Eugene Wigner.

Dadurch, dass Wissenschaft den Wettbewerb beschleunigt, setzt sie auch sich selbst unter einen immer höheren Verwertungsdruck. Denn die sozialen Systeme, in denen wissenschaftliche Institutionen agieren und auf deren Unterstützung sie angewiesen sind, werden zunehmend gezwungen, den wissenschaftlichen Betrieb zu rationalisieren und zu ökonomisieren. Streben nach Dominanz – intellektueller, sozial-hierarchischer, technologischer, wirtschaftlicher oder militärischer Art – ist schon deshalb Teil der Wissenschaft als sozialer Institution, weil sie Teil der menschlichen Natur ist. In der gegenwärtigen Phase der globalen wirtschaftlichen Entwicklung ist eine enorme Beschleunigung des internationalen Wettbewerbs zu beobachten und folglich auch eine ebensolche Zunahme an Verwertungsdruck auf die Universitäten und Forschungseinrichtungen mit dementsprechenden institutionellen „Reformen". Wissenschaft ist mittlerweile zu einem integralen Bestandteil der globalen Wertschöpfungskette geworden; und diejenigen ihrer Protagonisten, die dies am konsequentesten umsetzen, besitzen dementsprechend Vorteile gegenüber ihren Konkurrenten.[8] So wie der Mensch gewohnt ist, mit materiellen Ressourcen ökonomisch umzugehen, so wird auch der Einsatz seiner begrenzten geistigen Kapazitäten zunehmend nach ökonomischen Maßstäben ausgerichtet. Man braucht nicht gleich, wie Ernst Mach, den Sinn und Zweck wissenschaftlicher Arbeit als rein (denk-)ökonomischen aufzufassen, also als möglichst einfache, sparsame und zweckdienliche Weise, Erfahrungen zu verknüpfen und die Mittel zu ihrer Gewinnung zu beschreiben. Man kommt aber nicht umhin, den enormen ökonomischen Charakter von Wissenschaft anzuerkennen: sowohl, was die intellektuelle Ökonomie als Mittel beim wissenschaftlichen Arbeiten betrifft, als auch die ökonomischen Zwänge im wissenschaftlichen Betrieb, als auch die ökonomischen Auswirkungen der Wissenschaft auf die Gesellschaft und der Gesellschaft auf die Wissenschaft.[9]

---

[8]In Anbetracht des bereits erwähnten positiven Effekts der Teilnahme unterschiedlichster Charaktere an der Forschung darf sich eine Gesellschaft jedoch auch die Frage stellen, ob eine zu eingleisige, ergebnisorientierte Forschungsförderung dem Erkenntnisgewinn nicht eher hinderlich als förderlich ist.

[9]Wohl niemand hat die biographisch-hierarchischen Bedingtheiten im akademischen Betrieb so köstlich zu Papier gebracht wie – wer sonst? – Arthur Schopenhauer in der Vorrede zu seinem Hauptwerk: „Was nun, in aller Welt, geht meine, dieser wesentlichen Requisiten ermangelnde, rücksichtslose und nahrungslose, grüblerische Philosophie, – welche zu ihrem Nordstern ganz allein die Wahrheit, die nackte, unbelohnte, unbefreundete, oft verfolgte Wahrheit hat und, ohne rechts oder links zu blicken, gerade auf diese zusteuert, – jene alma mater, die gute, nahrhafte Universitätsphilosophie an, welche, mit hundert Absichten und tausend Rücksichten belastet, behutsam ihres Weges daherlavirt kommt, indem sie allezeit die Furcht des Herrn, den Willen

Auf diese Aspekte lässt sich natürlich auch das gesamte begriffliche Instrumentarium aus Kap. 18.3 anwenden. Denn wenn Wissenschaft zunehmend ökonomischen Charakter gewinnt und zunehmend unter Konkurrenzbedingungen stattfindet, so gelten auch die anthropologischen Bemerkungen zur normativen Kraft des Möglichen, zu Statusdenken und handelnder Selbstvergewisserung in gleicher Weise für den Betrieb von Wissenschaft, wie sie allgemein für das soziale Handeln und Wirtschaften in zivilisierten Gesellschaften gelten.

Drückt sich das Statusdenken am ehesten in Großprojekten aus oder in der Art und Weise der Öffentlichmachung neuer wissenschaftlicher Erkenntnisse, so findet sich die handelnde Selbstvergewisserung eher im Kleinen, bei dem in aller Stille arbeitenden Wissenschaftler, der dieser Vergewisserung bedarf, um schwierige Probleme lösen zu können. Bevor man sich an ein größeres Projekt wagt, empfiehlt es sich meist, die Praktikabilität der notwendigen Arbeitsschritte genau zu überprüfen. Dies alles sind noch recht unauffällige, deskriptiv-anthropologische Einsichten in den Betrieb von Wissenschaft.

Ihre volle Brisanz erhalten sie aber in Verbindung mit dem von ihnen unter den Bedingungen von Zivilisation nicht getrennt zu denkenden Begriff der normativen Kraft des Möglichen. Die Nutzbarmachung des kreativen Potentials der Menschen und die Ausbeutung natürlicher Ressourcen sind zwei sich gegenseitig bedingende Strukturelemente zivilisierter Kulturen. Sie gelten auch und gerade für den Betrieb von Wissenschaft, die ja das moderne industrielle und informationstechnische Zeitalter erst möglich gemacht hat. Etwas zu tun, nur weil es möglich ist, und weil, wenn man es nicht selbst tut (und publiziert), einem jemand anderes zuvorkommen könnte, ist ein heute in der Wissenschaft häufig zu beobachtendes Verhalten. Es schlägt sich nieder nicht nur in der üblichen Flut von Publikationen zu all den Themen, die gerade in Mode sind. Wesentlich gefährlicher wirkt die normative Kraft des Möglichen – die zusätzliche Legitimation aus dem gesellschaftlich anerkannten Status von Wissenschaft schöpft – bei all den Fragen, zu denen eine Gesellschaft noch gar keine oder nur unzureichende moralische Wertvorstellungen entwickelt hat, schlicht und einfach, weil sie neu sind. Kein Forscher, der sich auch für einen ehrenwerten Staatsbürger hält, kann deshalb die Verantwortung für sein Tun mit dem bloßen Verweis auf die Wissenschaftlichkeit seiner Arbeit von sich weisen.

Ebenso können solche Forschungsgebiete problematisch sein, deren Langzeitfolgen nicht abschätzbar sind; noch dazu, wenn sie mit massiven ökonomischen Interessen und sozialen oder ökologischen Folgen verknüpft sind. Zudem verschärfen sich diese Problematiken noch dadurch, dass politische Entscheidungsträger und die breite Öffentlichkeit mangels hinreichenden Wissens um die Inhalte und Konsequenzen wissenschaftlicher Forschung durch unterschiedlichste Lobbyverbände manipulierbar werden, selbst ohne direkte Korruption. Es ist ein Zeichen für die

---

des Ministeriums, die Satzungen der Landeskirche, die Wünsche des Verlegers, den Zuspruch der Studenten, die gute Freundschaft der Kollegen, den Gang der Tagespolitik, die momentane Richtung des Publikums und was noch Alles vor Augen hat?" Schopenhauer (1977), S. 24.

Reife einer Gesellschaft, inwieweit sie solchen Tendenzen mit dem richtigen Maß an gemeinschaftlicher Entschiedenheit und intellektueller Gelassenheit entgegenzutreten vermag.

Bei solchen Fragestellungen kollidieren die Interessen einzelner Forscher mit denen von Institutionen, die Interessen von Industrien mit denen von Gesellschaften und ihren Moralvorstellungen. Die schlechten Erfahrungen aus dem Atomzeitalter haben bei manchen Verantwortlichen jedoch immerhin die Einsicht geschärft, dass eine Gesellschaft ihre Wissenschaft auch ethisch zu hinterfragen hat, dass Wissenschaft – bei all den Freiräumen, derer sie bedarf – nicht in einem völligen gesellschaftlichen Vakuum stattfinden darf, sondern auch von einem ethischen Diskurs begleitet werden muss; dieser sollte natürlich zunehmend global sein. – Gleiches gilt selbstverständlich ganz analog auch für die Rahmenbedingungen der weltweiten Wirtschaftsordnung.

Die bereits erfolgten und noch zu erwartenden Änderungen unseres Lebensstandards, unserer Kommunikationsweisen und Transportmittel, unserer Wirtschaftsweise, unserer kulturellen Entwicklung und unserer medizinischen Versorgung bilden neben der Befriedigung der menschlichen Neugier eine wichtige Rolle für unsere Vorstellungen vom Zweck der Wissenschaft. Im kollektiven Unterbewussten verbinden sich diese Vorstellungen mit den metaphysischen Interpretationen der wissenschaftlichen Theorien selbst. Das Weltbild, das durch bestimmte Theorien nahegelegt wird, erhält somit eine enorme emotionale Färbung, die sich nur schwer wieder auftrennen lässt. Wenn Planck also schreibt, dass die Vertreter der jüngeren Generation von Wissenschaftlern bereits mit der Wahrheit aufwachsen, so kann das also nur bedingt so sein: Zählte allein der prognostische Erfolg einer Theorie, dann wäre die Diskussion um die Quantenphysik schon längst verstummt. Zum Paradigma von Wissenschaft und Wissenschaftlichkeit gehört immer auch eine große unbewusste Komponente unseres soziokulturellen Apriori. Und einschneidende Änderungen unseres Weltbildes sind auch und gerade für die größten unter den Wissenschaftlern außerordentlich schwer zu akzeptieren, wie am folgenden Beispiel deutlich wird.

19.5 Einstein und die psychologischen Aspekte der Akzeptanz neuer Theorien

Einstein war und ist nicht nur die Ikone der modernen Physik, der Prototyp des genialen Wissenschaftlers in der globalen Öffentlichkeit. Er hatte nicht nur beinahe im Alleingang innerhalb weniger Jahre die beiden Relativitätstheorien aufgestellt und damit einen der unglaublichsten wissenschaftlichen Durchbrüche der Menschheitsgeschichte erzielt. Er hatte außerdem die von Planck ersonnene Quantenhypothese weiterentwickelt und damit der Quantenphysik den Weg geebnet. Was aber weniger bekannt ist: In der zweiten Hälfte seiner wissenschaftlichen Laufbahn, nachdem die Kritik an der Relativitätstheorie endlich verstummt und die Bohr-Einstein-Debatte ausgefochten war, entfernte sich Einstein in seinem

Arbeiten immer mehr von den Entwicklungen der modernen Physik. Diese war eben Quantenphysik, deren erkenntnistheoretische Grundlagen er nicht zu teilen bereit war. Einsteins Rolle im „Goldenen Zeitalter der Physik" ist also hochgradig interessant: Er, der die alltäglich-natürlichen, naturwissenschaftlich und philosophisch verankerten Vorstellungen von Raum und Zeit komplett umwarf und stattdessen anhand von Gedankenexperimenten eine streng definierte Raumzeit einführte, konnte sich zu einem ähnlich radikalen Schritt bezüglich des Verzichtes auf strenge Kausalität und Lokalität und einer Anerkennung von Komplementarität und Indeterminismus nicht durchringen. Die moderne Physik hat Einstein also gleichermaßen als unverzagten Erneuerer wie als hartnäckigen Traditionalisten gekannt. Da er die Quantenmechanik nicht akzeptieren mochte – oder höchstens als brauchbare Rechenregel, nicht als erschöpfende Beschreibung der Wirklichkeit –, entwarf er ein eigenes Projekt einer einheitlichen Feldtheorie, bei dem ihm allerdings kaum jemand folgen wollte.

Dass Einstein sich durchaus darin gefiel und dass es ihm Freude bereitete, gegen jede Mehrheitsmeinung im Dialog mit nur wenigen in seine Gedankengänge eingeweihten Freunden und Kollegen auf sich alleine gestellt zu arbeiten, darin liegt auch das Genialische seines Charakters. Ein größeres Problem für ihn dürfte gewesen sein, dass sein Projekt einer einheitlichen Feldtheorie keine entscheidenden Fortschritte machte. Einstein verfolgte, fachlich zunehmend isoliert, bis an sein Lebensende zäh dieses Programm einer einheitlichen Feldtheorie, die den Mikrokosmos anhand von stark objektiven Prinzipien erklären sollte. Hierdurch hoffte er, die Quantenmechanik ersetzen und eine Beschreibung des Mikrokosmos anhand der gewohnten klassisch-physikalischen erkenntnistheoretischen Prinzipien geben zu können. Die seltsamen Eigenschaften der Mikrowelt wären dann durch das tiefere Fundament dieser Feldtheorie ebenso natürlich erklärt worden, wie die Thermodynamik und die Statistische Physik ihre Begründung in der Mechanik finden. Seine Motivation hierzu war wesentlich bestimmt durch seine klassisch geprägten Vorstellungen von Wissenschaft und Wirklichkeit. War in Einsteins jungen Jahren seine Intuition brillant und wurde seine Hartnäckigkeit belohnt, so blieben ihm in seinen späteren Jahren die Fortschritte versagt. Wir wollen hier deshalb das Verhältnis Einsteins zur Quantentheorie – wenn man so will: die Tragik im wissenschaftlichen Leben dieses außergewöhnlichen Mannes – aus einer ungewöhnlichen Perspektive nachzeichnen. Denn an dieser Bruchstelle des physikalischen Weltbildes lässt sich der Einfluss der psychologischen Momente des soziokulturellen Apriori in ausgezeichneter Weise illustrieren.

Um Einsteins Denken zu verstehen, ist es notwendig, die konzeptionellen Vereinfachungen zu sehen, die mit der Relativitätstheorie verbunden sind. Die Aufstellung der Relativitätstheorie war nur wenig an experimentelle Ergebnisse gebunden, sondern vor allem durch Prinzipienfragen der Theorie motiviert. Die klassische Mechanik und die Elektrodynamik passten nicht zueinander. Die Mechanik musste verallgemeinert werden, um sie gemeinsam mit der Elektrodynamik nach einheitlichen Prinzipien beschreiben zu können. Hier spielten die Lichtgeschwindigkeit, das Additionstheorem der Geschwindigkeiten und die Frage nach dem Äther oder möglichen Längenkontraktionen die wichtigste Rolle.[10] Hierzu traten dann später die Äquivalenz von träger und von schwerer Masse, bzw. von Gravitation und Beschleunigung. Das Wesentliche für unsere Diskussion ist, dass Einstein viele der konzeptionellen Unklarheiten und offenen Fragen in der klassischen Physik, die die meisten Wissenschaftler kaum weiter störten – schließlich konnte man ja ganz gut irgendwie alles ausrechnen, was einen interessierte –, in äußerster Konsequenz durchdachte und die solchermaßen aufgedeckten Problemstellen mit brillanter Intuition auflöste. Kaum jemand sonst war überhaupt auf die Idee gekommen, dass man etwa die Gleichzeitigkeit von Ereignissen eigentlich erst durch messtheoretische Definitionen klären muss und dass sich durch solche Definitionen bereits weitreichende Strukturbedingungen der neuen Theorie ermitteln lassen. Gleichzeitig hat Einstein hiermit eine große konzeptionelle Vereinheitlichung der gesamten klassischen Physik bewirkt. Mag die Mathematik schwieriger und die Anschauung seltsam oder unmöglich geworden sein: Die Prinzipien der relativistischen Physik sind damit klarer und eindeutiger geworden, als sie es zuvor in der klassischen Physik waren.

Das wichtigste Prinzip, das der klassischen Physik zugrunde liegt und das auch von der Relativitätstheorie nicht angetastet wird, ist das der starken Objektivierbarkeit der natürlichen Phänomene. Das spiegelt sich auch in der physikalischen Theoriebildung wider: Denn eine Beschreibung solcher Phänomene in den Begriffen der Theorie ist dergestalt, dass eine direkte Entsprechung zwischen den theoretischen Entitäten und den in der Natur vorgefundenen Eigenschaften möglich ist.[11] Dem nie ganz zu vermeidenden Einfluss der Messung beim experimentellen Nachweis dieser Eigenschaften muss man dann nur durch die Berücksichtigung des prinzipiell beliebig minimierbaren Messfehlers Rechnung tragen. Schon der Begriff „Messfehler" drückt ja schon aus, dass die Entsprechung zwischen Theorie und Natur etwas Perfektes beinhaltet, das durch die menschengemachte Messung nur verfälscht reproduziert werden kann. Dieses Objektivierbarkeitsideal warfen die Kopenhagener über Bord. Damit verabschiedeten sie sich nicht einfach von irgendeinem Prinzip der klassischen Physik: Sie unterminierten das gesamte erkenntnistheoretische Fundament, auf dem auch die Relativitätstheorie, als Vollendung der klassischen Physik, stand.

Wenn Einstein also der klassischen Physik die Krone aufgesetzt und ihr einen wunderschönen Dom gebaut hatte – dessen Erweiterung er zu seiner Lebensaufgabe machte –, so haben die Kopenhagener diesen Dom in ein Spukschloss verwandelt. Ein Spukschloss freilich, das in hervorragender Weise bestimmten praktischen

---

[10]Nach der Relativitätstheorie addieren sich Geschwindigkeiten nahe der Lichtgeschwindigkeit nicht wie aus der Alltagswelt gewohnt. Noch dazu ist die Struktur der Raumzeit vom Bewegungszustand des Beobachters abhängig, was zur Kontraktion, d. h. Verkürzung, von Streckenlängen führt.

[11]Man vergleiche dies mit dem Formalismus der Quantenphysik, wie in Kap. 2.5 vorgestellt. In der üblichen Darstellung der Quantenphysik benötigt man das Messpostulat, wodurch der Begriff der Messung in den Axiomen verankert wird. Schon hier zeigt sich ein entscheidender Unterschied zu den Prinzipien der klassischen Physik.

Zwecken dient, das aber eben „spukhafte Fernwirkungen" und andere Seltsamkeiten zulässt; ein Spukschloss, das diese Phänomene nicht hinreichend und vollständig erklärt, sondern als gespenstische, holistische Zusammenhänge beschreibt und in dessen Architektur viele der klaren, eindeutigen, im Dombau verwirklichten Strukturprinzipien sich nicht mehr wiederfinden. Zumindest konnte Einstein die neue Theorie nicht in besserem Licht sehen, wie seine Briefwechsel belegen:

> „Zu einem Verzicht auf die strenge Kausalität möchte ich mich nicht treiben lassen, bevor man sich nicht noch ganz anders dagegen gewehrt hat als bisher. Der Gedanke, daß ein in einem Strahl ausgesetztes Elektron aus freiem Entschluß den Augenblick und die Richtung wählt, in der es fortspringen will, ist mir unerträglich. Wenn schon, dann möchte ich lieber Schuster oder gar Angestellter in einer Spielbank sein als Physiker."[12]

Gerade einmal zwei Jahre später hatte ihm die neue Theorie schon etwas mehr Respekt abgenötigt, auch wenn sich sein grundlegendes Missfallen nicht geändert hatte:

> „Die Quantenmechanik ist sehr Achtung gebietend. Aber eine innere Stimme sagt mir, dass das noch nicht der wahre Jakob ist. Die Theorie liefert viel, aber dem Geheimnis des Alten bringt sie uns kaum näher. Jedenfalls bin ich überzeugt, dass *der* nicht würfelt."[13]

Dabei war Einstein die Vorstellung einer objektiven Beschreibung der Natur noch wichtiger als der Begriff des Determinismus. Er mochte sich nicht vorstellen, dass der Zustand eines Systems erst durch die Angabe einer Versuchsanordnung definiert ist. Niels Bohr hat dagegen die neue Rolle, die dem Quantenphysiker anstelle des klassischen Physikers zukommt, einmal in lyrischen Worten ganz allgemein philosophisch so gefasst: „Wir sind zugleich Zuschauer und Schauspieler im großen Drama des Seins."

Es sei hier auch erinnert an die Diskussion um die vermeintliche Unvollständigkeit der Quantentheorie in Kap. 4.3. Zu Einsteins Ehrenrettung muss, wie dort erwähnt, angemerkt werden, dass die endgültige experimentelle Entscheidung über das Bell-Theorem erst lange nach seinem Tod gefallen ist. Einstein hatte also keinen logisch zwingenden Grund, das Lokalitätsprinzip oder die Realitätsannahme fallen zu lassen. Seine Intuition lag hier jedoch falsch.

Einstein hatte selbst erfahren, welch immensen emotionalen Widerstand neue Theorien hervorrufen können. Die hitzigen Debatten um seine Relativitätstheorie wird er kaum vergessen haben. Die Tatsache, dass die Diskussion um die erkenntnistheoretischen Voraussetzungen der Relativitätstheorie – die bis in die 1930er Jahre ja mit großer Schärfe geführt wurde – bis heute völlig in den Hintergrund getreten ist gegenüber den Interpretationskonflikten um die Quantenphysik, zeigt aber, dass die Umwälzungen durch Letztere noch radikaler waren. Der bekannte Ausspruch Einsteins, der liebe Gott würfele nicht, deutet darauf hin, dass Einstein den

---

[12] Aus einem Brief Einsteins an Max Born aus dem Jahr 1924, zitiert nach Einstein und Born (1969), S. 67.

[13] Aus einem weiteren Brief an Max Born vom 4. Dezember 1926, zitiert nach Calaprice (1996), S. 143. Zur Position Einsteins und anderer bedeutender Physiker zur Quantenmechanik siehe auch Scheibe (2006).

indeterministischen Charakter der Quantenmechanik ebenfalls nicht akzeptieren konnte. Einstein verwarf aber auch all die Versuche anderer Physiker, neue Ansätze zur Quantenphysik unter Beibehaltung gewisser klassischer Grundprinzipien zu finden. Hierzu gehörte auch der Ansatz de Broglies, den später Bohm zur in Kap. 5.2 diskutierten Führungswellentheorie ausbaute. Keiner dieser Ansätze konnte Einstein überzeugen. Sie machten zu viele Kompromisse, waren ihm nicht radikal, vielleicht nicht prinzipientreu genug. Sein eigener Ansatz zu einer einheitlichen Feldtheorie hingegen erzielte keine Durchbrüche. Aus heutiger Sicht wissen wir, dass er von Anfang an zum Scheitern verurteilt war.

Die jüngere Physikergeneration arbeitete mit der neuen Quantentheorie, entwickelte sie ständig weiter und erzielte immer neue Anwendungen und Erfolge. Wohl keiner der an der Aufstellung der Quantentheorie Beteiligten, die ja zunächst eine bessere Erklärung für die gemessenen Spektren diverser Atomarten suchten, hätte sich wohl je träumen lassen, dass heute Satelliten um die Erde kreisen, die es dank quantenmechanischer und relativistischer Effekte erlauben, jede Position auf unserem Planeten auf den Meter genau anzugeben. Einstein jedoch nahm Abstand von den Entwicklungen in der Quantenphysik. Für ihn, der so bedeutende Erfolge dem strikten Ausarbeiten klarer Prinzipien zu verdanken hatte, und für den die Analyse schwieriger Phänomene anhand anschaulicher Gedankenexperimenten so wichtig war, erschien die Vorstellung absurd, man müsse auf dem Weg zum Fortschritt der Physik auf ebendiese Gedankenexperimente verzichten oder ihnen zumindest große Einschränkungen auferlegen. Denn zum Arbeiten mit Gedankenexperimenten gehört stets auch das Zerteilen schwieriger Phänomene in einfachere Unterprobleme. Die Anerkennung des holistischen Charakters von Quantenphänomenen, bei dem die Analyse schon deshalb Beschränkungen unterworfen ist, weil das Messgerät und die Messung hierbei eine Rolle spielen und mit zum Phänomen gehören, war für Einstein von vorneherein unerträglich. Er verstand Natur objektiv, losgelöst von allen zu ihrer Beschreibung notwendigen Mitteln. So sehr er auch das Weltbild der Physik veränderte: Er ist in diesem Sinne ganz ein Kind der klassisch-physikalischen Tradition des Abendlandes.

Die jüngeren Physiker wiederum, die mit der eher pragmatischen und metaphysisch bescheideneren Herangehensweise der Quantentheorie vertraut waren, sahen die klassische Physik mitsamt der Relativitätstheorie nicht als unumstößliches Idealbild an, sondern lediglich als ein etwas klarer strukturiertes Problemfeld, zu dessen Erforschung einfachere Prinzipien erforderlich sind und dessen Theorien sich folglich besser durch Gedankenexperimente veranschaulichen lassen. Für sie musste Einsteins Beharren auf den nun eben nicht mehr bewährten Prinzipien etwas sehr Konservatives, etwas durchaus Halsstarriges gehabt haben.

Was aber bewog Einstein, sein Projekt einer einheitlichen Feldtheorie so zäh und hartnäckig bis an sein Lebensende weiterzuverfolgen? Gewiss gehört eine gewisse Starrsinnigkeit zum Arbeitsethos jedes echten Wissenschaftlers. Sie ist zwingend vonnöten, will man die harten Nüsse knacken, die beim wissenschaftlichen Arbeiten allerorts hervortreten. Aber nach all den langen Jahren schweren Bemühens ohne entscheidenden Fortschritt, mit immer größeren Widerständen, konnte Einstein sich trotzdem nicht dazu durchringen, die Quantenphysik mit ihrem erkenntnistheoretischen Unterbau zu akzeptieren, obgleich diese ja ununterbrochen erstaunliche Erfolge feierte. Was motivierte ihn, an der Idee einer einheitlichen Feldtheorie festzuhalten? Trieb ihn dazu die Vorstellung, es könne keine umfassende Weltbeschreibung geben, die gänzlich andere Grundlagen habe als die klassische Physik mitsamt seiner Relativitätstheorie? Oder fürchtete er, vom alten klassischen Weltbild verschwinde jede „Natürlichkeit", nachdem er bereits Raum, Zeit und Materie als gegenseitig wechselwirkend erweisen konnte und nachdem er somit die Anschaulichkeit der alten Physik bereits stark lädiert und einige Grundlagen der bisherigen Vorstellung von Wirklichkeit gesprengt hatte? Oder verband er die Absage an die klassischen Prinzipien vielleicht auch mit der Sorge um den Verlust ethischer Vorstellungen? Denn mit einem Weltbild sind stets auch anthropologische und ethische Überlegungen verbunden; und Einstein hatte sich in seinem Denken so eingerichtet, dass die neue Kopenhagener Art zu denken ihm wohl zu unscharf, zu willkürlich erschien. Für ihn war sein wissenschaftliches Weltbild eng verknüpft mit seinem Ethos als Wissenschaftler, als wahrheitsliebender, pazifistisch gesinnter Weltbürger. Natürlich kann man sich als solcher auch verstehen, wenn man die einsteinschen Ansichten nicht teilt. Aber im Denken jedes Einzelnen sind weltanschauliche und moralische Fragen über so viele Stränge miteinander verknüpft, dass es einer gewissen Selbstfindung, einer Neuerfindung der eigenen Persönlichkeit gleichkommt, wenn man mehrere Grundannahmen des eigenen Denken auf einmal aufgeben soll. Dies gilt für Einstein wie für jeden anderen Menschen. Nichts ist schwieriger und manchmal auch schmerzhafter als das Loslassen liebgewordener Überzeugungen. Und es mag also wohl auch sein, dass Einstein, gerade weil er so intensiv mit den Prinzipien der klassischen Physik gearbeitet, weil er sie so tief durchdacht hatte wie kaum ein zweiter und weil er seinen Ruhm, seinen Wohlstand und seine moralische Autorität ihnen verdankte, sich diesen Prinzipien stärker verpflichtet fühlte als all die jüngeren Kollegen. Diese sahen schlicht den neuen und unglaublich dynamischen Zweig der Quantenphysik, auf dem bahnbrechende Entdeckungen und großartige Karrieren lockten.

Es fällt auf, dass nicht nur Albert Einstein, sondern mit Max Planck, Erwin Schrödinger und Louis-Victor de Broglie auch noch weitere herausragende Protagonisten der frühen Quantentheorie den neuen erkenntnistheoretischen Rahmen nicht teilen wollten und konnten. Ihnen allen war die neue Theorie suspekt. Nun hat es sich beim wissenschaftlichen Arbeiten stets als hilfreich erwiesen, bei der Aufstellung neuer Theorien an bewährten Prinzipien festzuhalten. Max Planck hatte mit seiner Quantenhypothese, die er später als „Verzweiflungstat" bezeichnete, den Rahmen der klassischen Physik endgültig gesprengt. Er war wohl später verwundert darüber, wie unglaublich weit diese Entdeckung noch führen sollte. Zur Quantenhypothese war Planck allerdings nur gelangt, weil er bei der Behandlung der Schwarzkörperstrahlung die bekannten Methoden der klassischen Physik bis an ihre Grenze ausreizte und weil er schließlich einsah, dass nur ein völlig neuer, in der klassischen Physik eigentlich verbotener Schritt die Auflösung des Problems ermöglichte. Mit dieser Verzweiflungstat bewies Planck in seiner scharfen Analyse, dass das zähe Festhalten an bestimmten Prinzipien einen an den Punkt führen kann, wo diese in Widersprüche führen und nur dadurch überwunden werden können, dass man bereit ist, sein bisheriges System zu verlassen und sich auf etwas Neues einzustellen. Diese Revolution haben dann die Begründer der Quantenmechanik ebenso vollendet, wie Einstein die Revolution unserer Raum-Zeit-Vorstellungen. Nun war Schrödinger gemeinsam mit Heisenberg einer der Begründer des mathematischen Apparates der Quantenmechanik. Schrödinger war durch umfangreiche wellenmechanische Berechnungen auf seine berühmte Wellengleichung gestoßen. Als Ausgangspunkt dienten ihm de Broglies Materiewellen; hinter diesen standen modifizierte klassisch-physikalische Vorstellungen – im Gegensatz zur heisenbergschen Matrizenmechanik, die sich schon von ihrem Ansatz her auf das Messbare beschränkte.

All die Wissenschaftler also, die das Tor zur Quantenphysik aufgestoßen hatten, indem sie beharrlich auf den Pfaden der klassischen Physik gewandelt waren, haben es dann nicht durchschritten. Keiner dieser Wegbereiter der Quantenphysik hat sich je die von den Kopenhagenern ausgearbeiteten neuen Prinzipien der Naturbeschreibung zu eigen gemacht.[14] Fühlten diese Forscher sich den alten Prinzipien so sehr verpflichtet, weil sie selbst so intensiv mit ihnen gearbeitet hatten? Wurden hierdurch die im abendländischen Denken ja stark verankerten klassischen Prinzipien zu ihren eigenen? Dies deutet auf eine besondere psychologische Wirkweise des soziokulturellen Apriori hin. Es ist auch relativ logisch, dass Schrödinger später von Einsteins Ansätzen zu einer einheitlichen Feldtheorie begeistert war. Wie aus der Vielfalt der Alternativinterpretationen zur Quantenphysik hervorgeht, von denen wir in Teil I ja nur eine Auswahl der wichtigsten Varianten vorstellen konnten, besteht aber auch unter den Gegnern der Kopenhagener Deutung keinerlei Einigkeit darüber, auf welchem Wege sich denn eine Deutung entwickeln ließe, die den menschlichen Verstand weniger strapaziert und seinen natürlichen Gegenstandsbegriffen näher kommt. Wie Popper einmal zur Debattenlage bemerkte, „sind die Abweichler sich in keiner Weise einig. Nicht zwei von ihnen stimmen miteinander überein."[15]

---

[14]De Broglie übernahm zwar für etliche Jahre die Position der Kopenhagener, entfernte sich dann jedoch wieder von ihr, als er den bohmschen Ansatz kennenlernte, der durch seine eigene Arbeit motiviert war. Er wandte sich dann wieder einer deterministischen, stark objektiven Sichtweise zu. Man kann folglich bezweifeln, dass die Kopenhagener Deutung ihn je vorbehaltlos überzeugte. Schrödinger wandte sich später den Grundlagen der Biologie zu, wo er wichtige Impulse geben konnte, siehe hierzu Schrödinger (1989); zu seinen philosophischen Ansichten siehe Schrödinger (1985). Außerdem beschäftigte er sich mit den Verallgemeinerungen der Feldtheorie, an denen Einstein arbeitete. Planck widmete sein Schaffen im Herbst seiner Karriere der Wissenschaftsadministration. Im Lichte dieser Entwicklungen überrascht auch nicht, dass Hendrik Antoon Lorentz, der aufgrund von Überlegungen zur Äthertheorie wichtige mathematische Grundlagen zu Einsteins Relativitätstheorie entwickelt hatte, sich später nicht zu Einsteins Weltbild durchringen konnte. Er akzeptierte die Relativitätstheorie als herausragende wissenschaftliche Leistung, bevorzugte selbst jedoch weiterhin das Bild eines Äthers, durch den sich die Lichtwellen ausbreiten. Auch wenn die Idee eines Äthers mit der Relativitätstheorie eigentlich obsolet wurde und Lorentz und Einstein in tiefem freundschaftlichen Respekt einander verbunden waren, mochte Lorentz sich von eben den Vorstellungen, auf denen einige seiner bedeutendsten Leistungen gründeten, nicht verabschieden.

[15]Popper (2001), S. 116.

Die Frage nach der Akzeptanz der Quantenphysik weist auch auf einen weiteren bemerkenswerten Punkt hin. So besteht in Asien in weit geringerem Maße als in westlichen Ländern die Tendenz, die Quantenphysik und ihre Interpretationen als problematisch aufzufassen. Insbesondere ihre holistischen und komplementären Aspekte werden im asiatischen Kulturkreis als normale Bestandteile von Realität aufgefasst, wie sie dem gesunden Menschenverstand schon seit jeher vertraut sind – und wie sie etwa in Form von Yin und Yang in die daoistische Philosophie Eingang gefunden haben, die ihrerseits stark vom Buddhismus rezipiert wurde. Und in der Tat haben asiatische oder asiatisch-stämmige Physiker nach dem Zweiten Weltkrieg ganz entscheidende Durchbrüche in der Quantentheorie erzielt. Die bahnbrechende und mit dem Nobelpreis gekrönte Entdeckung der Brechung der Rechts-Links-Spiegel-Symmetrie – zunächst als theoretische Forderung durch Chen-Ning Yang und Tsung-Dao Lee und dann ihr Nachweis in einem berühmt gewordenen Experiment durch Chien-Shiung Wu (weithin als „Madame Wu" bekannt) – ist ein geradezu paradigmatisches Beispiel dafür, wie das Denken in nichtsymmetrischen Dualitäten die quantentheoretische Forschung befördert hat.[16] Die Akzeptanzprobleme der Quantenphysik im westlichen Kulturkreis, zu denen ja auch die immer noch intensiv geführte Debatte um mögliche Alternativinterpretationen gehört, lassen sich folglich sehr wohl als Hinweis verstehen, dass die abendländischen Vorstellungen von Wissenschaft und Wirklichkeit eben eine besondere, überzogen starke Prägung durch die klassisch-physikalischen Prinzipien beinhalten. Aber von einem Weltbild zum anderen führt natürlich kein gerader Weg. Man wechselt sein Weltbild nicht einfach, indem man die eine oder andere Grundannahme weglässt oder gegen andere austauscht; vor allem dann nicht, wenn diese Grundannahmen in ein ganz bestimmtes, umfassendes geistiges System eingebettet sind, wenn sie selbst eine Vielzahl von weiteren Behauptungen implizieren und wenn sie emotional verknüpft sind mit der eigenen Arbeit oder der Erwartung weiterer Fortschritts. Die Tatsache, dass gerade so bedeutende Physiker wie Einstein, Planck und Schrödinger die neue Quantentheorie nicht zu akzeptieren vermochten – und de Broglie nur temporär –, schuldet sich also soziokulturell und biographisch gewachsenen Vorstellungen von Wissenschaft und Wirklichkeit. Eine ähnliche Analyse ließe sich sicherlich auch für die Änderungen unseres Weltbildes durch die Relativitätstheorie und die Evolutionstheorie durchführen.

19.6 Religion, Wissenschaft und tradierte Weltbilder

Wie an all diesen Beispielen zu sehen ist, besitzen kulturell vorgeprägte Wahrnehmungs- und Denkmuster einen unglaublich starken Einfluss auf unser Weltbild. Selbst dann, wenn jemand wie Einstein neue Entwicklungen intellektuell

---

[16]Lee und Yang (1956) und Wu et al. (1957). Mit diesen Arbeiten erwies sich, dass die Natur auf fundamentaler Ebene nicht symmetrisch ist: Zumindest einige Prozesse laufen prinzipiell anders ab als ihr Spiegelbild.

völlig zu durchdringen in der Lage ist – und wie oft gelangt man schon an einen solchen Punkt? –, können die neuen Erkenntnisse dem eigenen Weltbild so fremdartig erscheinen, dass man sie lieber zurückweist, anstatt sie ernsthaft in ihren Konsequenzen zu reflektieren. Welche Besonderheiten etwa zeichnen das abendländische Weltbild aus? In welcher Hinsicht unterscheidet sich dieses von östlichen oder südlichen Kognitionsschemata? Was hat dazu geführt, dass westliche Denker bestimmte Fragestellungen als problematisch ansehen, die anderswo nicht so empfunden werden? Was sind die besonderen Merkmale dieser und anderer Denkweisen und was hat zu ihrer Entstehung geführt? Eine eingehende Beantwortung solcher Fragen, wie sie hier vor allem durch die Überlegungen in Kap. 17.4 und die Betrachtungen zum soziokulturellen Apriori nahegelegt werden, bedeutet natürlich ein großes interdisziplinäres Projekt.[17] An dieser Stelle können wir nur ein paar kurze, skizzenhafte Bemerkungen machen, die sich in die bisherige Diskussion einfügen und sie in ein klareres Licht rücken. Zweifelsohne kann eine solche Skizze der abendländischen Geistesgeschichte lediglich ein Zerrbild liefern; jedoch lassen sich durchaus einige aufschlussreiche Tendenzen identifizieren.

Eine gern verbreitete, doch vorurteilsbeladene Kurzfassung der abendländischen Geistesgeschichte lautet etwa so, dass auf der einen Seite die griechische Philosophie, die sich im römischen Imperium mit den dortigen zivilisatorischen Errungenschaften, insbesondere dem römischen Rechtssystem, vereinigte, und auf der anderen Seite das Christentum mit seinen jüdischen Ursprüngen die antiken Wurzeln des westlichen Denkens sind. Etwas weiter einengend und hochstilisierend ließe sich sagen, das abendländische Geistesleben habe seinen Ursprung in der logischen Präzision und spekulativen Kraft des griechischen Denkens, verbunden mit der praktischen Lebensweisheit und der Rechtsordnung der Römer sowie dem Erlösungsglauben und der Liebesethik des Christentums. Gewiss sind dies wichtige und prägende Einflüsse. Doch übersieht eine solche Darstellung wiederum den weiteren Rahmen, innerhalb dessen sich die westliche Geisteshaltung entwickelt hat.

Die griechische Kultur ist nicht denkbar ohne ihre orientalischen Einflüsse, insbesondere die ägyptischen, babylonischen, persischen und phönizischen. Gleiches gilt für das Judentum, wenngleich die Juden diese Einflüsse gänzlich anders rezipiert haben als die Griechen. Das Christentum wiederum hat sich zunächst als jüdische Sekte in den jüdischen Siedlungen des hellenisierten Orients entwickelt. Nach Alexander dem Großen erstreckte sich der hellenistische Einflussbereich über Persien bis Indien, und auch von dort kam zivilisatorisches Gedankengut nach Europa. Der Orient wiederum war nicht zuletzt über die Seidenstraße schon in der

---

[17]Zu den Ursprüngen der europäischen Philosophie und ihrer Entwicklung im sozialen Kontext siehe Russell (1950). Ein anderes Standardwerk, stärker auf wenige herausragende Denker konzentriert und nicht auf die westliche Philosophie beschränkt, ist Jaspers (1957). Zur modernen Naturphilosophie vergleiche auch den Vortrag „Die Wissenschaft und das abendländische Denken" in Pauli (1984). Eine schöne Auswahl bedeutender Texte zur philosophischen Ideengeschichte der abendländischen Wissenschaft liefert Hunger (1964).

frühen Antike mit dem mittleren und fernen Osten verbunden. Nicht nur Waren, sondern auch Ideen und Kulturtechniken fanden dort weite Verbreitung.

Die Griechen besaßen auch eine große Faszination für die sagenumwobenen und dementsprechend gerne mythisch verklärten Königreiche Afrikas, wie etwa in Nubien und Äthiopien. Auch diese Mythen tragen ihren Teil zur europäischen Geistesgeschichte bei. Auch die keltischen, germanischen und slawischen Völker West-, Nord- und Osteuropas haben als Teil des römischen Imperiums oder als seine Nachfolger ihr Geistesleben hinterlassen. So sind etwa verschiedene Rechtsvorstellungen des Mittelalters aus germanischen Traditionen hervorgegangen.

Im frühen Mittelalter waren jedoch nach dem Zusammenbruch des römischen Reiches viele der geistigen Traditionen Europas verschüttet gegangen. Sie wurden, zumindest teilweise, in einem langen und verwickelten Rezeptionsprozess wiederentdeckt. Vieles verdankt Europa hier arabischen und jüdischen Denkern. Hatten arabische Gelehrte die Schriften der griechischen Denker überliefert und kommentiert und mit eigenen Beiträgen bereichert, so waren es vor allem viele jüdische Gelehrte – die ihrerseits neue Ideen und Konzepte entwickelt hatten –, die zwischen dem arabischen und dem christlichen Herrschaftsbereich wechselten und damit die Europäer wieder mit einem wichtigen Teil des antiken Denkens in Kontakt brachten. Somit nahm die Scholastik des christlichen Mittelalters nicht nur die antiken Schriften auf; sie übernahm dabei auch einen reichen Schatz arabischer und jüdischer intellektueller Arbeit, die mit der Auslegung dieser Texte, ihrer theologischen und wissenschaftlichen Deutung und auch mit dem Verhältnis von Wissenschaft und Religion zu tun hatte.[18] Im einzelnen lässt sich dieser Wissenstransfer nicht genau aufschlüsseln; mancherorts spielten vielleicht auch heimliche Kopien der antiken Schriften durch den neugierigen und aufgeklärten Teil des Klerus eine Rolle, etwa am normannisch-staufischen Kaiserhof Friedrichs II. auf Sizilien, seinerzeit Schmelztiegel der Kulturen und bedeutendes intellektuelles Zentrum. Araber und Juden standen beide schon geographisch in enger Beziehung zur hellenistischen Kultur. Die wechselseitige Durchdringung religiöser Offenbarung und geistig-philosophisch-theologischer Reflexion findet sich im Judentum exemplarisch bei Philo von Alexandria, im Christentum bei Augustinus und im Islam bei Ibn Sina.

Eine gemeinsame Tendenz von Erlösungsreligionen ist es, das Irdische, Materielle, Körperliche als defizitär gegenüber dem Himmlischen, der göttlichen Sphäre zu sehen. Nun ist eine gewisse Leibfeindlichkeit aber kein ausschließliches Merkmal von Erlösungsreligionen, bereits in der antiken Philosophie finden sich ähnliche Traditionen. Die Stoa predigte eine ausgesprochen asketische Lebenshaltung, Platon betrachtete die irdischen Dinge nur als Schatten ewiger Ideen. Natürlich wurden diese Philosophien auch für das Christentum von Bedeutung. Hier ist bereits eine gewisse Trennung zwischen Körperlichem und Geistigem festzustellen, die für das Abendland typisch ist. An dieser Stelle vermischen sich philosophische und

---

[18]Eine auch zeitgeschichtlich aufschlussreiche Einordnung dieser Tradition gibt Köhler (1952).

religiöse Traditionen. Am radikalsten hat Descartes diese Trennung ausgesprochen mit seiner *res cogitans* und *res extensa*; aber bereits bei Parmenides taucht sie auf.

Auch die Entzauberung der Natur durch den Monotheismus spielt für das abendländische Denken eine große Rolle, nach der bereits diskutierten tiefgreifenden Bewusstseinsveränderung durch die neolithische Revolution.[19] Nachdem die alten Götter und Naturgeister abgetreten waren, öffnete sich der Raum, die Natur mit neuen Augen zu sehen. Die entseelte Natur wird erforschbar. Es reichte, wenn man in glücklicheren Zeiten, in denen nicht die Angst vor der Apokalypse und um das eigene Seelenheil alles andere verdunkelte, das Defizitäre des Irdischen nicht mehr als besonders gravierend empfand und stattdessen die Erforschung der Natur als „Lesen in der Schöpfung Gottes" verstehen konnte – analog zum Studium der Bibel als „Lesen im Wort Gottes". Die Aufzeichnungen Kopernikus' und Keplers sind, abgesehen von ihrem wissenschaftlichen Gehalt, ein einziges Lob Gottes und der Vollkommenheit seiner Schöpfung – und es ist anzunehmen, dass dies nicht nur als Schutz vor inquisitorischen Nachsetzungen gemeint war. Es gibt aber auch die These, die ungeheure Angst vor dem Jüngsten Tag sei ein entscheidendes Moment bei der Entwicklung der Naturwissenschaft gewesen: Schließlich habe sie umfangreiche astronomische Berechnungen motiviert, um sein Eintreten zu bestimmen, und auf diese Weise zu einer Blüte der Astronomie und der Mathematik geführt – vielleicht nicht unähnlich den Bestrebungen im alten Ägypten und Babylon. Gewiss aber lässt sich nicht eine einzige Motivation allein als Urgrund der modernen Naturwissenschaft festmachen.

Das Judentum ferner kennt eine gewisse theologische Trennung zwischen Gott und Welt. Gewiss hat auch diese Tradition auf das christliche Abendland abgefärbt.[20] All diese geistigen Vorläufer sind begünstigende Faktoren der späteren wissenschaftlichen Revolution in Europa. Hinzutreten musste nun nur noch das systematisch durchgeführte Experiment, verbunden mit einer abstrakten theoretischen Analyse. Diese spezielle kulturelle Entwicklung in der abendländischen Geschichte hat schließlich dazu geführt, dass sich in Europa, das nach dem Niedergang des römischen Imperiums lange Zeit kulturell, administrativ, technologisch und medizinisch rückständig gewesen war, die moderne wissenschaftliche Methodik entwickeln konnte, die der europäischen Zivilisation einen ungeheuren Aufschwung ermöglichte. Auch wenn sich hieraus sicherlich kein historischer Determinismus ableiten lässt.

Der historische Ablauf der Entwicklung der modernen Naturwissenschaften in Europa beinhaltet eine sehr lange Wirkungsgeschichte der klassischen Physik und ihrer Prinzipien. Die Verallgemeinerung dieser Prinzipien wissenschaftlicher Theoriebildung zu Leitideen metaphysischer Welterklärung hat sich zwar oftmals als vorschnell oder überzogen erwiesen; ihre Korrektur musste gegen dementsprechend starke Widerstände kämpfen. Dennoch sind viele dieser Prinzipien so wirkungs-

---

[19] Vergleiche hierzu die Diskussionen in den Kap. 18.1 und 18.3.

[20] Eine solche Zweiteilung in irdischen Körper und gottgegebenen Geist findet in der Bibel an verschiedenen Stellen Ausdruck, etwa im 1. Buch Mose 2,7 oder im Buch Kohelet 3,21.

mächtig im abendländischen Denken verankert, dass sich auch heute noch wichtige philosophische Debatten an ihnen abarbeiten. Dies gilt umso mehr, als ein Teil dieser Art zu denken ja auch aus monotheistischen Quellen stammt und somit sehr tief im abendländischen Denken und Fühlen verwurzelt ist.[21] Zu diesen Debatten gehören unter anderem die Fragen nach dem Verhältnis von Geist und Gehirn, das Problem der Willensfreiheit und Schuldfähigkeit sowie zahlreiche andere, bis hin zu den auch hier diskutierten Interpretationsfragen der Quantenphysik und den Fragen nach dem Verhältnis von Biologie, Chemie und Physik.[22] Die Veränderungen der geistigen Kultur Europas hängen wiederum sowohl an den neuen wissenschaftlichen Ideen wie auch an den technologischen Neuerungen, verbunden mit der Hoffnung auf weiteren Fortschritt.

Mittlerweile ist die wissenschaftliche Tradition ein so bedeutender Bestandteil nicht allein der abendländischen, sondern der globalen Geisteshaltung geworden, dass die Erforschung der Natur von vielen nicht mehr als Lesen in der Schöpfung Gottes, sondern die Natur selbst als entgöttlichte Natur verstanden wird. Das Verstehen der materiellen Wirkprinzipien ersetzt die Hand Gottes im Weltgeschehen und macht schließlich die Vorstellung einer Gottheit selbst überflüssig oder verbannt sie zumindest aus dem Ablauf der Natur und weist ihr eher so etwas wie eine Beobachterrolle zu. Die durch den Monotheismus zunächst psychologisch, wenn auch kaum administrativ, begünstigte Naturwissenschaft hat zu einer gewissen Auflösung oder zumindest Lockerung der religiösen Bindungen geführt. Auf der anderen Seite hat die starke Trennung zwischen Materiellem und Geistigem dazu geführt, dass dem Abendland das Denken einer Einheit von Körper und Geist problematischer ist als anderen Kulturen; selbst wenn diese ebenfalls dualistische Konzeptionen vertreten wie etwa im Yin und Yang des Daoismus. Es ist hier aber zu beachten, dass die Rezeptionsgeschichte der modernen Naturwissenschaft in Asien noch deutlich jünger ist als in Europa. Es ist keineswegs ausgemacht, dass nicht auch dort oder anderswo noch tiefe philosophische Probleme auftreten können, sollte sich das immer weiter ausbreitende wissenschaftliche Denken nicht mit diesen geistigen Traditionen in Einklang bringen lassen.

Carl Friedrich von Weizsäcker bemerkte zur Rolle der Naturwissenschaften für die kulturelle Entwicklung in einem Vortrag seiner späten Jahre in der Teleakademie einmal:

> „Wenn man die Geschichte des Abendlandes ansieht, die Geschichte der Neuzeit des Abendlandes, dann könnte man wohl die Behauptung aufstellen, die ich gern gelegentlich formuliert und benützt habe: Die Naturwissenschaft ist der harte Kern der neuzeitlichen Kultur, der neuzeitlichen, abendländischen Kultur. Der harte Kern, das heißt, nicht ihr

---

[21]Die Vorstellung eines deterministischen Universums etwa findet sich nicht erst in philosophischen Reflexionen zur klassischen Mechanik, sondern schon in alten Schriften wie den Qumran-Rollen.

[22]Eine gewisse strukturelle Gemeinsamkeit zwischen dem Leib-Seele-Problem und dem Streit um die Interpretation der Quantenphysik besteht darin, dass bei beiden die typisch abendländische Trennung zwischen Materiellem und Geistigem bzw. zwischen den mikroskopischen Objekten und unserer mentalen Repräsentation ihrer Zustände eine Rolle spielt.

höchstes Ziel, nicht ihr schönster Duft, nicht ihre süßeste Frucht, sondern ihr harter Kern, an dem man sich die Zähne ausbeißen kann. Es sind diejenigen Erkenntnisse, die am zweifellosesten sind, die man gewonnen hat, ob sie nun wichtig sind oder nicht; aber man kommt nicht an ihnen vorbei."

Auch wenn die Naturwissenschaft und ihre technologischen Auswirkungen mittlerweile global sind, so haben sie doch im abendländischen Kulturkreis den tiefsten Abdruck hinterlassen. So geht etwa mit der getrennten Betrachtungsweise von Körper und Geist im Abendland seit der Neuzeit eine starke Betonung des rationalen Teiles der menschlichen Vernunft einher. Den erstaunlichen wissenschaftlichen Leistungen entspricht eine philosophische Weltsicht, die die emotionalen Aspekte des menschlichen Geistes lange Zeit vernachlässigte. Es ist nach Jahrhunderten sehr rational orientierter westlicher Philosophie, die sich bis heute fortsetzt, nicht wirklich verwunderlich, dass ein Denker wie Schopenhauer wichtige Anregungen zur Reflexion über menschliche Emotionen aus der indischen Philosophie übernahm – und sie dann in ein eigenes philosophisches System integrierte, das auf dem Boden westlichen Denkens stand. Insbesondere Nietzsche und Freud haben dieses Erbe dann weiterverarbeitet und dem westlichen Denken damit wieder eine stärkere emotionale Erdung verliehen. Noch heute besitzt die akademische Diskussion im Westen aber eine gewisse Scheu und Unbeholfenheit beim Ausdruck und der Anerkennung von Gefühlen, während über Rationales gerne mit höchster Leidenschaft gestritten wird.[23] Buddhistische Lehranstalten etwa, in denen junge Nonnen und Mönche unterrichtet werden, integrieren auch die Körperlichkeit stärker in den Tagesablauf als westliche Institutionen.

Eine weitere Gemeinsamkeit der wissenschaftlichen und der religiösen Tradition des Abendlandes besteht außerdem darin, dass beide eine Vereinheitlichung ihrer Weltbilder anstreben. Im Fall der Religion ist Gott das einigende Prinzip, im Fall der Naturwissenschaft die methodologische Herangehensweise, möglichst viele Phänomene nach gemeinsamen Kriterien zu ordnen und zu erklären. Auch hier mag der Monotheismus Einfluss auf die frühe Entwicklung der Naturwissenschaft genommen haben; und sei es dadurch, dass die Vorstellung, Gott habe unsere Welt planvoll eingerichtet, ein Erforschen dieses Plans plausibel machte. Ein Götterpantheon oder eine Horde von Naturgeistern, die sich gegenseitig bekämpfen, ermuntern nicht gerade dazu, nach einheitlichen Gesetzmäßigkeiten zu suchen. Der Erfolg der wissenschaftlichen Methodologie mitsamt der durch sie ermöglichten Technik konnte dann auch zur Auffassung der Möglichkeit eines einheitlichen wissenschaftlichen Weltbildes führen. Vorläufer hierzu sind gewiss auch die Naturspekulationen der griechischen Philosophie.

Der besondere Charakter von Wissenschaft gegenüber Parawissenschaften, Aberglaube oder auch gegenüber ernster Religiosität besteht in der Beschränkung auf intersubjektiv Reproduzierbares und Nachvollziehbares, er besteht in der methodischen, theoriegestützten Durchdringung und Erklärung von Phänomenen

---

[23]Dementsprechend stehen die emotionalen Komponenten unseres Erlebens und Erkennens gleich am Beginn dieser Erkenntnistheorie; vergleiche hierzu Kap. 14.5.2 und 17.4.

und in der kritischen Bildung kohärenter Theorien. Deshalb kann Wissenschaft auch nicht kategorisch die Existenz von Wundern ausschließen. Wunder sind per se nicht reproduzierbar, zumindest nicht von *Homo sapiens*. Religion besitzt demgegenüber nicht die analytische Kraft, über die die Wissenschaft aufgrund dieser Beschränkungen verfügt. Religion redet in Gleichnissen, sie verbindet Welterklärung, die aus früheren Zeitaltern stammt, mit allgemein-menschlichen Regeln der Lebensführung und des Zusammenlebens. Als solche besitzt sie Bedeutung für den ganzen Menschen. Wissenschaft kennt keine Ethik, zumindest nicht als Inhalt ihrer Theorien, sondern höchstens als gesellschaftliche Hintergrundvorstellungen im wissenschaftlichen Betrieb. Diese entstammen allerdings einer Kulturgeschichte, zu der verschiedene Religionen entscheidend beigetragen haben. Dadurch, dass Religionen in Gleichnissen reden, besitzen sie eine große und notwendige Flexibilität, verbunden mit einer in Einzelfragen folglich durchaus mangelnden Präzision. Die Sprache von Religionen ist natürlich die Alltagssprache, die durch die Gleichnisse erweitert und mit neuer Bedeutung angereichert wird. Diese Zusammenhänge werden bei der oftmals hitzigen Debatte um das Verhältnis von Religion und Wissenschaft gerne vernachlässigt.

Einer der wichtigsten Aspekte der Evolutionstheorie ist die dauernde Veränderlichkeit, die Kontingenz aller Lebensformen. Die Kulturgeschichte lehrt uns, dass dies nicht nur für die biologische, sondern auch für die kulturelle Evolution zutrifft. Die gedanklichen Inhalte, auf denen jede Kultur basiert, unterscheiden sich häufig zu großen Teilen von denjenigen anderer Kulturen. So wie die biologische Evolution nie zu perfekten Lebewesen führt – ein solcher Begriff macht evolutionär gesehen überhaupt keinen Sinn –, so führt auch die kulturelle Evolution nie zu perfekten Gesellschaften, die über perfektes Wissen verfügen oder über perfekte Methoden der Erkenntnisgewinnung. Kulturen, die längere Zeit erfolgreich sind, tendieren dazu, sich selbst zu überschätzen. In allen großen Religionen, die bis zum heutigen Tag überdauert haben, sind hingegen die Prinzipien der Demut und der Selbstentsagung zentrale Motive. Dies mag daran liegen, dass sie als starke Gegengewichte zur Selbstüberschätzung wirken können und somit notwendige, stabilisierende Korrektive sowohl für die Gesellschaft als auch für den Einzelnen sind. Es ist anzunehmen, dass diese Prinzipien bereits aus archaischer Zeit stammen und in den Religionen zivilisierter Kulturen entsprechende Transformationen erfahren haben. Auch ein moderner Mensch, der keine bindende religiöse Wirkung mehr verspürt, tut gut daran, sich diese Zusammenhänge in Erinnerung zu rufen. Denken, Sprechen und Handeln dienen der Bewältigung des Lebens; die auf ihnen aufbauenden menschlichen Kulturen sind stets in Gefahr, aufgrund ihrer erworbenen Kenntnisse, Techniken und Entdeckungen und ihres damit zusammenhängenden Weltbildes diese Zusammenhänge aus den Augen zu verlieren. Auch gegenüber der Verabsolutierung des eigenen Weltbildes sollte jede menschliche Gesellschaft eine gewisse Demut besitzen, sei dieses Weltbild stärker materiell oder aber religiös geprägt. Religiöse Fanatiker verraten die ethischen Grundlagen jeder ernsthaften Form von Religiosität, szientistische Fundamentalisten verkennen die methodologischen Voraussetzungen von Wissenschaft.

19.7   Schönheit in der Wissenschaft

Schönheit tritt in der Wissenschaft, wie auch im alltäglichen Leben, an den verschiedensten und unerwartetsten Stellen auf. In den Geistes- und Kulturwissenschaften überrascht dies nicht weiter, beschäftigen sie sich doch mit Erzeugnissen des menschlichen Geistes; und Menschengemachtes unterliegt immer auch dem ästhetischen Empfinden, dem Schönheitssinn. Es ist nun aber doch erstaunlich, wo überall Schönheit in den Naturwissenschaften auftritt. Die unterschiedlichsten Formen und Strukturen werden als schön empfunden. Schönheit tritt in allen Größenordnungen auf, von den mikroskopisch kleinsten bis hin zu denen kosmischen Ausmaßes; von verschlungen gefalteten Molekülen über funkelnde Kristalle und Mineralien, fraktal verschachtelte Farne und bezaubernde Tiere bis hin zu fernen Sternhaufen und Galaxien. In sehr vielen Fällen spielen Symmetrien hierbei eine besondere Rolle, bzw. die Brechung von Symmetrien und die damit verbundene Vielfalt von Strukturen.

Aber nicht nur die konkreten Objekte der Betrachtung weisen Schönheit auf, oft ist es auch erst die wissenschaftliche Bearbeitung dieser Objekte, die für ästhetisches Empfinden sorgt. So ist die Visualisierung wissenschaftlicher Daten eine Wissenschaft für sich. Sie lässt oft erst jene Bilder entstehen, die dann als schön empfunden werden. Auch dient die Kunst des geschickten Kolorierens mikrobiologischer oder astrophysikalischer Bilder – bei aller Ästhetik – vornehmlich praktischen Zwecken: Sie erleichtert es der menschlichen Gestaltwahrnehmung oder ermöglicht es ihr überhaupt, bestimmte Strukturen erst zu identifizieren und dann zu memorieren. Gleiches gilt für das Herauspräparieren charakteristischer Merkmale in Modellen oder auch für das Auffinden einer möglichst klaren mathematischen Darstellung.

Viele wissenschaftliche Tätigkeiten haben in ihrer Kreativität und in ihrer Ästhetik etwas Künstlerisches, man könnte sie beinahe als Kunst bezeichnen – mitunter fühlt man sich gar versucht zu sagen, für die moderne Wissenschaft sei Ästhetik wichtiger als für die moderne Kunst. Manche dieser Tätigkeiten, wie etwa das Malen mit Fraktalen, haben sich sogar zu eigenständigen neuen Kunstformen entwickelt. Bisweilen – und nicht zuletzt bei quantenoptischen Experimenten dem Auge direkt zugänglich – verschmelzen auch die ästhetischen Qualitäten der technologischen, handwerklichen, konzeptionellen und sinnlichen Aspekte der Naturforschung.

Wissenschaft kennt nun neben der konkreten auch eine abstrakte Art von Schönheit, die im Alltagsleben unbekannt ist. Sie hält sich versteckt, für den Laien uneinsichtig, hinter schwierigen mathematischen Formeln oder hinter komplexen begrifflichen Zusammenhängen. Manche Schönheit erschließt sich erst dem, der bereit ist, sich in vielen Jahren harten Studiums in die entsprechende Materie einzuarbeiten. Für diese Art von Schönheit spielen Symmetrien und ihre Brechung oft eine entscheidende Rolle, sowie das Zusammenspiel von Einfachheit und Komplexität, von Allgemeingültigkeit, prognostischem Potential und begrifflicher Klarheit, ebenso wie die gelungene Komposition innertheoretischer Zusammenhänge und Strukturprinzipien. Wenn es ein Analogon zu dieser Art von Schönheit in der Alltagswelt gibt, so ist sie wohl am ehesten in der Juristerei zu finden, auch wenn diese sich dem Laien ebenfalls oft nicht erschließt. Auch dort sind Klarheit und Ausgewogenheit der Prinzipien, logischer Zusammenhang der Begriffe und Anwendbarkeit auf den Einzelfall bei gleichzeitiger Allgemeingültigkeit der Gesetze wichtige Grundzüge gelungener gedanklicher Systeme.

Das ästhetische Empfinden ist aber nicht allein für praktische Zwecke in der Wissenschaft von Bedeutung. Vor allem die abstrakte Schönheit ist auch ein wichtiges heuristisches Motiv. In der physikalischen Grundlagenforschung ist sie vielleicht die wichtigste treibende Kraft, eng verbunden mit metaphysischen Erwartungen, die sich oft kaum von ästhetischen Gründen trennen lassen. Symmetrieüberlegungen, wie sich die natürlichen Phänomene in einer Theorie spiegeln lassen, sind für die Entwicklung der Quantenfeldtheorie von größter Wichtigkeit gewesen. Bereits die Aufstellung der Dirac-Gleichung, die den Weg zur Quantenfeldtheorie geebnet hat, war entscheidend durch ästhetische Überlegungen motiviert. Nun sind auch hier die Gemüter der arbeitenden Wissenschaftler unterschiedlich gestrickt. Manche scheren sich nicht weiter um ästhetische Fragen. Für viele Physiker aber, wie insbesondere für Dirac und Einstein, besitzt die Schönheit einer neuen Theorie eine so große Bedeutung, dass sie über viele anfängliche Schwächen dieser Theorie hinwegzusehen bereit sind. Dirac sagte einmal – mit leichtem Augenzwinkern – über seinen Umgang mit der theoretischen Physik: „Es ist einfach die Suche nach schöner Mathematik. Später mag es sich zeigen, dass sie auch eine physikalische Anwendung besitzt. Dann hat man Glück gehabt."[24]

Diese Arbeitsweise ist verbunden mit der Hoffnung, dass eine neue Theorie, die große Schönheit besitzt, sich mit der Schönheit in der Natur irgendwie wird korrelieren lassen – vielleicht mit gewissen Modifikationen oder Zusatzannahmen, sollte ihr erster Entwurf sich denn auch gar nicht mit irgendwelchen Messresultaten in Verbindung bringen lassen. Ein guter Teil der heutigen theoretischen Grundlagenforschung in der Quantenphysik ist motiviert durch das Streben nach tieferer konzeptioneller Geschlossenheit sowie durch das als außerordentlich unästhetisch empfundene Verfahren der Renormierung, das schon zur Zeit seiner Einführung als Fremdkörper in der Theorie galt und auf dem bis heute noch die moderne Quantenfeldtheorie beruht.[25]

Das Bedürfnis nach Symmetrie und Einfachheit kann allerdings auch blenden. Einsteins Schönheitssinn täuschte ihn in der zweiten Phase seines Lebens. Auch die früher völlig unhinterfragte Annahme ausnahmslos aller westlichen Physiker, dass die Natur keinen Unterschied zwischen einem Prozess und seinem spiegelbildlich ablaufenden Gegenstück kennen würde, ist ein Beispiel für die Vorurteilsbeladenheit unseres ästhetischen Empfindens. Die theoretische Annahme von Yang und Lee und der experimentelle Nachweis durch Madame Wu, dass die Natur bei gewissen fundamentalen Prozessen durchaus klar unterscheidet zwischen linksherum und

---

[24]Dirac (1982), S. 603, zitiert nach Smorodinsky (1992), S. 366.

[25]Vergleiche Kap. 6.8.

rechtsherum – und nicht nur als zufällige, historisch entstandene Begebenheit wie bei der Chiralität von Aminosäuren bei Lebewesen (d. h. der Drehrichtung von Molekülen) –, hat die moderne Physik entscheidend beflügelt und das Verständnis von Symmetrien auf eine viel tiefere und noch abstraktere Ebene geführt.[26] Hier befruchten sich Mathematik und Naturwissenschaft in erstaunlicher Weise, und die menschengemachte, mathematische Schönheit trifft sich mit derjenigen, die wir in der Natur vorfinden.

Der Mathematiker Hermann Weyl, dessen Ideen die Entwicklung der modernen Physik sehr befördert haben, sagte einmal nur halb im Scherz über seine Arbeitsweise: „My work always tried to unite the true with the beautiful, but when I had to choose one or the other, I usually chose the beautiful."[27] Bertrand Russel bemerkte einmal ganz ähnlich: „Mathematics, rightly viewed, possesses not only truth, but supreme beauty."[28] Und von Henri Poincaré stammt die Einsicht: „A scientist worthy of the name, above all a mathematician, experiences in his work the same impression as an artist; his pleasure is as great and of the same nature."[29] Leopold Kronecker, gefragt, ob seine Arbeit als Mathematiker rein darin bestünde, selbstevidente Wahrheiten hervorzubringen, antwortete entrüstet: „Nein! Wir sind Dichter!" Mittlerweile gibt es auch neurophysiologische Untersuchungen, die mit Hilfe von Hirnscans das Empfinden mathematischer Schönheit in Aktivitätsmustern des menschlichen Gehirns nachvollziehen können.[30] Doch sollte man solche Bilder nicht mit einem Gefühl zu starker Empathie betrachten, denn wie Abdus Salam weiß: „A broken symmetry breaks your heart."[31]

Im weiteren Sinne gehört deshalb zur Schönheit in der Wissenschaft auch, dass wohl kaum ein Wissenschaftler seiner oft sehr mühsamen Arbeit nachgehen würde, empfände er nicht hin und wieder ein starkes Gefühl ästhetischer Befriedigung dabei. Schönheit besitzt also sowohl in ihrer konkreten wie in ihrer abstrakten Form mehrfache Bedeutung für die Wissenschaft: einmal als motivierender Faktor, dann als pragmatische Unterstützung unserer kognitiven Fähigkeiten, außerdem als heuristisches Prinzip, als Leitfaden bei der Naturforschung, aber natürlich auch bei der Publikation wissenschaftlicher Ergebnisse, sowohl auf Konferenzen als auch in der breiteren Öffentlichkeit. Dies dient natürlich oft auch dem ganz profanen Zweck, Aufmerksamkeit zu generieren und somit die künftige Finanzierung sicherzustellen; hier treffen sich die ästhetischen und die ökonomischen Aspekte von Wissenschaft. Erkenntnis und Schönheit sind also auch in der Wissenschaft auf vielfältige Weise miteinander verbunden.

---

[26]Es existieren Theorien, die auch die Chiralität von Aminosäuren in Bezug zu fundamentalen, chiralen physikalischen Prozessen setzen. Diese könnten mit dem Einfluss der kosmischen Strahlung auf die Oberfläche von Asteroiden zusammenhängen, welche in der Frühzeit der Erde große Mengen an komplexen Molekülen auf die Erde transportierten.

[27]Zitat nach Freeman Dyson im Nachruf auf Hermann Weyl, siehe Dyson (1956).

[28]Russell (1919), S. 60.

[29]Poincaré (1890), S. 143.

[30]Siehe etwa Zeki et al. (2014).

[31]Salam (1989), S. 445.

Die Einheit des Schönen und Wahren 20

Beauty is truth, truth beauty, – that is all
Ye know on earth, and all ye need to know.

(*John Keats*)

In diesem Kapitel soll uns eine Frage beschäftigen, die zu den Urgründen der Philosophie zählt und die doch über die Jahrtausende ein wenig verschüttet gegangen ist. Es ist die Frage nach der Einheit des Schönen, des Wahren und des Guten. Wohl kein anderer Denker hat diese Einheit so brillant in einem geschlossenen philosophischen Gedankengebäude untergebracht wie Platon; und nicht nur ihm, sondern auch all den zahllosen Überlieferern der alten Schriften, all den bekannten wie den namenlosen Schreibern, Weisen, Nonnen, Mönchen und Gelehrten des orientalischen und des europäischen Mittelalters verdanken wir die Tatsache, dass sich auch in unserem durch vielfache gesellschaftliche wie gedankliche Brüche geteilten modernen Zeitalter noch ein Bild vom Weltbild jener Zeiten machen lässt.

Diese Einheit des Schönen, des Wahren und des Guten lebt heute aber nur noch in blasser Reminiszenz an jene frühere Zeitalter und bezieht ihren geradezu mystischen Charakter aus der Erkenntnis, dass das Leben damals zwar nicht unbedingt einfacher, so aber doch selbstverständlicher war.

Hierbei liegt das Mystische und das Kraftvolle vor allem darin, dass diese Einheit nicht nur ein gedankliches Konstrukt oder eine philosophische Theorie war, sondern ebenso eine Empfindung: eine tiefe, ehrliche und angemessene Empfindung. Diese Empfindung teilt sich uns mit in den literarischen und architektonischen Werken, die die Zeiten überdauert haben; und das Werk Platons ist nur eines unter vielen: ein hochgradig intellektualisiertes und mit letzter Konsequenz durchdachtes, in dem diese Empfindung ihren Ausdruck gefunden hat. Die Kultur des antiken Griechenland hat in ihren Werken Europa einen so großen Schatz hinterlassen wie kaum eine andere. Die Welt der alten Germanen etwa – soweit sich dies aufgrund der schlechten Überlieferungslage sagen lässt – besaß weder diesen künstlerischen Feinsinn noch das geistige Reflexionsvermögen. Ein gewisser Respekt

© Springer-Verlag Berlin Heidelberg 2017
D. Eidemüller (Hrsg.), *Quanten – Evolution – Geist*,
DOI 10.1007/978-3-662-49379-3_20

für Aufrichtigkeit und Gerechtigkeit kann ihr – mit der üblichen Ausnahme der Oberschicht – wohl immerhin nachgesagt werden. Südlich der Alpen nahm das römische Imperium hingegen die griechischen Einflüsse ehrfürchtig auf, wodurch sie weite Verbreitung finden konnten. Nach dem Zeitalter der Völkerwanderung aber gingen wichtige Teile der antiken Überlieferung verloren, so dass Europa im frühen Mittelalter nur spärlichen Kontakt zu seinen geistigen Wurzeln hatte. Umso eindrucksvoller muss dann das griechische Denken auf die Gelehrten des Mittelalters gewirkt haben, als sie auf die vielen von arabischen und jüdischen Gelehrten tradierten antiken Texte stießen.

Auch im Weltbild des Mittelalters machte eine Einheit von Ästhetik, Wahrheitslehre und Ethik Sinn. Unter dem ewigen Lichte der Dreifaltigkeit verbanden sich diese drei Grundkonstanten menschlichen Daseins zu einem als schön, wahrhaft und tugendhaft geführten Leben, das in Demut vor dem Allmächtigen die harte tägliche Arbeit sowie Phasen der Ruhe und Kontemplation beinhaltete. Zwar man im Christentum des Mittelalters den Wert der Tugend stärker gewichtet als den Freisinn von Kunst und Wissenschaft; doch das Lebensgefühl einer *sub specie aeternitatis* verwirklichbaren Einheit des Schönen, Wahren und Guten hat von den christlichen Mystikern – man denke nicht zuletzt an den Sonnengesang des Franziskus von Assisi – bis hin zum Humanismus Giordano Brunos aus den antiken Wurzeln immer wieder neue Blüten entfalten lassen. Bernhard Kleeberg hat eine solche Geisteshaltung, bezogen auf die Betrachtung der Natur, folgendermaßen charakterisiert:

> „Im Rahmen naturtheologischer Denkmuster galt die Natur seit der Antike als ein vom weisen Weltbaumeister gefertigtes Kunstwerk. Die der Natur von Gott eingeschriebene Bedeutung machte aus ihr einen bereits im Wahrnehmungsprozess erfassbaren sinnhaften Verweisungszusammenhang. Einem solchen Denken war die Trennung von Verstehen und Wahrnehmen, die Trennung des ‚Wahren‘ … und des ‚Schönen‘ fremd, Naturästhetik und Naturerkenntnis gingen Hand in Hand. Die schöne Natur repräsentierte die wahre Natur, denn in ihrer Harmonie, Zweckmäßigkeit und Ordnung lenkte sie den Blick des Betrachters direkt auf die Wahrheit Gottes."[1]

Im heutigen Zeitalter hat sich diese Einheit scheinbar vollständig aufgelöst. Moderne Kunst will nicht mehr schön sein, nicht gefallen. Sie will ausdrücken; und was sie ausdrückt, ist oftmals Entfremdung. Das Streben nach Wahrheit, wie es die Wissenschaft vormacht, hat zwar durchaus noch mit Schönheit zu tun; doch sind diese Augenblicke seltener geworden, denn der Verwertungszwang ist gewachsen. Stattdessen musste der Mensch lernen, dass er während seines Strebens und durch sein Streben nach Wahrheit und Erkenntnis in Konflikt mit den Grundlagen seiner Moral geraten kann. Die Ethik schließlich konzentriert sich eher auf die Vermeidung allzu großen Übels, wie es die Menschheit aufgrund der rasanten technischen

---

[1] Kleeberg (2003), S. 154.

Entwicklung sich in immer größerem Umfang zuzufügen in der Lage ist, als auf Zusammenhänge mit dem ästhetischen Empfindungsvermögen oder der zweifelhaft gewordenen Erkenntnis von Wahrheit.

Wie also könnte eine solche dreifache Einheit unter einem heutigen Blickwinkel noch aussehen? Da wir an dieser Stelle keine ethischen Betrachtungen anstellen sollen, müssen wir die Diskussion auf die Einheit des Schönen und Wahren beschränken. Das Gute muss in diesem Rahmen, wie auch sonst in allzu vielen Fällen, außen vor bleiben. Zunächst ist es einleuchtend, dass Wahrheit und Schönheit sich nicht einfach gleichsetzen lassen. Dies würde einen Absolutheits- und Totalitätsanspruch an beide Begriffe erfordern, wie ihn nur starke metaphysische Annahmen stützen könnten, wie sie sich beispielsweise in der Philosophie Platons finden. Im Rahmen einer modernen, naturalistisch orientierten Erkenntnistheorie wäre dies aber nicht nur unplausibel, sondern gar unredlich. In bestimmten kulturellen und situativen Kontexten mag eine solche Gleichsetzung von Wahrheit und Schönheit durchaus zulässig sein. Man denke an religiöse Begeisterung und Entrückung, die einen Menschen in seiner Gänze erfassen, oder auch an die Schilderung eines bestimmten Lebensgefühls, wie es John Keats so unvergleichlich zum Ausdruck gebracht hat. In einem erkenntnistheoretischen Kontext jedoch lässt sich eine solch allgemeingültige Gleichsetzung nicht ohne weiteres postulieren.

Es ist offensichtlich, dass die Schwierigkeit, eine Einheit von Schönheit und Wahrheit zu denken, vor allem am Begriff der Wahrheit liegt. Schönheit ist eine Empfindung, die sich hin und wieder einstellt. Man kann sie zwar durchaus in gewissem Rahmen planen, sei es als Kunstgenuss oder beim Betrachten einer Landschaft; am stärksten ist sie als Emotion jedoch, wenn sie unverhofft auftritt und ohne durch große Erwartungen belastet zu sein. Nun lässt sich über Geschmack bekanntlich streiten; und das ästhetische Empfinden ist immer auch abhängig von der kulturellen Prägung und den individuellen Vorlieben jedes Einzelnen – und der Kunstgenuss ist hierdurch noch stärker beeinflusst als das Naturerleben –, jedoch ist der Begriff der Schönheit leichter zugänglich als ein Begriff von Wahrheit, der sich mit der Schönheit verbinden ließe.

Nun haben Theoretiker des evolutionären Denkens schon mehrfach dargelegt, dass der menschliche Schönheitssinn ebenso wie das gesamte menschliche Bewusstsein eine evolutionäre Wurzel hat. Diese kann nur darin liegen, dass man das, was dem Überleben dienlich ist, als schön empfindet – vorzugsweise also mögliche Partner des anderen Geschlechts. Ebenso erscheint einem auch ein praller, roter Apfel schöner als ein alter, verfaulter Fisch. Anhand solcher Beispiele lässt sich sehr gut einsehen, dass unser ästhetisches Empfinden eine starke Überlebenskomponente beinhaltet, die kulturell natürlich mannigfaltig überformt sein kann. Und dies bezieht sich nicht nur auf einzelne Objekte; menschliche Emotionen, zu denen der Schönheitssinn gehört, erstrecken sich gemäß der Emotionalität von Erkenntnis auf alle Arten von Wahrnehmung und aus dieser abgeleiteten Erkenntnis. Nun mag es also im Falle eines besonders schönen Naturerlebnisses, wie etwa beim Spazieren durch eine idyllische Landschaft, noch recht gut verständlich sein, dass es urmenschliche Instinkte sind, die sich aus der Überlebensfreundlichkeit einer bestimmten Landschaft oder auch schlicht aus der Faszination des Unbekannten ergeben. In diesen Fällen macht es biologisch gesehen Sinn, dass die menschlichen Emotionen zum Verweilen und Entdecken aufrufen. Denn Schönheit bannt die Sinne des Betrachters.

Im Falle der Kunst hingegen wird die Betrachtung schon bedeutend schwieriger; hier nämlich trennt sich der Mensch vom Tier, hier treten all die immensen, historisch gewachsenen Komplexitäten des kulturellen Bewusstseins in uns zu Tage. Wahrscheinlich – und dies ist keine Resignation der Philosophie, sondern hier muss sie sich vor der Kunst verneigen – lässt sich das Wesen der Kunst niemals in Worten einfangen. Dementsprechend ist es von kunstsinnigen Menschen auch nie in einem abschließenden Sinne versucht worden. Kunst besitzt so viele Facetten wie das menschliche Leben; und auch das Leben lässt sich nur äußerst begrenzt in Worten beschreiben. Natürlich finden sich auch in der Kunst viele Elemente, die mit dem Spiel mit Symmetrien und ihrer Brechung zu tun haben: Nicht nur in der bildenden Kunst, sondern auch in der zeitlichen Harmonie von Bewegungen oder Tonfolgen, in der Intonation oder im Sprechrhythmus.

Genauso vielfältig wie das Leben sind auch die Motive des Künstlers: sei es nichts weiter als der Spaß an der Freude oder kreative Selbsterkundung in der Welt oder im weiteren Sinne das, was wir weiter oben als handelnde Selbstvergewisserung bezeichnet haben, seien es Ausdruck des eigenen Befindens, Aneignung eines bestimmten Werkes, Zurschaustellung des eigenen Könnens, spielerisches Training von Geist und Körper, Magie, Lob des Heiligen, Versuch des Erkenntnisgewinns, Zeitvertreib, Weltflucht, persönliche Schau der Wirklichkeit – die Liste ließe sich noch lange fortsetzen. Kunst ist Teil des menschlichen Lebens seit dem stammesgeschichtlichen Schritt zum modernen Menschen.[2] Und ästhetisches Empfinden bezieht sich ja nicht nur auf Kunstwerke im engeren Sinne, sondern kann sich auf alle menschlichen Erzeugnisse erstrecken, seien diese materieller oder geistiger Natur. Nicht nur die klassischen Kunstformen, auch handwerkliche Alltagsgegenstände oder wissenschaftliche Theorien können schön und kunst-voll sein. Gerade in der Wissenschaft spielt Schönheit eine weithin unterschätzte Rolle. Dies liegt daran, dass Schönheit nicht in den wissenschaftlichen Theorien selbst vorkommt und nicht zu den methodologisch klar definierbaren Kriterien gehört. Ihr Wirken im Hintergrund ist jedoch mächtig; und sie tritt in vielfacher Form auf.

Beim modernen Menschen ist das ästhetische Empfinden nun zunehmend von der Befriedigung seiner Primärbedürfnisse abgekoppelt. Schönheit ist nicht mehr unbedingt direkt handlungsleitend; vielmehr ist sie losgelöst von überlebensnotwendigem Verhalten und motiviert mitunter zu nichts weiter als der oft vergeblichen Bemühung um die Wiederholung eines besonders vergnüglichen Kunstgenusses. Die Distanzierung unserer Lebensweise von unmittelbaren Überlebenszwängen hat aber nicht nur emotionale Dispositionen freigesetzt, die sich politische und religiöse Ideologen gerne zunutze machen. Sie hat auch massive Auswirkungen auf unser

---

[2]Dies lässt sich unter anderem an uralten Musikinstrumenten wie Knochenflöten ablesen, die mehrere Zehntausend Jahre alt sind. Zu den evolutionären Hintergründen der menschlichen und tierischen Kreativität siehe auch Junker (2013).

„natürliches Naturempfinden" – sowohl was die ästhetische Komponente betrifft, etwa als Verklärung des Landlebens, als auch in Bezug auf unsere naturbezogene Erkenntnisfähigkeit, also beim Begreifen natürlicher Zusammenhänge und Wirkweisen und unserer eigenen Rolle in diesen.

Als Lehre aus den Überlegungen zu Schönheit in der Wissenschaft lassen sich folglich auch diese evolutionär-epistemologischen Betrachtungen ergänzen: Symmetrien weisen auf Gesetzmäßigkeiten hin; Gesetzmäßigkeiten aber ermöglichen und erleichtern das Verstehen. Indem unser Bewusstsein uns solche Strukturen als schön empfinden lässt, führt es uns zu einer ausgiebigeren Betrachtung und damit auch zu einem tieferen Verständnis dieser Strukturen. Verständnis von Gesetzmäßigkeiten fördert aber wiederum die Überlebenstauglichkeit unseres Erkenntnisvermögens. Dies gilt ganz allgemein. Etwa auf die theoretische Physik hin bezogen, ist hiermit natürlich nicht die biologische Überlebensfähigkeit im Dschungel gemeint, sondern die Existenz im sozialen Kontext. Das Bemühen um das Verständnis von Gesetzmäßigkeiten hängt zusammen mit der lebenslangen menschlichen Neugier und ist ein Spezifikum des unglaublichen Lernvermögens von *Homo sapiens*.

Schönheit ist eine subjektive, individuelle Empfindung; dies gilt für alle Arten von Schönheit, von der Naturschönheit über das künstlerisch Schöne bis hin zur abstrakten Schönheit mathematischer Theorien oder gedanklicher Begriffssysteme. Einigen allgemein-menschlichen Determinanten des Schönheitsempfindens stehen viele individuelle Vorlieben und Geschmäcker gegenüber. Was der eine als schön empfindet, in Natur, Kunst, Alltag oder Wissenschaft, lässt den anderen kalt oder missfällt ihm gar. So mag eine neue Talsperre auf ihren Ingenieur majestätisch und elegant wirken, während sie für einen Umweltaktivisten nichts als ein Schandfleck ist. Erfreut sich der Connaisseur an moderner Kunst und sieht das Schöne eines Kunstwerks vielleicht gar nicht in dem Objekt selbst, sondern in der Idee, die es transportiert, so sieht ein anderer darin nichts als ein ungestaltes, hässliches Gebilde. Der ebenso brillante wie exzentrische Quantentheoretiker Richard Feynman erwähnte einmal, dass manche seiner Diagramme vor Schönheit und Eleganz geradezu zu leuchten anfingen: Es handelt sich hier offensichtlich um so etwas wie eine synästhetisch-theoretische Wahrnehmung, gekoppelt an höchst abstrakte Formeln. Das ästhetische Empfinden bedarf bei abstrakteren Dingen zunehmend der Übung, der Einarbeitung, der Prägung. Wo der Fachmann von der Eleganz einer Darstellung ergriffen ist, vermag ein Laie nur unverständliches Gekritzel auszumachen; oder, mit Boltzmann: „Entfliehen nicht die Grazien, wo Integrale ihre Hälse recken?"[3]

Die Verbindung von Wahrheit und Schönheit kann also keine absolute sein; sondern sie muss eine zwar hinreichend allgemeine sein, aber gleichzeitig auch die Verschiedenheiten von Mensch zu Mensch respektieren. Wenn sich das Empfinden von Schönheit individuell so unterscheidet, wie sollte sich dieses wohl in einer Einheit mit Wahrheit denken lassen? Ist Wahrheit nicht etwas über-individuell Inter-

---

[3]Boltzmann (1905), S. 73.

subjektives? In früheren Zeitaltern waren Schönheit und Wahrheit noch einfacher gemeinsam zu denken, denn sowohl Wahrheit als auch Schönheit bezogen ihren Gehalt aus etwas Höherem, das über unserer Welt stand.

Wir können Wahrheit hier folglich nicht etwa als Wahrheitswert einer Aussage verstehen. Wahrheiten können auch hässlich oder gar schrecklich sein. Die Wahrheit aber, die sich mit dem Begriff des Schönen verbinden lässt, ist besser mit dem Begriff der „Lebenswahrheit" umschrieben. Es sind dies solche Arten von Wahrheiten, denen Bedeutung für das weitere eigene Leben zukommt. Der handlungsleitende und emotionale Charakter von Erkenntnis spielt hier eine deutlich sichtbare Rolle: Denn die Einsichten, die für unser zukünftiges Leben von besonders positiver Relevanz sein können, gehen auch mit einer besonders starken emotionalen Bewertung einher. Es ist dies der Punkt, an dem sich Wahrheit und Schönheit treffen. Anstelle des Begriffs „Wahrheiten" lässt sich also oftmals besser auch der Begriff „Einsichten" verwenden. In ihm ist die intuitive Komponente stärker enthalten; macht deutlich, dass sich manche Wahrheiten nicht oder nur mangelhaft explizit ausdrücken lassen, sondern nur gelebt werden können.

Und dies weist auch auf die Besonderheiten der Künste hin: Indem sie das erfahren lassen, indem sie das einsichtig werden lassen, was man in eigenen Worten nicht oder nur mangelhaft ausdrücken kann, oder indem sie für solches Worte, Töne oder Bilder finden, eröffnen sie uns einen breiteren Lebenshorizont, neue Möglichkeiten des Fühlens, Denkens und Handelns. Wobei aber auch das Empfinden natürlicher Schönheit das Sagbare überschreitet. Natürliche und Kunstschönheit berühren ebenso wie die großen Entdeckungen und Erfindungen eine tiefe Saite des menschlichen Bewusstseins. Die Intensität der Empfindung, die hiermit verbunden ist, vermag bei manchen bis an die Erfahrung von Liebe heranzureichen. Dies allein erklärt die Hingabe, mit der manche Künstler, Wissenschaftler, Erfinder, Entdecker oder auch Philosophen sich ihrem Werk widmen. In den entscheidenden Augenblicken empfindet man Ergriffenheit und Erschaudern. Als etwa Heisenberg bei einer Erholungsreise auf den Felsen von Helgoland plötzlich auf den entscheidenden mathematischen Einfall zur Quantenmechanik kam, verweilte er dort bis zum Morgengrauen und spürte vor innerer Erregung kaum, wie die Zeit verging.[4] Die Welt würde nach seiner Entdeckung eine andere sein – und wie anders, beginnen erst die heutigen Generationen zu realisieren. Solche Erlebnisse begleiten alle großen Entdeckungen und Erfindungen. – Manchmal stellt sich die Einsicht in die Bedeutung von etwas Neuem natürlich auch erst später ein.

---

[4]Die Begebenheiten jener Zeit schildert Heisenberg in seinem autobiographisch orientierten Werk *Der Teil und das Ganze*, siehe Heisenberg (1969). Wie Jakow Smorodinsky beleuchtet, ist dieser Titel wohl auch zwei verschiedenen Definitionen von Schönheit geschuldet, wie sie schon seit der Antike bekannt waren und um die vor allem in der Renaissance eine scharfe Kontroverse bestand: Einerseits als Übereinstimmung der Teile miteinander und mit dem Ganzen, wie es als künstlerisches Gestaltungsprinzip von großer Bedeutung war – etwa im Goldenen Schnitt. Andererseits als das „Durchleuchten des ewigen Glanzes des ‚Einen' durch die materielle Erscheinung", was auf die wirkungsmächtige neuplatonische Philosophie des Plotin zurückgeht, siehe Smorodinsky (1992).

Das Konzept der Lebenswahrheit lässt sich in einer Einheit mit dem menschlichen Schönheitssinn denken, weil sie beide einerseits subjektive und individuelle Züge, andererseits aber auch allgemein-menschliche Züge tragen. In seiner Lebenswahrheit ist jeder Einzelne zunächst einmal Mensch und als solcher an die übergreifenden Bedingungen des Überlebens und Zusammenlebens gebunden. Dies entspricht dem allgemeinen Empfinden von Schönheit. Doch die soziokulturellen und individuellen Prägungen, die ja im Leben jedes Einzelnen in vielfacher Wechselwirkung stehen – und zu denen auch all die notwendigen Vorurteile gehören, ohne die wir nicht leben könnten; denn wir kommen nicht umhin, zahlreiche, ungeprüfte, unbewusste Verallgemeinerungen zu machen –, bestimmen jeden Einzelnen in seiner individuellen Lebenswahrheit und in seinem individuellen ästhetischen Empfinden. Nur in diesem Sinne lässt sich eine zeitgemäße Einheit des Schönen und Wahren denken. Sie offenbart sich darin, dass tiefe Wahrheiten und Einsichten als schön empfunden werden, während ihrerseits Schönheit als Wegweiser zur Wahrheit dienen kann.

Zu den Lebenswahrheiten eines Ingenieurs etwa gehört die Vorstellung, der Mensch sei zur Umgestaltung der Natur gemäß der gesellschaftlichen Bedürfnisse berechtigt, wenn nicht gar verpflichtet – auch im Sinne der normativen Kraft des Möglichen. So ermöglicht beispielsweise ein Wasserkraftwerk eine sehr saubere Weise der Stromerzeugung, die aber durchaus mit einem gewissen Eingriff in die Natur verbunden ist. Die gelungene Konstruktion einer Talsperre fügt sich für ihren Ingenieur also in harmonischer Weise in das Netz seiner Lebenswahrheiten und Überzeugungen, wird von ihm positiv bewertet und somit als schön empfunden. Der Umweltaktivist hingegen, dem der Einfluss des Menschen auf die Natur ohnehin schon viel zu weit geht, dem – gleich ob aus tiefen, unverfälschten Instinkten oder aus theoretischen Erwägungen; und ließen sich diese jemals trennen? – die unberührte Umwelt, die naturbelassene Landschaft wichtig ist, kann ein solches Bauwerk nur als weiteren radikalen Eingriff in die Natur betrachten und es dementsprechend als hässlich wahrnehmen. Mögen sich also der Ingenieur und der Umweltaktivist durchaus darüber einig sein, dass der Flusslauf oberhalb der Talsperre durch eine malerische Schlucht verläuft, so unterscheiden sie sich in Bezug auf die Talsperre doch deutlich in ihren Lebenswahrheiten und in ihrem ästhetischen Empfinden.

Es ist nun sogar eine gewisse ethische Komponente in diesem Begriff der Lebenswahrheit enthalten, die uns doch einen Hauch der alten Einheit des Schönen, Wahren und Guten spüren lässt. Denn in der Lebenswahrheit sind auch ethische Fragen von Belang und ergeben sich aus den Bedingungen des gesellschaftlichen Zusammenlebens. Auch schreiben wir dem, was wir als schön und richtig empfinden, eine gewisse Güte und Wertigkeit zu. Der Begriff der Lebenswahrheit vermag aufgrund dieser ethischen Komponenten das Denken und Empfinden früherer Zeitalter zumindest ansatzweise in modernere Begriffe zu übersetzen. Gleichwohl lässt sich die frühere Art der ethischen Bedeutung in heutigen Worten nicht in gleicher Weise einholen; denn es gibt heute zwar einige allgemein akzeptierte moralische Regeln – wesentlich den Kanon der Menschenrechte –, die zum größten Teil im Boden früherer Zeitalter wurzeln, aber abgesehen davon nur wenige einheitlichen Ansichten über die ethischen Grundsätze, nach denen wir handeln oder handeln sollten, oder über ihre Begründung. Die Geschlossenheit des Weltbildes früherer Zeitalter ermöglichte damals ein Leben in enger verbundenen gedanklichen, ästhetischen und ethischen Kategorien. In unserer heutigen, komplexeren und schnelllebigeren Epoche können wir eine Einheit des Schönen und Wahren, sowie ihre Beziehung zum Guten, nicht mehr in einem absoluten, sondern nur noch in einem unserem Zeitalter angemessenen, individualisierten und kulturabhängigen Sinne denken.

Versuch über den Sinn im Leben

21

> Wem zu glauben ist, redlicher Freund,
> das kann ich dir sagen: Glaube dem
> Leben; es lehrt besser als Redner und
> Buch.
>
> *(Wilhelm Busch)*

Welchen Sinn hat wohl das Leben? Welcher Sinn mag darin liegen, dass sich vielleicht hin und wieder hier oder da auf irgendeinem Planeten in den Weiten des Universums selbstreproduzierende Wesen entwickeln? – Wie bereits an diesen beiden Fragen zu sehen ist, vermischen sich bei solchen Betrachtungen schnell die alltagsweltliche und die biologisch-naturwissenschaftliche Bedeutung des Begriffs „Leben".

Welchen Sinn hat es, nach dem Sinn des Lebens zu fragen? Bekommt unser Leben einen Sinn von außerhalb? Oder ist nicht eher all das, was als sinnvoll erachtet wird, nur sinnvoll im Hinblick auf das Leben? Das Sinnvolle dient den Zwecken des Lebens. Leben ist der höchste Zweck; und es macht keinen Sinn, darüber hinaus zu fragen. Dann aber ergibt sich Sinn nur im Leben; und es macht keinen Sinn, nach einem Sinn des Lebens zu suchen, der nicht schon in ihm vorgefunden wird. Denn um einen Sinn des Lebens zu unterstellen, benötigt man die Vorstellung einer sinnvollen Einrichtung des Lebens. Dies ist nun Sache religiös oder spirituell begründeter Weltbilder, nicht jedoch eines bloß wissenschaftlich orientierten, das der Struktur unseres Universums als solchem keine Zwecke unterstellt und von darüber hinausreichenden Annahmen zunächst frei ist. Nicht erst Boltzmann hat dies gesehen. Wissenschaft als solche stiftet keinen Sinn; sie beschreibt und erklärt auch nicht die Einzelheiten der menschlichen Existenz.[1] Wünschte man sich dies, würde man zu viel von ihr verlangen. Vermutlich gehen auch einige Streitpunkte beim Leib-Seele-Problem auf dieses Missverständnis zurück.

---

[1] Man vergleiche hierzu auch den Kommentar Ernst Machs in der Fußnote in Kap. 17.5.

© Springer-Verlag Berlin Heidelberg 2017
D. Eidemüller (Hrsg.), *Quanten – Evolution – Geist*,
DOI 10.1007/978-3-662-49379-3_21

Aber unabhängig davon, welche Rolle man wissenschaftlichen oder spirituellen Erkenntnissen in seinem Leben zuordnet, macht es wohl Sinn, Sinn im Leben zu sehen, solange es als lebenswert, als sinnvoll, als schön empfunden wird. Oder mit Hermann Hesse: „Wir verlangen, das Leben müsse einen Sinn haben – aber es hat nur ganz genau so viel Sinn, als wir selber ihm zu geben imstande sind." Auch macht es keinen Sinn zu sagen, das Universum sei sinnfrei. Den Sinn trägt der Mensch in sein Universum: für sich selbst, von anderen; von sich selbst, für andere. Den Sinn spendet ihm seine Emotionalität, zu der das Empfinden von Schönheit ebenso gehört wie das Streben nach Wahrheit und das ethisch geregelte Miteinanderleben.

Doch bei all dem Sortieren der Gedanken, bei all der Klärung und Aufklärung, die zum Geschäft der Philosophie gehören: Vergessen wir neben der einleitenden Ermunterung Wilhelm Buschs nicht die mahnenden Verse des großen portugiesischen Poeten Fernando Pessoa:

Es genügt nicht, das Fenster zu öffnen,
Um Felder und Fluss zu sehen.
Es genügt nicht, kein Blinder zu sein,
Um Bäume und Blumen zu sehen.
Man darf auch keiner Philosophie anhängen.
Mit Philosophie gibt es keine Bäume: sondern nur Ideen.
Gibt es nur jeden einzelnen von uns, wie in einem Keller.
Gibt es nur ein geschlossenes Fenster, und die ganze Welt dort draußen;
Und einen Traum davon, was man sehen könnte, öffnete das Fenster sich,
Was niemals das ist, was man sieht, wenn das Fenster sich öffnet.[2]

---

[2]Frei aus dem Portugiesischen nach dem Gedicht „Não basta abrir a janela", erschienen in Pessoa (1925).

Literatur

Aharonov, Y. und D. Bohm (1959): Significance of Electromagnetic Potentials in the Quantum Theory. Phys. Rev. 115, S. 485–491.

Arndt, M., O. Nairz, J. Vos-Andreae, C. Keller, G. van der Zouw und A. Zeilinger (1999): Wave-particle duality of C_{60} molecules. Nature 401 (6754), S. 680–682.

Aspect, A., J. Dalibard und G. Roger (1982a): Experimental Test of Bell's Inequalities Using Time-Varying Analyzers. Phys. Rev. Lett., 49: S. 1804–1807.

Aspect, A., P. Grangier und G. Roger (1982b): Experimental Realization of Einstein-Podolsky-Rosen-Bohm Gedankenexperiment: A New Violation of Bell's Inequalities. Phys. Rev. Lett., 49: S. 91–94.

Atmanspacher, H., H. Primas und E. Wertenschlag-Birkhäuser (1995): Der Pauli-Jung-Dialog und seine Bedeutung für die moderne Wissenschaft. Springer, Berlin.

Audretsch, J. (1994): Die Unvermeidbarkeit der Quantenmechanik. In: Mainzer, K. und W. Schirmacher (Hg.), Quanten, Chaos und Dämonen. Erkenntnistheoretische Aspekte der modernen Physik. BI-Wissenschafts-Verlag, Mannheim.

Barreto Lemos, G., V. Borish, G. D. Cole, S. Ramelow, R. Lapkiewicz und A. Zeilinger (2014): Quantum imaging with undetected photons. Nature 512, S. 409–412.

Bauer, T. (2011): Die Kultur der Ambiguität. Eine andere Geschichte des Islams. Insel Verlag, Berlin.

Baumann, K. und R. U. Sexl (1984): Die Deutungen der Quantentheorie. Vieweg, Braunschweig.

Bell, J. S. (1964): On the Einstein-Podolsky-Rosen paradox. Physics 1, S. 195–200.

— (1966): On the problem of hidden variables in quantum mechanics. Rev. Mod. Phys. 38, S. 447–452.

— (1982): On the impossible pilot wave. Found. Phys. 12, S. 989–999.

— (1987): Speakable and Unspeakable in Quantum Mechanics. Cambridge University Press, Cambridge.

— (1990): Against „Measurement". In: Miller, A. I. (Hg.), Sixty-two Years of Uncertainty. Plenum, New York.

Berna, F., P. Goldberg, L. K. Horwitz, J. Brink, S. Holt, M. Bamford und M. Chazan (2012): Microstratigraphic evidence of in situ fire in the Acheulean strata of Wonderwerk Cave, Northern Cape province, South Africa. PNAS, 109 (20) E1215.

von Bertalanffy, L. (1955): An essay on the relativity of categories. Philosophy of Science 22, S. 243–263.

Bieri, P. (Hg.) (1993): Analytische Philosophie des Geistes. Athenäum, Bodenheim.

Bitbol, M. (1998): Some steps towards a transcendental deduction of quantum mechanics. Philosophia Naturalis 35, S. 253–280.

— (2008): Reflective Metaphysics: Understanding Quantum Mechanics from a Kantian Standpoint. Philosophica 83, S. 53–83.

Bjorken, J. D. und S. D. Drell (1993): Relativistische Quantenfeldtheorie. BI-Wissenschafts-Verlag, Mannheim.

© Springer-Verlag Berlin Heidelberg 2017
D. Eidemüller (Hrsg.), *Quanten – Evolution – Geist*,
DOI 10.1007/978-3-662-49379-3

Bohm, D. (1951): Quantum Theory. Prentice-Hall, Englewood Cliffs.
— (1952a): A Suggested Interpretation of the Quantum Theory in Terms of „Hidden" Variables. (Part I). Phys. Rev. 85, S. 166–179.
— (1952b): A Suggested Interpretation of the Quantum Theory in Terms of „Hidden" Variables. (Part II). Phys. Rev. 85, S. 180–193.
Bohm, D. und B. Hiley (1993): The Undivided Universe: an Ontological Interpretation of Quantum Mechanics. Routledge and Kegan Paul, London.
Bohr, N. (1913): On the Constitution of Atoms and Molecules. Part I-III. Philosophical Magazine 26.
— (1931): Atomtheorie und Naturbeschreibung. Vier Aufsätze mit einer einleitenden Übersicht. Springer, Berlin.
— (1934): Atomic Theory and the Description of Nature. Cambridge University Press, Cambridge.
— (1935): Can Quantum-Mechanical Description of Reality be Considered Complete? Phys. Rev. 48, S. 696–702.
— (1948): On the Notions of Causality and Complementarity. Dialectica 2, S. 312–319.
— (1959): Über die Erkenntnisfragen der Quantenphysik. In: Kockel, B., W. Macke und A. Papapetrou (Hg.), Max-Planck-Festschrift 1958, S. 169–175. VEB Verlag der Wissenschaften, Berlin.
— (1987): Essays 1958-1962 on Atomic Physics and Human Knowledge. Ox Bow Press, Woodbridge.
du Bois-Reymond, E. (1974): Vorträge über Philosophie und Gesellschaft. Meiner, Hamburg.
Boltzmann, L. (1905): Populäre Schriften. Barth, Leipzig.
Bopp, F. (Hg.) (1961): Werner Heisenberg und die Physik unserer Zeit. F. Vieweg und Sohn, Braunschweig.
Born, M., W. Heisenberg und P. Jordan (1926): Zur Quantenmechanik II. Zeitschrift für Physik 35, S. 557–615.
Born, M. und P. Jordan (1925): Zur Quantenmechanik. Zeitschrift für Physik 34, S. 858–888.
Bradie, M. (1986): Assessing Evolutionary Epistemology. Biology & Philosophy 1, S. 401–459.
Brentano, F. (1874): Psychologie vom empirischen Standpunkt. Duncker & Humblot, Leipzig.
Bridgman, P. W. (1936): The Nature of Physical Theory. Dover, New York.
de Broglie, L.-V. (1924): Recherches sur la théorie des quanta. University of Paris.
— (1927): La Mécanique ondulatoire et la structure atomique de la matière et du rayonnement. Journal de Physique (Série VI) 8, Nr. 5, S. 225–241.
Bruder, C. E., A. Piotrowski, A. A. Gijsbers, R. Andersson, S. Erickson, T. Diaz de Ståhl, U. Menzel, J. Sandgren, D. von Tell, A. Poplawski, M. Crowley, C. Crasto, E. C. Partridge, H. Tiwari, D. B. Allison, J. Komorowski, G.-J. B. van Ommen, D. I. Boomsma, N. L. Pedersen, J. T. den Dunnen, K. Wirdefeldt und J. P. Dumanski (2008): Phenotypically Concordant and Discordant Monozygotic Twins Display Different DNA Copy-Number-Variation Profiles. American Jour. of Human Genetics, Vol. 82 (3), S. 763–771.
Bunge, M. und M. Mahner (2004): Über die Natur der Dinge. Materialismus und Wissenschaft. Hirzel, Stuttgart.
Busch, W. (1874): Kritik des Herzens. Friedrich Bassermann, Heidelberg.
Calaprice, A. (1996): Einstein sagt: Zitate, Einfälle, Gedanken. Piper, München.
Callaway, E. (2015): Oldest stone tools raise questions about their creators. Nature 520, S. 421.
Campbell, D. T. (1974a): Downward causation in hierarchically organised biological systems. In: Ayala, F. J. und T. Dobzhansky (Hg.), Studies in the philosophy of biology: Reduction and related problems, S. 179–186. Macmillan, London.
— (1974b): Evolutionary epistemology. In: Schilpp, P. A. (Hg.), The Philosophy of Karl R. Popper, S. 412–463. Open Court, La Salle.
Carrier, M. (1993): Die Vielfalt der Wissenschaften oder warum die Psychologie kein Zweig der Physik ist. In: Elepfandt, A. und G. Wolters (Hg.), Denkmaschinen: Interdisziplinäre Perspektiven zum Thema Gehirn und Geist, S. 99–115. Universitätsverlag, Konstanz.
Casimir, H. (1948): On the attraction between two perfectly conducting plates. Proc. Kon. Nederland. Akad. Wetensch. B51, S. 793.

Chalmers, D. (1995): Facing Up to the Problem of Consciousness. Jour. of Consciousness Studies 2 (3), S. 200–219.

Changeux, J.-P. (1984): Der neuronale Mensch. Wie die Seele funktioniert – die Entdeckungen der neuen Gehirnforschung. Rowohlt, Reinbek.

Chomsky, N. (1980): Rules and Representations. Columbia University Press, New York.

— (1995): The Minimalist Program. MIT Press, Cambridge, MA.

Coveney, P. und R. Highfield (1994): Anti-Chaos. Der Pfeil der Zeit in der Selbstorganisation des Lebens. Rowohlt, Reinbeck.

Cramer, J. (1986): The Transactional Interpretation of Quantum Mechanics. Modern Physics 58, S. 647–688.

— (1988): An Overview of the Transactional Interpretation of Quantum Mechanics. Int. J. Theor. Phys. 27, S. 227–236.

Cross, A. (1991): The Crisis in Physics: Dialectical Materialism and Quantum Theory. Social Studies of Science 21, S. 735–759.

Cubitt, T. S., D. Perez-Garcia und M. M. Wolf (2015): Undecidability of the spectral gap. Nature 528, S. 207–211.

Cushing, J. T. (1993): Bohm's Theory: Common Sense Dismissed. Stud. Hist. Phil. Sci. 24 (5), S. 815–842.

Darwin, C. (1859): On the origin of species by means of natural selection or the preservation of favoured races in the struggle for life. John Murray, London.

Davidovic, M. und A. Sanz (2013): How does light move? Determining the flow of light without destroying interference. Europhysics News 44, S. 33–36.

Davidson, D. (1980): Essays on Actions and Events. Oxford University Press, Oxford.

— (2001): Subjective, Intersubjective, Objective. Oxford University Press, Oxford.

Dehaene, S. (1997): The number sense: How the mind creates mathematics. Oxford University Press, New York.

Dennett, D. (1987): The Intentional Stance. Bradford Books/MIT Press, Cambridge, MA.

— (1991): Consciousness Explained. Little Brown and Co., Boston.

Dettmann, U. (1999): Der radikale Konstruktivismus: Anspruch und Wirklichkeit einer Theorie. Mohr Siebeck, Tübingen.

DeWitt, B. und R. N. Graham (Hg.) (1973): The Many-Worlds Interpretation of Quantum Mechanics. Princeton University Press, Princeton.

Diamond, J. (2000): Der dritte Schimpanse. Fischer, Frankfurt/Main.

Dieks, D. und P. E. Vermaas (Hg.) (1998): The Modal Interpretation of Quantum Mechanics. The Western Ontario Series in Philosophy of Science, Vol. 60. Kluwer Academic Publishers, Dordrecht.

Diettrich, O. (1991): Induction and evolution of cognition and science. In: van de Vijver, G. (Hg.), Teleology and Selforganisation. Philosophica 47/II, S. 81–109.

— (1996): Das Weltbild der modernen Physik im Lichte der Konstruktivistischen Evolutionären Erkenntnistheorie. In: Riedl, R. und M. Delpos (Hg.), Die Evolutionäre Erkenntnistheorie im Spiegel der Wissenschaften. WUV-Universitätsverlag, Wien.

Dirac, P. A. M. (1928): The Quantum Theory of the Electron. Proc. Roy. Soc. London A117, S. 610–624.

— (1982): Pretty mathematics. Int. J. Theor. Phys. 21, S. 603–605.

Drieschner, M. (2002): Moderne Naturphilosophie. Eine Einführung. Mentis, Paderborn.

Dupré, J. (1995): The Disorder of Things: Metaphysical Foundations of the Disunity of Science. Harvard University Press, Cambridge, MA.

Dürr, D., S. Goldstein, R. Tumulka und N. Zanghì (2004): Bohmian Mechanics and Quantum Field Theory. Phys. Rev. Lett. 93, 090402.

Dürr, D., S. Goldstein und N. Zanghì (1992): Quantum equilibrium and the origin of absolute uncertainty. Jour. Stat. Phys. 67, S. 843–907.

— (1995): Quantum Physics Without Quantum Philosophy. Stud. Hist. Phil. Mod. Phys. Part B 26, S. 137–149.

Dürr, D., R. Tumulka und N. Zanghì (2005): Bell-Type Quantum Field Theories. Jour. Phys. A: Math. Gen. 38, R1-R43.

Dyson, F. (1956): Obituary of Hermann Weyl. Nature, S. 457–458.

Eidemüller, D. (2014): Bilder mit verlorenem Licht. Spektrum der Wissenschaft (November), S. 20–22.

Eigen, M. (1971): Molekulare Selbstorganisation und Evolution (Self organization of matter and the evolution of biological macro molecules). Naturwissenschaften Bd. 58 (10), S. 465–523.

Eigen, M. und P. Schuster (1979): The Hypercycle – A Principle of Natural Self Organization. Springer, Berlin.

Eigen, M. und R. Winkler (1976): Das Spiel – Naturgesetze steuern den Zufall. Piper, München.

Einstein, A. (1905a): Über einen die Erzeugung und Verwandlung des Lichtes betreffenden heuristischen Gesichtspunkt. Annalen der Physik 17, S. 132–148.

— (1905b): Zur Elektrodynamik bewegter Körper. Annalen der Physik 17, S. 891–921.

— (1984): Aus meinen späten Jahren. Ullstein, Frankfurt/Main.

Einstein, A. und M. Born (1969): Briefwechsel. Rowohlt, Reinbek.

Einstein, A. und L. Infeld (1956): Die Evolution der Physik. Rowohlt, Reinbek.

Einstein, A., B. Podolski und N. Rosen (1935): Can Quantum-Mechanical Description of Physical Reality be Considered Complete? Phys. Rev. 47, S. 777–780.

Elepfandt, A. und G. Wolters (Hg.) (1993): Denkmaschinen: Interdisziplinäre Perspektiven zum Thema Gehirn und Geist. Universitätsverlag, Konstanz.

Engels, E.-M. (1989): Erkenntnis als Anpassung? Eine Studie zur Evolutionären Erkenntnistheorie. Suhrkamp, Frankfurt/Main.

Esfeld, M. (2012): Philosophie der Physik. Suhrkamp, Berlin.

d'Espagnat, B. (1971): The Conceptual Foundations of Quantum Mechanics. Addison-Wesley, Reading.

— (1983): Auf der Suche nach dem Wirklichen. Springer, Heidelberg.

— (1989): Nonseparability and the tentative descriptions of reality. In: Schommers, W. (Hg.), Quantum Theory and Pictures of Reality, S. 89–168. Springer, Berlin.

— (1995): Veiled Reality. Addison-Wesley, Reading.

— (2006): On Physics and Philosophy. Princeton University Press, Princeton.

Everett, H. (1957): Relative State Formulation of Quantum Mechanics. Rev. of Mod. Phys. 29, S. 454–462.

— (1973): The Theory of the universal Wave Function. In: DeWitt, B. und R. N. Graham (Hg.), The Many-Worlds Interpretation of Quantum Mechanics. Princeton University Press, Princeton.

Fahr, H. J. (1989): The modern concept of vacuum and its relevance for the cosmological models of the universe. In: Weingartner, P. und G. Schurz (Hg.), Philosophie der Naturwissenschaften. Akten des 13. Intern. Wittgenstein Symposiums. Hölder-Pichler-Tempsky, Wien.

Falkenburg, B. (2007): Particle Metaphysics: A Critical Account of Subatomic Reality. Springer, Heidelberg.

Favrholdt, D. (Hg.) (2008): Niels Bohr Collected Works. Volume 10: Complementarity Beyond Physics (1928-1962). Elsevier, Amsterdam.

Feynman, R. P. (1965): The Character of physical law. MIT Press, Cambridge, MA.

Fischer, E. P. (2000): An den Grenzen des Denkens: Wolfgang Pauli – ein Nobelpreisträger über die Nachtseiten der Wissenschaft. Herder, Freiburg.

Fock, W. (1952): Kritik der Anschauungen Bohrs über die Quantenmechanik. Sowjetwissensch., Naturwiss. Abt. 5, S. 123–132.

— (1959): Über die Deutung der Quantenmechanik. In: Kockel, B., W. Macke und A. Papapetrou (Hg.), Max-Planck-Festschrift 1958, S. 177–195. VEB Verlag der Wissenschaften, Berlin.

Fodor, J. A. (1974): Special Sciences. Synthese 28, S. 97–115.

Forman, P. (1971): Weimar culture, causality and quantum theory, 1918-1927. In: McCormack, R. (Hg.), Historical Studies in the Physical Sciences 3. University of Pennsylvania Press, Philadelphia.

van Fraassen, B. (1980): The Scientific Image. Oxford University Press, Oxford.

— (1991): Quantum Mechanics: An Empiricist View. Oxford University Press, Oxford.

— (2002): The Empirical Stance. Yale University Press, Oxford.

Freedman, S. J. und J. Clauser (1972): Experimental test of local hidden variable theories. Physical Review Letters, 28: S. 938.

Freud, S. (1927): Die Zukunft einer Illusion. Internationaler Psychoanalytischer Verlag, Wien.

Friederich, S. (2013): In defence of non-ontic accounts of quantum states. Stud. Hist. Philos. Sci. B Stud. Hist. Philos. Mod. Phys. 44, S. 77–92.

Friedrich, B. und D. Herschbach (2003): Stern and Gerlach: How a Bad Cigar Helped Reorient Atomic Physics. Physics Today 56, S. 53–59.

Fuchs, C. A. und R. Schack (2011): A Quantum-Bayesian route to quantum-state space. Foundations of Physics 41 (3), S. 345–356.

Gabrielse, G., D. Hanneke, T. Kinoshita, M. Nio und B. Odom (2006): New Determination of the Fine Structure Constant from the Electron g Value and QED. Phys. Rev. Lett. 97, 030802.

Gamow, G. (1966): The Thirty Years that Shook Physics. Dover, New York.

Gardner, H. (1985): The mind's new science: A history of the cognitive revolution. Basic Books, New York.

Gehlen, A. (1977): Urmensch und Spätkultur. Athenaion, Frankfurt/Main.

Gell-Mann, M. und J. Hartle (1990): Quantum Mechanics in the Light of Quantum Cosmology. In: Zurek, W. (Hg.), Complexity, Entropy, and the Physics of Information. Addison-Wesley, Reading.

— (1993): Classical Equations for Quantum Systems. Phys. Rev. D47, S. 3345–3382.

Gerlich, S., S. Eibenberger, M. Tomandl, S. Nimmrichter, K. Hornberger, P. Fagan, J. Tuxen, M. Mayor und M. Arndt (2011): Quantum interference of large organic molecules. Nat. Commun., 2: S. 263.

Ghirardi, G. C., R. Grassi und P. Pearle (1990): Relativistic dynamical reduction models: general framework and examples. Found. Phys. 20, S. 1271–1316.

Ghirardi, G. C., A. Rimini und T. Weber (1986): Unified dynamics for microscopic and macroscopic systems. Phys. Rev. D34, S. 470–491.

Ghiselin, M. T. (1973): Darwin and evolutionary psychology. Science 179, S. 964–968.

Giulini, D., E. Joos, C. Kiefer, J. Kupsch, I.-O. Stamatescu und H. D. Zeh (1996): Decoherence and the Appearance of a Classical World in Quantum Theory. Springer, Heidelberg.

Giuntini, R. (1987): Quantum Logics and Lindenbaum Property. Studia Logica 46, S. 17–35.

von Glasersfeld, E. (1996): Der Radikale Konstruktivismus. Ideen, Ergebnisse, Probleme. Suhrkamp, Frankfurt/Main.

Gollihar, J., M. Levy und A. D. Ellington (2014): Many Paths to the Origin of Life. Science 343, S. 259–260.

Greenberger, D., M. Horne, A. Shimony und A. Zeilinger (1990): Bell's theorem without inequalities. American Journal of Physics, 58: S. 1131–1143.

Griffiths, R. B. (2011): EPR, Bell, and quantum locality. American Journal of Physics, 79: S. 954.

Groß, M. (2014): Proteine aus der Urzeit des Lebens. Nachrichten aus der Chemie 62 (6), S. 632–634.

Gumin, H. und H. Meier (Hg.) (1997): Einführung in den Konstruktivismus. Piper, München.

Habermas, J. (1968): Erkenntnis und Interesse. Suhrkamp, Frankfurt/Main.

Hacking, I. (1983): Representing and Intervening. Introductory Topics in the Philosophy of Natural Science. Cambridge University Press, Cambridge.

Hartmann, N. (1950): Philosophie der Natur. Abriß der speziellen Kategorienlehre. De Gruyter, Berlin.

— (1964): Der Aufbau der realen Welt. De Gruyter, Berlin.

— (1982): Die Erkenntnis im Lichte der Ontologie. Meiner, Hamburg.

Hawking, S. (1988): Eine kurze Geschichte der Zeit. Rowohlt, Reinbek.

Heilbron, J. L. (2013): History: The path to the quantum atom. Nature 498, S. 27–30.

Heisenberg, W. (1925): Über quantentheoretische Umdeutung kinematischer und mechanischer Beziehungen. Zeitschrift für Physik, 33: S. 879–893.

— (1927): Über den anschaulichen Inhalt der quantentheoretischen Kinematik und Mechanik. Zeitschrift für Physik, 43: S. 172–198.

— (1929): Die Entwicklung der Quantentheorie 1918-1928. Die Naturwissenschaften 17, S. 490–497.

— (1956): Die Entwicklung der Deutung der Quantentheorie. Phys. Blätter 12, S. 289–304.

— (1958): Die physikalischen Prinzipien der Quantentheorie. BI-Wissenschafts-Verlag, Mannheim.

— (1959): Wandlungen in den Grundlagen der Naturwissenschaft. Hirzel, Stuttgart.

— (1966): Das Naturbild der heutigen Physik. Rowohlt, Reinbek.

— (1969): Der Teil und das Ganze. Piper, München.

— (1973): Physik und Philosophie. Ullstein, Frankfurt/Main.

— (1985): Was ist ein Elementarteilchen? Aus: Werner Heisenberg. Gesammelte Werke. Abteilung C III. Piper, München.

— (1989): Ordnung der Wirklichkeit. Piper, München.

Hentschel, K. (1990): Interpretationen und Fehlinterpretationen der speziellen und der allgemeinen Relativitätstheorie durch Zeitgenossen Albert Einsteins. Birkhäuser, Basel.

Herbert, N. (1987): Quantenrealität. Birkhäuser, Basel.

Hofstadter, D. R. (1979): Gödel, Escher, Bach. An Eternal Golden Braid. Basic Books, New York.

Hunger, E. (1964): Von Demokrit bis Heisenberg. Quellen und Betrachtungen zur naturwissenschaftlichen Erkenntnis. Vieweg, Braunschweig.

Irrgang, B. (1993): Lehrbuch der Evolutionären Erkenntnistheorie. Evolution, Selbstorganisation, Kognition. Ernst Reinhard, München.

Jablonka, E. und M. J. Lamb (2002): The Changing Concept of Epigenetics. Annals of the New York Academy of Sciences 981, S. 82–96.

Jackson, F. (1982): Epiphenomenal Qualia. Philosophical Quarterly 32, S. 127–136.

— (1986): What Mary Didn't Know. Jour. of Philosophy 83, S. 291–295.

Jacques, V., E. Wu, F. Grosshans, F. Treussart, P. Grangier, A. Aspect und J.-F. Roch (2007): Experimental Realization of Wheeler's Delayed-Choice Gedanken Experiment. Science 315, S. 966–968.

Jammer, M. (1961): Concepts of Mass in Classical and Modern Physics. Harvard University Press, Cambridge, MA.

— (1973): The Conceptual Development of Quantum Mechanics. McGraw-Hill, New York.

— (1974): The Philosophy of Quantum Mechanics. Wiley, New York.

— (1993): Concepts of Space. Dover, New York, 3. Aufl.

Jaspers, K. (1957): Die großen Philosophen. Piper, München.

Junker, T. (2013): Die Evolution der Phantasie. Wie der Mensch zum Künstler wurde. S. Hirzel, Stuttgart.

Kamlah, W. (1972): Philosophische Anthropologie. BI-Wissenschafts-Verlag, Zürich.

Kammari, M. und F. Konstantinow (1952): Die Stellung und Bedeutung der Wissenschaft in der gesellschaftlichen Entwicklung. Sowjetwiss., Gesellsch. Abt. 1.

Kanitscheider, B. (1993): Von der mechanistischen Welt zum kreativen Universum. WBG, Darmstadt.

Kennard, E. H. (1927): Zur Quantenmechanik einfacher Bewegungstypen. Zeitschrift für Physik 44, S. 326–352.

Kim, J. (1995): Supervenience and Mind: Selected Philosophical Essays. University Press, Cambridge.

— (1998): Mind in a Physical World: An Essay on the Mind-Body Problem and Mental Causation. MIT Press, Cambridge, MA.

Kleeberg, B. (2003): Evolutionäre Ästhetik. Naturanschauung und Naturerkenntnis im Monismus Ernst Haeckels. In: Lachmann, R. und S. Rieger (Hg.), Text und Wissen: Technologische und anthropologische Aspekte. Gunter Narr, Tübingen.

Knecht, T. (2005): Erfunden oder wiedergefunden? – Zum aktuellen Stand der ‚Recovered Memory'-Debatte. Schweizerisches Medizin-Forum 5 (43), S. 1083–1087.

Kochen, S. und E. Specker (1967): The Problem of Hidden Variables in Quantum Mechanics. Jour. of Mathematics and Mechanics 17, S. 59–87.

Kocsis, S., B. Braverman, S. Ravets, M. J. Stevens, R. P. Mirin, L. K. Shalm und A. M. Steinberg (2011): Observing the Average Trajectories of Single Photons in a Two-Slit Interferometer. Science 332, S. 1170–1173.

Koffka, K. (1935): Principles of Gestalt Psychology. Harcourt-Brace, New York.

Köhler, H. (1952): Die Wirkung des Judentums auf das abendländische Geistesleben. Duncker & Humblot, Berlin.

Kripke, S. A. (1971): Identity and Necessity. In: Munitz, M. K. (Hg.), Identity and Individuation, S. 135–164. New York University Press, New York.

— (1980): Naming and Necessity. Harvard University Press, Cambridge, MA.

Kuhn, T. (1962): The Structure of Scientific Revolutions. University of Chicago Press, Chicago.

Küppers, B.-O. (1986): Der Ursprung biologischer Information. Zur Naturphilosophie der Lebensentstehung. Piper, München.

Lederberg, J. (2001): The Meaning of Epigenetics. The Scientist 15 (18), S. 6–9.

Lee, T. D. und C. N. Yang (1956): Question of Parity Conservation in Weak Interactions. Phys. Rev. 104, S. 254.

Lévy-Strauss, C. (1968): Das wilde Denken. Suhrkamp, Frankfurt/Main.

— (1975): Strukturale Anthropologie II. Suhrkamp, Frankfurt/Main.

Lewis, C. I. (1929): Mind and the World Order. C. Scribner's Sons, New York.

Lindner, F., M. G. Schätzel, H. Walther, A. Baltuška, E. Goulielmakis, F. Krausz, D. B. Milošević, D. Bauer, W. Becker und G. G. Paulus (2005): Attosecond Double-Slit Experiment. Phys. Rev. Lett., 95, 040401.

Lorenz, K. (1941): Kants Lehre vom Apriorischen im Lichte gegenwärtiger Biologie. Blätter für Deutsche Philosophie 15, S. 94–125.

— (1988): Hier bin ich - wo bist du? Ethologie der Graugans. Piper, München.

— (1997): Die Rückseite des Spiegels. Versuch einer Naturgeschichte menschlichen Erkennens. Piper, München.

Lorenz, K. und F. Wuketits (Hg.) (1983): Die Evolution des Denkens. Piper, München.

Ludwig, G. (1967): An axiomatic foundation of quantum mechanics on a nonsubjective basis. In: Bunge, M. (Hg.), Quantum Theory and Reality, S. 98–104. Springer, Berlin.

— (1985): An Axiomatic Basis for Quantum Mechanics; Band 1: „Derivation of Hilbert Space Structure". Springer, Berlin.

— (1987): An Axiomatic Basis for Quantum Mechanics; Band 2: „Quantum Mechanics and Macrosystems". Springer, Berlin.

— (1990): Die Katze ist tot. In: Audretsch, J. und K. Mainzer (Hg.), Wieviele Leben hat Schrödingers Katze? Zur Physik und Philosophie der Quantenmechanik, S. 183–208. Spektrum, Heidelberg.

Lumsden, C. und E. Wilson (1984): Das Feuer des Prometheus. Wie das menschliche Denken entstand. Piper, München.

Lütterfelds, W. (Hg.) (1987): Transzendentale oder evolutionäre Erkenntnistheorie? WBG, Darmstadt.

Ma, X., S. Zotter, J. Kofler, R. Ursin, T. Jennewein, C. Brukner und A. Zeilinger (2012): Experimental delayed-choice entanglement swapping. Nature Physics 8, S. 479–484.

Mach, E. (1988): Die Mechanik in ihrer Entwicklung. Historisch-kritisch dargestellt. Herausgegeben und mit einem Anhang versehen von Renate Wahsner und Horst-Heino von Borzeszkowski. Akademie-Verlag, Berlin.

Mainzer, K. (1990): Naturphilosophie und Quantenmechanik. In: Audretsch, J. und K. Mainzer (Hg.), Wieviele Leben hat Schrödingers Katze? Zur Physik und Philosophie der Quantenmechanik. Spektrum, Heidelberg.

Mainzer, K. und W. Schirmacher (Hg.) (1994): Quanten, Chaos und Dämonen. Erkenntnistheoretische Aspekte der modernen Physik. BI-Wissenschaftsverlag, Mannheim.

Mann, T. (1957): Leiden und Größe der Meister. Fischer, Frankfurt/Main.

Manning, A. G., R. I. Khakimov, R. G. Dall und A. G. Truscott (2015): Wheeler's delayed-choice gedanken experiment with a single atom. Nature Physics 11, S. 539–542.

Markowitsch, H. und H. Welzer (2005): Das autobiographische Gedächtnis. Hirnorganische Grundlagen und biosoziale Entwicklung. Klett-Cotta, Stuttgart.

Maturana, H. (1998): Biologie der Realität. Suhrkamp, Frankfurt/Main.

Maturana, H. und B. Pörksen (2002): Vom Sein zum Tun. Die Ursprünge der Biologie des Erkennens. Carl-Auer Verlag, Heidelberg.

Maturana, H. und F. Varela (1987): Der Baum der Erkenntnis. Goldmann, München.

Maudlin, T. (1994): Quantum Non-Locality and Relativity: Metaphysical Intimations of Modern Physics. Blackwell, Cambridge, MA.

Mausfeld, R. (2003): No Psychology In – No Psychology Out. Psychologische Rundschau 54, S. 185–191.

Mayr, E. (1979): Evolution und die Vielfalt des Lebens. Springer, Berlin.

— (1984): Die Entwicklung der biologischen Gedankenwelt. Springer, Berlin.

— (1988): Toward a new philosophy of biology. The Belknap Press of Harvard University Press, Cambridge, MA.

Mermin, N. D. (1985): Is the moon there when nobody looks? Reality and the quantum theory. Physics today (April), S. 38–47.

von Meyenn, K. (Hg.) (1983): Quantenmechanik und Weimarer Republik. Facetten der Physik, Band 12. Vieweg, Wiesbaden.

Meyer, H. (2000): Traditionelle und evolutionäre Erkenntnistheorie. Georg Olms, Hildesheim.

Misra, B. und E. C. G. Sudarshan (1977): The Zeno's paradox in quantum theory. J. Math. Phys. 18, S. 756–763.

Mittelstaedt, P. (1990): Objektivität und Realität in der Quantenphysik. In: Audretsch, J. und K. Mainzer (Hg.), Wieviele Leben hat Schrödingers Katze? Zur Physik und Philosophie der Quantenmechanik. Spektrum, Heidelberg.

Mulrey, J. (Hg.) (1981): The Nature of Matter. Oxford University Press, Oxford.

Murdoch, D. (1987): Niels Bohr's philosophy of physics. Cambridge University Press, Cambridge.

Mutschler, H.-D. (2014): Halbierte Wirklichkeit. Warum der Materialismus die Welt nicht erklärt. Butzon & Bercker, Kevelaer.

Myrvold, W. C. (2002): On peaceful coexistence: is the collapse postulate incompatible with relativity? Stud. Hist. Philos. Sci. B Stud. Hist. Philos. Mod. Phys. 33, S. 435–466.

Nagel, T. (1974): What is it like to be a bat? Philosophical Review Vol. 83 (4), S. 435–451.

— (1986): The View From Nowhere. Oxford University Press, New York.

— (1992): Der Blick von Nirgendwo. Suhrkamp, Frankfurt/Main.

— (1993): Wie ist es, eine Fledermaus zu sein? In: Bieri, P. (Hg.), Analytische Philosophie des Geistes, S. 261–275. Athenäum, Bodenheim.

von Neumann, J. (1932): Mathematische Grundlagen der Quantenmechanik. Springer, Berlin.

Nida-Rümelin, J. (2006): Ursachen und Gründe. Replik auf: Michael Pauen, Ursachen und Gründe, in Heft 5/2005. Information Philosophie, Heft 1/2006, S. 32–36.

Pan, J.-W., D. Bouwmeester, M. Daniell, H. Weinfurter und A. Zeilinger (2000): Experimental test of quantum nonlocality in three-photon Greenberger-Horne-Zeilinger entanglement. Nature, 403: S. 515–519.

Pauen, M. (2007): Was ist der Mensch? Die Entdeckung der Natur des Geistes. Deutsche Verlags-Anstalt, München.

Pauli, W. (1933): Die allgemeinen Prinzipien der Wellenmechanik. In: Geiger, H. und K. Scheel (Hg.), Handbuch der Physik, Vol. 24. Springer, Berlin.

— (1950): Die philosophische Bedeutung der Idee der Komplementarität. Experientia 6, S. 72–75.

— (1984): Physik und Erkenntnistheorie. Vieweg und Teubner, Braunschweig.

— (1990): Die allgemeinen Prinzipien der Wellenmechanik (Neuausgabe). Springer, Berlin.

— (1994): Writings on Physics and Philosophy. Springer, Berlin.

Pearle, P. (1976): Reduction of the state vector by a nonlinear Schrödinger equation. Phys. Rev. D13, S. 857–868.

Peierls, R. (1991): In defence of „Measurement". Phys. World, S. 19–20.

Penrose, R. (1989): The Emperor's New Mind: Concerning Computers, Minds, and The Laws of Physics. Oxford University Press, Oxford.

Peres, A. (1995): Quantum Theory: Concepts and Methods. Springer, New York.

Pessoa, F. (1925): Poemas Inconjuntos. Athena, Lissabon.

Piaget, J. (1996): Die Psychologie des Kindes. Dtv, München.

— (2003): Das Erwachen der Intelligenz beim Kinde. Klett-Cotta, Stuttgart.

Planck, M. (1900): Über eine Verbesserung der Wienschen Spektralgleichung. Verhandl. Dtsch. phys. Ges. 2, S. 202–204.

— (1910): Acht Vorlesungen über theoretische Physik, gehalten an der Columbia University in der City of New York im Frühjahr 1909. Hirzel, Leipzig.

— (1948): Wissenschaftliche Selbstbiographie. Barth, Leipzig.

Plessner, H. (1981): Die Stufen des Organischen und der Mensch. Einleitung in die philosophische Anthropologie. Suhrkamp, Frankfurt/Main.

Poincaré, H. (1890): Notice sur Halphen. Journal de l'École Polytechnique, S. 143.

— (1905): The Value of Science. Flammarion, Paris.

— (1906): Der Wert der Wissenschaft. B.G. Teubner, Leipzig.

Polanyi, M. (1967): Life transcending physics and chemistry. Chemical Engineering News 45 (35), S. 54–66.

Popper, K. R. (1967): Quantum Mechanics without the Observer. In: Bunge, M. (Hg.), Quantum Theory and Reality, S. 7–44. Springer, Berlin.

— (1973): Objektive Erkenntnis. Ein evolutionärer Entwurf. Hoffmann und Campe, Hamburg.

— (1978): Natural Selection and the Emergence of Mind. Dialectica 32, S. 339–355.

— (1994): Logik der Forschung. Mohr Siebeck, Tübingen.

— (2001): Die Quantentheorie und das Schisma der Physik. Mohr Siebeck, Tübingen.

Primas, H. (1983): Chemistry, Quantum Mechanics and Reductionism. Perspectives in Theoretical Chemistry. Springer, Berlin.

Pusey, M. F., J. Barrett und T. Rudolph (2012): On the reality of the quantum state. Nature Physics 8, S. 475–478.

Putnam, H. (1968): Psychological Predicates. In: Captain, W. H. und D. D. Merrill (Hg.), Art, Mind and Religion, S. 37–48. Pittsburgh University Press, Pittsburgh.

Quine, W. V. O. (1951): Two Dogmas of Empiricism. The Philosophical Review 60, S. 20–43.

— (1981): Theories and Things. Harvard University Press, Cambridge, MA.

Radnitzky, G. und W. W. Bartley (Hg.) (1987): Evolutionary Epistemology, Rationality, and the Sociology of Knowledge. Open Court, La Salle.

Redhead, M. (1982): Quantum Field Theory for Philosophers. In: Peter D. Asquith, T. N. (Hg.), PSA: Proceedings of the Biennial Meeting of the Philosophy of Science Association, S. 57–99. University of Michigan.

— (1983): Nonlocality and Peaceful Coexistence. In: Swinburn, R. (Hg.), Space, Time and Causality, S. 151–189. Reidel, Dordrecht.

— (1987): Incompleteness, Nonlocality, and Realism. Clarendon Press, Oxford.

Reichenbach, H. (1928): Philosophie der Raum-Zeit-Lehre. Gruyter, Berlin.

Reisinger, B., J. Sperl, A. Holinski, V. Schmid, C. Rajendran, L. Carstensen, S. Schlee, S. Blanquart, R. Merkl und R. Sterner (2014): Evidence for the Existence of Elaborate Enzyme Complexes in the Paleoarchean Era. J. Am. Chem. Soc. 136 (1), S. 122–129.

Rensch, B. (1977): Arguments for Panpsychistic Identism. In: Cobb, J. B. und D. Griffin (Hg.), Mind and Nature: Essays on the Interface of Science and Philosophy, S. 70–78. University Press of America, Washington, D.C.

— (1991): Das universale Weltbild. Evolution und Naturphilosophie. WBG, Darmstadt.

Riedl, R. (1975): Die Ordnung des Lebendigen: Systembedingungen der Evolution. Parey, Hamburg.

— (1980): Biologie der Erkenntnis – Die stammesgeschichtlichen Grundlagen der Vernunft. Parey, Hamburg.

— (1985): Evolution und Erkenntnis. Antworten auf Fragen aus unserer Zeit. Piper, München.

Riedl, R. und E. M. Bonet (Hg.) (1987): Entwicklung der Evolutionären Erkenntnistheorie. Wiener Studien zur Wissenschaftstheorie. Band 1. Verlag der Österreichischen Staatsdruckerei, Wien.

Riedl, R. und M. Delpos (Hg.) (1996): Die Evolutionäre Erkenntnistheorie im Spiegel der Wissenschaften. WUV-Universitätsverlag, Wien.

Riedl, R. und F. M. Wuketits (Hg.) (1987): Die Evolutionäre Erkenntnistheorie: Bedingungen, Lösungen, Kontroversen. Paul Parey, Berlin.

Röseberg, U. (Hg.) (1987): Niels Bohr. Leben und Werk eines Atomphysikers 1885-1962. Akademie Verlag, Berlin.

Ruse, M. (1990): Does Evolutionary Epistemology imply Realism? In: Rescher, N. (Hg.), Evolution, Cognition and Realism. Studies in Evolutionary Epistemology, S. 101–110. University Press of America, Lanham, MD.

Russell, B. (Hg.) (1919): The Study of Mathematics. Mysticism and Logic and Other Essays. Longman, London.

— (1950): Philosophie des Abendlandes. Europa Verlag, Zürich.

Rutherford, E. (1911): The Scattering of alpha and beta Particles by Matter and the Structure of the Atom. Philosophical Magazine, 21: S. 669–688.

Salam, A. (1989): Ideals and Realities. World Scientific Publishing, Singapore.

Scheibe, E. (1974): Popper and Quantum Logic. British Jour. for Philosophy of Science 25, S. 319–328.

— (2006): Die Philosophie der Physiker. C.H. Beck, München.

Scheler, M. (1926): Die Wissensformen und die Gesellschaft. Der Neue-Geist Verlag, Leipzig.

Schlosshauer, M., J. Kofler und A. Zeilinger (2013): A Snapshot of Foundational Attitudes Toward Quantum Mechanics. Stud. Hist. Philos. Sci. B Stud. Hist. Philos. Mod. Phys. 44 (3), S. 222–230.

Schopenhauer, A. (1977): Die Welt als Wille und Vorstellung. Diogenes, Zürich.

Schrödinger, E. (1926): Über das Verhältnis der Heisenberg-Born-Jordanschen Quantenmechnik zu der meinen. Annalen der Physik 79, S. 734–756.

— (1935): Die gegenwärtige Situation in der Quantenmechanik. Die Naturwissenschaften 23, S. 807–812, S. 823–828, S. 844–849.

— (1985): Mein Leben, meine Weltansicht. Das philosophische Testament des Nobelpreisträgers. Paul Zsolnay, Wien.

— (1989): Was ist Leben? Piper, München.

Sellars, W. (1963): Empiricism and the Philosophy of Mind. In: Brandom, R. (Hg.), Science, Perception and Reality, S. 127–196. Routledge & Kegan Paul, London.

Setoh, P., D. Wub, R. Baillargeona und R. Gelmanc (2013): Young infants have biological expectations about animals. Proc. Nat. Acad. Sci. USA 110, S. 15937–15942.

Shimony, A. (1978): Metaphysical problems in the foundations of quantum mechanics. International Philosophical Quarterly, 8: S. 2–17.

Simpson, G. G. (1963): Biology and the nature of science. Science 139, S. 81–88.

Smorodinsky, Y. (1992): Heisenberg und Dirac: Die Bedeutung des Schönen in der Naturwissenschaft. In: Geyer, B., H. Herwig und H. Rechenberg (Hg.), Werner Heisenberg. Physiker und Philosoph. Verhandlungen der Konferenz „Werner Heisenberg als Physiker und Philosoph in Leipzig", S. 364–368. Spektrum, Heidelberg.

Stein, E. (1990): Getting Closer to the Truth: Realism and the Metaphysical Ramifications of Evolutionary Epistemology. In: Rescher, N. (Hg.), Evolution, Cognition and Realism. Studies in Evolutionary Epistemology, S. 119–129. University Press of America, Lanham, MD.

Sterelny, K. und P. E. Griffiths (1999): Sex and Death: An Introduction to Philosophy of Biology. University Press, Chicago.

Stöckler, M. (1984): Philosophische Probleme der relativistischen Quantenmechanik. Duncker & Humblot, Berlin.

— (1989): The wave function of the universe. In: Weingartner, P. und G. Schurz (Hg.), Philosophie der Naturwissenschaften. Akten des 13. Intern. Wittgenstein Symposiums. Hölder-Pichler-Tempsky, Wien.

— (1995): Zeit im Wechselspiel von Physik und Philosophie. In: Krüger, L. und B. Falkenburg (Hg.), Physik, Philosophie und die Einheit der Wissenschaften. Spektrum, Heidelberg.

Tegmark, M. und J. A. Wheeler (2001): 100 Jahre Quantentheorie. Spektrum der Wissenschaft (April), S. 68–76.

Teichert, D. (2006): Einführung in die Philosophie des Geistes. WBG, Darmstadt.

Teller, P. (1995): An Interpretative Introduction to Quantum Field Theory. Princeton University Press, Princeton.

Timpson, C. G. (2003): On a Supposed Conceptual Inadequacy of the Shannon Information in Quantum Mechanics. Stud. Hist. Phil. Mod. Phys. 33 (3), S. 441–468.

Tomasello, M. (2002): Die kulturelle Entwicklung des menschlichen Denkens. Suhrkamp, Frankfurt/Main.

Torgerson, J. R., D. Branning, C. H. Monken und L. Mandel (1995): Experimental demonstration of the violation of local realism without Bell inequalities. Phys. Lett. A 204, S. 323–328.

Tucholsky, K. (1929): Das Lächeln der Mona Lisa. Rowohlt, Berlin.

Tugendhat, E. (2007): Anthropologie statt Metaphysik. Verlag C. H. Beck, München.

von Uexküll, J. (1920): Umwelt und Innenwelt der Tiere. Springer, Berlin.

Valentini, A. (1991): Signal-Locality, Uncertainty and the Subquantum H-Theorem. II. Phys. Lett. A 158, S. 1–8.

Varela, F. J., E. Thompson und E. Rosch (1993): The Embodied Mind. Cognitive Science and Human Experience. MIT Press, Cambridge, MA.

Vollmer, G. (1983): Evolutionäre Erkenntnistheorie. Hirzel, Stuttgart.

— (1985): Was können wir wissen? Band 1: Die Natur der Erkenntnis. Hirzel, Stuttgart.

— (1986): Was können wir wissen? Band 2: Die Erkenntnis der Natur. Hirzel, Stuttgart.

— (1995): Biophilosophie. Reclam, Stuttgart.

— (2003): Wieso können wir die Welt erkennen? Neue Beiträge zur Wissenschaftsphilosophie. Hirzel, Stuttgart.

Wagner, G. P. und M. Laubichler (2004): Rupert Riedl and the Re-Synthesis of Evolutionary and Developmental Biology. Jour. of Experimental Zoology: Part B, 302B, S. 92–102.

Walter, H. (1999): Neurophilosophie der Willensfreiheit. Mentis, Paderborn.

von Weizsäcker, C. F. (1980): Der Garten des Menschlichen. Beiträge zur geschichtlichen Anthropologie. Fischer, Frankfurt/Main.

— (1985): Aufbau der Physik. Hanser, München.

— (1992): Werner Heisenberg in memoriam. In: Köhler, W. (Hg.), Nova Acta Leopoldina. Carl Friedrich von Weizsäckers Reden in der Leopoldina. Neue Folge, Nr. 282, Bd. 68. Barth, Leipzig.

Welsch, W. (2011): Immer nur der Mensch? Entwürfe zu einer anderen Anthropologie. Akademie Verlag, Berlin.

Weyl, H. (1928): Gruppentheorie und Quantenmechanik. Hirzel, Leipzig.

Wickler, W. und L. Salwiczek (Hg.) (2001): Wie wir die Welt erkennen. Erkenntnisweisen im interdisziplinären Diskurs. Alber, Freiburg.

Wigner, E. (1967): Remarks on the Mind-Body Question. In: Wigner, E. (Hg.), Symmetries and Reflections, S. 171–184. Indiana University Press, Bloomington.

Wilczek, F. (2013): The enigmatic electron. Nature 498, S. 31–32.

Wingert, L. (2006): Grenzen der naturalistischen Selbstobjektivierung. In: Sturma, D. (Hg.), Philosophie und Neurowissenschaften, S. 240–260. Suhrkamp, Frankfurt/Main.

Wittgenstein, L. (2001): Philosophische Untersuchungen. Suhrkamp, Frankfurt/Main.

Wu, C. S., E. Ambler, R. W. Hayward, D. D. Hoppes und R. P. Hudson (1957): Experimental Test of Parity Conservation in Beta Decay. Phys. Rev. 105, S. 1413.

Wuketits, F. M. (1998): Eine kurze Kulturgeschichte der Biologie. Mythen, Darwinismus, Gentechnik. Primus, Darmstadt.

Wünsch, G. (2000): Einführung in die Philosophie der Chemie. Königshausen und Neumann, Würzburg.

Yukawa, H. (1973): Creativity and Intuition. Kodansha, Tokyo.

Zajonc, A. G., L. J. Wang, X. Y. Zou und L. Mandel (1991): Quantum interference and the quantum eraser. Nature 353, S. 507–508.

Zbinden, H., J. Brendel, N. Gisin, und W. Tittel (2001): Experimental test of nonlocal quantum correlations in relativistic configurations. Phys. Rev. A 63, S. 022111.

Zeilinger, A. (1999): A Foundational Principle for Quantum Mechanics. Found. Phys. 29 (4), S. 631–643.

— (2003): Einsteins Schleier. Die neue Welt der Quantenphysik. C. H. Beck, München.

— (2007): Einsteins Spuk: Teleportation und weitere Mysterien der Quantenphysik. Goldmann, München.

Zeki, S., J. P. Romaya, D. M. T. Benincasa und M. F. Atiyah (2014): The experience of mathematical beauty and its neural correlates. Front. Hum. Neurosci. 8, S. 68.

Zurek, W. H. (1991): Decoherence and the transition from quantum to classical. Physics Today 44, S. 36–44.

Sachverzeichnis

A

Adaptation, 189, 191
Ästhetik, 160, 205, 234, 444–446, 448–451, 453, 454
Äther, 18, 431
Aharonov-Bohm-Effekt, 156
Aischylos, 337
Al-Biruni, 80, 381
Alexandrow, Waldemar, 134
Anaximander, 111
Anderson, Carl, 150
Andromedanozentrizität, 299
Animismus, 397
Annidation, 193
Anthropisches Prinzip, 78
Anthropologie, vii, 182, 322–324, 354, 357, 366, 381, 384, 385, 388, 392, 397–399, 408, 411, 429
Anthropozentrizität, 298, 299, 376
Antimaterie, 151, 155, 156, 424
Apel, Karl-Otto, 253
Aposteriori, 385
 phylogenetisches, 198, 383
Apriori, 20, 222, 256, 257, 319, 383
 ontogenetisches, 198, 383, 385
 soziokulturelles, 286, 341, 356, 367, 383, 385, 386, 389–392, 396–398, 402, 404–406, 408–411, 414, 425, 427, 430, 431, 436, 438
Archimedes, 403, 428
Argument des unvollständigen Wissens, 245, 246
Aristoteles, 17, 139, 209, 229, 418
Aspect, Alain, 104
Atomismus, 158
Augustinus, 439
Augustus, 305
Axiome der Quantenmechanik, 41, 42

B

Bacon, Francis, 390
Bauer, Thomas, 381
Behaviorismus, 341
Bell, John Stewart, 96, 98, 102, 103, 107, 118, 122
Bellsche Ungleichung, 98, 102–104, 106, 107
Bergson, Henri, 229
Bertalanffy, Ludwig von, 176, 384
Bieri, Peter, 251, 363, 373, 375
Bieri-Trilemma, 251, 369, 373, 375–377
Biologie, vii, 134, 141, 212, 213, 225, 226, 228–240, 247, 249, 257, 269, 271, 277, 278, 281, 282, 288, 321, 328, 337, 343, 344, 370, 371, 377, 418, 420, 422
 Evolutions-, 234–236, 239
 funktionale, 234–238, 262
Bitbol, Michel, 284
Bjorken, James, 162
Blochinzew, Dimitri, 118, 134
Bohm, David, 98, 102, 105, 118, 119, 122, 124, 434
Bohr, Niels, 31, 37, 39–41, 43, 61–66, 68, 69, 72–74, 76, 82, 83, 96, 97, 101, 109, 125, 151, 303, 360, 433
Bohr-Einstein-Debatte, 64, 186, 430
Bohrsches Atommodell, 39, 40, 62, 63, 155
Bois-Reymond, Emil du, 247, 259
Boltzmann, Ludwig, 20, 176, 179, 242, 255–257, 259, 384, 451, 455
Born, Max, 19, 40, 61, 65, 433
Bornsche Wahrscheinlichkeitsinterpretation, 43, 50
Bose, Satyendranath, 154
Boson, 154
 Higgs-Boson, 148, 423
Bradie, Michael, 175

© Springer-Verlag Berlin Heidelberg 2017
D. Eidemüller (Hrsg.), *Quanten – Evolution – Geist*,
DOI 10.1007/978-3-662-49379-3

Willkommen zu den Springer Alerts

• Unser Neuerscheinungs-Service für Sie:
  aktuell *** kostenlos *** passgenau *** flexibel

Springer veröffentlicht mehr als 5.500 wissenschaftliche Bücher jährlich in gedruckter Form. Mehr als 2.200 englischsprachige Zeitschriften und mehr als 120.000 eBooks und Referenzwerke sind auf unserer Online Plattform SpringerLink verfügbar. Seit seiner Gründung 1842 arbeitet Springer weltweit mit den hervorragendsten und anerkanntesten Wissenschaftlern zusammen, eine Partnerschaft, die auf Offenheit und gegenseitigem Vertrauen beruht.

Die SpringerAlerts sind der beste Weg, um über Neuentwicklungen im eigenen Fachgebiet auf dem Laufenden zu sein. Sie sind der/die Erste, der/die über neu erschienene Bücher informiert ist oder das Inhaltsverzeichnis des neuesten Zeitschriftenheftes erhält. Unser Service ist kostenlos, schnell und vor allem flexibel. Passen Sie die SpringerAlerts genau an Ihre Interessen und Ihren Bedarf an, um nur diejenigen Information zu erhalten, die Sie wirklich benötigen.

Mehr Infos unter: springer.com/alert

Printed in the United States
By Bookmasters